华 章 数 学 译 丛

17

Topology

(Second Edition)

拓扑学

（原书第2版）

（美）James R. Munkres 著

熊金城 吕杰 谭枫 译

机械工业出版社
China Machine Press

本书系统讲解拓扑学理论知识，共分两部分，第一部分一般拓扑学，包括集合论、拓扑空间、连通性、紧致性以及可数性公理和分离性公理；第二部分代数拓扑学，较完整地阐述了基本群、覆叠空间及其应用.

本书论证严密、条理清晰，并带有大量的例子及不同难度的习题，适合作为大学数学专业高年级本科生或一年级研究生的教材或参考书.

Authorized translation from the English language edition, entitled *Topology*, *Second Edition* by James R. Munkres, published by Pearson Education, Inc., Copyright © 2000 Pearson Education, Inc.

All rights reserved. No part of this book may be reproduced or transmitted in any form or by any means, electronic or mechanical, including photocopying, recording or by any information storage retrieval system, without permission from Pearson Education, Inc.

Chinese simplified language edition published by China Machine Press Copyright © 2006.

本书封面贴有 Pearson Education（培生教育出版集团）激光防伪标签，无标签者不得销售.

封底无防伪标均为盗版
版权所有，侵权必究.

北京市版权局著作权合同登记　图字：01-2004-0299 号。

图书在版编目（CIP）数据

拓扑学（原书第 2 版）/（美）芒克里斯（Munkres，J. R.）著；熊金城等译．—北京：机械工业出版社，2006.4（2024.5 重印）

（华章数学译丛）

书名原文：Topology，Second Edition

ISBN 978-7-111-17507-7

Ⅰ. 拓…　Ⅱ. ①芒…　②熊…　Ⅲ. 拓扑　Ⅳ. O189

中国版本图书馆 CIP 数据核字（2005）第 115345 号

机械工业出版社（北京市西城区百万庄大街 22 号　邮政编码　100037）
责任编辑：刘立卿　迟振春
三河市国英印务有限公司印刷
2024 年 5 月第 1 版第 23 次印刷
186mm×240mm · 26.25 印张
定价：99.00 元

客服电话：（010）88361066　68326294

译 者 序

翻译缘起

20 世纪 50 年代中期，我国已有少数大学将拓扑学列为大学课程．较多的大学开始开设拓扑学这门课程则是 20 世纪 70 年代后期大学教学恢复以后的事情．大约在 1983 年，我在中国科学技术大学讲授拓扑学时发现了 J. Munkres 所写的教材《Topology：A First Course》，便把其中讲授基本群的第 8 章翻译出来作为课程的补充教材．同时也把这本书向几位朋友推荐，希望能够把全书翻译出来．译书后来定名为《拓扑学基本教程》，于 1987 年在科学出版社出版，由罗松龄、许依群、徐定宥、熊金城合作完成翻译工作．这里所说的便是本书第 1 版的翻译过程．

2003 年底，机械工业出版社与我联系，告诉我 J. Munkres 的这本书已经出了第 2 版，并且希望我能承担翻译任务．由于时间已经过去了 20 年，当年一起翻译第 1 版的旧友已经难觅，因此向出版社建议，请吕杰、谭枫一起参加译书的工作．经过一年多的努力，终于完成了这项任务．

本书的精彩之处

本书是一本优秀的拓扑学入门教材，这在国内外都是有口皆碑的，许多大学都将其用作高年级本科生或者研究生的课本或者教学参考用书．根据我的体会，其精彩之处主要体现在以下几个方面：

第一，全书取材合理．在目前的这个版本中，全书分为两个部分，第一部分讲述点集拓扑，第二部分讲述代数拓扑，这都是有关专题中最为基础、最为紧要的部分．作者在他的前言中，已经将有关取材的考虑以及如何灵活地组织本书中的材料用于教学进行了详尽的陈述．

第二，概念引入自然．拓扑学无疑是数学学科中比较抽象的一门学问．许多学生在开始学习这类抽象学问之初，或者在学习其中每一个概念之初，都常常因为不明白学习目标的所在而感到“一头雾水”，因而产生一种抗拒的心理．然而这本书在每一章甚至每一节的开头，都对将要讲述的内容、将要引入的概念进行了简明的介绍，这对于引起读者的兴趣，使读者感到亲切和自然很是有益．

第三，论证思路清晰．数学中的一些“大”定理的证明往往都是一些著名数学家的天才创造，它们或许由于论证思路的精巧，或许由于论证过程的繁复而难于理解．而学习这些内容又往往是学习数学的关键所在，无论对于领略或学习数学的思想、技巧、方法都是如此．作者在每一个需要的地方，都进行了比较精细的分析和解说，为读者移除了一些学习的障碍．

第四，联系广泛自然，拓扑学的精彩不仅在于其理论本身的优美和深邃，而且在于它与数学的许多分支都有天然的联系，并在这些分支中有着深刻的应用．这本书对此进行了比较详细的介绍．通过这些有关的内容，读者将会体会到拓扑学是众多数学学科中不可或缺的组成部分．

总而言之，这本书是一本好教材，对于那些打算将来从事数学理论研究和教学工作的读者而言无疑应当是一本必读书．然而就我国目前的情况而言，作为一般大学教材，内容可能多了一点．譬如说对于多种乘积拓扑的介绍是有精简余地的，又譬如说一开始就介绍加标族和加标族的运算的做法是否会将难点提得太前也值得斟酌．然而，教师应当能够通过教学的安排而做出适当的处置．

关于翻译的说明

在此，我们想对翻译过程中遇到的几个问题及处理办法给出以下说明：

1．原著相当口语化，解说很直白，因此我们的翻译也较多地采用课堂语言，除了“若…，则…”这个通行的表达方式，刻意回避那些单音节的汉语词汇，以求得比较贴近学生的效果．

2．对于科技名词的中译主要是依照目前大学教材中比较流行的说法．

3．原书中有时自由地使用某些未经定义的词汇，一经发现我们在适当处便进行了增补．例如“映射”(map)一词便是如此，我们将它补充作为“函数”的同义词．

4．为了照顾汉语的习惯，有时采用了一词两译的做法．例如“set”在汉语中有时译成“集合”有时译成“集”，在单独使用时，我们常译成“集合”，而在与其他词汇连用时则译成“集”(例如，可数集等)．

5．汉语“是”通常有两种含义，一是“等于”，二是“属于”，并且由此生出“白马非马”的悖论．在科技文献中不允许有歧义，因此在本书中“是”只表示等于的意思，而属于的意思则用“是一个”来表示．例如，我们从来不说“X是拓扑空间”，而说“X是一个拓扑空间”，除非X表示“所有的拓扑空间的族”(这个说法有逻辑错误)．

6．在汉语中，长的词组常常容易发生歧义，例如“一个可数邻域的族”便可能会有以下多种理解方式：

(1)“一个[(可数邻域)的族]”：一个族，这个族的成员是邻域，每一个邻域是可数集．

(2)“[一个(可数邻域)]的族”：一个族，这个族只有一个邻域为其成员，这个邻域是可数集．

(3)“一个[可数(邻域的族)]”：一个族，这个族是可数的，它的每一个成员是邻域．

用数学的行话来讲便是，对于不满足结合律的对象是不能省掉括号的．遇到这种情形，我们宁可多用几个字甚至翻译得绕口一点，也尽量避免歧义的可能．

7．在汉语中常常难于区别单数和复数，而在英语的表达中(特别在本书中)又常常对于名词的复数形式与集合名词不加区别．对于这种情形，简单地翻译必将导致大的谬误．因此，我们也是宁可啰嗦一点，以保证不被误解．

8．原书中有一些错漏，包括一些印刷错误，我们尽量进行了订正．

9．凡与原文有较大出入的地方，我们以译者注的方式予以标明．

总之，我们认为，在翻译的三原则“信，雅，达”之中，对于科技翻译而言，“信”的重要性远在其余二者之上.

这本书的翻译工作由吕杰、谭枫和熊金城三人通力合作完成. 整个翻译过程可以分成三个阶段：第一阶段是初译，在这个阶段各人承担的任务是：吕杰第 1 章至第 3 章，第 10 章至第 13 章；谭枫第 4 章至第 8 章；熊金城第 9 章和第 14 章. 第二阶段是初校，在这个阶段每个人都通读全书，提出校对意见. 第三阶段是统稿，由熊金城承担. 从初译到统稿经历了一个很艰难的过程. 此外，符和满、袁大琏、刘晓玲和邢志涛四位同志参与了第二阶段的部分校订工作. 另外，在翻译的过程中我们参考了第 1 版的译文，在此对原译者敬表谢忱.

吕杰和谭枫两位同志是应我的邀请参加这项工作的，众所周知，翻译工作是一件费时费力的事情，两位被我拉上了“贼船”，我的回报却只有感谢两个字. 当然，最高的回报还在于读者的认可. 由于我们都是诸事缠身，翻译还是有些仓促，不足之处尚祈读者指正.

熊金城

于华南师范大学

前 言

本书是为拓扑学引论编写的教材，适用于高年级本科生和一年级研究生程度的一学期或两学期课程.

拓扑学本身是一门饶有兴味的学科，同时，它也是进一步学习分析、几何和代数拓扑的基础. 拓扑学的入门教材应当包含什么样的内容，数学家们对此并没有一致的看法. 适合在这一课程中讲授的论题很多，但对于不同的要求应当有不同的选择. 对于本书的选材，我力图在各种不同的观点之间取得某种平衡.

预备知识 本书中大部分内容的学习，并不要求预修其他课程，甚至不要求了解很多集合论的知识. 然而，在此我必须强调，除非读者学过一点数学分析或者"严格微积分"，否则对在本书第一部分引入的大部分概念的动机将会感到困惑. 如果学生对于诸如连续函数、开集与闭集、度量空间等有所了解，学习的过程将会十分顺畅，尽管实际上并不要求具备这些知识. 在第 8 章中，我们假定读者熟知群论基础.

根据本人的经验，学习拓扑学课程的多数学生已经有了一些关于数学基础方面的知识，但是掌握程度差异很大，所以，本书一开始就用一整章的篇幅讨论集合论与逻辑学. 从初级水平开始，上升到可以称为"准高手"的水平. 这一章涉及的内容都是本书后文中所必需的. 大多数学生对于这一章的前几节都很熟悉，但是，这些学生中有许多学到中间几节时，便会感到不知所措. 到底这一章的教学要花费多少时间和精力，主要取决于学生的数学领悟力和数学体验. 为了判断学生是否掌握了开始学习拓扑学所需的集合论知识，一个有效的检验方法就是看他们能否顺利地(正确地)完成习题.

许多学生(以及教师)喜欢跳过第 1 章中的基础内容而直接进入拓扑学的学习. 轻视基础学习的后果便是混淆和错误. 你可以先学习马上要用到的那几节，而暂时搁置其余部分，等到需要时再补. 前 7 节内容(直到可数性)为本书通篇所需要. 我通常将其中某些部分指定为课外阅读或讲座材料. 讨论选择公理和良序定理的第 9 节和第 10 节到第 3 章中讨论紧致性时才会用到. 讨论极大原理的第 11 节仅在讨论 Tychonoff 定理(第 5 章)和线性图的基本群的有关定理(第 14 章)时才会用到，可以延后些处理.

本书的内容编排 本书可适用于多种教学安排. 我力图使本书的编排更具弹性，以便教师能根据个人的喜好自由取舍.

第一部分包含前面 8 章，它以人们通常所说的一般拓扑为主题. 就个人观点而言，前 4 章是主体，这些内容任何一本拓扑学入门教程都会包含，是点集拓扑的"核心"，涉及的内容包括集合论、拓扑空间、连通性、紧致性(包括有限积的紧致性)、可数性公理和分离性公理(包括 Urysohn 度量化定理). 第一部分的其余 4 章研究其他一些论题，彼此相互独立，但都依赖于前 4 章中的核心内容. 教师可以按任何顺序选用.

第二部分是代数拓扑引论. 它只依赖于第 1 章至第 4 章中的核心内容. 本书这一部分较为

完整地阐述了基本群、覆叠空间的概念以及它们的各种应用．这一部分中的某些章是相互独立的，下图给出了它们之间的依附关系：

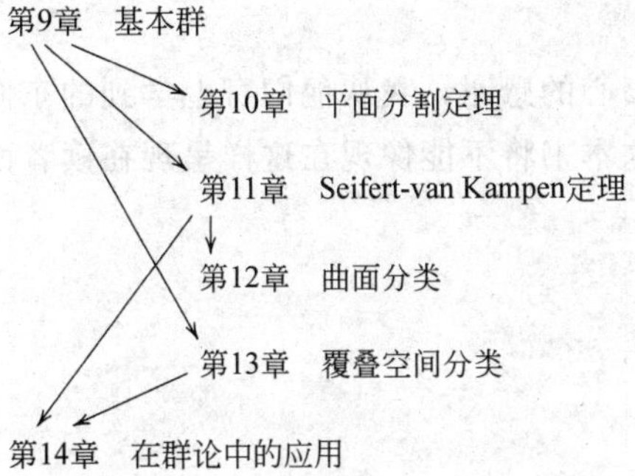

书中有些节带有星号，放弃或者搁置这些节不影响本书的连贯性．某些定理也带有星号．依赖于带星号的那些节或定理的后续内容都适时地给出了说明，并且在需要用到带星号部分的地方再次说明．部分习题也对其前面的带星号的内容有所依赖，但这类依附关系是显而易见的．

有几章的末尾附有补充习题，这些补充习题提供了探索那些略微偏离本书主线的课题的机会，有进取心的学生不妨以这些习题中的一个为基础动手作论文或者作研究课题．大部分补充习题都是完全自含的，只是关于拓扑群的补充习题在本书后面几节中有一些附加习题作为其后续．

教学安排　选用本书作为一般拓扑学教材的大多数教师都希望讲完第 1 章至第 4 章，再加上第 5 章中的 Tychonoff 定理．也有许多人愿意多讲一些附加专题．有几种选择：Stone-Čech 紧致化(第 38 节)，度量化定理(第 6 章)，Peano 曲线(第 44 节)，Ascoli 定理(第 45 节和/或第 47 节)以及维数论(第 50 节)．对于上述每一个方案，我都在不同学期里采用过．

对于代数拓扑学一学期的课程而言，可以讲完第二部分的大部分内容．

在一个学期中既讲一般拓扑学又讲代数拓扑学也是可以的，作为代价要适当降低一些难度．一个可行的方案是讲授第 1 章至第 3 章，然后讲授第 9 章，后者不依赖于第 4 章．(第 10 章和第 13 章中不带星号的那些节也不依赖于第 4 章．)

版本说明　熟悉本书第 1 版的读者将会发现，本书中讨论一般拓扑学的部分没有本质性的变动．我一直在尽全力来“调整”教材内容和习题．第 1 版中讨论代数拓扑学的最后一章已经进行了本质性的扩充和改写，这便是本书的第二部分．从第 1 版问世的几年以来，将拓扑学作为一门两个学期的课程已经日益成为一种共识，第一个学期讲一般拓扑学，第二个学期讲代数拓扑学．但愿这一版通过对后者相关内容的扩充能够满足此类教学的需要．

致谢　我所师从的或者是我曾拜读过其著作的大多数拓扑学家都对本书有某种贡献．这里我仅提及 Edwin Moise、Raymond Wilder、Gail Young 以及 Raoul Bott，当然，此外还有许多人．我在此向对本书提出过宝贵意见的人致以谢意，他们是：Ken Brown、Russ McMillan、Robert Mosher、John Hemperly，以及我的同事 George Whitehead 和 Kenneth Hoffman.

William Massey 的优秀著作[M]对本书代数拓扑学相关内容的处理有重大影响，在此致以深切的谢意. 最后，感谢 MacroTeX 的 Adam Lewenberg，他在建立文本和绘图的过程中表现了非凡的技艺和耐心.

我要向我的学生们表示衷心的感谢，我从他们身上学到的东西至少像他们从我这里所学到的一样多，没有他们的帮助这本书将不能像现在这样呈现在读者面前.

J. R. Munkres

告 读 者

有两件事要加以说明：习题和例题.

做习题是学习数学的关键性环节. 仅靠熟读教科书中的定义、定理及带有解答的例题是学不好拓扑学的，你一定要自己动手做一些习题. 配备习题的目的就在于为你提供这样一种机会.

习题按照难易程度编排，比较容易的一般放在前面. 有些习题属于例行检查，它用来检验读者对这一节中的定义和例题是否理解了. 另外一些习题就未必那么简单了，比如，可能要求读者推广书中的定理. 虽然其结论本身就富有趣味性，但这类习题的主要目的还是在于鼓励学生通过定理证明细心地钻研，彻底地掌握定理的思想，这比仅仅记住它显得更为重要.（我希望如此!）

有些习题是属于“开放型”题目. 学生们常常对此类问题感到头痛. 当遇到“每一正则的 Lindelöf 空间都是正规的吗?”这样的问题时，他们便会感到很烦恼，“我不知道要我做什么! 去证明它，还是去找一个反例，或者是别的什么?”但是，(教科书之外的)数学往往就是这个样子. 通常，数学家要解决的就是一个猜想或问题，而事先不知道正确的答案. 读者应当对于这种情形有所体验.

对于少量更难一些的习题，我们加了星号. 当然这类习题也不是太难，历来我班上的最好的学生一般都能解决它们.

掌握一门数学学科的另一主要环节是储备一批有用的例子. 当然，读者应当知道那些重要的例子，从它们的研究中引出理论本身，并且对它们形成重要的应用. 读者也应当掌握几个反例，用以检验那些似是而非的猜测.

在学习拓扑学时，人们往往花费许多时间去研究那些“古怪的反例”. 构造反例需要有技巧，也常常是一种乐趣. 但是，这些反例并不是拓扑学真正要讨论的. 好在对于入门教程而言，不需要太多的反例，有那么几个便足以应付大部分的需求. 我们列举如下：

$\mathbb{R}^J$　实直线集在积拓扑、一致拓扑与箱拓扑下同自身的积空间.

$\mathbb{R}_\ell$　以区间$[a, b)$为基的拓扑中的实直线空间.

S_Ω　极小不可数良序集.

I_o^2　在字典序拓扑下的闭单位正方形.

这些便是你应当掌握和记忆的例子，以后它们将被多次提到.

目 录

第二部分　代数拓扑学

第一部分

一般拓扑学

第 1 章　集合论与逻辑

我们像大多数数学家那样，对于集合论采取一种朴素的观点. 我们认定由一些对象构成的集合这个概念是直观自明的，本书在此基础上展开讨论，而不去进一步分析这个概念. 有关集合的深入研究属于数学基础和数理逻辑的范畴，而研究这些领域不是我们的目的.

逻辑学家十分详细地分析过集合论，并且就此论题总结出了若干公理. 每一个这样的公理都阐述被数学家所普遍接受的集合的一个性质 ，这些公理为数学其他领域奠定了广泛和坚实的基础.

不幸的是，仅凭直觉而粗心地使用集合论难免会导致谬误. 事实上，将集合论公理化的原因之一，便在于建立一些处理集合的相关法则以避免造成这些谬误. 尽管我们并不深入地讨论这些公理，但我们所遵从的那些处理集合的法则都源于这些公理. 在本书中，读者将会学到如何按"适当"的方式对待集合：体察我们的处理方式，再加上读者自己的解题实践. 或许你出自学习的需要，希望对集合论有更深入、更详细的了解，那么学一门逻辑学课程或数学基础课程也许是一个更好的选择.

1　基本概念

我们将在本节介绍集合论的思想，并建立基本术语和记号. 我们还将讨论初等逻辑学的某些内容，根据我们的经验，这些内容易引起混淆.

基本记号

通常我们用大写字母 A，B，…表示**集合**(set)，用小写字母 a，b，…表示属于集合的**成员**(object)或**元素**(element). 集合有时简称为**集**(set)，元素有时简称为**元**(element)或**点**(point)①. 如果成员 a 属于集合 A，就记作

$$a \in A.$$

如果 a 不属于 A，就记作

$$a \notin A.$$

本书中用到的等号＝是指逻辑上的同一. 当我们写 $a=b$ 时，就意味着"a"和"b"是同一个成员的两个符号. 这就像在算术中写 $\frac{2}{4}=\frac{1}{2}$ 一样. 类似地，$A=B$ 就是说"A"和"B"是同一个集合的两个符号，也就是说 A 与 B 含有完全相同的成员. 如果 a 与 b 是不同的成员，就写作 $a\neq b$；如果 A 与 B 是不同的集合，就写作 $A\neq B$. 例如，设 A 为所有非负实数的集合，B 为所有正实数的集合，由于数 0 属于 A 而不属于 B，所以 $A\neq B$.

如果 A 的每一个元素都是 B 的元素，就说 A 是 B 的**子集**(subset)，记作

$$A \subset B.$$

---

① "元"是"元素"的简称，为了适应汉语表达习惯而加. 作者在后文中也常使用未经定义的词"点"(point)作为"元素"的同义词，故此补上. ——译者注

这个定义中并没有要求 A 不能等于 B. 事实上，如果 $A=B$，那么 $A\subset B$ 与 $B\subset A$ 都成立. 当 $A\subset B$ 并且 A 不等于 B 时，称 A 为 B 的**真子集**(proper subset)，记作

$$A \subsetneqq B.$$

两集合间的 $\subset$ 和 $\subsetneqq$ 关系分别称之为**包含**(inclusion)关系和**真包含**(proper inclusion)关系. 若 $A\subset B$，则也可写作 $B\supset A$，读作"B 包含 A". 怎样来描述一个集合呢？如果它只含有为数不多的元素，那么可以把集合中的成员都列出来，写作"A 是由元素 a、b 和 c 组成的集合". 使用符号来表达就是

$$A = \{a,b,c\},$$

这里的花括号用来把列举出来的所有元素包在一起.

刻画一个由某些成员构成的集合，最常用的方法是取一个集合 A 和 A 中的成员可能具有也可能不具有的某种性质，然后用 A 中具有这种性质的所有元素来组成集合. 例如，可以取实数集，并且由所有偶数组成其子集 B. 使用符号将这句话写成

$$B = \{x \mid x \text{ 是偶数}\}.$$

在这里，花括号表示"……组成的集合"这个词组，竖线表示"使得"这个词，整个式子读作"B 是所有使得 x 为偶数的那些 x 组成的集合."

集合的"并"与"或"的含义

给定两个集合 A 和 B，由 A 中所有元素及 B 中所有元素可以组成一个集合，这个集合称为 A 与 B 的**并**(union)或并集，记作 $A\cup B$. 正式的定义是

$$A \cup B = \{x \mid x \in A \text{ 或 } x \in B\}.$$

现在我们必须停下来，看一看"$x\in A$ 或 $x\in B$"这句话究竟意味着什么.

在日常用语中，"或"这个词是含糊的. 有时"P 或 Q"这句话意味着"P 或 Q，或者既 P 又 Q"，有时又意味着"P 或 Q，但不是既 P 又 Q". 通常这要从文章的上下文才能知道究竟指的是哪一种. 例如，我对两个学生说：

"Smith 小姐，每一个选修这门课的学生，或者学过线性代数，或者学过数学分析."

"Jones 先生，你这门课程的期末考试，或者不低于 70 分，或者不及格."

从上下文看，Smith 小姐完全知道我说的意思是"每一个人要么学过线性代数，要么学过数学分析，要么两门课都学过"，Jones 先生也明白我说的是"或者他至少得 70 分，或者他不及格，两者仅取其一". 因为，如果两者同时成为事实的话，Jones 先生就太不幸了.

数学中不能容许这种含糊. 自始至终只能承认它的一种含义，否则就要引起混乱. 因此，数学家们同意在第一种意义下使用"或"这个词，这样，"P 或 Q"这句话总是指"P 或 Q，或者既 P 又 Q". 如果要指"P 或 Q，但不是既 P 又 Q"，就必须明确地加上短语"但不是既 P 又 Q". 按照这种解释，定义 $A\cup B$ 的式子就清楚了，它表明 $A\cup B$ 是由所有属于 A，或者属于 B，或者既属于 A 又属于 B 的元素 x 组成的集合.

集合的交、空集以及"若…，则…"的含义

给定两个集合 A 和 B，还可以用另一种方法组成一个集合，就是取 A 与 B 的公共部分.

这个集合称为 A 与 B 的**交**(intersection)或交集，记作 $A\cap B$. 正式的定义是

$$A \cap B = \{x \mid x \in A \text{ 和 } x \in B\}.$$

与 $A\cup B$ 的定义一样，这里也有一个麻烦. 当然，它与前面提及的问题有所区别，是另一类麻烦. 现在的问题不在于"和"这个词的含义，而是在于当 A 与 B 没有公共元素时，记号 $A\cap B$ 意味着什么？

为了应付这种偶然的情形，需要作一个特殊的约定. 我们引进一个称为**空集**(empty set)的特殊的集合，记成$\varnothing$，设想成"没有元素的集合".

使用这种约定，A 与 B 没有公共元素这句话就记作

$$A \cap B = \varnothing.$$

这时，也说 A 与 B **无交**(disjoint).

一些学生对于"空集"的概念感到困惑不解. 他们说："你怎么能够找到一个集合，而它什么也没有呢?"这和多年以前人们首次引进数 0 时所涉及的问题是一样的.

空集仅仅是一个约定，数学中完全可以不要它. 但是，有这种约定就比较方便，它能使定理的叙述和证明变得更加简洁. 例如，不用这个约定，那就必须在使用记号 $A\cap B$ 之前，证明两个集合 A 和 B 有公共元素. 类似地，对于记号

$$C = \{x \mid x \in A \text{ 并且 } x \text{ 有某性质}\},$$

当 A 中没有具有给定性质的元素 x 时，它就无法使用. 这种时候如果认为 $A\cap B$ 和 C 是空集就方便多了.

由于空集$\varnothing$只不过是一个约定，所以要对前面引进的概念作出与空集相关的约定. 空集既然被看成"没有元素的集合"，显然可以约定：对于每一个成员 x，关系式 $x\in\varnothing$不成立. 类似地，由"并"和"交"的定义可见，对于任意集合 A，有

$$A \cup \varnothing = A \quad \text{和} \quad A \cap \varnothing = \varnothing.$$

包含关系也有点小麻烦. 给定一个集合 A，可以认为$\varnothing\subset A$ 吗？我们必须再次注意数学家们运用语言的方式。表达式$\varnothing\subset A$ 其实是语句"每一属于空集的元素都属于集合 A"的缩写. 或者更正式地说："对于每一个成员 x，若 x 属于空集，则 x 必属于集合 A."

这种说法对不对呢？有人说"对"，也有人说"不对". 这个问题很难加以论证，只能予以约定. 它是"若 P，则 Q."式的论断. 在日常用语中，"若…，则…"结构的含义是什么？通常指的是：若 P 为真，则 Q 也为真. 有时候这就是它所包含的全部内容. 有时候它还有另外的含义，即：若 P 不真，则 Q 必不真. 通常我们可以根据上下文来判定其真正的含义.

这件事与使用"或"这个词时所造成的混乱很类似. 我们还用前面那个关于 Smith 小姐和 Jones 先生的例子来说明其中的歧义. 假定我说：

"Smith 小姐，每一个选修这门课的学生，若没有学过线性代数，则必须学过数学分析."

"Jones 先生，若你期末考试低于 70 分，你这门课就不及格."

从上下文看，Smith 小姐知道，如果一个学生要学习这门课程，他没有学过线性代数，则必须学过数学分析；但是，如果学过线性代数，那么，他可以学过数学分析，也可以没有学过

数学分析. Jones 先生也明白，如果他的考试成绩低于 70 分，他这门课就不及格；如果他至少得了 70 分，那就及格了.

再次申明：数学不允许这种模棱两可，对于它的含义只能作出一种选择. 数学家们往往同意对于“若…，则…”句式采取第一种解释，所以“若 P，则 Q.”式论断的含义是：若 P 为真，则 Q 也真；若 P 不真，则 Q 可以真，也可以不真.

举一个例子，考虑下面关于实数的一个论断：

$$\text{若 } x>0,\quad \text{则 } x^3\neq 0.$$

这是“若 P，则 Q.”式的一个论断，其中 P 代表短语“$x>0$”(称为论断**假设**(hypothesis))，Q 代表短语“$x^3\neq 0$”(称为论断**结论**(conclusion)). 它是真论断，因为在任何情况下，只要假设 $x>0$ 成立，则结论 $x^3\neq 0$ 必成立.

再看一个关于实数的真论断：

$$\text{若 } x^2<0,\quad \text{则 } x=23;$$

不论何时，只要假设成立，则结论总是成立的. 当然，这里的假设在任何情况下也不会成立. 这一类论断有时称为**虚真论断**(vacuously true).

现在再回到空集和包含关系上，我们看到对于任何集合 A，包含关系 $\varnothing\subset A$ 必成立. $\varnothing\subset A$ 就等于说：“若 $x\in\varnothing$，则 $x\in A$.”而这是一个虚真论断.

逆否论断与逆论断

对于“若…，则…”结构的讨论，使我们可以研究初等逻辑学中另外一些更为复杂的问题，这就是一个论断与它的*逆否论断*、*逆论断*之间的关系.

给定一个“若 P，则 Q.”式的论断，它的**逆否论断**(contrapositive)定义为“若 Q 不真，则 P 不真.”例如论断

$$\text{若 } x>0,\quad \text{则 } x^3\neq 0,$$

其逆否论断是

$$\text{若 } x^3=0,\quad \text{则 } x>0 \text{ 不成立}.$$

我们发现，上述论断和它的逆否论断同时为真. 类似地，论断

$$\text{若 } x^2<0,\quad \text{则 } x=23,$$

其逆否论断是

$$\text{若 } x\neq 23,\quad \text{则 } x^2<0 \text{ 不成立}.$$

就实数而言，这两个论断也都正确.

这些例子可能会使你感到，在一个论断与它的逆否论断之间有着某种关系. 事实正是如此，它们是同一件事情的两种不同的说法. 任何一个为真的充分必要条件是另一个为真，它们是*逻辑等价的*.

这个事实不难证明. 我们首先引进一个记号. 将“若 P，则 Q.”式的论断简单地记为

$$P\Longrightarrow Q,$$

读作“P 蕴涵 Q”，则其逆否论断可以写成

$$(\text{非 } Q)\Longrightarrow(\text{非 } P),$$

其中“非 Q”表示短语“Q 不真”.

说明论断“$P\Longrightarrow Q$”不成立的唯一办法是：当假设 P 为真时，结论 Q 不真. 如若不然，论断就成立了. 类似地，说明论断(非 Q)$\Longrightarrow$(非 P)不成立的唯一办法是：当假设“非 Q”为真时，结论“非 P”不真. 这等于说 Q 不真而 P 真，这又恰好描述了 $P\Longrightarrow Q$ 不成立. 因此，这两个论断或同时为真，或同时为不真，它们逻辑等价. 所以我们认为，证明论断“非 $Q\Longrightarrow$ 非 P”，就是证明了论断“$P\Longrightarrow Q$”.

由论断 $P\Longrightarrow Q$ 还可以得到另一个论断，那就是

$$Q\Longrightarrow P,$$

称为 $P\Longrightarrow Q$ 的**逆**(converse). 必须注意一个论断的逆和它的逆否之间的不同. 论断与其逆否论断逻辑等价，而论断为真，却完全不能保证其逆论断是否正确. 例如，真论断

$$\text{若 } x>0,\text{则 } x^3\neq 0,$$

其逆论断

$$\text{若 } x^3\neq 0,\text{则 } x>0,$$

就是不真的. 同样，真论断

$$\text{若 } x^2<0,\text{则 } x=23,$$

其逆论断

$$\text{若 } x=23,\text{则 } x^2<0,$$

也是非真论断.

如果恰好论断 $P\Longrightarrow Q$ 与其逆论断 $Q\Longrightarrow P$ 都为真，则将其记为

$$P\Longleftrightarrow Q,$$

读作“P 为真当且仅当 Q 为真.”

否论断

要想做出论断 $P\Longrightarrow Q$ 的逆否论断，必须知道如何做出论断“非 P”，称为 P 的**否定**(negation). 这在大多数情形下并不困难，麻烦的是论断中包含有短语“对于任意”及“对于至少一个”. 这类短语称为*逻辑量词*.

为了说明这一点，设 X 是一个集合，A 为 X 的一个子集，P 是关于 X 中一般元素的一个论断. 考虑下述论断

$$\text{对于任意 } x\in A,\text{论断 } P \text{ 成立.} \qquad (*)$$

如何做出它的否论断呢？我们把问题换成集合的语言. 设 B 表示 X 中所有使论断 P 成立的元素 x 的集合，则论断($*$)正好是论断：A 是 B 的一个子集. 其否论断是什么呢？显然应该是：A 不是 B 的子集，也就是说至少存在 A 的一个元素，它不属于 B. 再把它翻译成通常的语言就是

$$\text{对于至少一个 } x\in A,\text{论断 } P \text{ 不成立.}$$

这就是论断($*$)的否论断，它用量词“对于至少一个”代替量词“对于任意”，用 P 的否定代替 P.

正好把上述过程反过来做，就得到：对于论断

对于至少一个 $x \in A$，论断 Q 成立，

其否论断是

对于任意 $x \in A$，论断 Q 不成立.

两个集合的差

我们再来讨论有关集合的问题. 在集合间还有另外一种常用运算，这就是两个集合的**差**(difference)或**差集**，记作 $A-B$，它由 A 中所有不属于 B 的元素组成. 写成

$$A-B=\{x \mid x \in A \text{ 和 } x \notin B\}$$

有时也称之为 B 相对于 A 的**补**(complement)或**补集**，或 B 在 A 中的补. 集合的三种运算如图 1.1 所示.

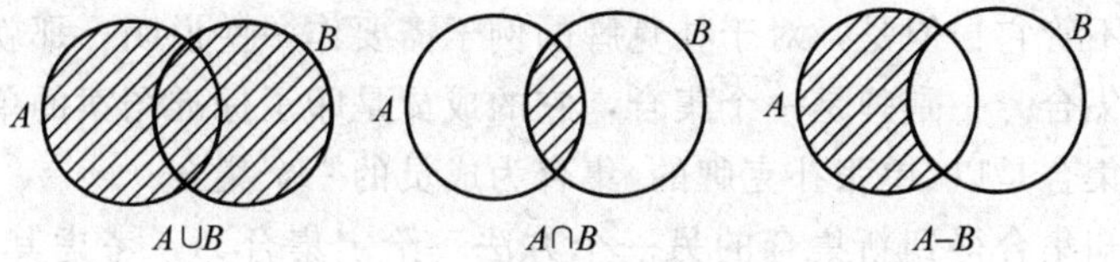

图 1.1

集合论的法则

对给定的一些集合施行集合运算，可以得到一些新的集合. 就像代数中那样，我们也用括号表示运算的次序. 例如 $A \cup (B \cap C)$ 表示集合 A 与集合 $B \cap C$ 的并，$(A \cup B) \cap C$ 则表示集合 $A \cup B$ 与集合 C 的交，两者完全不同，如图 1.2 所示.

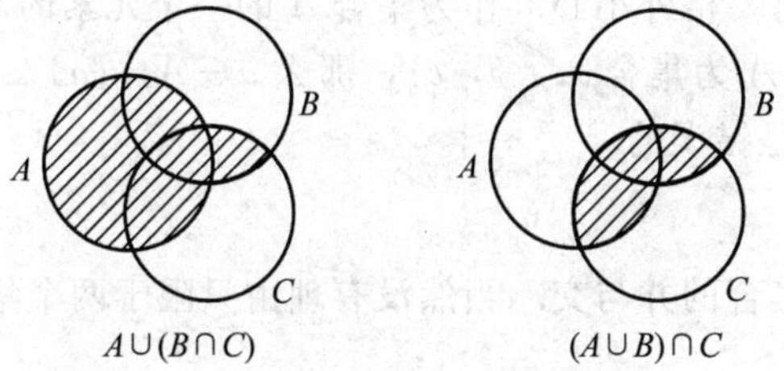

图 1.2

有时按不同方式组合运算能得到相同的集合. 这时我们便得到了集合论的一个法则. 例如，对于任意集合 A，B，C，有以下公式

$$A \cap (B \cup C)=(A \cap B) \cup (A \cap C).$$

如图 1.3 中所示，图中阴影部分表示上面的集合，你可以验证一下，它与你想像的是否一致. 这个式子可以看成是关于运算 $\cap$ 和 $\cup$ 的一个“分配律”.

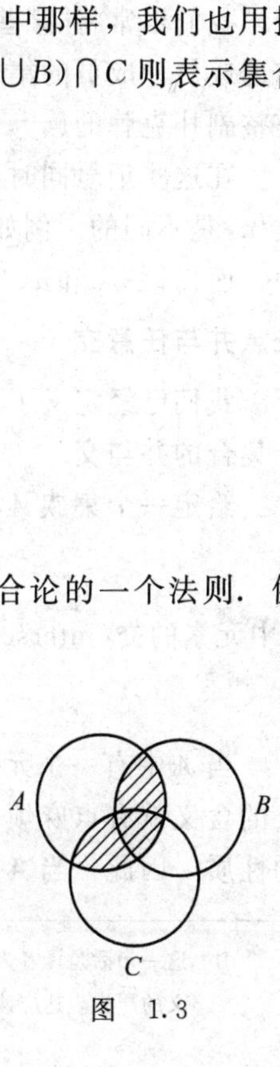

图 1.3

集合论的另外两个法则是第二“分配律”

$$A \cup (B \cap C)=(A \cup B) \cap (A \cup C),$$

和 DeMorgan 定律

$$A-(B \cup C)=(A-B) \cap (A-C),$$
$$A-(B \cap C)=(A-B) \cup (A-C).$$

这些法则请读者自行验证. 还可以举出集合论的另外一些法则，但是上面几个是最重要的. 如果用语言叙述 DeMorgan 定律将更便于记忆，

并的补等于补的交.
交的补等于补的并.

集合的族

属于一个集合的成员可以是各式各样的. 比如所有偶整数的集合，内布拉斯加州(Nebraska)所有蓝眼睛人的集合，世界上所有各种各样扑克牌的集合. 这里面有些东西数学家并不感兴趣，可以不管它！但是，对于扑克牌的例子需要作一些说明，那就是集合的成员，其本身也可以是一个集合. 一副牌是一个集合，它的成员是印了标准图案的单张扑克牌. 世界上所有整副扑克牌的集合是以(单张扑克牌的)集合为成员的一个集合.

现在有了从已知集合得到新集合的另一个方法. 给定集合 A，考虑其成员是 A 的子集的集合. 特别地，可以考虑 A 的所有子集的集合，有时将其记作 $\mathscr{P}(A)$，称为 A 的**幂集**(power set)(后面要说明这样称呼的理由).

通常我们把一个以集合作为元素的集合称为**族**(collection)，用 $\mathcal{A}$ 或 $\mathcal{B}$ 这样的花体字母来记. 我们也常将“某些集合的族”说成**集族**(collection of sets)①. 这种记法能使我们在需要同时描述成员、成员的集合以及成员的集合的族时，不致发生混淆. 例如，我们用 $\mathcal{A}$ 表示世界上所有整副扑克牌的族，用大写字母 A 记一副扑克牌，而用小写字母 a 记一张扑克牌.

在这些记号同时出现时要格外小心. 作为集合 A 的一个元素的 a，与作为 A 的子集的单点集 $\{a\}$ 是不同的. 例如，若 A 为集合 $\{a, b, c\}$，那么 $a \in A$，$\{a\} \subset A$，$\{a\} \in \mathscr{P}(A)$ 都是正确的，而 $\{a\} \in A$ 和 $a \subset A$ 则是错误的.

任意并与任意交

我们已经定义了两个集合的并与交. 当然没有理由只限于两个集合，同样可以讨论任意多个集合的并与交.

给定一个集族 $\mathcal{A}$，$\mathcal{A}$ 中元素的**并**(union)定义为

$$\bigcup_{A \in \mathcal{A}} A=\{x \mid \text{对于至少一个 } A \in \mathcal{A}, x \in A\}.$$

$\mathcal{A}$ 中元素的**交**(intersection)定义为

$$\bigcap_{A \in \mathcal{A}} A=\{x \mid \text{对于任意 } A \in \mathcal{A}, x \in A\}.$$

当 $\mathcal{A}$ 中有一个元素是空集时，这些定义没有问题. 但是当 $\mathcal{A}$ 为空族时，要讲清楚这些定义的含义就有点麻烦了. 按照定义的字面理解，任何元素 x 都不满足 $\mathcal{A}$ 的成员的“并”所满足的性质. 因此，当 $\mathcal{A}$ 为空族时，完全可以说

① 这一句话是译者为了汉语表达上的方便而加上的. 这样我们说“任意一个集族”(如果不引入“集族”这个词，它的无异义的严格表达应该是“集的任意一个族”，这说起来十分别扭)便不致被误解为“任意一个集合的族了”. ——译者注

$$\bigcup_{A \in \mathcal{A}} A = \varnothing.$$

另一方面，任意 x 都(虚真地)满足 $\mathcal{A}$ 的成员的“交”所满足的性质. 问题是，这个任意 x 在哪个集合中呢？如果我们在一开始就给定一个包罗万象的大集合 X，并且始终只限于讨论 X 的子集的话，那么，对于空族 $\mathcal{A}$，完全有理由令

$$\bigcap_{A \in \mathcal{A}} A = X.$$

当然，不是所有的数学家都遵从这个约定. 为了避免麻烦，我们将不定义空族 $\mathcal{A}$ 的交.

笛卡儿积

再介绍一个由已知集合得到新集合的方法，它用到成员“有序偶对”的概念. 在学习解析几何的时候，第一件事就是要确认，在平面上取定 x 轴和 y 轴后，平面上的任意一个点对应着唯一的一个有序实数对(x, y). (按照几何学中更为高深一点的说法，把平面定义为所有的有序实数对的集合将更为适宜些!)

将有序偶对的概念用在一般集合上. 给定集合 A 和 B，其**笛卡儿积**(Cartesian product) $A\times B$——笛卡儿积有时也称为**积**(product)[①]——定义为所有有序偶对(a, b)的集合，其中 a 是A 的元素，b 是 B 的元素. 记作

$$A \times B = \{(a,b) \mid a \in A \text{ 和 } b \in B\}.$$

这个定义是假定已经有了“有序偶对”的概念，它可以像“集合”那样，作为一个原始概念，也可以用前面讲过的集合运算来加以定义. 其中一种表示为

$$(a,b) = \{\{a\},\{a,b\}\};$$

它将有序偶对(a, b)定义为一个集族. 如果 $a\neq b$，按照定义，(a, b)是两个集合的族，一个是单元素集，另一个是两元素集. 有序偶对的第一个坐标是同时属于这两个集合的元素，第二个坐标是仅属于一个集合的元素. 如果 $a=b$，这时$\{a, b\}=\{a, a\}=\{a\}$，所以(a, b)是仅一个集合$\{a\}$的族. 其第一、第二个坐标都是这个单点集的元素.

应当说大多数数学家更倾向于把有序偶对当作原始概念对待，而不将它作为集族.

我们对于记号作一点说明. 因为很不凑巧，在数学中，记号(a, b)已经有了两种完全不同的含义：一种含义是刚才讲的作为成员的一个有序偶对；另一种含义是我们在数学分析中早已熟悉的，即当 a，b 为实数时，(a, b)表示包含所有满足不等式 $a<x<b$ 的所有数 x 所构成的区间. 由于它的含义可依行文而定，所以大多数情况不会有问题. 在可能发生混淆时，我们就用另一个记号

$$a \times b$$

来表示有序偶对(a, b).

习题

1. 验证集合运算 $\cup$ 与 $\cap$ 的分配律及 DeMorgan 定律.
2. 对于所有集合 A，B，C，D，判定下面的哪些论断为真. 如果相互蕴涵关系不成立，判定有哪

① 这一句是译者所加，因为原书中常将未经定义的“积”(product)用作“笛卡儿积”的同义语. ——译者注

一种蕴涵关系．如果等号不成立，判定用包含关系$\subset$或$\supset$代替等号时，相应的表述是否成立？

(a) $A\subset B$ 和 $A\subset C \Longleftrightarrow A\subset(B\cup C)$.

(b) $A\subset B$ 或 $A\subset C \Longleftrightarrow A\subset(B\cup C)$.

(c) $A\subset B$ 和 $A\subset C \Longleftrightarrow A\subset(B\cap C)$.

(d) $A\subset B$ 或 $A\subset C \Longleftrightarrow A\subset(B\cap C)$.

(e) $A-(A-B)=B$.

(f) $A-(B-A)=A-B$.

(g) $A\cap(B-C)=(A\cap B)-(A\cap C)$.

(h) $A\cup(B-C)=(A\cup B)-(A\cup C)$.

(i) $(A\cap B)\cup(A-B)=A$.

(j) $A\subset C$ 并且 $B\subset D\Longrightarrow(A\times B)\subset(C\times D)$.

(k) (j)的逆.

(l) (j)的逆，假定 A 和 B 为非空集合.

(m) $(A\times B)\cup(C\times D)=(A\cup C)\times(B\cup D)$.

(n) $(A\times B)\cap(C\times D)=(A\cap C)\times(B\cap D)$.

(o) $A\times(B-C)=(A\times B)-(A\times C)$.

(p) $(A-B)\times(C-D)=(A\times C-B\times C)-(A\times D)$.

(q) $(A\times B)-(C\times D)=(A-C)\times(B-D)$.

3. (a)已知论断："若 $x<0$，则 $x^2-x>0$."试写出其逆否论断和逆论断．并判定三个论断中哪一个(如果有的话)是真论断.

(b)将上述论断换成："$x>0$，则 $x^2-x>0$."考虑与(a)小题相仿的问题.

4. 设 A，B 为实数集，写出下列每一个论断的否论断：

(a)对于任何 $a\in A$，有 $a^2\in B$.

(b)存在一个 $a\in A$，有 $a^2\in B$.

(c)对于任何 $a\in A$，有 $a^2\notin B$.

(d)存在一个 $a\notin A$，有 $a^2\in B$.

5. 设 $\mathcal{A}$ 是集的一个非空族．试判定下列每一个论断及其逆论断的真与假.

(a) $x\in \bigcup_{A\in\mathcal{A}} A\Longrightarrow$至少存在一个 $A\in\mathcal{A}$，使得 $x\in A$.

(b) $x\in \bigcup_{A\in\mathcal{A}} A\Longrightarrow$对于任意 $A\in\mathcal{A}$，有 $x\in A$.

(c) $x\in \bigcap_{A\in\mathcal{A}} A\Longrightarrow$至少存在一个 $A\in\mathcal{A}$，使得 $x\in A$.

(d) $x\in \bigcap_{A\in\mathcal{A}} A\Longrightarrow$对于任意 $A\in\mathcal{A}$，有 $x\in A$.

6. 写出习题 5 中每一个论断的逆否论断.

7. 已知集合 A，B，C，将下面每一个集合用集合 A，B，C 及符号$\cup$、$\cap$、$-$表示出来.

$$D=\{x\mid x\in A\text{ 并且}(x\in B\text{ 或者 }x\in C)\},$$

$$E = \{x \mid (x \in A \text{ 并且 } x \in B) \text{ 或者 } x \in C\},$$
$$F = \{x \mid x \in A \text{ 并且}(x \in B \Longrightarrow x \in C)\}.$$

8. 若集合 A 有两个元素，证明 $\mathcal{P}(A)$ 有四个元素．如果 A 分别为单元素集、三元素集、空集，$\mathcal{P}(A)$ 又各有多少元素？为什么 $\mathcal{P}(A)$ 称为 A 的幂集？
9. 对于任意“并”和任意“交”，陈述和证明 DeMorgan 定律.
10. 设 $\mathbb{R}$ 为实数集，试判定 $\mathbb{R}\times\mathbb{R}$ 的下述子集中的哪一个是 $\mathbb{R}$ 的两个子集的笛卡儿积.
    (a) $\{(x, y) \mid x \text{ 为整数}\}$.
    (b) $\{(x, y) \mid 0<y\leqslant 1\}$.
    (c) $\{(x, y) \mid y>x\}$.
    (d) $\{(x, y) \mid x \text{ 不是整数并且 } y \text{ 是一个整数}\}$.
    (e) $\{(x, y) \mid x^2+y^2<1\}$.

2　函数

函数这个概念我们曾多次遇到过，它在整个数学中占有重要的地位，提醒读者注意这一点很有必要．在这一节中我们给出它的精确的数学定义，并探讨与之有关的一些概念.

通常把函数视作某个法则，按照这个法则为集合 A 的每一个元素确定集合 B 的一个元素．在微积分中，函数常常用一个简单的公式给出，比如 $f(x)=3x^2+2$，有时式子比较复杂，如

$$f(x) = \sum_{k=1}^{\infty} x^k.$$

人们常常并不明确地指出集合 A 和 B 是什么，而约定 A 是使法则有意义的实数集，B 就是整个实数集.

然而，随着数学的进展，人们需要对函数给出更为确切的定义．数学家们对于上述有关函数的提法尽管予以认同，但是，他们所使用的函数的定义更为精确．首先，给出以下定义：

定义　**指派法则**(rule of assignment)是两个集合的笛卡儿积 $C\times D$ 的一个子集 r，该子集满足这样的条件：C 的每一个元素最多是 r 中一个有序偶对的第一个坐标.

这样，$C\times D$ 的一个子集 r 如果满足

$$[(c,d) \in r \text{ 并且}(c,d') \in r] \Longrightarrow [d = d'],$$

则成为一个指派法则．我们可以将 r 设想成一种指派方法，为 C 的元素 c 配置 D 的满足 $(c, d)\in r$ 的元素 d.

对于一个指派法则 r，其**定义域**(domain)是由 r 的元素的所有第一个坐标组成的 C 的子集，其**像集**(image set)是由 r 的元素的所有第二个坐标组成的 D 的子集，即

$$r \text{ 的定义域} = \{c \mid \text{存在 } d \in D, \text{使得}(c,d) \in r\},$$
$$r \text{ 的像集} = \{d \mid \text{存在 } c \in C, \text{使得}(c,d) \in r\}.$$

如果给定了一个指派法则 r，其定义域和像是完全确定的.

现在来定义函数.

定义　**函数**(function) f 是一个指派法则 r，连同一个包含 r 的像集的集合 B．法则 r 的定义域 A，称为函数 f 的**定义域**(domain)．r 的像集就称为 f 的**像集**(image set)．集合 B 称为 f

的**值域**(range)[①]. 此外，对应、映射都是函数的同义语[②].

若 f 是以 A 为定义域、B 为值域的一个函数，我们就写作

$$f:A \longrightarrow B,$$

读作"f 是一个从 A 到 B 的函数"，或"f 是从 A 到 B 中的一个映射"，或者简单地说"f 将 A 映到 B 中". 有时把 f 形象地看成是将 A 中的点移到 B 中去的几何变换.

如果 $f: A \to B$，并且 a 是 A 的一个元素，那么 $f(a)$ 表示在法则 f 下 B 中给 a 配置的那个唯一的元素，称为 f 在 a 点的**值**(value)，有时也称为 a 在 f 下的**像**(image)或像集. 正式地说，如果 r 是函数 f 的法则，$f(a)$ 就是使 $(a, f(a)) \in r$ 的 B 的那个唯一的元素.

使用这种表示法，可以把前面几乎所有的函数表达得更加严谨. 例如，我们可以说(用 $\mathbb{R}$ 表示实数集)：

"f 是一个函数，它的法则是 $\{(x, x^3+1) \mid x \in \mathbb{R}\}$，值域是 $\mathbb{R}$，"

也可以等价地说：

$$\text{“}f:\mathbb{R} \longrightarrow \mathbb{R}\text{ 是一个函数,使得 }f(x) = x^3 + 1.\text{”}$$

两种说法都相当精确地描述了同一个函数. 但是，如果说成"f 是函数，$f(x) = x^3 + 1$"就很不妥当，因为它既没有指出 f 的定义域，也没有指出它的值域.

定义 设 $f: A \to B$，A_0 为 A 的一个子集，f 在 A_0 上的**限制**(restriction)定义为将 A_0 映到 B 中的一个函数，其法则是

$$\{(a, f(a)) \mid a \in A_0\}.$$

记作 $f \mid A_0$，读成"f 在 A_0 上的限制".

例 1 设 $\mathbb{R}$ 为实数集，$\bar{\mathbb{R}}_+$ 为非负实数集. 考虑函数

$$\begin{aligned} f&:\mathbb{R} \longrightarrow \mathbb{R} && \text{使得 } f(x) = x^2, \\ g&:\bar{\mathbb{R}}_+ \longrightarrow \mathbb{R} && \text{使得 } g(x) = x^2, \\ h&:\mathbb{R} \longrightarrow \bar{\mathbb{R}}_+ && \text{使得 } h(x) = x^2, \\ k&:\bar{\mathbb{R}}_+ \longrightarrow \bar{\mathbb{R}}_+ && \text{使得 } k(x) = x^2. \end{aligned}$$

则函数 g 与 f 不同，因为它们的法则是 $\mathbb{R} \times \mathbb{R}$ 的不同子集. g 是 f 在 $\bar{\mathbb{R}}_+$ 上的限制. h 与 f 也不同，虽然它们的法则是同一个集合，但是值域不同. k 与 f，g，h 都不同. 这些函数如图 2.1 所示.

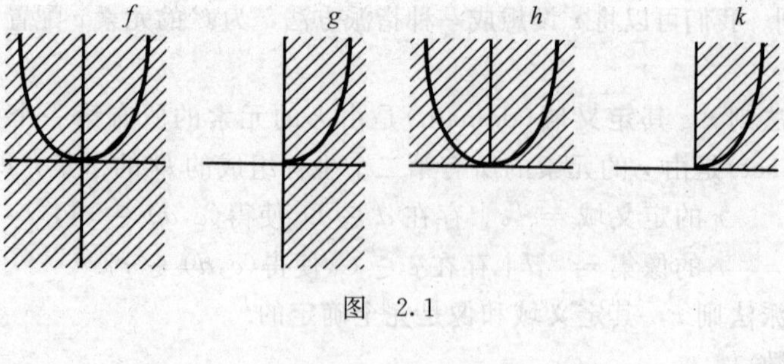

图 2.1 ■

① 数学分析中常用的"值域"这个词，就是我们所说的 f 的像集. 那里并没有给集合 B 一个名称.

② 最后一句话是译者所加，因为原书中后文经常把这两个未经定义的词当作函数的同义词来用. ——译者注

限制函数的定义域和改变函数的值域，这是由已知函数做出新函数的两个方法. 还有一种方法就是做出两个函数的复合函数.

定义 已知函数 $f: A\to B$ 和 $g: B\to C$，f 与 g 的**复合**(composition)$g\circ f$ 是一个函数 $g\circ f: A\to C$，定义为 $(g\circ f)(a)=g(f(a))$.

正式定义为 $g\circ f: A\to C$ 是这样的一个函数，它的法则是

$$\{(a,c)\mid 对于某一个\ b\in B, 有\ f(a)=b\ 和\ g(b)=c\}.$$

复合函数 $g\circ f$ 常常可以理解成从点 a 到点 $f(a)$，然后再到 $g(f(a))$ 的一个物理运动，如图 2.2 所示.

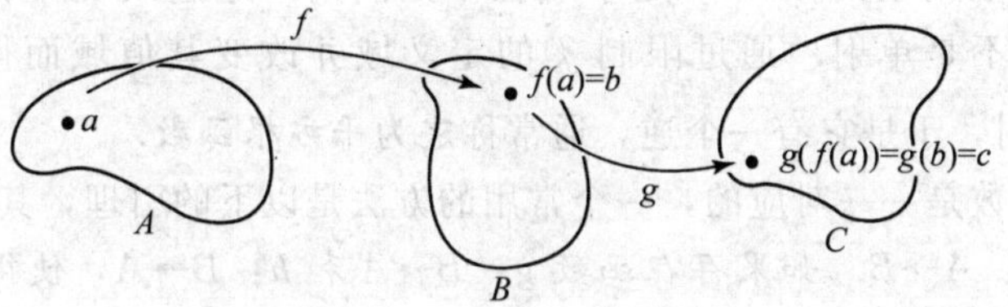

图 2.2

注意，$g\circ f$ 仅仅在 f 的值域等于 g 的定义域时才有意义.

例 2 由 $f(x)=3x^2+2$ 给出的函数 $f: \mathbb{R}\to\mathbb{R}$ 与由 $g(x)=5x$ 给出的函数 $g: \mathbb{R}\to\mathbb{R}$ 的复合是函数 $g\circ f: \mathbb{R}\to\mathbb{R}$，其定义为

$$(g\circ f)(x)=g(f(x))=g(3x^2+2)=5(3x^2+2).$$

这时还可以作出复合 $f\circ g$. 函数 $f\circ g: \mathbb{R}\to\mathbb{R}$ 与 $g\circ f$ 完全不同，它定义为

$$(f\circ g)(x)=f(g(x))=f(5x)=3(5x)^2+2.$$ ■

定义 函数 $f: A\to B$ 称为**单的**(injective)，如果 A 中不同的点在 f 下的像不相同. 函数 $f: A\to B$ 称为**满的**(surjective)(或 f 将 A 映满 B)，如果 B 的每一个元素都是 A 中某元素在 f 下的像. 如果 f 既是单的又是满的，则称 f 为**既单且满的**(bijective)，或**一一的**(one-to-one). 此外单的函数称为**单射**(injection)，满的函数称为**满射**(surjection)，一一的函数称为**一一对应**(one-to-one correspondence，one-to-one map). [①]

更正式的定义是，如果

$$[f(a)=f(a')]\Longrightarrow[a=a'],$$

则 f 是单射. 如果

$$[b\in B]\Longrightarrow[对于至少一个\ a\in A, 使得\ b=f(a)],$$

则 f 是满射.

① 这个定义经译者稍加修改过. 修改的理由是：(a)原文中"单的"(injective)也叫做"一一的"(one-to-one)，容易与后文"一一对应"(one-to-one correspondence)混淆；(b)有些译者将"bijective"译为"双的"，在汉语中容易引起误解，译为"既单且满的"又太啰嗦，因此按照习惯将"一一的"这个词保留给它；(c)后文中经常用到未经定义的词"injection"、"bijection"等，故而在此补充. ——译者注

f是否是单射仅仅依赖于f的法则，它是否是满射则还要依赖于f的值域．不难验证：两个单射的复合是一个单射，两个满射的复合是一个满射．从而，两个一一对应的复合是一个一一对应．

如果f是一个一一对应，则存在从B到A的一个函数，称为f的**逆**(inverse)，记作f^{-1}，其元素$f^{-1}(b)$定义为A中满足$f(a)=b$的那个唯一元素a．对于$b\in B$，由于f是满射，可见这样的元素$a\in A$是存在的；由于f是单射，可见仅有一个这样的元素$a\in A$．显然，如果f是一一对应，则f^{-1}也是一一对应．

例3　仍考虑图2.1中的函数f，g，h，k．函数f：$\mathbb{R}\to\mathbb{R}$，$f(x)=x^2$，既不是单射也不是满射．f在非负实数集上的限制g是单射但不是满射．通过改变f的值域而得到的函数h：$\mathbb{R}\to\bar{\mathbb{R}}_+$是满射但不是单射．通过限制$f$的定义域并改变其值域而得到的函数$k$：$\bar{\mathbb{R}}_+\to\bar{\mathbb{R}}_+$既是单射又是满射，于是它有一个逆，通常称之为平方根函数．■

为了判定一个函数是一一对应的，一个常用的方法是以下的引理，其证明留作习题．

引理2.1　设f：$A\to B$．如果存在函数g：$B\to A$和h：$B\to A$，使得对于A中每一个a，$g(f(a))=a$，并且对于B中每一个b，$f(h(b))=b$，则f是一个一一对应，并且$g=h=f^{-1}$．

定义　设f：$A\to B$．A_0为A的一个子集，用$f(A_0)$表示A_0中的点在f下的像的集合，这个集合称为A_0在f下的**像**(image)．正式的定义是

$$f(A_0)=\{b\mid 对于某\ a\in A_0,b=f(a)\}.$$

另一方面，若B_0为B的一个子集，用$f^{-1}(B_0)$表示A中那些元素的集合，它们在f下的像属于B_0；$f^{-1}(B_0)$称为B_0在f下的**原像**(preimage)（或B_0的“反像”或“逆像”）．正式的定义是

$$f^{-1}(B_0)=\{a\mid f(a)\in B_0\}.$$

当然，有可能A中任何点的像都不在B_0中．这时，$f^{-1}(B_0)$是空集．

注意，如果f：$A\to B$是一一对应，$B_0\subset B$，那么记号$f^{-1}(B_0)$就有两种含义：它既可以表示B_0在f下的原像，又可以表示B_0在f^{-1}：$B\to A$下的像．但是这两种含义都恰好得出A的同一个子集，所以不会造成混淆．

要正确使用记号f与f^{-1}，必须格外小心．例如，当f^{-1}作用在B的子集上时有很好的性质，它保持集合的“包含”、“并”、“交”与“差”．我们将时常利用这个事实．而f作用在A的子集上时，仅保持集合的“包含”和“并”．见习题2和3．

另外一个值得注意的问题是，一般说来$f^{-1}(f(A_0))=A_0$与$f(f^{-1}(B_0))=B_0$并不成立（参见后面的例子）．请读者自行验证它们之间的下列关系：假定f：$A\to B$，$A_0\subset A$，和$B_0\subset B$，则有

$$f^{-1}(f(A_0))\supset A_0\quad 和\quad f(f^{-1}(B_0))\subset B_0.$$

进一步，如果f为单射，则第一个包含关系可改写为等式．如果f为满射，则第二个包含关系可改写为等式．

例4　考虑由$f(x)=3x^2+2$所定义的函数f：$\mathbb{R}\to\mathbb{R}$（见图2.3）．设$[a,b]$为闭区间$a\leqslant x\leqslant b$，则有

$$f^{-1}(f([0,1])) = f^{-1}([2,5]) = [-1,1] \quad 和 \quad f(f^{-1}([0,5])) = f([-1,1]) = [2,5].$$

■

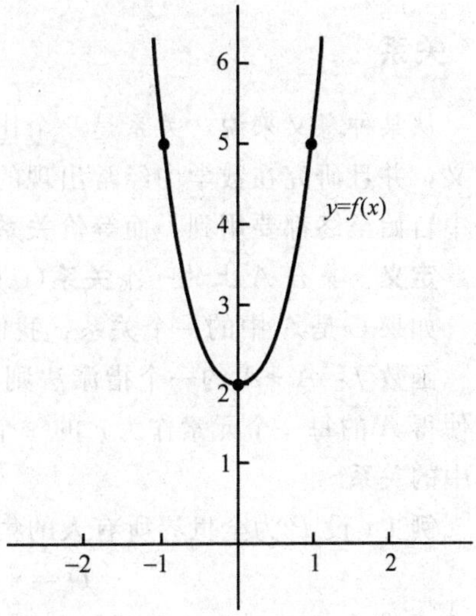

图 2.3

习题

1. 设 $f: A \to B$，$A_0 \subset A$ 和 $B_0 \subset B$.

(a)证明 $A_0 \subset f^{-1}(f(A_0))$，并且当 f 是单射时，式中包含关系可换为等号.

(b)证明 $f(f^{-1}(B_0)) \subset B_0$，并且当 f 是满射时，式中包含关系可换为等号.

2. 设 $f: A \to B$，并且对于 $i=0$ 和 1，$A_i \subset A$，$B_i \subset B$.

证明 f^{-1} 保持集合的包含、并、交和差：

(a)$B_0 \subset B_1 \Longrightarrow f^{-1}(B_0) \subset f^{-1}(B_1)$.

(b)$f^{-1}(B_0 \cup B_1) = f^{-1}(B_0) \cup f^{-1}(B_1)$.

(c)$f^{-1}(B_0 \cap B_1) = f^{-1}(B_0) \cap f^{-1}(B_1)$.

(d)$f^{-1}(B_0 - B_1) = f^{-1}(B_0) - f^{-1}(B_1)$.

证明 f 仅保持集合的包含与并：

(e)$A_0 \subset A_1 \Longrightarrow f(A_0) \subset f(A_1)$.

(f)$f(A_0 \cup A_1) = f(A_0) \cup f(A_1)$.

(g)$f(A_0 \cap A_1) \subset f(A_0) \cap f(A_1)$. 证明当 f 是单射时，式中包含关系 $\subset$ 可换为等号.

(h)$f(A_0 - A_1) \supset f(A_0) - f(A_1)$，证明当 f 是单射时，式中包含关系 $\supset$ 可换为等号.

3. 证明习题 2 中的(b)、(c)、(f)、(g)小题对于任意并和任意交成立.

4. 设 $f: A \to B$，$g: B \to C$.

(a)若 $C_0 \subset C$，证明 $(g \circ f)^{-1}(C_0) = f^{-1}(g^{-1}(C_0))$.

(b)若 f 和 g 都是单射，证明 $g \circ f$ 也是一个单射.

(c)若 $g \circ f$ 是一个单射，试讨论 f 和 g 是否是单射？

(d)若 f 和 g 都是满射，证明 $g \circ f$ 也是一个满射.

(e)若 $g \circ f$ 是一个满射，那么试讨论 f 和 g 是否是满射？

(f)将从(b)～(e)各小题得到的结论总结为一个定理.

5. 集合 C 的**恒等函数**(identity function)一般记作 i_C. 函数 $i_C: C \to C$ 定义为：对于任意 $x \in C$，$i_C(x) = x$. 对于函数 $f: A \to B$，如果存在函数 $g: B \to A$，使 $g \circ f = i_A$，则称 g 为 f 的**左逆**(left inverse). 如果存在函数 $h: B \to A$，使 $f \circ h = i_B$，则称 h 为 f 的**右逆**(right inverse).

(a)证明，若 f 有左逆，则 f 是单射；若 f 有右逆，则 f 是满射.

(b)举出一个有左逆而无右逆的函数的例子.

(c)举出一个有右逆而无左逆的函数的例子.

(d)是否存在有多个左逆的函数？是否存在有多个右逆的函数？

(e)证明：若 f 既有左逆 g，又有右逆 h，则 f 是一一对应并且

$$g = h = f^{-1}.$$

6. 假设函数 f: $\mathbb{R}\to\mathbb{R}$ 是通过式子 $f(x)=x^3-x$ 来定义的．适当限制其定义域及改变值域得到一个一一的函数 g．画出 g 与 g^{-1} 的图形．(g 有多种可能的选择．)

3　关系

从某种意义来说，关系是一个比函数更为广泛的概念．本节要给出数学家们所讲的关系的定义，并且研究在数学中经常出现的两种关系，即等价关系和全序关系．全序关系的概念在本书中自始至终都要用到，而等价关系的概念在第 22 节之前不会用到．

定义　集合 A 上的一个**关系**(relation)是笛卡儿积 $A\times A$ 的一个子集 C．

如果 C 是 A 中的一个关系，我们用记号 xCy 表示 $(x,y)\in C$，读作"x 与 y 有关系 C."

函数 f: $A\to A$ 的一个指派法则 r 也是 $A\times A$ 的一个子集，但它是相当特殊的一类子集，它使得 A 的每一个元素作为 r 的一个元素的第一个坐标恰好出现一次．$A\times A$ 的任意子集都是 A 中的关系．

例 1　设 P 为全世界所有人的集合，$D\subset P\times P$ 定义为

$$D=\{(x,y)\mid x\text{ 是 }y\text{ 的一个后代}\},$$

则 D 是集合 P 中的一个关系．"x 与 y 有关系 D"与"x 是 y 的后代"这两句话，说的是同一件事，即 $(x,y)\in D$. P 中还有另外两个关系：

$$B=\{(x,y)\mid x\text{ 有一个祖先也是 }y\text{ 的祖先}\}.$$

$$S=\{(x,y)\mid x\text{ 的父母就是 }y\text{ 的父母}\}.$$

我们称 B 为"血缘关系"，称 S 为"同胞关系"．这三种关系有完全不同的性质．例如，血缘关系有对称性(如果 x 与 y 有血缘关系，则 y 与 x 有血缘关系)，而后代关系则不然．我们马上要研究这些关系．■

等价关系与分拆

集合 A 中的一个**等价关系**(equivalence relation)是 A 上满足下面三条性质的一个关系 C：

(1)(自反性)对于 A 中每一个 x，有 xCx.

(2)(对称性)若 xCy，则 yCx.

(3)(传递性)若 xCy 和 yCz，则 xCz.

例 2　在例 1 所定义的关系中，后代关系 D 既没有自反性，又没有对称性；而血缘关系 B 没有传递性。(尽管我和我的妻子都与孩子有血缘关系，但是我们之间没有血缘关系!)然而可以验证同胞关系是一个等价关系．■

虽然关系是一个集合，但并不一定要用大写字母或任何类型的字母来记关系．用另外的符号将更为合适．经常用以表示一个等价关系的是"波纹"号～．应用这个记号，等价关系的性质可写成：

(1)对于 A 中每一个 x，$x\sim x$.

(2)若 $x\sim y$，则 $y\sim x$.

(3)若 $x\sim y$ 和 $y\sim z$，则 $x\sim z$.

有些特殊的等价关系使用了一些别的符号，它们在本书中许多地方都会遇到．

给定集合 A 中的一个等价关系～，和 A 的一个元素 x，可以由下式定义 A 的子集 E，称

为由 x 决定的**等价类**(equivalence class):

$$E=\{y \mid y \sim x\}.$$

注意，由 x 决定的等价类 E 包含 x，这是因为 $x \sim x$. 等价类具有下列性质：

引理 3.1 *两个等价类 E 和 E' 或者无交或者相等.*

证 设 E 是由 x 决定的等价类，E' 是由 x' 决定的等价类. 若 $E \cap E'$ 不是空集，则有 $y \in E \cap E'$，参见图 3.1. 下面证明 $E=E'$.

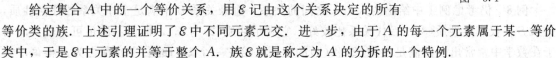

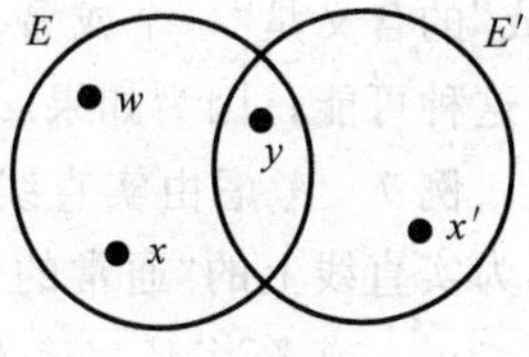

图 3.1

根据定义可知 $y \sim x$ 和 $y \sim x'$. 根据对称性可得 $x \sim y$ 和 $y \sim x'$. 应用传递性则有 $x \sim x'$. 若 w 为 E 的任意一点，根据定义有 $w \sim x$. 再用一次传递性得到 $w \sim x'$. 因此，$E \subset E'$.

可以完全对称地推出 $E' \subset E$. 所以 $E=E'$. ■

给定集合 A 中的一个等价关系，用 $\mathscr{E}$ 记由这个关系决定的所有等价类的族. 上述引理证明了 $\mathscr{E}$ 中不同元素无交. 进一步，由于 A 的每一个元素属于某一等价类中，于是 $\mathscr{E}$ 中元素的并等于整个 A. 族 $\mathscr{E}$ 就是称之为 A 的分拆的一个特例.

定义 *集合 A 的一个***分拆***(partition)是 A 的无交子集的一个族，其并为 A.*

研究集合 A 中的等价关系与研究 A 的分拆实际上是一回事. 对于 A 的任意分拆 $\mathscr{D}$，则恰好存在 A 中的一个等价关系，由它可导出 $\mathscr{D}$.

证明这一点并不困难. 为了证明 $\mathscr{D}$ 由某一个等价关系导出，我们定义 A 上的关系 C 为：若 x 与 y 属于 $\mathscr{D}$ 的同一元素，则 xCy. C 的对称性是显然的. 由于 $\mathscr{D}$ 中元素的并等于 A，可得到自反性. 由于 $\mathscr{D}$ 中不同元素无交得出传递性. 容易验证，由 C 决定的等价类的族确实就是族 $\mathscr{D}$.

为了证明这种等价关系的唯一性，设 C_1 和 C_2 是 A 上的两个等价关系，它们产生出相同的等价类的族 $\mathscr{D}$. 对于 $x \in A$，我们证明 xC_1y 当且仅当 xC_2y，从而推得 $C_1=C_2$. 设 E_1 是由 x 决定的、相对于关系 C_1 的等价类. E_2 是由 x 决定的、相对于关系 C_2 的等价类. 则 E_1 是 $\mathscr{D}$ 的一个元素，从而它必定等于 $\mathscr{D}$ 中含有 x 的唯一元素 D. 类似地，E_2 也一定等于 D. 根据定义，E_1 包含所有使得 yC_1x 的 y，E_2 包含所有使得 yC_2x 的元素 y. 因此 $E_1=D=E_2$，结论得证.

例 3 将平面上的两个点的等价定义为它们与原点的距离相等——它们显然具有自反性、对称性和传递性，则等价类的族 $\mathscr{E}$ 由所有以原点为中心的圆及原点这个单点集组成. ■

例 4 将平面上的两个点的等价定义为它们的 y 坐标相同，则等价类的族是平面上所有平行于 x 轴的直线的族. ■

例 5 设 $\mathscr{L}$ 为平面上与 $y=-x$ 平行的所有直线的族，则 $\mathscr{L}$ 是平面的一个分拆，因为平面的任意点都在一条这样的直线上，并且不同的两条直线无交. 分拆 $\mathscr{L}$ 是由平面上的以下等价关系所产生的：如果 $x_0+y_0=x_1+y_1$，则点 (x_0, y_0) 与 (x_1, y_1) 等价. ■

例 6 设 $\mathscr{L}'$ 为平面上所有直线的族，则 $\mathscr{L}'$ 不是平面的一个分拆，因为 $\mathscr{L}'$ 的不同元素未必无交，两条不重合的直线也可能相交. ■

序关系

集合 A 中的一个关系 C 称为**序关系**(order relation)(或**全序**(simple order)，**线序**(linear order))，如果满足下列性质：

(1)(可比较性)对于 A 中满足 $x \neq y$ 的每个 x 和 y，或者 xCy，或者 yCx.

(2)(非自反性)A 中没有 x，使得 xCx 成立.

(3)(传递性)若 xCy 并且 yCz，则 xCz.

请注意，性质(1)本身并不排除 A 中可能有某元素偶对 x，y，使 xCy 和 yCx 都成立(因为"或"的含义是"一个或另一个，或者一个及另一个")．但是与性质(2)与(3)合在一起，就排除了这种可能；因为如果 xCy 和 yCx 都成立，由传递性得到 xCx，这与非自反性矛盾.

例 7　考虑由实直线上所有满足 $x<y$ 的实数对(x, y)组成的关系．这是一个全序关系，称为实直线上的"通常的全序关系"．下面是一种在实直线上不太为人所熟悉的全序关系：当 $x^2<y^2$，或者当 $x^2=y^2$ 并且 $x<y$ 时，有 xCy．可以验证这是一种全序关系. ■

例 8　仍考虑例 1 中给出的人与人之间的关系，血缘关系 B 不满足全序关系的任何性质，关系 S 仅仅满足性质(3)．后代关系比较好，它满足性质(2)与(3)，但仍不满足可比较性．对于在数学中常常出现的满足性质(2)和(3)的关系，给它一个专门的名字，称之为*严格偏序关系*．我们以后将研究它(参见第 11 节). ■

正如用波纹号～表示等价关系那样，"小于"符号"<"往往用来表示一个全序关系．用这个记号，就可以把一个全序关系的性质写成：

(1)若 $x \neq y$，则或者 $x<y$，或者 $y<x$.

(2)若 $x<y$，则 $x \neq y$.

(3)若 $x<y$ 并且 $y<z$，则 $x<z$.

我们把"或者 $x<y$，或者 $x=y$"论断用记号 $x \leqslant y$ 表示，"$x<y$"论断用 $y>x$ 表示．我们用 $x<y<z$ 表示"$x<y$ 和 $y<z$".

定义　若 X 是一个集合，$<$为 X 上的一个全序关系．对于 $a<b$，我们用记号(a, b)表示集合

$$\{x \mid a<x<b\},$$

并且称之为 X 中的一个**开区间**(open interval)．如果这个集合是空集，则称 a 为 b 的**紧接前元**(immediate predecessor)，b 为 a 的**紧接后元**(immediate successor).

定义　设 A 和 B 是分别有全序关系$<_A$ 和$<_B$ 的两个集合．A 和 B 称为**序型**(order type)相同的，如果在它们之间有一个一一保序对应，也就是存在一个一一对应 $f: A \to B$，使得

$$a_1 <_A a_2 \Longrightarrow f(a_1) <_B f(a_2).$$

例 9　实数区间$(-1, 1)$与实数集$\mathbb{R}$ 的序型相同，可以验证，由下式

$$f(x)=\frac{x}{1-x^2}$$

所给出的函数 f：$(-1, 1) \to \mathbb{R}$ 就是一个一一保序对应．函数的图形如图 3.2 所示. ■

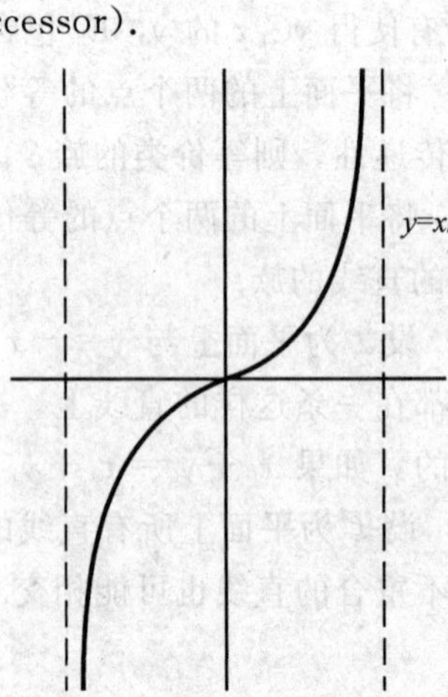

图　3.2

例 10　$\mathbb{R}$ 的两个子集 $A=\{0\} \cup (1, 2)$与$[0, 1)=$

$\{x \mid 0 \leqslant x < 1\}$有相同序型．由下式

$$f(0) = 0,$$
$$f(x) = x - 1, \quad x \in (1,2)$$

所定义的函数 f：$A \to [0, 1)$就是所要求的保序对应．■

下面是定义全序关系的一种有趣的方式，它在以后的例子中将会用到．

定义 设 A 和 B 是分别有全序关系$<_A$ 和$<_B$ 的两个集合．$A \times B$ 上的全序关系定义为：当 $a_1 <_A a_2$ 或者当 $a_1 = a_2$ 并且 $b_1 <_B b_2$ 时，

$$a_1 \times b_1 < a_2 \times b_2.$$

它称为 $A \times B$ 上的**字典序关系**(dictionary order relation)．

可以分成几种情形来验证这是一个全序关系，请读者自己完成．

我们选择这个术语的理由是易于理解的，因为定义$<$的法则与在英文字典中字的排序法则是一样的．给定两个英语单词，首先比较它们的首字母，则单词的顺序就可以根据它们的首字母在字母表中出现的次序来决定．如果它们的首字母相同，再比较它们的第二个字母，并且相应地决定其顺序．以此类推．

例 11 考虑平面$\mathbb{R} \times \mathbb{R}$上的字典序．在这个全序关系下，点 p 小于经过 p 的竖直线位于 p 上方的任意点，也小于位于这条竖直线右边的任意点．■

例 12 考虑具有通常的全序关系的实数集$[0, 1)$及正整数集$\mathbb{Z}_+$，赋予$\mathbb{Z}_+ \times [0, 1)$字典序，则$\mathbb{Z}_+ \times [0, 1)$与非负实数集的序型相同，函数

$$f(n \times t) = n + t - 1$$

就是所需要的一一保序对应．另一方面，具有字典序的集合$[0, 1) \times \mathbb{Z}_+$则有完全不同的序型．例如，这个全序集的每一个元素有一个紧接后元．这些集合如图 3.3 所示．

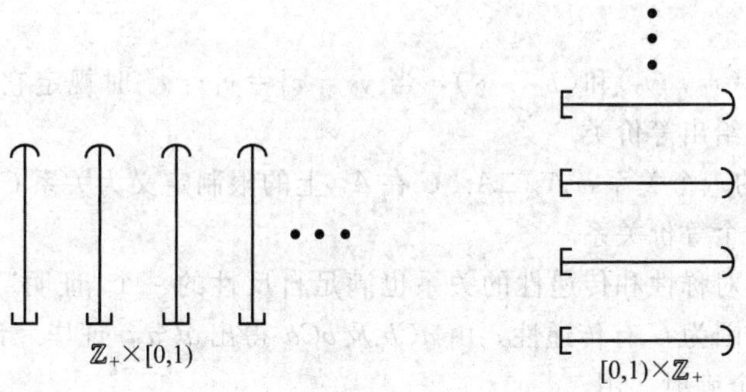

图　3.3

■

或许你已经知道实数有一个“上确界性质”，对于任意一个全序集也可以定义这个性质．首先，给出下面一些预备定义．

设 A 为具有全序关系$<$的集合．A_0 为 A 的一个子集．如果 $b \in A_0$ 并且对于任意 $x \in A_0$ 有 $x \leqslant b$，则称元素 b 为A_0 的**最大元**(largest element)．类似地，如果 $a \in A_0$ 并且对于任意 $x \in A_0$ 有 $a \leqslant x$，则称元素 a 为 A_0 的**最小元**(smallest element)．容易看出，一个集合最多有一个最大

元，也最多有一个最小元.

满足以下条件时，我们说 A 的子集 A_0 是**有上界的**(bounded above)：如果存在 A 的一个元素 b，对于任意 $x\in A_0$，有 $x\leqslant b$，元素 b 称为 A_0 的一个**上界**(upper bound). 如果 A_0 的所有上界的集合有一个最小元，则称它为 A_0 的**上确界**(least upper bound, supremum)，记作 $\sup A_0$. 上确界可以属于 A_0，也可以不属于 A_0. 如果它属于 A_0，就是 A_0 的最大元.

类似地，我们说 A_0 是**有下界的**(bounded below)：如果存在 A 的一个元素 a，使得对于任意 $x\in A_0$，有 $a\leqslant x$，元素 a 称为 A_0 的一个**下界**(lower bound). 若 A_0 的所有下界的集合有一个最大元，则称它为 A_0 的**下确界**(greatest lower bound, infimum)，记作 $\inf A_0$. 下确界可以属于 A_0，也可以不属于 A_0. 如果它属于 A_0，就是 A_0 的最小元.

现在定义上确界性质.

定义 如果全序集 A 的每一个有上界的非空子集 A_0 必有上确界，则称 A 具有**上确界性质**(least upper bound property). 同样，如果全序集 A 的每一个有下界的非空子集 A_0 必有下确界，则称 A 有**下确界性质**(greatest lower bound property).

作为习题，请读者证明：A 具有上确界性质当且仅当它具有下确界性质.

例 13 考虑具有通常的全序关系的实数集 $A=(-1,1)$. 已经假定实数具有上确界性质，那么这个集合具有上确界性质. 事实上，任意给定一个 A 的有上界的子集，其上确界(在实数中)必定在 A 中. 例如，A 的子集 $\left\{-\frac{1}{2n} \mid n\in\mathbb{Z}_+\right\}$ 虽然没有最大元，但在 A 中有一个上确界 0.

另一方面，集合 $B=(-1,0)\cup(0,1)$ 不具有上确界性质. 例如，子集 $\left\{-\frac{1}{2n} \mid n\in\mathbb{Z}_+\right\}$ 以 $(0,1)$ 中任意元素为其上界，但是它在 B 中没有上确界. ■

习题

等价关系

1. 对于平面的两个点 (x_0, y_0) 和 (x_1, y_1)，当 $y_0-x_0^2=y_1-x_1^2$ 时规定它们是等价的. 验证这是一个等价关系并给出等价类.
2. 设 C 为集合 A 中的一个关系，$A_0\subset A$. C 在 A_0 上的限制定义为关系 $C\cap(A_0\times A_0)$. 证明等价关系的限制是一个等价关系.
3. 这里给出任何满足对称性和传递性的关系也满足自反性的一个"证明"："因为 C 有对称性，由 aCb 得出 bCa. 因为 C 有传递性，由 aCb 及 bCa 得出 aCa，证毕."请找出其中的错误.
4. 设 $f: A\to B$ 是一个满射. 用
$$f(a_0)=f(a_1)$$
定义 A 中的一个关系 $a_0\sim a_1$.
(a)证明这是一个等价关系.
(b)设 A^* 为等价类的集合. 证明在 A^* 与 B 之间有一个一一对应.
5. 设 S 和 S' 为平面的两个子集：
$$S=\{(x,y)\mid y=x+1 \text{ 和 } 0<x<2\},$$
$$S'=\{(x,y)\mid y-x \text{ 是一个整数}\}.$$

(a)证明 S'是实直线中的一个等价关系并且 $S'\supset S$. 给出 S'的等价类.

(b)证明，对于集合 A 上的等价类的任意一个族，其交也是 A 中的一个等价关系.

(c)给出实直线中的一个等价关系 T，使之成为实直线中包含 S 的所有等价关系的交. 写出 T 的等价类.

序关系

6. 定义平面中的一个关系为：当 $y_0-x_0^2<y_1-x_1^2$，或当 $y_0-x_0^2=y_1-x_1^2$ 并且 $x_0<x_1$ 时

$$(x_0,y_0)<(x_1,y_1).$$

证明这是平面上的一个全序关系，并给出几何解释.

7. 证明：全序关系的限制是一个全序关系.

8. 验证例 7 中定义的关系是一个全序关系.

9. 验证字典序是一个全序关系.

10. (a)证明例 9 中的映射 f：$(-1, 1)\to\mathbb{R}$ 是保序的.

(b)证明由 $g(y)=2y/[1+(1+4y^2)^{1/2}]$所定义的函数 g：$\mathbb{R}\to(-1, 1)$既是 f 的左逆又是 f 的右逆.

11. 证明：全序集的一个元素最多有一个紧接后元，也最多有一个紧接前元. 证明：全序集的一个子集最多有一个最小元，也最多有一个最大元.

12. 设$\mathbb{Z}_+$表示正整数集. 考虑$\mathbb{Z}_+\times\mathbb{Z}_+$上的下列全序关系：

(i)字典序.

(ii)当 $x_0-y_0<x_1-y_1$，或当 $x_0-y_0=x_1-y_1$ 并且 $y_0<y_1$ 时，$(x_0, y_0)<(x_1, y_1)$.

(iii)当 $x_0+y_0<x_1+y_1$，或当 $x_0+y_0=x_1+y_1$ 并且 $y_0<y_1$ 时，$(x_0, y_0)<(x_1, y_1)$.

在这些全序关系中，什么元素有紧接前元？这个集合有一个最小元吗？证明这三个序型互不相同.

13. 证明下述定理：

定理 如果一个全序集 A 具有上确界性质，则它也具有下确界性质.

14. 若 C 为集合 A 中的一个关系，定义 A 上一个新的关系 D 为：当$(a, b)\in C$时，$(b, a)\in D$.

(a)证明：C 有对称性当且仅当$C=D$.

(b)证明：若 C 是一个全序关系，则 D 也是一个全序关系.

(c)证明习题 13 中那个定理的逆定理.

15. 假定实直线具有上确界性质.

(a)证明集合

$$[0,1]=\{x\mid 0\leqslant x\leqslant 1\},$$
$$[0,1)=\{x\mid 0\leqslant x<1\}$$

具有上确界性质.

(b)在字典序下的$[0, 1]\times[0, 1]$具有上确界性质吗？对于$[0, 1]\times[0, 1)$呢？对于$[0, 1)\times[0, 1]$呢？

4　整数与实数

迄今我们所讨论的可以说是拓扑学的逻辑基础——集合论的一些基本概念．现在转入讨论它的数学基础——整数与实数系．相关的内容在前几节的例题和习题中已经非正式地使用过，现在需要给予正式处理．

建立这些基础的一个办法是，仅仅应用集合论公理来构造实数系，也就是说，赤手空拳地干．这样处理问题要花费很多时间和精力，并且其中逻辑的味道远远超过数学．

第二种方法比较简单，它假定已有关于实数的一些公理，从这些公理出发进行讨论．本节大体上就是这样处理实数的．准确些说，我们将给出关于实数的一些公理，并且指出如何从这些公理出发导出整数和实数的一些熟知的性质．但是，大部分证明将留作习题．如果你以前已经见过相关的内容，那么我们的讨论将会加深你的理解．如果你不知道，那么把这些习题详细地做一遍，将会加强你在数学基础方面的知识．

首先，我们将要用到集合论中的一个定义．

定义　集合 A 中的一个**二元运算**(binary operation)是将 $A\times A$ 映到 A 中的一个函数 f.

对于集合 A 中的二元运算 f，往往使用一种与第2节引进的标准函数记号不同的记号．函数 f 在点(a, a')处的值不用 $f(a, a')$，而是把函数符号写在点的两个坐标中间，即用 afa' 来表示运算的值．与关系的情形一样，今后也经常使用一些不同于字母的符号来表示一个运算．常用的符号有加号(+)、乘号(·)和(∘)，以及星号(∗)等等．

假定

我们假定有一个称之为**实数**(real numbers)的集合$\mathbb{R}$，在$\mathbb{R}$上有分别称之为加法运算和乘法运算的两个二元运算+和·，以及$\mathbb{R}$上的一个全序关系<，它们具有以下性质：

代数性质

(1)$(x+y)+z=x+(y+z)$和$(x\cdot y)\cdot z=x\cdot(y\cdot z)$对于$\mathbb{R}$中的所有 x，y，z 成立．

(2)$x+y=y+x$ 和 $x\cdot y=y\cdot x$ 对于$\mathbb{R}$中的所有 x，y 成立．

(3)$\mathbb{R}$中有唯一的一个元素，称为**零**(zero)，记作0，它使得对于所有 $x\in\mathbb{R}$，$x+0=x$.

$\mathbb{R}$中有唯一一个不是0的元素，称为**一**(one)，记作1，它使得对于所有 $x\in\mathbb{R}$，$x\cdot 1=x$.

(4)对于$\mathbb{R}$中每一个 x，存在$\mathbb{R}$中唯一的一个 y，使得 $x+y=0$；对于$\mathbb{R}$中每一个 $x\neq 0$，存在$\mathbb{R}$中唯一的一个 y，使得 $x\cdot y=1$.

(5)$x\cdot(y+z)=(x\cdot y)+(x\cdot z)$对于所有 x，y，$z\in\mathbb{R}$ 成立．

代数与序的混合性质

(6)若 $x>y$，则 $x+z>y+z$.

若 $x>y$ 和 $z>0$，则 $x\cdot z>y\cdot z$.

序性质

(7)全序关系<具有上确界性质．

(8)若 $x<y$，则存在一个元素 z，使得 $x<z$ 和 $z<y$.

根据性质(1)～(5)即可得到熟知的"代数定律"．给定 x，用 $-x$ 记满足 $x+y=0$ 的数

y. $-x$ 称为 x 的**负元**(negative element). 我们通过公式 $z-x=z+(-x)$ 定义**减法运算**(subtraction operation). 类似地，对于 $x\neq 0$，用 $1/x$ 记使得 $x\cdot y=1$ 成立的数 y，$1/x$ 称为 x 的**倒数**(reciprocal). 我们通过公式 $z/x=z\cdot(1/x)$ 定义**商**(quotient)[①]. 常用的符号法则以及分数的加法与乘法法则都可以作为定理推出来. 这些代数定律写在本节末尾的习题 1 中. $x\cdot y$ 常简单地记为 xy.

将性质(6)与性质(1)～(5)合在一起，可以证明通常的"不等式法则"，比如

$$\text{若 } x>y \quad \text{和} \quad z<0, \text{则 } x\cdot z<y\cdot z.$$

$$-1<0 \quad \text{和} \quad 0<1.$$

所有不等式法则写在习题 2 中.

若 $x>0$，则定义 x 为**正数**(positive number)；若 $x<0$，则定义 x 为**负数**(negative number). 全体正实数记作 $\mathbb{R}_+$，全体非负实数记作 $\bar{\mathbb{R}}_+$(理由将在后面说明). 性质(1)～(6)是近世代数中熟知的性质. 具有两个满足性质(1)～(5)的二元运算的任何集合，在代数学中称为一个**域**(field)，具有满足性质(6)的全序关系的域，称为一个**有序域**(ordered field).

另一方面，性质(7)和(8)是拓扑学中熟知的性质，它们仅涉及全序关系，具有满足性质(7)和(8)的全序关系的任何集合，在拓扑学中称为**线性连续统**(linear continuum).

将关于有序域的公理(性质(1)～(6))与关于线性连续统的公理(性质(7)和(8))合起来，发现有些结果重复了. 特别地，性质(8)可以由另外几个性质推证出来；对于 $x<y$，能够证明 $z=(x+y)/(1+1)$ 满足性质(8)的条件. 因此，在实数理论中，仅将性质(1)～(7)作为公理假设，而将性质(8)作为一个定理. 我们之所以在实数的基本性质中还要提到性质(8)，那是为了要强调：性质(8)和上确界性质是实数中全序关系的两个主要性质. 从它们可以导出 $\mathbb{R}$ 的许多拓扑性质，在第 3 章中将会看到这一点.

在这一系列性质中，并没有告诉我们什么是整数. 现在我们仅仅用性质(1)～(6)来定义整数.

定义 实数集的一个子集 A 称为**归纳的**(inductive)，如果它包含着数 1，并且只要 $x\in A$ 则必有 $x+1\in A$. 设 $\mathcal{A}$ 为 $\mathbb{R}$ 中所有包含 1 的归纳子集的族. **正整数**(positive integer)集 $\mathbb{Z}_+$ 定义为

$$\mathbb{Z}_+=\bigcap_{A\in\mathcal{A}} A.$$

注意，正实数集 $\mathbb{R}_+$ 包含 1 并且是归纳集(若 $x>0$，则 $x+1>0$)，于是 $\mathbb{R}_+$ 属于 $\mathcal{A}$. 因此 $\mathbb{Z}_+\subset\mathbb{R}_+$，$\mathbb{Z}_+$ 的元素都是正数，这正是我们选用这个术语的原因. 因为所有实数 $x(x\geqslant 1)$ 的集合是归纳集并且包含 1，所以 1 就是 $\mathbb{Z}_+$ 的最小元.

从这个定义出发不难得出 $\mathbb{Z}_+$ 的基本性质：

(1) $\mathbb{Z}_+$ 是归纳集.

(2)(归纳原理)若 A 是包含 1 的正整数的一个归纳集，则 $A=\mathbb{Z}_+$.

整数(integer)集 $\mathbb{Z}$ 定义为由正整数 $\mathbb{Z}_+$、数 0 及 $\mathbb{Z}_+$ 中元素的负数组成的集合. 可以证明两

---

① 本段落中，在定义倒数和商时，应当要求 $x\neq 0$，这一点原著中遗漏了. ——译者注

个整数的和、差、积是整数，但其商未必是整数. 整数的商的集合$\mathbb{Q}$称为**有理数**(rational number)集.

可以证明：对于给定的整数 n，不存在满足 $n<a<n+1$ 的整数 a.

若 n 是一个正整数，我们以 S_n 表示所有小于 n 的正整数的集合，称作正整数的一个**截**(section). 那么，S_1 为空集，S_{n+1}为从 1 到 n 的所有正整数所组成的集合. 在后续讨论中，我们将使用记号

$$\{1,2,\cdots,n\} = S_{n+1}.$$

以下将要证明的两条性质大家未必很熟悉，但它们却非常有用. 可以将其理解为归纳原理的另一种表现形式.

定理 4.1[**良序性质**(well-ordering property)]　$\mathbb{Z}_+$的每一个非空子集有一个最小元.

证　我们首先证明下述论断成立：对于每一个 $n\in\mathbb{Z}_+$，$\{1, \cdots, n\}$的每一个非空子集有最小元.

设 A 是使上述论断成立的所有正整数 n 的集合，则 A 包含 1. 这是由于 $n=1$ 时，$\{1, \cdots, n\}$仅有的非空子集是集合$\{1\}$自身. 其次，设 A 包含 n，我们证明它包含 $n+1$. 为此，设 C 为$\{1, \cdots, n+1\}$的一个非空子集. 如果 C 由一个元素 $n+1$ 组成，那么这个元素就是 C 的最小元. 如果 C 多于一个元素，考虑非空集 $C\cap\{1, \cdots, n\}$. 因为 $n\in A$，这个集合有一个最小元，它自然也就是 C 的最小元. 于是 A 为包含 1 的归纳集，所以 $A=\mathbb{Z}_+$，这就证明了对于所有$n\in\mathbb{Z}_+$论断为真.

现在证明定理. 设 D 为$\mathbb{Z}_+$的一个非空子集. 在 D 中取一个元素 n，则集合 $A=D\cap\{1, \cdots, n\}$非空，从而 A 有一个最小元 k. k 自然就是 D 的最小元. ■

定理 4.2[**强归纳原理**(strong induction principle)]　设 A 是一个以正整数为元素的集合. 假定对于每一正整数 n，$S_n\subset A$ 蕴涵 $n\in A$. 则 $A=\mathbb{Z}_+$.

证　假定 A 与$\mathbb{Z}_+$不等，那么必定存在一个不属于 A 的最小正整数，记作 n. 由于每一小于 n 的正整数属于 A，因此 $S_n\subset A$. 但我们的假设蕴涵着 $n\in A$，矛盾. ■

到现在为止，我们仅仅用到了关于有序域的公理——实数性质(1)～(6). 什么时候用到上确界公理(7)呢？

可以用上确界公理证明正整数集$\mathbb{Z}_+$在$\mathbb{R}$中没有上界. 这是实直线的 **Archimedean 有序性质**(Archimedean ordering property). 为了证明这一点，我们假定$\mathbb{Z}_+$有一个上界，从而导致矛盾. 如果$\mathbb{Z}_+$有一个上界，则有上确界 b. 于是存在 $n\in\mathbb{Z}_+$，使 $n>b-1$；若不然，则 $b-1$ 就是$\mathbb{Z}_+$的一个小于 b 的上界. 因此 $n+1>b$，与 b 是$\mathbb{Z}_+$的上界矛盾.

上确界公理还可以用来证明关于$\mathbb{R}$的另一些结果. 例如用以证明，对于任意正实数 x，其正平方根$\sqrt{x}$的存在唯一性. 而这个事实又可以用来证明不是有理数的实数的存在性，一个很容易的例子就是数$\sqrt{2}$.

我们用符号 2 表示 1+1，符号 3 表示 2+1 等等，就得到正整数的标准符号. 按照这个程序，每一个正整数都确定了一个唯一的记号，然而，我们永远用不到这一点，也不予以证明.

关于整数和实数的这些性质，以及后面要用到的一些其他性质，都将在习题中概括.

习题

1. 仅用公理(1)～(5)证明ℝ的下述“代数定律”：

(a)若 $x+y=x$，则 $y=0$.

(b)$0\cdot x=0$. ［提示：计算$(x+0)\cdot x$.］

(c)$-0=0$.

(d)$-(-x)=x$.

(e)$x(-y)=-(xy)=(-x)y$.

(f)$(-1)x=-x$.

(g)$x(y-z)=xy-xz$.

(h)$-(x+y)=-x-y$，$-(x-y)=-x+y$.

(i)若 $x\neq 0$ 并且 $x\cdot y=x$，则 $y=1$.

(j)若 $x\neq 0$，则 $x/x=1$.

(k)$x/1=x$.

(l)$x\neq 0$ 并且 $y\neq 0\Longrightarrow xy\neq 0$.

(m)若 y，$z\neq 0$，则$(1/y)(1/z)=1/(yz)$.

(n)若 y，$z\neq 0$，则$(x/y)(w/z)=(xw)/(yz)$.

(o)若 y，$z\neq 0$，则$(x/y)+(w/z)=(xz+wy)/(yz)$.

(p)$x\neq 0\Longrightarrow 1/x\neq 0$.

(q)若 w，$z\neq 0$，则 $1/(w/z)=z/w$.

(r)若 y，w，$z\neq 0$，则$(x/y)/(w/z)=(xz)/(yw)$.

(s)若 $y\neq 0$，则$(ax)/y=a(x/y)$.

(t)若 $y\neq 0$，则$(-x)/y=x/(-y)=-(x/y)$.

2. 应用公理(1)～(6)及习题1中的那些结论，证明关于ℝ的“不等式法则”：

(a)$x>y$ 和 $w>z\Longrightarrow x+w>y+z$.

(b)$x>0$ 和 $y>0\Longrightarrow x+y>0$ 和 $x\cdot y>0$.

(c)$x>0\Longleftrightarrow -x<0$.

(d)$x>y\Longleftrightarrow -x<-y$.

(e)$x>y$ 和 $z<0\Longrightarrow xz<yz$.

(f)$x\neq 0\Longrightarrow x^2>0$，其中 $x^2=x\cdot x$.

(g)$-1<0<1$.

(h)$xy>0\Longleftrightarrow x$ 与 y 同为正数或同为负数.

(i)$x>0\Longrightarrow 1/x>0$.

(j)$x>y>0\Longrightarrow 1/x<1/y$.

(k)$x<y\Longrightarrow x<(x+y)/2<y$.

3. (a)证明：若 $\mathcal{A}$ 是归纳集的一个族，则 $\mathcal{A}$ 中元素的交是一个归纳集.

(b)证明$\mathbb{Z}_+$的基本性质(1)和(2).

4. (a)用归纳法证明：对于每一个 $n\in\mathbb{Z}_+$，$\{1,\cdots,n\}$的每一个非空子集有最大元.

(b)说明为什么不能由(a)推出$\mathbb{Z}_+$的每一个非空子集有最大元?

5. 证明$\mathbb{Z}$与$\mathbb{Z}_+$的下述性质：

(a)$a,b\in\mathbb{Z}_+\Longrightarrow a+b\in\mathbb{Z}_+$. [提示：证明对于给定的 $a\in\mathbb{Z}_+$，集合 $X=\{x\mid x\in\mathbb{R}$ 和 $a+x\in\mathbb{Z}_+\}$是一个归纳集.]

(b)$a,b\in\mathbb{Z}_+\Longrightarrow a\cdot b\in\mathbb{Z}_+$.

(c)证明：$a\in\mathbb{Z}_+\Longrightarrow a-1\in\mathbb{Z}_+\cup\{0\}$. [提示：令 $X=\{x\mid x\in\mathbb{R}$ 和 $x-1\in\mathbb{Z}_+\cup\{0\}\}$. 证明 X 是一个归纳集.]

(d)$c,d\in\mathbb{Z}\Longrightarrow c+d\in\mathbb{Z}$ 和 $c-d\in\mathbb{Z}$. [提示：首先对 $d=1$ 证明结论.]

(e)$c,d\in\mathbb{Z}\Longrightarrow c\cdot d\in\mathbb{Z}$.

6. 设 $a\in\mathbb{R}$. 对于 $n\in\mathbb{Z}_+$归纳地定义

$$a^1=a,$$
$$a^{n+1}=a^n\cdot a.$$

(关于归纳定义过程的讨论，参见第 7 节.)证明：对于 $n,m\in\mathbb{Z}_+$和 $a,b\in\mathbb{R}$，

$$a^na^m=a^{n+m},$$
$$(a^n)^m=a^{nm},$$
$$a^mb^m=(ab)^m.$$

这些称为**指数法则**(laws of exponents). [提示：固定 n，对 m 归纳证明上式.]

7. 设 $a\in\mathbb{R}$ 并且 $a\neq0$. 定义 $a^0=1$. 对于 $n\in\mathbb{Z}_+$，定义 $a^{-n}=1/a^n$. 证明对于 $a,b\neq0$ 以及 $n,m\in\mathbb{Z}$，指数法则成立.

8. (a)证明$\mathbb{R}$有下确界性质.

(b)证明 $\inf\{1/n\mid n\in\mathbb{Z}_+\}=0$.

(c)证明：对于给定的 $a(0<a<1)$，有 $\inf\{a^n\mid n\in\mathbb{Z}_+\}=0$. [提示：令 $h=(1-a)/a$，证明 $(1+h)^n\geqslant1+nh$.]

9. (a)证明：$\mathbb{Z}$的任意非空子集若有上界，则有一个最大元.

(b)若 $x\notin\mathbb{Z}$，证明恰好有一个 $n\in\mathbb{Z}$，使得 $n<x<n+1$.

(c)若 $x-y>1$，证明至少有一个 $n\in\mathbb{Z}$，使得 $y<n<x$.

(d)若 $y<x$，证明存在一个有理数 z，使得 $y<z<x$.

10. 按照以下步骤证明任意正数 a 恰好有一个正平方根：

(a)证明，若 $x>0$ 并且 $0\leqslant h<1$，则

$$(x+h)^2\leqslant x^2+h(2x+1),$$
$$(x-h)^2\geqslant x^2-h(2x).$$

(b)设 $x>0$. 证明：若 $x^2<a$，则存在 $h>0$ 使得$(x+h)^2<a$；若 $x^2>a$，则存在 $h>0$ 使得$(x-h)^2>a$.

(c)给定 $a>0$，设 B 为使得 $x^2<a$ 的所有实数 x 的集合. 证明 B 有上界并且至少含有一个正数. 设 $b=\sup B$，证明 $b^2=a$.

(d)证明：若 b，c 是一个正数并且 $b^2=c^2$，则 $b=c$.

11. 给定 $m\in\mathbb{Z}$，若 $m/2\in\mathbb{Z}$，则称 m 为**偶数**(even number)，否则称 m 为**奇数**(odd number).

(a)证明：若 m 为奇数，则对于某一个 $n\in\mathbb{Z}$，有 $m=2n+1$. [提示：选取 n 使得 $n<m/2<n+1$.]

(b)证明：若 p 和 q 都是奇数，则 $p\cdot q$ 是一个奇数，并且对于任何 $n\in\mathbb{Z}_+$，p^n 也是一个奇数.

(c)证明：若 $a>0$ 为有理数，则 $a=m/n$，其中 m，$n\in\mathbb{Z}_+$ 且不同时为偶数. [提示：取 n 为 $\{x \mid x\in\mathbb{Z}_+ 和 x\cdot a\in\mathbb{Z}_+\}$ 的最小元.]

(d)定理. $\sqrt{2}$ 为无理数.

5 笛卡儿积

我们已经定义了两个集合的笛卡儿积 $A\times B$. 现在介绍更为一般的笛卡儿积.

定义 设 $\mathcal{A}$ 是一个非空集族. $\mathcal{A}$ 的**指标函数**(indexing function)是从某一个集合 J 到 $\mathcal{A}$ 的一个满射 f，其中 J 称为**指标集**(index set). 族 $\mathcal{A}$ 连同指标函数 f 一起称为一个**集的加标族**(indexed family of sets)或**加标集族**(indexed family of sets). 给定 $\alpha\in J$，集合 $f(\alpha)$ 记成符号 A_α. 这个加标集族本身则记作

$$\{A_\alpha\}_{\alpha\in J},$$

读作"α 取遍 J 时，所有 A_α 的族". 当指标集自明时，则简单地记为 $\{A_\alpha\}$.

注意，虽然要求指标函数为满射，但它不一定要是单射，甚至对于所有的 $\alpha\neq\beta$，A_α 与 A_β 是 $\mathcal{A}$ 中的同一个集合也是完全可以的.

指标函数的用处之一便是可以给集合的任意并与交一个新的记号. 设 $f: J\to\mathcal{A}$ 是 $\mathcal{A}$ 的一个指标函数，并且用 A_α 表示 $f(\alpha)$，则定义

$$\bigcup_{\alpha\in J} A_\alpha = \{x \mid 对于至少一个\ \alpha\in J, x\in A_\alpha\},$$

以及

$$\bigcap_{\alpha\in J} A_\alpha = \{x \mid 对于任意\ \alpha\in J, x\in A_\alpha\}.$$

这就是上面定义的概念的新的简单记号，(由于指标函数是满射)易见，第一个式子是 $\mathcal{A}$ 中所有元素的并，第二个式子是 $\mathcal{A}$ 中所有元素的交.

从 1 到 n 的正整数的集合 $\{1, \cdots, n\}$ 和正整数集 $\mathbb{Z}_+$ 是两个极为常用的指标集. 对于这两个指标集，我们引入几个常用记号. 以 $\{1, \cdots, n\}$ 为指标集的加标集族记为 $\{A_1, \cdots, A_n\}$，其成员的并和交分别记作：

$$A_1\cup\cdots\cup A_n \quad 和 \quad A_1\cap\cdots\cap A_n.$$

对于指标集为 $\mathbb{Z}_+$ 情形，加标集族记为 $\{A_1, A_2, \cdots\}$，其成员的并和交分别记作：

$$A_1\cup A_2\cup\cdots \quad 和 \quad A_1\cap A_2\cap\cdots.$$

定义 设 m 是一个正整数. 对于给定的集合 X，X 中元素的一个 ***m*-串**(m-tuple)定义为函数

$$\boldsymbol{x}:\{1,\cdots,m\}\longrightarrow X.$$

若 $\boldsymbol{x}$ 是一个 m-串，则往往把 $\boldsymbol{x}$ 在 i 处的值写成符号 x_i 而不记成 $\boldsymbol{x}(i)$，并称之为 $\boldsymbol{x}$ 的第 i 个**坐标**(coordinate)，函数 $\boldsymbol{x}$ 本身用符号

$$(x_1,\cdots,x_m)$$

表示.

现在设 $\{A_1, \cdots, A_m\}$ 是一个以 $\{1, \cdots, m\}$ 为指标集的加标集族. 令 $X=A_1\cup\cdots\cup A_m$. 这个加标族的**笛卡儿积**(Cartesian product)，记作

$$\prod_{i=1}^{m}A_i \text{ 或者 } A_1\times\cdots\times A_m,$$

定义为 X 中元素的所有 m-串 $(x_1, \cdots, x_m)$ 的集合，使得对于每一个 i 有 $x_i\in A_i$.

例 1　符号 $A\times B$ 现在有了两种定义. 当然有一种定义是早先给出的，它用 $A\times B$ 表示所有有序偶对 (a, b) 的集合，其中 $a\in A$，$b\in B$. 第二种定义是刚才给出的，将 $A\times B$ 定义为所有函数 $\boldsymbol{x}$：$\{1, 2\}\to A\cup B$ 的集合，其中 $x(1)\in A$，$x(2)\in B$. 在这两个集合之间有一个明显的一一对应：有序偶对 (a, b) 对应于由 $\boldsymbol{x}(1)=a$，$\boldsymbol{x}(2)=b$ 定义的函数 $\boldsymbol{x}$. 因为用"串记号"这种函数 $\boldsymbol{x}$ 通常记成符号 (a, b)，这本身就给出了对应. 因此，两个集合的笛卡儿积的这种一般定义，从本质上说就是早先的那种定义. ■

例 2　笛卡儿积 $A\times B\times C$ 与笛卡儿积 $A\times(B\times C)$，$(A\times B)\times C$ 之间有多少差别呢？差别很小. 因为它们之间存在着明显的一一对应：

$$(a,b,c)\longleftrightarrow(a,(b,c))\longleftrightarrow((a,b),c).$$ ■

定义　给定一个集合 X，定义 X 中元素的 **ω-串**(ω-tuple)为函数

$$\boldsymbol{x}:\mathbb{Z}_+\longrightarrow X;$$

这种函数也称为 X 中元素的一个**序列**(sequence)或一个**无穷序列**(infinite sequence). 若 $\boldsymbol{x}$ 是一个 ω-串，则往往把 $\boldsymbol{x}$ 在 i 处的值写成 x_i 而不写成 $\boldsymbol{x}(i)$，并称之为 $\boldsymbol{x}$ 的第 i 个**坐标**(coordinate)，$\boldsymbol{x}$ 本身用符号

$$(x_1,x_2,\cdots) \text{ 或者 } (x_n)_{n\in\mathbb{Z}_+}$$

表示. 设 $\{A_1, A_2, \cdots\}$ 是以正整数集作为指标集的一个加标集族，X 为这个集族中所有集合之并. 这个加标集族的**笛卡儿积**(Cartesian product)记成

$$\prod_{i\in\mathbb{Z}_+}A_i \quad \text{或者} \quad A_1\times A_2\times\cdots,$$

定义为 X 中元素的所有 ω-串 $(x_1, x_2, \cdots)$ 的集合，使得对于每一个 i，$x_i\in A_i$.

上述定义中，并不要求 A_i 两两不同. 事实上，它们可以取同一个集合 X. 对于这种情形，笛卡儿积 $A_1\times\cdots\times A_m$ 恰为 X 的所有 m-串的集合，记作 X^m. 类似地，笛卡儿积 $A_1\times A_2\times\cdots$ 恰为 X 的所有 ω-串的集合，记作 X^ω.

后面我们还将对任意加标集族定义笛卡儿积.

例 3　设 $\mathbb{R}$ 为实数集，则 $\mathbb{R}^m$ 表示实数的所有 m-串的集合，常称为 **m-维欧氏空间**(Euclidean m-space)(虽然欧几里得从未研究过它). 类似地，$\mathbb{R}^\omega$ 有时称为"无穷维欧氏空间"，它是所有实数 ω-串 $(x_1, x_2, \cdots)$ 的集合，即所有函数 $\boldsymbol{x}$：$\mathbb{Z}_+\to\mathbb{R}$ 的集合. ■

习题

1. 证明：存在 $A\times B$ 与 $B\times A$ 之间的一个一一对应.
2. (a)证明：对于 $n>1$，存在
$$A_1\times\cdots\times A_n \quad 与 \quad (A_1\times\cdots\times A_{n-1})\times A_n$$
之间的一个一一对应.
(b)给定一个加标集族 $\{A_1, A_2, \cdots\}$，对于每一正整数 i，记 $B_i=A_{2i-1}\times A_{2i}$. 证明存在 $A_1\times A_2\times\cdots$ 与 $B_1\times B_2\times\cdots$ 之间的一个一一对应.
3. 设 $A=A_1\times A_2\times\cdots$，$B=B_1\times B_2\times\cdots$.
(a)证明：若对于每一个 i，有 $B_i\subset A_i$，则 $B\subset A$.（严格地讲，如果我们给出的是从 $\mathbb{Z}_+$ 到所有 B_i 之并的一个函数，那么在把它作为从 $\mathbb{Z}_+$ 到所有 A_i 之并的一个函数处理时，必须先改变其值域. 当研究笛卡儿积时，这一点可以忽略.）
(b)证明：若 B 为非空集合，则(a)的逆命题成立.
(c)证明：若 A 为非空集合，则 A_i 为非空集合. 其逆命题成立吗？（在第 19 节的练习中，我们将再度提到这个问题.）
(d)$A\cup B$ 与 $A_i\cup B_i$ 的笛卡儿积之间的关系？$A\cap B$ 与 $A_i\cap B_i$ 的笛卡儿积之间的关系？
4. 设 $m, n\in\mathbb{Z}_+$ 并且 $X\neq\varnothing$.
(a)若 $m\leqslant n$，给出一个单射 $f: X^m\to X^n$.
(b)给出一个一一对应 $g: X^m\times X^n\to X^{m+n}$.
(c)给出一个单射 $h: X^n\to X^\omega$.
(d)给出一个一一对应 $k: X^n\times X^\omega\to X^\omega$.
(e)给出一个一一对应 $l: X^\omega\times X^\omega\to X^\omega$.
(f)若 $A\subset B$，给出一个单射 $m: (A^\omega)^n\to B^\omega$.
5. $\mathbb{R}^\omega$ 的下列子集中哪些能够表示成 $\mathbb{R}$ 的子集的笛卡儿积？
(a)$\{\boldsymbol{x}\mid$ 对于所有 i，x_i 为整数$\}$.
(b)$\{\boldsymbol{x}\mid$ 对于所有 i，$x_i\geqslant i\}$.
(c)$\{\boldsymbol{x}\mid$ 对于所有 $i\geqslant 100$，x_i 为整数$\}$.
(d)$\{\boldsymbol{x}\mid x_2=x_3\}$.

6 有限集

或许你已经知道集合可分为有限集与无限集、可数集与不可数集等类型. 然而，在本节及下一节中，我们仍要对它们加以讨论，不仅使你完全弄明白这些概念，而且还要讲一些后面将会遇到的逻辑学中的问题. 首先研究有限集.

回想一下，如果 n 是一个正整数，用 S_n 表示全体小于 n 的正整数的集合，并称之为正整数的一个截. 集合 S_n 就是有限集的样板.

定义 集合 A 称为**有限的**(finite)，如果 A 与正整数的某一个截之间存在一个一一对应. 即：A 称为有限的，如果 A 为空集，或者对于某正整数 n 存在一个一一对应

$$f:A \longrightarrow \{1,\cdots,n\}.$$

前一种情形，称 A 的**基数**(cardinality)为 0；后一种情形，称 A 的基数为 n.

例如，集合$\{1, \cdots, n\}$的基数为 n，因为恒等函数是它与自身的一个一一对应.

特别要注意，我们并没有证明，对于有限集 A，A 的基数由 A 唯一决定. 当然，空集的基数为 0. 但就我们所知，可能存在集合 A 与两个不同集合$\{1, \cdots, n\}$和$\{1, \cdots, m\}$之间的一一对应. 这种可能性似乎是荒唐的，好像说两个人"数"一个盒子里的石子，得的结果不同，却又都是正确的一样. 根据我们日常生活中"数"东西的经验，这是不可能的. 而事实上，当 n 是 1，2，3 这种小的数目时，也很容易验证. 但是，如果 n 等于 500 万，要直接证明就难以设想了.

对于如此大的 n，凭经验来证实是很困难的. 例如，可以做这样一个试验. 找一辆满载石子的货车，请十个人各自独立地去"数一数"石子的数目. 就这个具体问题而言，很难想像他们"数"的结果会是一样的. 当然，可以断定他们中至少有一个人"数"错了. 而这其实是假定了要用经验来验证的前面那个关于基数唯一性的结果是正确的. 另一种解释就是，在给定的石子集合与正整数的两个不同截之间都有一一对应.

实际生活中人们接受第一种解释. "数"东西的经验使我们相信，对于成员个数比较少的集合所产生的结论，对于任意大的集合也应该成立.

然而在数学中(与现实生活不一样)不能轻易相信这样的论断. 只有用一一对应的存在性，而不是依靠具体的"数"，那才是有价值的数学证明. 我们马上要证明，若 $n\neq m$，则不可能存在从给定集合 A 到两个集合$\{1, \cdots, n\}$与$\{1, \cdots, m\}$的两个一一对应.

关于有限集，还有一些"极其显然"的事实可以用数学加以证明，本节将证明其中的一部分，而把其余的留作习题. 一个简单的事情是：

引理 6.1 设 n 是一个正整数，A 是一个集合，a_0 是 A 的一个元素. 则存在集合 A 与集合$\{1, \cdots, n+1\}$之间的一一对应 f，当且仅当存在集合 $A-\{a_0\}$与$\{1, \cdots, n\}$之间的一一对应 g.

证 要证明两种蕴涵关系，首先假定存在一个一一对应

$$g:A-\{a_0\} \longrightarrow \{1,\cdots,n\}.$$

那么由下式

$$f(x)=g(x), \quad 对于\ x\in A-\{a_0\},$$
$$f(a_0)=n+1$$

所定义的函数 f：$A\longrightarrow\{1, \cdots, n+1\}$就是一个一一对应.

为了证明其逆，我们假定存在一个一一对应

$$f:A \longrightarrow \{1,\cdots,n+1\}.$$

如果 f 恰好把 a_0 映成数 $n+1$，事情就容易了. 那时，限制映射 $f\mid A-\{a_0\}$就是 $A-\{a_0\}$与$\{1, \cdots, n\}$之间的一一对应. 如若不然，令 $f(a_0)=m$，a_1 是 A 中满足 $f(a_1)=n+1$ 的点，则 $a_1\neq a_0$. 由

$$h(a_0)=n+1,$$

$$h(a_1) = m,$$

$$h(x) = f(x), \quad 对于 x \in A - \{a_0\} - \{a_1\}$$

定义一个新函数

$$h: A \longrightarrow \{1, \cdots, n+1\}.$$

容易验证 h 是一个一一对应(参见图 6.1).

这就回到了简单的情形，限制映射 $h \mid A - \{a_0\}$ 就是 $A - \{a_0\}$ 与 $\{1, \cdots, n\}$ 之间的一一对应.

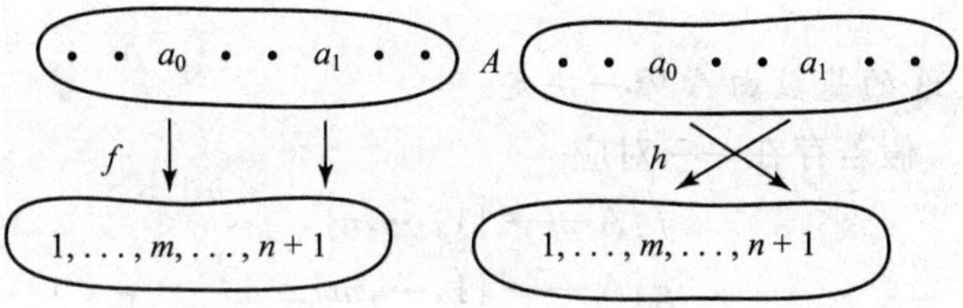

图 6.1

■

由这个引理，可得到几个有用的推论.

定理 6.2 *设 A 是一个集合. 假定对于某一个 $n \in \mathbb{Z}_+$，存在一个一一对应 f: $A \to \{1, \cdots, n\}$. 设 B 为 A 的一个真子集，则不存在一一对应 g: $B \to \{1, \cdots, n\}$. 但是(假定 $B \neq \varnothing$)，必定有一个一一对应 h: $B \to \{1, \cdots, m\}$ 对于某一个 $m < n$ 成立.*

证 当 $B = \varnothing$ 时，由于空集 B 与非空集 $\{1, \cdots, n\}$ 之间不存在一一对应，所以此时结论显然成立.

我们用"归纳法"来证明定理. 设 C 为 $\mathbb{Z}_+$ 的子集，它由使定理成立的那些整数 n 组成. 下面证明 C 是包含 1 的归纳集. 由此可见 $C = \mathbb{Z}_+$，从而定理对于所有正整数 n 成立.

首先证明 $n = 1$ 时定理成立. 这时 A 仅由一个元素 $\{a\}$ 组成，它的唯一真子集 B 是空集.

假定对于 n 定理成立，证明定理对于 $n+1$ 成立. 设 f: $A \to \{1, \cdots, n+1\}$ 是一个一一对应，B 是 A 的一个非空真子集. 在 B 与 $A - B$ 中各取一点 a_0 与 a_1. 根据前面一个引理可见，存在一个一一对应

$$g: A - \{a_0\} \longrightarrow \{1, \cdots, n\}.$$

因为 a_1 属于 $A - \{a_0\}$ 而不属于 $B - \{a_0\}$，所以 $B - \{a_0\}$ 是 $A - \{a_0\}$ 的一个真子集. 而已经假定了定理对于整数 n 成立. 所以

(1)不存在一一对应 h: $B - \{a_0\} \longrightarrow \{1, \cdots, n\}$.

(2)或者 $B - \{a_0\} = \varnothing$，或者对某一个 $p < n$ 存在一个一一对应

$$k: B - \{a_0\} \longrightarrow \{1, \cdots, p\}.$$

根据前面的引理及(1)可得，不存在 B 与 $\{1, \cdots, n+1\}$ 之间的一一对应. 这就是我们要证明的前半段. 为了证明后半段，注意到如果 $B - \{a_0\} = \varnothing$，则存在 B 与集合 $\{1\}$ 之间的一一对应，如果 $B - \{a_0\} \neq \varnothing$，应用前面的引理及(2)可见，存在 B 与 $\{1, \cdots, p+1\}$ 之间的一个一一对应. 两种情况都表明，对于某一个 $m < n+1$，在 B 与 $\{1, \cdots, m\}$ 之间有一个一一对应. 由归

纳原理就证明了定理对于所有 $n\in\mathbb{Z}_+$ 成立. ■

推论 6.3 如果 A 是一个有限集，则不存在 A 与其真子集之间的一一对应.

证 设 B 是 A 的一个真子集，$f: A\to B$ 是一个一一对应，则根据假定，对于某一个 n，存在一个一一对应 $g: A\to\{1, \cdots, n\}$. 它们的复合 $g\circ f^{-1}$ 是 B 与 $\{1, \cdots, n\}$ 之间的一个一一对应. 与上述定理矛盾. ■

推论 6.4 $\mathbb{Z}_+$ 不是有限集.

证 通过 $f(n)=n+1$ 所定义的函数 $f: \mathbb{Z}_+\to\mathbb{Z}_+-\{1\}$ 便是 $\mathbb{Z}_+$ 与其一个真子集之间的一个一一对应. ■

推论 6.5 有限集 A 的基数由 A 唯一决定.

证 证明设 $m<n$. 假若存在一一对应

$$f:A\longrightarrow\{1,\cdots,n\},$$
$$g:A\longrightarrow\{1,\cdots,m\}.$$

则其复合

$$g\circ f^{-1}:\{1,\cdots,n\}\longrightarrow\{1,\cdots,m\}$$

是有限集 $\{1, \cdots, n\}$ 与其一个真子集之间的一一对应，与前面的推论矛盾. ■

推论 6.6 如果 B 是有限集 A 的一个子集，则 B 是一个有限集. 如果 B 是 A 的一个真子集，则 B 的基数小于 A 的基数.

推论 6.7 设 B 是一个非空集. 则下列条件等价：

(1) B 是一个有限集.

(2) 存在从正整数的某一个截到 B 上的满射.

(3) 存在从 B 到正整数的某一个截的单射.

证 (1)⇒(2). 由于 B 非空，对于某个 n，存在一一对应 $f: \{1, \cdots, n\}\to B$.

(2)⇒(3). 若 $f: \{1, \cdots, n\}\to B$ 为满射，用

$$g(b)=f^{-1}(\{b\})\text{ 的最小元}$$

定义一个函数 $g: B\to\{1, \cdots, n\}$. 由于 f 是一个满射，集合 $f^{-1}(\{b\})$ 非空. 根据 $\mathbb{Z}_+$ 的良序性质可见，$g(b)$ 是唯一确定的. 由于当 $b\neq b'$ 时，集合 $f^{-1}(\{b\})$ 与 $f^{-1}(\{b'\})$ 无交，因此它们的最小元一定不同，于是 g 是一个单射.

(3)⇒(1). 若 $g: B\to\{1, \cdots, n\}$ 是一个单射，则改变 g 的值域可以得到从 B 到 $\{1, \cdots, n\}$ 的某子集之间的一个一一对应. 根据前面的推论，可见 B 是一个有限集. ■

推论 6.8 若干个有限集的有限并及有限笛卡儿积是有限集.

证 首先证明：若 A 和 B 都是有限集，则 $A\cup B$ 是一个有限集. 当 A 和 B 至少有一个是空集，结论显然成立. 当 A 和 B 都不是空集时，对于某 m 和 n，存在一一对应 $f: \{1, \cdots, m\}\to A$ 及一一对应 $g: \{1, \cdots, n\}\to B$. 用

$$h(i)=f(i), i=1,2,\cdots,m \text{ 和}$$
$$h(i)=g(i-m), i=m+1,\cdots,m+n$$

定义一个函数 $h: \{1, \cdots, m+n\}\to A\cup B$. 易见，$h$ 是一个满射，所以 $A\cup B$ 是一个有限集.

其次，用归纳法证明：A_1，…，A_n 各个集合的有限性蕴涵着它们的并的有限性. $n=1$ 时显然成立. 假定对于 $n-1$ 命题成立. 注意到 $A_1\cup\cdots\cup A_n$ 可以表示成两个有限集 $A_1\cup\cdots\cup A_{n-1}$ 与 A_n 之并，由上段的讨论，命题成立.

再次，证明两个有限集 A 和 B 的笛卡儿积是有限集. 任意选取 $a\in A$，由于 $\{a\}\times B$ 的点与 B 的点有一一对应关系，所以 $\{a\}\times B$ 为有限集. 而 $A\times B$ 可以表示成具有 $\{a\}\times B$ 形式的集合之并，并且此种形式的集合仅有有限个，从而 $A\times B$ 为有限个有限集之并，因而是有限集.

最后，用归纳法易证：若每一个 A_i 有限，则笛卡儿积 $A_1\times\cdots\times A_n$ 也是有限集. ■

习题

1. (a)写出所有单射

$$f:\{1,2,3\}\longrightarrow\{1,2,3,4\},$$

证明它们都不是一一对应.（这里给出了基数为 3 的集合 A 其基数不为 4 的一个直接的证明.）

(b)有多少个单射

$$f:\{1,\cdots,8\}\longrightarrow\{1,\cdots,10\}?$$

（你会发现我们为什么不试图直接证明在这两个集合之间不存在一一对应.）

2. 证明：若 B 不是有限集，并且 $B\subset A$，则 A 也不是有限集.
3. 设 X 为二元素集 $\{0, 1\}$. 求出 X^ω 与其一个真子集之间的一一对应.
4. 设 A 是一个非空的有限全序集.
(a)证明 A 有一个最大元.［提示：对 A 的基数进行归纳.］
(b)证明 A 具有正整数的一个截的序型.
5. $A\times B$ 为有限集是否蕴涵着 A 与 B 都是有限集?
6. (a)设 $A=\{1, \cdots, n\}$. 证明：在 $\mathcal{P}(A)$ 与笛卡儿积 X^n 之间存在一个一一对应，其中 $X=\{0, 1\}$为二元素集.
(b)证明：若 A 是一个有限集，则 $\mathcal{P}(A)$也是有限集.
7. 若 A 和 B 都是有限的，证明所有函数 f：$A\to B$ 的集合是一个有限集.

7 可数集与不可数集

如同正整数的截是有限集的样板那样，所有正整数的集合 $\mathbb{Z}_+$ 就是可数无限集的样板. 本节将研究这种集合，还要构造一些既不是有限集也不是可数无限集的集合. 这种研究将引导我们去讨论“归纳定义”过程的含义.

定义 一个集合 A 称为**无限的**(infinite)，如果它不是有限集. 一个无限集 A 称为**可数无限的**(countably infinite)，如果存在一个一一对应

$$f:A\longrightarrow\mathbb{Z}_+.$$

例 1 所有整数的集合 $\mathbb{Z}$ 是可数无限集. 容易验证，由

$$f(n)=\begin{cases}2n, & \text{如果 } n>0,\\ -2n+1, & \text{如果 } n\leqslant 0\end{cases}$$

定义的函数 $f: \mathbb{Z} \to \mathbb{Z}_+$ 是一个一一对应. ■

例2 笛卡儿积 $\mathbb{Z}_+ \times \mathbb{Z}_+$ 是一个可数无限集. 如果我们用第一象限中的整点表示 $\mathbb{Z}_+ \times \mathbb{Z}_+$ 的元素，那么图7.1的左边告诉你怎样去"数"这些点. 就是说怎样把它们与正整数一一对应起来. 当然图不能作为证明，但它给出了证明的启示. 首先，作一个一一对应 $f: \mathbb{Z}_+ \times \mathbb{Z}_+ \to A$，其中 A 是由满足 $y \leqslant x$ 的点 (x, y) 组成的 $\mathbb{Z}_+ \times \mathbb{Z}_+$ 的子集，f 定义为：

$$f(x,y) = (x+y-1, y).$$

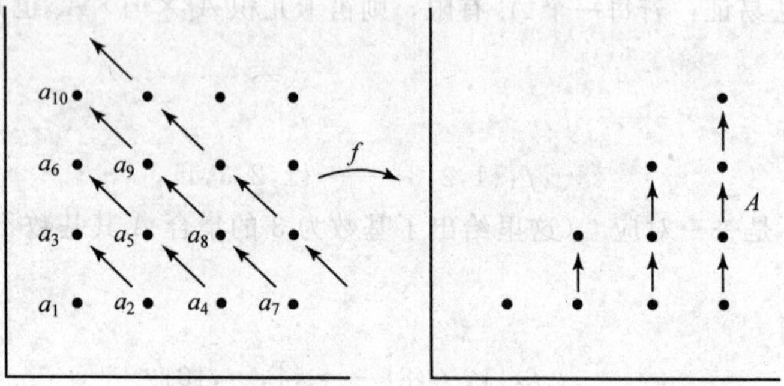

图　7.1

然后作 A 与正整数集之间的一个一一对应 $g: A \to \mathbb{Z}_+$，定义为：

$$g(x,y) = \frac{1}{2}(x-1)x + y.$$

我们把 f 和 g 都是一一对应的证明留给读者完成. 后面将给出 $\mathbb{Z}_+ \times \mathbb{Z}_+$ 是可数无限集的另外一个证明. ■

定义 一个集合称为**可数的**(countable)，如果它是有限集或者可数无限集. 一个集合不是可数的，就称为**不可数的**(uncountable).

以下定理为我们提供了一个判定集合可数性的常规方法.

定理7.1 设 B 是一个非空集，则下列条件等价：

(1) B 是可数集.

(2) 存在一个满射 $f: \mathbb{Z}_+ \to B$.

(3) 存在一个单射 $g: B \to \mathbb{Z}_+$.

证 (1)⇒(2). 设 B 是一个可数集. 如果 B 是可数无限集，则根据定义存在一个一一对应 $f: \mathbb{Z}_+ \to B$，从而结论成立. 如果 B 是一个有限集，则对于某一个 $n \geqslant 1$，存在一个一一对应 $h: \{1, \cdots, n\} \to B$(注意 $B \neq \varnothing$). 可以把 h 扩张为一个满射 $f: \mathbb{Z}_+ \to B$，其定义为：

$$f(i) = \begin{cases} h(i), & \text{对于 } 1 \leqslant i \leqslant n, \\ h(1), & \text{对于 } i > n. \end{cases}$$

从而结论成立.

(2)⇒(3). 设 $f: \mathbb{Z}_+ \to B$ 是一个满射. $g: B \to \mathbb{Z}_+$ 定义为：

$$g(b) = f^{-1}(\{b\}) \text{ 的最小元}.$$

因为 f 是一个满射，$f^{-1}(\{b\})$ 非空，所以 g 的定义是确切的. 如果 $b \neq b'$，集合 $f^{-1}(\{b\})$ 与

$f^{-1}(\{b'\})$无交，它们的最小元不同，因此 g 是一个单射.

(3)⇒(1). 设 g：$B\to\mathbb{Z}_+$是一个单射，我们要证明 B 是一个可数集. 通过改变 g 的值域可以得到 B 与$\mathbb{Z}_+$的一个子集之间的一个一一对应. 因此只要证明$\mathbb{Z}_+$的任意子集是可数的，便可以证明结论. 令 C 为$\mathbb{Z}_+$的一个子集.

如果 C 是一个有限集，根据定义它是可数的. 因此，我们只需证明$\mathbb{Z}_+$的无限子集 C 是一个可数无限集. 这个论断是容易理解的. 事实上，我们可以将 C 的元素排成一个无穷序列，这只需将$\mathbb{Z}_+$的元素先按通常的顺序排列，然后再"删除"$\mathbb{Z}_+$中所有不在 C 中的元素.

以上陈述仅是对证明的轮廓的一个直观说明，严格的证明还须细致的推理分析. 我们将作为一个引理予以陈述. ■

引理 7.2 *设 C 是$\mathbb{Z}_+$的一个无限子集，那么 C 是一个可数无限集.*

证 我们将构造一个一一对应 h：$\mathbb{Z}_+\to C$. 采用归纳法. 定义 $h(1)$为 C 的最小元，由于$\mathbb{Z}_+$的任意非空子集 C 有最小元，所以 $h(1)$是存在的. 假定 $h(1)$，…，$h(n-1)$已有定义，我们定义

$$h(n)=[C-h(\{1,\cdots,n-1\})]\text{ 的最小元.}$$

集合 $C-h(\{1,\cdots,n-1\})$是非空的，这是因为：如果它是空集的话，h：$\{1,\cdots,n-1\}\to C$ 便是一个满射，(根据定理 6.7)C 成为有限集了. 所以 $h(n)$的定义是确切的. 根据归纳法，对于所有 $n\in\mathbb{Z}_+$，$h(n)$有定义.

容易证明 h 是一个单射. 当 $m<n$ 时，注意 $h(m)$属于集合 $h(\{1,\cdots,n-1\})$，根据定义 $h(n)$不属于这个集合. 因此 $h(n)\neq h(m)$.

为了证明 h 是一个满射，令 c 为 C 的任意一个元素，我们证明 c 在 h 的像集中. 首先注意到 $h(\mathbb{Z}_+)$不可能被包含在有限集$\{1,\cdots,c\}$中，这是由于 $h(\mathbb{Z}_+)$是无限集(h 是单射). 因此在$\mathbb{Z}_+$中有一个元素 n，使 $h(n)>c$. 令 m 是$\mathbb{Z}_+$中满足 $h(m)\geqslant c$ 的最小元，于是对于所有 $i<m$，总有 $h(i)<c$. 所以 c 不属于集合 $h(\{1,\cdots,m-1\})$. 由于 $h(m)$定义为集合 $C-h(\{1,\cdots,m-1\})$中的最小元，从而 $h(m)\leqslant c$. 两个不等式合起来就得到要证明的 $h(m)=c$. ■

在上述定理的证明中，有一处用到了逻辑学的一个原理. 当时我们说"应用归纳原理"对所有正整数 n 定义了函数 h. 你可能以前见过这样的论证，并且当时不曾对它的合法性有所怀疑. 在第 4 节的习题中定义 a^n 时，我们自己就曾经使用过.

但这里有一个问题. 毕竟归纳原理只表明：当 A 是包含正整数集的一个归纳集时，$A=\mathbb{Z}_+$. 但是，在使用这个原理"根据归纳法"证明一个定理的时候，在一开始就说"设 A 是使得定理成立的所有正整数 n 的集合"，然后回过头来证明 A 为归纳集，从而 A 等于$\mathbb{Z}_+$.

可是，在上面的定理中，我们没有真正用归纳法证明一个定理，而只是用它定义了一些东西. 那么我们应该如何着手证明呢？能不能在开始时就说"令 A 是使函数 h 有定义的所有整数 n 的集合"呢？那是不妥当的，因为在证明之初，符号 h 并没有意义. 它的意义只是在证明的过程中才出现. 因此，先定义一些东西就十分必要了.

这样我们就需要有另一个原理，称之为**归纳定义原理**(principle of recursive definition). 在前面一个定理的证明中，我们希望能肯定下面的事实：

给定$\mathbb{Z}_+$的无限子集 C，存在唯一的函数 h：$\mathbb{Z}_+\to C$，满足条件：

$$\begin{aligned} &h(1) = C \text{的最小元}, \\ &h(i) = [C - h(\{1,\cdots,i-1\})] \text{的最小元, 对于所有 } i > 1. \end{aligned} \qquad (*)$$

公式(*)称为 h 的一个**归纳公式**(recursion formula)，它定义了函数 h. 根据这样的公式给出的定义称为**归纳定义**(recursive definition).

在我们试图归纳定义某件事的时候，就会遇到逻辑上的困难. 并不是所有归纳公式都有意义. 例如，归纳公式

$$h(i) = [C - h(\{1,\cdots,i+1\})] \text{ 的最小元}$$

就自相矛盾，虽然 $h(i)$必须属于集合 $h(\{1, \cdots, i+1\})$，公式却说它不属于这个集合. 下面这个例子也是经典的悖论：

塞维利亚[①]的理发师给塞维利亚的每一个不给自己剃胡子的人剃胡子. 那么谁给理发师剃胡子呢？

在这句话里，"理发师"出现了两次，一次在短语"塞维利亚的理发师"中，另一次是作为"塞维利亚人"集合中的一个成员，被理发师剃胡子的人的定义是归纳的. 但这个定义是自相矛盾的.

然而，有些归纳公式是有意义的. 特别地，有以下原理.

归纳定义原理(principle of recursive definition)　*设 A 是一个集合. 给出一个公式：定义 $h(1)$为 A 的唯一一个的元素. 对于 $i>1$ 定义 $h(i)$为 A 的这样唯一一个的元素，它仅与 h 在小于 i 的正整数时的值有关，这个公式便决定了唯一的一个函数 h：$\mathbb{Z}_+\to A$.*

这就是我们在证明引理 7.2 时实际用到的原理. 如果读者愿意的话，可以直接相信它是对的. 当然它也能用归纳原理加以严格证明. 下节将给出更精确的描述，并且指出如何予以证明. 数学家们很少专门援引这个原理. 他们更愿意像在引理 7.2 的证明中那样，当确实要用到归纳定义原理时，再设法用"归纳原理"来定义一个函数. 为了避免过分迂腐，本书也遵从这个惯例.

推论 7.3　*可数集的子集是可数的.*

证　假定 $A\subset B$，其中 B 是一个可数集. 那么，存在一个从 B 到$\mathbb{Z}_+$的单射 f，而 f 在 A 上的限制即为从 A 到$\mathbb{Z}_+$的一个单射. ■

推论 7.4　*集合$\mathbb{Z}_+\times\mathbb{Z}_+$是可数无限的.*

证　根据定理 7.1，只要构造一个单射 f：$\mathbb{Z}_+\times\mathbb{Z}_+\to\mathbb{Z}_+$. 将 f 定义为

$$f(n,m) = 2^n 3^m.$$

容易验证 f 是一个单射. 假定 $2^n3^m=2^p3^q$，当 $n<p$ 时，有 $3^m=2^{p-n}3^q$，这与 3^m 对于所有 m 都是奇数这一事实相矛盾，因此，$n=p$，从而 $3^m=3^q$. 如果 $m<q$，则 $1=3^{q-m}$，又导致矛盾，因此，$m=q$. ■

① 塞维利亚(Seville)，西班牙西南部的一个城市. ——译者注

例 3 正有理数集$\mathbb{Q}_+$是可数无限的. 可以用公式

$$g(n,m)=m/n$$

定义一个满射g: $\mathbb{Z}_+\times\mathbb{Z}_+\to\mathbb{Q}_+$. 由于$\mathbb{Z}_+\times\mathbb{Z}_+$是一个可数集，所以有一个满射$f$: $\mathbb{Z}_+\to\mathbb{Z}_+\times\mathbb{Z}_+$. 于是复合$g\circ f$: $\mathbb{Z}_+\to\mathbb{Q}_+$是一个满射. 因此，$\mathbb{Q}_+$是可数集. 由于$\mathbb{Q}_+$包含着$\mathbb{Z}_+$，它当然也是无限集. 有理数集$\mathbb{Q}$是可数无限集的证明留作习题. ■

定理 7.5 可数集的可数并是可数的.

证 设$\{A_n\}_{n\in J}$为可数集的一个加标族，其指标集J为$\{1, \cdots, N\}$或$\mathbb{Z}_+$. 为方便起见，还假定每一个集合A_n非空——这种假定并不影响结论的一般性.

因为每一个A_n是可数的，故对每一个n可以选取一个满射f_n: $\mathbb{Z}_+\to A_n$. 类似地，可以选取一个满射g: $\mathbb{Z}_+\to J$. 用

$$h(k,m)=f_{g(k)}(m)$$

定义函数

$$h:\mathbb{Z}_+\times\mathbb{Z}_+\longrightarrow\bigcup_{n\in J}A_n.$$

容易验证h是一个满射. 因为$\mathbb{Z}_+\times\mathbb{Z}_+$与$\mathbb{Z}_+$之间有一个一一对应，根据定理 7.1 即得出并的可数性. ■

定理 7.6 可数集的有限积是可数的.

证 我们首先证明两个可数集A和B的积是一个可数集. 若A或B是空集，结论是显然的. 若A和B都不是空集，可选取两个满射f: $\mathbb{Z}_+\to A$与g: $\mathbb{Z}_+\to B$. 于是用$h(n, m)=(f(n),g(m))$定义的函数h: $\mathbb{Z}_+\times\mathbb{Z}_+\to A\times B$是一个满射，因此$A\times B$是可数的.

以下对一般情形进行归纳. 假定当每一个A_i可数时，$A_1\times\cdots\times A_{n-1}$可数，证明对于积$A_1\times\cdots\times A_n$同样的结论成立.

首先注意，存在一个用

$$g(x_1,\cdots,x_n)=((x_1,\cdots,x_{n-1}),x_n)$$

定义的一一对应

$$g:A_1\times\cdots\times A_n\longrightarrow(A_1\times\cdots\times A_{n-1})\times A_n.$$

因为根据归纳假定$A_1\times\cdots\times A_{n-1}$是可数集，根据假定$A_n$是可数的，上段已证这样的两个集合的积是可数集，所以$A_1\times\cdots\times A_n$也是可数的. ■

如果能论断可数集的可数积是可数的，那就太好了，可惜这个论断并不成立.

定理 7.7 设X表示二元素集$\{0, 1\}$. 那么集合X^ω不可数.

证 我们证明，任意函数

$$g:\mathbb{Z}_+\longrightarrow X^\omega,$$

都不是满射. 为此，将$g(n)$表示成

$$g(n)=(x_{n1},x_{n2},x_{n3},\cdots,x_{nm},\cdots),$$

其中每一个x_{ij}为 0 或 1. 然后定义X^ω的元素$\mathbf{y}=(y_1, y_2, \cdots, y_n\cdots)$，使得

$$y_n = \begin{cases} 0, & \text{如果 } x_{nn} = 1, \\ 1, & \text{如果 } x_{nn} = 0. \end{cases}$$

(如果我们把数 x_{ni} 排成一个矩形方阵，那么其中元素 x_{nn} 总在这个方阵的对角线上，我们选取 $\mathbf{y}$ 使其第 n 个坐标不同于对角线上的 x_{nn}.)

于是，$\mathbf{y}$ 是 X^ω 的一个元素，并且 $\mathbf{y}$ 不在 g 的像中. 对于给定的 n，点 $g(n)$ 与点 $\mathbf{y}$ 至少有一个坐标(不妨设它是第 n 个坐标)不相同. 这证明 g 不是满射. ■

笛卡儿积 $\{0, 1\}^\omega$ 是不可数集的一个例子. 下面的定理是说明 $\mathcal{P}(\mathbb{Z}_+)$ 是不可数集的另一个例子.

定理 7.8　设 A 是一个集合. 那么不存在单射 $f: \mathcal{P}(A) \to A$，也不存在满射 $g: A \to \mathcal{P}(A)$.

证　一般说来，若 B 非空，则单射 $f: B \to C$ 的存在蕴涵着满射 $g: C \to B$ 的存在. 我们可以对 f 像集中的每一个 c 定义 $g(c) = f^{-1}(c)$，而对于 C 的其余点随意定义它在 g 下的像.

因此，我们只要证明对于任何一个给定的映射 $g: A \to \mathcal{P}(A)$，g 不是满射. 对于任何一个点 $a \in A$，a 的像 $g(a)$ 为 A 的子集，它可能包含 a，也可能不包含 a. 令 B 为 A 中所有使 $g(a)$ 不包含 a 的点 a 组成的子集，即

$$B = \{a \mid a \in A - g(a)\}.$$

B 可能为空集，也可能为整个 A，这是没有关系的. 可以认定 B 是 A 的一个子集，它不在 g 的像中. 假定对于某个 $a_0 \in A$，$B = g(a_0)$. 试问，a_0 是不是一定属于 B 呢？根据 B 的定义，

$$a_0 \in B \Longleftrightarrow a_0 \in A - g(a_0) \Longleftrightarrow a_0 \in A - B.$$

在任何情况下都导致矛盾. ■

现在已经证明了不可数集的存在性. 但是还没有提到我们最熟悉的一个不可数集——实数集. 你可能以为 $\mathbb{R}$ 的不可数性已经证明过了. 如果假定任意实数可以用一个无限十进制数来表示的话(规定在表示式的最后不允许有无限多个 9)，那么改变一下定理 7.7 证明中用过的对角程序，就可以证明实数的不可数性. 但是，这个证明在有些方面不十分完善，一个原因是实数的无限十进制表示并不是公理的简单推论，它需要费大力气去证明. 另一个原因是 $\mathbb{R}$ 的不可数性实际上并不依赖于 $\mathbb{R}$ 无限十进制展开，也不依赖于 $\mathbb{R}$ 的任何代数性质，它仅与 $\mathbb{R}$ 的序性质有关. 我们将晚些时候(第 27 节)用 $\mathbb{R}$ 的序性质来证明 $\mathbb{R}$ 的不可数性.

习题

1. 证明 $\mathbb{Q}$ 是可数无限集.
2. 证明例 1 和例 2 中的映射 f 与 g 都是一一对应.
3. 设 X 为二元集合 $\{0, 1\}$. 证明在 $\mathcal{P}(\mathbb{Z}_+)$ 与笛卡儿积 X^ω 之间有一个一一对应.
4. (a) 一个实数 x 称为(在有理数集上)是**代数的**(algebraic)，如果它满足某一个具有有理系数 a_i 的正次数的多项式方程

$$x^n + a_{n-1}x^{n-1} + \cdots + a_1 x + a_0 = 0.$$

假定每一个多项式方程仅有有限个根，证明代数数的集合是可数集.

(b) 如果一个实数 x 不是代数的，它称为**超越的**(transcendental). 在实数集合是不可数的假

定下，证明超越数的集合是不可数的.（令人吃惊的是，我们熟悉的超越数仅仅只有两个：e 和 π. 而证明它们是超越数却相当不容易.）

5. 判定下述每一个集合是不是可数的，并说明理由.

(a)所有函数 $f:\{0,1\}\to\mathbb{Z}_+$ 的集合 A.

(b)所有函数 $f:\{1,\cdots,n\}\to\mathbb{Z}_+$ 的集合 B_n.

(c)集合 $C=\bigcup_{n\in\mathbb{Z}_+}B_n$.

(d)所有函数 $f:\mathbb{Z}_+\to\mathbb{Z}_+$ 的集合 D.

(e)所有函数 $f:\mathbb{Z}_+\to\{0,1\}$ 的集合 E.

(f)所有"终端为 0"的函数 $f:\mathbb{Z}_+\to\{0,1\}$ 的集合 F. [如果存在正整数 N，使得对于所有 $n\geqslant N$, $f(n)=0$，则称 f 是**终端为 0**(eventually zero)的.]

(g)所有终端为 1 的函数 $f:\mathbb{Z}_+\to\mathbb{Z}_+$ 的集合 G.

(h)所有终端为常值的函数 $f:\mathbb{Z}_+\to\mathbb{Z}_+$ 的集合 H.

(i) $\mathbb{Z}_+$ 的所有二元子集的集合 I.

(j) $\mathbb{Z}_+$ 的所有有限子集的集合 J.

6. 如果在集合 A 与 B 之间有一个一一对应，则称 A 和 B 具有**相同的基数**(same cardinality).

(a)证明：若 $B\subset A$ 并且存在一个单射

$$f:A\longrightarrow B,$$

则 A 和 B 具有相同的基数. [提示：定义 $A_1=A$ 和 $B_1=B$. 对于 $n>1$，定义 $A_n=f(A_{n-1})$ 和 $B_n=f(B_{n-1})$.（又是归纳定义!）注意 $A_1\supset B_1\supset A_2\supset B_2\supset A_3\supset\cdots$. 根据

$$h(x)=\begin{cases}f(x) & \text{若对于某 } n \text{ 有 } x\in A_n-B_n,\\ x & \text{其他情形}\end{cases}$$

定义函数 $h:A\to B$.]

(b)**定理**(Schroeder-Bernstein 定理) *如果存在单射 $f:A\to C$ 及 $g:C\to A$，则 A 与 C 具有相同的基数.*

7. 证明习题 5 中的集合 D 与 E 的基数相同.

8. 设 X 表示二元素集 $\{0,1\}$，$\mathscr{B}$ 为 X^ω 的所有可数子集的集合. 证明 X^ω 与 $\mathscr{B}$ 具有相同的基数.

9. (a)归纳公式

$$\begin{aligned}&h(1)=1,\\&h(2)=2,\\&h(n)=[h(n+1)]^2-[h(n-1)]^2,\quad \text{对于 } n\geqslant 2\end{aligned}\tag{$*$}$$

不符合归纳定义原理. 但是可以证明确实存在一个函数 $h:\mathbb{Z}_+\to\mathbb{R}$，满足这个公式. [提示：改写($*$)，使原理适合并且要求 h 为正的.]

(b)证明(a)中的($*$)不唯一决定 h. [提示：如果 h 是满足($*$)的一个正函数，对于 $i\neq 3$，令 $f(i)=h(i)$，而令 $f(3)=-h(3)$.]

(c)证明：任何函数 h：$\mathbb{Z}_+\to\mathbb{R}$ 都不满足归纳公式

$$h(1)=1,$$
$$h(2)=2,$$
$$h(n)=[h(n+1)]^2+[h(n-1)]^2,\quad 对于\ n\geqslant 2.$$

*8　归纳定义原理

在讨论归纳定义原理的一般形式之前，首先证明它的一个特殊情形——引理7.2的证明中用到过这种情形．它有助于对一般情形的讨论，使证明中的关键思路更为清晰．

为此，给定 $\mathbb{Z}_+$ 的无限子集 C，考虑函数 h：$\mathbb{Z}_+\to C$ 的下述归纳公式：

$$\begin{aligned}&h(1)=C\ 的最小元,\\&h(i)=[C-h(\{1,\cdots,i-1\})]\ 的最小元,对于\ i>1.\end{aligned}\qquad(*)$$

我们证明存在唯一的一个函数 h：$\mathbb{Z}_+\to C$ 满足这个归纳公式．

第一步，证明存在定义在 $\mathbb{Z}_+$ 的截上的函数满足$(*)$．

引理 8.1　*给定 $n\in\mathbb{Z}_+$，存在一个函数*

$$f:\{1,\cdots,n\}\longrightarrow C,$$

对于定义域中的所有 i 满足$(*)$．

证　这个引理讲的是一个依赖于 n 的论断，因此可以用归纳法加以证明．设 A 为所有使引理成立的 n 的集合．我们证明 A 是一个归纳集．从而有 $A=\mathbb{Z}_+$．

当 $n=1$ 时引理成立，因为由

$$f(1)=C\ 的最小元$$

定义的函数 f：$\{1\}\to C$ 满足$(*)$．

假定引理对于 $n-1$ 成立，以下证明引理对于 n 成立．根据归纳假定，存在函数 f'：$\{1,\cdots,n-1\}\to C$，对于定义域 $\{1,\cdots,n-1\}$ 中的所有 i 满足$(*)$．用

$$f(i)=f'(i),\qquad 对于\ i\in\{1,\cdots,n-1\},$$
$$f(n)=[C-f'(\{1,\cdots,n-1\})]\ 的最小元$$

定义一个函数 f：$\{1,\cdots,n\}\to C$．因为 C 为无限集，f' 不是满射；因此集合 $C-f'(\{1,\cdots,n-1\})$ 非空，并且 $f(n)$ 有定义．这个定义是比较容易接受的，它不是用 f 自身而是用给定的函数 f' 来定义 f．

容易验证，f 对于定义域中的所有 i 满足$(*)$．因为当 $i\leqslant n-1$ 时，f 等于 f'，所以函数 f' 满足$(*)$．当 $i=n$ 时，f 定义为

$$f(n)=[C-f'(\{1,\cdots,n-1\})]\ 的最小元,$$

而 $f'(\{1,\cdots,n-1\})=f(\{1,\cdots,n-1\})$，所以 f 也满足$(*)$．■

引理 8.2　*设 f：$\{1,\cdots,n\}\to C$ 与 g：$\{1,\cdots,m\}\to C$ 对于它们各自定义域中的所有 i 都满足$(*)$．则对于两个定义域中所有公共的 i，$f(i)=g(i)$．*

证　设结论不真．令 i 为使得 $f(i)\neq g(i)$ 的最小整数．根据$(*)$

$$f(1)=C\ 的最小元=g(1).$$

所以整数 i 不是 1. 对于所有 $j<i$，我们有 $f(j)=g(j)$. 由于 f 和 g 满足（$*$），所以

$$f(i)=[C-f(\{1,\cdots,i-1\})] \text{的最小元},$$
$$g(i)=[C-g(\{1,\cdots,i-1\})] \text{的最小元}.$$

由于 $f(\{1,\cdots,i-1\})=g(\{1,\cdots,i-1\})$，所以 $f(i)=g(i)$，这与 i 的选取矛盾. ■

定理 8.3 *存在唯一的一个函数 h：$\mathbb{Z}_+\to C$，使得（$*$）对于所有 $i\in\mathbb{Z}_+$ 成立.*

证 根据引理 8.1，对于每一个 n，存在一个将 $\{1,\cdots,n\}$ 映到 C 中的函数，并且对其定义域中的所有 i 满足（$*$）. 给定 n，引理 8.2 证明了这样的函数是唯一的，定义域相同的两个这样的函数必定相等. 设 f_n：$\{1,\cdots,n\}\to C$ 表示这个唯一的函数.

现在进行关键的一步. 定义一个函数 h：$\mathbb{Z}_+\to C$，其指派法则是所有 f_n 的指派法则的并 U. 由于 f_n 的指派法则是 $\{1,\cdots,n\}\times C$ 的一个子集，因此 U 是 $\mathbb{Z}_+\times C$ 的一个子集. 我们要证明 U 是函数 h：$\mathbb{Z}_+\to C$ 的指派法则.

就是说我们要证明 $\mathbb{Z}_+$ 的每一个元素 i 恰好是 U 中一个元素的第一个坐标，这是容易的. 整数 i 在 f_n 定义域中的充分必要条件是 $n\geqslant i$[①]，所以 U 中所有使 i 为其第一个坐标的元素的集合，正好是形如 $(i,f_n(i))$ 的所有偶对的集合，其中 $n\geqslant i$. 引理 8.2 表明，当 $n,m\geqslant i$ 时 $f_n(i)=f_m(i)$. 因此，U 中所有这些元素都相等，亦即 U 中只有一个元素以 i 为它的第一个坐标.

证明 h 满足条件（$*$）也是容易的，它是以下事实的推论：

$$\text{如果 } i\leqslant n, \text{则 } h(i)=f_n(i),$$
$$f_n \text{ 对于定义域中所有 } i \text{ 满足}(*).$$

唯一性的证明是引理 8.2 的证明的翻版. ■

现在我们正式叙述归纳定义的一般原理. 在它的证明中并没有什么新思想，故留作习题.

定理 8.4［归纳定义原理(principle of recursive definition)］ *设 A 是一个集合，a_0 为 A 的一个元素. 设 ρ 为一个函数，使得每一个从正整数的一个非空截映到 A 中的函数 f 对应于 A 中一个元素. 则存在唯一的一个函数*

$$h:\mathbb{Z}_+\longrightarrow A,$$

使得

$$\begin{aligned} h(1)&=a_0, \\ h(i)&=\rho(h\mid\{1,\cdots,i-1\}), \quad \text{对于 } i>1. \end{aligned} \qquad (*)$$

（$*$）称为 h 的一个**归纳公式**(recursion formula). 它决定了 $h(1)$，并且用 h 在所有小于 i 的正整数处的值来表出 h 在 $i>1$ 处的值.

例 1 我们来证明定理 8.3 是定理 8.4 的一个特殊情形. 给定 $\mathbb{Z}_+$ 的一个无限子集 C，设 a_0 为 C 的最小元，ρ 定义为：

$$\rho(f)=[C-(f \text{ 的像集})] \text{的最小元}.$$

由于 C 是一个无限集，f 为从有限集映到 C 中的一个函数，f 的像集不是整个集合 C，因而 ρ 的定义是确切的. 根据定理 8.4，存在一个函数 h：$\mathbb{Z}_+\to C$，使得 $h(1)=a_0$，并且对于 $i>1$，

① 原文误为 $n>i$. ——译者注

$$h(i)=\rho(h\mid\{1,\cdots,i-1\})$$
$$=[C-(h\mid\{1,\cdots,i-1\}\text{ 的像集})]\text{ 的最小元}$$
$$=[C-h(\{1,\cdots,i-1\})]\text{ 的最小元},$$ ■

这正是我们所要证明的.

例 2 给定 $a\in\mathbb{R}$，在第 4 节的习题中，我们用归纳公式

$$a^1=a,$$
$$a^n=a^{n-1}\cdot a$$

"定义"了 a^n. 我们想用定理 8.4 来严格定义一个函数 h：$\mathbb{Z}_+\to\mathbb{R}$，使得 $h(n)=a^n$. 为了应用这个定理，用 a_0 表示 $\mathbb{R}$ 的元素 a，并且用公式 $\rho(f)=f(m)\cdot a$ 来定义 ρ，其中 f：$\{1,\cdots,m\}\to\mathbb{R}$. 于是存在唯一的一个函数 h：$\mathbb{Z}_+\to\mathbb{R}$，使得

$$h(1)=a_0,$$
$$h(i)=\rho(h\mid\{1,\cdots,i-1\}),\quad \text{对于 } i>1.$$

这意味着 $h(1)=a$. 当 $i>1$ 时有 $h(i)=h(i-1)\cdot a$. 如果以 a^i 表示 $h(i)$，则得到了所要证明的

$$a^1=a,$$
$$a^i=a^{i-1}\cdot a.$$ ■

习题

1. 设$(b_1, b_2, \cdots)$是实数的一个无穷序列. 用归纳法定义它的和 $\sum_{k=1}^{n}b_k$ 如下：

$$\sum_{k=1}^{n}b_k=b_1 \qquad \text{当 } n=1,$$
$$\sum_{k=1}^{n}b_k=\left(\sum_{k=1}^{n-1}b_k\right)+b_n \quad \text{当 } n>1.$$

设 A 为实数集，选取 ρ，使得可以用定理 8.4 来严格定义这个和.

我们有时用符号 $b_1+b_2+\cdots+b_n$ 表示和 $\sum_{k=1}^{n}b_k$.

2. 设$(b_1, b_2, \cdots)$为实数的一个无穷序列. $\prod_{k=1}^{n}b_k$ 的定义为

$$\prod_{k=1}^{1}b_k=b_1,$$
$$\prod_{k=1}^{n}b_k=\left(\prod_{k=1}^{n-1}b_k\right)\cdot b_n, \quad \text{当 } n>1.$$

试应用定理 8.4 来严格定义这个积. 我们有时用符号 $b_1b_2\cdots b_n$ 来表示积 $\prod_{k=1}^{n}b_k$.

3. 作为习题 2 的特例，对于 $n\in\mathbb{Z}_+$，给出 a^n 与 $n!$ 的定义.

4. 数论中的 Fibonacci 数是用下式归纳定义的：

$$\lambda_1 = \lambda_2 = 1,$$
$$\lambda_n = \lambda_{n-1} + \lambda_{n-2}, \quad \text{对于 } n > 2.$$

试用定理 8.4 给出它的严格定义.

5. 证明存在唯一的一个函数 $h: \mathbb{Z}_+ \to \mathbb{R}_+$，满足公式

$$h(1) = 3,$$
$$h(i) = [h(i-1)+1]^{1/2}, \quad \text{对于 } i > 1.$$

6. (a)证明不存在函数 $h: \mathbb{Z}_+ \to \mathbb{R}_+$ 满足公式

$$h(1) = 3,$$
$$h(i) = [h(i-1)-1]^{1/2}, \quad \text{对于 } i > 1.$$

试说明为什么这个例子不违背归纳定义原理.

(b)考虑归纳公式

$$h(1) = 3,$$
$$h(i) = \begin{cases} [h(i-1)-1]^{1/2}, & \text{如果 } h(i-1) > 1 \\ 5, & \text{如果 } h(i-1) \leqslant 1 \end{cases} \quad \text{对于 } i > 1.$$

证明存在唯一的一个函数 $h: \mathbb{Z}_+ \to \mathbb{R}_+$ 满足这个公式.

7. 证明定理 8.4.
8. 证明归纳定义原理的以下形式：设 A 是一个集合，ρ 是一个函数，使得每一个从正整数 $\mathbb{Z}_+$ 的一个截 S_n 映到 A 中的函数 f 对应着 A 中一个元素 $\rho(f)$. 则存在唯一的一个函数 $h: \mathbb{Z}_+ \to A$，使得对于每一个 $n \in \mathbb{Z}_+$，$h(n) = \rho(h \mid S_n)$.

9 无限集与选择公理

我们已经得到了判定集合为无限集的一些法则. 例如，若集合 A 有一个可数无限子集，或者存在 A 与其真子集之间的一一对应，则 A 必定为无限集. 我们将要证明，这些性质中的任何一个都足以刻画无限集. 而这个证明又把我们引向讨论目前我们还没有提到过的逻辑学中的一个问题——选择公理.

定理 9.1 设 A 是一个集合. 关于 A 的下列条件等价：

(1)存在一个单射 $f: \mathbb{Z}_+ \to A$.

(2)A 与其真子集之间存在一个一一对应.

(3)A 是一个无限集.

证 我们证明蕴涵关系(1)⇒(2)⇒(3)⇒(1). 为了证明(1)⇒(2)，设存在一个单射 $f: \mathbb{Z}_+ \to A$. 将像集 $f(\mathbb{Z}_+)$记为 B，将 $f(n)$记为 a_n. 由于 f 是一个单射，当 $n \neq m$ 时，$a_n \neq a_m$. 用公式

$$g(a_n) = a_{n+1}, \quad \text{对于 } a_n \in B,$$
$$g(x) = x, \quad \text{对于 } x \in A - B$$

定义一个映射

$$g: A \longrightarrow A - \{a_1\}.$$

这个映射 g 如图 9.1 所示，容易验证它是一个一一对应.

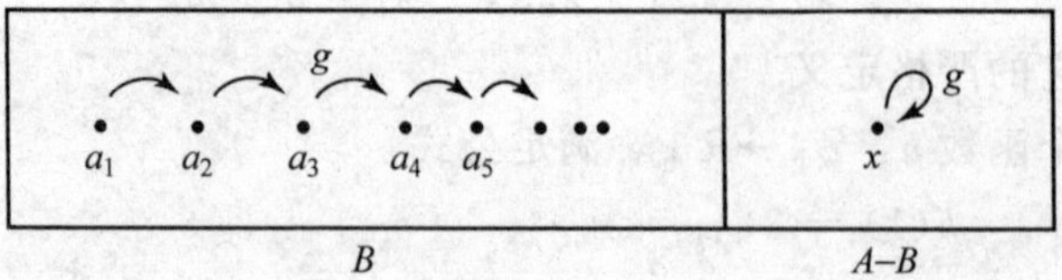

图 9.1

蕴涵关系(2)⇒(3)正好是推论 6.3 的逆否命题，我们已经证明过了．为了证明(3)⇒(1)，假定 A 为无限集，并且"用归纳法"定义一个单射 f：$\mathbb{Z}_+ \to A$.

首先，因为集合 A 非空，可在 A 中取一点 a_1，定义 $f(1)$为所选取的那个点.

其次，假定 $f(1)$，…，$f(n-1)$已经有定义，我们来定义 $f(n)$．集合 $A-f(\{1, \cdots, n-1\})$是非空的，因为如果它是空集的话，映射 f：$\{1, \cdots, n-1\} \to A$ 就是满射，由此推出 A 是有限的．因此，我们可以在集合 $A-f(\{1, \cdots, n-1\})$中取一个元素，并且就定义 $f(n)$为这个元素．应用"归纳原理"，对于所有 $n \in \mathbb{Z}_+$，f 有定义.

容易看出 f 是单射．如果假定 $m<n$，则 $f(m)$属于集合 $f(\{1, \cdots, n-1\})$，而根据定义 $f(n)$不属于这个集合．所以 $f(n) \neq f(m)$. ■

让我们更加仔细地改进这种"归纳"证明，以便我们对归纳定义原理的使用更加清楚.

给定一个无限集 A，我们打算用下式

$$f(1) = a_1,$$
$$f(i) = [A - f(\{1,\cdots,i-1\})] \text{ 的一个任意元素}, \text{对于 } i > 1, \qquad (*)$$

归纳地定义 f：$\mathbb{Z}_+ \to A$．但这并不是一个理想的归纳公式！因为 $f(i)$不是由 $f \mid \{1, \cdots, i-1\}$唯一确定的.

在这方面，这个公式与我们在证明引理 7.2 时考虑过的归纳公式完全不同．那里有一个 $\mathbb{Z}_+$ 的无限子集 C，并且用下式

$$h(1) = C \text{ 的最小元},$$
$$h(i) = [C - h(\{1,\cdots,i-1\})] \text{ 的最小元}, \qquad \text{对于 } i > 1,$$

定义 h，而这个公式中 $h(i)$由 $h \mid \{1, \cdots, i-1\}$唯一确定.

我们说(*)不是一个理想的归纳公式的另一个原因是，因为如果不是这样，那么由归纳定义原理得出满足(*)的唯一的一个函数 f：$\mathbb{Z}_+ \to A$．但是很难想像可以由(*)唯一确定 f．事实上，f 的这个"定义"含有无限多种选择.

我们必须指出，定理 9.1 中给出的证明，实际上不是一个证明．事实上，我们在迄今所讨论过的集合论的性质的基础上，还不可能证明这个定理．必须增加一些东西才行.

我们在前面讲过描述指定集合的一些可行的方法：

(1)列出它的元素以定义集合，或者取一个给定的集合 A，然后按照元素是否满足某给定的性质而确定它的一个子集 B.

(2)取给定的集族元素的并与交，或者两个集合的差.

(3)取给定集合的所有子集的集合.

(4)取集合的笛卡儿积.

现在函数 f 的法则实际上是一个集合，即$\mathbb{Z}_+ \times A$ 的子集. 因此，要证明函数 f 的存在性，就必须用可允许的组成集合的方法，做出$\mathbb{Z}_+ \times A$ 的适当的子集. 但是已经给定的这些方法却达不到这一目的. 我们需要有断定集合存在性的新方法. 为此要在所有可允许的组成集合的方法中加进下述公理：

选择公理(axiom of choice) 给定由两两无交的非空集合构成的一个族$\mathcal{A}$，存在一个集合 C，使得 C 与$\mathcal{A}$的每一个元素恰好有一个公共元，即对于每一个 $A \in \mathcal{A}$，集合$C \cap A$包含着唯一的一个元素.

选择公理所述存在的那个集合 C，可以将其设想成从$\mathcal{A}$的每一个集合 A 中选取一个元素而得到.

选择公理看起来显然是一个十分清楚的论断. 事实上，大多数数学家现在都把它作为数学基础中集合论的一部分. 但是在过去的若干年里，围绕这个与集合论有关的特殊论断有过激烈的争论. 一些数学家对于通过它所证明的一些定理只是勉强承认. 其中的一个就是我们马上要讨论的良序定理. 现在就可以直接使用选择公理来克服前面证明中的困难. 我们首先证明选择公理的一个简单推论.

引理 9.2[**选择函数的存在性**(existence of a choice function)] 给定非空集合的一个族$\mathcal{B}$(未必是两两无交的). 则存在一个函数

$$c:\mathcal{B} \longrightarrow \bigcup_{B \in \mathcal{B}} B,$$

使得对于每一个 $B \in \mathcal{B}$，$c(B)$是 B 的一个元素.

函数 c 称为族$\mathcal{B}$的一个**选择函数**(choice function).

这个引理与选择公理之间的区别是：引理中族$\mathcal{B}$中的集合不要求是两两无交的. 例如，可以允许$\mathcal{B}$为一个给定集合的非空子集族①.

引理的证 对于$\mathcal{B}$的一个元素 B，定义集合 B'为：

$$B' = \{(B,x) \mid x \in B\}.$$

即 B'是所有有序偶对的族，有序偶对的第一个坐标是集合 B，第二坐标是 B 的一个元素. B'是笛卡儿积

$$\mathcal{B} \times \bigcup_{B \in \mathcal{B}} B$$

的一个子集. 因为 B 至少含有一个元素 x，那么 B'至少包含元素(B, x)，因此 B'非空.

现在证明：如果 B_1 和 B_2 是$\mathcal{B}$中两个不同的集合，则 B_1' 和 B_2' 无交. 因为 B_1' 的元素形如(B_1, x_1)，B'_2 的元素形如(B_2, x_2). 两者的第一个坐标不同，所以这样的两个元素不会相等.

① 在不致引起混淆时，"非空子集的族"常简单地说成"非空子集族"，它不是指"非空的子集族". 因此"一个非空子集族"指的是"非空子集的一个族"而不是指"一个非空子集的族". 将"非空子集"替换成"开集"、"闭集"、"子集"等得到的相应说法类此，不另加注. ——译者注

我们构造一个族

$$\mathcal{C} = \{B' \mid B \in \mathcal{B}\};$$

它是

$$\mathcal{B} \times \bigcup_{B \in \mathcal{B}} B$$

的无交非空子集的一个族，由选择公理知，存在一个集合 c，它与 $\mathcal{C}$ 的每一个元素恰好有一个公共元. 我们要证明 c 就是所需要的选择函数的法则.

首先，c 是

$$\mathcal{B} \times \bigcup_{B \in \mathcal{B}} B$$

的一个子集. 其次，c 恰好含有每一个集合 B' 的一个元素. 因此，对于每一个 $B \in \mathcal{B}$，集合 c 恰好含有第一个坐标为 B 的一个有序偶对 (B, x). 所以 c 事实上就是从族 $\mathcal{B}$ 到集合 $\bigcup_{B \in \mathcal{B}} B$ 的一个函数的法则. 最后，若 $(B, x) \in c$，则 x 属于 B，于是 $c(B) \in B$，证毕. ■

定理 9.1 的第二个证明　应用上面这个引理，可以更加严格地证明定理 9.1. 给定一个无限集 A，我们希望做出一个单射 $f: \mathbb{Z}_+ \to A$. 记 A 的所有非空子集的族为 $\mathcal{B}$. 刚才证明的引理保证了 $\mathcal{B}$ 的选择函数的存在性，即有一个函数

$$c: \mathcal{B} \longrightarrow \bigcup_{B \in \mathcal{B}} B = A,$$

使得对于每一个 $B \in \mathcal{B}$，$c(B) \in B$. 用归纳公式

$$\begin{aligned} &f(1) = c(A), \\ &f(i) = c(A - f(\{1, \cdots, i-1\})), \text{对于 } i > 1, \end{aligned} \qquad (*)$$

定义一个函数 $f: \mathbb{Z}_+ \to A$. 因为 A 是无限集，集合 $A - f(\{1, \cdots, i-1\})$ 非空. 因此，上式右边有意义. 因为这个公式是用 $f \mid \{1, \cdots, i-1\}$ 唯一定义的 $f(i)$，所以能用归纳定义原理. 我们得到了对于所有 $i \in \mathbb{Z}_+$ 满足 $(*)$ 的唯一函数 $f: \mathbb{Z}_+ \to A$. f 的单射性的证明如前. ■

为了给出定理 9.1 合乎逻辑的证明，要用到选择函数. 当我们强调了这一点之后，还必须回过头来说清楚大多数数学家并不是这样做的. 他们毫不迟疑地给出如同第一种情形那样的证明，其中包含有无穷多次的任意选择. 他们知道自己确实用了选择公理. 他们也知道如果需要的话，那就可以通过引进一个特殊的选择函数，而使其证明达到逻辑上更令人满意的程度. 但是他们常常不这样做.

我们也是如此. 你将在本书中很少找到选择函数的特定用处. 只是在证明变得含混时才引进一个选择函数，但是在许多证明中，做了无穷多次任意选择，每当这种情形，我们实际上暗中使用了选择公理.

我们必须承认，在本书上一节的一个证明中，从无穷多种可供选择的函数中作出了一个确定的函数，似乎没有用到选择公理. 这种误解要加以澄清. 请你找找看，我们说的究竟是哪一个证明.

为选择公理加一个最后的附注. 这个公理有两种形式. 一种称为**有限选择公理**(finite axiom of choice)，它说对于一个两两无交的非空集合的有限族 $\mathcal{A}$，存在一个集合 C，恰好与 $\mathcal{A}$

的每一个元素只有一个公共元. 我们一直需要选择公理的这种弱形式，以前我们一直自由地使用它而不加说明. 对于有限选择公理，任何一个数学家也不会觉得不妥，它是所有集合论的组成部分. 换言之，一个证明如果只涉及有限多个任意选择时，没有人会提出疑问.

选择公理的强形式是对非空集合任意的一个族$\mathcal{A}$而言的，只有它才叫做“选择公理”. 每当数学家写道：“这个证明依赖于选择公理”时，它总是指选择公理的这种强形式.

习题

1. 不用选择公理定义一个单射 $f: \mathbb{Z}_+ \to X^\omega$，其中 X 为二元素集$\{0, 1\}$.
2. 如果有可能的话，试对下列各个集族不用选择公理而求出来一个选择函数.
   (a)$\mathbb{Z}_+$的所有非空子集的族$\mathcal{A}$.
   (b)$\mathbb{Z}$的所有非空子集的族$\mathcal{B}$.
   (c)有理数集$\mathbb{Q}$的所有非空子集的族$\mathcal{C}$.
   (d)X^ω 的所有非空子集的族$\mathcal{D}$，其中 $X=\{0, 1\}$.
3. 设 A 是一个集合，$\{f_n\}_{n\in\mathbb{Z}_+}$是加标单射的一个族，其中
   $$f_n:\{1,\cdots,n\}\longrightarrow A.$$
   证明 A 是一个无限集. 你能不用选择公理定义一个单射 $f: \mathbb{Z}_+\to A$ 吗?
4. 在第 7 节中，有一个定理的证明包含有无穷多次任意选择，它是哪一个呢? 重新写出一个证明，以便弄清楚选择公理的用法.（前面有一些习题也用到过选择公理.）
5. (a)应用选择公理证明：若 $f: A\to B$ 为满射，则 f 有一个右逆 $h: B\to A$.
   (b)证明：若 $f: A\to B$ 为单射，A 非空，则 f 有一个左逆. 这需要用选择公理吗?
6. 朴素集合论中大多数著名的悖论，都以这种或那种方式与“所有集合的集合”这个概念有关. 前面曾经给出过的用来构成集合的各种法则，没有一个允许我们考虑这样的集合. 我们有足够的理由指出，这个概念本身是自相矛盾的. 假定用$\mathcal{A}$表示“所有集合的集合”.
   (a)证明$\mathcal{P}(\mathcal{A})\subset\mathcal{A}$，并且由此引出矛盾.
   (b)(Rusell 悖论). 设$\mathcal{B}$是$\mathcal{A}$的一个子集，它由所有不是它自身的元素的集合组成，即
   $$\mathcal{B}=\{A\mid A\in\mathcal{A}\text{并且}A\notin A\}.$$
   （当然，可能没有集合 A 会使得 $A\in A$. 这时，$\mathcal{B}=\mathcal{A}$.）$\mathcal{B}$是不是它自身的一个元素呢?
7. 设 A 和 B 是两个非空集合. 如果从 B 到 A 中有一个单射，而从 A 到 B 中没有单射，我们说 A 有比 B **较大的基数**(greater cardinality)[①].
   (a)根据定理 9.1 得出，每一个不可数集的基数都大于$\mathbb{Z}_+$的基数.
   (b)证明：若 A 的基数大于 B 的基数，B 的基数大于 C 的基数，则 A 的基数大于 C 的基数.
   (c)求出无限集的一个序列 A_1，A_2，…，使得对于每一个 $n\in\mathbb{Z}_+$，集合 A_{n+1} 的基数大于 A_n 的基数.

① 习惯上常说成“A 的基数大于 B 的基数”. 要注意的是，就像没有对“序型”下定义一样，也没有对“基数”下定义. ——译者注

(d)求出一个集合，使得对于任意 n，它的基数大于 A_n 的基数.

*8. 证明 $\mathcal{P}(\mathbb{Z}_+)$ 与 $\mathbb{R}$ 的基数相同.［提示：你可以利用这样一个事实，即每一个实数有唯一的一个十进制展开，只要在这个展开式中不允许出现无穷多个 9 构成的串.］

集合论中一个著名的猜想，称为连续统假设，它断言不存在基数大于 $\mathbb{Z}_+$ 小于 $\mathbb{R}$ 的集合. 广义连续统假设则断言，对于无限集 A，不存在基数大于 A 小于 $\mathcal{P}(A)$ 的集合. 令人吃惊的是，这两个论断与集合论的常用公理是独立的. 比较易读的阐述可参见[Sm].

10 良序集

正整数集 $\mathbb{Z}_+$ 有一个有用的性质：每一个非空子集有一个最小元. 将它加以推广就得到良序集概念.

定义 具有全序关系 $<$ 的一个集合 A 称为**良序的**(well-ordered)，如果 A 的任意非空子集有一个最小元.

例 1 在字典序下考虑集合 $\{1, 2\}\times\mathbb{Z}_+$. 它可以表示成一个无穷序列紧跟着另一个无穷序列：

$$a_1, a_2, a_3, \cdots; b_1, b_2, b_3, \cdots,$$

其中每一个元素都比它右边的每一个元素要小. 不难看出，这个全序集的每一个非空子集 C 都有一个最小元. 如果 C 包含任何一个元素 a_n，这个最小元便是 C 与序列 a_1, a_2, $\cdots$ 的交的最小元；而如果 C 不包含 a_n，那么 C 是序列 b_1, b_2, $\cdots$ 的一个子集，因此有一个最小元. ■

例 2 在字典序下考虑集合 $\mathbb{Z}_+\times\mathbb{Z}_+$. 它可以表示成一个无穷序列的无穷序列. 我们断定它是一个良序集. 设 X 是 $\mathbb{Z}_+\times\mathbb{Z}_+$ 的一个非空子集，A 是 $\mathbb{Z}_+$ 中由所有 X 的元素的第一个坐标组成的子集. A 有最小元，设为 a_0，则族

$$\{b \mid a_0\times b\in X\}$$

是 $\mathbb{Z}_+$ 的一个非空子集. 设 b_0 为其最小元. 根据字典序的定义，$a_0\times b_0$ 就是 X 的最小元(参见图 10.1).

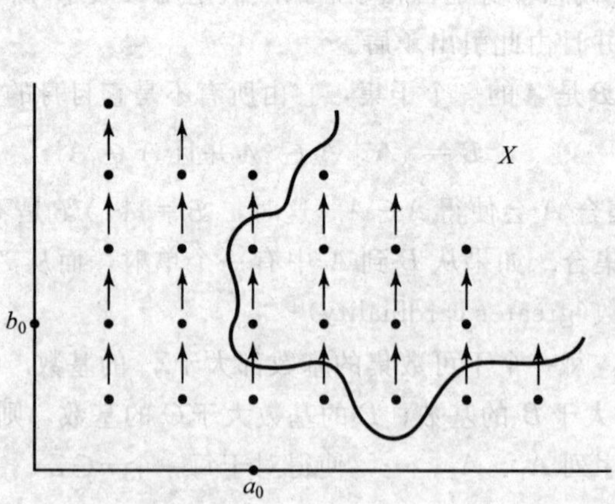

图 10.1

■

例 3　整数集在通常全序关系下不是良序集．这是因为由负整数组成的子集没有最小元．区间 $0\leqslant x\leqslant 1$ 中的全体实数也不是良序集，这是因为由 $0<x<1$ 中所有 x 组成的子集没有最小元(尽管它有一个下确界)． ■

有几种构造良序集的方法，下面是其中的两种：

(1)如果 A 是一个良序集，则 A 的任意子集在限制全序关系下是一个良序集．

(2)如果 A 和 B 都是良序集，则 $A\times B$ 在字典序下是一个良序集．

(1)的证明是显然的，(2)的证明可以按例 2 的方式给出．

由此可得，$\mathbb{Z}_+\times(\mathbb{Z}_+\times\mathbb{Z}_+)$在字典序下是良序的，它可以表示成一个无穷序列的无穷序列的无穷序列．类似地，$(\mathbb{Z}_+)^4$ 在字典序下是良序的，等等．如果你试图把它推广到无穷个$\mathbb{Z}_+$的积，那就要遇到麻烦了．我们将要简单地讨论这种情况．

给定一个没有全序关系的集合 A，人们自然会问，在 A 上是否存在一个全序关系，使其成为良序集呢？如果 A 是有限集，那么任意一一对应

$$f:A\longrightarrow\{1,\cdots,n\}$$

就能够定义 A 上的一个全序关系，使 A 与全序集$\{1,\cdots,n\}$的序型相同．事实上，有限集上的任意全序关系都可以用上述方法得到．

定理 10.1　任意非空有限全序集具有$\mathbb{Z}_+$的一个截$\{1,\cdots,n\}$的序型，因而必定是良序集．

证　这个定理已在第 6 节中作为一个习题给出，现在予以证明．首先证明任意有限全序集 A 有一个最大元．如果 A 只有一个元素，这是显然的．假定结论对于具有 $n-1$ 个元素的集合成立，设 A 有 n 个元素并且 $a_0\in A$．那么 $A-\{a_0\}$有一个最大元 a_1，而$\{a_0,a_1\}$的最大者就是 A 的最大元．

其次证明，对于某一个 n，存在一个 A 与$\{1,\cdots,n\}$之间的保序一一对应．如果 A 有一个元素，这是显然的．假定结论对于有 $n-1$ 个元素的集合成立．设 b 为 A 的最大元．根据归纳假定，存在一个保序一一对应

$$f':A-\{b\}\longrightarrow\{1,\cdots,n-1\}.$$

再由下式

$$f(x)=f'(x),x\neq b,$$
$$f(b)=n$$

定义一个保序一一对应 $f:A\to\{1,\cdots,n\}$． ■

因此，一个有限全序集只有一种可能的序型．对于无限集，情形就完全不同了．良序集

$$\mathbb{Z}_+,$$
$$\{1,\cdots,n\}\times\mathbb{Z}_+,$$
$$\mathbb{Z}_+\times\mathbb{Z}_+,$$
$$\mathbb{Z}_+\times(\mathbb{Z}_+\times\mathbb{Z}_+)$$

都是可数无限集，而它们有不同的序型．

我们已经给出的所有良序集的例子都是可数集．人们自然会问，能不能找到一个不可数的良序集呢？

大家熟悉的不可数集是可数无穷多个$\mathbb{Z}_+$的积

$$X = \mathbb{Z}_+ \times \mathbb{Z}_+ \times \cdots = (\mathbb{Z}_+)^\omega.$$

可以用一种自然的方式在这个集合中引进广义的字典序：如果对于某一个$n \geqslant 1$，

$$\text{当 } i < n \text{ 时}, a_i = b_i; \text{并且 } a_n < b_n,$$

则定义

$$(a_1, a_2, \cdots) < (b_1, b_2, \cdots).$$

事实上，这是集合X上的一个全序关系. 可惜它不是一个良序. 考虑X中所有形如

$$\boldsymbol{x} = (1, \cdots, 1, 2, 1, 1, \cdots)$$

的元素$\boldsymbol{x}$的集合A，其中$\boldsymbol{x}$只有一个坐标等于2，其余的都是1. 显然A没有最小元.

我们已经看到，字典序至少没有给出集合$(\mathbb{Z}_+)^\omega$的一个良序. 那么在这个集合上是不是有别的全序关系，使它成为良序集呢？我们虽然没有一个在$(\mathbb{Z}_+)^\omega$上作出特定良序的方法，但是有一个著名的定理，可确认这样的良序是存在的.

定理[良序定理(well-ordering theorem)]　若A是一个集合，则存在A上的一个全序关系，使A成为一个良序集.

这个定理是1904年由Zermelo证明的，曾震动了数学界，并对其证明的正确性展开大量辩论. 对于任意不可数集，没有一个将其良序化的构造性程序就引起了许多怀疑. 在进一步分析这个证明时，我们发现只有一处可能有点问题，就是在构造的过程中包含着无穷多次选择，也就是说其做法包含了选择公理.

一些数学家曾经拒绝把选择公理作为一个结果，多少年来每涉及一个新定理就要提出这个问题：它的证明是否涉及选择公理？因为一个定理的证明中如果使用了选择公理，便会被认为基础不稳固. 一般说来，时下的数学家大都已经不再有这样的烦恼了. 他们把选择公理作为集合论中的一个合适的假定，良序定理也就随之得以被承认.

选择公理蕴涵良序定理的证明过于冗长(虽然不是特别困难)，而且主要是逻辑学家的兴趣所在，我们略去其证明. 如果你有兴趣的话，可以在本章最后的附加习题中找到证明的纲要. 本书承认良序定理，读者也可以将其视作另外的一个公理!

我们只是偶尔需要良序定理的全部"功效". 一般情况下，我们将仅用到下面这个较弱的结果：

推论　存在一个不可数的良序集.

我们将使用这个结果来构造一个很有用的良序集.

定义　设X是一个全序集. 给定$\alpha \in X$，用S_α表示集合

$$S_\alpha = \{x \mid x \in X \text{ 并且 } x < \alpha\}.$$

称之为X在α处的**截**(section).

引理10.2　存在一个以Ω为最大元的不可数良序集A，A在Ω处的截S_Ω是一个不可数集，而A的每一个其余的截都是可数集.

证　假定B是一个不可数的良序集. 设C为$\{1, 2\} \times B$在字典序下的不可数的良序集，则C的某一个截不可数. (事实上，C在每一个形如$2 \times b$的元素处的截都是不可数的.)记Ω为

使得 C 在 Ω 处的截为不可数集的最小元．取 A 为这个截加上 Ω 所组成的集合． ■

值得注意的是，S_Ω 是一个不可数良序集，并且它的每一个截都是一个可数集．事实上，它的序型由此而唯一确定．我们称之为极小不可数良序集．进而，我们将用记号 $\bar{S}_\Omega$ 来表示不可数良序集 $A=S_\Omega\cup\{\Omega\}$（理由后述）．

就我们的目的而言，S_Ω 的最有用的性质是以下定理：

定理 10.3 如果 A 是 S_Ω 的一个可数子集，则 A 在 S_Ω 中有上界．

证 设 A 为 S_Ω 的一个可数子集．对于每一个 $a\in A$，截 S_a 是可数的．因此，并 $B=\bigcup_{a\in A}S_a$ 也是可数的．因为 S_Ω 不可数，所以集合 B 不会等于 S_Ω．设 x 为 S_Ω 中不属于 B 的点，则 x 为 A 的一个上界．因为，如果对于 A 中某一个 a 有 $x<a$ 成立，那么 x 属于 S_Ω，从而属于 B，这与 x 的选取矛盾． ■

习题

1. 证明：每一个良序集都有上确界性质．
2. (a)证明：在良序集中，每一个不是最大元(如果存在的话)的元素有一个紧接后元．
   (b)作出一个集合，它的每一个元素有一个紧接后元，但这个集合不是良序集．
3. 集合 $\{1, 2\}\times\mathbb{Z}_+$ 与 $\mathbb{Z}_+\times\{1, 2\}$ 在字典序下都是良序集，它们有相同的序型吗？
4. (a)用 $\mathbb{Z}_-$ 表示常用全序关系下的负整数集．证明：一个全序集 A 不是良序集的充分必要条件是它包含一个与 $\mathbb{Z}_-$ 有相同序型的子集．
   (b)证明：若 A 是一个全序集并且其每一个可数子集都是良序集，则 A 是一个良序集．
5. 证明良序定理蕴涵着选择公理．
6. 设 S_Ω 为极小不可数良序集．
   (a)证明：S_Ω 没有最大元．
   (b)证明：对于每一个 $\alpha\in S_\Omega$，集合 $\{x \mid \alpha<x\}$ 是不可数的．
   (c)设 X_0 为 S_Ω 的一个子集，它由所有没有紧接前元的元素 x 组成．证明 X_0 是不可数的．
7. 设 J 是一个良序集．J 的子集 J_0 称为一个**归纳集**(inductive set)，如果对于任意 $\alpha\in J$，
$$(S_\alpha\subset J_0)\Longrightarrow\alpha\in J_0.$$
   定理[超限归纳原理(principle of transfinite induction)] 若 J 是一个良序集，并且 J_0 是 J 的一个归纳子集，则 $J_0=J$．
8. (a)设 A_1 和 A_2 是两个无交的集合，并且分别对于序 $<_1$ 和序 $<_2$ 而言是良序集．在 $A_1\cup A_2$ 上定义一个全序关系"$<$"：如果有 $a, b\in A_1$ 和 $a<_1 b$；或者有 $a, b\in A_2$ 和 $a<_2 b$；或者有 $a\in A_1$ 和 $b\in A_2$ 时；定义 $a<b$．证明这是一个良序．
   (b)把(a)推广到无交良序集的任意一个族上去，其指标集为良序集．
9. 考虑 $(\mathbb{Z}_+)^\omega$ 的子集 A，这里 A 由尾部全是 1 的正整数序列 $\boldsymbol{x}=(x_1, x_2, \cdots)$ 所构成．在 A 上定义一个序：如果 $x_n<y_n$ 那么 $\boldsymbol{x}<\boldsymbol{y}$ 并且当 $i>n$ 时，$x_i=y_i$．我们将此序称之为 A 上的"反字典序"．
   (a)证明：对于每一个 n，存在 A 的一个截与在字典序下的 $(\mathbb{Z}_+)^n$ 有相同的序型．
   (b)证明 A 是良序的．

10. **定理** 设 J 与 C 是两个良序集. 假定不存在从 J 的一个截到 C 上的满射. 则对于每一个 $x\in J$, 存在唯一的一个函数 $h: J\to C$ 满足

$$h(x)=[C-h(S_x)] \text{ 的最小元}, \qquad (*)$$

其中 S_x 是 J 在 x 处的截.

证明:

(a)如果 h 和 k 将 J 的截或 J 映入 C 中, 并且对于它们各自定义域中的所有 x 满足$(*)$, 证明对于定义域中公共元 x 有 $h(x)=k(x)$.

(b) 如果存在满足$(*)$的函数 $h:S_\alpha\to C$,证明存在满足$(*)$的函数 $k:S_\alpha\cup\{\alpha\}\to C$.

(c)如果 $K\subset J$ 并且对于所有 $\alpha\in K$, 存在满足$(*)$的函数 h_α: $S_\alpha\to C$, 证明存在满足$(*)$的函数

$$k: \bigcup_{\alpha\in K} S_\alpha \longrightarrow C.$$

(d) 用超限归纳法证明,对于每一个 $\beta\in J$,存在满足$(*)$的函数 $h_\beta:S_\beta\to C$.[提示:若 β 有紧接前元 α,则 $S_\beta=S_\alpha\cup\{\alpha\}$. 否则,$S_\beta=\bigcup_{\alpha<\beta}S_\alpha$.]

(e)证明本定理.

11. 设 A 和 B 是两个集合. 用良序定理证明: 或者它们有相同的基数, 或者一个集合的基数大于另一集合的基数. [提示: 若满射 f: $A\to B$ 不存在, 应用前面的习题.]

*11 极大原理[1]

我们已经说过, 由选择公理可以得出任何集合都能良序化这一深刻的定理. 在数学中, 选择公理还有更加重要的推论. 这里所提及的"极大原理"有多种版本. 在 1914 年至 1935 年间, 多位数学家曾对极大原理独立地予以论述, 他们包括 F. Hausdorff、K. Kuratowski、S. Bochner及 M. Zorn. 而当时一种典型的处理思路是用良序原理证明他们各自的"极大原理". 后来人们发现, 实际上这些"极大原理"都是与良序原理等价的. 以下我们就其中的一些予以介绍.

首先给出一个定义. 给定集合 A, A 中的一个关系 $\prec$ 称为 A 上的**严格偏序**(strict partial order), 如果它具有下面两个性质:

(1)(非自反性)关系 $a\prec a$ 不成立.

(2)(传递性)若 $a\prec b$ 并且 $b\prec c$, 则 $a\prec c$.

这刚好是全序性质(见第 3 节)的第二条和第三条, 去掉了可比较性. 换言之, 一个严格偏序关系与全序关系十分类似, 只是不要求对于集合中两个不同的点 x 和 y, 或者 $x\prec y$ 成立, 或者 $y\prec x$ 成立.

如果 $\prec$ 是集合 A 上的一个严格偏序关系, 则不难看出 A 有某子集 B, 它是这个关系下的全序集, 也就是说 B 中任意元素偶对在 $\prec$ 下都可以比较.

现在讲述以下极大原理, 它是 1914 年由 Hausdorff 首先提出的.

---

[1] 这部分内容将在第 5 章和第 14 章中用到.

定理 11.1[**极大原理**(maximum principle)] 设 A 是一个集合，$\prec$ 为 A 上一个严格偏序. 则存在 A 中的一个极大全序子集 B.

换句话说，存在 A 中的子集 B，使得 B 是一个关于$\prec$的全序集，并且 A 中任何以 B 作为其真子集的集合都不是关于$\prec$的全序集.

例 1 如果$\mathcal{A}$是任意一个集族，关系"是某集合的一个真子集"为$\mathcal{A}$上的一个严格偏序关系. 设$\mathcal{A}$为平面上所有圆域(圆周的内部)的族. $\mathcal{A}$的一个极大全序子族由所有中心在原点的圆域组成. 另一个极大全序子族由所有下述圆域组成，其边界圆周在 y 轴右边并且在原点处与 y 轴相切，参见图 11.1.

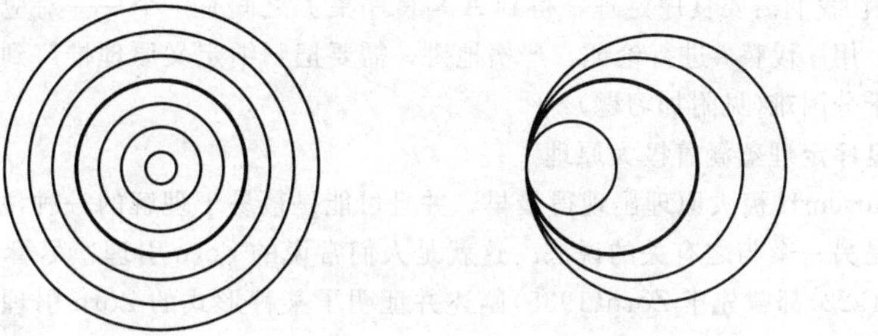

图 11.1

■

例 2 若(x_0, y_0)和(x_1, y_1)为平面$\mathbb{R}^2$中的两点，当 $y_0=y_1$ 并且 $x_0<x_1$ 时，定义

$$(x_0, y_0) \prec (x_1, y_1).$$

这是$\mathbb{R}^2$上的一个偏序，在这个关系下，两个点仅当它们位于同一水平线上时才可以比较. 于是极大全序集为$\mathbb{R}^2$中的水平直线. ■

我们只能给出极大原理的一个直观"证明". 把它分为几步来做，下面予以形象地描述. 取一个盒子，我们依以下方式把 A 的某些元素依次放入盒中：首先任意选取 A 的一个元素，将其放入盒子中. 然后，在 A 中另选一个元素，如果它与盒子中的元素都可以比较，则将其放入盒子中，否则，就将其放在一边. 到某一步，我们就有了在盒中元素的一个族以及被扔在一边的元素的族. 再在 A 剩余元素中取一个，如果它与盒中每一个元素都可以比较，便把它放入盒子中，否则，将其放在一边. 以此方式一直做下去. 当你对 A 中的所有元素都验证之后，则盒子中的元素是可以互相比较的，因而它们组成一个全序集. 而不在盒中的每一个元素都至少与盒中的一个元素不能比较，这正是我们把它放在一边的原因. 由于 A 已经不再有满足可比性条件的更大的子集，因此，盒中的全序集是极大的.

当然，上述"证明"有一个薄弱环节，就是我们说的"当你对于 A 的所有元素都验证之后". 你怎么知道你"做完了"对于 A 中所有元素的验证呢? 如果 A 是可数集，那不难把这种直观证明变成实际的证明. 我们来看可数无限的情形(有限情形是比较容易的). 将 A 的元素逐一给以各不相同的正整数指标，即

$$A = \{a_1, a_2, \cdots\}.$$

这种指标提供了如何验证 A 中元素的方法，也可以使我们知道什么时候全部验证完毕了.

让我们定义一个函数 $h: \mathbb{Z}_+ \to \{0, 1\}$，它的指派法则是：“将 a_i 放入盒中”的 i 对应于 0，“将 a_i 放在一边”的 i 对应于 1. 这意味着：$h(1)=0$. 对于每一个 $i>1$，我们有 $h(i)=0$ 当且仅当 a_i 与集合

$$\{a_j \mid j < i \text{ 和 } h(j) = 0\}$$

中的每一元素都是可比较的. 由归纳定义原理，这个公式决定了唯一函数 $h: \mathbb{Z}_+ \to \{0, 1\}$. 容易验证：所有使得 $h(i)=0$ 的 a_i 的集合是 A 的一个极大全序子集.

如果 A 不是可数集，只要允许我们使用良序定理，就可以将上述程序改变得可行. 我们以某一良序集 J 代替原来的$\mathbb{Z}_+$，对 A 的元素逐一加以标记(即建立一一对应)，使得 $A=\{a_\alpha \mid \alpha \in J\}$. 为此，我们需要良序定理，得到 A 与良序集 J 之间有一个一一对应. 这时便可以像上一段中那样，用 α 代替 i 进行论证. 严格地讲，需要把归纳定义原理推广到良序集上去，而这件事并不是十分困难(见附加习题).

因此，良序定理蕴涵着极大原理.

尽管 Hausdorff 极大原理出现得最早，并且可能是最易于理解的一种说法，然而，当今引用最多的却是另一个与之有关的说法. 这就是人们常说的 Zorn 引理，尽管 Kuratowski(1922) 及 Bochner(1922)都曾先于 Zorn(1935)阐述并证明了某种形式的 Zorn 引理. 相关历史以及与之有关的资料，请参见文献[C]及[Mo]. 为陈述这一原理，我们需要引进某些术语.

定义　设 A 是一个集合，$\prec$是 A 上的一个严格偏序. 若 B 为 A 的一个子集，$c \in A$，使得对于每一个 $b \in B$ 都有 $b \prec c$ 或者 $b=c$，则称 c 是 B 的一个**上界**(upper bound). 若 m 是 A 的一个元素，并且对于每一个 $a \in A$，$m \prec a$ 都不成立，则称 m 是 A 的一个**极大元**(maximal element).

Zorn 引理　设 A 是一个严格偏序集. 若 A 的每一个全序子集有上界，则 A 中必有一个极大元.

Zorn 引理是极大原理的一个简单推论：给定 A，极大原理蕴涵着 A 有极大的全序子集 B. 由 Zorn 引理的假设可见，B 在 A 中有上界 c. c 自然是 A 的一个极大元. 事实上，若存在某 $d \in A$使得 $c \prec d$，那么对于每一个 $b \in B$ 有 $b \prec d$，从而，$B \cup \{d\}$是一个全序集且以 B 为其真子集，这与 B 极大性矛盾.

事实上，极大原理也是 Zorn 引理的一个简单推论. 见习题 5～7.

最后还要加一个附注. 我们已经给出了集合上严格偏序的定义，却没有说偏序是什么. 设$\prec$是集合 A 上的一个严格偏序. 将 $a \preceq b$ 定义为 $a \prec b$ 或者 $a=b$，则关系$\preceq$为 A 上的一个**偏序**(partial order). 例如，集族中的包含关系$\subset$是一个偏序，而真包含关系是一个严格偏序.

大多数作者宁可讨论偏序，而不讨论严格偏序. 极大原理和 Zorn 引理也往往用偏序加以描述. 究竟使用哪一种，这仅是一个嗜好与方便的问题.

习题

1. 若 a 和 b 是两个实数，当 $b-a$ 为正有理数时定义 $a \prec b$. 证明这是$\mathbb{R}$上的一个严格偏序. 它的极大全序子集是什么?

2. (a)设$\prec$是集合 A 中的一个严格偏序．A 中的一个关系$\preceq$定义为：当 $a\prec b$ 或者 $a=b$ 时，$a\preceq b$．证明这个关系具有下述称之为**偏序公理**(partial order axioms)的性质：

   (i)对于所有 $a\in A$，$a\preceq a$.

   (ii)$a\preceq b$ 和 $b\preceq a\Longrightarrow a=b$.

   (iii)$a\preceq b$ 和 $b\preceq c\Longrightarrow a\preceq c$.

   (b)设 P 为 A 上满足性质(i)、(ii)、(iii)的一个关系．A 上的关系 S 定义为：当 aPb 并且 $a\neq b$时，aSb．证明 S 是 A 上的一个严格偏序.

3. 设 A 是有严格偏序$\prec$的一个集合，$x\in A$．如果我们想找出 A 的包含 x 的一个极大全序子集 B，一个办法是试图将 B 定义为 A 中所有可与 x 比较的那些元素的集合，即

$$B=\{y\mid y\in A \text{ 并且或者 } x\prec y \text{ 或者 } y\prec x\}.$$

   但是这并不总是可行的．例 1 和例 2 中的哪一个是按照这个方式去做的，哪一个不是?

4. 给定$\mathbb{R}^2$中的两点(x_0, y_0)和(x_1, y_1)．当 $x_0<x_1$ 并且 $y_0\leqslant y_1$ 时定义

$$(x_0,y_0)\prec(x_1,y_1).$$

   证明：曲线 $y=x^3$ 与 $y=2$ 都是$\mathbb{R}^2$的极大全序子集．而曲线 $y=x^2$ 不是．试求出所有极大全序子集.

5. 证明：Zorn 引理蕴涵着以下引理：

   引理(Kuratowski)　*设$\mathcal{A}$为一个集族．如果$\mathcal{A}$的每一个对于真包含关系而言的全序子族$\mathcal{B}$的所有元素之并仍属于$\mathcal{A}$，则$\mathcal{A}$中有一个元素不真包含于$\mathcal{A}$的任何元素之中.*

6. 设$\mathcal{A}$为集合 X 的子集的一个族．若 X 的子集 B 属于$\mathcal{A}$当且仅当B 的每一个有限子集属于$\mathcal{A}$，则称$\mathcal{A}$是*具有有限特征的*．证明 Kuratowski 引理蕴涵着以下引理：

   引理(Tukey，1940)　*设$\mathcal{A}$是一个集族．若$\mathcal{A}$是具有有限特征的，则$\mathcal{A}$中存在一个元素，使得它不真包含于$\mathcal{A}$的任何元素之中.*

7. 证明 Tukey 引理蕴涵着 Hausdorff 极大原理．［提示：设$\prec$是 A 上的一个严格偏序．用$\mathcal{A}$表示按相对于$\prec$而言 A 的所有全序子集的族．证明$\mathcal{A}$是具有有限特征的.］

8. Zorn 引理在代数中的一个典型应用是证明每一个向量空间有一个基．首先回忆几个有关概念．设 A 为向量空间的一个子集，倘若一个向量是 A 的某些元素的有限线性组合，则称它是一个由 A *所张成的*向量．集合 A 被称为是*无关的*，若将零向量写成 A 中有限个元素的线性组合时，所有系数必全为零．如果 A 是无关的并且 V 的每一向量都是由 A 所张成的向量，那么 A 是 V 的一个*基*.

   (a)若 A 是无关的并且 $v\in V$ 不是由 A 所张成的，证明 $A\cup\{v\}$是无关的.

   (b)证明 V 的所有无关的子集的族有极大元.

   (c)证明 V 有一个基.

*附加习题：良序

在以下习题中要求证明选择公理、良序原理与极大原理的等价性．我们要特别指出的是，只在习题 7 中用到了选择公理.

1. **定理**(广义归纳定义原理)　设 J 是一个良序集，C 是一个集合. 以 $\mathcal{F}$ 表示将 J 的所有截映入 C 的函数的全体. 对于给定的一个函数 ρ：$\mathcal{F}\to C$，存在唯一一个函数 h：$J\to C$，使得对于每一个 $\alpha\in J$，$h(\alpha)=\rho(h\mid S_\alpha)$.
[提示：仿照第10节习题10中所给的证明思路.]
2. (a)设 J 与 E 都是良序集，设 h：$J\to E$. 证明以下两个条件等价：
(i)h 是保序的并且它的像是 E 或 E 的一个截.
(ii)$h(\alpha)=[E-h(S_\alpha)]$的最小元素，其中 α 取遍 J 中所有元素.
[提示：证明上述每一条件都蕴涵着 $h(S_\alpha)$为 E 的一个截，因而必定是在 $h(\alpha)$处的一个截.]
(b)设 E 是一个良序集. 证明 E 不具有与 E 有相同序型的截，E 的任何两个不同的截也没有相同的序型. [提示：对于任意给定的 J，最多只有一个从 J 到 E 中的保序对应的像集为 E 或 E 的一个截.]
3. 设 J 和 E 都是良序集，k：$J\to E$ 是一个保序对应. 应用习题1及习题2证明：或者 J 与 E 有相同的序型，或者 J 与 E 的一个截有相同的序型. [提示：选取 $e_0\in E$. 据以下归纳公式定义 h：$J\to E$：当 $h(S_\alpha)\neq E$ 时，
$$h(\alpha)=[E-h(S_\alpha)]\text{ 的最小元；}$$
否则，$h(\alpha)=e_0$. 证明对于所有 α，$h(\alpha)\leqslant k(\alpha)$；从而推得，对于所有 α，$h(S_\alpha)\neq E$.]
4. 根据习题1～3证明以下结论：
(a)设 A 和 B 都是良序集，那么以下的三种可能中恰有其中之一成立：A 与 B 有相同的序型；A 与 B 的一个截有相同的序型；B 与 A 的一个截有相同的序型. [提示：仿照第10节习题8构造一包含 A 和 B 的良序集，然后再应用上一个习题的结论.]
(b)设 A 与 B 都是不可数的良序集，使得 A 和 B 的每一个截都是可数集. 证明 A 与 B 有相同的序型.
5. 设 X 是一个集合，$\mathcal{A}$ 是所有$(A, <)$偶对的族，其中 A 是 X 的一个子集，$<$为 A 上的一个良序. 当$(A, <)$是$(A', <')$的一个截时，定义
$$(A,<)\prec(A',<').$$
(a)证明$\prec$是 $\mathcal{A}$ 中的一个严格偏序.
(b)设 $\mathcal{B}$ 关于$\prec$是 $\mathcal{A}$ 的一个全序子集. 令 B' 为所有使得$(B, <)\in\mathcal{B}$的集合 B 的并. 再定义$<'$为所有使得$(B, <)\in\mathcal{B}$的关系$<$之并. 证明$(B', <')$是一个良序集.
6. 应用习题1～5证明：
定理　极大原理等价于良序定理.
7. 应用习题1～5证明：
定理　选择公理等价于良序定理.
证明：设 X 是一个集合. c 是 X 的所有非空子集的族的一个取定的选择函数. 设 T 是 X 的一个子集，$<$是 T 中的一个关系. 如果$<$是 T 上的一个良序，并且对于每一个 $x\in T$ 有
$$x=c(X-S_x(T)),$$

则称$(T, <)$是一个**塔**(tower)，其中$S_x(T)$为T在x处的一个截.

(a)设$(T_1, <_1)$与$(T_2, <_2)$是X中的两个塔. 证明：或者两个有序集相同，或者其中之一为另一个的一个截. [提示：必要时调换下标，总可以假设h：$T_1 \to T_2$保序，并且$h(T_1)$等于T_2或者$h(T_1)$是T_2的一个截. 应用习题2证明，对于所有x，$h(x)=x$.]

(b)若$(T, <)$是X中的一个塔并且$T \neq X$，证明存在X的一个塔使得$(T, <)$为其一个截.

(c)设$\{(T_k, <_k) \mid k \in K\}$为由$X$中所有塔所组成的族. 设

$$T=\bigcup_{k \in K} T_k \quad \text{并且} \quad <=\bigcup_{k \in K}(<_k).$$

证明$(T, <)$是X的一个塔. 从而得到$T=X$.

8. 应用习题1～4中的结果，按照以下方式构造一个不可数良序集. 设$\mathcal{A}$是所有偶对$(A, <)$的族，其中A是$\mathbb{Z}_+$的一个子集，$<$是A中的一个良序. (允许A为空集.)如果$(A, <)$与$(A', <')$有相同的序型，则定义$(A, <) \sim (A', <')$. 显然，这是一个等价关系. 设$[(A, <)]$为$(A, <)$的等价类，E为所有等价类的族. 当$[(A, <)]$与$[(A', <')]$的一个截有相同的序型时，定义

$$[(A, <)] \ll [(A', <')].$$

(a)证明关系$\ll$的定义是确切的，并且是E中的一个全序. 等价类$[(\varnothing, \varnothing)]$是$E$的最小元.

(b)证明若$\alpha=[(A, <)]$为E的一个元素，则$(A, <)$与E在α处的一个截$S_\alpha(E)$有相同的序型. [提示：定义一个映射f：$A \to E$，使得对于每一个$x \in A$，$f(x)=[(S_x(A), <$的限制$)]$.]

(c)证明$\ll$是E中的一个良序.

(d)证明E是不可数的. [提示：若h：$E \to \mathbb{Z}_+$为一一对应，则h导出$\mathbb{Z}_+$上一个良序.]

以任何一个良序集X更换$\mathbb{Z}_+$，经相仿的讨论，证明(不用选择公理)存在一个良序集E，使得它的基数大于X的基数.

本习题说明，不用选择公理我们也能以一个简练的方式构造不可数良序集，从而得到最小不可数良序集. 然而，这种构造使得最小不可数良序集本身所应当呈现出的性质有所削弱. 我们通常使用的S_Ω关键性质是S_Ω的每一可数子集在S_Ω中有上界. 事实上，它依赖于可数集的可数并依然是可数的这一事实. 而这一事实的证明(如果你仔细考察)已涉及无限多次的任意选取，即它依赖于选择公理.

换言之，不用选择公理我们也可以构造最小不可数良序集，但却难以用它来处理所有问题.

第 2 章 拓扑空间与连续函数

拓扑空间的概念，产生于对实直线、欧氏空间以及这些空间上的连续函数的研究. 我们在这一章将给出拓扑空间的定义，并研究在集合上构造拓扑的一些方法，以便使这些集合成为拓扑空间. 我们还要研究与拓扑空间相关的一些基本概念. 作为实直线和欧氏空间中相应概念的自然推广，我们还将引入开集、闭集、极限点和连续函数的概念.

12 拓扑空间

这里给出的拓扑空间的标准定义是经历了很长时间才形成的. 许多数学家，如 Fréchet、Hausdorff 等人，在 20 世纪的头十年里给出过不同的定义，但是这些定义很快成为过眼烟云，数学家们很快就确定了最合适的定义. 当然，他们希望定义能够有尽可能广泛的包容性，从而把数学中许多有用的例子，如欧氏空间、无穷维欧氏空间及它们之间的函数空间，都作为它的特例包括进去. 他们又希望使定义尽可能地狭窄，从而使得那些熟知的空间中的标准定理对于一般拓扑空间也能够成立. 当我们试图整理一个新的数学概念时，常常会遇到这样的问题，即如何给出恰如其分的定义. 最后确立的拓扑空间的定义看上去有些抽象，但是，当你用不同的方法构造拓扑空间时，将会对它的真正内涵有更好的理解.

定义 *集合 X 上的一个***拓扑***(topology)乃是 X 的子集的一个族 $\mathcal{T}$，它满足以下条件：*

(1) $\varnothing$ 和 X 在 $\mathcal{T}$ 中.

(2) $\mathcal{T}$ 的任意子族的元素的并在 $\mathcal{T}$ 中.

(3) $\mathcal{T}$ 的任意有限子族的元素的交在 $\mathcal{T}$ 中.

一个指定了拓扑 $\mathcal{T}$ 的集合 X 叫做一个**拓扑空间**(topological space).

确切地说，一个拓扑空间就是一个有序偶对 $(X, \mathcal{T})$，其中 X 是一个集合，$\mathcal{T}$ 是 X 上的一个拓扑. 在不致混淆的情况下，常常不专门提到 $\mathcal{T}$.

如果 X 是带有拓扑 $\mathcal{T}$ 的一个拓扑空间，我们说 X 的一个子集 U 是 X 中的开集，如果 U 是族 $\mathcal{T}$ 的一个元素. 使用这个术语，就可以把拓扑空间说成是一个集合 X 连同它的子集(称之为开集)的一个族，使得 $\varnothing$ 和 X 是开集，开集的任意并和有限交都是开集.

例 1 设 X 是三元素集，$X=\{a, b, c\}$. 在 X 上有多种可能的拓扑，有几种画在图 12.1 中，其中右上角图所表示的拓扑中，其开集是 X，$\varnothing$，$\{a, b\}$，$\{b\}$和$\{b, c\}$. 左上角图所表示的拓扑中只有两个开集 X 和 $\varnothing$. 右下角图所表示的拓扑由 X 的所有子集组成. 通过 a，b，c 间的置换还可以得到 X 上的另外一些拓扑.

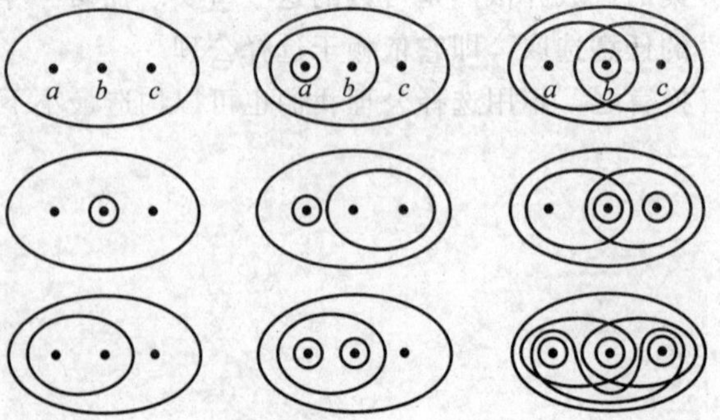

图 12.1

由此可见，即使是只有三个元素的集

合，也有许多种不同的拓扑. 但这并不是说 X 的子集的任意一个族都是 X 的拓扑. 比如，图 12.2 所表示的族就不是一个拓扑. ■

例 2 如果 X 为任意的一个集合，X 所有子集的族是 X 的一个拓扑，称之为**离散拓扑**（discrete topology）. 仅由 X 和 $\varnothing$ 组成的族也是 X 的一个拓扑，称之为**密着拓扑**（indiscrete topology）或**平庸拓扑**（trivial topology）. ■

图 12.2

例 3 设 X 是一个集合，$\mathcal{T}_f$ 是使得 $X-U$ 或者是有限集或者等于 X 的那些 X 的子集 U 的全体. 那么 $\mathcal{T}_f$ 是 X 上的一个拓扑，称之为**有限补拓扑**（finite complement topology）. 因为 $X-X=\varnothing$ 是有限集，$X-\varnothing=X$，所以 X 与 $\varnothing$ 都在 $\mathcal{T}_f$ 中. 若 $\{U_\alpha\}$ 是 $\mathcal{T}_f$ 中非空元素的一个加标族，为了证明 $\bigcup U_\alpha$ 在 $\mathcal{T}_f$ 中，只要确定

$$X-\bigcup U_\alpha=\bigcap(X-U_\alpha).$$

因为每一个集合 $X-U_\alpha$ 是有限集，所以右边的集合是一个有限集. 如果 $U_1,\cdots,U_n$ 是 $\mathcal{T}_f$ 的非空元素，为了证明 $\bigcap U_i$ 在 $\mathcal{T}_f$ 中，只要确定

$$X-\bigcap_{i=1}^{n}U_i=\bigcup_{i=1}^{n}(X-U_i).$$

因为上式右边是有限集的有限并，所以是有限集. ■

例 4 设 X 是一个集合. $\mathcal{T}_c$ 是使得 $X-U$ 是可数集或者等于 X 的所有 X 的子集 U 的全体. 容易验证，$\mathcal{T}_c$ 是 X 上的一个拓扑. ■

定义 设 $\mathcal{T}$ 和 $\mathcal{T}'$ 是给定集合 X 上的两个拓扑，如果 $\mathcal{T}'\supset\mathcal{T}$，则称 $\mathcal{T}'$ **细于**(finer) $\mathcal{T}$. 若 $\mathcal{T}'\supset\mathcal{T}$ 是真包含关系，则称 $\mathcal{T}'$ **严格细于**(strictly finer) $\mathcal{T}$. 这两种情形有时也分别称之为 $\mathcal{T}$ **粗于**(coarser) $\mathcal{T}'$，和 $\mathcal{T}$ **严格粗于**(strictly coarser) $\mathcal{T}'$. 我们说 $\mathcal{T}$ 与 $\mathcal{T}'$ 是可比较的，如果或者 $\mathcal{T}'\supset\mathcal{T}$ 或者 $\mathcal{T}\supset\mathcal{T}'$.

受这个术语的启发，我们不妨把拓扑空间设想成一辆装满石子的卡车，一堆石子以及若干堆石子合在一起都是开集. 现在把石子敲成小碎块，那么开集族就变大了. 因此，按照这种运算，拓扑，如同石子一样，就变细了.

X 上的两个拓扑不一定可以比较. 在前面的图 12.1 中，右上角拓扑严格细于第一列中三个拓扑中的每一个拓扑，又严格粗于第三列另外两个拓扑中的每一个拓扑. 但是它与第二列中的任何一个拓扑都不可比较.

对于这个概念有时也使用其他的术语. 有些数学家把 $\mathcal{T}'\supset\mathcal{T}$ 称为 $\mathcal{T}'$ **大于**(larger) $\mathcal{T}$，或者 $\mathcal{T}$ **小于**(smaller) $\mathcal{T}'$. 如果不用那个比较形象的术语"细于"和"粗于"的话，这倒也是一个合适的用语.

有许多数学家对这个概念使用"弱于"和"强于"这种词. 不幸的是，他们中有些人(特别是分析学家)往往把 $\mathcal{T}'\supset\mathcal{T}$ 称为 $\mathcal{T}'$ 强于 $\mathcal{T}$，而另一些人(特别是拓扑学家)则称为 $\mathcal{T}'$ 弱于 $\mathcal{T}$. 如果读者在有些书中见到"强拓扑"或"弱拓扑"这类的术语，那就必须从文章中去判断它的含义. 本书不采用这些术语.

13　拓扑的基

上节的每一个例子都是用开集族$\mathcal{T}$来刻画拓扑的，这样做一般显得不太方便．更多的时候是首先指定X的子集的一个较小的族，然后用它来确定拓扑．

定义　如果X是一个集合．X的某拓扑的一个**基**(basis)是X的子集的一个族$\mathcal{B}$(其成员称为**基元素**(basis element))，满足条件：

(1)对于每一个$x\in X$，至少存在一个包含x的基元素B．

(2)若x属于两个基元素B_1和B_2的交，则存在包含x的一个基元素B_3，使得$B_3\subset B_1\cap B_2$．

如果$\mathcal{B}$满足以上两个条件，我们定义**由$\mathcal{B}$生成的拓扑**$\mathcal{T}$(topology $\mathcal{T}$ generated by $\mathcal{B}$)如下：如果对于每一个$x\in U$，存在一个基元素$B\in\mathcal{B}$，使得$x\in B$并且$B\subset U$，那么X的子集U称为X的开集(即是$\mathcal{T}$的一个元素)．

我们将简短地验证$\mathcal{T}$确实是X的一个拓扑．在此之前，先看几个例子．

例 1　设$\mathcal{B}$为平面上所有圆形域(圆周的内部)所组成的族，则$\mathcal{B}$满足基的定义中的两个条件．第二个条件如图 13.1 所示．在由$\mathcal{B}$生成的拓扑中，平面的一个子集U是开集，是指对于U中任意x，都有含于U中的某一个圆域．■

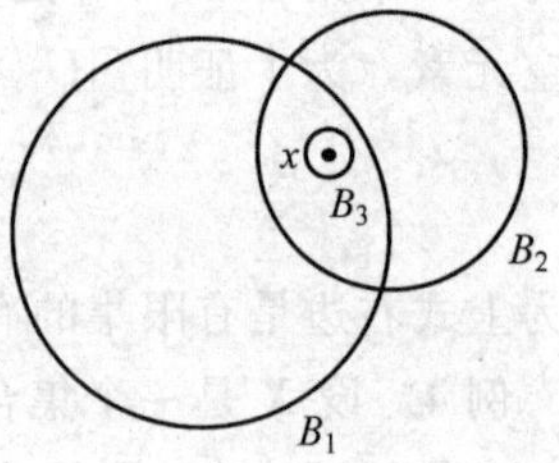

图　13.1

例 2　设$\mathcal{B}'$为平面上所有矩形域(矩形的内部)的族，其中矩形的边平行于两个坐标轴，则$\mathcal{B}'$满足基的定义中的两个条件．第二个条件如图 13.2 所示．这个条件是显然满足的，这是由于任何两个基元素的交，其本身就是一个基元素(或者是空集)．以后我们将会看到，在平面上由基$\mathcal{B}'$生成的拓扑与例 1 中基$\mathcal{B}$生成的拓扑是一样的．■

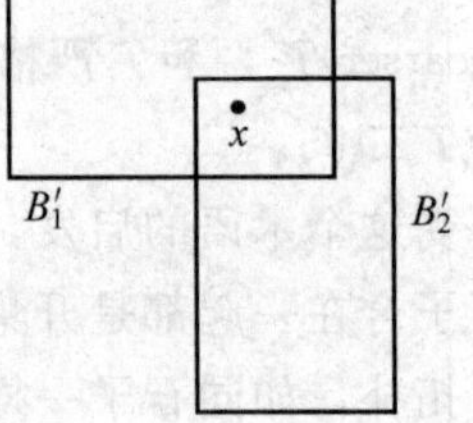

图　13.2

例 3　设X是任意的一个集合．X的所有单点子集的族是X上离散拓扑的一个基．■

现在我们来验证：由基$\mathcal{B}$生成的族$\mathcal{T}$的确是X的一个拓扑．若U为空集，它显然满足开集的定义．同样，因为对于每一个$x\in X$，存在包含x的某一个基元素B且$B\subset X$，所以X在$\mathcal{T}$中．现在取$\mathcal{T}$中元素的加标族$\{U_\alpha\}_{\alpha\in J}$，并且证明

$$U=\bigcup_{\alpha\in J}U_\alpha$$

属于$\mathcal{T}$．对于$x\in U$，存在一个指标α，使得$x\in U_\alpha$．因为U_α是开集，所以存在一个基元素B，使得$x\in B\subset U_\alpha$．由于$x\in B$并且$B\subset U$，根据定义可见U为开集．

任意选取$\mathcal{T}$的两个元素U_1和U_2，以下证明$U_1\cap U_2$属于$\mathcal{T}$．给定$x\in U_1\cap U_2$，选取一个包含x的基元素B_1，使得$B_1\subset U_1$．再选取包含x的基元素B_2，使得$B_2\subset U_2$．根据基所满足的第二个条件，存在一个包含x的基元素B_3，使得$B_3\subset B_1\cap B_2$(参见图 13.3)．于是$x\in B_3$并且$B_3\subset U_1\cap U_2$，从而根据定义可见$U_1\cap U_2$属于$\mathcal{T}$．

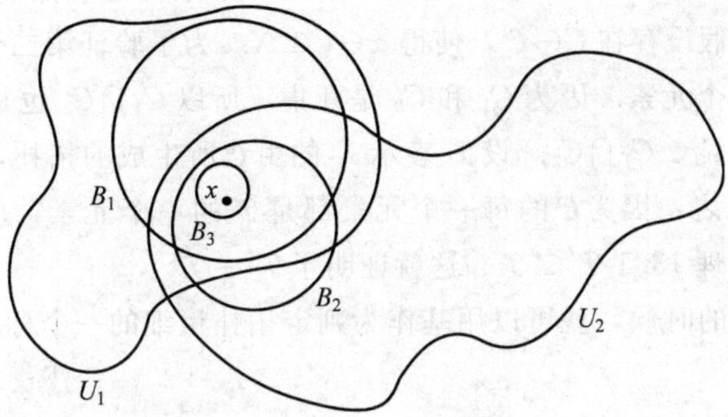

图 13.3

最后，我们归纳地证明$\mathcal{T}$中元素的任何有限交$U_1\cap\cdots\cap U_n$在$\mathcal{T}$中．当$n=1$时这是显然的．现在假定对于$n-1$结论已经成立，证明对n这结论还是正确的．因为

$$(U_1\cap\cdots\cap U_n)=(U_1\cap\cdots\cap U_{n-1})\cap U_n,$$

由归纳假设，$U_1\cap\cdots\cap U_{n-1}$属于$\mathcal{T}$，应用刚才证明的结果，$U_1\cap\cdots\cap U_{n-1}$与$U_n$的交也属于$\mathcal{T}$．

这样一来，我们就验证了由基$\mathcal{B}$生成的开集族的确是一个拓扑．

由基生成拓扑的另一种描述方法是由以下引理给出的．

引理 13.1 设X是一个集合，$\mathcal{B}$是X的拓扑$\mathcal{T}$的一个基．则$\mathcal{T}$等于$\mathcal{B}$中元素所有并的族①．

证 给定$\mathcal{B}$中元素的一个族，这些$\mathcal{B}$的元素也是$\mathcal{T}$的元素．由于$\mathcal{T}$是一个拓扑，于是它们的并也在$\mathcal{T}$中．反之，给定$U\in\mathcal{T}$，对于每一个$x\in U$，选取$\mathcal{B}$的一个元素B_x，使得$x\in B_x\subset U$．从而，U等于$\mathcal{B}$中元素的一个并． ■

上述引理表明X中的每一开集U都可以表示成某些基元素之并．然而，U这种表示不是唯一的．因而，拓扑学中"基"这个概念有别于它在代数学中的用法，在代数学中，将一个给定向量写成基向量的线性组合时其表达式是唯一的．

我们已经使用两种不同的方法描述了如何由基生成拓扑．有的时候我们需要反过来做，即由一个拓扑找出生成它的基．下面介绍如何由给定的拓扑得到基的一种方法，以后要多次用到．

引理 13.2 设X是一个拓扑空间．$\mathcal{C}$是X的开集的一个族，它满足对于X的每一个开集U及每一个$x\in U$，存在$\mathcal{C}$的一个元素C，使得$x\in C\subset U$．那么$\mathcal{C}$就是X上这个拓扑的一个基．

---

① 这句话极易被误解(原书中英语表述同样如此)．精确的说法应当是：$\mathcal{T}$等于这样一个族，它由所有可表示为$\mathcal{B}$的某些成员的并的那些集合组成．或者用公式表达如下：

$$\mathcal{T}=\left\{\bigcup_{B\in\mathcal{B}'}B\mid\mathcal{B}'\subset\mathcal{B}\right\}.$$

——译者注

证 我们必须证明$\mathcal{C}$是一个基. 基的定义中的第一个条件是显然满足的：对于$x\in X$，因为X本身是开集，根据假设存在$C\in\mathcal{C}$，使得$x\in C\subset X$. 为了验证第二个条件，设$x\in C_1\cap C_2$，其中C_1和C_2是$\mathcal{C}$的两个元素. 因为C_1和C_2是开集，所以$C_1\cap C_2$也是开集. 于是根据假设，存在$C_3\in\mathcal{C}$，使得$x\in C_3\subset C_1\cap C_2$. 设$\mathcal{T}'$表示$X$的由$\mathcal{C}$所生成的拓扑，$\mathcal{T}$为$X$的拓扑. 上述引理表明$\mathcal{T}'$细于$\mathcal{T}$. 反之，因为$\mathcal{C}$的每一个元素都是$\mathcal{T}$的一个元素，所以$\mathcal{C}$的元素的任意并也在$\mathcal{T}$中. 于是根据引理13.1 $\mathcal{T}'\subset\mathcal{T}$. 这就证明了$\mathcal{T}'=\mathcal{T}$. ■

当拓扑是由基给出的时候，就可以用基作为判定拓扑粗细的一个标准. 下面就是这样的一个准则.

引理 13.3 设$\mathscr{B}$和$\mathscr{B}'$分别是X的拓扑$\mathcal{T}$和$\mathcal{T}'$的基. 则下列条件等价：

(1)$\mathcal{T}'$细于$\mathcal{T}$.

(2)对于每一个$x\in X$及包含x的每一个基元素$B\in\mathscr{B}$，存在一个基元素$B'\in\mathscr{B}'$，使得$x\in B'\subset B$.

证 (2)⇒(1). 对于$\mathcal{T}$的一个元素U，我们证明$U\in\mathcal{T}'$. 取$x\in U$. 因为$\mathscr{B}$生成$\mathcal{T}$，则存在一个元素$B\in\mathscr{B}$，使得$x\in B\subset U$. 条件(2)告诉我们，存在一个元素$B'\in\mathscr{B}'$，使得$x\in B'\subset B$. 于是$x\in B'\subset U$. 根据定义$U\in\mathcal{T}'$.

(1)⇒(2). 给定$x\in X$和$B\in\mathscr{B}$，其中$x\in B$. 根据定义，$B\in\mathcal{T}$，再根据条件(1)，$\mathcal{T}\subset\mathcal{T}'$. 因此$B\in\mathcal{T}'$. 因为$\mathscr{B}'$生成$\mathcal{T}'$，所以存在一个元素$B'\in\mathscr{B}'$，使得$x\in B'\subset B$. ■

有的学生认为这个条件不容易记住. 他们问道："怎样才能记住这个包含关系呢?"回忆一下我们把拓扑空间看成为一辆装满石子的汽车就好记了. 每一个石子看成拓扑的基元素，然后把每一个石子敲碎，将每颗碎粒看成新拓扑的一个基元素. 新拓扑就比原拓扑细，而每一颗碎粒必能被原先的一个石子包含，这正是前面这个准则中所讲的事情.

例 4 现在可以看出，平面上所有圆形域的族$\mathscr{B}$与所有矩形域的族$\mathscr{B}'$，生成的是同一拓扑，图13.4给出了证明的图示. 在学习了度量空间之后，我们还将对这个例子更正式地加以讨论. ■

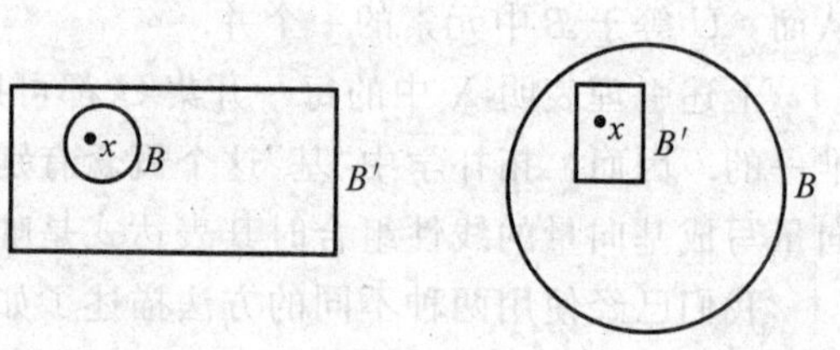

图 13.4

下面我们来定义实直线$\mathbb{R}$上三种有趣的拓扑.

定义 设$\mathscr{B}$为实直线上所有开区间

$$(a,b)=\{x\mid a<x<b\}$$

的族. 由$\mathscr{B}$生成的拓扑称为实直线上的**标准拓扑**(standard topology). 当我们考虑$\mathbb{R}$时，若无特别声明，我们将总假设考虑的是这个标准拓扑. 设$\mathscr{B}'$为所有半开区间

$$[a,b)=\{x\mid a\leqslant x<b\}$$

的族，其中$a<b$. 由$\mathscr{B}'$生成的拓扑称为$\mathbb{R}$的**下限拓扑**(lower limit topology). 具有下限拓扑的$\mathbb{R}$记作$\mathbb{R}_\ell$. 对于$n\in\mathbb{Z}_+$，令K表示所有形如$\frac{1}{n}$的数所组成的集合，令$\mathscr{B}''$是由所有开区间(a,b)及形如$(a,b)-K$形式的集合的族. 由$\mathscr{B}''$所生成的拓扑称为$\mathbb{R}$上的**K-拓扑**

(K-topology). 具有 K-拓扑的$\mathbb{R}$记作$\mathbb{R}_K$.

易见，这三个集族都是基，在每一集族中的两个基元素的交或者是另一个基元素，或者是空集. 这些拓扑间的关系如下：

引理 13.4 *$\mathbb{R}_\ell$和$\mathbb{R}_K$的拓扑都严格细于标准拓扑，但它们之间不可比较.*

证 以$\mathcal{T}$，$\mathcal{T}'$，$\mathcal{T}''$分别表示$\mathbb{R}$，$\mathbb{R}_\ell$，$\mathbb{R}_K$中的拓扑. 任意给定$\mathcal{T}$中的一个基元素(a, b)以及一个点$x\in(a, b)$，$\mathcal{T}'$中的元素$[x, b)$包含着x并且包含于(a, b). 另一方面，任意给定$\mathcal{T}'$中的一个基元素$[x, d)$，却不存在$\mathcal{T}$中的元素(a, b)，使得它包含于$[x, d)$同时又包含着x. 因此$\mathcal{T}'$严格细于$\mathcal{T}$.

对$\mathbb{R}_K$进行类似的讨论. 任意给定$\mathcal{T}$中的一个基元素(a, b)以及一个点$x\in(a, b)$，则(a, b)是$\mathcal{T}''$中的一个基元素并且包含着x. 另一方面，任意给定$\mathcal{T}''$中的一个基元素$B=(-1, 1)-K$以及B中一个点0，却不存在包含于B中并且包含着0的开区间.

请读者自行验证$\mathbb{R}_\ell$的拓扑与$\mathbb{R}_K$的拓扑不可比较. ■

这里有一个问题. 对于由一个基$\mathcal{B}$生成的拓扑，可以描述成$\mathcal{B}$中元素任意并的族. 那么，如果对于集一个给定的族，就像取任意并那样取它们的有限交将得到些什么呢? 这个问题引出拓扑的子基这个概念.

定义 *X的某拓扑的一个***子基***(subbasis)$\mathcal{S}$是X的子集的一个族，它的并等于X.* ***由子基$\mathcal{S}$生成的拓扑***(topology generated by the subbasis $\mathcal{S}$)*$\mathcal{T}$定义为$\mathcal{S}$中元素的有限交的所有并的族*①.

当然必须验证$\mathcal{T}$确实是一个拓扑. 为此，只要证明$\mathcal{S}$中元素的所有有限交的族$\mathcal{B}$是一个基就行了，再根据引理13.1可见$\mathcal{B}$中元素任意并的族$\mathcal{T}$是一个拓扑. 给定$x\in X$，它一定属于$\mathcal{S}$的一个元素，因而属于$\mathcal{B}$的一个元素，这就是基的第一个条件. 下面验证第二个条件. 设

$$B_1 = S_1 \cap \cdots \cap S_m \quad 和 \quad B_2 = S_1' \cap \cdots \cap S_n'$$

为$\mathcal{B}$的两个元素，它们的交

$$B_1 \cap B_2 = (S_1 \cap \cdots \cap S_m) \cap (S_1' \cap \cdots \cap S_n')$$

仍然是$\mathcal{S}$中元素的一个有限交，因而属于$\mathcal{B}$.

习题

1. 设X是一个拓扑空间，A是X的一个子集. 假定对于每一个$x\in A$，存在包含x的一个开集U，使得$U\subset A$. 证明A是X中的一个开集.
2. 将第12节例1中集合$X=\{a, b, c\}$的9个拓扑加以比较. 即对于每两个拓扑，判定它们是否可以比较. 如果可以比较，请指出哪一个较细.
3. 证明第12节例4中给出的族$\mathcal{T}_c$是集合X的一个拓扑. 族

---

① 这句话极易被误解(原书中英语表述同样如此). 我们用公式来陈述它以消除误解：

$$\mathcal{T} = \left\{ \bigcup_{B\in\mathcal{B}'} B \mid \mathcal{B}' \subset \mathcal{B} \right\},$$

其中$\mathcal{B}=\{S_1\cap\cdots\cap S_n \mid S_i\in\mathcal{S}, i=1, \cdots, n, n\in\mathbb{Z}_+\}$. ——译者注

$$\mathcal{T}_\infty = \{U \mid X-U \quad \text{或为无限集,或为空集,或为 } X\}$$

是 X 上的一个拓扑吗?

4. (a)设 $\{\mathcal{T}_\alpha\}$ 是 X 的拓扑的一个族. 证明 $\bigcap \mathcal{T}_\alpha$ 是 X 上的一个拓扑. $\bigcup \mathcal{T}_\alpha$ 是 X 上的一个拓扑吗?

   (b)设 $\{\mathcal{T}_\alpha\}$ 是 X 的拓扑的一个族. 证明 X 上存在包含所有 $\mathcal{T}_\alpha$ 的唯一一个最小的拓扑，也存在包含于所有 $\mathcal{T}_\alpha$ 的唯一一个最大的拓扑.

   (c)设 $X=\{a, b, c\}$，令

$$\mathcal{T}_1 = \{\varnothing, X, \{a\}, \{a,b\}\} \quad \text{和} \quad \mathcal{T}_2 = \{\varnothing, X, \{a\}, \{b,c\}\},$$

   求出包含着 $\mathcal{T}_1$ 和 $\mathcal{T}_2$ 的最小拓扑，以及包含于 $\mathcal{T}_1$ 和 $\mathcal{T}_2$ 的最大拓扑.

5. 证明：若 $\mathcal{A}$ 是 X 的拓扑的一个基，则由 $\mathcal{A}$ 生成的拓扑等于包含着 $\mathcal{A}$ 的 X 的所有拓扑的交. 若 $\mathcal{A}$ 是一个子基，请证明同样的结论.

6. 证明：$\mathbb{R}_\ell$ 的拓扑与 $\mathbb{R}_K$ 的拓扑不可比较.

7. 考虑 $\mathbb{R}$ 的下列拓扑：

   $\mathcal{T}_1=$ 标准拓扑,

   $\mathcal{T}_2= \mathbb{R}_K$ 的拓扑,

   $\mathcal{T}_3=$ 有限补拓扑,

   $\mathcal{T}_4=$ 上限拓扑,即以全体形如 $(a,b]$ 的集合为基的拓扑,

   $\mathcal{T}_5=$ 以全体形如 $(-\infty,a)=\{x \mid x<a\}$ 的集合为基的拓扑.

   对于上述每一个拓扑，确定它包含着上述拓扑中哪些与它不同的拓扑.

8. (a)应用引理 13.2 证明可数族

$$\mathcal{B} = \{(a,b) \mid a<b, \quad a \text{ 和 } b \text{ 都是有理数}\}$$

   为生成 $\mathbb{R}$ 的标准拓扑的一个基.

   (b)证明集族

$$\mathcal{C} = \{[a,b) \mid a<b, \quad a \text{ 和 } b \text{ 都是有理数}\}$$

   为 $\mathbb{R}$ 的某一个拓扑的基，并且所生成的拓扑与下限拓扑不同.

14 序拓扑

若 X 是一个全序集，那么可以应用序关系在 X 上定义一个标准拓扑，称之为**序拓扑**. 本节讨论序拓扑并且研究它的某些性质.

设 X 是具有全序关系 $<$ 的一个集合，给定 X 的两个元素 a 和 b，$a<b$. 则存在 X 的 4 个子集，称为由 a 和 b 所决定的区间. 它们是：

$$(a,b)=\{x \mid a<x<b\},$$
$$(a,b]=\{x \mid a<x\leqslant b\},$$
$$[a,b)=\{x \mid a\leqslant x<b\},$$
$$[a,b]=\{x \mid a\leqslant x\leqslant b\}.$$

这里采用的记号与你所熟悉的当 X 是实直线时所用过的记号相似，只不过这里的区间是

在任意全序集上的. 第一种类型的集合称为 X 的**开区间**(open interval)，最后一种类型称为 X 的**闭区间**(closed interval)，第二种、第三种类型的集合则称为 X 的**半开区间**(half-open interval). 用"开"字，是暗示在赋予 X 某一个拓扑之后 X 中的开区间都是开集. 其他术语的用意类此.

定义 设 X 是具有全序关系的一个集合，其元素多于一个. 设 $\mathcal{B}$ 为下述类型所有集合的族：

(1) X 的所有开区间 (a, b).

(2) 所有形如 $[a_0, b)$ 的区间，其中 a_0 是 X 的最小元(如果存在的话).

(3) 所有形如 $(a, b_0]$ 的区间，其中 b_0 是 X 的最大元(如果存在的话).

则族 $\mathcal{B}$ 是 X 的某一个拓扑的基. 此拓扑称为**序拓扑**(order topology).

如果 X 没有最小元，那就没有第二种类型的集合，如果 X 没有最大元，那就没有第三种类型的集合.

我们验证 $\mathcal{B}$ 满足作为一个基所要满足的条件. 首先注意，对于 X 的任意一个元素 x，它至少在 $\mathcal{B}$ 的一个元素中；最小元(如果存在)在所有类型(2)的集合中，最大元(如果存在)在所有类型(3)的集合中，其他的元素则在类型(1)的集合中. 其次注意，上述各类型中任意两集合之交，仍然是属于上述类型的一种，或者是一个空集. 其他需要验证的情形留给读者完成.

例 1 上一节定义的 $\mathbb{R}$ 的标准拓扑，恰好就是由 $\mathbb{R}$ 中的常用序关系给出的序拓扑. ■

例 2 在字典序下研究集合 $\mathbb{R}\times\mathbb{R}$，其元素记作 $x\times y$(这样是为了避开记号上的困难). $\mathbb{R}\times\mathbb{R}$ 既无最大元也无最小元，于是 $\mathbb{R}\times\mathbb{R}$ 上的序拓扑有一个以形如 $(a\times b, c\times d)$(其中 $a<c$ 或者 $a=c$，$b<d$)的所有开区间的族组成的基. 这两种类型的区间画在图 14.1 中. 可以验证，仅由第二种类型的区间组成的子族也是 $\mathbb{R}\times\mathbb{R}$ 上序拓扑的一个基. 请读者自己验证.

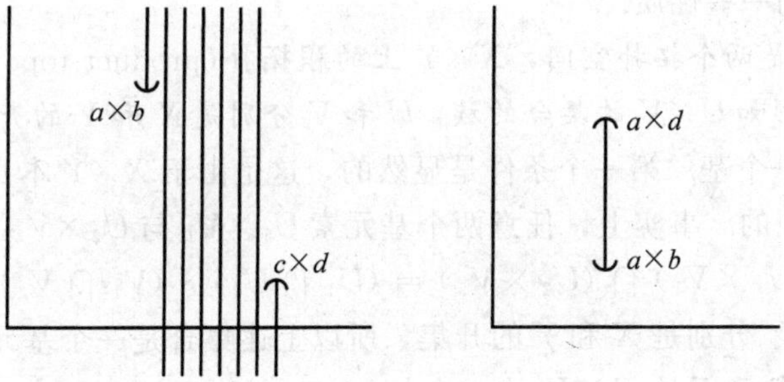

图 14.1

■

例 3 正整数集 $\mathbb{Z}_+$ 是具有最小元的全序集. $\mathbb{Z}_+$ 上的序拓扑是离散拓扑，因为它的每一个单点集是开集：若 $n>1$，则单点集 $\{n\}=(n-1, n+1)$ 是一个基元素. 若 $n=1$，则单点集 $\{1\}=[1, 2)$ 也是一个基元素. ■

例 4 具有最小元的全序集的另一个例子是在字典序下的集合 $X=\{1, 2\}\times\mathbb{Z}_+$. 用 a_n 记 $1\times n$，用 b_n 记 $2\times n$，则 X 可以表示成

$$a_1, a_2, \cdots; b_1, b_2, \cdots.$$

X 上的序拓扑不是离散拓扑．它的大部分单点集是开集，但是有一个例外，就是单点集 $\{b_1\}$．任何包含 b_1 的开集，必定包含着包含 b_1 的一个基元素（根据定义），而包含 b_1 的任何一个基元素必含有序列 a_i 中的点．■

定义　若 X 是一个全序集，a 是 X 的一个元素，则 X 有 4 个子集称为由 a 决定的**射线**(ray)，它们是：

$$(a,+\infty)=\{x \mid x>a\};$$
$$(-\infty,a)=\{x \mid x<a\};$$
$$[a,+\infty)=\{x \mid x\geqslant a\};$$
$$(-\infty,a]=\{x \mid x\leqslant a\}.$$

前两种类型的集合称为**开射线**(open ray)，后两种类型的集合称为**闭射线**(closed ray).

使用"开"这个词，是因为 X 中的开射线在序拓扑下是开集．其余的情形类此．例如，我们来看射线 $(a,+\infty)$．若 X 有最大元 b_0，则 $(a,+\infty)$ 等于基元素 $(a,b_0]$．若 X 没有最大元，则 $(a,+\infty)$ 等于所有形如 (a,x) 的基元素的并，其中 $x>a$．所以，不论在哪种情形下，$(a,+\infty)$ 总是开集．对于射线 $(-\infty,a)$ 来说也是如此．

所有开射线组成 X 上序拓扑的一个子基．事实上，由于开射线在序拓扑下是开集，所以由开射线所生成的拓扑含于序拓扑．另一方面，序拓扑中的每一基元素为有限个开射线之交．而 (a,b) 等于 $(-\infty,b)$ 与 $(a,+\infty)$ 之交，同时 $[a_0,b)$ 和 $(a,b_0]$（如果存在的话）都是开射线．因此，由开射线所生成的拓扑也包含了序拓扑．

15　$X\times Y$ 上的积拓扑

若 X 和 Y 是两个拓扑空间，则有一个在笛卡儿积 $X\times Y$ 上定义拓扑的标准方法．下面就来研究这个拓扑及它的一些性质．

定义　设 X 和 Y 是两个拓扑空间，$X\times Y$ 上的**积拓扑**(product topology)是以族 $\mathcal{B}$ 为基的拓扑，其中 $\mathcal{B}$ 是所有形如 $U\times V$ 的集合的族，U 和 V 分别是 X 和 Y 的开子集．

我们来验证 $\mathcal{B}$ 是一个基．第一个条件是显然的，这是由于 $X\times Y$ 本身就是一个基元素．第二个条件也是易于验证的．事实上，任意两个基元素 $U_1\times V_1$ 与 $U_2\times V_2$ 的交是

$$(U_1\times V_1)\cap(U_2\times V_2)=(U_1\cap U_2)\times(V_1\cap V_2),$$

由于 $U_1\cap U_2$ 和 $V_1\cap V_2$ 分别是 X 和 Y 的开集，所以上述集合是一个基元素，参见图 15.1.

值得注意的是：族 $\mathcal{B}$ 不是 $X\times Y$ 的一个拓扑．例如，图 15.1 中两个矩形的并就不是两个集合的积，因而不属于 $\mathcal{B}$，但它是 $X\times Y$ 中的开集．

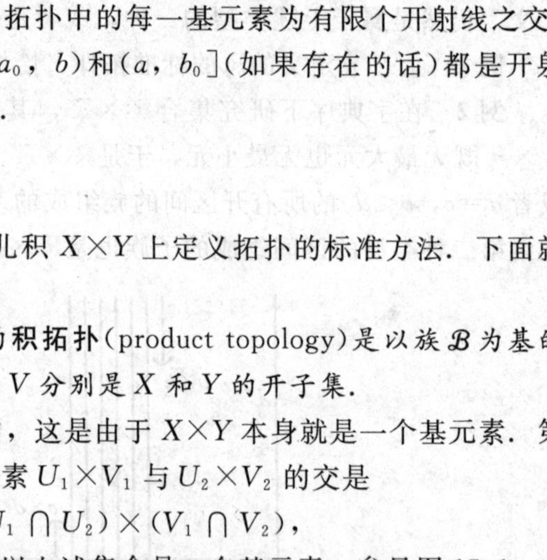

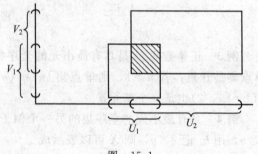

图　15.1

我们每次引进一个新概念，总是试图弄清它与前面引进的概念之间的关联．我们现在要问：当 X 和 Y 的拓扑是由它们的基给出时，关于积拓扑能说些什么呢？下面的定理给出了回答：

定理 15.1 若$\mathcal{B}$是 X 的拓扑的一个基，$\mathcal{C}$是 Y 的拓扑的一个基，则族

$$\mathcal{D} = \{B\times C \mid B\in \mathcal{B}\text{ 并且 } C\in \mathcal{C}\}$$

是 $X\times Y$ 的拓扑的一个基.

证 我们应用引理 13.2. 给定 $X\times Y$ 的一个开集 W 以及 W 的一个点 $x\times y$. 根据积拓扑的定义，存在一个基元素 $U\times V$，使得 $x\times y\in U\times V\subset W$. 因为$\mathcal{B}$和$\mathcal{C}$分别是 X 和 Y 的基，所以我们可以在$\mathcal{B}$中选取一个元素 B，使得 $x\in B\subset U$，也可以在$\mathcal{C}$中选取一个元素 C，使得 $y\in C\subset V$. 于是 $x\times y\in B\times C\subset W$. 从而族$\mathcal{C}$符合引理 13.2 的条件，因此$\mathcal{D}$是 $X\times Y$ 的一个基. ■

例 1 我们有$\mathbb{R}$的一个标准拓扑——序拓扑. 这个拓扑与它自身的积称之为$\mathbb{R}\times\mathbb{R}=\mathbb{R}^2$上的标准拓扑. 它有一个基是$\mathbb{R}$上所有开集的积的族，而刚才证明的定理告诉我们：$\mathbb{R}$中所有开区间的积$(a,b)\times(c,d)$这个更小的族也可以作为$\mathbb{R}^2$的拓扑的一个基. 每一个这样的积可以画成$\mathbb{R}^2$中一个矩形的内部. 因此$\mathbb{R}^2$的标准拓扑正好是第 13 节例 2 中研究过的那一种. ■

有时也需要用子基来表示积拓扑. 为此，我们先定义某些叫做投射的函数.

定义 设 π_1：$X\times Y\to X$ 定义为

$$\pi_1(x,y) = x.$$

π_2：$X\times Y\to Y$ 定义为

$$\pi_2(x,y) = y.$$

映射 π_1 和 π_2 分别称为 $X\times Y$ 到它的第一因子和第二个因子上的**投射**(projections).

我们使用"到……上"这个词，是因为 π_1 和 π_2 都是满射(除去 X 和 Y 中有一个是空集的情形，因为这时 $X\times Y$ 是空集，整个讨论就没有意义了!). 设 U 是 X 的一个开子集，那么集合 $\pi_1^{-1}(U)$恰好就是 $U\times Y$，它是 $X\times Y$ 中的开集. 同样地，若 V 是 Y 的一个开集，则

$$\pi_2^{-1}(V) = X\times V$$

也是 $X\times Y$ 中的开集. 这两个集合的交是 $U\times V$，参见图 15.2. 这个事实引导出下面的定理：

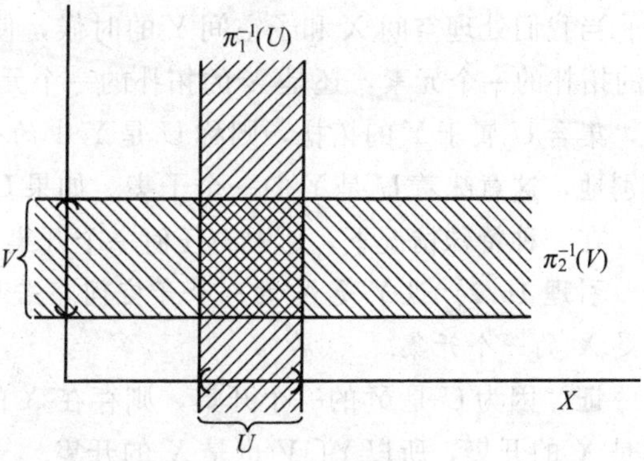

图 15.2

定理 15.2 族

$$\mathcal{S} = \{\pi_1^{-1}(U) \mid U\text{ 是 }X\text{ 中的开集}\}\cup\{\pi_2^{-1}(V) \mid V\text{ 是 }Y\text{ 中的开集}\}$$

是 $X\times Y$ 的积拓扑的一个子基.

证 用$\mathcal{T}$表示 $X\times Y$ 的积拓扑，设$\mathcal{T}'$是由$\mathcal{S}$生成的拓扑，因为$\mathcal{S}$的每一个元素都属于$\mathcal{T}$，所以$\mathcal{S}$的元素的有限交的任意并也属于$\mathcal{T}$. 因此，$\mathcal{T}'\subset\mathcal{T}$. 另一方面，拓扑$\mathcal{T}$的任意基元素 $U\times V$ 是$\mathcal{S}$中元素的有限交，这是因为

$$U\times V = \pi_1^{-1}(U)\cap\pi_2^{-1}(V),$$

所以 $U\times V$ 属于$\mathcal{T}'$，因此$\mathcal{T}\subset\mathcal{T}'$. ■

16　子空间拓扑

定义　设 X 是一个拓扑空间，其拓扑为 $\mathcal{T}$. 若 Y 是 X 的一个子集，则族

$$\mathcal{T}_Y = \{Y \cap U \mid U \in \mathcal{T}\}$$

是 Y 的一个拓扑，称为**子空间拓扑**(subspace topology). 具有这种拓扑的 Y 称为 X 的一个**子空间**(subspace)，其开集由 X 中的开集与 Y 的交组成.

容易看出，$\mathcal{T}_Y$ 是一个拓扑. 因为

$$\varnothing = Y \cap \varnothing, \quad Y = Y \cap X,$$

所以 $\varnothing$ 和 Y 是 $\mathcal{T}_Y$ 的元素(其中 $\varnothing$ 和 X 是 $\mathcal{T}$ 的元素). 由等式

$$(U_1 \cap Y) \cap \cdots \cap (U_n \cap Y) = (U_1 \cap \cdots \cap U_n) \cap Y,$$

$$\bigcup_{\alpha \in J} (U_\alpha \cap Y) = (\bigcup_{\alpha \in J} U_\alpha) \cap Y$$

可以得到：$\mathcal{T}_Y$ 对于有限交、任意并的运算是封闭的.

引理 16.1　若 $\mathcal{B}$ 是 X 的拓扑的一个基，则族

$$\mathcal{B}_Y = \{B \cap Y \mid B \in \mathcal{B}\}$$

是 Y 上子空间拓扑的一个基.

证　给定 X 的一个开集 U 及 $y \in U \cap Y$，我们能在 $\mathcal{B}$ 中选取一个元素 B，使得 $y \in B \subset U$. 因此，$y \in B \cap Y \subset U \cap Y$. 根据引理 13.2 可见，$\mathcal{B}_Y$ 是 Y 的子空间拓扑的一个基. ■

当我们处理空间 X 和子空间 Y 的时候，使用"开集"这个词必须特别小心. 究竟它指的是 Y 的拓扑的一个元素，还是 X 的拓扑的一个元素？我们作出以下规定，若 Y 是 X 的一个子空间，集合 U 属于 Y 的拓扑，则称 U 是 Y 中的一个开集(或者说是相对于 Y 而言的一个开集)，特别地，这意味着 U 是 Y 的一个子集. 如果 U 属于 X 的拓扑，则称 U 是 X 中的一个开集.

在一种特殊情况下，Y 中的任何一个开集也是 X 中的开集：

引理 16.2　设 Y 是 X 的一个子空间，若 U 是 Y 的一个开集并且 Y 是 X 的一个开集，则 U 是 X 的一个开集.

证　因为 U 是 Y 的一个开集，则存在 X 的某一个开集 V，使得 $U = Y \cap V$. 又因为 Y 与 V 都是 X 的开集，所以 $Y \cap V$ 也是 X 的开集. ■

以下我们讨论子空间拓扑与序拓扑和积拓扑之间的关系. 我们将看到：有关积拓扑的相应结论与人们的期望相符，而关于序拓扑的相关结论则不然.

定理 16.3　若 A 是 X 的一个子空间，B 是 Y 的一个子空间，则 $A \times B$ 的积拓扑与它从 $X \times Y$ 继承的子空间拓扑是同一个拓扑.

证　集合 $U \times V$ 是 $X \times Y$ 的一个基元素，其中 U 是 X 的一个开集并且 V 是 Y 的一个开集. 于是 $(U \times V) \cap (A \times B)$ 是 $A \times B$ 的子空间拓扑的一个基元素. 注意：

$$(U \times V) \cap (A \times B) = (U \cap A) \times (V \cap B).$$

因为 $U \cap A$ 和 $V \cap B$ 分别是 A 和 B 上子空间拓扑的开集，所以集合 $(U \cap A) \times (V \cap B)$ 是 $A \times B$ 的积拓扑的一个基元素. 这样我们得到：作为 $A \times B$ 上子空间拓扑的基与作为 $A \times B$ 上积拓扑的基是一样的，因此这两个拓扑相同. ■

以下设 X 为具有序拓扑的全序集，Y 是 X 的一个子集．将 X 上的序关系限制在 Y 上使 Y 成为全序集．然而，由此得到的 Y 上的序拓扑与 Y 从 X 继承的子空间拓扑未必是同一拓扑．下面给出一个二者相同的例子和两个二者不同的例子．

例 1 就子空间拓扑而言，研究实直线$\mathbb{R}$的子集 $Y=[0,1]$．子空间拓扑的基是所有形如 $(a,b)\cap Y$ 的集合所成的族，其中(a,b)是$\mathbb{R}$的一个开区间．这种集合是下面几个类型的一种：

$$(a,b)\cap Y=\begin{cases}(a,b) & \text{如果 } a \text{ 和 } b \text{ 都属于 } Y,\\ [0,b) & \text{若仅 } b \text{ 属于 } Y,\\ (a,1] & \text{若仅 } a \text{ 属于 } Y,\\ Y \text{ 或者 } \varnothing & \text{如果 } a \text{ 和 } b \text{ 都不属于 } Y.\end{cases}$$

根据定义易见，上述每一个集合都是 Y 的开集．但是，第二、三两种类型的集合不是空间$\mathbb{R}$的开集．

注意，上述形式的集合组成了 Y 上序拓扑的一个基．从而对于集合 $Y=[0,1]$的情形，它的子空间拓扑(作为$\mathbb{R}$的一个子空间)与序拓扑是一样的． ■

例 2 设 Y 是$\mathbb{R}$的子集$[0,1)\cup\{2\}$．对于 Y 的子空间拓扑而言，单点集$\{2\}$是开集．这是由于它是开集$\left(\frac{3}{2},\frac{5}{2}\right)$与 Y 的交的缘故．但是对于 Y 的序拓扑而言，集合$\{2\}$不是开集．对于 Y 序拓扑的任何包含 2 的基元素，形如

$$\{x \mid x\in Y \quad \text{和} \quad a<x\leqslant 2\},$$

其中 a 为 Y 中某一点．这种集合必定包含 Y 中小于 2 的点． ■

例 3 设 $I=[0,1]$．由$\mathbb{R}\times\mathbb{R}$上字典序的限制得到 $I\times I$ 上的字典序．然而 $I\times I$ 上的序拓扑与它从$\mathbb{R}\times\mathbb{R}$上继承的子空间拓扑是不同的拓扑！例如，$\{1/2\}\times(1/2,1]$是 $I\times I$ 的子空间拓扑的开集，但是，易见它不是序拓扑中的开集．参见图 16.1．

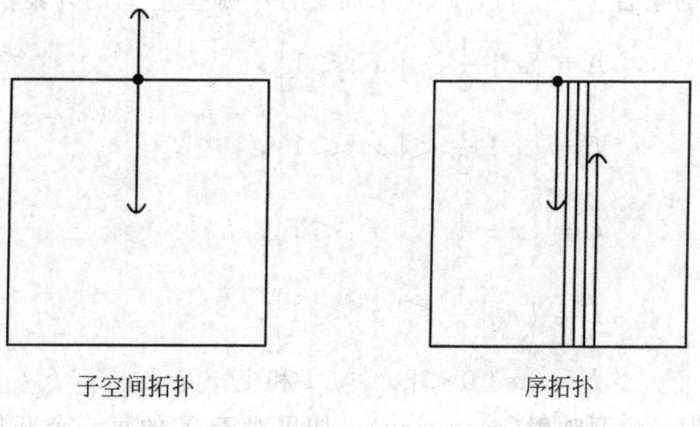

图 16.1

具有字典序拓扑的拓扑空间 $I\times I$ 称为**有序矩形**(ordered square)，记作 I_o^2． ■

对于全序集 X 上的一个区间或一条射线而言，将不会出现例 2 和例 3 所示的不正常情况．见下面的定理．

对于全序集 X，它的一个子集 Y 称为在 X 中是**凸的**(convex)，若对于 Y 中的每一个点的

偶对 $a<b$，X 中的整个区间 (a, b) 包含于 Y. 注意，X 中的区间和射线都是 X 中的凸子集.

定理 16.4　设 X 是具有序拓扑的一个全序集，并且 Y 是 X 的一个凸子集，那么 Y 的序拓扑与它从 X 继承的子空间拓扑是同一个拓扑.

证　设 $(a, +\infty)$ 是 X 的一条射线，考虑它与 Y 的交. 若 $a\in Y$，则

$$(a, +\infty)\cap Y=\{x\mid x\in Y \quad 和 \quad x>a\}$$

为全序集 Y 中的一条开射线. 若 $a\notin Y$，由于 Y 是一个凸子集，则或者 a 是 Y 的一个下界，或者 a 是 Y 的一个上界. 对于前者，$(a, +\infty)\cap Y$ 等于空间 Y. 对于后者，$(a, +\infty)\cap Y$ 为空集.

类似的讨论说明：射线 $(-\infty, a)$ 与 Y 的交或者为 Y 中的一条开射线，或者为 Y 自身，或者为空集. 由于所有形如 $(a, +\infty)\cap Y$ 和 $(-\infty, a)\cap Y$ 的集合已构成了 Y 的子空间拓扑的一个子基，并且它们中的每一个都是序拓扑的开集，从而序拓扑包含了子空间拓扑.

为了证明反过来的包含关系，注意 Y 的每一条开射线都是 X 中的一条开射线与 Y 的交，因而它是 Y 的子空间拓扑的开集. 由于 Y 的开射线构成了 Y 的序拓扑的一个子基，从而序拓扑包含于子空间拓扑. ■

为了避免混淆，我们作这样的约定：当讨论全序集 X 的子集 Y 时，除非有特别的说明，总是假设 Y 取定的是子空间拓扑. 若 Y 是 X 中的凸子集，子空间拓扑与序拓扑相同；否则，它们可能不同.

习题

1. 证明：若 Y 是 X 的一个子空间并且 A 是 Y 的一个子集，则 A 从 Y 继承的子空间拓扑与 A 从 X 继承的子空间拓扑是同一个拓扑.
2. 若 $\mathcal{T}$ 和 $\mathcal{T}'$ 是 X 上的两个拓扑，并且 $\mathcal{T}'$ 严格细于 $\mathcal{T}$，那么对于 X 的子集 Y 上的相应的子空间拓扑有些什么结论？
3. 考虑作为 $\mathbb{R}$ 子空间的集合 $Y=[-1, 1]$，下面集合中哪些是 Y 的开集？哪些是 $\mathbb{R}$ 的开集？

$$A=\left\{x \mid \frac{1}{2}<|x|<1\right\},$$

$$B=\left\{x \mid \frac{1}{2}<|x|\leqslant 1\right\},$$

$$C=\left\{x \mid \frac{1}{2}\leqslant|x|<1\right\},$$

$$D=\left\{x \mid \frac{1}{2}\leqslant|x|\leqslant 1\right\},$$

$$E=\{x \mid 0<|x|<1 \text{ 和 } 1/x\notin\mathbb{Z}_+\}.$$

4. 映射 $f: X\to Y$ 称为一个**开映射**(open map)，如果对于 X 的每一个开集 U，集合 $f(U)$ 是 Y 中的一个开集. 证明 $\pi_1: X\times Y\to X$ 及 $\pi_2: X\times Y\to Y$ 都是开映射.
5. 设 X 和 X' 分别表示具有拓扑 $\mathcal{T}$ 和 $\mathcal{T}'$ 的同一个集合. Y 和 Y' 表示分别具有拓扑 $\mathcal{U}$ 和 $\mathcal{U}'$ 的同一个集合.

   (a) 证明：若 $\mathcal{T}'\supset\mathcal{T}$ 并且 $\mathcal{U}'\supset\mathcal{U}$，则 $X'\times Y'$ 上的积拓扑细于 $X\times Y$ 上的积拓扑.

   (b) (a) 的逆是否成立？验证你的结论.

6. 证明可数族

$$\{(a,b)\times(c,d)\mid a<b, c<d,\quad \text{其中}\ a,b,c,d\ \text{都是有理数}\}$$

是$\mathbb{R}^2$的一个基.

7. 设 X 为全序集. 试问：Y 为 X 的一个凸子集，是否意味着 Y 是 X 的一个区间或射线?

8. 设 L 为平面上的一条直线，试描述 L 分别从$\mathbb{R}_\ell\times\mathbb{R}$ 和$\mathbb{R}_\ell\times\mathbb{R}_\ell$继承的子空间拓扑. 这两种拓扑都是我们所熟悉的拓扑.

9. 证明$\mathbb{R}\times\mathbb{R}$上的字典序拓扑与积拓扑$\mathbb{R}_d\times\mathbb{R}$是同一拓扑，这里$\mathbb{R}_d$表示$\mathbb{R}$上的离散拓扑. 并将这个拓扑与$\mathbb{R}^2$上的标准拓扑进行比较.

10. 设 $I=[0,1]$. 试比较 $I\times I$ 的积拓扑，$I\times I$ 上的字典序拓扑，$I\times I$ 从$\mathbb{R}\times\mathbb{R}$的字典序拓扑继承而来的子空间拓扑.

17 闭集与极限点

我们已经掌握了少数几个拓扑空间的例子，以下我们着手引入一些与拓扑空间有关的基本概念. 本节将讨论闭集、集合的闭包、极限点等概念，而这些又将导致我们去讨论拓扑空间中的一个公理，即 Hausdorff 公理.

闭集

拓扑空间 X 的一个子集 A，如果 $X-A$ 是开集，则称 A 为一个**闭集**(closed set).

例 1 $\mathbb{R}$ 的子集$[a, b]$是一个闭集，这是由于它的补

$$\mathbb{R}-[a,b]=(-\infty,a)\cup(b,+\infty)$$

是一个开集. 类似地，$[a, +\infty)$是一个闭集，这是由于它的补$(-\infty, a)$是一个开集. 这些事实正是我们使用“闭区间”、“闭射线”这类术语的原因. $\mathbb{R}$ 的子集$[a, b)$既不是开集又不是闭集. ■

例 2 在平面$\mathbb{R}^2$上，集合

$$\{x\times y\mid x\geqslant 0\quad \text{和}\quad y\geqslant 0\}$$

是闭集，这是由于它的补是下面两个集合

$$(-\infty,0)\times\mathbb{R}\quad \text{和}\quad \mathbb{R}\times(-\infty,0)$$

的并，而其中每一个都是$\mathbb{R}$中两个开集的积，所以是$\mathbb{R}^2$中的一个开集. ■

例 3 对于集合 X 的有限补拓扑，X 自身及 X 的所有有限集构成 X 的闭集族. ■

例 4 对于集合 X 的离散拓扑，每一个集合都是开集，从而每一个集合也都是闭集. ■

例 5 考虑实直线上具有子空间拓扑的子集

$$Y=[0,1]\cup(2,3),$$

在这个空间中，由于$[0, 1]$是$\mathbb{R}$中的开集$\left(-\frac{1}{2}, \frac{3}{2}\right)$与 Y 的交，所以集合$[0, 1]$是一个开集. 类似地，$(2, 3)$作为 Y 的子集也是一个开集，同时，作为$\mathbb{R}$的子集也是开集. 由于$[0, 1]$及$(2, 3)$在 Y 中互为补，因此$[0, 1]$和$(2, 3)$作为 Y 的子集都是闭集. ■

这些例子解开了数学家们心中的谜：“一个集合与一扇门究竟有什么不同呢?”现在可以说：“一扇门或是开，或是关，不可能是既开又关的. 但是一个集合却可以是开的，可以是闭

的，可以是既开又闭的，还可以是既不开又不闭的！”①

空间 X 的闭集族与开集族的性质十分类似.

定理 17.1　设 X 是一个拓扑空间. 则下述结论成立：

(1)$\varnothing$和 X 都是闭的.

(2)闭集的任意交都是闭的.

(3)闭集的有限并都是闭的.

证　(1)因为$\varnothing$与 X 的补分别是开集 X 与$\varnothing$，所以$\varnothing$与 X 都是闭集.

(2)给定闭集的一个族$\{A_\alpha\}_{\alpha\in J}$，应用 DeMorgan 定律得到：

$$X-\bigcap_{\alpha\in J}A_\alpha=\bigcup_{\alpha\in J}(X-A_\alpha).$$

根据定义，$X-A_\alpha$ 是开集，而等式右边是开集的任意并，所以它是开的，于是 $\bigcap A_\alpha$ 是闭的.

(3)类似地，若对于 $i=1,\cdots,n$，A_i 为闭的，考虑以下等式：

$$X-\bigcup_{i=1}^{n}A_i=\bigcap_{i=1}^{n}(X-A_i).$$

上式右边是开集的有限交，所以是开的，因此 $\bigcup A_i$ 是闭的. ■

我们可以用满足本定理三条性质的集族(将其元素称之为“闭集”)替换开集族来刻画空间的拓扑. 然后把开集定义成闭集的补并且完全像从前一样去做. 由于这个做法不会给我们带来什么特别的方便，所以大多数数学家还是用开集来定义拓扑.

当涉及子空间时，对于“闭集”这个词的使用就要小心. 设 Y 是 X 的一个子空间，我们称 A 是 Y 中的闭集，是指 A 是 Y 的一个子集，并且 A 是 Y 的子空间拓扑中的闭集(也就是说，$Y-A$ 是 Y 中的开集). 有下面的定理.

定理 17.2　设 Y 是 X 的一个子空间. 集合 A 是 Y 的一个闭集当且仅当 A 是 X 中的一个闭集与 Y 的交.

证　假定 $A=C\cap Y$，其中 C 为 X 的一个闭集(参见图 17.1)，那么 $X-C$ 是 X 的一个开集. 根据子空间拓扑的定义可见$(X-C)\cap Y$ 是 Y 的一个开集. 而$(X-C)\cap Y=Y-A$，因此 $Y-A$ 是 Y 的一个开集，于是 A 是 Y 的一个闭集. 反之，假定 A 是 Y 的一个闭集(参见图 17.2)，那么 $Y-A$ 是 Y 的一个开集. 根据定义，$Y-A$ 等于 X 的一个开集 U 与 Y 的交. $X-U$ 是 X 的一个闭集并且 $A=Y\cap(X-U)$，因此 A 等于 X 的一个闭集与 Y 的交.

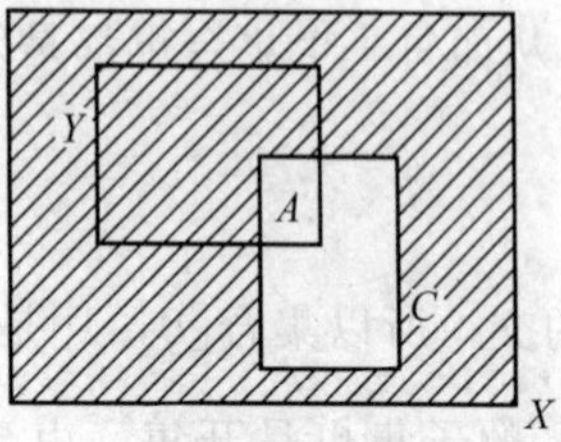

图　17.1

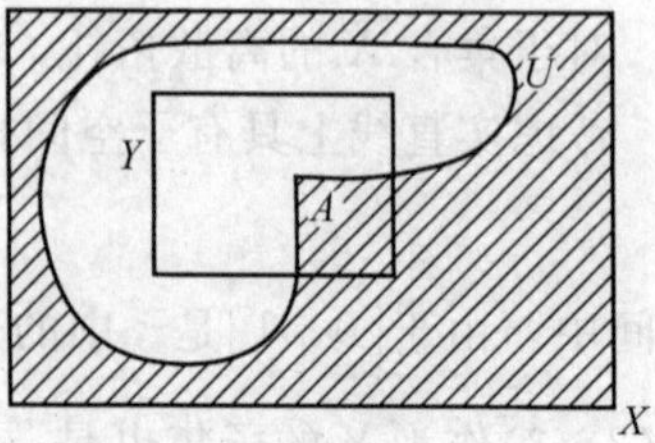

图　17.2

■

① 这一段话没有任何意义，建议读者不予理会. ——译者注

集合 A 是空间 X 的子空间 Y 的一个闭集，那它可能是空间 X 的闭集，也可能不是空间 X 的闭集. 如同开集的情形那样，集合 A 是否是 X 的闭集也有一个判别准则，以下定理留给读者自己证明.

定理 17.3 设 Y 是 X 的一个子空间. 若 A 是 Y 的一个闭集并且 Y 是 X 的一个闭集，则 A 是 X 的一个闭集.

集合的闭包与内部

拓扑空间 X 的一个子集 A 的**内部**(interior)定义为包含于 A 的所有开集的并. A 的**闭包**(closure)定义为包含着 A 的所有闭集的交. A 的内部记作 Int$A$ 或 $\mathring{A}$，A 的闭包记作 ClA 或 $\overline{A}$. 显然，$\mathring{A}$ 是开集，$\overline{A}$ 是闭集. 因此有

$$\mathring{A}\subset A\subset\overline{A}.$$

若 A 是一个开集，则 $A=\mathring{A}$. 若 A 是一个闭集，则 $A=\overline{A}$.

集合的内部我们用得不多，但是集合的闭包却很重要.

如果涉及拓扑空间 X 和一个子空间 Y，在取集合的闭包时需要十分小心. 若 A 是 Y 的一个子集，那么 A 在 Y 中的闭包与 A 在 X 中的闭包一般并不相同. 这时，我们仍然用记号 $\overline{A}$ 表示 A 在 X 中的闭包. 而 A 在 Y 中的闭包可以藉助于 $\overline{A}$ 给出. 见以下的定理.

定理 17.4 设 Y 是 X 的一个子空间，A 是 Y 的一个子集，$\overline{A}$ 表示 A 在 X 中的闭包. 那么 A 在 Y 中的闭包等于 $\overline{A}\cap Y$.

证 用 B 表示 A 在 Y 中的闭包. $\overline{A}$ 是 X 中的闭集，根据定理 17.2，$\overline{A}\cap Y$ 是 Y 的闭集. 因为 $\overline{A}\cap Y$ 包含 A，并且根据定义，B 等于 Y 中包含 A 的所有闭子集的交，所以有 $B\subset(\overline{A}\cap Y)$.

另一方面，已知 B 是 Y 的一个闭集. 根据定理 17.2，存在 X 中某闭集 C，使得 $B=C\cap Y$，则 C 是 X 中包含 A 的一个闭集. 又因为 $\overline{A}$ 是所有这种闭集的交，所以有 $\overline{A}\subset C$. 于是 $(\overline{A}\cap Y)\subset(C\cap Y)=B$. ■

集合闭包定义本身并没有向我们提供求出具体集合的闭包的简单方法，因为 X 的闭集族就像开集族一样，往往是太多了. 下面的定理给出了描述一个集合闭包的另一种方法，它仅仅用到 X 的拓扑基，因而十分方便.

我们首先引进一个术语. 所谓集合 A 与集合 B **相交**(intersect)，是指交 $A\cap B$ 不是空集.

定理 17.5 设 A 是拓扑空间 X 的一个子集.

(a) $x\in\overline{A}$ 当且仅当每一个包含 x 的开集 U 与 A 相交.

(b) 假定 X 的拓扑由一个基给出，则 $x\in\overline{A}$ 当且仅当含有 x 的每一个基元素 B 与 A 相交.

证 考虑论断(a)，它是 $P\Leftrightarrow Q$ 的形式. 我们对于每一个蕴涵关系都考虑它的逆否命题，从而得到一个等价的论断(非 P)$\Leftrightarrow$(非 Q). 正式写出来是：

$$x\notin\overline{A}\Longleftrightarrow\text{存在一个包含 } x \text{ 的开集 } U\text{，它与 } A \text{ 无交.}$$

把定理写成这种形式就容易证明了. 若 $x\notin\overline{A}$，则包含 x 的一个开集 $U=X-\overline{A}$ 与 A 无交. 反之，若存在包含 x 的一个开集 U 与 A 无交，则 $X-U$ 是包含 A 的一个闭集. 根据闭包 $\overline{A}$ 的定义，$X-U$ 必定包含 $\overline{A}$. 因此 x 不可能在 $\overline{A}$ 中.

论断(b)的证明是容易的. 如果每一个包含 x 的开集都与 A 相交，那么每一个包含 x 的基元素 B 也与 A 相交，这是因为 B 是开集. 反之，如果每一个包含 x 的基元素都与 A 相交，那么每一个包含 x 的开集 U 也与 A 相交，这是因为 U 包含一个含有 x 的基元素. ■

数学家们往往在这里使用一个专门术语，它们把"U 是包含 x 的一个开集"这句话简单地说成——U 是 x 的一个**邻域**(neighborhood).

使用这个术语，上面定理的前半段就可以写成：

若 A 是拓扑空间 X 的一个子集，则 $x\in\bar{A}$ 当且仅当 x 的每一个邻域与 A 相交.

例 6　设 X 为实直线$\mathbb{R}$. 若 $A=(0,1]$，则 $\bar{A}=[0,1]$. 事实上，0 的每一个邻域都与 A 相交，而$[0,1]$以外的任意点都有不与 A 相交的邻域. 对于 X 的下列子集，我们可以类似地证明：

若 $B=\left\{\frac{1}{n}\middle| n\in\mathbb{Z}_+\right\}$，则 $\bar{B}=\{0\}\cup B$. 若 $C=\{0\}\cup(1,2)$，则 $\bar{C}=\{0\}\cup[1,2]$. 若$\mathbb{Q}$为有理数集，$\bar{\mathbb{Q}}=\mathbb{R}$. 若$\mathbb{Z}_+$为正整数集，则$\bar{\mathbb{Z}}_+=\mathbb{Z}_+$. 若$\mathbb{R}_+$为正实数集，则$\mathbb{R}_+$的闭包是$\mathbb{R}_+\cup\{0\}$.(这就是我们在第 2 节中采用记号$\bar{\mathbb{R}}_+$表示$\mathbb{R}_+\cup\{0\}$的理由.) ■

例 7　考虑实直线$\mathbb{R}$ 的子空间 $Y=(0,1]$. $A=\left(0,\frac{1}{2}\right)$是 Y 的一个子集，它在$\mathbb{R}$ 中的闭包是$\left[0,\frac{1}{2}\right]$，它在 Y 中的闭包是$\left[0,\frac{1}{2}\right]\cap Y=\left(0,\frac{1}{2}\right]$. ■

有些数学家在不同意义上使用"邻域"一词. 他们称 A 为 x 的一个邻域，仅仅是指 A 包含一个含有 x 的开集. 我们不用这种说法.

极限点

还有一种描述集合闭包的方法，它要用到我们下面将要讨论的极限点这样一个重要的概念.

若 A 是拓扑空间 X 的一个子集，x 是 X 的一个点，如果 x 的任意一个邻域与 A 的交含有异于 x 的点，我们称 x 为 A 的一个**极限点**(limit point)(或"聚点"(cluster point，point of accumulation)). 换言之，如果 x 属于 $A-\{x\}$的闭包，则 x 便是 A 的一个极限点. 这个点 x 可以在 A 中，也可以不在 A 中，在此定义中 x 是否在 A 中这一点无关紧要.

例 8　考虑实直线$\mathbb{R}$. 若 $A=(0,1]$，则 0 是 A 的一个极限点，点$\frac{1}{2}$也是 A 的一个极限点. 事实上，区间$[0,1]$中的任何一个点都是 A 的极限点，而除此之外的$\mathbb{R}$ 的点都不再是 A 的极限点.

若 $B=\left\{\frac{1}{n}\middle| n\in\mathbb{Z}_+\right\}$，则 0 是 B 的唯一极限点. $\mathbb{R}$ 中除 0 之外的任何点都有一个邻域，或与 B 无交，或与 B 只交于一点 x. 若 $C=\{0\}\cup(1,2)$，则区间$[1,2]$中的点都是 C 的极限点. 若$\mathbb{Q}$是有理数集，则$\mathbb{R}$ 的任何点都是$\mathbb{Q}$ 的极限点. 若$\mathbb{Z}_+$是正整数集，则$\mathbb{R}$ 的任何点都不是$\mathbb{Z}_+$的极限点. 若$\mathbb{R}_+$是正实数集，则$\{0\}\cup\mathbb{R}_+$中的每一个点都是$\mathbb{R}_+$的极限点. ■

参照例 6 与例 8，可以发现一个集合的闭包与它的极限点之间的关系. 这就是下面的定理.

定理 17.6　设 A 是拓扑空间 X 的一个子集，A' 是 A 的所有极限点的集合，则

$$\overline{A}=A\cup A'.$$

证　若 $x\in A'$，那么 x 的每一个邻域与 A 的交中有异于 x 的点，这样根据定理 17.5 可见 x 属于 $\overline{A}$，因此 $A'\subset\overline{A}$. 然而根据定义有 $A\subset\overline{A}$，所以 $A\cup A'\subset\overline{A}$.

为了证明反过来的包含关系成立，令 x 为 $\overline{A}$ 的一个点并证明 $x\in A\cup A'$. 如果 x 是 A 的一个点，那么显然 $x\in A\cup A'$. 现在设 x 不属于 A，因为 $x\in\overline{A}$，那么 x 的每一个邻域 U 都与 A 相交，由于 $x\notin A$，集合 U 必与 A 交于异于 x 的一个点，因此 $x\in A'$. 于是 $x\in A\cup A'$. ■

推论 17.7　拓扑空间的一个子集是闭集当且仅当它包含其所有极限点.

证　集合 A 是闭集当且仅当 $A=\overline{A}$，而 $A=\overline{A}$ 当且仅当 $A'\subset A$. ■

Hausdorff 空间

在我们研究更为一般的拓扑空间的时候，如果仅凭有关实直线和平面上开集、闭集、极限点的经验，就会出现错误. 在$\mathbb{R}$ 和$\mathbb{R}^2$中，每一个单点集$\{x_0\}$都是闭集. 这个事实是容易证明的，事实上，每一个异于 x_0 的点都有一个邻域不与$\{x_0\}$相交. 因此$\{x_0\}$的闭包就是$\{x_0\}$. 但是这一点对于任意拓扑空间却不成立. 例如，我们在开始时就讲过的一个拓扑空间，如图 17.3所示的三点集$\{a, b, c\}$的拓扑. 对于这个空间，单点集$\{b\}$就不是闭集，这是由于它的补不是开集的缘故.

类似地，在我们处理更为一般的拓扑空间时，如果仅凭有关$\mathbb{R}$ 和$\mathbb{R}^2$中收敛序列的经验，也可能会导致错误. 对于任意拓扑空间 X，设 x_1，x_2，…是 X 中的一个序列并且 $x\in X$. 如果对于 x 的任何一个邻域 U，存在一个正整数 N，使得当 $n>N$ 时，$x_n\in U$，则称 X 中的序列 x_1，x_2，…**收敛**(converge)到点 x. 在$\mathbb{R}$ 和$\mathbb{R}^2$中，一个序列最多收敛到一个点，但在一般拓扑空间中，一个序列可能收敛到多个点. 比如，在图 17.3 所示的拓扑空间中，序列 $x_n=b$ 不仅收敛到点 b，它也收敛到点 a 和点 c！

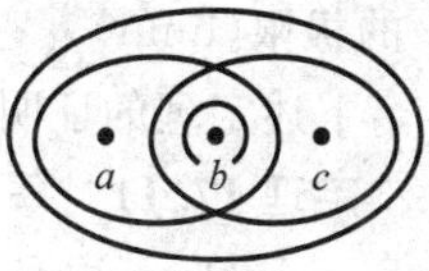

图　17.3

使得单点集不是闭集的拓扑，以及使得一个序列可能收敛到多个点的拓扑，被许多数学家认为是非正常的拓扑. 这些并不能引起数学家们多大的兴趣，因为它们在数学的其他分支中很少出现. 如果这种例子被容许的话，那对于拓扑空间能够证明的定理就是很有限的. 因此常常需要一些附加条件，使得上述例子相应的情况不会出现，从而使我们所讨论的空间更加接近几何的直观. 这个条件是数学家 Felix Hausdorff 给出的，因此数学家们就以他的名字来命名.

定义　如果对于拓扑空间 X 中任意两个不同的点 x_1 和 x_2，分别存在 x_1 和 x_2 的邻域 U_1 和 U_2 使得这两个邻域无交，则称 X 为一个 Hausdorff **空间**(Hausdorff space).

定理 17.8　Hausdorff 空间中的任何有限集都是闭的.

证　我们只要证明任何一个单点集$\{x_0\}$是闭集就行了. 设 x 为 X 中异于 x_0 的一个点，那么 x 和 x_0 分别有无交的邻域 U 和 V. 于是 U 与$\{x_0\}$无交，x 就不属于$\{x_0\}$的闭包，因此$\{x_0\}$的闭包就是$\{x_0\}$，所以$\{x_0\}$是闭集. ■

有限点集是闭集这一条件实际上是比 Hausdorff 条件更弱的条件. 例如，实直线$\mathbb{R}$ 关于有

限补拓扑并不是一个 Hausdorff 空间，但在此空间中有限点集是闭集．有限点集是闭集的条件也有一个名字，叫做 **T_1 公理**（T_1 axiom）（我们将在第 4 章对其做进一步说明）．本书仅附有少量的有关 T_1 公理的练习及以下的一个相关定理．

定理 17.9　设拓扑空间 X 满足 T_1 公理，A 是 X 的一个子集．则点 x 是 A 的极限点当且仅当 x 的每一个邻域与 A 的交是一个无限集．

证　设 x 的任意邻域与 A 相交于无穷多个点，则必交于异于 x 的一个点，于是 x 是 A 的一个极限点．

反之，设 x 是 A 的一个极限点，x 的某邻域 U 与 A 仅相交于有限多个点，于是 U 与 $A-\{x\}$ 也只相交于有限多个点．设 $\{x_1, \cdots, x_m\}$ 等于 $U\cap(A-\{x\})$，因为有限集 $\{x_1, \cdots, x_m\}$ 是闭集，所以 $X-\{x_1, \cdots, x_m\}$ 是 X 的一个开集．因此

$$U \cap (X-\{x_1,\cdots,x_m\})$$

就是与 $A-\{x\}$ 无交的 x 的一个邻域，这与 x 是 A 的极限点的假定相矛盾．■

我们对 T_1 公理不是很感兴趣，其原因在于有关拓扑的许多有趣的定理不仅需要 T_1 公理，而且需要强于它的 Hausdorff 公理．此外，那些对于数学家而言重要的空间大多都是 Hausdorff 空间．下面的两个定理是以上说法的佐证．

定理 17.10　若 X 是一个 Hausdorff 空间，则 X 中的一个序列最多收敛到一个点．

证　假设 X 中点的序列 x_n 收敛到 x．对于 $y\neq x$，记 U 和 V 分别是 x 和 y 的两个无交邻域，由于 U 包含着除有限个之外所有的 x_n，所以 V 一定不再会这样．因此，x_n 不会收敛到 y．■

Hausdorff 空间 X 中的序列 x_n 收敛到 X 中的点 x，我们通常记为 $x_n\rightarrow x$，并称 x 为序列 x_n 的**极限**（limit）．

下述定理的证明留给读者．

定理 17.11　每一个具有序拓扑的全序集是一个 Hausdorff 空间．两个 Hausdorff 空间的积是一个 Hausdorff 空间．Hausdorff 空间的子空间是一个 Hausdorff 空间．

Hausdorff 条件一般被认为是加到拓扑空间上的一个很合适的附加条件．事实上，在拓扑学基本教程中，有些数学家甚至在一开始就加上这个条件，而对不满足 Hausdorff 条件的空间不加研究．我们不准备这么办，但是在证明需要的时候，总是假定有 Hausdorff 条件，除非它对于结果的应用范围产生了令人不能满意的苛刻限制．

Hausdorff 条件是能够加到拓扑空间上的许多条件中的一个．人们每加上这样一个条件，就可以证明更强的定理，但也限制了适用这些定理的空间类．从拓扑学创立以来，相当一部分研究工作就是在寻求这样一些条件，这些条件比较强，但能使人们在满足这些条件的空间上证明一些有意义的定理；然而这些条件又不能太强，以免导致其结论的应用受到苛刻的限制．

我们将在后面两章研究这样一些条件，已知的 Hausdorff 条件以及 T_1 公理只不过是我们熟悉的通称为分离性公理的一个系列条件中的两个．其他的条件包括可数性公理、紧致性以及连通性等，你将会发现，它们中的一些确实是相当强的限制．

习题

1. 设 $\mathcal{C}$ 是集合 X 的子集的一个族．假定 $\varnothing$ 与 X 在 $\mathcal{C}$ 中，并且 $\mathcal{C}$ 中元素的有限并及任意交也在

$\mathcal{C}$中．证明集族$\mathcal{T}=\{X-C \mid C\in\mathcal{C}\}$是$X$的一个拓扑．

2. 证明：若A是Y的闭集并且Y是X的闭集，则A是X的闭集．
3. 证明：若A是X的闭集并且B是Y的闭集，则$A\times B$是$X\times Y$的闭集．
4. 证明：若U是X的开集并且A是X的闭集，则$U-A$是X的开集，并且$A-U$是X的闭集．
5. 设X是具有序拓扑的全序集．证明：$\overline{(a, b)}\subset[a, b]$．等号在什么条件下成立？
6. 设A，B和A_α都是空间X的子集．证明：

   (a)若$A\subset B$，则$\bar{A}\subset\bar{B}$．

   (b)$\overline{A\cup B}=\bar{A}\cup\bar{B}$．

   (c)$\overline{\bigcup A_\alpha}\supset\bigcup\bar{A}_\alpha$．举出等号不成立的例子．
7. 评述以下对于$\overline{\bigcup A_\alpha}\subset\bigcup\bar{A}_\alpha$的证明：若$\{A_\alpha\}$是$X$中的集合的一个族，$x\in\overline{\bigcup A_\alpha}$，则$x$的任意邻域$U$与$\bigcup A_\alpha$相交，因此$U$必与某一个$A_\alpha$相交，所以$x$必定属于某一个$A_\alpha$的闭包．从而$x\in\bigcup\bar{A}_\alpha$．
8. 设A，B和A_α都是空间X的子集．判断下面哪些等号成立．如果等号不成立，判断哪一种包含关系($\supset$或$\subset$)成立．

   (a)$\overline{A\cap B}=\bar{A}\cap\bar{B}$．

   (b)$\overline{\bigcap A_\alpha}=\bigcap\bar{A}_\alpha$．

   (c)$\overline{A-B}=\bar{A}-\bar{B}$．
9. 设$A\subset X$并且$B\subset Y$．证明：在空间$X\times Y$中$\overline{A\times B}=\bar{A}\times\bar{B}$．
10. 证明：任何序拓扑都是 Hausdorff 的．
11. 证明：两个 Hausdorff 空间的积是 Hausdorff 的．
12. 证明：Hausdorff 空间的子空间是 Hausdorff 的．
13. 证明：X是一个 Hausdorff 空间当且仅当其**对角线**(diagonal)$\Delta=\{x\times x \mid x\in X\}$是$X\times X$中的一个闭集．
14. 在$\mathbb{R}$的有限补拓扑空间中，序列$x_n=\dfrac{1}{n}$收敛到哪一点或哪些点？
15. 证明T_1公理等价于：X中的每两个不同的点各自有一个邻域不包含另一点．
16. 考虑在第 13 节习题 7 中所给的$\mathbb{R}$的 5 个拓扑．

    (a)对于每一个拓扑，确定集合$K=\{1/n \mid n\in\mathbb{Z}_+\}$的闭包．

    (b)其中的哪些拓扑满足 Hausdorff 公理，哪些满足T_1公理？
17. 考虑$\mathbb{R}$的下限拓扑及由第 13 节习题 8 中的基$\mathcal{C}$所给出的拓扑．对于上述两种拓扑确定区间$A=(0, \sqrt{2})$及$B=(\sqrt{2}, 3)$的闭包．
18. 确定有序矩形中下列子集的闭包：

$$A=\{(1/n)\times 0 \mid n\in\mathbb{Z}_+\},$$

$$B=\left\{(1-1/n)\times\frac{1}{2} \mid n\in\mathbb{Z}_+\right\},$$

$$C=\{x\times 0 \mid 0<x<1\},$$

$$D=\left\{x\times\frac{1}{2}\mid 0<x<1\right\},$$

$$E=\left\{\frac{1}{2}\times y\mid 0<y<1\right\}.$$

19. 设 $A\subset X$，A 的**边界**(boundary)定义为

$$\mathrm{Bd}A=\bar{A}\cap(\overline{X-A}).$$

(a)证明：$\mathrm{Int}A$ 与 $\mathrm{Bd}A$ 无交，并且 $\bar{A}=\mathrm{Int}A\cup\mathrm{Bd}A$.

(b)证明：$\mathrm{Bd}A=\varnothing\Longleftrightarrow A$ 既开又闭.

(c)证明：U 是开集 $\Longleftrightarrow\mathrm{Bd}U=\bar{U}-U$.

(d)若 U 是开集，那么 $U=\mathrm{Int}(\bar{U})$ 成立吗？验证你的结论.

20. 求出 $\mathbb{R}^2$ 的下列子集的每一个的边界及内部：

(a) $A=\{x\times y\mid y=0\}$.

(b) $B=\{x\times y\mid x>0$　并且 $y\neq 0\}$.

(c) $C=A\cup B$.

(d) $D=\{x\times y\mid x$　是有理数$\}$.

(e) $E=\{x\times y\mid 0<x^2-y^2\leqslant 1\}$.

(f) $F=\{x\times y\mid x\neq 0$　并且 $y\leqslant 1/x\}$.

*21. (Kuratowski)考虑拓扑空间 X 的所有子集 A 的族. 闭包运算 $A\to\bar{A}$ 与取补运算 $A\to X-A$ 是从这个族到它自身的两个函数.

(a)证明：逐次进行这两种运算，对于给定的集合 A，最多可以组成14个不同的集合.

(b)对于具有通常拓扑的 $\mathbb{R}$，举出它的一个子集 A，由它恰好得到14个不同的集合.

18　连续函数

连续函数的概念是许多数学学科的基础，每一本有关微积分的书，都是首先讲述实直线上的连续函数，然后会提到平面和空间上的连续函数. 而更一般的连续函数通常在数学的一些后继课程中讲述. 本节将给出连续函数的定义(以上述各种连续函数为特例)，我们还要研究连续函数的一些性质，其中的大部分内容都是我们在微积分和分析中所给出的连续函数的性质的直接推广.

函数的连续性

设 X 和 Y 是两个拓扑空间. 函数 $f: X\to Y$ 称为**连续的**(continuous)，如果对于 Y 中的每一个开子集 V，$f^{-1}(V)$ 是 X 中的一个开子集.

注意，$f^{-1}(V)$ 是 X 中所有使得 $f(x)\in V$ 的点 x 的集合. 如果 V 与 f 的像集 $f(X)$ 无交，那么 $f^{-1}(V)=\varnothing$.

函数的连续性不仅依赖于 f 本身，也依赖于它的定义域和值域确定的拓扑. 要想强调指出这一点，就说 f 相对于 X 的某拓扑和 Y 的某拓扑而言是连续的.

注意，如果值域 Y 的拓扑是由基 $\mathcal{B}$ 给出的，那么证明 f 连续，就只要证明每一个基元素的原像是开的就行了. 这是因为 Y 的任意开集 V，可以写成基元素的并，即

$$V = \bigcup_{\alpha \in J} B_\alpha.$$

因此

$$f^{-1}(V) = \bigcup_{\alpha \in J} f^{-1}(B_\alpha),$$

如果每一个 $f^{-1}(B_\alpha)$是开的，那么 $f^{-1}(V)$就是开的.

如果 Y 的拓扑是由子基 $\mathcal{S}$ 给出的，那么为了证明 f 的连续性，只要证明每一个子基元素的原像是开的就可以了. 这是因为 Y 的任意基元素 B 可以写成子基元素的有限交 $S_1 \cap \cdots \cap S_n$. 由于

$$f^{-1}(B) = f^{-1}(S_1) \cap \cdots \cap f^{-1}(S_n),$$

因此每一个基元素的原像是开的.

例 1 我们来看看在分析中研究过的一个函数，即实变量的实值函数

$$f: \mathbb{R} \longrightarrow \mathbb{R}.$$

在分析中，采用"ε-δ 定义"来定义 f 的连续性. 多少年来，每一个初学数学的学生都对此感到困惑不解. 其实，ε-δ 定义与上面的定义是等价的. 例如，我们可以这样证明上面的定义蕴涵 ε-δ 定义：

对于$\mathbb{R}$ 中的点 x_0，给定 $\varepsilon>0$，区间 $V=(f(x_0)-\varepsilon, f(x_0)+\varepsilon)$是值域空间$\mathbb{R}$ 的开集，因此 $f^{-1}(V)$是定义域空间$\mathbb{R}$ 的开集. 因为 $f^{-1}(V)$包含 x_0，所以必定包含 x_0 的某一个基元素 (a, b). 选取 δ 为 x_0-a 与 $b-x_0$ 两者中的较小者. 那么，若 $|x-x_0|<\delta$，则点 x 必定在 (a, b)之中，于是 $f(x)\in V$，从而得到 $|f(x)-f(x_0)|<\varepsilon$.

要想证明 ε-δ 定义蕴涵我们上面的定义也不困难，我们留给读者去完成. 当我们研究度量空间的时候，还要回过头来考虑这个例子. ■

例 2 在微积分中要研究很多种函数的连续性质，例如，我们研究下面几种类型的函数：

$f: \mathbb{R} \longrightarrow \mathbb{R}^2$ （平面曲线），

$f: \mathbb{R} \longrightarrow \mathbb{R}^3$ （空间曲线），

$f: \mathbb{R}^2 \longrightarrow \mathbb{R}$ （两个实变量的函数 $f(x,y)$），

$f: \mathbb{R}^3 \longrightarrow \mathbb{R}$ （三个实变量的函数 $f(x,y,z)$），

$f: \mathbb{R}^2 \longrightarrow \mathbb{R}^2$ （平面上的向量场 $v(x,y)$）.

对于其中每一种函数都可以定义连续性. 我们所给出的连续性的一般定义，包括了所有这些特殊情形，这不过是将要证明的有关积空间及度量空间上连续函数的一些一般性定理的一个推论. ■

例 3 设$\mathbb{R}$ 为具有通常拓扑的实数集. $\mathbb{R}_\ell$为具有下限拓扑的实数集. 令

$$f: \mathbb{R} \longrightarrow \mathbb{R}_\ell$$

为恒等函数，即对于每一个实数 x，$f(x)=x$. 但是 f 不是一个连续函数. 因为$\mathbb{R}_\ell$的开集$[a, b)$的原像还是$[a, b)$，它不是$\mathbb{R}$ 的开集. 而另一方面，恒等函数

$$g: \mathbb{R}_\ell \longrightarrow \mathbb{R}$$

却是连续的. 因为(a, b)的原像是(a, b)，它也是$\mathbb{R}_\ell$中的开集. ■

在分析中研究过连续函数的许多不同但又等价的定义. 它们中的一些可以推广到任意空间上去，下面的定理就研究这个问题. 但是，大家熟悉的“ε-δ 定义”及“收敛序列定义”却不能推广到任意空间. 研究度量空间时，将要处理这些问题.

定理 18.1　设 X 和 Y 是两个拓扑空间，f：$X\to Y$. 下列条件是等价的：

(1)f 连续.

(2)对于 X 的任意一个子集 A，有 $f(\bar{A})\subset\overline{f(A)}$.

(3)对于 Y 的任意一个闭集 B，$f^{-1}(B)$是 X 中的一个闭集.

(4)对于每一个 $x\in X$ 和 $f(x)$的每一个邻域 V，存在 x 的一个邻域 U 使得 $f(U)\subset V$.

对于 X 中的点 x，如果条件(4)成立，则称 f 在点 x 连续.

证　我们将证明(1)⇒(2)⇒(3)⇒(1)及(1)⇒(4)⇒(1).

(1)⇒(2). 设 f 连续. A 是 X 的一个子集. 下面证明：若 $x\in\bar{A}$，则 $f(x)\in\overline{f(A)}$. 设 V 是 $f(x)$的一个邻域，则 $f^{-1}(V)$是 X 中包含 x 的一个开集，它必定与 A 相交于某点 y，于是 V 与 $f(A)$有交点 $f(y)$. 因此得到 $f(x)\in\overline{f(A)}$.

(2)⇒(3). 设 B 是 Y 的一个闭集，$A=f^{-1}(B)$. 下面证明 A 是 X 的一个闭集，也就是证明 $\bar{A}\subset A$. 由初等集合论可见 $f(A)\subset B$. 因此，对于 $x\in\bar{A}$ 有

$$f(x)\in f(\bar{A})\subset\overline{f(A)}\subset\bar{B}=B.$$

于是 $x\in f^{-1}(B)=A$. 所以得到 $\bar{A}\subset A$.

(3)⇒(1). 设 V 为 Y 的一个开集，$B=Y-V$. 那么

$$f^{-1}(B)=f^{-1}(Y)-f^{-1}(V)=X-f^{-1}(V).$$

易见 B 是 Y 中的一个闭集. 根据假设，$f^{-1}(B)$是 X 的一个闭集. 所以 $f^{-1}(V)$是开的.

(1)⇒(4). 设 $x\in X$，V 是 $f(x)$的一个邻域. 则 $U=f^{-1}(V)$是 x 的一个邻域，满足$f(U)\subset V$.

(4)⇒(1). 设 V 是 Y 的一个开集，x 是 $f^{-1}(V)$的一个点. 则 $f(x)\in V$，根据假设可见，存在 x 的一个邻域 U_x 使得 $f(U_x)\subset V$. 从而 $U_x\subset f^{-1}(V)$. 由此得到 $f^{-1}(V)$可以表示成所有这些开集 U_x 之并，从而它是开的. ■

同胚

设 X 和 Y 都是拓扑空间，f：$X\to Y$ 是一个一一映射[①]. 如果函数 f 和它的反函数

$$f^{-1}:Y\longrightarrow X$$

都连续，则称 f 为一个**同胚**(homeomorphism).

f^{-1}连续这个条件是说，对于 X 的每一个开集 U，在 f^{-1}：$Y\to X$ 下它的原像是 Y 中的开集. 但是，U 在映射 f^{-1}下的原像就是 U 在映射 f 下的像，参见图 18.1. 于是，可以用另一种方式将同胚定义为一一映射 f：$X\to Y$，使得 $f(U)$是一个开集的充分必要条件是 U 是一个开集.

① 再次提请读者注意：函数、对应、映射都是同义语. ——译者注

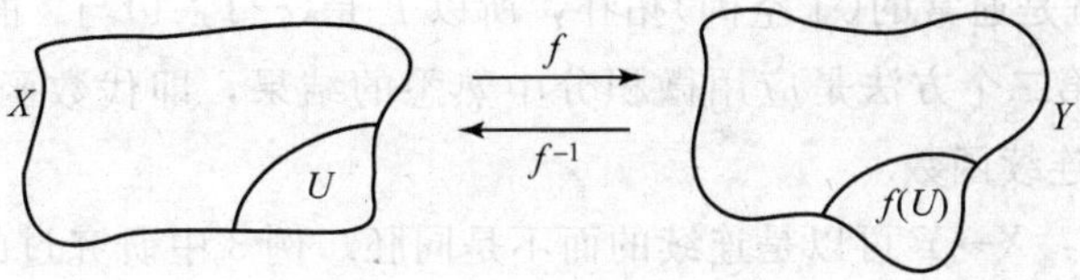

图 18.1

这个附注说明，一个同胚 $f: X \to Y$，不仅仅给出了 X 和 Y 之间的一个一一映射，还给出了 X 与 Y 的开集族之间的一个一一映射．因此，完全藉助于 X 的拓扑(即藉助于 X 的开集)所得出的 X 的任何一条性质，通过对应 f 就可以推出空间 Y 的相应性质．X 的这种性质称为 X 的一个**拓扑性质**(topological property).

读者可能已在近世代数中学过代数对象之间同构的概念，比如群与群之间，环与环之间．一个同构是一个保持代数结构的一一映射．拓扑学中与此类似的概念就是同胚，它是保持拓扑结构的一一映射．

现在设 $f: X \to Y$ 是一个连续的单射，X 和 Y 是两个拓扑空间．用 Z 表示像集 $f(X)$，把它看成 Y 的一个子空间．那么由限制 f 的值域得到的函数 $f': X \to Z$ 就是一一映射．若 f' 正好是 X 与 Z 之间的一个同胚，则称映射 $f: X \to Y$ 是一个**拓扑嵌入**(topological imbedding)，或者称为从 X 到 Y 中的一个**嵌入**(imbedding).

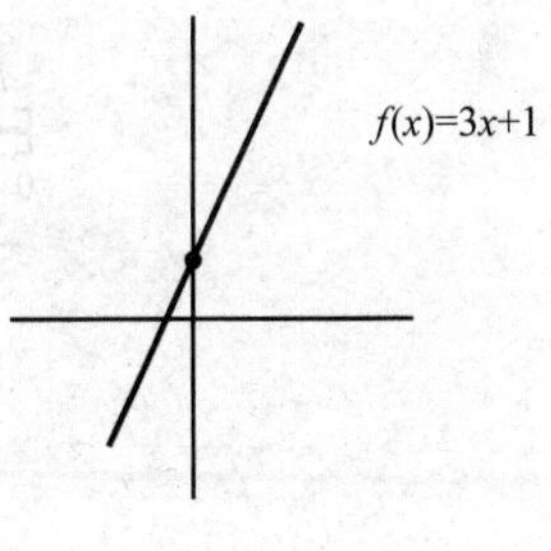

图 18.2

例 4 由 $f(x)=3x+1$ 所给出的函数 $f: \mathbb{R} \to \mathbb{R}$ 是一个同胚，参见图 18.2.

考虑用

$$g(y)=\frac{1}{3}(y-1)$$

定义的函数 $g: \mathbb{R} \to \mathbb{R}$．容易验证：对于所有实数 x 和 y 有 $f(g(y))=y$ 和 $g(f(x))=x$，因此 f 是一个一一映射并且 $g=f^{-1}$．至于 f 与 g 的连续性则是微积分中熟知的结论． ■

例 5 用

$$F(x)=\frac{x}{1-x^2}$$

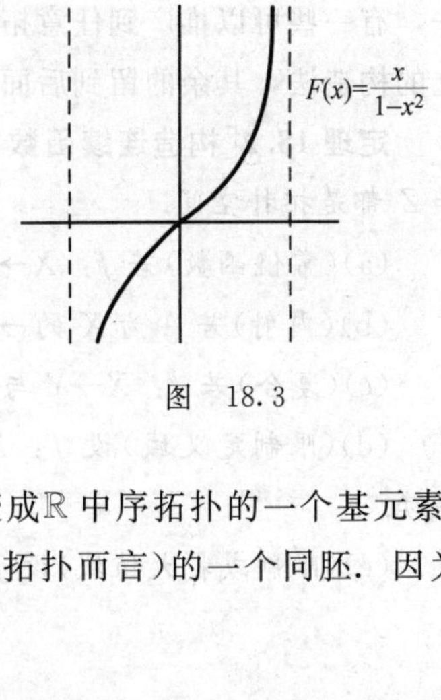

图 18.3

定义的函数 $F: (-1, 1) \to \mathbb{R}$ 是一个同胚，参见图 18.3．我们已经在第 3 节的例 9 中知道，F 是一个保序的一一映射，它的反函数 G 定义为

$$G(y)=\frac{2y}{1+(1+4y^2)^{1/2}}.$$

可以用两种方法证明 F 是一个同胚．第一个方法应用 F 是一个保序的一一映射，从而把$(-1, 1)$中序拓扑的一个基元素变成$\mathbb{R}$ 中序拓扑的一个基元素，反之亦然．这样 F 自然就是$(-1, 1)$与$\mathbb{R}$ 之间(相对于各自的序拓扑而言)的一个同胚．因为

$(-1, 1)$上的序拓扑就是通常的(子空间)拓扑，所以 F 是$(-1, 1)$与$\mathbb{R}$ 的一个同胚.

证明 F 是同胚的第二个方法是应用微积分中熟悉的结果，即代数函数和根式函数的连续性来证明 F 和 G 都是连续函数. ■

例 6　一一映射 $f: X\to Y$ 可以是连续的而不是同胚. 例 3 中研究过的恒等映射$g: \mathbb{R}_\ell\to\mathbb{R}$ 就是这样一个函数. 还可以举出一个例子：设 S^1 表示**单位圆周**(unit circle)，

$$S^1 = \{x\times y \mid x^2+y^2=1\}.$$

将其作为平面$\mathbb{R}^2$的一个子空间. 设映射

$$f:[0,1)\longrightarrow S^1$$

定义为 $f(t)=(\cos 2\pi t, \sin 2\pi t)$. 我们应用三角函数的性质推得 f 是一个连续的一一映射. 但是 f^{-1}不连续. 例如，定义域中的开集$U=\left[0, \frac{1}{4}\right)$在 f 下的像不是 S^1 中的开集，这是由于不存在$\mathbb{R}^2$中包含 $p=f(0)$的开集 V，使得 $V\cap S^1\subset f(U)$，参见图 18.4.

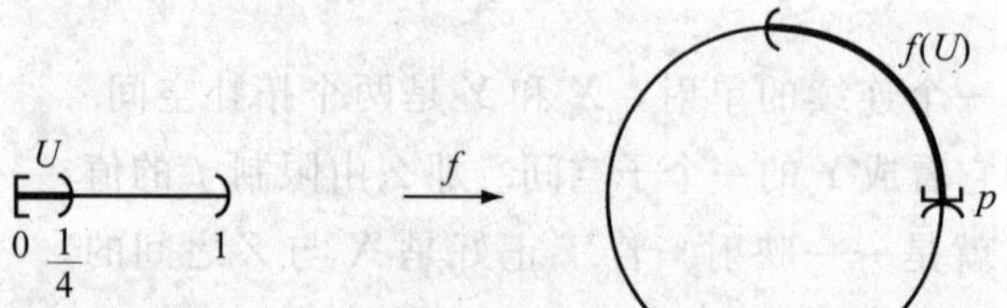

图　18.4

■

例 7　考虑函数

$$g:[0,1)\to\mathbb{R}^2,$$

它是把上例中函数 f 的值域扩大而得出的. 映射 g 是一个连续单射，但不是嵌入. ■

构造连续函数

怎样构造从一个拓扑空间到另一个拓扑空间的连续函数呢？对于在分析中使用过的那些方法，有一些可以推广到任意拓扑空间，有一些则不行. 我们首先研究某些对于一般拓扑空间成立的构造法，其余的留到后面再讲.

定理 18.2［构造连续函数的法则(rules for constructing continuous functions)］　设 X，Y 和 Z 都是拓扑空间.

(a)(常值函数)若 $f: X\to Y$ 将整个 X 映成 Y 的一个点 y_0，则 f 连续.

(b)(内射)若 A 为 X 的一个子空间，则内射 $j: A\to X$ 连续.

(c)(复合)若 $f: X\to Y$ 与 $g: Y\to Z$ 连续，则映射 $g\circ f: X\to Z$ 连续.

(d)(限制定义域)设 $f: X\to Y$ 连续，A 为 X 的一个子空间，则限制映射 $f|A: A\to Y$ 连续.

(e)(限制或扩大值域)设 $f: X\to Y$ 连续，Z 为 Y 中包含像集 $f(X)$的一个子空间，则限制

f 的值域而得到的函数 g：$X\to Z$ 也连续．若 Z 以 Y 为其子空间，则扩大 f 的值域而得到的函数 h：$X\to Z$ 也连续．

(f)(连续性的局部表示)如果 X 可以写成开集 U_α 的并，使得对于每一个 α，$f\mid U_\alpha$ 连续．则映射 f：$X\to Y$ 连续．

证 (a)对于 X 的任意一个点 x，设 $f(x)=y_0$．设 V 是 Y 中的一个开集．若 V 包含点 y_0，则 $f^{-1}(V)=X$．若 V 不包含 y_0，则 $f^{-1}(V)=\varnothing$．无论哪一种情形都得到 $f^{-1}(V)$是开的．

(b)若 U 是 X 的一个开集，则根据空间拓扑的定义，$j^{-1}(U)=U\cap A$ 是 A 的一个开集．

(c)若 U 是 Z 的一个开集，则 $g^{-1}(U)$是 Y 的一个开集，$f^{-1}(g^{-1}(U))$是 X 的一个开集，而根据初等集合论可见

$$f^{-1}(g^{-1}(U))=(g\circ f)^{-1}(U).$$

(d)函数 $f\mid A$ 是内射 j：$A\to X$ 与映射 f：$X\to Y$ 的复合，而这两者都是连续函数．

(e)设 f：$X\to Y$ 连续．若 $f(x)\subset Z\subset Y$，我们来证明由 f 得到的函数 g：$X\to Z$ 连续．设 B 是 Z 的一个开集，则存在 Y 的某一个开集 U，使得 $B=Z\cap U$．因为 Z 包含整个像集$f(X)$，根据初等集合论可见

$$f^{-1}(U)=g^{-1}(B).$$

因为 $f^{-1}(U)$是开的，所以 $g^{-1}(B)$也是开的．

如果 Z 以 Y 为子空间，我们证明 h：$X\to Z$ 连续．而这只要注意到 h 是映射 f：$X\to Y$ 与内射 j：$Y\to Z$ 的复合就行了．

(f)根据假设，X 可以写成开集 U_α 的并，并且对于每一个 α，$f\mid U_\alpha$ 连续．设 V 是 Y 的一个开集，则

$$f^{-1}(V)\cap U_\alpha=(f\mid U_\alpha)^{-1}(V).$$

这是因为上式两边表示的都是 U_α 中满足 $f(x)\in V$ 的点 x 的集合．因为 $f\mid U_\alpha$ 连续，所以上述集合是 U_α 中的开集，因此是 X 中的开集．而

$$f^{-1}(V)=\bigcup_\alpha(f^{-1}(V)\cap U_\alpha).$$

于是，$f^{-1}(V)$也是 X 的一个开集． ■

定理 18.3[**黏结引理**(pasting lemma)] 设 $X=A\cup B$ 并且 A 和 B 都是 X 中闭集．f：$A\to Y$与 g：$B\to Y$ 都是连续函数．若对于任意 $x\in A\cap B$ 有 $f(x)=g(x)$，则 f 和 g 可以组成一个连续函数 h：$X\to Y$，它定义为：当 $x\in A$ 时，$h(x)=f(x)$；当 $x\in B$ 时，$h(x)=g(x)$．

证 设 C 为 Y 的一个闭集，根据初等集合论有

$$h^{-1}(C)=f^{-1}(C)\cup g^{-1}(C).$$

因为 f 连续，所以 $f^{-1}(C)$是 A 的一个闭集．类似地，$g^{-1}(C)$是 B 的一个闭集，从而也是 X 的一个闭集．于是它们的并 $h^{-1}(C)$是 X 的一个闭集． ■

若 A 和 B 都是 X 的开集，这个定理仍然成立．这正是"连续性的局部表示"法则(见前一个定理)的一个特例．

例 8 函数 h：$\mathbb{R}\to\mathbb{R}$ 定义为

$$h(x)=\begin{cases}x & \text{对于 } x\leqslant 0,\\ x/2 & \text{对于 } x\geqslant 0.\end{cases}$$

上式中 h 在每一个“区间段”都是连续函数，并且它们在定义域的公共部分，即单点集 $\{0\}$ 上的函数值相同．由于两者的定义域都是 $\mathbb{R}$ 的闭集，所以 h 连续．为了能定义这种函数，就要求对于各个“区间段”来说，函数在其定义域的重合处相等．例如下式

$$k(x)=\begin{cases}x-2 & \text{对于 } x\leqslant 0,\\ x+2 & \text{对于 } x\geqslant 0,\end{cases}$$

就不能定义一个函数．另一方面，对于集合 A 和 B 也要进行某些限制以保证函数的连续性，例如下式

$$l(x)=\begin{cases}x-2 & \text{对于 } x<0,\\ x+2 & \text{对于 } x\geqslant 0,\end{cases}$$

定义了从 $\mathbb{R}$ 到 $\mathbb{R}$ 的一个函数，它的两个部分虽然是连续的，但是 l 却不是连续函数．因为开集 $(1,3)$ 的原像 $[0,1)$ 不是开集．参见图 18.5.

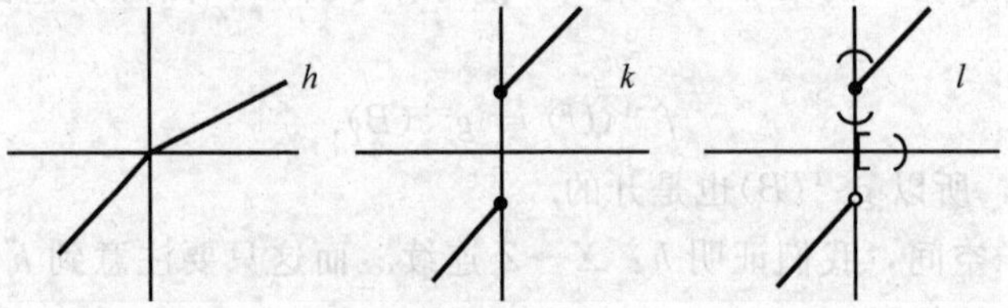

图　18.5

■

定理 18.4［**到积空间的映射**(maps into products)］　设 f：$A\to X\times Y$ 定义为

$$f(a)=(f_1(a),f_2(a)).$$

则 f 连续的充分必要条件是函数

$$f_1:A\longrightarrow X \quad 与 \quad f_2:A\longrightarrow Y$$

都连续．

映射 f_1 和 f_2 称为 f 的**坐标函数**(coordinate function).

证　设 π_1：$X\times Y\to X$ 与 π_2：$X\times Y\to Y$ 分别是到第一个和第二个坐标空间上的投射．它们是连续的．这是因为若设 U 和 V 分别是 X 和 Y 中的开集，则 $\pi_1^{-1}(U)=U\times Y$ 和 $\pi_2^{-1}(V)=X\times V$ 都是开集．注意，对于每一个 $a\in A$，

$$f_1(a)=\pi_1(f(a)),\quad f_2(a)=\pi_2(f(a)).$$

若 f 是连续函数，则 f_1 和 f_2 是连续函数的复合，因而都是连续的．反之，设 f_1 和 f_2 连续，我们证明：对于 $X\times Y$ 的拓扑的每一个基元素 $U\times V$，其原像 $f^{-1}(U\times V)$ 是开集．点 a 在 $f^{-1}(U\times V)$ 中当且仅当 $f(a)\in U\times V$，也就是当且仅当 $f_1(a)\in U$ 并且 $f_2(a)\in V$．因此

$$f^{-1}(U\times V)=f_1^{-1}(U)\cap f_2^{-1}(V).$$

由于 $f_1^{-1}(U)$ 和 $f_2^{-1}(V)$ 都是开集，所以它们的交也是开的．■

对于定义域是积空间的映射 f：$A\times B\to X$，没有一个常用的方法来判断其连续性．有这样

一种猜想：如果 f“分别关于每一个变量”连续，则 f 连续．但它是不对的(见习题 12)．

例 9 在微积分中，平面上一条参数曲线被定义为一个连续映射 $f:[a,b]\to\mathbb{R}^2$，通常写成 $f(t)=(x(t),y(t))$．我们常常要用到这样的结论：若 x 和 y 都是 t 的连续函数，则 f 是 t 的一个连续函数．类似地，平面向量场

$$v(x,y)=P(x,y)\boldsymbol{i}+Q(x,y)\boldsymbol{j}=(P(x,y),Q(x,y))$$

称为连续的，如果 P 和 Q 都是连续函数；或者等价地说，v 作为 $\mathbb{R}^2$ 到 $\mathbb{R}^2$ 的映射是连续的．这两种说法都是上面定理的特殊情形． ■

在分析中大量使用的构造连续函数的方法是取连续实值函数的和、差、积、商．有一个标准定理：若 f，g：$X\to\mathbb{R}$ 连续，则 $f+g$、$f-g$、$f\cdot g$ 都连续，并且对于所有使 $g(x)\neq 0$ 的 x，f/g 连续．我们将在第 21 节研究这个定理．

在分析中我们所熟悉的构造连续函数的另一个办法，是取函数的无穷序列的极限．有这样一个定理，其大意是说，如果一个实变量连续实值函数的序列一致收敛于一个极限函数，那么极限函数必为连续函数．这个定理称为*一致极限定理*．例如，当正弦、余弦函数的定义是严格地用无穷级数给出的时候，用这个定理可以证明三角函数的连续性．这个定理能够推广为关于从任意拓扑空间 X 到度量空间 Y 中映射的定理，我们将在第 21 节予以证明．

习题

1. 证明：函数 $f:\mathbb{R}\to\mathbb{R}$ 连续性的 ε-δ 定义蕴涵开集定义．
2. 设 $f:X\to Y$ 连续，x 是 X 的子集 A 的一个极限点，那么 $f(x)$ 一定是 $f(A)$ 的极限点吗？
3. 设 X 和 X' 分别表示具有拓扑 $\mathcal{T}$ 和 $\mathcal{T}'$ 的同一个集合，i：$X'\to X$ 为恒等函数．
   (a)证明：i 连续 $\Longleftrightarrow\mathcal{T}'$ 细于 $\mathcal{T}$．
   (b)证明：i 是同胚 $\Longleftrightarrow\mathcal{T}'=\mathcal{T}$．
4. 给定 $x_0\in X$ 和 $y_0\in Y$，证明：分别由
   $$f(x)=x\times y_0\quad 和\quad g(y)=x_0\times y$$
   所定义的映射 f：$X\to X\times Y$ 与 g：$Y\to X\times Y$ 都是嵌入．
5. 证明：$\mathbb{R}$ 的子空间 (a,b) 与 $(0,1)$ 同胚；$\mathbb{R}$ 的子空间 $[a,b]$ 与 $[0,1]$ 同胚．
6. 找出一个只在一点连续的函数 $f:\mathbb{R}\to\mathbb{R}$．
7. (a)假定 $f:\mathbb{R}\to\mathbb{R}$“右连续”，即对于每一个 $a\in\mathbb{R}$，
   $$\lim_{x\to a^+}f(x)=f(a),$$
   证明：将 f 看成从 $\mathbb{R}_\ell$ 到 $\mathbb{R}$ 的一个函数时它是连续的．
   (b)如果把函数 $f:\mathbb{R}\to\mathbb{R}$ 看成从 $\mathbb{R}$ 到 $\mathbb{R}_\ell$ 的映射时，什么样的 f 是连续的？如果看成从 $\mathbb{R}_\ell$ 到 $\mathbb{R}_\ell$ 的映射呢？我们将在第 3 章中讨论这个问题．
8. 设 Y 为具有序拓扑的全序集，f，g：$X\to Y$ 是连续的．
   (a)证明：$\{x\mid f(x)\leqslant g(x)\}$ 在 X 中是闭的．
   (b)证明：由下式
   $$h(x)=\min\{f(x),g(x)\}$$
   所定义的函数 h：$X\to Y$ 是连续的．［提示：应用黏结引理．］

9. 设$\{A_\alpha\}$是 X 的一个子集族，$X=\bigcup_\alpha A_\alpha$. 设 f：$X\to Y$，对于每一个 α，$f|A_\alpha$ 连续.

(a)若$\{A_\alpha\}$为有限族，并且每一个 A_α 都是闭集，则 f 连续.

(b)找出一个可数族$\{A_\alpha\}$，其中每一个 A_α 都是闭集，但 f 不连续的例子.

(c)一个加标集族$\{A_\alpha\}$称为**局部有限的**(locally finite)，如果 X 的每一个点 x 都有一个邻域，仅与有限多个 A_α 相交. 证明：若族$\{A_\alpha\}$是局部有限的，并且每一个 A_α 都是闭集，则 f 连续.

10. 设 f：$A\to B$ 和 g：$C\to D$ 都是连续函数. 证明：由公式

$$(f\times g)(a\times c)=f(a)\times g(c)$$

所定义的映射 $f\times g$：$A\times C\to B\times D$ 是连续的.

11. 设 F：$X\times Y\to Z$. 我们把 F **分别关于每一个变量连续**(continuous in each variable separately)定义为：对于 Y 中每一个 y_0，用 $h(x)=F(x\times y_0)$定义的映射 h：$X\to Z$ 连续，并且对于 X 中每一个 x_0，用 $k(y)=F(x_0\times y)$所定义的映射 k：$Y\to Z$ 连续. 证明：若 F 连续，则 F 分别关于每一个变量连续.

12. 设 F：$\mathbb{R}\times\mathbb{R}\to\mathbb{R}$ 定义为：

$$F(x\times y)=\begin{cases}xy/(x^2+y^2) & \text{如果 } x\times y\neq 0\times 0,\\ 0 & \text{如果 } x\times y=0\times 0.\end{cases}$$

(a)证明：F 分别关于每一个变量连续.

(b)计算出由 $g(x)=F(x\times x)$所定义的函数 g：$\mathbb{R}\to\mathbb{R}$.

(c)证明 F 不连续.

13. 设 $A\subset X$，f：$A\to Y$ 连续，Y 是一个 Hausdorff 空间. 证明：若 f 能扩充为一个连续函数 g：$\bar{A}\to Y$，则 g 由 f 唯一决定.

19　积拓扑

本章余下部分将继续讨论如何在集合上给出拓扑的种种方法.

在此之前，我们曾为两个拓扑空间的积 $X\times Y$ 定义了拓扑，本节将这个定义推广到任意笛卡儿积.

为此我们考虑笛卡儿积

$$X_1\times\cdots\times X_n \quad 和 \quad X_1\times X_2\times\cdots,$$

其中 X_i 都是拓扑空间. 定义笛卡儿积的拓扑有两种方式. 第一种方法是分别以形如 $U_1\times\cdots\times U_n$ 和 $U_1\times U_2\times\cdots$的集合作为上述相应笛卡儿积的拓扑的基元素，其中对于每一个 i，U_i 表示 X_i 中的一个开集. 用这种方式为笛卡儿积定义的拓扑，我们将称之为**箱拓扑**.

第二种方法是将第 15 节中给出的用子基定义拓扑的方式予以推广. 也即以所有形如 $\pi_i^{-1}(U_i)$的集合构成子基，这里 i 是任意给定的指标，U_i 是 X_i 中的一个开集. 这种子基生成的拓扑我们称之为**积拓扑**.

两种拓扑有什么不同？考虑第二种拓扑的典型基元素 B. 它是子基元素 $\pi_i^{-1}(U_i)$的有限交，比如说 $i=i_1$，…，i_k. 则点 $\mathbf{x}$ 属于 B 当且仅当对于 $i=i_1$，…，i_k 时 $\pi_i(\mathbf{x})$属于 U_i，而当 i 为其

余值时，对于 $\pi_i(\boldsymbol{x})$ 则没有任何限制.

这意味着两种拓扑对于有限笛卡儿积是相同的，对于无限笛卡儿积是不同的. 为何我们更偏爱第二种拓扑呢？这是我们本节将要说明的问题.

首先我们要引进更为广义的笛卡儿的概念. 在此之前，我们仅就指标集为 $\{1, \cdots, n\}$ 或者为 $\mathbb{Z}_+$ 的情形定义了加标族的笛卡儿积. 以下我们考虑指标集为任意集合的情形.

定义 设 J 是一个指标集. 对于给定的集合 X，X 的元素的 J-**串**(J-tuple)定义为一个映射 $\boldsymbol{x}: J\to X$. 若 α 为 J 的一个元素，我们用 x_α 表示 $\boldsymbol{x}$ 在 α 处的值，而再不用 $\boldsymbol{x}(\alpha)$ 表示这个值，并且将它称为 $\boldsymbol{x}$ 的第 α 个**坐标**(coordinate). 我们将用记号

$$(x_\alpha)_{\alpha\in J}$$

表示函数 $\boldsymbol{x}$ 本身. 这个"串记法"使我们将 J-串对于指标族的依赖表示得更明确些. 用 X^J 表示 X 中元素的 J-串的全体.

定义 设 $\{A_\alpha\}_{\alpha\in J}$ 是一个加标集族，$X=\bigcup_{\alpha\in J}A_\alpha$. 加标集族 $\{A_\alpha\}_{\alpha\in J}$ 的**笛卡儿积**(Cartesian product)，定义为使得对于每一个 $\alpha\in J$ 有 $x_\alpha\in A_\alpha$ 的 X 的元素的所有 J-串 $(x_\alpha)_{\alpha\in J}$ 的集合，用

$$\prod_{\alpha\in J}A_\alpha$$

表示. 也就是说，它是所有这样的函数

$$\boldsymbol{x}: J\longrightarrow\bigcup_{\alpha\in J}A_\alpha$$

的集合，这些函数要求满足条件：对于每一个 $\alpha\in J$ 有 $\boldsymbol{x}(\alpha)\in A_\alpha$.

当指标集无需强调时，有时我们也用 ΠA_α 表示上述笛卡儿积，其元素则记为 (x_α).

当所有的 A_α 都等于同一个集合 X 时，笛卡儿积 $\prod_{\alpha\in J}A_\alpha$ 恰为所有 X 的元素的 J-串的集合 X^J. 对于 X^J 的元素，我们有时使用"串记法"表示，有时使用函数表示，依方便而定.

定义 设 $\{X_\alpha\}_{\alpha\in J}$ 是拓扑空间的一个加标族. 积空间

$$\prod_{\alpha\in J}X_\alpha$$

上的某一个拓扑的基取为所有形如

$$\prod_{\alpha\in J}U_\alpha$$

的集合的族，其中对于每一个 $\alpha\in J$，U_α 在 X_α 中是开的. 由这个基生成的拓扑叫做**箱拓扑**(box topology).

因为 ΠX_α 本身是一个基元素，所以 $\{\Pi U_\alpha\}$ 满足基定义中的第一个条件. 又因为任意两个基元素的交是另一个基元素

$$\left(\prod_{\alpha\in J}U_\alpha\right)\cap\left(\prod_{\alpha\in J}V_\alpha\right)=\prod_{\alpha\in J}(U_\alpha\cap V_\alpha).$$

所以它满足基定义中的第二个条件.

下面的方法是用子基定义拓扑的推广. 设函数

$$\pi_\beta: \prod_{\alpha\in J}X_\alpha\longrightarrow X_\beta$$

将笛卡儿积空间的每一个元素对应其第 β 个坐标，即

$$\pi_\beta((x_\alpha)_{\alpha\in J}) = x_\beta,$$

我们把 π_β 称为关于指标 β 的**投射**(projection mapping).

定义 令 $\mathcal{S}_\beta$ 表示族

$$\mathcal{S}_\beta = \{\pi_\beta^{-1}(U_\beta) \mid U_\beta \text{ 在 } X_\beta \text{ 中是开的}\},$$

令 $\mathcal{S}$ 为所有族 $\mathcal{S}_\beta$ 的并

$$\mathcal{S} = \bigcup_{\beta\in J} \mathcal{S}_\beta.$$

子基 $\mathcal{S}$ 生成的拓扑称为**积拓扑**(product topology). 给定了这个拓扑的 $\prod_{\alpha\in J} X_\alpha$ 称为**积空间**(product space).

为比较积拓扑与箱拓扑，只要考虑由 $\mathcal{S}$ 生成的基 $\mathcal{B}$. 族 $\mathcal{B}$ 是由 $\mathcal{S}$ 中元素的所有有限交组成的. 但是，如果我们取属于同一个 $\mathcal{S}_\beta$ 中的元素进行交，那并不能得到什么新东西，因为

$$\pi_\beta^{-1}(U_\beta) \cap \pi_\beta^{-1}(V_\beta) = \pi_\beta^{-1}(U_\beta \cap V_\beta);$$

$\mathcal{S}_\beta$ 中的两个或有限多个元素的交，还是 $\mathcal{S}_\beta$ 的一个元素. 只有取不属于同一个 $\mathcal{S}_\beta$ 的元素进行交，才能得到一些新东西. 因此，基 $\mathcal{B}$ 的典型元素可以这样描述：令 β_1，…，β_n 为指标集 J 中不同指标的一个有限集，U_{β_i} 为 X_{β_i} 中的一个开集($i=1$，…，n). 则

$$B = \pi_{\beta_1}^{-1}(U_{\beta_1}) \cap \pi_{\beta_2}^{-1}(U_{\beta_2}) \cap \cdots \cap \pi_{\beta_n}^{-1}(U_{\beta_n})$$

是 $\mathcal{B}$ 的一个典型的元素.

因此，点 $\mathbf{x}=(x_\alpha)$ 在 B 中当且仅当 $\mathbf{x}$ 的第 β_1 个坐标在 U_{β_1} 中，第 β_2 个坐标在 U_{β_2} 中等等. 如果指标 α 不是 β_1，…，β_n 中的一个，那么 $\mathbf{x}$ 的第 α 个坐标就没有任何限制，于是可以将 B 写成积的形式

$$B = \prod_{\alpha\in J} U_\alpha,$$

其中，当 $\alpha\neq\beta_1$，…，β_n 时，U_α 表示空间 X_α.

综上所述可得下面的定理：

定理 19.1［箱拓扑与积拓扑的比较(comparison of the box and product topologies)］ ΠX_α 的箱拓扑以形如 ΠU_α 的集合作为基元素，其中，对于每一个 α，U_α 在 X_α 中是开的. ΠX_α 的积拓扑以形如 ΠU_α 的集合作为基元素，其中 U_α 在 X_α 中是开，并且除去有限多个 α 外，对于每一个 α 都有 $U_\alpha = X_\alpha$.

有两件事是很清楚的. 第一，对于有限积 ΠX_α，两种拓扑是一样的. 第二，一般说来，箱拓扑细于积拓扑.

那么为什么我们常常用积拓扑而不用箱拓扑呢？答案要从我们对拓扑学的研究中去找. 我们发现，如果使用积拓扑，那么关于有限积空间的一些重要定理对于任意积空间也成立；而使用箱拓扑则不然. 因此，积拓扑在数学中更为重要，而箱拓扑就不那么重要. 但是它可以用来构造反例. 所以：当我们讨论积空间 ΠX_α 的时候，如果不特别申明，总是假定所给的就是积拓扑.

在有关积空间 $X\times Y$ 的已经证明过的定理之中，有一些对于积空间 ΠX_α 不论采用箱拓扑或积拓扑都成立. 下面列出一些这样的定理，大多数相关的证明留作习题.

定理 19.2 设每一个空间 X_α 的拓扑由基 $\mathcal{B}_\alpha$ 给出. 则形如

$$\prod_{\alpha\in J}B_\alpha$$

的集族是 $\prod_{\alpha\in J}X_\alpha$ 的箱拓扑的一个基，其中对于每一个 α，$B_\alpha\in\mathscr{B}_\alpha$.

对于如上形式的集族，如果仅对有限多个指标 α 要求 $B_\alpha\in\mathscr{B}_\alpha$，而对余下的指标有 $B_\alpha=X_\alpha$，则这个集族便是 $\prod_{\alpha\in J}X_\alpha$ 的积拓扑的一个基.

例 1 考虑 n 维欧氏空间 $\mathbb{R}^n$. $\mathbb{R}$ 中所有开区间组成 $\mathbb{R}$ 的一个基，因此所有形如

$$(a_1,b_1)\times(a_2,b_2)\times\cdots\times(a_n,b_n)$$

的积组成了 $\mathbb{R}^n$ 的一个拓扑基. 因为 $\mathbb{R}^n$ 是有限积，箱拓扑与积拓扑是一样的. 所以在讨论 $\mathbb{R}^n$ 的时候，除非特别申明，都采用上面给出的这种拓扑. ■

定理 19.3 设对于每一个 $\alpha\in J$，A_α 是 X_α 的一个子空间，则当两者都用箱拓扑或者两者都用积拓扑时，ΠA_α 是 ΠX_α 的一个子空间.

定理 19.4 若每一个空间 X_α 都是 Hausdorff 的，则无论是箱拓扑还是积拓扑，ΠX_α 都是 Hausdorff 的.

定理 19.5 设 $\{X_\alpha\}$ 是一个加标空间族，对每一个 α 有 $A_\alpha\subset X_\alpha$. 若对 ΠX_α 赋予积拓扑或者赋予箱拓扑，则有

$$\Pi\bar{A}_\alpha=\overline{\Pi A_\alpha}.$$

证 设 $\boldsymbol{x}=(x_\alpha)$ 为 $\Pi\bar{A}_\alpha$ 的一个点. 我们来证明 $\boldsymbol{x}\in\overline{\Pi A_\alpha}$. 设 $U=\Pi U_\alpha$ 为箱拓扑或是积拓扑空间中含有 $\boldsymbol{x}$ 的一个基元素. 由于 $x_\alpha\in\bar{A}_\alpha$，对于每一个 α，可以选取点 $y_\alpha\in U_\alpha\cap A_\alpha$. 于是 $\boldsymbol{y}=(y_\alpha)$ 既属于 U 又属于 ΠA_α. 由于 U 的任意性，$\boldsymbol{x}$ 属于 ΠA_α 的闭包.

反之，设对于两个拓扑中的任何一个，$\boldsymbol{x}=(x_\alpha)$ 属于 ΠA_α 的闭包. 我们来证明对于任何一个指标 β，有 $x_\beta\in\bar{A}_\alpha$. 设 V_β 为包含 x_β 的 X_β 中的开集. 由于对于两个拓扑中的无论哪一个来说，$\pi_\beta{}^{-1}(V_\beta)$ 是 ΠX_α 中的开集，所以它含有 ΠA_α 中的点 $\boldsymbol{y}=(y_\alpha)$. 于是 y_β 属于 $V_\beta\cap A_\beta$. 从而 $x_\beta\in\bar{A}_\beta$. ■

到目前为止，我们仍然没有理由只喜欢积拓扑，而不要箱拓扑；但是当我们试图推广前面关于映到积空间的映射的连续性的那个定理时，这种区别就出现了. 当赋予 ΠX_α 箱拓扑时，下面定理不成立.

定理 19.6 映射 $f:A\to\prod_{\alpha\in J}X_\alpha$ 定义为

$$f(a)=(f_\alpha(a))_{\alpha\in J}$$

其中对每一个 α，$f_\alpha:A\to X_\alpha$. 设 ΠX_α 具有积拓扑，则 f 连续当且仅当每一个函数 f_α 连续.

证 设 π_β 是积空间到其第 β 个坐标空间上的投射. π_β 是连续的，这是因为如果 U_β 是 X_β 的一个开集，集合 $\pi_\beta^{-1}(U_\beta)$ 就是 ΠX_α 的积拓扑的一个子基元素. 假定 $f:A\to\Pi X_\alpha$ 连续，则 f_β 是两个连续函数的复合，即 $f_\beta=\pi_\beta\circ f$，所以 f_β 连续.

反之，设每一个坐标函数 f_α 都连续. 要证明 f 连续，只要证明每一个子基元素在 f 下的原像是 A 的开集就够了. 在我们定义连续函数的时候已经提到过这一点. 对于 ΠX_α 的积拓扑，其典型子基元素是 $\pi_\beta^{-1}(U_\beta)$，其中 β 是某一个指标，U_β 是 X_β 的开集. 因为 $f_\beta=\pi_\beta\circ f$，所以 $f^{-1}(\pi_\beta^{-1}$

$(U_\beta))=f_\beta^{-1}(U_\beta)$. 又因为 f_β 连续，因此这个集合是 A 的一个开集. ■

为什么这个定理对于箱拓扑不成立呢？或许最令人信服的办法就是考察一个例子.

例 2　考虑$\mathbb{R}$的可数无限积$\mathbb{R}^\omega$.

$$\mathbb{R}^\omega=\prod_{n\in\mathbb{Z}_+}X_n$$

对于每一个 $n\in\mathbb{Z}_+$，$X_n=\mathbb{R}$. 函数 f：$\mathbb{R}\to\mathbb{R}^\omega$定义为

$$f(t)=(t,t,\cdots),$$

其第 n 个坐标函数是 $f_n(t)=t$. 每一个坐标函数 f_n：$\mathbb{R}\to\mathbb{R}$ 都连续，所以当赋予$\mathbb{R}^\omega$积拓扑时，f 是连续的. 而当$\mathbb{R}^\omega$给的是箱拓扑时，f 不连续. 例如，取箱拓扑的基元素

$$B=(-1,1)\times\left(-\frac{1}{2},\frac{1}{2}\right)\times\left(-\frac{1}{3},\frac{1}{3}\right)\times\cdots,$$

我们断言：$f^{-1}(B)$不是$\mathbb{R}$ 中开集. 事实上，如果 $f^{-1}(B)$是$\mathbb{R}$ 中开集，它必定包含 0 旁边的某一个区间$(-\delta,\ \delta)$，也就是说 $f((-\delta,\ \delta))\subset B$. 将 π_n 作用于这个包含关系的两边，可见对于所有 n，

$$f_n((-\delta,\delta))=(-\delta,\delta)\subset\left(-\frac{1}{n},\frac{1}{n}\right),$$

这是一个矛盾. ■

习题

1. 证明定理 19.2.
2. 证明定理 19.3.
3. 证明定理 19.4.
4. 证明：$(X_1\times\cdots\times X_{n-1})\times X_n$ 与 $X_1\times\cdots\times X_n$ 同胚.
5. 定理 19.6 的陈述中，有一个蕴涵关系对于箱拓扑也成立，是哪一个蕴涵关系？
6. 设 $\boldsymbol{x}_1,\boldsymbol{x}_2,\cdots$ 是积空间 ΠX_α 的点的一个序列. 证明：这个序列收敛到点 $\boldsymbol{x}$ 当且仅当对于每一个 α，序列 $\pi_\alpha(\boldsymbol{x}_1),\pi_\alpha(\boldsymbol{x}_2),\cdots$ 收敛到 $\pi_\alpha(\boldsymbol{x})$. 若用箱拓扑代替积拓扑相应结论还成立吗？
7. 设$\mathbb{R}^\infty$是$\mathbb{R}^\omega$中所有“终端为 0”的序列(即，使得仅有有限多个 i，$x_i\neq 0$)的所有序列$(x_1,\ x_2,\ \cdots)$的子集. 在箱拓扑与积拓扑下，$\mathbb{R}^\infty$在$\mathbb{R}^\omega$中的闭包是什么？验证你的结论.
8. 给定实数序列$(a_1,\ a_2,\ \cdots)$和$(b_1,\ b_2,\ \cdots)$，其中对于所有的 i，$a_i>0$，用

   $$h((x_1,x_2,\cdots))=(a_1x_1+b_1,a_2x_2+b_2,\cdots)$$

   定义一个函数 h：$\mathbb{R}^\omega\to\mathbb{R}^\omega$. 证明：若赋予$\mathbb{R}^\omega$积拓扑，则 h 是$\mathbb{R}^\omega$的一个自同胚. 若赋予$\mathbb{R}^\omega$箱拓扑，结论会怎样？
9. 证明选择公理等价于以下条件：对于每一由非空集合组成的加标集族$\{A_\alpha\}_{\alpha\in J}$，$J\neq\varnothing$①，其笛卡儿积

   $$\prod_{\alpha\in J}A_\alpha$$

① 原文误为 $J\neq 0$. ——译者注

非空.

10. 设 A 是一个集合，$\{X_\alpha\}_{\alpha\in J}$ 是空间的一个加标族，$\{f_\alpha\}_{\alpha\in J}$ 是函数 f_α：$A\to X_\alpha$ 的一个加标族.

(a)证明：A 有唯一的一个使得每一个 f_α 都连续的最粗拓扑 $\mathcal{T}$.

(b)设

$$\mathcal{S}_\beta=\{f_\beta^{-1}(U_\beta)\mid U_\beta\text{ 在 }X_\beta\text{ 中是开的}\},$$

并且 $\mathcal{S}=\bigcup\mathcal{S}_\beta$. 证明：$\mathcal{S}$ 是 $\mathcal{T}$ 的一个子基.

(c)证明：映射 g：$Y\to A$ 关于 $\mathcal{T}$ 连续当且仅当每一个映射 $f_\alpha\circ g$ 都连续.

(d)用

$$f(a)=(f_\alpha(a))_{\alpha\in J}$$

定义映射 $f:A\to\Pi X_\alpha$. 设 Z 表示积空间 ΠX_α 的子空间 $f(A)$. 证明 $\mathcal{T}$ 中每一个元素在 f 下的像是 Z 中的一个开集.

20 度量拓扑

在集合上定义拓扑，最重要最常用的方法之一就是藉助于这个集合的度量来实现. 用这种方式给出拓扑是现代分析的核心之一. 这一节我们将定义度量拓扑，并且将给出大量例子. 下一节再研究度量拓扑所满足的一些性质.

定义 集合 X 的一个**度量**(metric)是一个函数

$$d:X\times X\longrightarrow\mathbb{R}$$

使得以下性质成立：

(1)对于所有的 x，$y\in X$，$d(x, y)\geqslant 0$；等号当且仅当 $x=y$ 时成立.

(2)对于所有 x，$y\in X$，$d(x, y)=d(y, x)$.

(3)(三角不等式)对于所有 x，y，$z\in X$，$d(x, y)+d(y, z)\geqslant d(x, z)$.

给定 X 的一个度量 d，数 $d(x, y)$ 通常称为 x 与 y 之间在度量 d 下的**距离**(distance). 对于 $\varepsilon>0$，考虑所有与 x 的距离小于 ε 的点 y 的集合

$$B_d(x,\varepsilon)=\{y\mid d(x,y)<\varepsilon\},$$

它称为**以 x 为中心的 ε-球**(ε-ball centered at x). 在不致引起混淆的情况下，有时在记号中省略度量 d，而把这个球简单地记为 $B(x, \varepsilon)$.

定义 若 d 是集合 X 的一个度量，则全体 ε-球 $B(x, \varepsilon)$ 的族，其中 $x\in X$，$\varepsilon>0$，是 X 的某一个拓扑的基，这个拓扑称为由度量 d 诱导出来的**度量拓扑**(metric topology).

因为对于任意 $\varepsilon>0$ 有 $x\in B(x, \varepsilon)$，所以基定义中的第一个条件显然满足. 在验证基定义中的第二个条件之前，我们首先证明：若 y 是基元素 $B(x, \varepsilon)$ 的一个点，则存在以 y 为中心的一个基元素 $B(y, \delta)$，它包含在 $B(x, \varepsilon)$ 之中. 取 δ 为正数 $\varepsilon-d(x, y)$，则当 $z\in B(y, \delta)$ 时，$d(y, z)<\varepsilon-d(x, y)$，由此得到

$$d(x,z)\leqslant d(x,y)+d(y,z)<\varepsilon,$$

从而证明了 $B(y, \delta)\subset B(x, \varepsilon)$. 参见图 20.1.

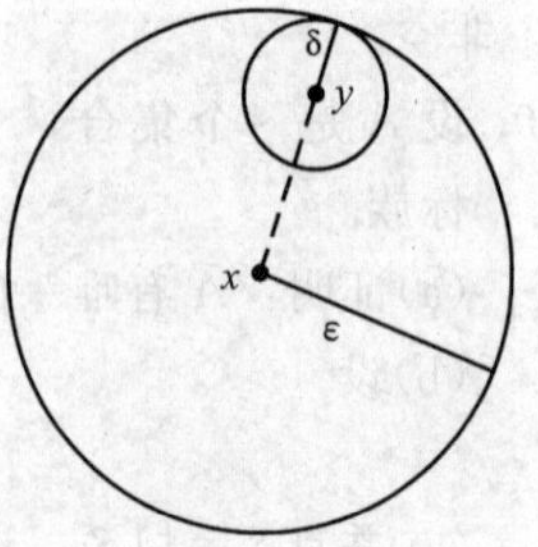

图　20.1

现在来验证基的第二个条件. 设 B_1 和 B_2 为两个基元素，并且 $y\in B_1\cap B_2$. 根据刚才的证明，可以取正数 δ_1 和 δ_2，使得 $B(y,\delta_1)\subset B_1$ 和 $B(y,\delta_2)\subset B_2$. 令 δ 为 δ_1 和 δ_2 中较小的一个，便可见 $B(y,\delta)\subset B_1\cap B_2$.

我们应用刚才证明的结论，将度量拓扑的定义重新改写成：集合 U 是由 d 诱导出来的度量拓扑中的开集，当且仅当对于每一个 $y\in U$，存在一个 $\delta>0$ 使得 $B_d(y,\delta)\subset U$.

这个条件显然蕴涵 U 是开集，反之，若 U 是开集，它必定包含着包含点 y 的一个基元素 $B=B_d(x,\varepsilon)$. 因此，B 又包含着以 y 为中心的一个基元素 $B_d(y,\delta)$.

例 1　对于集合 X，定义

$$d(x,y)=1 \quad 如果\ x\neq y,$$
$$d(x,y)=0 \quad 如果\ x=y.$$

容易验证 d 是一个度量. 由 d 诱导出来的拓扑是离散拓扑. 例如，基元素 $B(x,1)$就只包含着点 x. ■

例 2　用等式

$$d(x,y)=|x-y|$$

所定义的度量是实直线$\mathbb{R}$上的标准度量. 容易验证 d 是一个度量. 由它诱导出来的拓扑与序拓扑相同. 这是因为序拓扑中的每一个基元素都是度量拓扑中的一个基元素. 事实上，

$$(a,b)=B(x,\varepsilon),$$

其中 $x=(a+b)/2$，$\varepsilon=(b-a)/2$. 反之，每一个 ε-球 $B(x,\varepsilon)$等于一个开区间$(x-\varepsilon,x+\varepsilon)$. ■

定义　设 X 是一个拓扑空间. 如果 X 的拓扑是由集合 X 的某一个度量 d 所诱导出来的，则称 X 是一个**可度量化**(metrizable)空间. **度量空间**(metric space)指的就是一个可度量化空间 X，连同一个诱导出 X 的拓扑的特定的度量 d.

数学中许多重要的空间都是可度量化的，但也有一些不是. 对于一个空间来说，可度量化往往是一个最理想的性质，因为度量的存在性为空间中一些定理的证明提供了一个重要工具.

因此，拓扑学中一个基本的也是重要的课题就是寻找保证拓扑空间可度量化的条件. 我们在第 4 章中的目标之一，就是求出这样的条件，它便是著名的 Urysohn 度量化定理. 更进一步的度量化定理在第 6 章讲述. 本节只限于证明$\mathbb{R}^n$和$\mathbb{R}^\omega$是可度量化的.

虽然可度量化是拓扑学的一个重要课题，但是对于度量空间的研究，并不真正属于拓扑学，而更多的是属于分析学. 一个空间是否是可度量化的，仅仅依赖于空间的拓扑. 但与 X 的具体度量有关的一些性质一般并不是这样，所以它们不是拓扑性质. 例如，我们可以在度量空间中给出下面的定义.

定义　设 X 是具有度量 d 的一个度量空间. X 的子集 A 称为有界的，如果存在某数 M，使得对于 A 中任意两点 a_1 和 a_2 有

$$d(a_1,a_2)\leqslant M.$$

若 A 是有界的，A 的**直径**(diameter)定义为一个数

$$\operatorname{diam}A = \sup\{d(a_1,a_2) \mid a_1,a_2 \in A\}.$$

集合的有界性就不是一个拓扑性质，这是由于它仅依赖于 X 所采用的特定度量. 例如，若 X 是具有度量 d 的一个度量空间，则存在一个度量 $\bar{d}$ 诱导出的 X 的拓扑，使得对于 $\bar{d}$ 而言，X 的每一个子集都是有界的. $\bar{d}$ 可以由以下定理给出.

定理 20.1 设 X 是具有度量 d 的一个度量空间. 则用

$$\bar{d}(x,y) = \min\{d(x,y),1\}$$

所定义的 $\bar{d}$：$X\times X\to\mathbb{R}$ 是一个度量，并且 $\bar{d}$ 和 d 诱导出的拓扑是 X 的同一个拓扑.

度量 $\bar{d}$ 称为相应于 d 的**标准有界度量**(standard bounded metric).

证 容易验证 $\bar{d}$ 满足度量的前两个条件. 下面验证三角不等式，即

$$\bar{d}(x,z) \leqslant \bar{d}(x,y) + \bar{d}(y,z).$$

若 $d(x,y)\geqslant 1$ 或 $d(y,z)\geqslant 1$，则不等式右端至少为 1；而根据定义，其左边最多为 1，所以不等式成立. 下面只考虑 $d(x,y)<1$ 且 $d(y,z)<1$ 的情形. 这时有

$$d(x,z) \leqslant d(x,y) + d(y,z) = \bar{d}(x,y) + \bar{d}(y,z).$$

根据定义，$\bar{d}(x,z)\leqslant d(x,z)$，所以对于 $\bar{d}$，三角不等式成立.

注意在任何一个度量空间中，满足 $\varepsilon<1$ 的 ε-球形成度量拓扑的一个基，这是由于含有 x 的每一基元素都包含一个这种在点 x 的 ε-球. 因为对于两种度量 d 和 $\bar{d}$ 而言，满足 $\varepsilon<1$ 的 ε-球的集合是同一个集合，从而这两种度量诱导出的是 X 上的同一个拓扑. ■

现在来考虑一些我们所熟悉的空间，并证明它们是可度量化的.

定义 给定 $\mathbb{R}^n$ 中的点 $\boldsymbol{x}=(x_1,\cdots,x_n)$. $\boldsymbol{x}$ 的**模**(norm)定义为

$$\|\boldsymbol{x}\| = (x_1^2+\cdots+x_n^2)^{1/2}.$$

$\mathbb{R}^n$ 中的**欧氏度量**(Euclidean metric)d 定义为

$$d(\boldsymbol{x},\boldsymbol{y}) = \|\boldsymbol{x}-\boldsymbol{y}\| = [(x_1-y_1)^2+\cdots+(x_n-y_n)^2]^{1/2}.$$

平方度量(square metric)ρ 定义为

$$\rho(\boldsymbol{x},\boldsymbol{y}) = \max\{|x_1-y_1|,\cdots,|x_n-y_n|\}.$$

证明 d 是一个度量还要做一些工作. 如果读者还不清楚这一点的话，可以在习题中找到证明的要点. 我们很少有机会用到 $\mathbb{R}^n$ 的欧氏度量.

证明 ρ 是一个度量是很容易的，只有三角不等式不那么明显. 由 $\mathbb{R}$ 中的三角不等式得知，对于每一个正整数 i，有

$$|x_i-z_i| \leqslant |x_i-y_i| + |y_i-z_i|.$$

于是根据 ρ 的定义有

$$|x_i-z_i| \leqslant \rho(\boldsymbol{x},\boldsymbol{y}) + \rho(\boldsymbol{y},\boldsymbol{z}).$$

最后得到

$$\rho(\boldsymbol{x},\boldsymbol{z}) = \max\{|x_i-z_i|\} \leqslant \rho(\boldsymbol{x},\boldsymbol{y}) + \rho(\boldsymbol{y},\boldsymbol{z}).$$

在实直线 $\mathbb{R}=\mathbb{R}^1$ 上，这两个度量与 $\mathbb{R}$ 的标准度量相同. 对于平面 $\mathbb{R}^2$，关于度量 d 的基元素可以画成圆域，关于度量 ρ 的基元素可以画成方域.

我们将要证明这两种度量都诱导出$\mathbb{R}^n$上的通常拓扑. 为此需要以下引理.

引理 20.2　设d和d'是集合X上的两个度量. $\mathcal{T}$和$\mathcal{T}'$分别是由它们诱导的拓扑，则$\mathcal{T}'$细于$\mathcal{T}$当且仅当对于每一个$x\in X$及每一个$\varepsilon>0$，存在一个$\delta>0$，使得

$$B_{d'}(x,\delta)\subset B_d(x,\varepsilon).$$

证　设$\mathcal{T}'$细于$\mathcal{T}$. 给定$\mathcal{T}$的一个基元素$B_d(x,\varepsilon)$，根据引理 13.3，存在拓扑$\mathcal{T}'$的一个基元素B'，使得$x\in B'\subset B_d(x,\varepsilon)$，于是存在一个以$x$为中心的球$B_{d'}(x,\delta)\subset B'$.

反之，假定ε-δ条件成立. 对于$\mathcal{T}$中含有点x的一个基元素B，可以求出B中以x为中心的一个球$B_d(x,\varepsilon)$. 再根据已知条件，存在一个δ，使得$B_{d'}(x,\delta)\subset B_d(x,\varepsilon)$. 于是根据引理 13.3 得到$\mathcal{T}'$细于$\mathcal{T}$. ■

定理 20.3　由欧氏度量d及平方度量ρ所诱导的$\mathbb{R}^n$的拓扑与$\mathbb{R}^n$的积拓扑相同.

证　设$\boldsymbol{x}=(x_1,\cdots,x_n)$与$\boldsymbol{y}=(y_1,\cdots,y_n)$是$\mathbb{R}^n$的两个点. 可以通过简单的代数运算验证

$$\rho(\boldsymbol{x},\boldsymbol{y})\leqslant d(\boldsymbol{x},\boldsymbol{y})\leqslant\sqrt{n}\rho(\boldsymbol{x},\boldsymbol{y}).$$

上式中前一个不等式表明，

$$B_d(\boldsymbol{x},\varepsilon)\subset B_\rho(\boldsymbol{x},\varepsilon)$$

对于所有的$\boldsymbol{x}$和ε成立，这是因为若$d(\boldsymbol{x},\boldsymbol{y})<\varepsilon$，则$\rho(\boldsymbol{x},\boldsymbol{y})<\varepsilon$. 类似地，后一个不等式表明，对于所有的$\boldsymbol{x}$及$\varepsilon$有

$$B_\rho(\boldsymbol{x},\varepsilon/\sqrt{n})\subset B_d(\boldsymbol{x},\varepsilon).$$

根据上一个引理可见，这两个度量拓扑相同.

现在来证明积拓扑与由度量ρ所给出的拓扑是相同的. 首先，令

$$B=(a_1,b_1)\times\cdots\times(a_n,b_n)$$

为积拓扑中的一个基元素，$\boldsymbol{x}=(x_1,\cdots,x_n)$为$B$的一个元素. 对于每一个$i$，存在一个$\varepsilon_i$，使得

$$(x_i-\varepsilon_i,x_i+\varepsilon_i)\subset(a_i,b_i);$$

选取$\varepsilon=\min\{\varepsilon_1,\cdots,\varepsilon_n\}$. 容易验证$B_\rho(\boldsymbol{x},\varepsilon)\subset B$. 这就证明了$\rho$-拓扑[①]细于积拓扑.

反之，设$B_\rho(\boldsymbol{x},\varepsilon)$是$\rho$-拓扑的一个基元素，给定元素$\boldsymbol{y}\in B_\rho(\boldsymbol{x},\varepsilon)$，我们需要找出积拓扑的一个基元素$B$，使得

$$\boldsymbol{y}\in B\subset B_\rho(\boldsymbol{x},\varepsilon).$$

然而，这是显然的. 因为，对于积拓扑而言，

$$B_\rho(\boldsymbol{x},\varepsilon)=(x_1-\varepsilon,x_1+\varepsilon)\times\cdots\times(x_n-\varepsilon,x_n+\varepsilon)$$

本身就是一个基元素. ■

现在我们来考虑无限笛卡儿积$\mathbb{R}^\omega$. 人们自然会想到将度量d及度量ρ推广到这个空间. 比如，我们尝试用

$$d(\boldsymbol{x},\boldsymbol{y})=\left[\sum_{i=1}^{\infty}(x_i-y_i)^2\right]^{1/2}$$

---

① ρ-拓扑便是由度量ρ诱导出来的拓扑，下同——译者注

定义$\mathbb{R}^\omega$的一个度量d. 但是这一公式未必有意义，原因是级数不一定收敛.（然而，这个公式可以在$\mathbb{R}^\omega$的某一个重要子集上定义一个度量，见习题.）

类似地，人们也试图用

$$\rho(\boldsymbol{x},\boldsymbol{y}) = \sup\{|x_n - y_n|\}$$

将平方度量ρ推广到$\mathbb{R}^\omega$上. 但是，这再度涉及到它未必有意义的问题. 然而，若我们用$\mathbb{R}$中相应的有界度量$\bar{d}(x, y)=\min\{|x-y|, 1\}$来代替度量$d(x, y)=|x-y|$，则定义有意义. 由此引出的$\mathbb{R}^\omega$上的度量称为一致度量.

对于任意指标集J，可按以下方式在一般的笛卡儿积$\mathbb{R}^J$上定义一致度量如下：

定义 给定指标集J以及$\mathbb{R}^J$中的点$\boldsymbol{x}=(x_\alpha)_{\alpha\in J}$和$\boldsymbol{y}=(y_\alpha)_{\alpha\in J}$，定义$\mathbb{R}^J$的一个度量$\bar{\rho}$为

$$\bar{\rho}(\boldsymbol{x},\boldsymbol{y}) = \sup\{\bar{d}(x_\alpha, y_\alpha) \mid \alpha \in J\},$$

其中$\bar{d}$是$\mathbb{R}$的标准有界度量，$\bar{\rho}$称为$\mathbb{R}^J$上的**一致度量**(uniform metric)，由$\bar{\rho}$所诱导出来的拓扑称为**一致拓扑**(uniform topology).

一致拓扑与积拓扑和箱拓扑之间有以下关系：

定理 20.4 $\mathbb{R}^J$上的一致拓扑细于积拓扑，粗于箱拓扑. 当J为无限集时，这三个拓扑两两不同.

证 设给定一个点$\boldsymbol{x}=(x_\alpha)_{\alpha\in J}$和包含$\boldsymbol{x}$的一个积拓扑基元素$\Pi U_\alpha$. 令$\alpha_1,\cdots,\alpha_n$是使$U_\alpha\neq\mathbb{R}$的那些指标. 对于每一个$\alpha_i$，选取$\varepsilon_i>0$，使得以$x_{\alpha_i}$为中心关于度量$\bar{d}$的$\varepsilon_i$-球包含于$U_{\alpha_i}$. 由于$U_{\alpha_i}$在$\mathbb{R}$中是开的，所以这样的$\varepsilon_i$-球是存在的. 令$\varepsilon=\min\{\varepsilon_1,\cdots,\varepsilon_n\}$. 则有以$x_{\alpha_i}$为中心关于度量$\rho$的$\varepsilon$-球包含于$\Pi U_\alpha$. 对于$\mathbb{R}^J$的一个点$\boldsymbol{z}$，若$\bar{\rho}(\boldsymbol{x},\boldsymbol{z})<\varepsilon$，则对于所有$\alpha$，$\bar{d}(x_\alpha,z_\alpha)<\varepsilon$，因此$\boldsymbol{z}\in\Pi U_\alpha$. 从而，一致拓扑细于积拓扑.

另一方面，令B为以$\boldsymbol{x}$为中心关于度量$\bar{\rho}$的ε-球. 这时，$\boldsymbol{x}$在箱拓扑下的邻域

$$U = \Pi\left(x_\alpha - \frac{1}{2}\varepsilon, x_\alpha + \frac{1}{2}\varepsilon\right)$$

包含于B. 这是因为，若$\boldsymbol{y}\in U$，则对于所有的α有$\bar{d}(x_\alpha, y_\alpha)<\frac{1}{2}\varepsilon$，因此$\bar{\rho}(\boldsymbol{x}, \boldsymbol{y})\leqslant\frac{1}{2}\varepsilon$.

当J是无限集时，这三个拓扑互不相同的证明我们留作习题. ■

对于J为无限集的情形，我们还没能决定$\mathbb{R}^J$上的箱拓扑与积拓扑是否是可度量化的. 事实上，我们将看到，只是在J是可数集并且取积拓扑的情况下，$\mathbb{R}^J$才是可度量化的.

定理 20.5 设$\bar{d}(a, b)=\min\{|a-b|, 1\}$是$\mathbb{R}$上的标准有界度量. 对于$\mathbb{R}^\omega$的两个点$\boldsymbol{x}$，$\boldsymbol{y}$，定义

$$D(\boldsymbol{x},\boldsymbol{y}) = \sup\left\{\frac{\bar{d}(x_i, y_i)}{i}\right\}.$$

那么D是诱导$\mathbb{R}^\omega$的积拓扑的一个度量.

证 除了三角不等式外，度量的其他性质显然是满足的. 以下证明三角不等式，注意对于所有的i有

$$\frac{\bar{d}(x_i,z_i)}{i} \leqslant \frac{\bar{d}(x_i,y_i)}{i} + \frac{\bar{d}(y_i,z_i)}{i} \leqslant D(\boldsymbol{x},\boldsymbol{y}) + D(\boldsymbol{y},\boldsymbol{z}),$$

因而

$$\sup\left\{\frac{\bar{d}(x_i,z_i)}{i}\right\}\leqslant D(\boldsymbol{x},\boldsymbol{y})+D(\boldsymbol{y},\boldsymbol{z}).$$

要证明 D 诱导出积拓扑还得花点力气．首先，令 U 为度量拓扑中的一个开集，$\boldsymbol{x}\in U$．在积拓扑中找一个开集 V，使得 $\boldsymbol{x}\in V\subset U$．在 U 中选取一个ε-球 $B_D(\boldsymbol{x},\varepsilon)$．其次，可将 N 取得足够大，使得$\frac{1}{N}<\varepsilon$．最后，令 V 是积拓扑的基元素

$$V=(x_1-\varepsilon,x_1+\varepsilon)\times\cdots\times(x_N-\varepsilon,x_N+\varepsilon)\times\mathbb{R}\times\mathbb{R}\times\cdots.$$

我们来证明 $V\subset B_D(\boldsymbol{x},\varepsilon)$：对于$\mathbb{R}^\omega$中的任意一点 $\boldsymbol{y}$ 以及 $i\geqslant N$，

$$\frac{\bar{d}(x_i,y_i)}{i}\leqslant\frac{1}{N}.$$

因此

$$D(\boldsymbol{x},\boldsymbol{y})\leqslant\max\left\{\frac{\bar{d}(x_1,y_1)}{1},\cdots,\frac{\bar{d}(x_N,y_N)}{N},\frac{1}{N}\right\}.$$

如果 $\boldsymbol{y}$ 在 V 中，上面的式子小于 ε，于是 $V\subset B_D(\boldsymbol{x},\varepsilon)$，这便是所要证的．

反之，考虑积拓扑的一个基元素

$$U=\prod_{i\in\mathbb{Z}_+}U_i,$$

其中，当 $i=\alpha_1,\cdots,\alpha_n$ 时，U_i 是$\mathbb{R}$中的开集．对于其他的指标 i，$U_i=\mathbb{R}$．给定 $\boldsymbol{x}\in U$，可以在度量拓扑中选取一个开集 V，使得 $\boldsymbol{x}\in V\subset U$．在$\mathbb{R}$中选取一个以 x_i 为中心并且被 U_i 所包含的区间$(x_i-\varepsilon_i,x_i+\varepsilon_i)$，其中，$i=\alpha_1,\cdots,\alpha_n$，要求 $\varepsilon_i\leqslant 1$．定义

$$\varepsilon=\min\{\varepsilon_i/i\mid i=\alpha_1,\cdots,\alpha_n\}.$$

我们来证明

$$\boldsymbol{x}\in B_D(\boldsymbol{x},\varepsilon)\subset U.$$

事实上，设 $\boldsymbol{y}$ 是 $B_D(\boldsymbol{x},\varepsilon)$的一个点，那么对于所有的 i，

$$\frac{\bar{d}(x_i,y_i)}{i}\leqslant D(\boldsymbol{x},\boldsymbol{y})<\varepsilon.$$

若 $i=\alpha_1,\cdots,\alpha_n$，则 $\varepsilon\leqslant\varepsilon_i/i$，因此 $\bar{d}(x_i,y_i)<\varepsilon_i\leqslant 1$．由此推出 $|x_i-y_i|<\varepsilon_i$．因此，$\boldsymbol{y}\in\Pi U_i$．■

习题

1. (a)在$\mathbb{R}^n$中定义

$$d'(\boldsymbol{x},\boldsymbol{y})=|x_1-y_1|+\cdots+|x_n-y_n|.$$

证明 d' 是诱导出$\mathbb{R}^n$的通常拓扑的一个度量．当 $n=2$ 时，画出 d' 下的基元素．

(b)更一般地，对于 $p\geqslant 1$ 和 $\boldsymbol{x}$，$\boldsymbol{y}\in\mathbb{R}^n$，定义

$$d'(\boldsymbol{x},\boldsymbol{y})=\left[\sum_{i=1}^{n}|x_i-y_i|^p\right]^{1/p},$$

假定 d' 是一个度量．试证明它诱导出$\mathbb{R}^n$的通常拓扑．

2. 证明：$\mathbb{R}\times\mathbb{R}$ 在字典序拓扑下是可度量化的.
3. 设 X 是以 d 为度量的一个度量空间.
   (a)证明 $d: X\times X\to\mathbb{R}$ 是连续的.
   (b)设 X' 是一个空间，作为集合与 X 相同. 证明：若 $d: X'\times X'\to\mathbb{R}$ 连续，则 X' 的拓扑细于 X 的拓扑.
   可将这个习题中的结论总结为：若 X 有一度量 d，则 d 诱导的拓扑是使得函数 d 连续的所有拓扑中最粗的拓扑.
4. 考虑 $\mathbb{R}^\omega$ 的积拓扑、一致拓扑和箱拓扑.
   (a)哪些拓扑是使得以下从 $\mathbb{R}$ 到 $\mathbb{R}^\omega$ 的函数连续的拓扑？
$$f(t)=(t,2t,3t,\cdots),$$
$$g(t)=(t,t,t,\cdots),$$
$$h(t)=\left(t,\frac{1}{2}t,\frac{1}{3}t,\cdots\right).$$
   (b)哪些拓扑是使得以下序列收敛的拓扑？
$$\boldsymbol{w}_1=(1,1,1,1,\cdots),\qquad \boldsymbol{x}_1=(1,1,1,1,\cdots),$$
$$\boldsymbol{w}_2=(0,2,2,2,\cdots),\qquad \boldsymbol{x}_2=\left(0,\frac{1}{2},\frac{1}{2},\frac{1}{2},\cdots\right),$$
$$\boldsymbol{w}_3=(0,0,3,3,\cdots),\qquad \boldsymbol{x}_3=\left(0,0,\frac{1}{3},\frac{1}{3},\cdots\right),$$
$$\cdots\qquad\qquad\cdots$$
$$\boldsymbol{y}_1=(1,0,0,0,\cdots),\qquad \boldsymbol{z}_1=(1,1,0,0,\cdots),$$
$$\boldsymbol{y}_2=\left(\frac{1}{2},\frac{1}{2},0,0,\cdots\right),\qquad \boldsymbol{z}_2=\left(\frac{1}{2},\frac{1}{2},0,0,\cdots\right),$$
$$\boldsymbol{y}_3=\left(\frac{1}{3},\frac{1}{3},\frac{1}{3},0,\cdots\right),\qquad \boldsymbol{z}_3=\left(\frac{1}{3},\frac{1}{3},0,0,\cdots\right),$$
$$\cdots\qquad\qquad\cdots$$
5. 设 $\mathbb{R}^\infty$ 是由 $\mathbb{R}^\omega$ 中所有终端为 0 的序列组成的子集. 在一致拓扑下，$\mathbb{R}^\infty$ 在 $\mathbb{R}^\omega$ 中的闭包是什么？证明你的结论.
6. 设 $\bar{\rho}$ 是 $\mathbb{R}^\omega$ 的一致度量. 给定 $\boldsymbol{x}=(x_1, x_2, \cdots)\in\mathbb{R}^\omega$ 和 $0<\varepsilon<1$，令
$$U(\boldsymbol{x},\varepsilon)=(x_1-\varepsilon,x_1+\varepsilon)\times\cdots\times(x_n-\varepsilon,x_n+\varepsilon)\times\cdots.$$
   (a)证明 $U(\boldsymbol{x}, \varepsilon)$ 不等于 ε-球 $B_{\bar{\rho}}(\boldsymbol{x}, \varepsilon)$.
   (b)证明 $U(\boldsymbol{x}, \varepsilon)$ 不是一致拓扑空间中的开集.
   (c)证明
$$B_{\bar{\rho}}(\boldsymbol{x},\varepsilon)=\bigcup_{\delta<\varepsilon}U(\boldsymbol{x},\delta).$$
7. 考虑第 19 节习题 8 中定义的映射 $h: \mathbb{R}^\omega\to\mathbb{R}^\omega$. 并且赋予 $\mathbb{R}^\omega$ 一致拓扑. 当 a_i 和 b_i 满足什么条件时，h 连续？什么条件会使得 h 为同胚？
8. 设 X 为 $\mathbb{R}^\omega$ 中所有满足 $\sum x_i^2$ 收敛的序列 $\boldsymbol{x}$ 所构成的子集. 用公式
$$d(\boldsymbol{x},\boldsymbol{y})=\left[\sum_{i=1}^{\infty}(x_i-y_i)^2\right]^{1/2}$$

定义 X 上的一个度量(见习题 10). X 分别由 $\mathbb{R}^{\omega}$ 的箱拓扑、一致拓扑和积拓扑继承了三个拓扑. 用上式给出的度量 d 也定义了 X 的一个拓扑，称之为 ℓ^2-拓扑.

(a)证明：对于 X 而言，以下包含关系成立：

$$\text{箱拓扑} \supset \ell^2\text{-拓扑} \supset \text{一致拓扑}.$$

(b)所有终端为 0 的序列所构成的集合 $\mathbb{R}^{\infty}$ 是 X 的子集. 证明：作为 X 的子空间，$\mathbb{R}^{\infty}$ 所继承的四种拓扑互不相同.

(c)集合

$$H = \prod_{n \in \mathbb{Z}_+} [0, 1/n]$$

是 X 的一个子集. 称之为 **Hilbert 立方**(Hilbert cube). 试比较 H 作为 X 的子空间所继承的四种拓扑.

9. 我们可以这样证明 $\mathbb{R}^n$ 的欧氏度量 d 是一个度量：对于 $\boldsymbol{x}$，$\boldsymbol{y} \in \mathbb{R}^n$ 和 $c \in \mathbb{R}$，定义

$$\boldsymbol{x} + \boldsymbol{y} = (x_1 + y_1, \cdots, x_n + y_n),$$

$$c\boldsymbol{x} = (cx_1, \cdots, cx_n),$$

$$\boldsymbol{x} \cdot \boldsymbol{y} = x_1 y_1 + \cdots + x_n y_n.$$

(a)证明 $\boldsymbol{x} \cdot (\boldsymbol{y} + \boldsymbol{z}) = (\boldsymbol{x} \cdot \boldsymbol{y}) + (\boldsymbol{x} \cdot \boldsymbol{z})$.

(b)证明 $|\boldsymbol{x} \cdot \boldsymbol{y}| \leqslant \|\boldsymbol{x}\| \|\boldsymbol{y}\|$. [提示：若 $\boldsymbol{x}$，$\boldsymbol{y} \neq 0$，令 $a = 1/\|\boldsymbol{x}\|$，$b = 1/\|\boldsymbol{y}\|$，应用 $\|a\boldsymbol{x} \pm b\boldsymbol{y}\| \geqslant 0$.]

(c)证明 $\|\boldsymbol{x} + \boldsymbol{y}\| \leqslant \|\boldsymbol{x}\| + \|\boldsymbol{y}\|$. [提示：计算 $(\boldsymbol{x} + \boldsymbol{y}) \cdot (\boldsymbol{x} + \boldsymbol{y})$，并应用(b)小题].

(d)证明 d 是一个度量.

10. 设 X 为 $\mathbb{R}^{\omega}$ 中所有使得 $\sum x_i^2$ 收敛的序列 $(x_1, x_2, \cdots)$ 所构成的集合. (这里我们要承认有关无穷数列的某些基本性质. 倘若你对这些性质不熟悉，请参见下一节的习题 11.)

(a)证明：若 $\boldsymbol{x}$，$\boldsymbol{y} \in X$，则 $\sum |x_i y_i|$ 收敛. [提示：应用习题 9 中(b)小题，证明部分和有界.]

(b)设 $c \in \mathbb{R}$. 证明：若 $\boldsymbol{x}$，$\boldsymbol{y} \in X$，则有 $\boldsymbol{x} + \boldsymbol{y} \in X$ 和 $c\boldsymbol{x} \in X$.

(c)证明

$$d(\boldsymbol{x}, \boldsymbol{y}) = \left[\sum_{i=1}^{\infty} (x_i - y_i)^2 \right]^{1/2}$$

是 X 上的一个度量.

*11. 证明：若 d 是 X 的一个度量，则

$$d'(x, y) = d(x, y)/(1 + d(x, y))$$

是诱导 X 的拓扑的一个有界度量. [提示：对于 $x > 0$，设 $f(x) = x/(1 + x)$，应用中值定理证明 $f(a + b) - f(b) \leqslant f(a)$.]

21　度量拓扑(续)

在这一节中，我们讨论度量拓扑与前面引进的一些概念之间的关系.

正如我们所期望的那样，度量空间的子空间还是度量空间. 如果 A 是拓扑空间 X 的一个

子空间，d 是 X 上的一个度量，那么 d 在 $A\times A$ 上的限制便是诱导 A 的拓扑的一个度量. 证明留给读者完成.

我们不打算就序拓扑作进一步的讨论. 易见有些序拓扑是可度量化的(如$\mathbb{Z}_+$与$\mathbb{R}$)，有些则不然.

每一个度量拓扑都满足 Hausdorff 公理. 若 x 和 y 是度量空间(X, d)中不同的两点，令 $\varepsilon=\frac{1}{2}d(x, y)$,则由三角不等式可得 $B_d(x, \varepsilon)$与 $B_d(y, \varepsilon)$无交.

积拓扑的特殊情形已经研究过，证明了$\mathbb{R}^n$与$\mathbb{R}^\omega$是可度量化的. 一般说来，可度量化空间的可数积是可度量化的. 其证明仿照$\mathbb{R}^\omega$可度量化的证明进行，我们留作习题.

这里将对连续函数给予特别的关注. 本节余下的部分将研究这个问题.

当我们考虑度量空间上的连续函数时，本书所进行的讨论很接近于微积分和分析学，有两件事情要做：

第一，希望将我们所熟知的连续性的"ε-δ 定义"推广到一般度量空间上，并且对连续性的"收敛序列定义"也做同样的工作.

第二，除了在第 18 节中讨论过的那些构造连续函数的方法之外，还希望研究两种构造连续函数的方法. 一个是取连续实值函数的和、差、积、商. 另一个是取一致收敛的连续函数序列的极限.

定理 21.1 设 f：$X\to Y$，X 和 Y 是分别具有度量 d_X 和 d_Y 的可度量化空间. 那么 f 的连续性等价于：对给定的 $x\in X$ 和 $\varepsilon>0$，存在 $\delta>0$，使得

$$d_X(x,y)<\delta\Longrightarrow d_Y(f(x),f(y))<\varepsilon.$$

证 设 f 连续. 给定 x 和 ε. 这时，集合

$$f^{-1}(B(f(x),\varepsilon))$$

是 X 的含有 x 的开集，从而它包含某一个以 x 为中心的 δ-球 $B(x, \delta)$. 若 y 在这个 δ-球中，则 $f(y)$在以 $f(x)$为中心的 ε-球中.

反之，设 ε-δ 条件满足，令 V 是 Y 的一个开集，我们证明 $f^{-1}(V)$在 X 中是开的. 设 x 是 $f^{-1}(V)$的一个点. 因为 $f(x)\in V$，所以存在一个以 $f(x)$为中心的 ε-球 $B(f(x), \varepsilon)$包含于开集 V. 根据 ε-δ 条件，存在以 x 为中心的 δ-球 $B(x, \delta)$，使得 $f(B(x, \delta))\subset B(f(x), \varepsilon)$. 于是 $B(x, \delta)$是包含于 $f^{-1}(V)$的点 x 的一个邻域，因此 $f^{-1}(V)$是一个开集. ■

再来看连续性的收敛序列定义. 我们首先讨论收敛序列与集合的闭包间的关系. 根据分析学中的经验，人们确信：若点 x 是 X 的子集 A 的闭包中的点，那么存在一个 A 的点的一个序列收敛到 x. 一般而言，这是不对的，但在度量空间中这个结论成立.

引理 21.2[序列引理(sequence lemma)] 设 X 是一个拓扑空间，$A\subset X$. 若 A 中有一个收敛于 x 的序列，则 $x\in\bar{A}$. 若 X 为可度量化空间，则逆命题也成立.

证 设 $x_n\to x$，其中 $x_n\in A$. 这时 x 的任意邻域都包含 A 的一个点，根据定理 17.5，$x\in\bar{A}$. 反之，设 X 是可度量化的，$x\in\bar{A}$. 令 d 为诱导出 X 的拓扑的一个度量. 对于任意正整数 n，取以 x 为中心 $1/n$ 为半径的邻域 $B_d\left(x, \frac{1}{n}\right)$. 在它与 A 的交中选取点 x_n. 我们证明序列 x_n 收

敛于 x. 这是因为任何包含 x 的开集 U，必定包含一个以 x 为中心的ε-球 $B_d(x, \varepsilon)$，如果取足够大的 N，使得 $\frac{1}{N}<\varepsilon$，那么对于所有 $i\geqslant N$ 有 x_i 属于 U. ■

定理 21.3　设 $f: X\to Y$. 若 X 为可度量化的空间，则 f 连续的充分必要条件是对于 X 中每一个收敛序列 $x_n\to x$，序列 $f(x_n)$ 收敛于 $f(x)$.

证　设 f 连续. 给定 $x_n\to x$，我们证明 $f(x_n)\to f(x)$. 令 V 是 $f(x)$ 的一个邻域，则 $f^{-1}(V)$ 是 x 的一个邻域. 于是存在 N，使得对于 $n\geqslant N$ 有 $x_n\in f^{-1}(V)$. 因此对 $n\geqslant N$，$f(x_n)\in V$.

我们证明充分性. 设收敛序列的条件满足. 若 A 是 X 的一个子集，下面证明 $f(\bar{A})\subset \overline{f(A)}$. 如果 $x\in\bar{A}$，则根据上一个引理可见：存在 A 中点的序列 x_n 收敛于 x. 根据假设，序列 $f(x_n)$ 收敛于 $f(x)$. 因为 $f(x_n)\in f(A)$，根据上一个引理可见 $f(x)\in\overline{f(A)}$.（注意，并不要求 Y 是可度量化的.）这就证明了 $f(\bar{A})\subset\overline{f(A)}$. ■

附带指出，在证明引理 21.2 和定理 21.3 时，并没有用到 X 是可度量化空间这么强的条件，而只要求在 x 处有球 $B_d(x, 1/n)$ 的一个可数族. 这启发我们引入以下定义.

空间 X 称为在 x 处有**可数基**(countable basis)，如果存在 x 的可数邻域族 $\{U_n\}_{n\in\mathbb{Z}_+}$，使得 x 的任意邻域 U 至少包含一个 U_n. 如果空间 X 在每一点处有一个可数基，则称 X 满足**第一可数性公理**(first countability axiom).

若 X 在 x 处有一个可数基，则引理 21.2 的证明仍可完成. 只要用集合

$$B_n = U_1\cap U_2\cap\cdots\cap U_n$$

代替球 $B_d\left(x, \frac{1}{n}\right)$便可以了. 定理 21.3 的证明也可以不加改变地完成.

一个可度量化空间总满足第一可数性公理，我们将会看到其逆不真. 为了证明有关空间的一些定理，就像 Hausdorff 公理那样，有时必须在拓扑空间上加上第一可数性公理. 第 4 章将详细地讨论相关内容.

现在研究构造连续函数的其他方法，这需要用到以下引理：

引理 21.4　加法、减法和乘法运算是从 $\mathbb{R}\times\mathbb{R}$ 到 $\mathbb{R}$ 中的连续函数，除法运算是从 $\mathbb{R}\times(\mathbb{R}-\{0\})$ 到 $\mathbb{R}$ 中的连续函数.

读者也许会发现这个引理在前面已经证明过了，就是标准的"ε-δ 论证". 你也可以在下面的习题 12 中找到证明的要点. 因此，不难写出证明的细节.

定理 21.5　设 X 是一个拓扑空间，$f, g: X\to\mathbb{R}$ 连续，则 $f+g$、$f-g$、$f\cdot g$ 都是连续的. 若对于所有 x，$g(x)\neq 0$，则 f/g 也是连续的.

证　根据定理 18.4，用式子

$$h(x) = f(x)\times g(x)$$

定义的映射 $h: X\to\mathbb{R}\times\mathbb{R}$ 是连续的. 函数 $f+g$ 是 h 和加法运算

$$+: \mathbb{R}\times\mathbb{R}\longrightarrow\mathbb{R}$$

的复合，因而 $f+g$ 连续. 对于 $f-g$、$f\cdot g$ 及 f/g 证明是类似的. ■

最后，我们来讨论一致收敛的概念.

定义　设 $f_n: X\to Y$ 是一个从集合 X 到度量空间 Y 的函数的序列，d 是 Y 中的度量. 我

们称序列(f_n)**一致收敛**(converges uniformly)于函数$f: X\to Y$，如果对于任意给定的$\varepsilon>0$，存在整数N，对于$n>N$以及任意$x\in X$有

$$d(f_n(x),f(x))<\varepsilon.$$

收敛的一致性不仅依赖于Y的拓扑，也依赖于Y上的度量. 我们有以下关于一致收敛序列的定理：

定理 21.6[**一致极限定理**(uniform limit theorem)] 设$f_n: X\to Y$是从拓扑空间X到度量空间Y的连续函数的一个序列. 若(f_n)一致收敛于f，则f连续.

证 设V是Y的一个开集，x_0为$f^{-1}(V)$的一个点. 我们要找出x_0的一个邻域U，使得$f(U)\subset V$.

令$y_0=f(x_0)$. 先取ε，使得ε-球$B(y_0,\varepsilon)$包含在V中，然后应用一致收敛性选取N，使得对于所有$n\geqslant N$以及任意$x\in X$有

$$d(f_n(x),f(x))<\varepsilon/3.$$

最后再应用f_N的连续性，选取x_0的一个邻域U，使得f_N将U映射到Y的以$f_N(x_0)$为中心的$\varepsilon/3$球内.

下面证明f将U映射到$B(y_0,\varepsilon)$中，从而映射到V中，这便是我们所要证明的. 为此，我们注意当$x\in U$时，有

$$d(f(x),f_N(x))<\varepsilon/3 \quad (\text{根据 } N \text{ 的选取}),$$
$$d(f_N(x),f_N(x_0))<\varepsilon/3 \quad (\text{根据 } U \text{ 的选取}),$$
$$d(f_N(x_0),f(x_0))<\varepsilon/3 \quad (\text{根据 } N \text{ 的选取}).$$

把这三个式子相加，并且应用三角不等式，就得到所要证明的

$$d(f(x),f(x_0))<\varepsilon. \quad \blacksquare$$

注意一致收敛概念与上节所讲的一致度量的定义有关系. 例如，考虑由全体函数$f: X\to\mathbb{R}$的集合连同其上一致度量$\bar{\rho}$所形成的空间$\mathbb{R}^X$. 不难看出，函数序列$f_n: X\to\mathbb{R}$一致收敛于f的充分必要条件是当把f_n看成度量空间$(\mathbb{R}^X,\bar{\rho})$的元素时，序列$(f_n)$收敛于$f$. 有关的证明留作习题.

作为本节的结束，我们给出一些不可度量化空间的例子.

例 1 $\mathbb{R}^\omega$在箱拓扑下是不可度量化的.

我们将证明序列引理对$\mathbb{R}^\omega$不成立. 设A为$\mathbb{R}^\omega$中所有坐标都是正数的点所组成的那个子集，即

$$A=\{(x_1,x_2,\cdots)\mid \quad \text{对于所有 } i\in\mathbb{Z}_+, x_i>0\}.$$

设$\mathbf{0}$是$\mathbb{R}^\omega$的“原点”，即零点(0, 0, …)，它的每一个坐标都是0. 在箱拓扑中，$\mathbf{0}\in\bar{A}$，这是因为，如果

$$B=(a_1,b_1)\times(a_2,b_2)\times\cdots$$

是含有$\mathbf{0}$的任意一个基元素，则B与A相交，比如点

$$\left(\frac{1}{2}b_1,\frac{1}{2}b_2,\cdots\right)$$

就属于 $B\cap A$.

但是，我们可以断定在 A 中没有收敛于 $\mathbf{0}$ 的点的序列. 对于 A 中的序列$(\boldsymbol{a}_n)$，

$$\boldsymbol{a}_n=(x_{1n},x_{2n},\cdots,x_{in},\cdots).$$

其中每一个坐标 $x_{in}>0$，这就可以构造出$\mathbb{R}$ 的箱拓扑的基元素 B'，

$$B'=(-x_{11},x_{11})\times(-x_{22},x_{22})\times\cdots.$$

B'含有原点 $\mathbf{0}$，却不包含序列$(\boldsymbol{a}_n)$的元素：这是因为 $\boldsymbol{a}_n$ 的第 n 个坐标 x_{nn} 不属于区间$(-x_{nn}, x_{nn})$. 所以点 $\boldsymbol{a}_n$ 不可能属于 B'. 因此在箱拓扑下，序列 $\boldsymbol{a}_n$ 不收敛于 $\mathbf{0}$. ■

例 2 不可数个$\mathbb{R}$ 的积空间是不可度量化的.

设 J 为不可数指标集. 我们来证明：$\mathbb{R}^J$ 在积拓扑下不满足序列引理.

设 A 为$\mathbb{R}^J$的子集，其元素(x_α)满足：除了有限个 α 之外，对其余所有的 α 有 $x_\alpha=1$. 令 $\mathbf{0}$ 为$\mathbb{R}^J$的"原点"，它的所有坐标都是 0.

可以论断 $\mathbf{0}$ 属于 A 的闭包. 事实上，令 ΠU_α 为含有 $\mathbf{0}$ 的一个基元素，那么仅对有限个 α，比如说 $\alpha=\alpha_1,\cdots,\alpha_n$，有 $U_\alpha\neq\mathbb{R}$. 设(x_α) 为 A 中一点，对于 $\alpha=\alpha_1,\cdots,\alpha_n$，取 $x_\alpha=0$. 对其余所有的 α，取 $x_\alpha=1$. 那么$(x_\alpha)\in A\cap\Pi U_\alpha$，这便证明了 $\mathbf{0}\in\bar{A}$.

但是 A 中不存在收敛于 $\mathbf{0}$ 的点的序列. 我们对此证明如下：设$(\boldsymbol{a}_n)$为 A 的点的一个序列. 给定 n，设 J_n 表示指标集 J 的子集，其元素 $\alpha\in J_n$ 是使 $\boldsymbol{a}_n$ 的第 α 个坐标异于 1 的指标. 集合 J_n 的并是有限集的可数并，因而是可数的. 但是 J 不可数，那么 J 中必有一个指标，比如说 β，使得它不在每一个 J_n 中. 这就是说：对于每一个点 $\boldsymbol{a}_n$，都有它的第 β 个坐标等于1.

令 U_β 为$\mathbb{R}$ 中的开区间$(-1, 1)$，U 为$\mathbb{R}^J$的一个开集 $\pi_\beta^{-1}(U_\beta)$. 那么 U 是 $\mathbf{0}$ 的一个邻域，并且它不包含任何点 $\boldsymbol{a}_n$. 所以序列$(\boldsymbol{a}_n)$不可能收敛于 $\mathbf{0}$. ■

习题

1. 设 $A\subset X$. 若 d 是 X 的拓扑的一个度量，证明 $d\mid A\times A$ 是 A 的子空间拓扑的一个度量.
2. 设 X 和 Y 是分别具有度量 d_X 和 d_Y 的度量空间. 对于 X 中任意两点 x_1 和 x_2，f：$X\to Y$满足条件
$$d_Y(f(x_1),f(x_2))=d_X(x_1,x_2).$$
证明：f 是一个嵌入. f 称为 X 到 Y 中的一个**等距嵌入**(isometric imbedding).
3. 假设对于 $n\in\mathbb{Z}_+$，X_n 是以 d_n 为度量的度量空间.
(a)证明
$$\rho(x,y)=\max\{d_1(x_1,y_1),\cdots,d_n(x_n,y_n)\}$$
是积空间 $X_1\times\cdots\times X_n$ 上的一个度量.
(b)设 $\bar{d}_i=\min\{d_i, 1\}$. 证明
$$D(x,y)=\sup\{\bar{d}_i(x_i,y_i)/i\}$$
是积空间 ΠX_i 上的一个度量.
4. 证明$\mathbb{R}_\ell$和有序矩形都满足第一可数公理.（当然，这并不意味着它们是可度量化的.）
5. **定理** 在空间$\mathbb{R}$ 中，设 $x_n\to x$ 且 $y_n\to y$，则

$$x_n + y_n \to x + y,$$
$$x_n - y_n \to x - y,$$
$$x_n y_n \to xy,$$

并且如果每一个 $y_n \neq 0$ 和 $y \neq 0$ 则有

$$x_n / y_n \to x / y.$$

[提示：应用引理 21.4. 根据第 19 节中的习题可见：如果 $x_n \to x$ 和 $y_n \to y$，则有 $x_n \times y_n \to x \times y$.]

6. f_n：$[0, 1] \to \mathbb{R}$ 定义为 $f_n(x) = x^n$. 证明：对于每一个 $x \in [0, 1]$ 序列 $(f_n(x))$ 收敛，但是序列 (f_n) 不一致收敛.
7. 设 X 是一个集合，f_n：$X \to \mathbb{R}$ 是函数的一个序列. $\bar{\rho}$ 是空间 $\mathbb{R}^X$ 上的一致度量. 证明：序列 (f_n) 一致收敛于函数 f：$X \to \mathbb{R}$ 当且仅当把 f_n 看成度量空间 $(\mathbb{R}^X, \bar{\rho})$ 的元素时，序列 (f_n) 收敛于 f.
8. 设 X 是一个拓扑空间，Y 是一个度量空间. f_n：$X \to Y$ 是连续函数的一个序列，x_n 是 X 中收敛于 x 的一个点的序列. 证明：若序列 (f_n) 一致收敛于 f，则 $(f_n(x_n))$ 收敛于 $f(x)$.
9. 设函数 f_n：$\mathbb{R} \to \mathbb{R}$ 定义为

$$f_n(x) = \frac{1}{n^3[x - (1/n)]^2 + 1}.$$

参见图 21.1. 设 f：$\mathbb{R} \to \mathbb{R}$ 为零函数.

(a)证明：对于任何 $x \in \mathbb{R}$，$f_n(x) \to f(x)$.

(b)证明：f_n 不一致收敛于 f.（这说明定理 21.6 的逆不成立，即，虽然 f_n 不一致收敛于 f，其极限函数 f 也可能连续.）

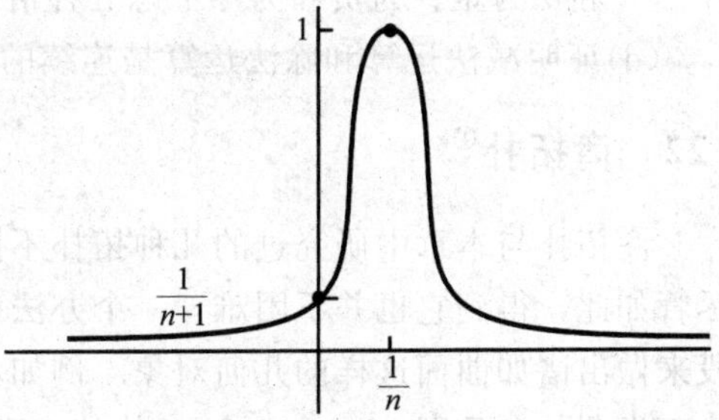

图　21.1

10. 应用连续性的闭集式定义(定理 18.1)，证明下列集合是 $\mathbb{R}^2$ 的闭子集

$$A = \{x \times y \mid xy = 1\},$$
$$S^1 = \{x \times y \mid x^2 + y^2 = 1\},$$
$$B^2 = \{x \times y \mid x^2 + y^2 \leqslant 1\}.$$

集合 B^2 称为 $\mathbb{R}^2$ 的(闭)**单位球**(unit ball).

11. 证明无穷级数的下列基本性质.

(a)若 (s_n) 是一个有界实数序列，并且对于任意 n 有 $s_n \leqslant s_{n+1}$，则 (s_n) 收敛.

(b)设 (a_n) 是一个实数序列，

$$s_n = \sum_{i=1}^{n} a_i.$$

若 $s_n \to s$，则称**无穷级数**(infinite series)

$$\sum_{i=1}^{\infty} a_i$$

收敛于 s. 证明：若 $\sum a_i$ 收敛于 s，$\sum b_i$ 收敛于 t，则 $\sum(ca_i + b_i)$ 收敛于 $cs + t$.

(c)证明无穷级数的**比较判别法**(comparison test)：若对于每一个 i 有 $|a_i|\leqslant b_i$，并且级数 $\sum b_i$ 收敛，则级数 $\sum a_i$ 收敛. [提示：证明级数 $\sum|a_i|$ 与 $\sum c_i$ 收敛，其中 $c_i=|a_i|+a_i$.]

(d)给定一个函数序列 f_n：$X\to\mathbb{R}$，令

$$s_n(x)=\sum_{i=1}^{n}f_i(x).$$

证明一致收敛性的 **Weierstrass *M*-判别法**(Weierstrass *M*-test)：若对于所有的 $x\in X$ 和 i 有 $|f_i(x)|\leqslant M_i$，并且级数 $\sum M_i$ 收敛，则序列 (s_n) 一致收敛于一个函数 s. [提示：令 $r_n=\sum_{i=n+1}^{\infty}M_i$. 证明：若 $k>n$，则 $|s_k(x)-s_n(x)|\leqslant r_n$. 因此，$|s(x)-s_n(x)|\leqslant r_n$.]

12. 证明 $\mathbb{R}$ 中的代数运算的连续性如下：应用 $\mathbb{R}$ 的度量 $d(a,b)=|a-b|$ 和 $\mathbb{R}^2$ 的度量

$$\rho((x,y),(x_0,y_0))=\max\{|x-x_0|,|y-y_0|\}.$$

(a)证明加法运算连续. [提示：任意给定 ε，令 $\delta=\varepsilon/2$，并且注意

$$d(x+y,x_0+y_0)\leqslant|x-x_0|+|y-y_0|.]$$

(b)证明乘法运算连续. [提示：任意给定 (x_0,y_0) 及 $0<\varepsilon<1$，令

$$3\delta=\varepsilon/(|x_0|+|y_0|+1),$$

并且注意

$$d(xy,x_0y_0)\leqslant|x_0||y-y_0|+|y_0||x-x_0|+|x-x_0||y-y_0|.]$$

(c)证明取倒数运算是从 $\mathbb{R}-\{0\}$ 到 $\mathbb{R}$ 的连续映射. [提示：证明 (a,b) 的原像是开集. 就 a 和 b 为正、为负和为零考虑五种情况.]

(d)证明减法运算和除法运算是连续的.

*22　商拓扑[①]

商拓扑与本章中研究过的几种拓扑不同，它并不是分析中讨论过的某些东西的自然推广. 尽管如此，得到它也并不困难，一个办法就是从几何上引入，我们常常采用"切割与黏合"的手段来做出诸如曲面这样的几何对象. 例如，环面(轮胎的表面)可以通过适当地"黏合"矩形的对边而得到，参见图 22.1. 球面(球体的表面)可以通过把圆盘的整个边界捏成一点做出来，参见图 22.2. 将这些做法正式地写出来，就包含了商拓扑的概念.

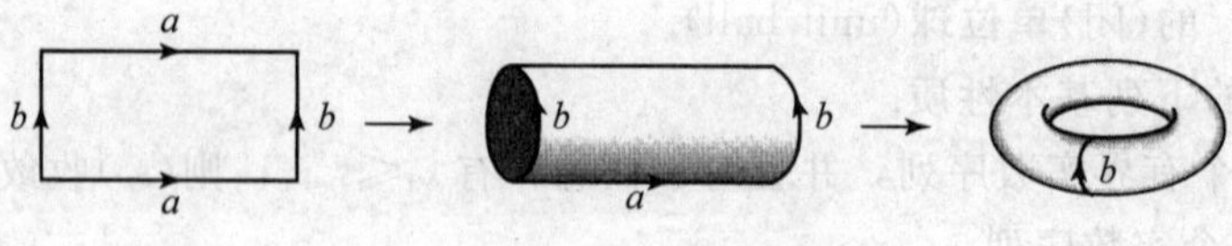

图　22.1

定义　设 X 和 Y 都是拓扑空间，p：$X\to Y$ 是一个满射. 如果 Y 的子集 U 是 Y 的开集当且仅当 $p^{-1}(U)$ 是 X 的一个开集，则称 p 是一个**商映射**(quotient map).

① 本节内容将在第二部分中用到. 第一部分中的许多习题也以它为参考.

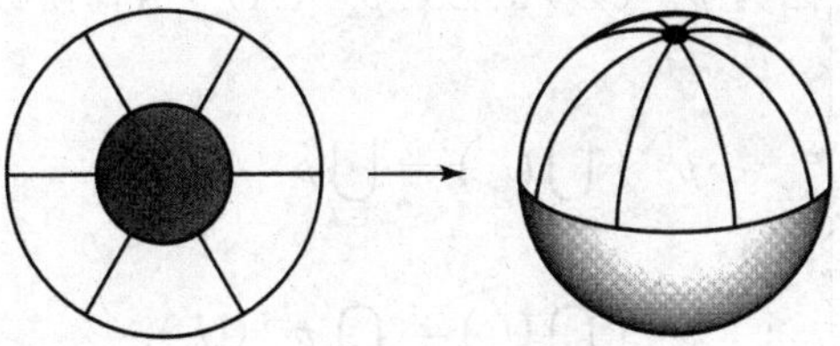

图 22.2

这个条件比连续性强. 有的数学家称之为"强连续性". 与它等价的条件是，Y 的子集 A 是 Y 的闭集当且仅当 $p^{-1}(A)$ 是 X 中的闭集. 两者的等价性可由下面的式子得到:

$$f^{-1}(Y-B)=X-f^{-1}(B).$$

描述商映射的另一个方法是: X 的一个子集 C 称为(关于满映射 $p: X \to Y$)是**饱和的**(saturated)，如果 C 包含每一个与之相交的 $p^{-1}(\{y\})$. 或者这样说: C 称为饱和集，如果 $C=p^{-1}(p(C))$. 我们说 p 是一个商映射，等于说 p 是连续的，并且 p 将 X 的饱和的开集映成 Y 的开集(p 将 X 的饱和的闭集映成 Y 的闭集).

两种特殊的商映射是开映射和闭映射. 以前说过，一个映射 $f: X \to Y$ 称为**开映射**(open map)，如果对于 X 中每一个开集 U，$f(U)$ 是 Y 中的开集. 所谓 $f: X \to Y$ 是**闭映射**(closed map)，是说对于 X 的每一个闭集 A，$f(A)$ 是 Y 中的闭集. 根据定义直接可见，若 $p: X \to Y$ 是满的连续开映射或满的连续闭映射，则 p 是一个商映射. 此外，存在着既不是开映射又不是闭映射的商映射.(见习题 3.)

例 1 设 X 是 $\mathbb{R}$ 的子空间 $[0,1]\cup[2,3]$，Y 是 $\mathbb{R}$ 的子空间 $[0,2]$. 由下式

$$p(x)=\begin{cases}x, & \text{对于 } x\in[0,1],\\ x-1, & \text{对于 } x\in[2,3]\end{cases}$$

定义的映射 $p: X \to Y$ 是连续的满的闭映射，但它不是开映射. 因为 X 中开集 $[0,1]$ 的像不是 Y 中的开集.

注意，若取 X 的子集 A 为 $[0,1)\cup[2,3]$，则由 p 的限制所得的映射 $q: A \to Y$ 是一个连续的满射，但它不是商映射. 这是由于 $[2,3]$ 是一个开集并且相对于 q 而言是一个饱和集，但它的像不是 Y 的开集. ■

例 2 设 $\pi_1: \mathbb{R}\times\mathbb{R}\to\mathbb{R}$ 为到第一个坐标空间的投射，π_1 是一个连续的满射. 此外 π_1 也是一个开映射. 事实上，若 $U\times V$ 是 $\mathbb{R}\times\mathbb{R}$ 的一个基元素，则 $\pi_1(U\times V)=U$ 是 $\mathbb{R}$ 的一个开集. 于是得到，π_1 将 $\mathbb{R}\times\mathbb{R}$ 的开集映为 $\mathbb{R}$ 的开集. 但是 π_1 不是一个闭映射. 例如，$\mathbb{R}$ 的子集

$$C=\{x\times y \mid xy=1\}$$

是一个闭集，但是 $\pi_1(C)=\mathbb{R}-\{0\}$ 不是 $\mathbb{R}$ 的闭集.

下面我们来说明如何用一个商映射来构造一个集合上的拓扑. ■

定义 设 X 是一个空间，A 是一个集合. $p: X \to A$ 是一个满射，则 A 上恰好存在一个拓扑 $\mathcal{T}$，使 p 为商映射. $\mathcal{T}$ 称为由 p 导出的**商拓扑**(quotient topology).

显然，这个拓扑 $\mathcal{T}$ 由 A 中那些子集 U 组成，这些 U 满足条件: $p^{-1}(U)$ 在 X 中是开的.

容易验证，$\mathcal{T}$ 是一个拓扑．因为 $p^{-1}(\varnothing)=\varnothing$，$p^{-1}(A)=X$，所以 $\varnothing$ 与 A 是开集．拓扑的另外两个条件可由下式推出，

$$p^{-1}\Big(\bigcup_{\alpha\in J}U_\alpha\Big)=\bigcup_{\alpha\in J}p^{-1}(U_\alpha),$$

$$p^{-1}\Big(\bigcap_{i=1}^{n}U_i\Big)=\bigcap_{i=1}^{n}p^{-1}(U_i).$$

例 3　可以验证，用下式

$$p(x)=\begin{cases}a & 如果\ x>0,\\ b & 如果\ x<0,\\ c & 如果\ x=0\end{cases}$$

定义的从实直线 $\mathbb{R}$ 到三点集 $A=\{a,\ b,\ c\}$ 的映射所导出的 A 的商拓扑如图 22.3 所示．■

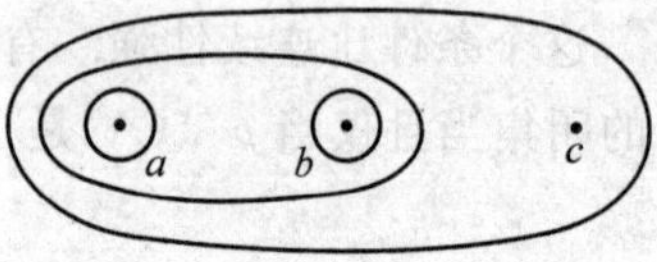

图　22.3

有一种经常要用到商拓扑的特殊情形如下：

定义　设 X 是一个拓扑空间，X^* 是 X 的一个分拆，其成员是 X 的两两无交的子集并且其成员的并为 X．设 p：$X\to X^*$ 是一个满射，其定义是将 X 的每一点映到 X^* 中包含这个点的唯一的一个元素．在用 p 诱导出的商拓扑下，空间 X^* 称为 X 的一个**商空间**(quotient space)．

当给定了 X^*，就有了一个 X 上的等价关系，其等价类为 X^* 的元素．人们可以把 X^* 设想成"将每一个等价类中的所有元素黏合成一点"而得到的．因此，商空间 X^* 也常称为 X 的"黏合空间"或者"分解空间"．

可以用另一种方式来描述 X^* 的拓扑．X^* 的一个子集 U 是一个等价类的集合，$p^{-1}(U)$ 恰好是属于 U 的等价类的并．因此 X^* 中的典型开集是一个等价类的族，它的并是 X 中的开集．

例 4　设 X 为 $\mathbb{R}^2$ 中的闭单位球：

$$\{x\times y\mid x^2+y^2\leqslant 1\},$$

设 X^* 为 X 的一个分拆，它由所有满足 $x^2+y^2<1$ 的单点集 $\{x\times y\}$，以及集合 $S^1=\{x\times y\mid x^2+y^2=1\}$ 组成．X 中典型饱和开集如图 22.4 中的阴影部分所示．可以证明：X^* 同胚于 $\mathbb{R}^3$ 的一个叫做 **2-维单位球面**(unit 2-sphere)的子空间，其定义为

$$S^2=\{(x,y,z)\mid x^2+y^2+z^2=1\}.\ ■$$

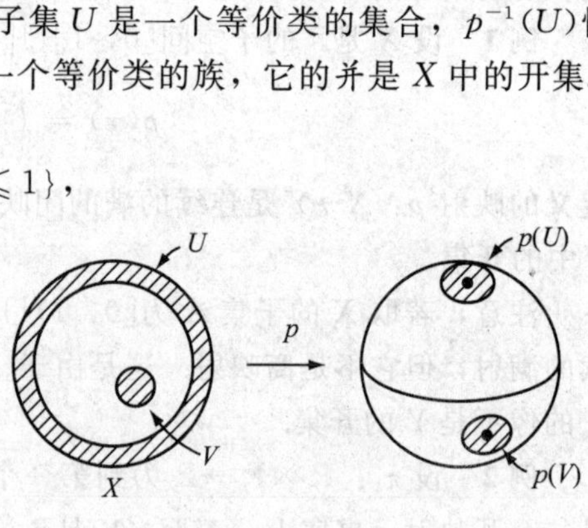

图　22.4

例 5　设 X 为矩形 $[0,\ 1]\times[0,\ 1]$．定义 X 的一个分拆 X^* 为：由所有单点集 $\{x\times y\}$(其中 $0<x<1$，$0<y<1$)、以下类型的两点集

$$\{x\times 0,x\times 1\},\quad 0<x<1,$$

$$\{0\times y,1\times y\},\quad 0<y<1$$

和四点集

$$\{0\times 0,0\times 1,1\times 0,1\times 1\}$$

组成．X 中形如 $p^{-1}(U)$ 的几个典型饱和开集如图 22.5 中的阴影部分所示．其中每一个都是 X 的开集，并且等于等价类的并．

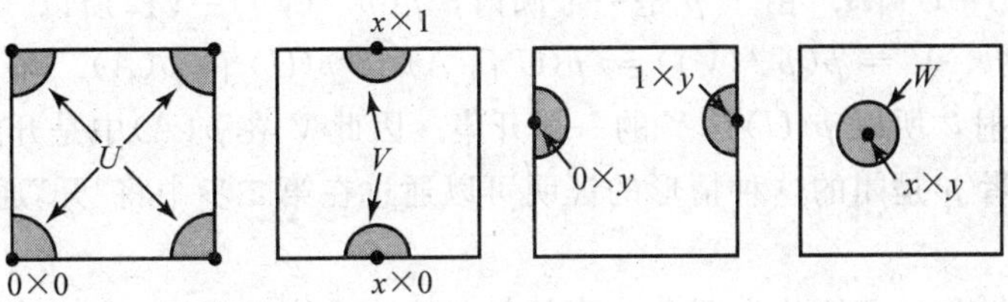

图 22.5

这些集合中的每一个在 p 下的像都是 X^* 的开集，如图 22.6 所示．对于 X^* 的这种描述法，恰好就是用图示说明黏合矩形的边组成环面的一种数学表达． ■

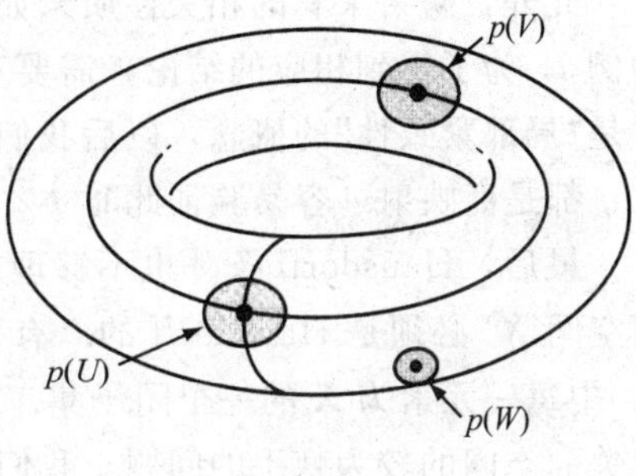

图 22.6

现在研究一下商拓扑和商空间这两个概念与以前引进的一些概念之间的关系．值得注意的是，这关系不像我们所希望的那样简单．

我们已经发觉子空间的性质不够理想：若 $p: X\to Y$ 是一个商映射，A 是 X 的一个子空间，则由限制 p 的定义域及值域而得到的映射 $q: A\to p(A)$ 就不一定还是商映射．然而，我们有以下定理：

定理 22.1 设 $p: X\to Y$ 是一个商映射，A 是 X 的一个子空间，相对于 p 饱和，$q: A\to p(A)$ 是 p 的限制．

(1) 若 A 是 X 的一个开集或闭集，则 q 是一个商映射．

*(2) 若 p 是一个开映射或闭映射，则 q 是一个商映射．

证 第一步．我们首先验证以下两个等式：

$$q^{-1}(V) = p^{-1}(V) \qquad \text{如果 } V\subset p(A);$$

$$p(U\cap A) = p(U)\cap p(A) \qquad \text{如果 } U\subset X.$$

为验证第一个等式，注意由于 $V\subset p(A)$ 和 A 都是饱和集，$p^{-1}(V)$ 包含于 A．因此 $p^{-1}(V)$ 和 $q^{-1}(V)$ 都等于 A 中经 p 映入 V 的点的集合．为验证第二个等式，注意对于 X 的任何子集 U 和 A，有以下包含关系

$$p(U\cap A)\subset p(U)\cap p(A).$$

为了证明相反的包含关系，设 $y=p(u)=p(a)$，其中 $u\in U$ 且 $a\in A$．因为 A 是一个饱和集，A 包含集合 $p^{-1}(p(a))$，因此 A 包含点 u．所以对于 $u\in U\cup A$，有 $y=p(u)$．

第二步．现假设 A 是一个开集或者 p 为开映射．对于 $p(A)$ 的给定的子集 V，我们来证明：若 $q^{-1}(V)$ 在 A 中是开的，则 V 在 $p(A)$ 中是开的．

首先设 A 是一个开集．由于 $q^{-1}(V)$ 在 A 中是开的，并且 A 在 X 中是开的，所以 $q^{-1}(V)$ 在 X 中是开的．由于 $q^{-1}(V)=p^{-1}(V)$，而后者在 X 中是开的，根据 p 是一个商映射可见 V

在 Y 中是开的．从而，V 在 $p(A)$ 中是开的．

再设 p 是一个开映射．由于 $q^{-1}(V)=p^{-1}(V)$ 和 $q^{-1}(V)$ 是 A 的开集，所以对于 X 的某一个开集 U 有 $p^{-1}(V)=U\cap A$．由于 p 是一个满射，$p(p^{-1}(V))=V$．所以

$$V = p(p^{-1}(V)) = p(U \cap A) = p(U) \cap p(A).$$

由于 p 是一个开映射，所以 $p(U)$ 是 Y 的一个开集．因此 V 在 $p(A)$ 中是开的．

第三步．A 或者 p 是闭的这种情形的证明可以通过在第二步中将“开”通通替换成“闭”而得到． ■

现在我们考虑先前引入的几个概念．映射复合的性质较为理想．根据等式

$$p^{-1}(q^{-1}(U)) = (q \circ p)^{-1}(U),$$

容易验证两个商映射的复合还是一个商映射．

此外，映射乘积的相关性质未如人意．两个商映射的笛卡儿积未必是一个商映射．见下面的例 7．为了得到相应的结论，需要对空间或者映射附加某些条件．对于空间所附加的一种条件是“局部紧致性”的概念，以后我们将会研究它．对于映射所附加的一种条件是：两个映射 p 和 q 都是商映射．容易验证此时 $p\times q$ 也是一个开映射，从而它也是一个商映射．

最后，Hausdorff 条件也不够理想．即便空间 X 是 Hausdorff 的，我们却没有任何理由说商空间 X^* 必须是 Hausdorff 的．有一个简单的条件能使得 X^* 满足 T_1 公理，这就是要求分拆 X^* 中每一元素为 X 的一个闭子集．保证 X^* 成为 Hausdorff 空间的条件难于找到．这是一个有关商空间的较为棘手的问题．我们在本书中以后将多次回到这个问题．

有关商空间的研究中，或许最为重要的问题当属构造定义在商空间上的连续函数．现在我们就着手处理这一问题．我们曾有过一个判别法则，以确定一个到积空间中的映射 $f:Z\to\Pi X_\alpha$ 的连续性．商空间理论中与之相应的判别法则便是确定一个定义从商空间出发的映射 $f:X^*\to Z$ 的连续性．我们有以下定理：

定理 22.2　设 $p: X\to Y$ 是一个商映射．Z 是一个空间，$g: X\to Z$ 是一个映射，对于每一个 $y\in Y$，g 在每一个集合 $p^{-1}(\{y\})$ 上取常值．则 g 诱导一个映射 $f: Y\to Z$，满足条件：$f\circ p=g$．映射 f 是连续的当且仅当 g 是连续的．f 是一个商映射当且仅当 g 是一个商映射．

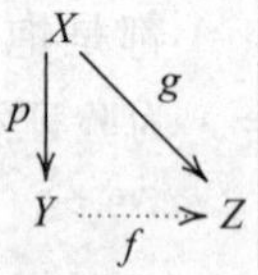

证　对于每一个 $y\in Y$，集合 $g(p^{-1}(\{y\}))$ 是 Z 中的一个单点集(因为 g 在 $p^{-1}(\{y\})$ 上是常值)．如果用 $f(y)$ 表示这个点，那么我们便定义了一个映射 $f: Y\to Z$，使得对于每一个 $x\in X$，$f(p(x))=g(x)$．如果 f 连续，那么 $g=f\circ p$ 是连续的．反之，假定 g 是连续的．令 V 是 Z 的一个开集，则 $g^{-1}(V)$ 是 X 中的一个开集．然而 $g^{-1}(V)=p^{-1}(f^{-1}(V))$，由于 p 是一个商映射，所以 $f^{-1}(V)$ 是 Y 的一个开集．因此 f 是连续的．

若 f 为商映射，则 g 作为两个商映射的复合也是一个商映射．反之，设 g 为商映射．由于 g 是一个满射，所以 f 也是满的．设 V 是 Z 的一个子集，证明：如果 $f^{-1}(V)$ 在 Y 中是开

的，则 V 在 Z 中也是开的. 由于 p 是连续的，$p^{-1}(f^{-1}(V))$ 是 X 中的一个开集. 又由于 $p^{-1}(f^{-1}(V))=g^{-1}(V)$，所以 $g^{-1}(V)$ 是 X 的一个开集. 由于 g 是一个商映射，所以 V 在 Z 中是开的. ■

推论 22.3 设 g：$X\to Z$ 是一个连续的满射. X^* 为由下式

$$X^* = \{g^{-1}(\{z\}) \mid z\in Z\}$$

定义的 X 的子集族. 在 X^* 上取商拓扑.

(a)则由映射 g 诱导的映射 f：$X^*\to Z$ 是一一的连续映射，并且 f 是同胚当且仅当 g 是商映射.

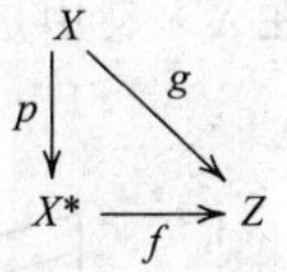

(b)若 Z 是一个 Hausdorff 空间，则 X^* 也是一个 Hausdorff 空间.

证 由前一个定理，g 诱导了一个连续映射 f：$X^*\to Z$. 显然 f 是一一的. 假设 f 是一个同胚. 则 f 和投射 p：$X\to X^*$ 都是商映射，从而它们的复合 g 也是商映射. 反之，设 g 是一个商映射. 则根据前一个定理可见 f 是商映射. 由于 f 是一一的，所以 f 是一个同胚.

设 Z 为 Hausdorff 空间. X^* 中不同的点在 f 下的像是不同的. 因此存在无交的邻域 U 和 V，于是 $f^{-1}(U)$ 与 $f^{-1}(V)$ 就是 X^* 中给定两点的无交的邻域. ■

例 6 设 X 是由线段 $[0,1]\times\{n\}$（其中 $n\in\mathbb{Z}_+$）之并构成的 $\mathbb{R}^2$ 的那个子空间，Z 是由所有形如 $x\times(x/n)$ 的点构成的 $\mathbb{R}^2$ 的子空间，其中，$x\in[0,1]$，$n\in\mathbb{Z}_+$. 这时，X 是可数多个无交线段之并，Z 是有一公共端点的可数多个线段之并. 参见图 22.7.

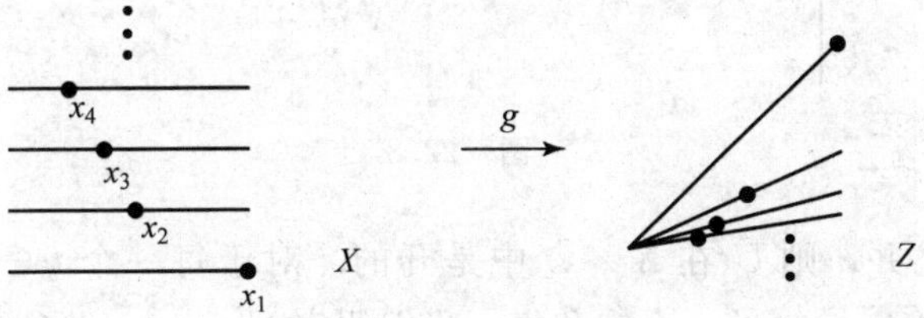

图 22.7

用公式 $g(x\times n)=x\times(x/n)$ 定义一个映射 g：$X\to Z$. g 是一个满射，并且是连续的. 以 $g^{-1}(\{z\})$ 为元素的商空间 X^* 便是将 X 的子集 $\{0\}\times\mathbb{Z}_+$ 黏合成一点所得到的空间. 映射 g 诱导出一个一一连续映射 f：$X^*\to Z$. 但 f 不是同胚.

为验证这一事实，我们只要证明 g 不是商映射. 考虑 X 中点的序列 $x_n=(1/n)\times n$. 由于集合 $A=\{x_n\}$ 没有极限点，因此它是 X 中的一个闭集. 它也是相对于 g 而言的一个饱和集. 另一方面，由于 $g(A)$ 是由所有形如 $z_n=(1/n)\times(1/n^2)$ 的点所构成，所以 $g(A)$ 不是 Z 的闭集，原点就是它的一个极限点. ■

例 7 两个商映射的积未必还是商映射.

在本节的习题中我们将给出一个涉及非 Hausdorff 空间的例子．我们在这里给出的例子所涉及空间都比较好．

令 $X=\mathbb{R}$，X^* 是将 X 的子集 $\mathbb{Z}_+$ 黏合成一点 b 所形成的商空间．又令 p：$X\to X^*$ 为商映射．以 $\mathbb{Q}$ 表示 $\mathbb{R}$ 的所有有理数构成的子空间，设 i：$\mathbb{Q}\to\mathbb{Q}$ 为恒等映射．我们证明

$$p\times i: X\times\mathbb{Q}\longrightarrow X^*\times\mathbb{Q}$$

不是商映射．

对于每一个 n，令 $c_n=\sqrt{2}/n$，并且考虑 $\mathbb{R}^2$ 中所有经过点 $n\times c_n$、斜率分别为 1 和 -1 的直线．设 U_n 为 $X\times\mathbb{Q}$ 中位于两条直线上方或者两条直线下方并且位于两条垂线 $x=n-1/4$ 与 $x=n+1/4$ 之间的所有点的集合．则 U_n 在 $X\times\mathbb{Q}$ 中是开的．由于 c_n 不是有理数，U_n 包含着集合 $\{n\}\times\mathbb{Q}$．参见图 22.8．

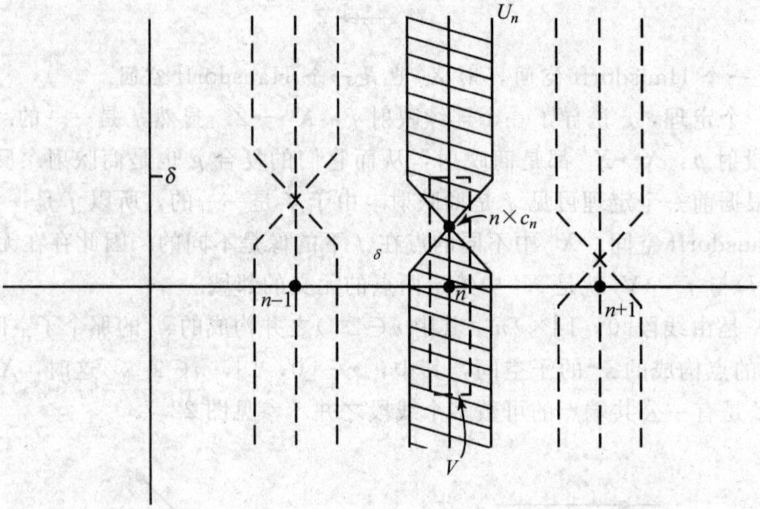

图　22.8

令 U 为所有 U_n 之并，则 U 在 $X\times\mathbb{Q}$ 中是开的．对于每一个 $q\in\mathbb{Q}$，由于 U 包含集合 $\mathbb{Z}_+\times\{q\}$，所以它是关于 $p\times i$ 的一个饱和集．我们假定 $U'=(p\times i)(U)$ 在 $X^*\times\mathbb{Q}$ 中是开的，并且由此导出矛盾．

特别地，由于 U 包含着集合 $\mathbb{Z}_+\times 0$，所以集合 U' 包含点 $b\times 0$．因此 U' 包含着一个开集 $W\times I_\delta$，其中 W 是 b 在 X^* 中的一个邻域，I_δ 由使得 $|y|<\delta$ 成立的所有有理数 y 组成．这时便有，

$$p^{-1}(W)\times I_\delta\subset U.$$

选取充分大的 n 使得 $c_n<\delta$．由于 $p^{-1}(W)$ 在 X 中是开的并且包含着 $\mathbb{Z}_+$，我们可以选取 $\varepsilon<1/4$ 使得区间 $(n-\varepsilon,\ n+\varepsilon)$ 包含于 $p^{-1}(W)$．那么 U 便包含着 $X\times\mathbb{Q}$ 的子集 $V=(n-\varepsilon,\ n+\varepsilon)\times I_\delta$．然而图形清晰地显示出：$V$ 的许多点 $x\times y$ 不在 U 中！（这些点之一便是 $x\times y$，其中 $x=n+\frac{1}{2}\varepsilon$，

y 为满足 $|y-c_n|<\frac{1}{2}\varepsilon$ 的某一个有理数.) ■

习题

1. 详细验证例 3.
2. (a)设 p：$X\to Y$ 是一个连续映射. 证明：若存在一个连续映射 f：$Y\to X$ 使得 $p\circ f$ 等于 Y 上的恒等映射，则 p 为商映射.
   (b)如果 $A\subset X$，X 到 A 上的一个**收缩**(retraction)是一个连续映射 r：$X\to A$，并满足条件：对于每一个 $a\in A$，$r(a)=a$. 证明：收缩是一个商映射.
3. 设 π_1：$\mathbb{R}\times\mathbb{R}\to\mathbb{R}$ 是到第一个坐标空间的投射. 令 A 是由所有满足条件或者 $x\geqslant 0$ 或者 $y=0$（或者二者同时成立）的点 $x\times y$ 所构成的 $\mathbb{R}\times\mathbb{R}$ 的那个子空间. q：$A\to\mathbb{R}$ 是 π_1 的限制. 证明：q 是非开非闭的商映射.
4. (a)在平面 $X=\mathbb{R}^2$ 中定义等价关系如下：
$$x_0\times y_0\sim x_1\times y_1\quad 如果\ x_0+y_0^2=x_1+y_1^2.$$
   令 X^* 为相应的商空间，则 X^* 同胚于一个你所熟悉的空间，它是什么空间？[提示：令 $g(x\times y)=x+y^2$.]
   (b)对于等价关系
$$x_0\times y_0\sim x_1\times y_1\quad 如果\ x_0^2+y_0^2=x_1^2+y_1^2,$$
   讨论(a)小题中的问题.
5. 设 p：$X\to Y$ 是一个开映射. 证明：若 A 为 X 的一个开集，则 p 的限制 q：$A\to p(A)$ 为开映射.
6. 设 $\mathbb{R}_K$ 表示具有 K-拓扑的实直线（见第 13 节）. 令 Y 是将集合 K 黏合成一点所得到的 $\mathbb{R}_K$ 的商空间，p：$\mathbb{R}_K\to Y$ 为商映射.
   (a)证明 Y 满足 T_1 公理，但不是一个 Hausdorff 空间.
   (b)证明 $p\times p$：$\mathbb{R}_K\times\mathbb{R}_K\to Y\times Y$ 不是商映射. [提示：对角线不是 $Y\times Y$ 的闭集，但它的原像在 $\mathbb{R}_K\times\mathbb{R}_K$ 中是闭的.]

* 附加习题：拓扑群

在这些习题中，我们研究拓扑群及其某些性质. 商拓扑的名称便是由构造拓扑群关于其子群的商群而来.

拓扑群(topological group)G 既是一个群又是一个满足 T_1 公理的拓扑空间，并且将 $x\times y$ 映为 $x\cdot y$ 的从 $G\times G$ 到 G 的映射以及将 x 映为 x^{-1} 的从 G 到 G 的映射都是连续的. 在下面的题目中，用 G 表示拓扑群.

1. 设 H 是一个群，同时也是一个满足 T_1 公理的拓扑空间. 证明：H 是一个拓扑群当且仅当将 $x\times y$ 映成 $x\cdot y^{-1}$ 的从 $H\times H$ 到 H 的映射是连续的.
2. 证明以下都是拓扑群：
   (a)($\mathbb{Z}$，+).

(b)($\mathbb{R}$，＋).

(c)($\mathbb{R}_+$，·).

(d)(S^1，·)，其中 S^1 是使得 $|z|=1$ 的所有复数 z 组成的空间.

(e)在矩阵乘法运算下的一般线性群 $GL(n)$.（$GL(n)$是所有非蜕化 $n\times n$ 阶矩阵的集合，其拓扑是作为 n^2 维欧氏空间的子集按显然的方式给出的.）

3. 设 H 是 G 的一个子空间. 证明：如果 H 又是 G 的一个子群，那么 H 和 $\overline{H}$ 两者都是拓扑群.

4. 设 α 是 G 的一个元素. 证明：用

$$f_\alpha(x)=\alpha\cdot x \quad \text{以及} \quad g_\alpha(x)=x\cdot\alpha$$

定义的映射 f_α，g_α：$G\to G$ 是 G 的一个同胚. 证明 G 是一个齐性空间.（即对于 G 的任意两个点 x 和 y，存在一个从 G 到 G 上的同胚将 x 映成 y.）

5. 设 H 是 G 的一个子群. 若 $x\in G$，定义 $xH=\{x\cdot h\mid h\in H\}$，称之为 H 在 G 中的一个**左陪集**(left coset). 设 G/H 表示 G 中 H 的左陪集族，它是 G 的一个分拆. 在 G/H 上赋予商拓扑.

(a)证明：若 $\alpha\in G$，前一题中的映射 f_α 诱导出 G/H 的一个同胚，它将 xH 映为$(\alpha\cdot x)H$. 证明 G/H 是一个齐性空间.

(b)证明：若 H 关于 G 的拓扑是一个闭集，则单点集在 G/H 中都是闭的.

(c)证明：商映射 p：$G\to G/H$ 是开的.

(d)证明：若 H 关于 G 的拓扑是一个闭集，并且是 G 的一个正规子群，则 G/H 是拓扑群.

6. 整数集$\mathbb{Z}$是($\mathbb{R}$，＋)的正规子群. 商$\mathbb{R}/\mathbb{Z}$是一个你所熟悉的拓扑群，它是哪个拓扑群？

7. 若 A 和 B 都是 G 的子集，用 $A\cdot B$ 表示所有点 $a\cdot b$ 的集合，其中 $a\in A$，$b\in B$. 用 A^{-1} 表示所有点 a^{-1} 的集合，其中 $a\in A$.

(a)单位元 e 的一个邻域 V 称为**对称的**(symmetric)，若 $V=V^{-1}$. 若 U 为 e 的一个邻域，证明：存在一个 e 的对称邻域 V，使得 $V\cdot V\subset U$. [提示：若 W 为 e 的一个邻域，则 $W\cdot W^{-1}$ 便是对称的.]

(b)证明 G 是一个 Hausdorff 空间. 事实上，只要证明：若 $x\neq y$，则存在 e 的邻域 V，使得 $V\cdot x$ 与 $V\cdot y$ 无交.

(c)证明：G 满足以下称为**正则性公理**(regularity axiom)的分离公理：对于任意给定的闭子集 A 和 A 外的一个点 x，存在分别包含 A 和 x 的无交的两个开集. [提示：存在 e 的一个邻域 V，使得 $V\cdot x$ 与 $V\cdot A$ 无交.]

(d)设 H 是 G 的一个子群并且关于 G 的拓扑是闭的. p：$G\to G/H$ 为商映射. 证明 G/H 满足正则性公理. [提示：当 A 为饱和集时，考察(c)小题的证明.]

第3章 连通性与紧致性

在微积分中，关于连续函数有下面三个基本定理，它们是其他定理的基础：

介值定理. 若 $f: [a, b] \to \mathbb{R}$ 连续，r 是 $f(a)$ 与 $f(b)$ 之间的一个实数，则存在一个元素 $c \in [a, b]$，使得 $f(c)=r$.

极大值定理. 若 $f: [a, b] \to \mathbb{R}$ 连续，则存在一个元素 $c \in [a, b]$，使得对任何 $x \in [a, b]$ 都有 $f(x) \leqslant f(c)$.

一致连续性定理. 若 $f: [a, b] \to \mathbb{R}$ 连续，则对给定的 $\varepsilon > 0$，存在 $\delta > 0$，使得对 $[a, b]$ 中满足 $|x_1 - x_2| < \delta$ 的任何一对元素 x_1 和 x_2 都有 $|f(x_1) - f(x_2)| < \varepsilon$.

这些定理有许多应用. 比如，介值定理可用于构造像 $\sqrt[3]{x}$ 和 $\arcsin x$ 这样的反函数. 极大值定理可用于证明微分中值定理，并且据此证明微积分中的两个*微积分基本定理*. 而一致连续性定理的许多应用之一便是证明每一个连续函数都是可积的.

以往我们是从连续函数的角度来看待这三个定理. 其实，也可以将其视为实数闭区间 $[a, b]$ 上的定理. 它们不仅依赖于 f 的连续性，而且也依赖于拓扑空间 $[a, b]$ 的若干性质.

介值定理所依赖的是空间 $[a, b]$ 的所谓*连通性*，另外两个定理所依赖的则是空间 $[a, b]$ 的所谓*紧致性*. 本章我们将对任意拓扑空间定义这两种性质，并且证明这三个定理的适当的推广形式.

以上三个定理在微积分的理论中有着重要的作用，与此相仿，连通性与紧致性在高等分析、几何学、拓扑学中，甚至在几乎任何一门与拓扑空间概念有关的学科中，都有着重要的作用.

23 连通空间

拓扑空间中连通性的定义是易于理解的. 如果空间能够拆成两个"团"——两个无交的开集，我们就说空间是可以"分割"的. 否则，便称它是连通的. 这样一个简单的想法引发了后续的相关讨论.

定义 *设 X 是一个拓扑空间. 所谓 X 的一个***分割**(separation)，*是指 X 的一对无交的非空开子集 U 和 V，它们的并等于 X. 如果 X 的分割不存在，则称空间 X 是***连通的**(connected).

连通性显然是一个拓扑性质，因为它的定义仅涉及 X 的开集族. 换句话说，如果 X 是连通的，那么与 X 同胚的每一空间都是连通的.

连通性的定义也可以用以下方式给出：*空间 X 是连通的当且仅当 X 中既开又闭的子集只有空集和 X 自身*. 事实上，若 A 是 X 中一个既开又闭的非空真子集，那么，$U=A$ 和 $V=X-A$ 是 X 中的非空无交开集使得其并等于 X，从而它们构成了 X 的一个分割. 反之，如果 U 和 V 构成 X 的一个分割，则 U 便是 X 的既开又闭的非空真子集.

对于拓扑空间 X 的子空间 Y，还有另一种定义其连通性的有用方法：

引理 23.1 *如果 Y 是 X 的子空间，则 Y 的一个分割是一对无交的非空集合 A 和 B，它们的并等于 Y，并且 A 和 B 中的任何一个都不包含另一个的极限点. 如果空间 Y 不存在这样的*

分割，则空间 Y 是连通的.

证 首先，设 A 和 B 是 Y 的一个分割，则 A 在 Y 中既开又闭. A 在 Y 中的闭包是 $\overline{A}\cap Y$(按照惯例，这里 $\overline{A}$ 表示 A 在 X 中的闭包). 由于 A 在 Y 中是闭的，所以 $A=\overline{A}\cap Y$，因此 $\overline{A}\cap B=\varnothing$. 由于 $\overline{A}$ 等于 A 与其极限点集的并，所以 B 不包含 A 的极限点. 同理，A 也不包含 B 的极限点.

反之，假设 A 和 B 是 Y 中两个非空无交集合，其并等于 Y，并且其中任何一个不包含另一个的极限点. 于是 $\overline{A}\cap B=\varnothing$，$A\cap\overline{B}=\varnothing$. 由此可见 $\overline{A}\cap Y=A$ 和 $\overline{B}\cap Y=B$，于是 A 和 B 都是 Y 中的闭集，再根据 $A=Y-B$ 和 $B=Y-A$，便可见它们也都是 Y 中的开集. ■

例 1 设 X 是只有两个点的密着拓扑空间. 显然，X 的分割不存在，因此 X 是连通的. ■

例 2 设 Y 是实直线 $\mathbb{R}$ 的子空间 $[-1,0)\cup(0,1]$. 由于 $[-1,0)$ 与 $(0,1]$ 都是 Y 中非空的开集(尽管它们不是 $\mathbb{R}$ 中的开集)，因此，它们构成 Y 的一个分割. 另外请注意，它们中任何一个集合都不包含另一个集合的极限点.（0 是它们的一个公共极限点，但这个点不在子空间 Y 中.） ■

例 3 设 X 是实直线 $\mathbb{R}$ 的子空间 $[-1,1]$. $[-1,0]$ 和 $(0,1]$ 是两个无交非空集合，但它们不构成 X 的分割，因为第一个集合不是 X 中的开集. 另外请注意，第一个集合包含了第二个集合的极限点 0. 事实上，空间 $[-1,1]$ 的分割是不存在的. 稍后我们将证明这一点. ■

例 4 有理数集 $\mathbb{Q}$ 是不连通的. 事实上，$\mathbb{Q}$ 的连通子空间只有单点集. 因为如果 Y 是 $\mathbb{Q}$ 中包含点 p 和 q 的一个子空间，则在 p 和 q 之间可以选择一个无理数 a，并且 Y 可以表示为两个开集

$$Y\cap(-\infty,a) \quad \text{和} \quad Y\cap(a,+\infty)$$

的并. ■

例 5 考虑平面 $\mathbb{R}^2$ 的子集：

$$X=\{x\times y \mid y=0\}\cup\{x\times y \mid x>0 \text{ 和 } y=1/x\}.$$

X 是不连通的. 事实上，上面给出的两个集合就是 X 的一个分割，因为它们中的任何一个都不包含另一个的极限点(参见图 23.1). ■

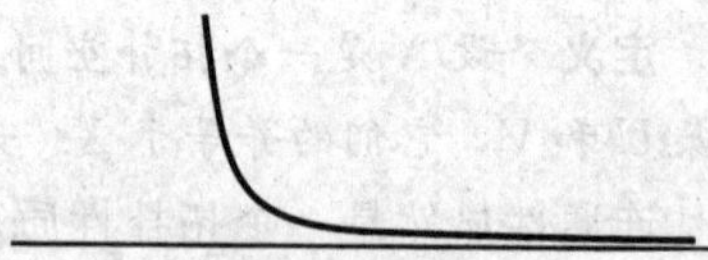

图 23.1

我们已经给出了几个不连通空间的例子. 然而，怎样构造连通空间呢？我们即将证明几个定理，它们给出了一些由已知连通空间构造新的连通空间的方法. 在下一节，我们将应用这些定理证明几个特殊空间的连通性，比如 $\mathbb{R}$ 中的区间，$\mathbb{R}^n$ 中的球和方体. 首先给出下述引理：

引理 23.2 *如果集合 C 与 D 构成 X 的一个分割，并且 Y 是 X 的一个连通子空间，那么，Y 或者包含于 C，或者包含于 D.*

证 由于 C 和 D 都是 X 中的开集，从而 $C\cap Y$ 和 $D\cap Y$ 都是 Y 中的开集. 这两个集合无交且它们的并等于 Y. 倘若它们中每一个都不是空集，则它们便构成了 Y 的一个分割. 因此，它们之中必有一个为空集. 于是，或者 Y 包含于 C，或者 Y 包含于 D. ■

定理 23.3 含一个公共点的 X 的连通子空间族的并是连通的.

证 设$\{A_\alpha\}$是空间 X 中连通子空间的一个族. p 是$\bigcap A_\alpha$ 的一个点. 我们证明空间 $Y=\bigcup A_\alpha$ 是连通的. 设 $Y=C\cup D$ 是 Y 的一个分割. 那么点 p 将属于 C 或 D. 不妨设 $p\in C$. 因为 A_α 是连通的，它必然整个地包含于 C 或 D，而由于它包含 C 中的点 p，所以 A_α 不可能包含在 D 中. 因此对于每一个 α，有 $A_\alpha\subset C$，于是$\bigcup A_\alpha\subset C$，这与 D 非空矛盾. ■

定理 23.4 设 A 是 X 的一个连通子空间. 若 $A\subset B\subset\bar{A}$，则 B 也是连通的.

换句话说，如果 B 等于连通子空间 A 加上它的部分或全部极限点，那么 B 是连通的.

证 设 A 连通且 $A\subset B\subset\bar{A}$. 如果 $B=C\cup D$ 是 B 的一个分割. 根据引理 23.2，A 必定整个地包含于 C 或者包含于 D，假设 $A\subset C$. 于是 $\bar{A}\subset\bar{C}$. 由于 $\bar{C}$ 与 D 无交，所以 B 与 D 无交，这与 D 是 B 的非空子集矛盾. ■

定理 23.5 连通空间在连续映射下的像是连通的.

证 设 $f: X\to Y$ 是一个连续映射，X 是连通空间. 我们来证明它的像空间 $Z=f(X)$是连通的. 因为把 f 的值域限制在空间 Z 上而得到的映射也是连续的，所以只要考虑下述连续满映射

$$g: X\longrightarrow Z$$

就行了. 假设 $Z=A\cup B$ 是由 Z 中两个非空无交开集构成的 X 的一个分割. 那么 $g^{-1}(A)$与 $g^{-1}(B)$也无交，并且其并等于 X. 由于 g 是一个连续映射，所以它们都是 X 中的开集. 由于 g 是满映射，所以它们都是非空的. 因此 $g^{-1}(A)$与 $g^{-1}(B)$便构成了 X 的一个分割，这与 X 的连通性矛盾. ■

定理 23.6 有限多个连通空间的笛卡儿积是连通的.

证 首先对两个连通空间 X 与 Y 的积加以证明. 这个证明可以说得直观些. 在积空间 $X\times Y$中选取一个"基点"$a\times b$. 注意到"水平薄片"$X\times b$ 与 X 同胚，因而是连通的；每一个"竖立薄片"$x\times Y$ 与 Y 同胚，因而也是连通的. 于是，每一个"十字型"空间

$$T_x=(X\times b)\cup(x\times Y)$$

是两个具有公共点 $x\times b$ 的连通空间之并，因而也是连通的. 见图 23.2. 现在考虑所有这些十字型空间的并$\bigcup_{x\in X}T_x$. 这个并是连通的，因为它是含有公共点 $a\times b$ 的连通空间族的并. 由于这个并等于 $X\times Y$，因此空间 $X\times Y$ 连通.

由于(易证)$X_1\times\cdots\times X_n$ 同胚于$(X_1\times\cdots\times X_{n-1})\times X_n$，所以对于有限多个连通空间的笛卡儿积，我们可以用归纳法给出证明. ■

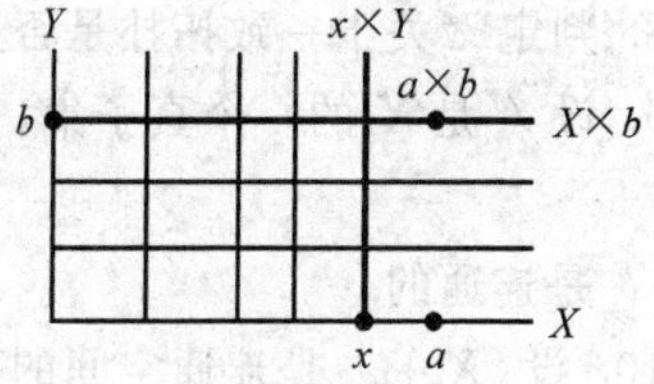

图 23.2

人们自然会问：上述定理是否可以推广到任意多个连通空间的笛卡儿积上？下面的例子告诉我们，这与笛卡儿积上所选择的拓扑有关.

例 6 考虑$\mathbb{R}^\omega$上的箱拓扑. $\mathbb{R}^\omega$可以表示成所有有界实数序列的集合 A 与所有无界序列的集合 B 的并. 这两个集合无交，且每一集合都是箱拓扑中的开集. 这是由于任意选取$\mathbb{R}^\omega$的一个点 $\mathbf{a}$，若 $\mathbf{a}$ 是一个有界序列，则

$$U=(a_1-1,a_1+1)\times(a_2-1,a_2+1)\times\cdots$$

是由有界序列组成的一个开集．而当 $\boldsymbol{a}$ 为无界序列时，则上述 U 是由无界序列组成的一个开集．由此可见，尽管 $\mathbb{R}$ 是连通的(下节我们将给出证明)，但 $\mathbb{R}^\omega$ 关于箱拓扑却不是连通的． ■

例 7 考虑 $\mathbb{R}^\omega$ 的积拓扑．假设 $\mathbb{R}$ 是连通的，我们来证明 $\mathbb{R}^\omega$ 是连通的．设 $\widetilde{\mathbb{R}}^n$ 是由所有序列 $\boldsymbol{x}=(x_1, x_2, \cdots)$ 组成的 $\mathbb{R}^\omega$ 的子空间，其中，当 $i>n$ 时有 $x_i=0$．显然，$\widetilde{\mathbb{R}}^n$ 同胚于 $\mathbb{R}^n$，根据前一个定理可见，它是连通的．由于每一个 $\widetilde{\mathbb{R}}^n$ 都包含点 $\mathbf{0}=(0, 0, \cdots)$，所以所有这些 $\widetilde{\mathbb{R}}^n$ 的并 $\mathbb{R}^\infty$ 是连通的．我们来证明 $\mathbb{R}^\infty$ 的闭包等于 $\mathbb{R}^\omega$，由此推出 $\mathbb{R}^\omega$ 也是连通的．

设 $\boldsymbol{a}=(a_1, a_2, \cdots)$ 是 $\mathbb{R}^\omega$ 的一个点，$U=\Pi U_i$ 为积拓扑中含有点 $\boldsymbol{a}$ 的一个基元素．我们证明 U 与 $\mathbb{R}^\infty$ 有交．选取一个整数 N，使得当 $i>N$ 时有 $U_i=\mathbb{R}$．则 $\mathbb{R}^\infty$ 的点

$$\boldsymbol{x}=(a_1, \cdots, a_n, 0, 0, \cdots)$$

属于 U，这是由于对于所有的 i 有 $a_i \in U_i$，并且对于所有的 $i>N$ 有 $0 \in U_i$． ■

上述讨论的推广说明在积拓扑下任意多个连通空间的笛卡儿积是连通的．由于我们不需要这个结果，其证明留作习题．

习题

1. 设 $\mathcal{T}$ 和 $\mathcal{T}'$ 是 X 的两个拓扑．若 $\mathcal{T}' \subset \mathcal{T}$，试问关于两种拓扑的连通性之间有什么联系？
2. 设 $\{A_n\}$ 是 X 的连通子空间的一个序列，并且对于所有的 n 有 $A_n \cap A_{n+1} \neq \varnothing$．证明 $\bigcup A_n$ 是连通的．
3. 设 $\{A_\alpha\}$ 是 X 的连通子空间的一个族．A 是 X 的一个连通子空间．证明：若对于每一个 α 有 $A \cap A_\alpha \neq \varnothing$，则 $A \cup (\bigcup A_\alpha)$ 是连通的．
4. 证明：若 X 为无限集，则 X 关于有限补拓扑是连通的．
5. 若一个空间的连通子空间只有单点集，则这个空间称为**完全不连通**(totally disconnected)空间．证明：若 X 具有离散拓扑，则 X 是完全不连通的．其逆成立吗？
6. 设 $A \subset X$．证明：若 C 是 X 的一个连通子空间，并且 C 与 A 和 $X-A$ 都有交，则 C 与 $\mathrm{Bd}A$ 也有交．
7. 空间 $\mathbb{R}_\ell$ 连通吗？验证你的结论．
8. 判定 $\mathbb{R}^\omega$ 关于一致拓扑是否连通．
9. 设 A 是 X 的一个真子集，B 是 Y 的一个真子集．若 X 和 Y 都是连通的，证明
$$(X \times Y)-(A \times B)$$
是连通的．
10. 设 $\{X_\alpha\}_{\alpha \in J}$ 是连通空间的一个加标族，X 是积空间
$$X=\prod_{\alpha \in J} X_\alpha.$$
设 $\boldsymbol{a}=(a_\alpha)$ 是 X 的一个给定的点．
(a)对于 J 的任何一个有限子集 K，以 X_K 表示由所有那些点 $\boldsymbol{x}=(x_\alpha)$ 的集合，其中当 $\alpha \notin K$ 时有 $x_\alpha=a_\alpha$．证明 X_K 是连通的．
(b)所有空间 X_K 的并 Y 是连通的．
(c)证明：X 等于 Y 的闭包．从而 X 是连通的．

11. 设 $p: X \to Y$ 是一个商映射．证明：若每一个 $p^{-1}(\{y\})$ 是连通的，并且 Y 也是连通的，则 X 是连通的．

12. 设 $Y \subset X$，X 和 Y 都是连通的．证明：若 A 和 B 构成 $X-Y$ 的一个分割，则 $Y \cup A$ 和 $Y \cup B$ 都是连通的．

24　实直线上的连通子空间

上一节的定理给出了用已知的连通空间来构造新的连通空间的方法．那么，从哪里开始去寻找一些连通空间呢？其中最理想的莫过于实直线了．我们将证明 $\mathbb{R}$ 是连通的，以及 $\mathbb{R}$ 中的每一个区间和射线都是连通的．

一个应用就是适当地推广微积分中的介值定理．另一个应用就是证明欧氏空间中诸如球和球面那些熟知的空间的连通性．这个证明涉及我们将要讨论的*道路连通性*这样一个新的概念．

$\mathbb{R}$ 中的区间和射线的连通性大家可能从数学分析中早已很熟悉了．这里，我们在更广泛的意义下给出证明，并指明这件事与 $\mathbb{R}$ 的代数性质无关，而仅与它的序的性质有关．为了明确起见，我们将对任意与 $\mathbb{R}$ 有同样的序性质的那些全序集证明这个定理．这种集合称为*线性连续统*．

定义　*若 L 是多于一个元素的全序集，并且满足条件：*

(1) L 有上确界性质．

(2) 若 $x<y$，则存在 z 使得 $x<z<y$．

则称 L 是一个 **线性连续统**(linear continuum)．

定理 24.1　*若 L 是一个赋予序拓扑的线性连续统，则 L 是连通的，并且 L 的每一个区间和每一条射线也都是连通的．*

证　曾经给出过以下定义：称 L 的一个子空间 Y 是凸的，是指对于满足 $a<b$ 的 Y 中的任何一个点对 a 和 b，L 中的点组成的区间 $[a, b]$ 包含于 Y．以下我们证明：若 Y 是 L 的一个凸子集，则 Y 是连通的．

设 Y 是两个非空无交集合 A 和 B 之并，其中 A 和 B 都是 Y 的开集．选取 $a \in A$ 和 $b \in B$，并且为讨论方便，假设 $a<b$．于是 L 中的区间 $[a, b]$ 包含于 Y．于是，$[a, b]$ 可以表示成无交集合

$$A_0 = A \cap [a,b] \quad \text{和} \quad B_0 = B \cap [a,b]$$

之并，并且每一集合就子空间的序拓扑而言都是 $[a, b]$ 的开集．由 $a \in A_0$ 及 $b \in B_0$ 知它们都是非空的．因此 A_0 和 B_0 是 $[a, b]$ 的一个分割．

令 $c = \sup A_0$．以下证明 c 既不属于 A_0 也不属于 B_0．这与 $[a, b]$ 等于 A_0 与 B_0 的并矛盾．

情形 1．假定 $c \in B_0$．则 $c \neq a$，于是或者 $c=b$，或者 $a<c<b$．无论哪种情况，由于 B_0 是 $[a, b]$ 中的开集，总存在一个形如 $(d, c]$ 的区间包含于 B_0．若 $c=b$，立刻得出矛盾，因为这时 d 是 A_0 的一个小于 c 的上界．如果 $c<b$，我们有 $(c, b]$ 与 A_0 无交(由于 c 是 A_0 的一个上界)．于是

$$(d,b] = (d,c] \cup (c,b]$$

与 A_0 无交．由此可见 d 仍然是 A_0 的一个小于 c 的上界，与假设矛盾．参见图 24.1．

情形 2．假定 $c \in A_0$．则 $c \neq b$，于是或者 $c=a$，或者 $a<c<b$．因为 A_0 在 $[a, b]$ 中是开的，一定存在某一个形如 $[c, e)$ 的区间包含在 A_0 中．参见图 24.2．根据线性连续统 L 的序性

质(2)，可在 L 中选取一点 z，使得 $c<z<e$. 于是 $z\in A_0$，这与 c 是 A_0 的一个上界矛盾.

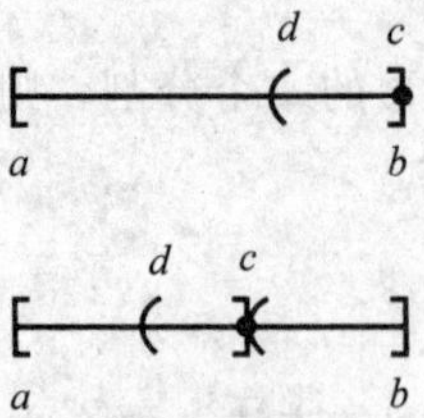

图　24.1

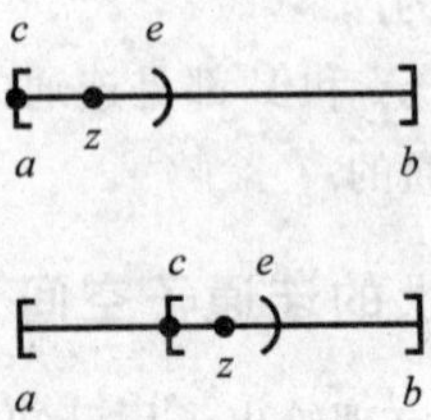

图　24.2

■

推论 24.2　实直线ℝ是连通的，并且ℝ中的每一个区间和射线也都是连通的.

作为一个应用，我们证明微积分中的介值定理的一个适当的推广形式.

定理 24.3［**介值定理**(intermediate value theorem)］　设 f：$X\rightarrow Y$ 是从连通空间 X 到具有序拓扑的全序集 Y 的一个连续映射. 若 a 和 b 是 X 的两个点并且 r 是 Y 中介于 $f(a)$和 $f(b)$之间的一个点①，则 X 中存在一个点 c 使得 $f(c)=r$.

作为特殊情形，若取 X 为ℝ中的闭区间并且取 Y 为ℝ，便可得到微积分中的介值定理.

证　假定定理所设条件成立. 那么

$$A=f(X)\cap(-\infty,r)\quad 和 \quad B=f(X)\cap(r,+\infty)$$

是无交的，由于 A 和 B 中一个包含 $f(a)$，另一个包含 $f(b)$，所以它们都是非空的. 由于它们是 Y 的开射线与 $f(X)$的交，所以都是 $f(X)$的开集. 若 X 中不存在使得 $f(c)=r$ 的点 c，那么 $f(X)$就等于是集合 A 与 B 的并. 于是 A 和 B 便组成 $f(X)$的一个分割，这与连通空间的连续像是连通的这一事实相矛盾. ■

例 1　一个异于ℝ的线性连续统的例子是有序矩形. 我们只验证上确界性质(线性连续统定义中的第二个要求是显然的). 设 A 为 $I\times I$ 的一个子集. 设 π_1：$I\times I\rightarrow I$ 是向第一个坐标空间的投射. 并令 $b=\sup\pi_1(A)$. 若 $b\in\pi_1(A)$，则 A 与 $I\times I$ 的子集 $b\times I$ 相交，因为 $b\times I$ 具有 I 的序型，$A\cap(b\times I)$有上确界 $b\times c$，它也是 A 的上确界. 参见图 24.3. 如果 $b\notin\pi_1(A)$，则

图　24.3

① 根据定理的证明可见，"r 是 Y 中介于 $f(a)$和 $f(b)$之间的一个点"意思是指或者 $f(a)<r<f(b)$成立，或者 $f(b)<r<f(a)$成立. ——译者注

$b\times 0$是 A 的上确界. 而满足 $b'<b$ 的形如 $b'\times c$ 的元素都不可能是 A 的上界，因为此时 b'将是 $\pi_1(A)$的一个上界. ■

例 2 如果 X 是一个良序集，留给读者自行验证 $X\times[0, 1)$关于字典序是一个线性连续统. 这个集合可以看成是在 X 的每一个元素和它的紧接后元之间“填充”一个具有(0, 1)序型的集合而构成的. ■

$\mathbb{R}$ 中的区间的连通性引出了一个判定空间 X 连通的特别有用的准则，即 X 中的任何一对点都能用 X 中的一条道路连接.

定义 设 x 与 y 为空间 X 的两点，X 中从 x 到 y 的一条**道路**(path)是指从实直线的某一个闭区间$[a, b]$到 X 的一个连续映射 f：$[a, b]\to X$，使得 $f(a)=x$ 和 $f(b)=y$. 如果空间 X 中每一对点都能用 X 中的一条道路连接，则称 X 是**道路连通的**(path connected).

容易看出，道路连通空间 X 必然连通. 设 $X=A\cup B$ 是 X 的一个分割. 令 f：$[a, b]\to X$ 为 X 中任何一条道路. 而集合 $f([a, b])$是连通集的连续像，所以它是连通的. 于是它必定完全包含于 A 或者包含于 B 中. 因此，X 中便不存在连接 A 中的点与 B 中的点的道路，这与 X 是道路连通的假设相矛盾.

上述命题的逆命题并不成立，一个连通空间未必是道路连通的. 见下面的例 6 和例 7.

例 3 $\mathbb{R}^n$中的**单位球**(unit ball)B^n 定义为

$$B^n = \{\boldsymbol{x} \mid \|\boldsymbol{x}\| \leqslant 1\},$$

其中

$$\|\boldsymbol{x}\| = \|(x_1,\cdots,x_n)\| = (x_1^2+\cdots+x_n^2)^{1/2}.$$

单位球是道路连通的. 事实上，任意给定 B^n 中两点 $\boldsymbol{x}$ 与 $\boldsymbol{y}$，由

$$f(t) = (1-t)\boldsymbol{x} + t\boldsymbol{y}$$

定义的直线道路 f：$[0, 1]\to\mathbb{R}^n$完全含在 B^n 中. 因为若 $\boldsymbol{x}$ 与 $\boldsymbol{y}$ 在 B^n 中并且 t 在$[0, 1]$中，那么

$$\|f(t)\| \leqslant (1-t)\|\boldsymbol{x}\| + t\|\boldsymbol{y}\| \leqslant 1.$$

类似地，可以证明$\mathbb{R}^n$中每一个开球 $B_d(\boldsymbol{x}, \varepsilon)$和每一个闭球 $\bar{B}_d(\boldsymbol{x}, \varepsilon)$都是道路连通的. ■

例 4 **穿孔欧氏空间**(punctured Euclidean space)定义为空间$\mathbb{R}^n-\{\mathbf{0}\}$，其中 $\mathbf{0}$ 是$\mathbb{R}^n$中的原点. 对于 $n>1$，它是道路连通的：任意给定异于 $\mathbf{0}$ 的两点 $\boldsymbol{x}$ 与 $\boldsymbol{y}$，如果它们的连线不通过原点，就用直线道路连接 $\boldsymbol{x}$ 与 $\boldsymbol{y}$. 否则，我们可选取一点 $\boldsymbol{z}$ 不在 $\boldsymbol{x}$ 与 $\boldsymbol{y}$ 连线上，连一条从 $\boldsymbol{x}$ 到 $\boldsymbol{z}$，再从 $\boldsymbol{z}$ 到 $\boldsymbol{y}$ 的折线道路. ■

例 5 $\mathbb{R}^n$中的**单位球面**(unit sphere)S^{n-1}定义为

$$S^{n-1} = \{\boldsymbol{x} \mid \|\boldsymbol{x}\| = 1\}.$$

当 $n>1$ 时它是道路连通的. 因为用 $g(\boldsymbol{x})=\boldsymbol{x}/\|\boldsymbol{x}\|$ 所定义的映射 g：$\mathbb{R}^n-\{\mathbf{0}\}\to S^{n-1}$ 是连续满射. 易见，一个道路连通空间的连续像是道路连通的. ■

例 6 有序矩形 I_o^2 是连通的，但不是道路连通的.

因为 I_o^2 是一个线性连续统，所以它是连通的．设 $p=0\times 0$，$q=1\times 1$，如果存在一个连接 p 和 q 的道路 f：$[a, b]\to I_o^2$，必定导致矛盾．根据介值定理，像集 $f([a, b])$ 必定包含 I_o^2 的每一个点 $x\times y$．因此，对于每一个点 $x\in I$，集合

$$U_x = f^{-1}(x\times(0,1))$$

是$[a, b]$中一个非空子集．并且根据连续性，它是$[a, b]$中的一个开集．参见图 24.4．对于每一个 $x\in I$，在 U_x 中选取一个有理数 q_x．因为这些集合 U_x 无交，映射 $x\to q_x$ 是一个从 I 到 $\mathbb{Q}$ 中的单射．这与区间 I 不可数矛盾(后面我们将证明 I 是不可数的)．■

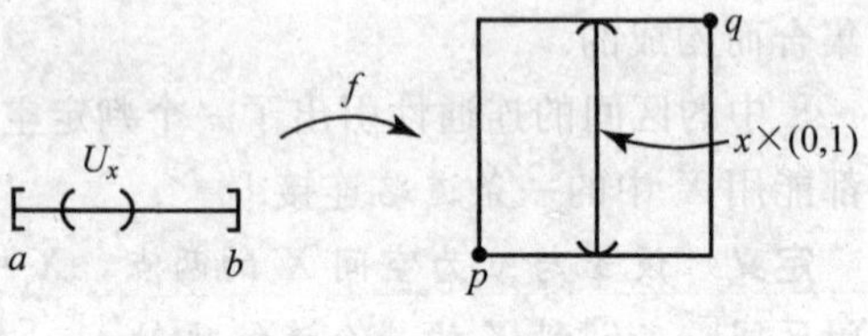

图　24.4

例 7　设 S 表示平面上的下列子集：

$$S=\{x\times\sin(1/x)\mid 0< x\leqslant 1\}.$$

因为 S 是连通集$(0, 1]$的连续像，所以 S 是连通的．因此它在$\mathbb{R}^2$中的闭包 $\bar{S}$ 也是连通的．集合 $\bar{S}$ 是拓扑学上的一个经典例子，称为**拓扑学家的正弦曲线**(topologist's sine curve)．如图 24.5所示．它是 S 与一个垂直区间 $0\times[-1, 1]$之并．我们来证明 $\bar{S}$ 不是道路连通的．

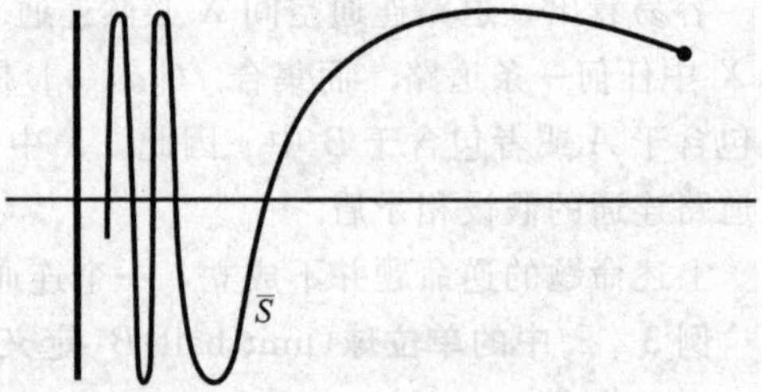

图　24.5

假设 f：$[a, c]\to\bar{S}$ 是一个连接原点与 S 中一点的道路．则所有满足 $f(t)\in 0\times[-1, 1]$的 t 构成一个闭集，从而有最大元 b．那么 f：$[b, c]\to\bar{S}$ 是一个将 b 映到 $0\times[-1, 1]$中，将$[b, c]$中所有异于 b 的点映到 S 中的道路．

为讨论方便，以$[0, 1]$代替$[b, c]$，并且记 $f(t)=(x(t), y(t))$．则 $x(0)=0$，且当 $t>0$ 时，$x(t)>0$，$y(t)=\sin(1/x(t))$．我们来证明存在点的一个序列 $t_n\to 0$ 使得 $y(t_n)=(-1)^n$．由于序列 $y(t_n)$不收敛，从而与 f 的连续性矛盾．

我们可按照以下方式选取 t_n：对于给定的 n，选取满足 $0<u<x(1/n)$的 u 使得$\sin(1/u)=(-1)^n$．那么由介值定理知，存在满足 $0<t_n<1/n$ 的 t_n 使得 $x(t_n)=u$．■

习题

1. (a)证明：空间$(0, 1)$，$(0, 1]$与$[0, 1]$彼此不同胚．[提示：从每一空间中去掉一个点将发生什么情况?]

   (b)设 f：$X\to Y$ 和 g：$Y\to X$ 都是嵌入映射．举例说明 X 和 Y 未必同胚．

   (c)证明：若 $n>1$，则$\mathbb{R}^n$与$\mathbb{R}$不同胚．

2. 设 f：$S^1\to\mathbb{R}$ 是一个连续映射．证明存在 S^1 的一个点 x，使得 $f(x)=f(-x)$．
3. 设 f：$X\to X$ 是连续的．证明：若 $X=[0, 1]$，则存在一点 x 使得 $f(x)=x$．点 x 称之为 f 的一个**不动点**(fixed point)．若 X 为$[0, 1)$或$(0, 1)$，结论如何?
4. 设 X 是赋予序拓扑的一个全序集．证明：若 X 连通，则 X 为线性连续统．

5. 讨论下列具有字典序的集合，其中哪些是线性连续统？

(a)$\mathbb{Z}_+\times[0, 1)$.

(b)$[0, 1)\times\mathbb{Z}_+$.

(c)$[0, 1)\times[0, 1]$

(d)$[0, 1]\times[0, 1)$.

6. 证明：若 X 是一个良序集，则 $X\times[0, 1)$关于字典序是一个线性连续统.

7. (a)设 X 与 Y 都是赋予序拓扑的全序集. 证明：若 f：$X\to Y$ 是一个保序满射，则 f 为同胚.

(b)设 $X=Y=\overline{\mathbb{R}}_+$. 对于取定的正整数 n，证明：函数 $f(x)=x^n$ 是一个保序满射. 因而其逆映射，即求 n 次方根，是连续的.

(c)设 X 是$\mathbb{R}$ 的一个子空间$(-\infty, -1)\cup[0, \infty)$. 函数 f：$X\to\mathbb{R}$ 定义为：当 $x<-1$ 时，$f(x)=x+1$. 当 $x\geqslant 0$ 时，$f(x)=x$. 证明：f 是一个保序满射. f 是否是一个同胚？与(a)小题中的结论进行比较.

8. (a)道路连通空间的积空间必定道路连通吗？

(b)若 $A\subset X$ 且 A 是道路连通的，$\bar{A}$ 必定道路连通吗？

(c)若 f：$X\to Y$ 连续，并且 X 道路连通，$f(X)$必定道路连通吗？

(d)若$\{A_\alpha\}$是 X 的道路连通子空间的族，并且$\bigcap A_\alpha\neq\varnothing$，$\bigcup A_\alpha$ 必定道路连通吗？

9. 设$\mathbb{R}$ 不可数. 证明：若 A 为$\mathbb{R}^2$的可数子集，那么$\mathbb{R}^2-A$ 是道路连通的. [提示：通过$\mathbb{R}^2$中一个定点的直线有多少条?]

10. 证明：若 U 是$\mathbb{R}^2$的一个连通开子空间，则 U 道路连通. [提示：对于给定的 $x_0\in U$，证明在 U 中可以与 x_0 道路连接的那些点的集合是 U 中既开又闭的.]

11. 若 A 是 X 的一个连通子空间，Int$A$ 和 BdA 必定连通吗？其逆成立吗？验证你的结论.

*12. 如前，S_Ω 表示极小不可数良序集. 用 L 表示在具有字典序的全序集 $S_\Omega\times[0, 1)$中去掉它的最小元后所得到的集合. 集合 L 是拓扑学中的一个经典例子，称之为**长线**(long line).

定理 *长线是道路连通的，并且局部同胚于$\mathbb{R}$，但它不能嵌入到$\mathbb{R}$ 中.*

(a)设 X 是一个全序集，并且 $a<b<c$ 都是 X 中的点. 证明：$[a, c)$具有$[0, 1)$的序型当且仅当$[a, b)$和$[b, c)$都有$[0, 1)$的序型.

(b)设 X 是一个全序集，$x_0<x_1<\cdots$是 X 中的一个递增序列. 设 $b=\sup\{x_i\}$. 证明：$[x_0, b)$具有$[0, 1)$的序型当且仅当每一个区间$[x_i, x_{i+1})$都具有$[0, 1)$的序型.

(c)设 a_0 为 S_Ω 的最小元. 对于 S_Ω 的每一异于 a_0 的点 a，证明 $S_\Omega\times[0, 1)$的每一区间$[a_0\times 0, a\times 0)$具有$[0, 1)$的序型. [提示：用超限归纳法. 或者 a 在 S_Ω 中有紧接前元，或者存在一个 S_Ω 中的严格递增序列 a_i，使得 $a=\sup\{a_i\}$.]

(d)证明 L 是道路连通的.

(e)证明 L 的每一点都存在一个同胚于$\mathbb{R}$ 中的开区间的邻域.

(f)证明 L 不能嵌入$\mathbb{R}$ 中，实际上对于任何 n，它也不能嵌入$\mathbb{R}^n$中. [提示：$\mathbb{R}^n$的任何子空间都有一个相对于子空间拓扑的可数基.]

*25 分支与局部连通性[①]

对于任意给定的空间 X，有一种自然的方法将它分成一些连通的(或道路连通的)块. 现在我们处理这个问题.

定义 在给定的空间 X 中定义一个等价关系如下：若 X 中存在包含 x 与 y 的连通子空间，则规定 $x \sim y$. 每一等价类称为 X 的一个**分支**(component)(或连通分支).

这个关系的对称性与自反性是显然的. 传递性的推导如下：设 A 是包含 x 和 y 的一个连通子空间，并且 B 是包含 y 和 z 的一个连通子空间，因为 A 和 B 有公共点 y，所以 $A \cup B$ 是包含 x 和 z 的连通子空间.

对于 X 的分支有以下特点：

定理 25.1 X 的所有分支是 X 中这样一些两两无交的连通子空间，它们的并等于 X，并且 X 中的每一个非空的连通子空间仅与一个分支相交.

证 作为等价类的全体，X 的所有分支是两两无交的，并且其并等于 X. X 的每一个连通子空间 A 仅与一个分支相交. 事实上，若 A 与 X 的分支 C_1 和 C_2 都相交，设分别有交点 x_1 和 x_2，那么根据定义有 $x_1 \sim x_2$，而这是不可能的，除非 $C_1 = C_2$.

为了证明分支 C 是连通的，在 C 中取一点 x_0. 对于 C 的每一个点 x 我们有 $x_0 \sim x$，从而存在一个包含 x_0 和 x 的连通子空间 A_x. 根据刚刚证明的结果可见，$A_x \subset C$. 因此，

$$C = \bigcup_{x \in C} A_x.$$

因为这些子空间 A_x 都是连通的并且有一个公共点 x_0，所以它们的并是连通的. ■

定义 在空间 X 上规定另外一种等价关系如下：如果在 X 中存在一个从 x 到 y 的道路，我们规定 $x \sim y$. 每一等价类称为 X 的一个**道路连通分支**(path component).

以下证明这是一个等价关系. 首先注意，如果存在一个以闭区间$[a, b]$为定义域的从 x 到 y 的道路 $f: [a, b] \to X$，则也存在一个以闭区间$[c, d]$为定义域的从 x 到 y 的道路 g(因为$\mathbb{R}$中任何两个闭区间$[a, b]$和$[c, d]$都是同胚的). 对于 X 中每一个 x，自反性 $x \sim x$ 可由常值道路 $f: [a, b] \to X$ 直接得到，其中，对于所有的 t 有 $f(t) = x$. 其次，对称性可由以下事实推出：若 $f: [0, 1] \to X$ 是从 x 到 y 的一条道路，那么由 $g(t) = f(1-t)$ 定义的"逆道路" $g: [0, 1] \to X$ 就是从 y 到 x 的一条道路. 最后，传递性的证明如下：设从 x 到 y 的一条道路为 $f: [0, 1] \to X$，从 y 到 z 的一条道路为 $g: [1, 2] \to X$，我们"黏结 f 和 g"而得到一个从 x 到 z 的道路 $h: [0, 2] \to X$，由定理 18.3"黏结引理"可知，道路 h 是连续的.

与前面一个定理的证明相仿，我们有以下定理：

定理 25.2 X 的所有道路分支是 X 中这样一些两两无交的道路连通子空间，它们的并等于 X，并且 X 中每一个非空道路连通子空间仅与一个道路分支相交.

注意，由于 X 的连通子空间的闭包是连通的，所以空间 X 的每一个分支是 X 中的闭集. 如果 X 只有有限多个分支，那么每一个分支也是 X 中的开集，这是由于每一个分支的补是有

① 本节内容将在本书第二部分用到.

限个闭集的并. 但是，一般情况下，X 的分支未必是 X 的开集.

X 的道路连通分支则不具备上述这些好的性质，它们未必是 X 中的开集，也未必是 X 中的闭集. 考虑以下例子.

例 1　如果$\mathbb{Q}$是所有有理数组成的$\mathbb{R}$的子空间，则$\mathbb{Q}$的每一分支为单点集. $\mathbb{Q}$的每一分支都不是$\mathbb{Q}$的开集. ■

例 2　前一节中给出的“拓扑学家的正弦曲线”$\overline{S}$ 是具有一个分支(因为它是连通的)和两个道路分支的空间. 其中，一个道路分支为 S，另一个道路分支为垂直区间 $V=0\times[-1, 1]$. 注意到 S 为 $\overline{S}$ 的非闭的开集，而 V 为 $\overline{S}$ 的非开的闭集.

如果从 $\overline{S}$ 中去掉 V 中所有第二坐标为有理数的点，则所得到的空间仅有一个分支但有不可数个道路分支. ■

对一个空间来说，连通性是一个有用的性质. 但是，在某些场合下，空间局部地满足连通性条件则更为重要. 粗略地说，局部连通性就是每一个点处都有一个“任意小”的连通邻域. 精确定义如下：

定义　空间 X 称为**在 x 处局部连通的**(locally connected at x)，如果对于 x 的每一个邻域 U，存在 x 的一个连通邻域 V 包含于 U. 若 X 在它的每一个点处都是局部连通的，则简称 X 是**局部连通的**(locally connected). 类似地，空间 X 称为**在 x 处局部道路连通的**(locally path connected at x)，如果对于 x 的每一个邻域 U，都存在 x 的一个道路连通邻域 V 包含于 U. 若 X 在它的每一点处都是局部道路连通的，则称 X 是**局部道路连通的**(locally path connected).

例 3　实直线中的每一个区间和每一条射线都是连通且局部连通的. $\mathbb{R}$ 的子空间$[-1, 0)\cup(0, 1]$是不连通的，但它是局部连通的. 拓扑学家的正弦曲线是连通的但不是局部连通的. 有理数集$\mathbb{Q}$既不连通也不局部连通. ■

定理 25.3　空间 X 是局部连通的当且仅当 X 中的任何一个开集 U 的每一个分支在 X 中都是开的.

证　假设 X 是局部连通的，U 是 X 中的一个开集，C 是 U 的一个分支. 如果 x 是 C 的点，我们可以选取 x 的一个连通邻域 V 使得 $V\subset U$. 因为 V 是连通的，它就必然包含在 U 的分支 C 中. 因此，C 在 X 中是开的.

反之，若 X 中开集的分支在 X 中是开的. 给定 X 的一个点 x 以及 x 的一个邻域 U，令 C 是 U 中包含 x 的分支. 因为 C 是连通的，并且根据假设它在 X 中是开的，所以 X 在 x 处局部连通. ■

可以类似地证明以下定理：

定理 25.4　空间 X 是局部道路连通的当且仅当 X 中的任何一个开集 U 的每一个道路分支在 X 中都是开的.

以下定理给出了道路分支与分支之间的关系：

定理 25.5　若 X 是一个拓扑空间，则 X 的每一个道路分支必定包含在 X 的一个分支之中. 若 X 是局部道路连通的，则 X 的分支和道路分支相同.

证　设 C 是 X 的一个分支，x 是 C 的一个点，P 是 X 的包含 x 的那个道路分支. 因为 P

是连通的，所以 $P\subset C$. 如果 X 是局部道路连通的，我们要证明 $P=C$. 假设 $P\subsetneq C$. 令 Q 表示 X 中所有不同于 P 并且都与 C 相交的那些道路分支的并，其中每一个必定都要包含于 C，于是

$$C=P\cup Q.$$

因为 X 是局部道路连通的，所以 X 的每一个道路分支在 X 中都是开的. 因此，P(它是一个道路分支)和 Q(它是道路分支的并)在 X 中都是开的，它们构成 C 的一个分割. 这与 C 的连通性矛盾. ■

习题

1. $\mathbb{R}_\ell$ 的分支和道路分支是什么？有哪些连续映射 $f:\mathbb{R}\to\mathbb{R}_\ell$？
2. (a)$\mathbb{R}^\omega$(关于积拓扑)的分支和道路分支是什么？
   (b)考虑具有一致拓扑的 $\mathbb{R}^\omega$，证明：$\boldsymbol{x}$ 和 $\boldsymbol{y}$ 属于 $\mathbb{R}^\omega$ 的同一个分支当且仅当序列
   $$\boldsymbol{x}-\boldsymbol{y}=(x_1-y_1,x_2-y_2,\cdots)$$
   是有界的. [提示：只要考虑 $\boldsymbol{y}=\boldsymbol{0}$ 的情形.]
   (c)赋予 $\mathbb{R}^\omega$ 箱拓扑. 证明：$\boldsymbol{x}$ 和 $\boldsymbol{y}$ 属于 $\mathbb{R}^\omega$ 的同一分支当且仅当序列 $\boldsymbol{x}-\boldsymbol{y}$“终于零”. [提示：若 $\boldsymbol{x}-\boldsymbol{y}$ 不终于零，证明存在 $\mathbb{R}^\omega$ 的自同胚 h，使得 $h(\boldsymbol{x})$ 有界而 $h(\boldsymbol{y})$ 无界.]
3. 证明有序矩形是局部连通但不是局部道路连通的. 这个空间的道路分支是什么？
4. 设 X 是局部道路连通的. 证明 X 的每一个连通开集是道路连通的.
5. 设 X 表示 $\mathbb{R}^2$ 中的区间 $[0,1]\times 0$ 上的所有有理点. T 表示连接点 $p=0\times 1$ 与 X 中点的所有线段的并.
   (a)证明 T 是道路连通的，并且仅在点 p 处是局部连通的.
   (b)求 $\mathbb{R}^2$ 的一个子空间，使得它是道路连通的，并且在它的任何点处都不是局部连通的.
6. 若对于 $x\in X$ 的每一个邻域 U，存在 X 的一个连通子空间包含于 U，并且这个连通子空间包含着 x 的某一个邻域，则称空间 X **在 x 处弱局部连通**(weakly locally connected at x). 证明，若 X 在它的每一点处都是弱局部连通的，则 X 是局部连通的. [提示：证明开集的分支是开的.]
7. 考虑画在图 25.1 中的那个“无穷扫帚”X. 证明：X 在点 p 不是局部连通的，但在点 p 是弱局部连通的. [提示：p 的任何连通邻域必定包含着所有点 a_i.]

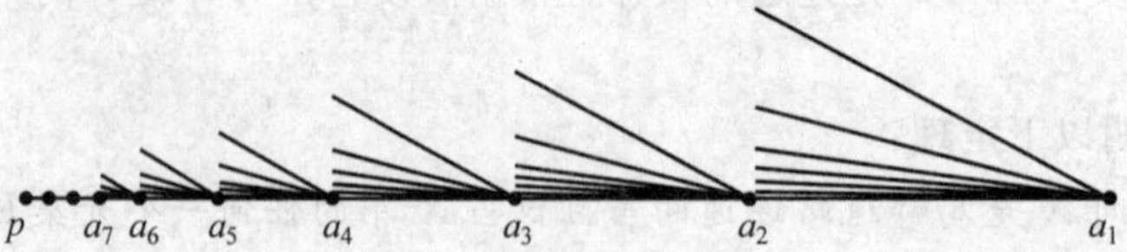

图　25.1

8. 设 $p:X\to Y$ 是一个商映射. 证明：若 X 局部连通，则 Y 局部连通. [提示：若 C 为 Y 的开集 U 的一个分支，证明：$p^{-1}(C)$ 为 $p^{-1}(U)$ 的所有分支的并.]
9. 设 G 是一个拓扑群，C 是 G 的含有单位元 e 的那个分支. 证明 C 是 G 的一个正规子群.

[提示:若 $x\in G$，则 xC 是 G 含有 x 的那个分支.]

10. 设 X 是一个空间. 若不存在 X 的由无交开集 A 和 B 所组成的分割 $X=A\cup B$ 使得 $x\in A$ 和 $y\in B$，我们就规定 $x\sim y$.
    (a)证明这是一个等价关系. 其等价类我们称为 X 的**拟分支**(quasicomponents).
    (b)证明 X 的每一个分支包含在 X 的一个拟分支之中. 若 X 是局部连通的，则 X 的分支与拟分支相同.
    (c)令 K 表示集合 $\{1/n \mid n\in\mathbb{Z}_+\}$，$-K$ 表示集合 $\{-1/n \mid n\in\mathbb{Z}_+\}$. 试确定 $\mathbb{R}^2$ 的下列子空间的分支、道路分支以及拟分支：

$$A=(K\times[0,1])\cup\{0\times 0\}\cup\{0\times 1\}.$$

$$B=A\cup([0,1]\times\{0\}).$$

$$C=(K\times[0,1])\cup(-K\times[-1,0])\cup([0,1]\times -K)\cup([-1,0]\times K).$$

26 紧致空间

紧致性远不及连通性那样自然. 在拓扑学的最初阶段，人们就已经注意到实直线上闭区间 $[a, b]$具有一种特性，它对于证明极大值定理和一致连续性定理等结论起着至关重要的作用. 但对于在任意拓扑空间中如何表述这个特性，人们长期不得而知. 起初，人们以为$[a, b]$的这一特性所指的是$[a, b]$中任何一个无穷子集都有极限点，并且将其尊称为紧致性. 后来，数学家们才意识到这种提法并未触及问题的本质，而藉助空间的开覆盖所给出的一个较强的提法更为恰切. 后面这种提法就是我们现在所讲的紧致性. 它不像前者那样自然或直观，在展示其效用之前我们需要先来熟悉它.

定义 设 $\mathcal{A}$ 是空间 X 的一个子集族，如果 $\mathcal{A}$ 的成员之并等于 X，则称 $\mathcal{A}$ 覆盖 X，或者称 $\mathcal{A}$ 是 X 的一个**覆盖**(covering). 如果 $\mathcal{A}$ 的每一成员都是 X 的开子集，则称它为 X 的一个**开覆盖**(open covering).

定义 若 X 的任何一个开覆盖 $\mathcal{A}$，包含着一个覆盖 X 的有限子族，则称空间 X 是**紧致**(compact)的.

例 1 实直线$\mathbb{R}$不是紧致的，因为由开区间

$$\mathcal{A}=\{(n,n+2)\mid n\in\mathbb{Z}\}$$

所组成的$\mathbb{R}$的覆盖并不包含覆盖$\mathbb{R}$的任何有限子族. ■

例 2 $\mathbb{R}$ 的子空间

$$X=\{0\}\cup\{1/n\mid n\in\mathbb{Z}_+\}$$

是紧致的. 任意给定 X 的一个开覆盖 $\mathcal{A}$，$\mathcal{A}$ 中总有一个成员 U 包含 0，那么集合 U 除了有限多个点 $1/n$ 外，包含着 X 的所有其余点. 对于 X 中每一个 U 以外的点，选取 $\mathcal{A}$ 中包含它的一个成员. 于是 $\mathcal{A}$ 中这些成员连同成员 U 便组成了 $\mathcal{A}$ 的一个覆盖 X 的有限子族. ■

例 3 任何一个仅含有限多个点的空间必然是紧致的，因为此时 X 的每一个开覆盖都是有限的. ■

例 4 区间$(0, 1]$不是紧致的. 开覆盖

$$\mathcal{A}=\{(1/n,1]\mid n\in\mathbb{Z}_+\}$$

就不包含覆盖(0，1]的有限子族．同理，区间(0，1)也不是紧致的．另一方面，区间[0，1]是紧致的．或许读者已经在数学分析中熟悉了这一结论；尽管如此，稍后我们还是要对此加以证明． ■

一般说来，判定一个空间是否是紧致空间并非总是轻而易举的．首先，我们要证明几个关于如何从已知紧致空间出发去构造新的紧致空间的一般性定理．下一节，我们再来证明一些特殊空间的紧致性．这些空间包括实直线上所有的闭区间和$\mathbb{R}^n$中所有的有界闭子集．

我们先来证明关于子空间的一些结论．设Y是X的一个子空间，$\mathcal{A}$是X的一个子集族，如果它的成员之并包含着Y，则称$\mathcal{A}$**覆盖**(cover)Y．

引理 26.1　设Y是X的一个子空间．那么，Y是紧致的当且仅当由X的开集所组成的Y的每一个覆盖都包含着一个覆盖Y的有限子族．

证　假设Y是紧致的，并且$\mathcal{A}=\{A_\alpha\}_{\alpha\in J}$是由$X$的开集所组成的$Y$的一个覆盖．那么族

$$\{A_\alpha\cap Y\mid\alpha\in J\}$$

是由Y中开集所组成的Y的一个覆盖，因此有一个有限子族

$$\{A_{\alpha_1}\cap Y,\cdots,A_{\alpha_m}\cap Y\}$$

覆盖Y．于是$\{A_{\alpha_1},\cdots,A_{\alpha_m}\}$就是$\mathcal{A}$的一个覆盖$Y$的子族．

反之，假定假设条件成立，我们证明Y是紧致的．设$\mathcal{A}'=\{A'_\alpha\}$是由$Y$中的开集所构成的$Y$的一个覆盖，对于每一个$\alpha$，选取$X$中的开集$A_\alpha$使得

$$A_\alpha{}'=A_\alpha\cap Y.$$

从而，族$\mathcal{A}=\{A_\alpha\}$是由X中开集构成的Y的一个覆盖．根据假设，它有一个有限子族$\{A_{\alpha_1},\cdots,A_{\alpha_m}\}$覆盖$Y$．于是$\{A'_{\alpha_1},\cdots,A'_{\alpha_m}\}$便是$\mathcal{A}'$的一个覆盖$Y$的子族． ■

定理 26.2　紧致空间的每一个闭子集都是紧致的．

证　设Y是紧致空间X的一个闭子集．任意给定由X的开集组成的Y的一个覆盖$\mathcal{A}$，将$\mathcal{A}$添加一个开集$X-Y$便构成X的一个开覆盖$\mathcal{B}$，即

$$\mathcal{B}=\mathcal{A}\cup\{X-Y\}.$$

$\mathcal{B}$的一个有限子族便覆盖了X．如果这个有限子族含有集合$X-Y$，那么就去掉$X-Y$．如果没有$X-Y$，则不再变动．由此得到的族就是$\mathcal{A}$的覆盖Y的一个有限子族． ■

定理 26.3　Hausdorff 空间的每一个紧致子空间都是闭的．

证　设Y是一个 Hausdorff 空间X的一个紧致子空间．我们来证明$X-Y$是开的，从而Y是闭的．

令x_0为$X-Y$的一个点．我们证明存在一个x_0的与Y无交的邻域．对于Y中每一个点y，分别选取x_0和y的无交的邻域U_y和V_y(应用 Hausdorff 条件)．于是，X的开集族$\{V_y\mid y\in Y\}$就是Y的一个覆盖．因此，就有族中有限多个成员V_{y_1}，…，V_{y_n}覆盖Y．开集

$$V=V_{y_1}\cup\cdots\cup V_{y_n}$$

包含Y，并且它与由x_0的一些相应的邻域取交而构成的开集

$$U=U_{y_1}\cap\cdots\cap U_{y_n}$$

无交. 因为，如果 z 是 V 中一点，则对于某一个 i 有 $z\in V_{y_i}$，因此 $z\notin U_{y_i}$，从而 $z\notin U$. 参见图 26.1.

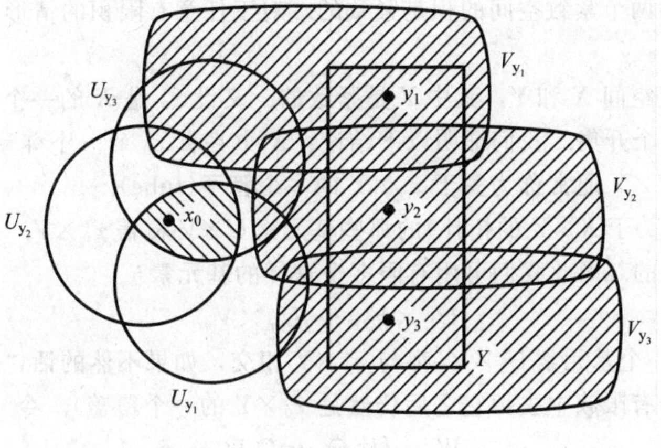

图 26.1

那么，U 便是 x_0 的一个邻域，与 Y 无交. 证明完成. ■

在前面这个定理的证明中论证的结论将来还会用到，我们在这里重新陈述一次以备引用：

引理 26.4 设 Y 是一个 Hausdorff 空间 X 的一个紧致子空间，x_0 不属于 Y，则存在 X 中的两个无交的开集 U 和 V，它们分别包含 x_0 和 Y.

例 5 一旦我们证明了$\mathbb{R}$中的区间$[a, b]$是紧致的，根据定理 26.2 就可推出$[a, b]$中任何闭子空间都是紧致的. 另一方面，从定理 26.3 推出$\mathbb{R}$中区间$(a, b]$和(a, b)不可能是紧致的(这是我们已经知道的)，因为它们不是 Hausdorff 空间$\mathbb{R}$中的闭集. ■

例 6 在定理 26.3 的假设中 Hausdorff 条件是必要的，比如，考虑实直线上的有限补拓扑. 就这个拓扑而言，$\mathbb{R}$ 的真子集中只有有限集才是闭的. 读者可以验证：关于有限补拓扑，$\mathbb{R}$ 中每一个子集都是紧致的. ■

定理 26.5 紧致空间的连续像是紧致的.

证 设 f：$X\to Y$ 连续. X 是紧致的. $\mathcal{A}$ 是由 Y 中开集所构成的 $f(X)$ 的一个覆盖. 则集族

$$\{f^{-1}(A)\mid A\in \mathcal{A}\}$$

是 X 的一个覆盖. 因为 f 是连续的，这些集合都是 X 中开集. 因此它们中有有限多个，比如说

$$f^{-1}(A_1),\cdots,f^{-1}(A_n),$$

便覆盖 X. 于是 A_1，…，A_n 覆盖 $f(X)$. ■

这个定理的重要应用之一是验证一个映射是否是同胚.

定理 26.6 设 f：$X\to Y$ 是一个连续的一一映射. 若 X 是紧致的，并且 Y 是 Hausdorff 的，则 f 是一个同胚.

证 我们证明在映射 f 下，X 中闭集的像是 Y 中的闭集. 由此便得到映射 f^{-1}的连续性. 设 A 为 X 中闭集，那么根据定理 26.2 得知 A 是紧致的. 因此按照刚才证明的那个定理可见

$f(A)$是紧致的．因为 Y 是一个 Hausdorff 空间，根据定理 26.3 可见 $f(A)$在 Y 中是闭的．■

定理 26.7　有限多个紧致空间的积是紧致的．

证　我们来证明两个紧致空间的积是紧致的．对于任意有限积的情形，只要用归纳法便可得到．

第一步．设给定空间 X 和 Y，其中 Y 是紧致的．又设 x_0 是 X 的一个点，N 是 $X\times Y$ 中包含"薄片"$x_0\times Y$ 的一个开集．我们证明以下结论：X 中存在 x_0 的一个邻域 W，使得 N 包含着集合 $W\times Y$．集合 $W\times Y$ 通常称为关于 $x_0\times Y$ 的一个**管子**(tube)．

首先含在 N 中(关于 $X\times Y$ 的拓扑)的那些基元素 $U\times V$ 覆盖 $x_0\times Y$．作为一个同胚于 Y 的空间，$x_0\times Y$ 是紧致的．因此我们可用有限多个这样的基元素

$$U_1\times V_1,\cdots,U_n\times V_n$$

覆盖 $x_0\times Y$(假定每一个基元素 $U_i\times V_i$ 都与 $x_0\times Y$ 相交，如果不然的话，这个基元素就是多余的．我们从这个集的有限族中去掉它之后仍然是 $x_0\times Y$ 的一个覆盖)．令

$$W=U_1\cap\cdots\cap U_n.$$

集合 W 是开的，又因为每一个集合 $U_i\times V_i$ 都与 $x_0\times Y$ 相交，所以 x_0 属于 W．

我们可以断言被选出来覆盖薄片 $x_0\times Y$ 的这些集合 $U_i\times V_i$ 也覆盖着管子 $W\times Y$．设 $x\times y$ 是 $W\times Y$ 的一个点，考虑在薄片 $x_0\times Y$ 上与这个点具有相同纵坐标的点 $x_0\times y$．对于某一个 i 有 $x_0\times y$ 属于 $U_i\times V_i$，所以 $y\in V_i$．而对于每一个 j 有 $x\in U_j$(因为 $x\in W$)．于是有 $x\times y\in U_i\times V_i$．

由于所有这些集合 $U_i\times V_i$ 都在 N 中，并且它们覆盖 $W\times Y$，于是管子 $W\times Y$ 也包含在 N 中．参见图 26.2．

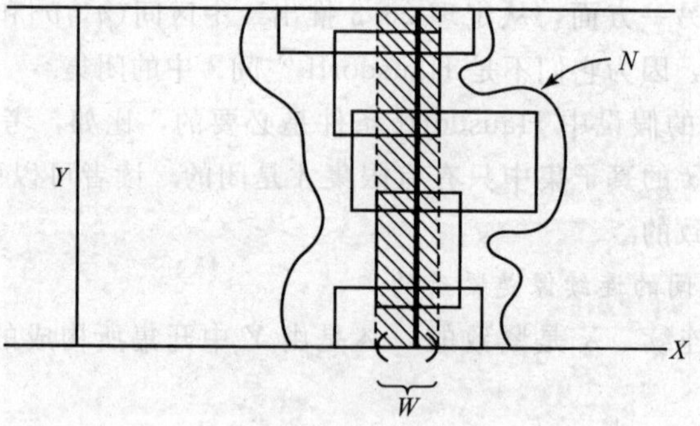

图　26.2

第二步．现在我们来完成定理证明．设 X 和 Y 都是紧致空间．$\mathcal{A}$ 是 $X\times Y$ 的一个开覆盖．给定 $x_0\in X$，薄片 $x_0\times Y$ 是紧致的，因此可以用 $\mathcal{A}$ 中有限多个成员 A_1，…，A_m 覆盖它．它们的并 $N=A_1\cup\cdots\cup A_m$ 是包含着 $x_0\times Y$ 的一个开集．根据第一步，开集 N 包含着包含 $x_0\times Y$ 的一个管子 $W\times Y$，其中 W 是 X 的一个开集．因此 $W\times Y$ 也被 $\mathcal{A}$ 中的有限多个成员 A_1，…，A_m 所覆盖．

于是，对于 X 中的每一个 x，我们可以选择 x 的邻域 W_x，使得管子 $W_x\times Y$ 能被 $\mathcal{A}$ 中有限多个成员所覆盖．所有这些邻域 W_x 组成 X 的一个开覆盖．因此，根据 X 的紧致性，存在

有限子族

$$\{W_1,\cdots,W_k\}$$

覆盖 X. 这些管子

$$W_1\times Y,\cdots,W_k\times Y$$

的并便是 $X\times Y$. 由于每一个管子可以被 $\mathcal{A}$ 中有限多个成员覆盖，所以 $X\times Y$ 也可以被 $\mathcal{A}$ 中有限多个成员覆盖. ■

上面这个证明中第一步的结论以后还要用到，我们把它重新陈述于此以备引用：

引理 26.8［管状引理(tube lemma)］ 考虑积空间 $X\times Y$，其中 Y 是紧致的. 如果 N 是 $X\times Y$ 中包含着薄片 $x_0\times Y$ 的一个开集，则 N 必包含着关于 $x_0\times Y$ 的某一个管子 $W\times Y$，其中 W 是 x_0 在 X 中的一个邻域.

例 7 如果 Y 不是紧致的，则管状引理不一定正确. 比如，设 Y 是 $\mathbb{R}^2$ 中的 y 轴，并且设

$$N=\{x\times y\mid |x|<1/(y^2+1)\}.$$

则 N 是包含集合 $0\times\mathbb{R}$ 的一个开集，但它不包含关于 $0\times\mathbb{R}$ 的任何管子. 参见图 26.3. ■

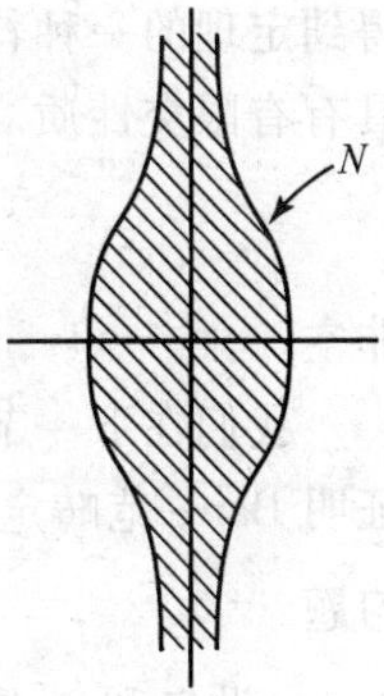

图 26.3

很自然地，与之相关的一个问题就是：无穷多个紧致空间的积是紧致的吗？我们期望有肯定的回答，事实也的确如此. 这个结果是如此重要(也是相当困难的)，以至于要用给出证明的人的名字来为其命名，称之为 Tychonoff 定理.

在证明连通空间的笛卡儿积仍然连通时，我们首先对有限积的情形给予证明，并且由此导出一般情形. 然而，为了证明紧致空间还是紧致的，却无法根据有限积情形下的结论推出无限积情形下的结论. 无限的情形则要求用一种全新的方法，证明是相当困难的. 鉴于证明的难度较大，同时也是为了避免干扰本章讨论的主线，我们决定将其推后. 然而，如果读者想尽快知道的话，也可以在本节之后立刻去看它的证明(第 37 节)，这不会对内容的连续性有什么影响.

最后，关于空间的紧致性还有一个判别准则，它是用闭集而不是开集来阐述的. 乍看起来，这既不自然又不便于使用，而事实上，在许多场合下它是很有用的. 我们首先给出一个定义.

定义 X 的一个子集族 $\mathcal{C}$ 称为具有**有限交性质**(finite intersection property)，如果 $\mathcal{C}$ 的任何一个有限子族

$$\{C_1,\cdots,C_n\}$$

的交 $C_1\cap\cdots\cap C_n$ 是非空的.

定理 26.9 设 X 是一个拓扑空间. 则 X 是紧致的当且仅当 X 中具有有限交性质的每一个闭集族 $\mathcal{C}$，它的所有成员的交 $\bigcap_{C\in\mathcal{C}} C$ 是非空的.

证 给定 X 的一个子集族 $\mathcal{A}$，则

$$\mathcal{C}=\{X-A\mid A\in\mathcal{A}\}$$

是它们的补所构成的族. 于是我们有下列论断：

(1) $\mathcal{A}$ 是开集族当且仅当 $\mathcal{C}$ 是闭集族.

(2)集族$\mathcal{A}$覆盖 X 当且仅当$\mathcal{C}$的所有成员的交$\bigcap_{C\in\mathcal{C}} C$ 是空集.

(3)$\mathcal{A}$的有限子族$\{A_1, \cdots, A_n\}$覆盖 X 当且仅当$\mathcal{C}$中相应成员 $C_i = X - A_i$ 的交是空集.

论断(1)是显然的，而论断(2)和论断(3)可由 DeMorgan 法则

$$X - \left(\bigcup_{\alpha\in J} A_\alpha\right) = \bigcap_{\alpha\in J}(X - A_\alpha)$$

推出.

现在用两个简单的步骤进行证明：先考虑定理的*逆否命题*，然后取集合的补！

X 是紧致的这句话等于说："对 X 的任何开子集族$\mathcal{A}$，如果$\mathcal{A}$覆盖 X，则有$\mathcal{A}$的某一个有限子族覆盖 X."这个论断又等价于它的逆否命题："对任意开集族$\mathcal{A}$，如果$\mathcal{A}$中没有有限的子族覆盖 X，则$\mathcal{A}$不能覆盖 X."与前面相仿，令$\mathcal{C}$为集族$\{X - A \mid A \in \mathcal{A}\}$，再应用论断(1)～(3)，我们看到这个论断等价于"对于任意闭集族$\mathcal{C}$，如果$\mathcal{C}$中任何有限个成员的交非空，则$\mathcal{C}$的所有成员的交非空."这恰好就是我们定理的条件. ■

当我们有紧致空间 X 闭集的一个**套序列**(nested sequence)$C_1 \supset C_2 \supset \cdots \supset C_n \supset C_{n+1} \cdots$时，便得到定理的一种特殊情况. 容易证明，如果每一个 C_n 是非空的，那么集族$\mathcal{C} = \{C_n\}_{n\in\mathbb{Z}_+}$自然具有有限交性质. 于是交

$$\bigcap_{n\in\mathbb{Z}_+} C_n$$

非空.

我们在下一节中证明实数集的不可数性，在第 5 章中证明 Tychonoff 定理以及在第 8 章中证明 Baire 范畴定理的时候，都要用到这个紧致性的闭集判别准则.

习题

1. (a)设$\mathcal{T}$和$\mathcal{T}'$是 X 的两个拓扑，并且$\mathcal{T}' \supset \mathcal{T}$. X 关于其中哪一个拓扑是紧致的可以推出对另一个拓扑 X 是紧致的？
   (b)证明：若 X 关于$\mathcal{T}$和$\mathcal{T}'$都是紧致的 Hausdorff 空间，则或者$\mathcal{T}$和$\mathcal{T}'$相等，或者它们不能比较.
2. (a)证明：相对于有限补拓扑而言，$\mathbb{R}$ 的任何子集都是紧致的.
   (b)由 $\mathbb{R}$ 的满足 $\mathbb{R} - A$ 是一个可数集或者是整个 $\mathbb{R}$ 的所有子集 A 构成的 $\mathbb{R}$ 的拓扑，相对于这个拓扑$[0, 1]$是紧致子空间吗？
3. 证明：紧致子空间的有限并是紧致的.
4. 证明：度量空间的每一个紧致子空间，对于给定的度量而言是有界的并且是闭的. 找一个度量空间，在它里面并不是每一个有界闭子集都是紧致的.
5. 设 A 和 B 是一个 Hausdorff 空间中的两个无交的紧致子空间. 证明存在分别包含 A 和 B 的无交的开集 U 和 V.
6. 证明：若 $f: X \to Y$ 是连续的，其中 X 是紧致的，Y 是 Hausdorff 的，则 f 是闭映射(也就是 f 将闭集映为闭集).
7. 证明：若 Y 是紧致的，则投射 $\pi_1: X \times Y \to X$ 是闭映射.

8. **定理**　设 $f: X \to Y$，Y 是紧致的 Hausdorff 空间．则 f 连续当且仅当 f 的**图形**(graph)

$$G_f = \{x \times f(x) \mid x \in X\}$$

是 $X \times Y$ 的闭集．[提示：若 G_f 是闭的，V 是 $f(x_0)$ 的一个邻域，则 G_f 与 $X \times (Y-V)$ 的交为闭集．应用习题 7 的结论．]

9. 下面是管状引理的推广：

定理　设 A 和 B 分别是 X 和 Y 的子集，N 是 $X \times Y$ 中包含 $A \times B$ 的一个开集．若 A 和 B 都是紧致的，则在 X 和 Y 中分别存在开集 U 和 V，使得

$$A \times B \subset U \times V \subset N.$$

10. (a)证明以下一致极限定理的部分逆：

定理　设 $f_n: X \to \mathbb{R}$ 是连续函数的一个序列，并且对于每一个 $x \in X$ 有 $f_n(x) \to f(x)$．若 f 连续，f_n 单调上升并且 X 是紧致的，则这个收敛是一致收敛．[若对于所有 n 和 x 有 $f_n(x) \leqslant f_{n+1}(x)$，则称 f_n 是单调上升的．]

(b)举例说明，如果去掉 X 是紧致的这个条件，或去掉序列是单调的这个条件，则定理不成立．[提示：见第 21 节习题．]

11. **定理**　设 X 是紧致的 Hausdorff 空间，$\mathcal{A}$ 是 X 的闭的连通子集的一个族，并且 $\mathcal{A}$ 在真包含关系之下是全序的，则

$$Y = \bigcap_{A \in \mathcal{A}} A$$

是连通的．[提示：若 $C \cup D$ 是 Y 的一个分割，在 X 中找出无交的开集 U 和 V，它们分别包含 C 和 D，然后证明

$$\bigcap_{A \in \mathcal{A}} (A - (U \cup V))$$

不是空集．]

12. 设 $p: X \to Y$ 是一个闭连续满射，对于每一个 y，$p^{-1}(\{y\})$ 是一个紧致空间．(这样的映射也称之为**完备映射**(perfect map).)证明：若 Y 是紧致的，则 X 是紧致的．[提示：若 U 是包含 $p^{-1}(\{y\})$ 的一个开集，那么存在一个 y 的邻域 W，使得 $p^{-1}(W)$ 被 U 所包含．]

13. 设 G 是一个拓扑群．

(a)设 A 和 B 是 G 的一个子集，如果在 G 中 A 是闭的并且 B 是紧致的，则 $A \cdot B$ 在 G 中是闭的．[提示：若 c 不在 $A \cdot B$ 中，找一个 c 的邻域 W，使得 $W \cdot B^{-1}$ 与 A 无交．]

(b)设 H 是 G 的一个子群，$p: G \to G/H$ 是一个商映射．若 H 是紧致的，证明 p 是一个闭映射．

(c)设 H 是 G 的一个紧致子群．证明：若 G/H 是紧致的，则 G 是紧致的．

27　实直线上的紧致子空间

上一节中的某些定理使我们能够从已知的紧致空间来构造新的紧致空间，但是要想得到更多的紧致空间，我们必须先有一些紧致空间．最自然的办法当然还是从实直线开始，我们将证明 $\mathbb{R}$ 中每一个闭区间都是紧致的．其应用包括微积分中的极值定理和一致连续性定理的适当形

式的推广．我们也将对$\mathbb{R}^n$中的所有紧致空间给出一个刻画，也将给出实数集不可数的证明．

为了证明$\mathbb{R}$中每一个闭区间是紧致的，我们仅需要用到实直线的序性质中的一个条件，即上确界性质．只用这一个性质便可以证明这个定理．因此，这个定理不仅适用于实直线，也同样适用于良序集和其他全序集．

定理 27.1　设 X 是具有上确界性质的一个全序集．则关于序拓扑，X 中的每一个闭区间都是紧致的．

证　第一步．给定 $a<b$，设 $\mathcal{A}$ 是$[a, b]$的一个覆盖，它的成员是$[a, b]$中关于子空间拓扑(与序拓扑相同)的开集．下面证明存在一个 $\mathcal{A}$ 的有限子族覆盖$[a, b]$．首先证明：若 x 是$[a, b]$中异于 b 的点，则在$[a, b]$中存在点 $y>x$，使得区间$[x, y]$可由 $\mathcal{A}$ 中最多两个成员覆盖．

若 x 在 X 中有直接后元，则令 y 为这个直接后元．那么$[x, y]$由两个点 x 和 y 所组成，所以它可为 $\mathcal{A}$ 中最多两个成员所覆盖．若 x 在 X 中没有直接后元，则选取 $\mathcal{A}$ 中包含 x 的一个成员 A．由于 $x\neq b$ 以及 A 是一个开集，所以对于$[a, b]$中的某一个点 c 有 A 包含着形如$[x, c)$的区间．在(x, c)中选取一点 y，则区间$[x, y]$被 $\mathcal{A}$ 中一个成员 A 所覆盖．

第二步．设 C 为$[a, b]$中所有具有以下性质的点 $y>a$ 的集合：区间$[a, y]$能够为 $\mathcal{A}$ 中有限多个成员所覆盖．对于 $x=a$，应用第一步的结论可见至少有一个这样的 y 存在，从而 C 是非空的．令 c 是集合 C 的上确界，则 $a<c\leqslant b$．

第三步．下面证明 c 属于 C．也就是证明区间$[a, c]$被 $\mathcal{A}$ 中有限个成员所覆盖．选取 $\mathcal{A}$ 中包含 c 的一个成员 A．因为 A 是开的，所以对于$[a, b]$中某一个 d，A 包含区间$(d, c]$．若 c 不属于 C，那么必然存在 C 中一点 z 包含在区间(d, c)中(否则，d 将是 C 上比 c 还要小的上界)，参见图 27.1．由于 z 在 C 中，所以区间$[a, z]$能被 $\mathcal{A}$ 中有限多个(比如说 n 个)成员所覆盖．由于$[z, c]$是包含在 $\mathcal{A}$ 的一个成员 A 中，因此$[a, c]=[a, z]\cup[z, c]$被 $\mathcal{A}$ 中 $n+1$ 个成员所覆盖．于是 c 在 C 中，这与假设矛盾．

第四步．最后，证明 $c=b$，从而完成定理的证明．假设 $c<b$，对于 $x=c$ 应用第一步得到：存在$[a, b]$的一个点 $y>c$，使得区间$[c, y]$能被 $\mathcal{A}$ 中有限个成员所覆盖，参见图 27.2．我们在第三步中已经证明了 c 属于 C，从而$[a, c]$可以被 $\mathcal{A}$ 中有限个成员所覆盖．因此区间

$$[a,y]=[a,c]\cup[c,y]$$

也能被 $\mathcal{A}$ 中有限个成员所覆盖，这就意味着 y 属于 C，与 c 是 C 的一个上界矛盾．

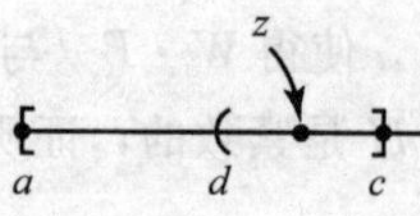

图　27.1

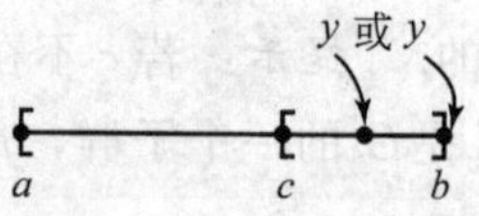

图　27.2

■

推论 27.2　$\mathbb{R}$ 中任何一个闭区间都是紧致的．

现在我们来刻划$\mathbb{R}^n$中的紧致子空间：

定理 27.3　$\mathbb{R}^n$中一个子集 A 是紧致的，当且仅当它是闭的并且就欧氏度量 d 或平方度量 ρ 而言是有界的．

证　只要考虑度量 ρ 就可以了，因为不等式

$$\rho(x,y) \leqslant d(x,y) \leqslant \sqrt{n}\,\rho(x,y)$$

保证了 A 在 ρ 中有界当且仅当它在 d 中有界.

假设 A 是紧致的. 根据定理 26.3 可见它是闭的. 考虑开集族

$$\{B_\rho(\mathbf{0},m) \mid m \in \mathbb{Z}_+\},$$

其并为 $\mathbb{R}^n$. 于是有一个有限子族覆盖 A. 从而，对于某一个 M 有 $A \subset B_\rho(\mathbf{0}, M)$. 于是，对于 A 中任意两点 x 和 y，我们有 $\rho(x, y) \leqslant 2M$，因此，A 对于 ρ 而言是有界的.

反之，假设 A 是闭的并且关于 ρ 是有界的. 假设对于 A 中任意一对点 x 和 y 有 $\rho(x, y) \leqslant N$. 选取 A 中点 x_0，并且令 $\rho(x_0, \mathbf{0}) = b$，于是对于 A 中任意 x，由三角不等式可以推出 $\rho(x, \mathbf{0}) \leqslant N+b$. 如果令 $P=N+b$，则 A 是紧致方体 $[-P, P]^n$ 的一个子集，又由于 A 是闭集，所以 A 也是紧致的. ■

学生们常将这个定理记忆为：度量空间中的紧致子空间族就是有界闭集族. 这显然荒谬，因为什么样的集合是有界的这与它的度量有关，而什么样的集合是紧致的则只依赖于空间的拓扑.

例 1　$\mathbb{R}^n$ 中的单位球面 S^{n-1} 和闭的单位球体 B^n 都是紧致的，因为它们都是有界的闭集. 集合

$$A = \{x \times (1/x) \mid 0 < x \leqslant 1\}$$

在 $\mathbb{R}^2$ 中是闭的，但它不是紧致的，因为它不是有界的. 集合

$$S = \{x \times (\sin(1/x)) \mid 0 < x \leqslant 1\}$$

在 $\mathbb{R}^2$ 中是有界的，但它不是紧致的，因为它不是闭的. ■

现在我们证明微积分中极值定理的适当的推广形式.

定理 27.4[极值定理(extreme value theorem)]　设 $f: X \to Y$ 是连续的，其中 Y 是具有序拓扑的全序集. 若 X 是紧致的，则在 X 中存在点 c 和 d，使得对于所有的 $x \in X$ 有 $f(c) \leqslant f(x) \leqslant f(d)$.

微积分中的极值定理只是这个定理的一种特殊情形，这只要在定理中取 X 为 $\mathbb{R}$ 的闭区间，取 Y 为 $\mathbb{R}$ 即可.

证　由于 f 连续并且 X 是紧致的，所以集合 $A=f(X)$ 是紧致的. 我们证明 A 有一个最大元 M 和一个最小元 m. 因而，由于 m 和 M 属于 A，必存在 X 中点 c 和 d 使 $m=f(c)$ 和 $M=f(d)$.

若 A 没有最大元，那么集合族

$$\{(-\infty,a) \mid a \in A\}$$

就是 A 的一个开覆盖. 由于 A 是紧致的，就有有限的子族

$$\{(-\infty,a_1),\cdots,(-\infty,a_n)\}$$

覆盖 A. 设 a_i 是 $a_1, \cdots, a_n$ 中的最大者，则 a_i 不属于这些集合中的任何一个，这与它们覆盖 A 矛盾. ■

可以相仿地证明 A 有最小元.

现在我们来证明微积分中的一致连续性定理. 为此，我们需要引入一个极为有用的概念，即度量空间开覆盖的 Lebesgue 数. 作为准备，先给出以下概念：

定义　设 (X, d) 是一个度量空间. A 是 X 的一个非空子集. 对于每一个 $x \in X$，**x 到 A 的距离**(distance from x to A)定义为

$$d(x,A) = \inf\{d(x,a) \mid a \in A\}.$$

易见，对于固定的 A，函数 $d(x, A)$是关于 x 的连续函数：对于给定的 x 和 y 以及每一个 $a\in A$，不等式

$$d(x,A) \leqslant d(x,a) \leqslant d(x,y) + d(y,a)$$

成立. 从而，

$$d(x,A) - d(x,y) \leqslant \inf d(y,a) = d(y,A),$$

因此，

$$d(x,A) - d(y,A) \leqslant d(x,y).$$

交换 x 和 y 的位置，以上不等式仍然成立. 由此推出 $d(x, A)$的连续性.

现在引进 Lebesgue 数的概念. 前面讲过，度量空间中的一个有界子集 A 的直径是指

$$\sup\{d(a_1,a_2) \mid a_1,a_2 \in A\}.$$

引理 27.5［Lebesgue 数引理(Lebesgue number lemma)］ 设 $\mathcal{A}$ 为度量空间(X, d)的一个开覆盖. 若 X 是紧致的，则存在 $\delta>0$ 使得 X 的每一个直径小于 δ 的子集包含在 $\mathcal{A}$ 的某一元素之中.

数 δ 称为开覆盖 $\mathcal{A}$ 的一个 Lebesgue **数**(Lebesgue number).

证 设 $\mathcal{A}$ 是 X 的一个开覆盖. 若 X 本身是 $\mathcal{A}$ 的一个元素，那么任何一个正数都是 $\mathcal{A}$ 的 Lebesgue 数. 以下假定 X 不是 $\mathcal{A}$ 的元素.

选取 $\mathcal{A}$ 的子集的一个有限族$\{A_1, \cdots, A_n\}$覆盖 X. 对于每一个 i，记 $C_i = X - A_i$，通过取 $f(x)$为 $d(x, C_i)$的平均数，定义一个映射 $f: X\to\mathbb{R}$. 即

$$f(x) = \frac{1}{n}\sum_{i=1}^{n} d(x,C_i).$$

我们证明：对每一个 x，$f(x)>0$. 任意给定 $x\in X$，取 i 使得 $x\in A_i$. 再选取 ε 使得 x 的 ε-邻域包含于 A_i. 则 $d(x, C_i)\geqslant\varepsilon$，从而 $f(x)\geqslant\varepsilon/n$.

因为 f 是连续的，它有极小值 δ. 我们证明 δ 就是所求的 Lebesgue 数. 设 B 为 X 中一个直径小于 δ 的子集. 在 B 中取一点 x_0，则 B 位于 x_0 的 δ-邻域中. 那么

$$\delta \leqslant f(x_0) \leqslant d(x_0,C_m).$$

其中 $d(x_0, C_m)$是所有 $d(x_0, C_i)$中的最大者. 那么 x_0 的 δ-邻域被包含在开覆盖 $\mathcal{A}$ 的元素 $A_m = X - C_m$ 之中. ■

定义 设 f 是从度量空间(X, d_X)到度量空间(Y, d_Y)的一个函数. 若对任意 $\varepsilon>0$，存在 $\delta>0$ 使得对于 X 的任何两点 x_0，x_1，有

$$d_X(x_0,x_1) < \delta \Longrightarrow d_Y(f(x_0),f(x_1)) < \varepsilon,$$

则称函数 f 是**一致连续的**(uniformly continuous).

定理 27.6［一致连续性定理(uniform continuity theorem)］ 设 $f: X\to Y$ 是从紧致度量空间(X, d_X)到度量空间(Y, d_Y)的连续映射. 则 f 是一致连续的.

证 任意给定 $\varepsilon>0$，考虑由半径为 $\varepsilon/2$ 的球 $B(y, \varepsilon/2)$所组成的 Y 的一个开覆盖. 令 $\mathcal{A}$ 为这些球在 f 下的原像所构成的 X 的那个开覆盖. 记 δ 为开覆盖 $\mathcal{A}$ 的一个 Lebesgue 数. 则对于 X 中满足 $d_X(x_1, x_2)<\delta$ 的两点 x_1，x_2，由于这两点组成的集合$\{x_1, x_2\}$的直径小于 δ，其像

集$\{f(x_1), f(x_2)\}$必含在某一个开球$B(y, \varepsilon/2)$之中．从而$d_Y(f(x_1), f(x_2))<\varepsilon$. ■

最后，我们来证明实数是不可数的．有趣的是，这个证明完全不用代数的方法(既不用十进位小数，也不用二进位小数或者其他什么方法)，而仅仅用到$\mathbb{R}$的序性质．

定义 设X是一个空间，$x\in X$．若单点集$\{x\}$在X中是开的，则称x为X的一个**孤立点**(isolated point)．

定理 27.7 设X是一个非空的紧致的Hausdorff空间．若X中没有孤立点，则X是不可数的．

证 第一步．首先证明：给定X的一个非空的开集U和一点$x\in X$，则存在一个包含于U的非空开集V，使得$x\notin\bar{V}$．

我们总可以在U中选取一个异于x的点y．当x在U中时，由于x不是孤立点，可见y的存在性．当x不在U中时，由于U非空，也可见y的存在性．然后分别选取包含x和y的无交开集W_1和W_2．那么集合$V=U\cap W_2$便是我们所需的开集．V包含在U中，它含有点y，所以不是空集，并且V的闭包不包含x．参见图27.3.

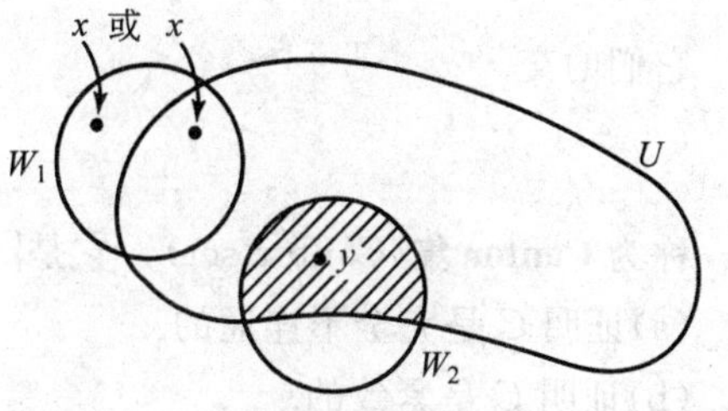

图 27.3

第二步．我们证明：任何一个函数$f:\mathbb{Z}_+\to X$，f都不是满射．由此可见，X是不可数的．

设$x_n=f(n)$．对于非空的开集$U=X$，应用第一步的结论，选取非空开集$V_1\subset X$使得$\bar{V}_1$不包含x_1．一般地，对给定的非空开集V_{n-1}，能够选取非空开集V_n，使得$V_n\subset V_{n-1}$并且$\bar{V}_n$不包含x_n．考虑X的非空闭集套序列：

$$\bar{V}_1\supset\bar{V}_2\supset\cdots.$$

因为X是紧致的，根据定理26.9，存在点$x\in\bigcap\bar{V}_n$．因为x属于$\bar{V}_n$而x_n不属于$\bar{V}_n$，所以对于任意n，点x不等于x_n. ■

推论 27.8 $\mathbb{R}$中的每一个闭区间都是不可数的．

习题

1. 证明：若X是一个全序集，并且它的每一个闭区间都是紧致的，则X具有上确界性质．
2. 设X是具有度量d的度量空间，$A\subset X$是一个非空子集．
   (a)证明$d(x, A)=0$当且仅当$x\in\bar{A}$．
   (b)证明：若A是一个紧致空间，则对于某$a\in A$，有$d(x, A)=d(x, a)$．
   (c)A在X中的ε-邻域定义为
   $$U(A,\varepsilon)=\{x\mid d(x,A)<\varepsilon\}.$$
   证明$U(A, \varepsilon)$等于所有开球$B_d(a, \varepsilon)$之并，其中$a\in A$．
   (d)设A是一个紧致子空间，U是包含A的一个开集．证明：A的某ε-邻域含在U中．
   (e)当A是一个闭集但不紧致时，(d)小题中的结论不成立．
3. $\mathbb{R}_K$表示$\mathbb{R}$赋予K-拓扑．
   (a)证明$[0, 1]$作为$\mathbb{R}_K$的子空间不是紧致的．

(b)证明$\mathbb{R}_K$是连通的. [提示: $(-\infty, 0)$和$(0, +\infty)$作为$\mathbb{R}_K$的子空间也继承了其通常拓扑.]

(c)证明$\mathbb{R}_K$不是道路连通的.

4. 证明：多于一点的连通度量空间是不可数的.

5. 设X是一个紧致的Hausdorff空间，$\{A_n\}$是X的闭集的一个可数族. 证明：若每一个A_n在X中有空内部，则它们的并$\bigcup A_n$在X中有空内部. [提示：仿照定理27.7的证明]
这是我们将在第8章中讨论的Baire范畴定理的一个特殊情形.

6. 设A_0是$\mathbb{R}$中的闭区间$[0, 1]$，A_1是从A_0中去掉它的"中间三分之一"$\left(\frac{1}{3}, \frac{2}{3}\right)$而得到的集合，$A_2$是从$A_1$中去掉它的两个"中间三分之一"$\left(\frac{1}{9}, \frac{2}{9}\right)$和$\left(\frac{7}{9}, \frac{8}{9}\right)$而得到的集合. 一般来说，$A_n$定义为

$$A_n = A_{n-1} - \bigcup_{k=0}^{\infty}\left(\frac{1+3k}{3^n}, \frac{2+3k}{3^n}\right).$$

它们的交

$$C = \bigcap_{n\in\mathbb{Z}_+} A_n$$

称为**Cantor集**(Cantor set)，它是$[0, 1]$的子空间.

(a)证明C是完全不连通的.

(b)证明C是紧致的.

(c)证明每一个集合A_n是有限多个长度为$1/3^n$的无交闭区间的并，然后证明这些区间的端点属于C.

(d)证明C中没有孤立点.

(e)结论：C是不可数的.

28　极限点紧致性

在最初提到紧致集合的时候，我们曾经指出紧致性概念还有另外一些常用的提法. 本节我们介绍其中的一个. 一般说来，它比紧致性弱，但在度量空间上，它们是相同的.

定义　如果空间X中任何一个无穷子集都有极限点，则称X是**极限点紧致的**(limit point compact).

从某种角度讲，这个性质比紧致性显得更为自然和直观. 在拓扑学的早期，它被命名为"紧致性"，而开覆盖定义则被称为"双紧致性". 后来，"紧致"这个词让位于开覆盖定义，致使上述性质留待人们赋予新的名称. 然而，至今人们尚未就此达成共识. 在历史上，曾有人称之为"Fréchet紧致性"，也有人称之为"Bolzano-Weierstrass性质". 我们提出了"极限点紧致性"这个术语. 它似乎较为合理，至少它揭示了这一性质的某些内涵.

定理28.1　紧致性蕴涵着极限点紧致性，但反之不真.

证　设X是一个紧致空间. 给定X的一个子集A，我们要证明：若A为无限集，则A必

有极限点. 下面证明它的逆否命题：如果 A 没有极限点，则 A 必为有限集.

假设 A 没有极限点. 那么 A 包含它的所有极限点，因而 A 是一个闭集. 于是，对于每一个 $a\in A$，我们可以选取一个 a 的邻域 U_a，使得 U_a 与 A 的交仅含单点 a. 紧致空间 X 便被开集 $X-A$ 和这些开集 U_a 所覆盖，那么其中的有限个开集就构成了 X 的覆盖. 由于 $X-A$ 与 A 无交，以及每一个 U_a 仅含有 A 的一个点，因此 A 必为有限集. ■

例 1 设 Y 是由两点组成的集合，再赋予 Y 由 Y 本身和空集所构成的拓扑. 则空间 $X=\mathbb{Z}_+\times Y$ 是极限点紧致的. 这是因为 X 的每一个非空子集都有极限点. 由于由所有开集 $U_n=\{n\}\times Y$组成的开覆盖没有有限子覆盖，所有 X 不是紧致的. ■

例 2 这是一个特殊的例子. 考虑具有序拓扑的极小的不可数良序集 S_Ω. 空间 S_Ω 不是紧致的，因为它不包含最大元；然而，它是极限点紧致的. 事实上，若 A 是 S_Ω 的一个无穷子集，可选取 A 的一个可数无限子集 B. 作为一个可数集合，B 在 S_Ω 中有上界 b. 于是 B 是 S_Ω 的区间$[a_0, b]$的一个子集，其中 a_0 是 S_Ω 的最小元. 由于 S_Ω 具有上确界性质，所以区间$[a_0, b]$是紧致的. 根据前面的定理，B 在$[a_0, b]$中有一个极限点 x. 这个点 x 也是A 的极限点，因此 S_Ω 是极限点紧致的. ■

以下我们来证明对于可度量化空间而言两种紧致性没有区别. 为此，我们需要引入与紧致性有关的另一概念——列紧性.

定义 设 X 是一个拓扑空间. (x_n)是 X 中的一个序列，若

$$n_1 < n_2 < \cdots < n_i < \cdots$$

是单调增加的正整数序列，则由 $y_i = x_{n_i}$ 所定义的序列称为序列(x_n)的一个**子序列**(subsequence). 若 X 的每一个序列都有一个收敛的子序列，则称空间 X 是**列紧**(sequentially compact)的.

* **定理 28.2** 设 X 为可度量化空间. 则以下条件等价：

(1)X 是紧致的.

(2)X 是极限点紧致的.

(3)X 是列紧的.

证 我们已经证明了(1)⟹(2). 为了证明(2)⟹(3)，设 X 是极限点紧致的. 任意给定 X 的一个序列(x_n)，考虑集合 $A=\{x_n \mid n\in\mathbb{Z}_+\}$. 若 A 是一个有限集，则存在一个点 x 使得对无穷多个 n 有 $x=x_n$ 成立. 此时，序列(x_n)有一个常值子序列，这个子序列显然是收敛的. 另一方面，若 A 是一个无限集，那么 A 有一个极限点 x. 我们按照以下方式定义(x_n)的一个子序列收敛到 x：首先选取 n_1 使得

$$x_{n_1} \in B(x,1).$$

然后假设正整数 n_{i-1}已经取定. 由于球 $B(x, 1/i)$与集合 A 的交为无限集，我们可以选取一个 $n_i > n_{i-1}$，使得

$$x_{n_i} \in B(x,1/i).$$

那么序列 $x_{n_1}, x_{n_2}, \cdots$收敛到 x.

最后，我们来证明(3)⟹(1). 这是证明的难点.

首先我们证明：若 X 是列紧的，在 X 上 Lebesgue 数引理成立.（这个引理曾在紧致性的条件下得到，而此处紧致性是我们将要证明的.）设 $\mathcal{A}$ 为 X 的一个开覆盖. 我们假设不存在满足以下条件的 δ：X 的每一直径小于 δ 的子集都包含在 $\mathcal{A}$ 的某一元素之中. 然后推出矛盾.

我们的假设蕴涵着：对于任意给定的正整数 n，X 中存在一个直径小于 $1/n$ 的子集，它不包含于 $\mathcal{A}$ 的任何元素中. 将这样的一个集合记为 C_n. 对于每一个 n，选取一个 $x_n\in C_n$. 根据我们的假设，序列(x_n)有一收敛子序列(x_{n_i})，假定它收敛到点 a. a 位于 $\mathcal{A}$ 的某一元素 A 中. 由于 A 是一个开集，从而存在 $\varepsilon>0$ 使得 $B(a,\varepsilon)\subset A$. 只要 i 充分大，便有 $1/n_i<\varepsilon/2$，从而集合 C_{n_i} 将被 x_{n_i} 的 $\varepsilon/2$-邻域所包含. 只要 i 充分大，便有 $d(x_{n_i},a)<\varepsilon/2$，从而集合 C_{n_i} 将被 a 的 $\varepsilon/2$-邻域所包含. 然而，这意味着 $C_{n_i}\subset A$，与上述假设矛盾.

其次，我们证明：若 X 是列紧的，则对于给定的 $\varepsilon>0$，存在由 ε-开球组成的一个有限覆盖 X. 我们再次使用反证法. 假定存在一个 $\varepsilon>0$，使得 X 不能被有限个 ε-球所覆盖. 那么按照以下方式构造 X 中点的一个序列(x_n)：任意选取 X 中一点作为 x_1. 注意只须考虑 $B(x_1,\varepsilon)$ 不是全空间 X 的情况，（否则 X 已经被一个 ε-球所覆盖）. 任意选取一个 X 的不在 $B(x_1,\varepsilon)$ 的点作为 x_2. 一般地，若 $x_1,\cdots,x_n$ 已经取定，在

$$B(x_1,\varepsilon)\cup\cdots\cup B(x_n,\varepsilon)$$

以外任意选取一点作为 x_{n+1}. 根据以上的选取方式易见，$d(x_{n+1},x_i)\geqslant\varepsilon$ 对于 $i=1,\cdots,n$ 都成立. 因此，序列(x_n)没有收敛子序列. 事实上，每一个 ε-球中最多含有序列中一个点 x_n.

最后，我们证明：若 X 列紧，那么 X 是紧致的. 设 $\mathcal{A}$ 为 X 的一个开覆盖. 由于 X 是列紧的，开覆盖 $\mathcal{A}$ 有一 Lebesgue 数 δ. 令 $\varepsilon=\delta/3$. 根据 X 的列紧性，存在由有限多个 ε-开球组成的 X 的一个开覆盖. 由于每一个开球的直径不超过 $2\delta/3$，因而每一个开球必含在 $\mathcal{A}$ 的某一元素中. 对于以上选定的每一个 ε-球，在 $\mathcal{A}$ 中选取一个包含它的元素，这样，我们便得到 $\mathcal{A}$ 的一个有限子族覆盖 X. ■

例 3　我们曾经用 $\bar{S}_\Omega$ 表述极小不可数良序集 S_Ω 并上一个点 Ω.（在序拓扑中，Ω 为 S_Ω 的极限点，这正是我们以 $\bar{S}_\Omega$ 表示 $S_\Omega\cup\{\Omega\}$的原因，参见第 10 节.）易见空间 $\bar{S}_\Omega$ 不是可度量化的. 这是由于 $\bar{S}_\Omega$ 不满足序列引理. 事实上，Ω 为 S_Ω 的极限点. 而由于 S_Ω 的任何一个序列都在 S_Ω 中有一个上确界，从而 Ω 不是 S_Ω 中序列的极限. 另一方面，容易验证：S_Ω 满足序列引理. 然而，S_Ω 也不是可度量化的，因为它极限点紧致但非紧致. ■

习题

1. 赋予$[0,1]^\omega$ 一致拓扑. 在这个空间上给出一个没有极限点的无限集.
2. 证明集合$[0,1]$作为$\mathbb{R}_\ell$的子空间不是极限点紧致的.
3. 设 X 是极限点紧致空间.
   (a)若 $f: X\to Y$ 连续，那么 $f(X)$是否是极限点紧致的？
   (b)若 A 是 X 的一个闭子集，那么 A 是否是极限点紧致的？
   (c)若 X 是 Hausdorff 空间 Z 的一个子空间，那么 X 是否在 Z 中是闭的？

   我们于此指出：一般说来，即使在满足 Hausdorff 条件的假定下，两个极限点紧致空间的积未必是极限点紧致空间. 然而，例子的构造是相当复杂的. 参见[S-S]，例 112.

4. 若 X 的任何一个可数开覆盖都包含着一个有限子族覆盖 X，则称 X 是**可数紧致的**(countably compact)．证明：对于 T_1 空间 X，可数紧致性等价于极限点紧致性．[提示：若集族(U_n)没有有限子族覆盖 X，对于每一个 n，选取 $x_n \notin U_1 \cup \cdots \cup U_n$.]
5. 证明：X 是可数紧致的当且仅当 X 的每一由非空闭集所构成的套序列 $C_1 \supset C_2 \supset \cdots$ 有非空的交.
6. 设 X 是一个度量空间．若对于任意 x，$y \in X$ 有 $f: X \to X$ 满足

$$d(f(x),f(y)) = d(x,y),$$

则称 f 是 X 上的一个**等距**(isometry)．证明：若 f 是一个等距，并且 X 紧致，则 f 是一一的，从而是一个同胚．[提示：若 $a \notin f(X)$，选取 ε 使得 a 的 ε-邻域与 $f(X)$ 无交．令 $x_1 = a$，一般地，记 $x_{n+1} = f(x_n)$．证明：若 $n \neq m$，则 $d(x_n, x_m) \geqslant \varepsilon$.]
7. 设(X, d)是一个度量空间，若对于任何 x，$y \in X$，$x \neq y$，有

$$d(f(x),f(y)) < d(x,y),$$

则称 f 为一个**收紧映射**(shrinking map)．若对于任何 x，$y \in X$，存在正数[①] $\alpha < 1$ 使得

$$d(f(x),f(y)) \leqslant \alpha d(x,y),$$

则称 f 为一个**压缩映射**(contraction map)．f 的一个**不动点**(fixed point)乃是一个满足条件 $f(x) = x$ 的点 x.

(a)证明：如果 f 是一个压缩映射并且 X 是紧致的，则 f 有唯一的一个不动点．[提示：定义 $f^1 = f$，$f^{n+1} = f \circ f^n$，考虑 $A_n = f^n(X)$的交 A.]

(b)证明更为一般的一个结论：如果 f 是一个收紧映射并且 X 是紧致的，则 f 有唯一不动点．[提示：设 A 如前．对于 $x \in A$，选取 x_n 满足 $x = f^{n+1}(x_n)$．若 a 是序列 $y_n = f^n(x_n)$ 的某一子序列的极限，证明 $a \in A$ 并且 $f(a) = x$．从而推出 $A = f(A)$以及 $\operatorname{diam} A = 0$.]

(c)设 $X = [0, 1]$．证明 $f(x) = x - x^2/2$ 将 X 映入 X，并且是一个收紧映射而不是压缩映射．[提示：使用微积分中的中值定理.]

(d)当 X 为完备度量空间(例如$\mathbb{R}$)时，(a)中的结论成立，见第 43 节的习题．但是，(b)中结论不成立：考虑由 $f(x) = [x + (x^2+1)^{1/2}]/2$ 定义的映射 $f: \mathbb{R} \to \mathbb{R}$，证明 f 是一个收紧映射，但不是压缩映射，并且没有不动点.

29 局部紧致性

本节我们研究局部紧致性这个概念，并且证明一个基本定理：任何一个局部紧致的 Hausdorff 空间可以嵌入到某一个叫做单点紧致化的紧致的 Hausdorff 空间.

定义 空间 X 是**在 x 处局部紧致的**(locally compact at x)，若存在 X 的一个紧致子空间 C 包含着 x 的一个邻域．如果 X 在它的每一点处都是局部紧致的，则称 X 是**局部紧致的**(locally compact).

一个紧致空间自然是局部紧致的.

例 1 实直线$\mathbb{R}$是局部紧致的．因为点 x 属于某一个区间(a, b)，而(a, b)又包含在紧致空间$[a, b]$中．读者可以验证，$\mathbb{R}$ 的有理数子空间$\mathbb{Q}$不是局部紧致的. ■

① 原文没有要求这个数是正的. ——译者注

例2　空间$\mathbb{R}^n$是局部紧致的. 点x属于某一个基元素$(a_1, b_1)\times\cdots\times(a_n, b_n)$，而这个基元素又包含在紧致空间$[a_1, b_1]\times\cdots\times[a_n, b_n]$之中. 空间$\mathbb{R}^\omega$不是局部紧致的. 因为它的任何基元素都不被紧致子空间所包含. 事实上，若

$$B=(a_1,b_1)\times\cdots\times(a_n,b_n)\times\mathbb{R}\times\cdots\times\mathbb{R}\times\cdots$$

被某一个紧致子空间所包含，那么它的闭包

$$\bar{B}=[a_1,b_1]\times\cdots\times[a_n,b_n]\times\mathbb{R}\times\cdots$$

就是紧致的，但它并不紧致. ■

例3　任何一个具有上确界性质的全序集X是局部紧致的：任意给定X的一个基元素，它一定包含在X的一个闭区间中，而闭区间是紧致的. ■

数学中所讨论的两类属性最好的空间当属可度量化空间和紧致的Hausdorff空间. 它们有许多有用的性质，可用于证明定理、建立构架等等. 如果所给的空间不是上述两类空间之一，则退而求其次，我们希望它是这两类空间之一的子空间. 当然，可度量化空间的子空间还是可度量化的，因而这种方式不能得到任何新空间，然而，紧致的Hausdorff空间的子空间就未必紧致了. 于是就有这样一个问题：在什么条件下，一个空间同胚于紧致的Hausdorff空间的一个子空间？这里先给出一个回答. 在第5章研究了一般的紧致化问题之后，我们再来讨论这个问题.

定理29.1　*设X是一个空间. 则X是一个局部紧致的Hausdorff空间当且仅当存在一个空间Y使得以下条件成立：*

(1)X是Y的子空间.

(2)集合$Y-X$是单点集.

(3)Y是紧致的Hausdorff空间.

若Y和Y'是满足上述条件的两个空间，则存在从Y到Y'的一个同胚使得它在X上的限制是恒等映射.

证　第一步. 我们首先验证唯一性. 设Y和Y'是满足上述条件的两个空间. 定义映射$h: Y\to Y'$使得h将$Y-X$的那个单点p映为$Y'-X$的那个单点q；h在X上是恒等映射. 我们证明：若U是Y的开集，则$h(U)$是Y'的一个开集. 那么，对称性便蕴涵着h是一个同胚[①].

首先，考虑U不包含p的情形. 这时$h(U)=U$. 由于U是Y的一个开集，并且它包含于X，从而U是X的一个开集. 由于X是Y'的一个开集，因此U也是Y'的一个开集.

其次，考虑U包含着p的情形. 由于$C=Y-U$是Y的一个闭集，因此C作为Y的子空间是紧致的. 因为C包含于X，从而它是X的一个紧致子空间. 由于X是Y'的子空间，因此空间C也是Y'的紧致子空间. 由于Y'是一个Hausdorff空间，因此C是Y'的一个闭集，从而$h(U)=Y'-C$是Y'的一个开集.

第二步. 设X是一个局部紧致的Hausdorff空间，我们来构造空间Y. 第一步的讨论已为我们提供了构造Y的思路. 为了方便起见，用符号∞表示不属于X的某一个元素，并且把它添加到X上构成集合$Y=X\cup\{\infty\}$，构成Y的拓扑的Y的开集族取为所有下列类型的集合：类型一：X的开子集U. 类型二：$Y-C$，其中C是X的一个紧致子空间.

① 这句话十分费解，它应当改为：将以上结论应用于h^{-1}便可见h是一个同胚. ——译者注

我们需要验证这个族的确是 Y 的一个拓扑．空集是属于类型一的，空间 Y 是属于类型二的．验证两个开集的交是开集可考虑下面三种情况：

$$U_1 \cap U_2 \quad \text{是类型一的.}$$

$$(Y-C_1)\cap(Y-C_2)=Y-(C_1\cup C_2) \quad \text{是类型二的.}$$

$$U_1\cap(Y-C_1)=U_1\cap(X-C_1) \quad \text{是类型一的.}$$

最后一条是因为 C_1 在 X 中是闭的．同样可以证明开集族的任意并是开的：

$$\bigcup U_\alpha = U \quad \text{是类型一的.}$$

$$\bigcup(Y-C_\beta)=Y-(\bigcap C_\beta)=Y-C \quad \text{是类型二的.}$$

$$(\bigcup U_\alpha)\cup(\bigcup(Y-C_\beta))=U\cup(Y-C)=Y-(C-U)$$

是类型二的，这是因为 $C-U$ 是 C 的闭子集，因而是紧致的．

以下证明 X 是 Y 的一个子空间．任意给定 Y 的开集，先证明它与 X 的交是 X 的开集．这是因为：若 U 为类型一的集合，则 $U\cap X=U$．若 $Y-C$ 为类型二的集合，则 $(Y-C)\cap X=X-C$，两者都是 X 中的开集．反之，X 中任何开集都是类型一的集合，因而，据定义得知它也是 Y 的开集．

为了证明 Y 是紧致的，设 $\mathcal{A}$ 是 Y 的一个开覆盖．族 $\mathcal{A}$ 一定包含一个类型二的开集，比如说 $Y-C$，这是因为在类型一中没有包含着点 ∞ 的开集．把 $\mathcal{A}$ 中所有那些不同于 $Y-C$ 的集合取出来与 X 作交，它们是由 X 中开集所组成的 C 覆盖．因为 C 是紧致的，所以它们中的有限多个可以覆盖 C，则 $\mathcal{A}$ 中与之相应的成员所构成的有限族连同 $Y-C$ 便覆盖着 Y．

为了证明 Y 是 Hausdorff 的，设 x 和 y 是 Y 的两点．若它们都属于 X，则存在 X 中无交的开集 U 和 V 分别包含它们．否则，不妨设 $x\in X$ 和 $y=\infty$，那么可以在 X 中选择包含 x 的邻域 U 的一个紧致集 C．于是 U 和 $Y-C$ 便是 Y 中分别包含 x 和 ∞ 的两个无交的邻域．

第三步．最后，我们证明充分性．假设满足条件(1)～(3)的空间 Y 存在．由于 X 是一个 Hausdorff 空间 Y 的一个子空间，所以 X 是一个 Hausdorff 空间．任意给定 $x\in X$，我们证明 X 在点 x 处是局部紧致的．在 Y 中分别选取包含 x 和单点 $Y-X$ 的无交开集 U 和 V．那么 $C=Y-V$ 是 Y 的一个闭集，从而是 Y 的紧致子空间．由于 C 包含于 X，它也是 X 的紧致子空间，并且它包含着 x 的一个邻域 U． ■

在上述定理中，如果 X 自身就是一个紧致空间，则构造空间 Y 的意义就不大，因为此时 Y 是 X 加上一个孤立点．但当 X 不紧致时，那么 $Y-X$ 中的那个单点是 X 的一个极限点，从而，$\bar{X}=Y$．

定义 若 Y 是一个紧致的 Hausdorff 空间，X 是 Y 的真子空间并且其闭包等于 Y，则 Y 称为 X 的一个**紧致化**(compactification)．若 $Y-X$ 为单点集，则 Y 称为 X 的**单点紧致化**(one-point compactification)．

前述结论表明：X 具有单点紧致化 Y 当且仅当 X 为非紧致的局部紧致的 Hausdorff 空间．之所以不将 Y 称为“一个”单点紧致化是由于在同胚的意义下 Y 是唯一的．

例 4 读者可以验证，实直线 $\mathbb{R}$ 的单点紧致化同胚于圆周．同样，$\mathbb{R}^2$ 的单点紧致化同胚于球面 S^2．如果将 $\mathbb{R}^2$ 看成复数空间 $\mathbb{C}$，则 $\mathbb{C}\cup\{\infty\}$ 称为 Riemann 球面或扩充复平面． ■

我们所给出的这个局部紧致性的定义，有些地方还不能令人十分满意．通常说一个空间 X "局部地"满足某一个性质，是指对于每一个 $x\in X$ 都存在一个"任意小"的邻域具有所说的性质．而这个局部紧致的定义并没有涉及到"任意小"的邻域，于是便产生了它到底该不该称为局部紧致性的问题．

下面是局部紧致性的另一种说法，它比较自然地体现了对"局部"的要求，而且当 X 是一个 Hausdorff 空间时，它等价于我们的定义．

定理 29.2　设 X 是一个 Hausdorff 空间．则 X 在 x 处局部紧致当且仅当对于 x 的任何一个邻域 U，存在 x 的一个邻域 V，使得 $\bar{V}$ 紧致并且 $\bar{V}\subset U$．

证　显然，这个新的表述蕴涵着局部紧致性．$C=\bar{V}$ 便是所要求的包含 x 的一个邻域的紧致集．反之，假设 X 是局部紧致的，x 是 X 的一个点，U 是 x 的任何一个邻域．记 Y 为 X 的单点紧致化，集合 C 为 $Y-U$．则 C 是 Y 的一个闭子集，从而 C 是 Y 的一个紧致子空间．应用引理 26.4，选取分别包含 x 和 C 的无交开集 V 和 W．于是 V 的闭包 $\bar{V}$ 是 Y 的一个紧致子空间，$\bar{V}$ 与 C 无交，从而 $\bar{V}\subset U$．■

推论 29.3　设 X 是局部紧致的 Hausdorff 空间，A 是 X 的一个子空间．若 A 是 X 的一个闭集或者一个开集，则 A 是局部紧致的．

证　假设 A 是 X 的一个闭集．对于 $x\in A$，令 C 为 X 中的一个紧致子空间，并且包含着 x 在 X 中的一个邻域 U．那么 $C\cap A$ 是 C 的一个闭集，因而是紧致的，并且它包含着 x 在 A 中的邻域 $U\cap A$．（这里还没有用到 Hausdorff 条件．）

假设 A 是 X 中的一个开集，对于 $x\in A$，我们应用上述定理，选取 x 在 X 中的一个邻域 V，使得 $\bar{V}$ 是紧致的并且 $\bar{V}\subset A$．那么 $C=\bar{V}$ 是 A 的一个紧致子空间，它包含着 x 在 A 中的邻域 V．■

推论 29.4　空间 X 同胚于一个紧致的 Hausdorff 空间的开子集当且仅当 X 是一个局部紧致的 Hausdorff 空间．

证　据定理 29.1 及推论 29.3 便可得到结论．■

习题

1. 证明：有理数集 $\mathbb{Q}$ 不是局部紧致的．
2. 设 $\{X_\alpha\}$ 为非空空间的一个加标族．
   (a) 证明：若 ΠX_α 是局部紧致的，则每一个 X_α 是局部紧致的并且除去有限多个 α 之外，X_α 是紧致的．
   (b) 应用 Tychonoff 定理的结论，证明(a)的逆命题．
3. 设 X 是一个局部紧致空间．$f: X\to Y$ 连续是否意味着空间 $f(X)$ 是局部紧致的？f 是连续开映射时结论如何？验证你的结论．
4. 证明：$[0,1]^\omega$ 关于一致拓扑不是局部紧致的．
5. 如果 $f: X_1\to X_2$ 是局部紧致的 Hausdorff 空间之间的一个同胚，证明 f 可扩充为它们的单点紧致化之间的同胚．
6. 证明：$\mathbb{R}$ 的单点紧致化同胚于圆周 S^1．

7. 证明：S_Ω 的单点紧致化同胚于 $\bar{S}_\Omega$.
8. 证明：$\mathbb{Z}_+$ 的单点紧致化同胚于 $\mathbb{R}$ 的子空间 $\{0\}\cup\{1/n \mid n\in\mathbb{Z}_+\}$.
9. 证明：若 G 是一个局部紧致的拓扑群，H 是它的一个子群，则 G/H 是局部紧致的.
10. 设 X 是一个 Hausdorff 空间，并且在点 x 处是局部紧致的. 证明：对于 x 的任意邻域 U，存在 x 的一个邻域 V，使得 $\bar{V}$ 是紧致的，并且 $\bar{V}\subset U$.
*11. 证明以下结论.
(a)**引理**　*设 p：$X\to Y$ 是一个商映射并且 Z 是一个局部紧致的 Hausdorff 空间，则映射*
$$\pi = p\times i_Z : X\times Z \longrightarrow Y\times Z$$
是一个商映射. [提示：若 $\pi^{-1}(A)$是包含 $x\times y$ 的一个开集，选取开集 U_1 和 V(其中 $\bar{V}$ 是紧致的)，使得 $x\times y\in U_1\times V$ 和 $U_1\times\bar{V}\subset\pi^{-1}(A)$. 对于 $U_i\times\bar{V}\subset\pi^{-1}(A)$，应用管状引理，选取包含 $p^{-1}(p(U_i))$的一个开集 U_{i+1}，使得 $U_{i+1}\times\bar{V}\subset\pi^{-1}(A)$. 令 $U=\bigcup U_i$. 证明 $U\times V$ 是 $x\times y$ 的一个饱和邻域，并且包含在 $\pi^{-1}(A)$中.]
在第 46 节的习题中将给出一个与上述完全不同的证明方法的概要.
(b)**定理**　*设 p：$A\to B$ 和 q：$C\to D$ 都是商映射. 若 B 和 C 是局部紧致的 Hausdorff 空间，则 $p\times q$：$A\times C\to B\times D$ 是一个商映射.*

*附加习题：网

我们已经看到，要区别度量空间中的极限点、连续函数以及紧致空间，只要用序列就“足够”了. 但是，对于任意的拓扑空间要做同样的事就需要一种称为网的概念，它是序列概念的推广. 在这里我们给出有关的定义，而将证明留作练习. 首先回忆一下集合 A 中的一个关系$\preceq$，如果满足下列条件，则称为偏序关系：

(1)对于所有 α，$\alpha\preceq\alpha$.
(2)若 $\alpha\preceq\beta$ 和 $\beta\preceq\alpha$，则 $\alpha=\beta$.
(3)若 $\alpha\preceq\beta$ 和 $\beta\preceq\gamma$，则 $\alpha\preceq\gamma$.

现在我们给出以下定义：

J 是一个具有偏序$\preceq$的集合，若满足下列条件，则称 J 是**有向集**(directed set)：对于 J 中每一对元素 α 和 β，存在 J 中的一个元素 γ，具有性质 $\alpha\preceq\gamma$ 和 $\beta\preceq\gamma$.

1. 证明下列集合为有向集：
(a)在关系$\leqslant$下的任何一个全序集.
(b)集合 S 的所有子集的族，其偏序由包含关系确定(即：若 $A\subset B$，则 $A\preceq B$).
(c)S 的一个子集族 $\mathcal{A}$，它关于有限交是封闭的，其偏序由反包含关系而确定(即，若 $A\supset B$，则 $A\preceq B$).
(d)空间 X 的所有闭子集的族，其偏序由包含关系确定.
2. J 的子集 K 称为在 J 中是**共尾的**(cofinal)，若对于每一个 $\alpha\in J$，存在 $\beta\in K$，使得 $\alpha\preceq\beta$. 证明若 J 是一个有向集，并且 K 在 J 中是共尾的，则 K 是一个有向集.
3. 设 X 是一个拓扑空间，X 中的一个**网**(net)是从一个有向集 J 到 X 的函数 f. 如果 $\alpha\in J$，

我们通常用 x_α 表示 $f(\alpha)$. 而网 f 本身则用符号 $(x_\alpha)_{\alpha\in J}$ 表示，或者当指标集自明时，简单地记为 (x_α).

称网 (x_α) **收敛**(converge)于 X 的点 x(写成 $x_\alpha\to x$)，如果对于 x 的每一个邻域 U，存在一个 $\alpha\in J$ 使得

$$\alpha\leq\beta\Longrightarrow x_\beta\in U.$$

证明：当 $J=\mathbb{Z}_+$ 时，这些定义就变成了我们所熟悉的那些相应概念.

4. 假设在 X 和 Y 中分别有

$$(x_\alpha)_{\alpha\in J}\longrightarrow x \quad 和 \quad (y_\alpha)_{\alpha\in J}\longrightarrow y.$$

证明在 $X\times Y$ 中有 $(x_\alpha\times y_\alpha)\to x\times y$.

5. 证明：若 X 是 Hausdorff 的，则 X 中的一个网最多收敛于一点.

6. **定理**　设 $A\subset X$[①]，则 $x\in\bar{A}$ 当且仅当存在 A 中点的一个网收敛于 x.

[提示：为了证明蕴涵关系⇒，取 x 的所有邻域族为指标集，由反包含关系给出偏序.]

7. **定理**　设 $f: X\to Y$. 则 f 是连续的当且仅当对于 X 中任何一个收敛于 x 的网 (x_α)，我们有网 $(f(x_\alpha))$ 收敛于 $f(x)$.

8. 设 $f: J\to X$ 是 X 中的一个网，令 $f(\alpha)=x_\alpha$. 若 K 是有向集并且 $g: K\to J$ 是一个函数，满足条件：

(i) $i\leq j\Longrightarrow g(i)\leq g(j)$，

(ii) $g(K)$ 在 J 中共尾，

则复合函数 $f\circ g: K\to X$ 称为 (x_α) 的一个**子网**(subnet). 证明：若网 (x_α) 收敛于 x，则它的任何一个子网也收敛于 x.

9. 设 $(x_\alpha)_{\alpha\in J}$ 是 X 中的一个网. 称 x 是网 (x_α) 的一个**聚点**(accumulation point)，如果对于 x 的每一个邻域 U，满足条件 $x_\alpha\in U$ 的那些 α 的集合在 J 中共尾.

引理　网 (x_α) 以 x 为一个聚点当且仅当有 (x_α) 的某一个子网收敛于 x.

[提示：为了证明蕴涵关系⇒，令 K 是所有偶对 (α, U) 的集合，其中 $\alpha\in J$，U 是包含 x_α 的 x 的一个邻域. 当 $\alpha\leq\beta$ 和 $V\subset U$ 时，定义 $(\alpha, U)\leq(\beta, V)$，证明 K 是有向集并且通过它定义一个子网.]

10. **定理**　X 是紧致的当且仅当 X 中的每一个网都有一个收敛子网.

[提示：为了证明蕴涵关系⇒，令 $B_\alpha=\{x_\beta\mid\alpha\leq\beta\}$. 然后证明 $\{B_\alpha\}$ 满足有限交条件. 为了证明蕴涵关系⇐，令 $\mathcal{A}$ 为满足有限交条件的一个闭集族，$\mathcal{B}$ 为 $\mathcal{A}$ 中成员的所有有限交的族，并用反包含关系定义偏序.]

11. **推论**　设 G 是一个拓扑群，A 和 B 是 G 的两个子集. 若 A 是 G 的一个闭集，而 B 是紧致的，则 $A\cdot B$ 在 G 中是闭的.

[提示：假设 G 是可度量化的，利用序列先给出一个证明.]

12. 验证：即使去掉有向集定义中的条件(2)，上面这些习题的结论仍然成立. 许多数学家就是在这种更一般的意义下使用“有向集”这个术语的.

---

① 原书此处误作 $A\in X$. ——译者注

第4章 可数性公理和分离公理

我们现在打算介绍的概念，不像紧致性和连通性那样自然地源于对微积分和分析学的研究，而是出于对拓扑学本身深入研究的需要. 例如将一个空间嵌入到度量空间或紧致的Hausdorff空间等问题，本质上都是拓扑学的问题，而非分析学的问题. 这些特定问题的解决就涉及到可数性公理与分离性公理.

当我们在第21节中研究与收敛序列相关的问题时，曾介绍过第一可数性公理. 我们也研究过一个分离性公理，即Hausdorff公理，并提到过另一个，即T_1公理. 本章我们将介绍另外一些更强的公理，并且研究它们之间的一些关系. 主要目的是证明Urysohn度量化定理：如果一个拓扑空间X满足某种可数性公理(第二可数性公理)和某种分离性公理(正则性公理)，那么X可以嵌入到某一个度量空间中，因此是可度量化的.

本章最后一节还要介绍几何学上一个十分重要的嵌入定理，即给定一个紧致流形(高维曲面的模拟)，我们将证明它可以嵌入到某个有限维的欧氏空间之中.

30 可数性公理

首先，我们重新陈述第21节中给出过的一个定义.

定义 空间X称为**在x处有可数基**(countable basis at x)，如果存在x的邻域的一个可数族$\mathcal{B}$，使得x的每一个邻域都至少包含$\mathcal{B}$中的一个成员. 如果在空间的每一点处都有可数基，则称这个空间满足**第一可数性公理**(first countability axiom)或**第一可数的**(first-countable).

我们已经注意到，每一个可度量化空间都满足这个公理，见第21节.

考虑满足这个公理的空间的一个重要原因就是，这类空间有一个非常有用的特性，即只要借助于这类空间中的收敛序列就可以确定集合的极限点，并且可以验证函数的连续性. 以前我们已经注意到了这一点，现在正式地作为定理来叙述它：

定理 30.1 设X是一个拓扑空间.

(a)设A是X的一个子集. 若存在A中点的序列收敛到x，则$x\in\overline{A}$. 若X满足第一可数性公理，则其逆命题也成立.

(b)设$f: X\to Y$. 若f是连续的，则对X中的每一个收敛序列$x_n\to x$，序列$f(x_n)$收敛于$f(x)$. 如果X满足第一可数性公理，那么其逆命题也成立.

这个定理的证明实际上是第21节中在可度量化假设下所给证明的一个直接推广，在此不再重新陈述.

下述公理比第一可数性公理更为重要：

定义 若拓扑空间X具有可数基，则称X满足**第二可数性公理**(second countability axiom)或称X为**第二可数的**(second-countable).

显然第二可数性公理蕴涵着第一可数性公理：若$\mathcal{B}$是X的一个可数拓扑基，则$\mathcal{B}$中由包含着点x的那些元素所组成的子族就是x处的一个可数基. 事实上，第二可数性公理比第一可数性公理强得多，甚至并不是每一个度量空间都能满足它.

那么，为什么要对这个性质感兴趣呢？因为，一方面，许多熟知的空间具有这个性质. 另一方面，正如我们将要看到的，它是证明像 Urysohn 度量化定理这样一些定理时要用到的一个十分重要的假设.

例 1　实直线$\mathbb{R}$具有可数基，即所有端点为有理数的开区间(a, b)的族. 同样，$\mathbb{R}^n$具有可数基，即所有端点为有理数的开区间的积的族. 甚至$\mathbb{R}^\omega$也有可数基，即所有积 $\prod_{n\in\mathbb{Z}_+} U_n$ 构成的族，其中对于有限多个 n 而言，U_n 是端点为有理数的开区间，而对于其他所有的 n，$U_n=\mathbb{R}$. ■

例 2　在一致拓扑下，$\mathbb{R}^\omega$满足第一可数性公理(因为它是可度量化的)，却不满足第二可数性公理. 为了证明这一点，我们先要证明：若 X 有可数基 $\mathscr{B}$，则 X 的任意离散子空间 A 必定是可数的. 对于每一个 $a\in A$，选取基中的一个元素 B_a，使得它与 A 只交于点 a. 若 a 和 b 是 A 中不同的两个点，则 B_a 和 B_b 也不同. 这是因为第一个集合包含点 a，但第二个却不包含. 由此可见，映射 $a\to B_a$ 是从 A 到 $\mathscr{B}$ 的一个单射，所以 A 必是可数的.

我们注意，$\mathbb{R}^\omega$中所有 0 和 1 序列构成的子空间 A 是不可数的，并且具有离散拓扑. 因为对 A 中任意两个不同的点 a 和 b，$\bar{\rho}(a, b)=1$. 因此在一致拓扑下，$\mathbb{R}^\omega$没有可数基. ■

这两个可数性公理都具有在取子空间运算或可数积运算下保持不变这一很好的性质.

定理 30.2　第一可数空间的子空间是第一可数的. 第一可数空间的可数积是第一可数的. 第二可数空间的子空间是第二可数的. 第二可数空间的可数积是第二可数的.

证　考虑第二可数性公理. 若 $\mathscr{B}$ 是 X 的一个可数基，则 $\{B\cap A \mid B\in\mathscr{B}\}$ 便是 X 的子空间 A 的一个可数基. 若 $\mathscr{B}_i$ 是空间 X_i 的一个可数基，则所有积 ΠU_i 构成的族便是 ΠX_i 的一个可数基，其中 U_i 满足条件：对于有限多个 i，$U_i\in\mathscr{B}_i$. 而对于其他的所有 i，$U_i=X_i$.

关于第一可数性公理的证明是类似的. ■

下面定理中给出关于第二可数性公理的两个结论，它们在后面会用到. 首先给出以下定义：

定义　空间 X 的子集 A 称为在 X 中是**稠密的**(dense)，如果 $\overline{A}=X$.

定理 30.3　设 X 有一个可数基. 则

(a) X 的每一个开覆盖有一个可数子族覆盖 X.

(b) X 存在一个可数子集在 X 中稠密.

证　设 $\{B_n\}$ 是 X 的一个可数基.

(a)令 $\mathscr{A}$ 为 X 的一个开覆盖. 对于每一个正整数 n，只要可能，我们就选取一个 $A_n\in\mathscr{A}$，使得 A_n 包含基元素 B_n. 那么，这些集合 A_n 构成的族 $\mathscr{A}'$ 是可数的，因为它的下标集 J 是正整数的一个子集. 而且 $\mathscr{A}'$ 覆盖 X，因为任意给定 X 的一个点 x，可以在 $\mathscr{A}$ 中选择一个集合 A 包含点 x. 因为 A 是开的，所以存在基元素 B_n 使得 $x\in B_n\subset A$. 因而 B_n 就必定包含在 $\mathscr{A}$ 的一个成员中，其下标属于集合 J. 于是 A_n 有定义. 并且 A_n 包含 B_n，所以 A_n 包含点 x.

(b)从基中的每一个非空元素 B_n 中选取一点 x_n. 设这些点 x_n 构成集合 D，那么 D 在 X 中稠密. 这是因为对于 X 中任意给定的一点 x，每一个包含 x 的基元素都和 D 相交，所以 x 属

于 $\bar{D}$. ■

定理 30.3 所列出的两个性质有时也分别被当作一种可数性公理. 每一个开覆盖都包含可数子覆盖的空间，通常称为 **Lindelöf 空间**(Lindelöf space). 有可数稠密子集的空间常被称为**可分的**(separable)(这是个容易混淆的术语)[①]. 一般说来，这两个性质都比第二可数性公理弱. 但若空间是可度量化的，则它们与第二可数性公理等价(见习题 5). 就其重要性而言，它们不及第二可数性公理，但也不可忽视，使用它们会给我们带来方便. 例如，通常证明一个空间 X 具有可数稠密子集就比证明 X 具有可数基容易. 如果空间还是可度量化的(像分析中常见的那样)，那么这就蕴涵了 X 是第二可数的.

我们并不应用这些性质去证明任何定理，然而其中的 Lindelöf 条件会在处理一些例子时用到. 正如下面的一些例子所表明的，对于取子空间和笛卡儿积的运算而言，这两个性质都不像我们所希望的那样能够得以保持.

例 3 空间 $\mathbb{R}_\ell$ 除了不满足第二可数性公理外，满足其他所有的可数性公理.

给定 $x\in\mathbb{R}_\ell$，那么所有形如 $[x, x+1/n)$ 的基元素构成的集合是 x 处的一个可数基. 容易看出有理数集在 $\mathbb{R}_\ell$ 中稠密.

为了证明 $\mathbb{R}_\ell$ 没有可数基，设 $\mathcal{B}$ 是 $\mathbb{R}_\ell$ 的一个基. 对于任意 x，选取 $\mathcal{B}$ 中的一个元素 B_x，使得 $x\in B_x\subset[x, x+1)$. 若 $x\neq y$，则 $B_x\neq B_y$. 这是因为 $x=\inf B_x$，$y=\inf B_y$. 因此 $\mathcal{B}$ 必定是不可数的.

要证明 $\mathbb{R}_\ell$ 是 Lindelöf 空间，还需要做一些工作. 但只要证明 $\mathbb{R}_\ell$ 中任何一个由基元素构成的开覆盖包含着可数子族覆盖 $\mathbb{R}_\ell$ 就行了(此处请自行验证). 为此设

$$\mathcal{A}=\{[a_\alpha,b_\alpha)\}_{\alpha\in J}$$

是由下限拓扑的基元素构成的 $\mathbb{R}$ 的一个覆盖. 我们希望找到它的一个可数子族覆盖 $\mathbb{R}$.

令 C 为一个集合，

$$C=\bigcup_{\alpha\in J}(a_\alpha,b_\alpha),$$

它是 $\mathbb{R}$ 的一个子集. 下面证明 $\mathbb{R}-C$ 是可数的.

设 x 是 $\mathbb{R}-C$ 的一个点. 我们知道 x 不属于任何一个开区间 (a_α, b_α). 因此，存在指标 β 使得 $x=a_\beta$. 选取这样的一个 β 和区间 (a_β, b_β) 中的一个有理数 q_x. 因 (a_β, b_β) 包含于 C 中，所以区间 $(a_\beta, q_x)=(x, q_x)$ 也包含于 C 中. 由此推出，如果 x 和 y 是 $\mathbb{R}-C$ 中不同的两个点，并且 $x<y$，那么必有 $q_x<q_y$. (因为如若不然，我们将会有 $x<y<q_y<q_x$，于是 y 必然要落在区间 (x, q_x) 中，因此也就在 C 中.)从而，从 $\mathbb{R}-C$ 到 $\mathbb{Q}$ 的映射 $x\rightarrow q_x$ 是一个单射，因此 $\mathbb{R}-C$ 是可数的.

现在我们证明 $\mathcal{A}$ 的某一个可数子族覆盖 $\mathbb{R}$. 先对于 $\mathbb{R}-C$ 中的每一个元素选取 $\mathcal{A}$ 中的一个成员包含它，这样便得到了 $\mathcal{A}$ 的一个可数子族 $\mathcal{A}'$ 覆盖 $\mathbb{R}-C$. 取集合 C，并且赋予这个集合 $\mathbb{R}$ 的子空间的拓扑. 相对于这个拓扑，C 满足第二可数性公理. C 被这些集合 (a_α, b_α) 所覆盖，

① 这是一个词被反复多次使用的典型例子. 我们已就空间的一个分割给过确切的定义，稍后我们还将讨论分离公理. (在英语中"可分"、"分割"和"分离"有共同的词根，所以作者要作这个注释. 但在汉语中它们的区别是很明显的——译者注)

它们在$\mathbb{R}$中都是开集，因此在C中也都是开集．于是存在可数子族覆盖C．设这个可数子族由(a_α, b_α)这些元素构成，其中$\alpha=\alpha_1, \alpha_2, \cdots$．于是族

$$\mathscr{A}''=\{[a_\alpha,b_\alpha) \mid \alpha=\alpha_1,\alpha_2,\cdots\}$$

是$\mathscr{A}$的可数子族，并且覆盖C，并且$\mathscr{A}'\cup\mathscr{A}''$便是$\mathscr{A}$的一个可数子族，覆盖$\mathbb{R}_\ell$．■

例 4　两个 Lindelöf 空间的积未必是 Lindelöf 的．尽管空间$\mathbb{R}_\ell$是 Lindelöf 的，我们将证明$\mathbb{R}_\ell\times\mathbb{R}_\ell$却不是 Lindelöf 的．$\mathbb{R}_\ell^2$空间是拓扑学中一个非常有用的例子，称之为 Sorgenfrey 平面 (Sorgenfrey plane)．

空间$\mathbb{R}_\ell^2$中所有形如$[a, b)\times[c, d)$的集合构成了它的一个基．为了证明它不是一个 Lindelöf 空间，我们考虑它的一个子空间

$$L=\{x\times(-x) \mid x\in\mathbb{R}_\ell\}.$$

容易验证L是$\mathbb{R}_\ell^2$中的一个闭集．用开集$\mathbb{R}_\ell^2-L$和所有形如

$$[a,b)\times[-a,d)$$

的基元素构成$\mathbb{R}_\ell^2$的一个开覆盖．

这些开集中的每一个最多与L交于一点．由于L是不可数的，所以不可能有可数子族覆盖$\mathbb{R}_\ell^2$，如图 30.1 所示．

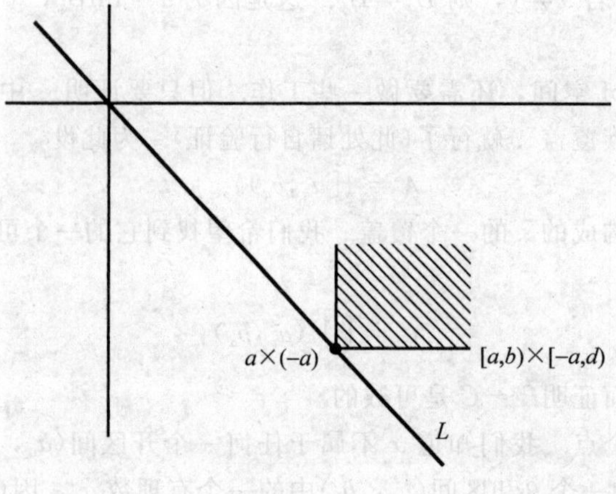

图　30.1　■

例 5　Lindelöf 空间的子空间未必是 Lindelöf 空间．有序矩形I_o^2是紧致的，所以是 Lindelöf 的．但子空间$A=I\times(0, 1)$却不是 Lindelöf 的．因为A是两两无交的集合$U_x=\{x\}\times(0, 1)$的并，其中的每一个集合都是A中的开集．而这些集合构成的集族是不可数的，并且没有真子族能覆盖A．■

习题

1. (a)若集合A是空间X中可数个开集的交，则称A是X中的一个G_δ集．证明在满足第一可数性公理的T_1空间中，每一个单点集是一个G_δ集．

   (b)存在一个我们熟悉的空间，它的任何一个单点集都是G_δ集，但这个空间却不满足第一可数性公理．它是哪个空间呢？

这个术语来源于德文，其中“G”就是“Gebiet”，意思是“开集”．“δ”就是“Durchschnitt”，意思是“交”．

2. 证明：若 X 具有可数基 $\{B_n\}$，则 X 的每一个基 $\mathcal{C}$ 包含 X 的一个可数基．[提示：对每一对指标 n, m，只要可能，便选取 $C_{n,m} \in \mathcal{C}$，使得 $B_n \subset C_{n,m} \subset B_m$．]
3. 设 X 有可数基，A 是 X 的一个不可数子集．证明 A 中有不可数个点都是 A 的极限点．
4. 证明：每一个紧致度量空间 X 都有可数基．[提示：设 $\mathcal{A}_n$ 是由 $1/n$ -球构成的 X 的有限覆盖．]
5. (a)证明：每一个有可数稠密子集的度量空间都有可数基．

   (b)证明：每一个可度量的 Lindelöf 空间都有可数基．
6. 证明：$\mathbb{R}_\ell$ 和 I_o^2 不可度量化．
7. 对我们所讲的四个可数性公理，空间 S_Ω 满足哪几个？$\overline{S}_\Omega$ 又如何？
8. 在一致拓扑下，对我们所讲的四个可数性公理，空间 $\mathbb{R}^\omega$ 满足哪几个？
9. 设 A 是 X 的一个闭子空间．证明：如果 X 是 Lindelöf 的，那么 A 也是 Lindelöf 的．举例说明，X 有可数稠密子集，A 却未必有可数稠密子集．
10. 若 X 是可数个有可数稠密子集的空间的积空间，则 X 也有可数稠密子集．
11. 设 $f: X \to Y$ 是连续的．证明：如果 X 是 Lindelöf 的，或者有可数稠密子集，那么 $f(X)$ 也满足同样的条件．
12. 设 $f: X \to Y$ 是一个连续开映射．证明：如果 X 满足第一或第二可数性公理，那么 $f(X)$ 也满足同样的公理．
13. 证明：若 X 有可数稠密子集，则 X 中的两两无交的开集的族是可数的．
14. 证明：若 X 是 Lindelöf 空间，Y 是紧致的，则 $X \times Y$ 是 Lindelöf 的．
15. 赋予 $\mathbb{R}^I$ 一致度量，其中 $I=[0, 1]$．设 $\mathcal{C}(I, \mathbb{R})$ 是连续函数空间．证明：$\mathcal{C}(I, \mathbb{R})$ 有可数稠密子集，因此有可数基．[提示：考虑那些连续函数，它们的图形由有限多个线段构成，并且每一个线段的端点是有理数．]
16. (a)证明：积空间 $\mathbb{R}^I$ 有可数稠密子集，其中 $I=[0, 1]$．

    (b)证明：如果 J 的基数大于 $\mathcal{P}(\mathbb{Z}_+)$，那么积空间 $\mathbb{R}^J$ 没有可数稠密子集．[提示：若 D 在 $\mathbb{R}^J$ 中稠密，定义 $f: J \to \mathcal{P}(D)$ 为 $f(\alpha) = D \cap \pi_\alpha^{-1}((a, b))$，其中 (a, b) 是 $\mathbb{R}$ 中的一个固定区间．]

*17. 赋予 $\mathbb{R}^\omega$ 箱拓扑．设 $\mathbb{Q}^\infty$ 是由终端为 0 的有理数序列构成的子空间．那么我们所述的四个可数性公理中，这个空间满足哪几个？

*18. 设 G 是第一可数的拓扑群．证明：如果 G 有可数稠密子集，或者是 Lindelöf 的，那么 G 有可数基．[提示：设 $\{B_n\}$ 是 e 点处的可数基．如果 D 是 G 的可数稠密子集，证明：对于 $d \in D$，集合 dB_n 构成了 G 的一个基．如果 G 是 Lindelöf 的，那么对于每一个 n，选取一个可数集 C_n，使得集合 cB_n 覆盖 G，其中 $c \in C_n$．证明：当 n 取遍 $\mathbb{Z}_+$ 时，这些集合构成了 G 的一个基．]

31　分离公理

本节将引进三个分离公理，并阐明它们的一些性质．前面已经介绍过 Hausdorff 公理，另一些公理与它类似，只是比它更强一些．每当引进新概念之后，我们总是讨论它们与本书已经给出的那些公理和概念之间的关系．

我们讲过，空间 X 称为 Hausdorff 的，指的是：如果对于 X 中每两个互不相同的点 x 和 y，存在无交的两个开集分别包含 x 和 y．

定义　设 X 中的每一个单点集在 X 中都是闭的．如果对于任意给定的一个点 x 和不包含这个点的一个闭集 B，存在无交的两个开集分别包含 x 和 B，则称 X 为**正则的**(regular)．如果对于 X 中每一对无交的闭集 A 和 B 总存在无交的开集分别包含它们，则称 X 是**正规的**(normal)．

显然，正则空间是 Hausdorff 的，正规空间是正则的．(为此必须将单点集是闭的这个条件作为正则性和正规性定义的一部分，具有平庸拓扑的两点集空间，虽然满足正则性和正规性定义中的其余条件，但它却不是 Hausdorff 的.)下面的例 1 和例 3 表明了正则性公理比 Hausdorff 公理更强，正规性公理比正则性公理更强．

这些公理之所以被称为分离性公理，是因为它们都涉及用无交的开集，把一定类型的集合彼此"分离"．当然，在学习连通空间之前，我们已经使用过"分割"这个词．但在那里，我们也是试图找到一些无交的开集，使得它们的并就是整个空间．现在所讨论的与此不同，因为这里所说的开集并不要求满足上述条件．

这三个分离公理如图 31.1 所示．

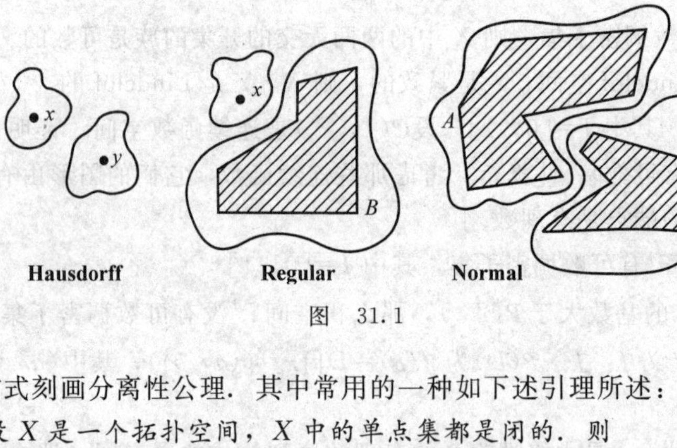

图　31.1

还有其他的方式刻画分离性公理．其中常用的一种如下述引理所述：

引理 31.1　设 X 是一个拓扑空间，X 中的单点集都是闭的．则

(a) X 是正则的当且仅当对 X 中任意给定的一个点 x 和 x 的任何一个邻域 U，存在 x 的一个邻域 V，使得 $\bar{V}\subset U$.

(b) X 是正规的当且仅当对于任意闭集 A 和包含 A 的任何一个开集 U，存在一个包含 A 的开集 V，使得 $\bar{V}\subset U$.

证　(a)设 X 是正则的，给定点 x 和 x 的邻域 U．令 $B=X-U$，则 B 是一个闭集．根据假设，存在分别包含 x 和 B 的无交开集 V 和 W．因为若 $y\in B$，则集合 W 就是 y 的一个邻域，它与 V 无交，所以集合 $\bar{V}$ 与 B 无交．因此 $\bar{V}\subset U$.

为了证明其逆命题成立，设给定点 x 和不包含 x 的闭集 B. 令 $U=X-B$. 根据假设，存在 x 的邻域 V，使得 $\bar{V}\subset U$. 于是，开集 V 和 $X-\bar{V}$ 就是分别包含 x 和 B 的无交开集. 从而 X 是正则的.

(b)这个证明完全与上面的证明相同，只需在整个证明中用集合 A 代替点 x 就可以了. ■

现在来研究分离性公理与原先引进的一些概念之间的联系.

定理 31.2 (a)Hausdorff 空间的子空间是 Hausdorff 的. Hausdorff 空间的积空间也是 Hausdorff 的.

(b)正则空间的子空间是正则的. 正则空间的积空间也是正则的.

证 (a)这是第 17 节习题中的结论，在这里我们给出证明. 设 X 是一个 Hausdorff 空间，x 和 y 是 X 的子空间 Y 中的两点. 如果 U 和 V 分别是点 x 和 y 在 X 中的无交邻域，那么 $U\cap Y$ 和 $V\cap Y$ 便分别是 x 和 y 在 Y 中的无交邻域.

设 $\{X_\alpha\}$ 是 Hausdorff 的空间的一个族. 设 $\mathbf{x}=(x_\alpha)$ 和 $\mathbf{y}=(y_\alpha)$ 是积空间 ΠX_α 中不同的两点. 因为 $\mathbf{x}\neq\mathbf{y}$，故存在某一个指标 β，使得 $x_\beta\neq y_\beta$. 在 X_β 中选取分别包含 x_β 和 y_β 的无交开集 U 和 V. 这样，集合 $\pi_\beta^{-1}(U)$ 和 $\pi_\beta^{-1}(V)$ 就是 ΠX_α 中分别包含 $\mathbf{x}$ 和 $\mathbf{y}$ 的无交开集.

(b)设 Y 是一个正则空间 X 的子空间. 则 Y 中的单点集都是闭的. 设 x 是 Y 的一个点，B 是 Y 中不包含 x 的一个闭子集. 于是 $\bar{B}\cap Y=B$，其中 $\bar{B}$ 表示 B 在 X 中的闭包. 因此，$x\notin\bar{B}$. 再应用 X 的正则性，我们可以选取 X 中分别包含 x 和 $\bar{B}$ 的无交开集 U 和 V. 因此 $U\cap Y$ 和 $V\cap Y$ 分别是 Y 中包含 x 和 B 的无交开集.

设 $\{X_\alpha\}$ 是正则空间的一个族. 令 $X=\Pi X_\alpha$. 根据(a)可见，X 是一个 Hausdorff 空间，因此 X 中的单点集都是闭的. 我们应用前面的引理来证明 X 的正则性. 设 $\mathbf{x}=(x_\alpha)$ 为 X 的一个点，U 为 $\mathbf{x}$ 在 X 中的一个邻域. 取基中的元素 ΠU_α 使得它包含于 U 中，且包含着点 $\mathbf{x}$. 对于每一个 α，选取 x_α 在 X_α 中的一个邻域 V_α，使得 $\bar{V}_\alpha\subset U_\alpha$. 如果恰好有 $U_\alpha=X_\alpha$，那就选取 $V_\alpha=X_\alpha$. 于是 $V=\Pi V_\alpha$ 便是点 $\mathbf{x}$ 在 X 中的一个邻域. 根据定理 19.5，$\bar{V}=\Pi\bar{V}_\alpha$，所以 $\bar{V}\subset\Pi U_\alpha\subset U$. 因此，$X$ 是正则的. ■

稍后我们将在本节和下一节中看到，对于正规空间却没有相似的定理.

例 1 空间 $\mathbb{R}_K$ 是 Hausdorff 的，但不是正则的. 前面讲过 $\mathbb{R}_K$ 表示实直线，它以所有开区间 (a, b) 和形如 $(a, b)-K$ 的集合为其拓扑的一个基，其中 $K=\{1/n \mid n\in\mathbb{Z}_+\}$. 这个空间是 Hausdorff 的，因为任意两个不同的点都存在两个无交的开区间包含它们.

但这个空间不是正则的. 集合 K 是 $\mathbb{R}_K$ 的一个闭集，并且不包含 0 点. 设存在无交的开集 U 和 V 分别包含 0 和 K. 选取基中包含于 U 的一个元素，使得它包含着 0，那么基中的这个元素必定形如 $(a, b)-K$，因为基中每一个形如 (a, b) 并包含 0 的元素都与 K 相交. 选取足够大的 n 使得 $1/n\in(a, b)$，再取基中包含于 V 且包含 $1/n$ 的一个元素，那么基中这个元素必形如 (c, d). 最后，取点 z，使得 $z<1/n$，且 $z>\max\{c, 1/(n+1)\}$. 这样 z 既属于 U 又属于 V，因此这两个集合并非无交. 如图 31.2 所示. ■

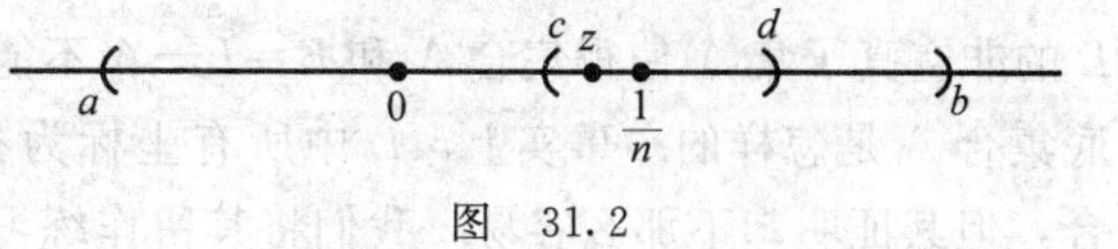

图 31.2

例 2 空间 $\mathbb{R}_\ell$ 是正规的. 易见单点集都是 $\mathbb{R}_\ell$ 中的闭集，这是由于 $\mathbb{R}_\ell$ 的拓扑比 $\mathbb{R}$ 的拓

扑更细的缘故．为了证明正规性，设 A 和 B 是$\mathbb{R}_\ell$中无交的两个闭集．对 A 中的每一个点 a 选取一个基元素$[a, x_a)$，使得它与 B 无交．对于 B 中的每一个点 b，选取一个基元素$[b, x_b)$，使得它与 A 无交．于是开集

$$U=\bigcup_{a\in A}[a,x_a) \quad 和 \quad V=\bigcup_{b\in B}[b,x_b)$$

分别包含集合 A 和 B，并且是无交的．■

例 3　Sorgenfrey 平面$\mathbb{R}_\ell^2$不是正规的．

空间$\mathbb{R}_\ell$是正则的(实际上是正规的)，因此积空间$\mathbb{R}_\ell^2$是正则的．于是，给出这个例子可以达到两个目的．一是说明正则空间未必是正规的，二是说明两个正规空间的积空间未必是正规的．

我们假设$\mathbb{R}_\ell^2$是正规的，并且由此推出矛盾．设 L 是由$\mathbb{R}_\ell^2$中所有形如 $x\times(-x)$的点构成的一个子空间．L 在$\mathbb{R}_\ell^2$中是闭的，并且具有离散拓扑．因 L 中的每一个子集 A 在 L 中都是闭的，所以在$\mathbb{R}_\ell^2$中也都是闭的．又因为 $L-A$ 在$\mathbb{R}_\ell^2$中也是闭的，所以对于 L 的任意非空真子集 A 都能找到分别包含 A 和 $L-A$ 的无交开集 U_A 和 V_A．

设 D 是$\mathbb{R}_\ell^2$中坐标为有理数的点构成的集合．D 在$\mathbb{R}_\ell^2$中稠密．定义映射 θ：$\mathcal{P}(L)\to\mathcal{P}(D)$为：

$$\theta(A)=D\cap U_A \quad 如果\ \varnothing\subsetneq A\subsetneq L,$$

$$\theta(\varnothing)=\varnothing,$$

$$\theta(L)=D.$$

我们将证明 θ：$\mathcal{P}(L)\to\mathcal{P}(D)$是一个单射．

设 A 是 L 的一个非空真子集．$\theta(A)=D\cap U_A$ 既不是空集(因为 U_A 是开集，D 在$\mathbb{R}_\ell^2$中稠密)，也不是 D(因为 $D\cap V_A\neq\varnothing$)．剩下要证明的是：若 B 是 L 的另外一个非空真子集，则 $\theta(A)\neq\theta(B)$．

存在一点只属于 A 和 B 其中之一而不属于另一个，不妨设 $x\in A$，但 $x\notin B$．于是 $x\in L-B$，因此 $x\in U_A\cap V_B$．又因这个集合是开的并且非空，所以其中必包含 D 的点．这些点属于 U_A，却不属于集合 U_B．因此，$D\cap U_A\neq D\cap U_B$，即 θ 是一个单射．

现在我们证明存在单射 ϕ：$\mathcal{P}(D)\to L$．因为 D 是可数的无限集，L 与$\mathbb{R}$ 有相同的基数，因此可以定义从$\mathcal{P}(\mathbb{Z}_+)$到$\mathbb{R}$ 的一个单射 ψ．ψ 的定义如下：将$\mathbb{Z}_+$的子集 S 映到无限的十进小数．$a_1 a_2\cdots$，即

$$\psi(S)=\sum_{i=1}^{\infty}a_i/10^i,$$

其中，当 $i\in S$ 时，$a_i=0$，当 $i\notin S$ 时，$a_i=1$．这时，复合映射

$$\mathcal{P}(L)\xrightarrow{\theta}\mathcal{P}(D)\xrightarrow{\psi}L$$

便是从$\mathcal{P}(L)$到 L 的一个单射．根据定理 7.8 可见，这个映射是不存在的．因此得到一个矛盾．

证明$\mathbb{R}_\ell^2$不是正规的所用的这个方法，在某些地方并不是那么让人满意．我们只说明了存在 L 的非空真子集 A 使得集合 A 和 $B=L-A$ 不能包含在$\mathbb{R}_\ell^2$的两个无交的开集中，却没能说明到底集合 A 是怎样的．事实上，L 中所有坐标为有理数的点构成的集合就是我们要找到那个集合，但其证明却不那么容易．我们将其留作练习．■

习题

1. 证明：若 X 是正则的，则 X 的任意两点各自有一个邻域，其闭包无交.
2. 证明：若 X 是正规的，则任意两个无交的闭集各自有一个邻域，其闭包无交.
3. 证明：每一个序拓扑都是正则的.
4. 设 X 和 X' 分别表示具有拓扑 $\mathcal{T}$ 和 $\mathcal{T}'$ 的同一个集合，并且 $\mathcal{T}'\supset\mathcal{T}$. 如果其中一个是 Hausdorff(或正则，或正规)空间，那么另一个会怎样呢？
5. 设 f，g：$X\to Y$ 是连续的，Y 是一个 Hausdorff 空间. 证明 $\{x \mid f(x)=g(x)\}$ 是 X 中的闭集.
6. 设 p：$X\to Y$ 是满的连续闭映射. 证明：若 X 是正规的，则 Y 也是正规的. [提示：若 U 是包含 $p^{-1}(\{y\})$ 的开集，证明：存在 y 的邻域 W，使得 $p^{-1}(W)\subset U$.]
7. 设 p：$X\to Y$ 是一个满的连续闭映射，对于每一个 $y\in Y$，$p^{-1}(\{y\})$ 是紧致的. (这种映射称为完备映射.)
   (a)证明：若 X 是 Hausdorff 的，则 Y 也是 Hausdorff 的.
   (b)证明：若 X 是正则的，则 Y 也是正则的.
   (c)证明：若 X 是局部紧致的，则 Y 也是局部紧致的.
   (d)证明：若 X 满足第二可数性公理，则 Y 也满足第二可数性公理. [提示：设 $\mathcal{B}$ 是 X 的一个可数基. 对于 $\mathcal{B}$ 的每一个有限子集 J，令 U_J 为所有形如 $p^{-1}(W)$ 的集合的并，其中 W 是 Y 中的开集，并且 $p^{-1}(W)$ 包含于 J 的元素的并中.]
8. 设 X 是一个空间，G 是一个拓扑群. G 在 X 上的一个**作用**(action)是指一个连续映射 α：$G\times X\to X$,满足条件：
   (i)$e\cdot x=x$，对于所有 $x\in X$.
   (ii)$g_1\cdot(g_2\cdot x)=(g_1\cdot g_2)\cdot x$，对于所有 $x\in X$ 和 g_1，$g_2\in G$.
   其中 $g\cdot x$ 表示 $\alpha(g\times x)$. 对于所有的 x 和 g，定义 $x\sim g\cdot x$. 所得到的商空间记为 X/G，并且称之为作用 α 的**轨道空间**(orbit space).
   定理 *设 G 是一个紧致拓扑群，X 是一个拓扑空间. α 是 G 在 X 上的一个作用. 若对于 Hausdorff 条件、正则性、正规性、局部紧致性，以及第二可数性公理这些性质，X 满足其中的一个性质，则 X/G 也满足同样的性质.*
   [提示：见第 26 节的习题 13.]
*9. 令 A 为 $\mathbb{R}_\ell^2$ 中所有形如 $x\times(-x)$ 的点的集合，其中 x 是有理数. 令 B 为 $\mathbb{R}_\ell^2$ 中所有形如 $x\times(-x)$ 的点的集合，其中 x 是无理数. 如果 V 是 $\mathbb{R}_\ell^2$ 中包含 B 的一个开集，证明：不存在包含 A 的开集 U 与 V 无交. 证明的过程如下：
   (a)设 K_n 为 $[0,1]$ 中所有使得 $[x,x+1/n)\times[-x,-x+1/n)$ 包含于 V 的无理数的集合. 证明 $[0,1]$ 是这些集合 K_n 和可数多个单点集的并.
   (b)应用第 27 节中的习题 5 证明某一个集合 $\bar{K}_n$ 包含着 $\mathbb{R}$ 的一个开区间 (a,b).
   (c)证明 V 包含着由所有形如 $x\times(-x+\varepsilon)$ 的点 x 构成的开平行四边形，其中 $a<x<b$，$0<\varepsilon<1/n$.
   (d)证明：若 q 是一个有理数，$a<q<b$，则 $\mathbb{R}_\ell^2$ 中的点 $q\times(-q)$ 是 V 的一个极限点.

32　正规空间

现在我们来更全面地研究一下满足正规性公理的空间．从某种意义上说，这个术语“正规”并不是很恰当，因为所谓正规空间并不如我们所想像的那样理想．另一方面，我们所熟知的许多空间都满足这个公理，就像我们下面所见到的那样．它之所以重要，是因为在假设了正规性的情况下，我们所能证明的很多结论都是拓扑学中很重要的结论．其中 Urysohn 度量化定理和 Tietze 扩张定理就是这样的两个结论，在本章稍后的几节中，我们将会处理这些问题．

我们先来证明三个定理，它们给出了判断空间是否正规的重要条件．

定理 32.1　每一个有可数基的正则空间是正规的．

证　设 X 是有可数基 $\mathscr{B}$ 的一个正则空间，A 和 B 是 X 的两个无交闭子集．A 中的每一个点 x 都存在一个邻域 U 与 B 无交．应用正则性，选取 x 的一个邻域 V，使得 $\bar{V}$ 包含于 U．最后选取 $\mathscr{B}$ 中的一个包含着 x 的元素，使得它包含于 V．通过对 A 中每一个点 x 选取基中的这样一个元素，我们就构造了 A 的一个开覆盖，其中的每一个开集的闭包都与 B 无交．因 A 的这个覆盖是可数的，故我们可以选用正整数作为其下标，将其记为 $\{U_n\}$．

类似地，选取集合 B 的一个可数开覆盖 $\{V_n\}$，使得每一个 $\bar{V}_n$ 都与 A 无交．于是集合 $U=\bigcup U_n$ 和 $V=\bigcup V_n$ 就是分别包含 A 和 B 的开集，但它们未必是无交的．我们通过下面的方法来构造两个无交开集．给定 n，定义

$$U'_n=U_n-\bigcup_{i=1}^{n}\bar{V}_i \quad 和 \quad V'_n=V_n-\bigcup_{i=1}^{n}\bar{U}_i.$$

注意，每一个集合 U'_n 都是开集，因为它是一个开集 U_n 和一个闭集 $\bigcup_{i=1}^{n}\bar{V}_i$ 的差．同样，每一个 V'_n 也是开集．又因为 A 中的每一个点 x 都属于某一个 U_n，却不属于任何一个集合 $\bar{V}_i$，所以族 $\{U'_n\}$ 覆盖 A．同理，族 $\{V'_n\}$ 覆盖 B．如图 32.1 所示．

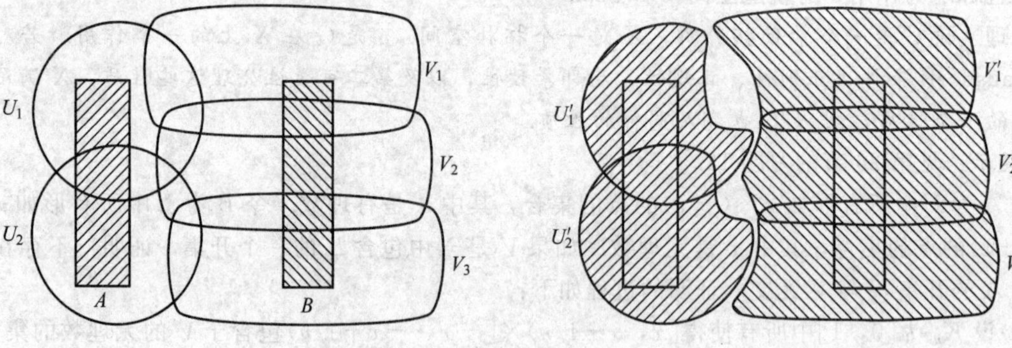

图　32.1

最后，集合

$$U'=\bigcup_{n\in\mathbb{Z}_+}U'_n \quad 和 \quad V'=\bigcup_{n\in\mathbb{Z}_+}V'_n$$

是无交的．因为若 $x\in U'\cap V'$，则对某一个 j，k，有 $x\in U'_j\cap V'_k$．不妨设 $j\leqslant k$．根据 U'_j 的定

义，有 $x\in U_j$. 再根据 $j\leqslant k$ 以及 V'_k 的定义，有 $x\notin \bar{U}_j$. 对于 $j\geqslant k$，也有类似的矛盾产生. ■

定理 32.2 每一个可度量化的空间是正规的.

证 设 X 是一个度量空间，以 d 为度量，A 和 B 是 X 中的两个无交闭集. 对于 A 中的任意一个点 a，选取 ε_a 使得球 $B(a,\varepsilon_a)$ 与 B 无交. 类似地，对于 B 中的任意一个点 b，取 ε_b 使得球 $B(b,\varepsilon_b)$ 与 A 无交. 定义

$$U=\bigcup_{a\in A}B(a,\varepsilon_a/2)\quad 和\quad V=\bigcup_{b\in B}B(b,\varepsilon_b/2),$$

于是 U 和 V 就是分别包含集合 A 和 B 的开集. 我们断言：它们是无交的. 因为若 $z\in U\cap V$，则存在 $a\in A$ 和 $b\in B$，使得

$$z\in B(a,\varepsilon_a/2)\cap B(b,\varepsilon_b/2)$$

根据三角不等式可见 $d(a,b)<(\varepsilon_a+\varepsilon_b)/2$. 若 $\varepsilon_a\leqslant\varepsilon_b$，则 $d(a,b)<\varepsilon_b$，从而球 $B(b,\varepsilon_b)$ 包含点 a. 若 $\varepsilon_a>\varepsilon_b$，则 $d(a,b)<\varepsilon_a$，从而球 $B(a,\varepsilon_a)$ 包含点 b. 但这两种情形都是不可能的. ■

定理 32.3 每一个紧致的 Hausdorff 空间都是正规的.

证 设 X 是一个紧致的 Hausdorff 空间. 实际上我们已经证明了 X 是正则的. 因为若 x 是 X 的一个点，B 是 X 中不包含 x 的一个闭集，则 B 是紧致的. 于是应用第 3 章引理 26.4，就证明了存在无交的开集分别包含 x 和 B.

采用与上述引理中基本上相同的论证，就可以证得 X 是正规的：给定 X 中无交的闭集 A 和 B，对于 A 中的每一点 a，分别选取包含 a 和 B 的无交开集 U_a 和 V_a.（这里用到了 X 的正则性.）于是集簇 $\{U_a\}$ 覆盖 A. 再根据 A 的紧致性可见，可以从中选出有限个集合 $U_{a_1},\cdots,U_{a_m}$ 覆盖 A. 从而

$$U=U_{a_1}\cup\cdots\cup U_{a_m}\quad 和\quad V=V_{a_1}\cap\cdots\cap V_{a_m}$$

就是分别包含 A 和 B 的无交的开集. ■

下面这个关于正规性的定理，在处理一些例子时是很有用的.

定理 32.4 每一个良序集 X 在序拓扑下都是正规的.

事实上，每一个序拓扑都是正规的(见[S-S]的例 39)，但是我们用不着这个更强的结果.

证 设 X 是一个良序集，我们断言：每一个形如 $(x,y]$ 的区间都是 X 中的开集：若 X 有最大元 y，则 $(x,y]$ 恰好就是包含 y 的一个基元素. 若 y 不是 X 的最大元，则 $(x,y]$ 就等于开集 (x,y')，其中 y' 为 y 的直接后继元.

现在设 A 和 B 为 X 中无交的两个闭集，并且 A 和 B 都不包含 X 的最小元 a_0. 对于每一个 $a\in A$，总存在包含 a 但与 B 无交的基元素，它包含某一个形如 $(x,a]$ 的区间（这里我们利用了 a 不是 X 的最小元这个事实）. 这样对于每一个 $a\in A$，便有一个与 B 无交的区间 $(x_a,a]$. 类似地，对于每一个 $b\in B$，也有一个与 A 无交的区间 $(y_b,b]$. 于是，集合

$$U=\bigcup_{a\in A}(x_a,a]\quad 和\quad V=\bigcup_{b\in B}(y_b,b]$$

便是分别包含 A 和 B 的开集，下面我们证明它们无交. 因为若 $z\in U\cap V$，则对于某一个 $a\in A$ 和 $b\in B$，有 $z\in(x_a,a]\cap(y_b,b]$. 不妨假定 $a<b$，若 $a\leqslant y_b$，则两个区间无交. 若 $a>y_b$，则 $a\in(y_b,b]$. 这和 $(y_b,b]$ 与 A 无交矛盾. 同理，对于 $a>b$，同样可以得出矛盾.

最后，设 A 和 B 是 X 中无交的两个闭集，并且 A 包含 X 的最小元 a_0．集合 $\{a_0\}$ 在 X 中是既开又闭的．由上一段的结果知，存在分别包含闭集 $A-\{a_0\}$ 和 B 的无交开集 U 和 V，于是 $U\cup\{a_0\}$ 和 V 就是分别包含 A 和 B 的无交的开集．■

例 1　若 J 是不可数的，则积空间 $\mathbb{R}^J$ 就不是正规的．这个结论的证明略有困难，我们将它留作一道具有挑战性的习题(见习题 9)．

举这个例子有三个目的．它指出了正则空间 $\mathbb{R}^J$ 未必是正规的．它说明了正规空间的子空间未必是正规的，因为 $\mathbb{R}^J$ 同胚于 $[0,1]^J$ 的子空间 $(0,1)^J$，而 $[0,1]^J$ (根据 Tychonoff 定理)是紧致的 Hausdorff 空间，因而是正规的．最后，它还说明了正规空间的不可数积未必是正规的．于是，剩下的问题只有正规空间的有限积或可数积是否正规了．■

例 2　积空间 $S_\Omega\times\bar{S}_\Omega$ 不是正规的．①

考虑具有序拓扑的良序集 $\bar{S}_\Omega$，及其具有子空间拓扑(与序拓扑相同)的子集 S_Ω．根据定理 32.4，这两个空间都是正规的．我们将证明积空间 $S_\Omega\times\bar{S}_\Omega$ 不是正规的．

这个例子可以达到三个目的：第一，它表明正则空间未必是正规的．因为 $S_\Omega\times\bar{S}_\Omega$ 是正则空间的积，因而是正则的．第二，它表明正规空间的子空间未必是正规的．因为 $S_\Omega\times\bar{S}_\Omega$ 是 $\bar{S}_\Omega\times\bar{S}_\Omega$ 的一个子空间，而 $\bar{S}_\Omega\times\bar{S}_\Omega$ 是紧致的 Hausdorff 空间，因而是正规的．第三，它表明两个正规空间的积空间未必是正规的．

首先考虑空间 $\bar{S}_\Omega\times\bar{S}_\Omega$ 和它的"对角线" $\Delta=\{x\times x\mid x\in\bar{S}_\Omega\}$．因为 $\bar{S}_\Omega$ 是 Hausdorff 的，所以 Δ 是 $\bar{S}_\Omega\times\bar{S}_\Omega$ 的一个闭集：这是因为若 U 和 V 分别是 x 和 y 的无交的邻域，则 $U\times V$ 是 $x\times y$ 的一个邻域，并且与 Δ 无交．

因此，在子空间 $S_\Omega\times\bar{S}_\Omega$ 中，集合

$$A=\Delta\cap(S_\Omega\times\bar{S}_\Omega)=\Delta-\{\Omega\times\Omega\}$$

是闭的．同样，集合

$$B=S_\Omega\times\{\Omega\}$$

是积空间中的一个"薄片"，所以在 $S_\Omega\times\bar{S}_\Omega$ 中是闭的．并且集合 A 和 B 是无交的．我们断言：若在 $S_\Omega\times\bar{S}_\Omega$ 中存在分别包含 A 和 B 的无交的开集 U 和 V，则必导致矛盾出现．如图 32.2 所示．

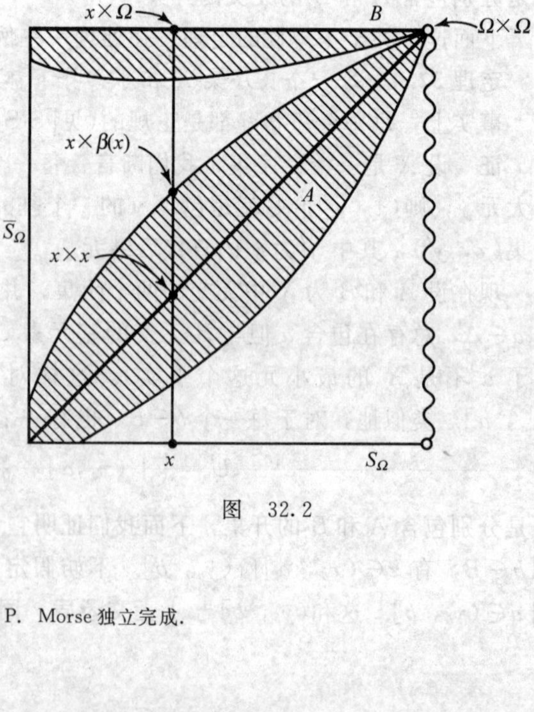

图　32.2

给定 $x\in S_\Omega$，考虑竖直的一个"薄片" $x\times\bar{S}_\Omega$．我们证明存在某一点 β，$x<\beta<\Omega$，使得 $x\times\beta$ 落在 U 的外面．因为如果 U 包含所有的点 $x\times\beta(x<\beta<\Omega)$，那么薄片的顶点 $x\times\Omega$ 就是 U 的一个极限点．但这是不可能的．因为 V 是与 U 无交的开集，并且包含这个顶点．

① Kelley[K]认为这个例子分别由 J. Dieudonné 和 A. P. Morse 独立完成．

选取$\beta(x)$为S_Ω中使得$x<\beta(x)<\Omega$并且使得$x\times\beta(x)$落在U外面的最小元素．定义S_Ω中点的一个序列如下：设x_1为S_Ω中任意一点，令$x_2=\beta(x_1)$．对于一般情形，$x_{n+1}=\beta(x_n)$．我们有

$$x_1<x_2<\cdots.$$

因为对于所有的x，$\beta(x)>x$．集合$\{x_n\}$是可数的，因而在S_Ω中有一个上界．设$b\in S_\Omega$是它的上确界．因为序列是递增的，那么它必收敛于它的上确界．即$x_n\to b$．但是$\beta(x_n)=x_{n+1}$．于是$\beta(x_n)$也收敛于b．因此，在积空间中

$$x_n\times\beta(x_n)\to b\times b.$$

参见图 32.3．这就产生了矛盾．因为点$b\times b$属于集合A，并且集合A包含在开集U中，但是$x_n\times\beta(x_n)$中没有点在U中． ■

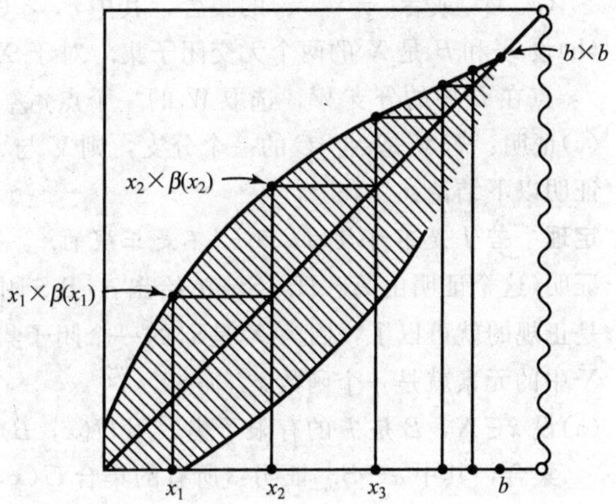

图 32.3

习题

1. 证明正规空间的闭子空间是正规的．
2. 证明：若ΠX_α是 Hausdorff 的，或者正则的，或者正规的，则X_α也相应地是 Hausdorff 的，或者正则的，或者正规的．(假设每一个X_α都是非空的．)
3. 证明每一个局部紧致的 Hausdorff 空间是正则的．
4. 证明每一个正则的 Lindelöf 空间是正规的．
5. 在积拓扑下，$\mathbb{R}^\omega$是正规的吗？在一致拓扑下呢？

   $\mathbb{R}^\omega$在箱拓扑下是否是正规的，尚属未知．Mary-Ellen Rudin 已证明了在连续统假设的情况下，答案是肯定的[RM]．事实上，她还证明了这个空间满足一个称之为*仿紧致性*的更强的性质．
6. 空间X称为**完全正规的**(completely normal)，如果X的每一个子空间都是正规的．证明：X是完全正规的当且仅当X中的每一对分离集A，B(即A和B满足：$\bar{A}\cap B=\varnothing$和$A\cap\bar{B}=\varnothing$)，存在无交的开集分别包含着它们．[提示：若$X$是完全正规的，考虑$X-(\bar{A}\cap\bar{B})$．]
7. 以下空间中的哪一个是完全正规的？证明你的结论．

   (a)完全正规空间的子空间．

   (b)两个完全正规空间的积空间．

   (c)序拓扑下的良序集．

   (d)可度量化空间．

   (e)紧致的 Hausdorff 空间．

   (f)具有可数基的正则空间．

   (g)空间$\mathbb{R}_\ell$．

*8. 证明以下结论：

定理　每一个线性连续统 X 是正规的.

(a)设 C 是 X 的一个非空闭子集. 如果 U 是 $X-C$ 的一个分支，证明 U 是一个形如 (c, c'), (c, ∞) 或者 $(-\infty, c)$ 的集合，其中 c, $c'\in C$.

(b)设 A 和 B 是 X 的两个无交闭子集. 对于 $X-A\cup B$ 的那些一个端点在 A 中，另一个端点在 B 中的分支 W，选取 W 的一个点 c_W. 证明这些点 c_W 构成的集合 C 是闭的.

(c)证明：若 V 是 $X-C$ 的一个分支，则 V 与 A 和 B 都无交.

*9. 证明以下结论：

定理　若 J 是不可数的，则 $\mathbb{R}^J$ 不是正规的.

证明(这个证明由 A. H. Stone 给出，[S-S]中作了改写)：设 $X=(\mathbb{Z}_+)^J$. 只要证明 X 不是正规的就可以了，因为 X 是 $\mathbb{R}^J$ 的一个闭子集. 对于 X 的元素，我们使用函数记号，于是 X 中的元素就是一个函数 $\boldsymbol{x}: J\to\mathbb{Z}_+$.

(a)设 $\boldsymbol{x}\in X$，B 是 J 的有限子集. 用 $U(\boldsymbol{x}, B)$ 表示 X 中所有满足 $\boldsymbol{y}(\alpha)=\boldsymbol{x}(\alpha)$ 的点 $\boldsymbol{y}$ 构成的集合，其中 $\alpha\in B$. 证明：所有的集合 $U(\boldsymbol{x}, B)$ 构成了 X 的一个基.

(b)定义 P_n 为 X 中所有那些点 $\boldsymbol{x}$ 构成的集合，这些点 $\boldsymbol{x}$ 在集合 $J-\boldsymbol{x}^{-1}(n)$ 上是单射. 证明：P_1 和 P_2 都是闭集，并且无交.

(c)设 U 和 V 是分别包含 P_1 和 P_2 的开集. 给定 J 的子序列 α_1, α_2, …(其元素两两不同)，和一个整数序列

$$0=n_0<n_1<n_2<\cdots,$$

对于每一个 $i\geqslant 1$，令

$$B_i=\{\alpha_1,\cdots,\alpha_{n_i}\}$$

并且用等式

$$\boldsymbol{x}_i(\alpha_j)=j \qquad \text{如果 } 1\leqslant j\leqslant n_{i-1},$$
$$\boldsymbol{x}_i(\alpha)=1 \qquad \text{当 } \alpha \text{ 取其他值时.}$$

定义 $\boldsymbol{x}_i\in X$. 证明：可以选取序列 α_j 和 n_j，使得对于每一个 i 以下包含关系成立

$$U(\boldsymbol{x}_i, B_i)\subset U.$$

[提示：注意，对于所有的 α 有 $\boldsymbol{x}_1(\alpha)=1$. 选取 B_1 使得 $U(\boldsymbol{x}_1, B_1)\subset U$.]

(d)设 A 为上步(c)中的集合 $\{\alpha_1, \alpha_2, \cdots\}$. 定义 $\boldsymbol{y}: J\to\mathbb{Z}_+$ 为

$$\boldsymbol{y}(\alpha_j)=j \qquad \text{当 } \alpha_j\in A \text{ 时,}$$
$$\boldsymbol{y}(\alpha)=2 \qquad \text{当 } \alpha \text{ 取其他值时.}$$

选取 B 使得 $U(\boldsymbol{y}, B)\subset V$. 再取 i 使得 $B\cap A$ 包含在集合 B_i 中. 证明

$$U(\boldsymbol{x}_{i+1}, B_{i+1})\cap U(\boldsymbol{y}, B)$$

非空.

10. 每一个拓扑群都是正规的吗？

33　Urysohn 引理

现在我们遇到了本书中的第一个深刻的定理，这个定理通常称为“Urysohn 引理”. 它断

言：正规空间 X 上存在着某种实值连续函数. 这个定理是证明许多重要定理的一个至关重要的工具. 其中的三个，即 Urysohn 度量化定理，Tietze 扩张定理，以及关于流形的一个嵌入定理，我们将在本章以后几节中给出证明.

为什么说 Urysohn 引理是一个"深刻的"定理呢？因为它的证明包含着以前的证明中所没有的那种新颖的思想. 或许我们可以用以下方式来解释清楚我们的意思：如果将本书所给出的证明通篇删去，然后再把这本书交给一个没有学过拓扑学但很聪明的学生，大体上可以设想，这个学生应该能够通读这本书并且由他自己来完成证明(当然要花费很多时间和精力了，并且不能期望他解决那些棘手的例子). 然而 Urysohn 引理则完全不同，如果不给出详尽的提示，要想掌握这个引理的证明势必要有相当超常的创造性.

定理 33.1[Urysohn 引理(Urysohn lemma)] 设 X 为正规空间，A 和 B 是 X 中两个无交的闭集. $[a, b]$是实直线上的一个闭区间. 则存在一个连续映射

$$f: X \to [a,b]$$

使得对于 A 中的每一个 x，有 $f(x)=a$，并且对于 B 中每一个 x，有 $f(x)=b$.

证 我们只要就区间$[0, 1]$的情形来讨论就够了. 一般情形可以由此推出. 证明的第一步是应用正规性构造 X 的开集族 U_p，其中下标是有理数. 然后利用这些集合来确定连续函数 f.

第一步. 设 P 是区间$[0, 1]$中的所有有理数构成的集合①，对于每一个 $p \in P$，我们定义 X 中的一个开集 U_p，使得当 $p<q$ 时，有

$$\bar{U}_p \subset U_q.$$

这样，包含关系便是这些集合 U_p 间的一个全序，这个全序与下标在实直线上通常的序关系相同.

由于 P 是可数的，我们可以通过归纳原则(确切地说是应用归纳定义原理)来定义这些集合 U_p. 以某种方式将 P 中元素排列成一个无穷序列；为了方便起见，不妨设 1 和 0 就是序列最前面的两个元素.

现在定义集合 U_p 如下：首先，令 $U_1=X-B$. 其次，因为 A 是包含在开集 U_1 中的闭集，根据 X 的正规性，可以选取一个开集 U_0 使得

$$A \subset U_0 \quad 和 \quad \bar{U}_0 \subset U_1.$$

一般地，令 P_n 表示有理数序列中前 n 项所构成的集合，假设对于所有属于 P_n 的有理数 p，开集 U_p 都已经定义好了，并且满足条件

$$p<q \Longrightarrow \bar{U}_p \subset U_q. \tag{*}$$

设 r 表示有理数序列中第 $n+1$ 项，我们来定义 U_r.

考虑集合 $P_{n+1}=P_n \cup \{r\}$. 它是区间$[0, 1]$的一个有限子集，并且它有一个由实直线上通常的序关系<给出的全序. 在一个有限的全序集中，每一个元素(除了最小元和最大元外)有一个直接前元和一个直接后元(见定理 10.1). 这个全序集 P_{n+1} 的最小元是 0，最大元是 1，r 既不是 0 也不是 1，所以 r 在 P_{n+1} 中有一个直接前元 p 和一个直接后元 q. 集合 U_p 和 U_q 已有定义，并且根据归纳假设，有 $\bar{U}_p \subset U_q$. 应用 X 的正规性，我们能找到 X 的一个开集 U_r，使得

$$\bar{U}_p \subset U_r \quad 和 \quad \bar{U}_r \subset U_q.$$

① 事实上，可将 P 取为$[0, 1]$中的任何一个包含点 0 和 1 的可数稠密子集.

我们断言：对于 P_{n+1} 中的每一对元素，(*)成立．若这两个元素都属于 P_n，则由归纳假定可见(*)成立．若它们中有一个是 r，另一个是 P_n 中的点 s，那么在 $s\leqslant p$ 的情况下有

$$\overline{U}_s\subset\overline{U}_p\subset U_r,$$

在 $s\geqslant q$ 的情况下有

$$\overline{U}_r\subset U_q\subset U_s.$$

于是，对于 P_{n+1} 中每一对元素，(*)成立．

根据归纳原则，对于所有的 $p\in P$，U_p 已有定义．

为更清楚地说明这个过程，假设我们先用标准方式将 P 中的元素排成无穷序列：

$$P=\left\{1,0,\frac{1}{2},\frac{1}{3},\frac{2}{3},\frac{1}{4},\frac{3}{4},\frac{1}{5},\frac{2}{5},\frac{3}{5},\cdots\right\}$$

在定义 U_0 和 U_1 之后，我们定义 $U_{1/2}$，使得 $\overline{U}_0\subset U_{1/2}$，且 $\overline{U}_{1/2}\subset U_1$．于是在 U_0 与 $U_{1/2}$ 之间有相应的 $U_{1/3}$．在 $U_{1/2}$ 与 U_1 之间有相应的 $U_{2/3}$ 等等．图 33.1 里所描绘的就是第八步时的情况，而第九步就是在 $U_{1/3}$ 和 $U_{1/2}$ 之间选取开集 $U_{2/5}$．如此等等．

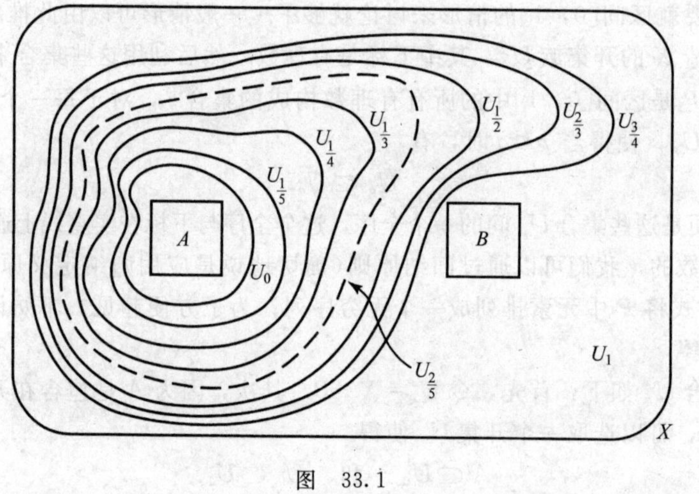

图　33.1

第二步．现在对于区间[0，1]中每一个有理数 p，我们已定义了 U_p．我们将上述定义扩充到ℝ中所有的有理数 p 上，方法如下：

$$U_p=\varnothing \qquad \text{如果 } p<0,$$
$$U_p=X \qquad \text{如果 } p>1.$$

可以验证，对于任意一对有理数 p 和 q，

$$p<q\Longrightarrow\overline{U}_p\subset U_q$$

仍然是正确的．

第三步．给定 X 的一个点 x，我们定义ℚ(x)为这样一些有理数 p 的集合：p 所对应的开集 U_p 包含 x，即

$$\mathbb{Q}(x)=\{p\mid x\in U_p\}.$$

因为对于 $p<0$，没有点 x 属于 U_p，所以ℚ(x)不包含小于 0 的数．又因为对于 $p>1$，每一个

x 都在 U_p 中，所以$\mathbb{Q}(x)$包含大于 1 的每一个数．因此，$\mathbb{Q}(x)$是有下界的，并且它的下确界是区间[0，1]中的点．于是规定

$$f(x)=\inf\mathbb{Q}(x)=\inf\{p \mid x\in U_p\}.$$

第四步．证明 f 就是所求的函数．若 $x\in A$，则对于每一个 $p\geqslant 0$，有 $x\in U_p$，于是$\mathbb{Q}(x)$等于非负有理数集，所以 $f(x)=\inf\mathbb{Q}(x)=0$．类似地，若 $x\in B$，因没有 $p\leqslant 1$ 使得 $x\in U_p$，于是$\mathbb{Q}(x)$由所有大于 1 的有理数组成．因此 $f(x)=1$．

所有这些都是容易的，唯一困难的部分是证明 f 的连续性．为此，我们先证明以下几个基本事实：

(1)$x\in\overline{U}_r\Rightarrow f(x)\leqslant r$.

(2)$x\notin U_r\Rightarrow f(x)\geqslant r$.

为了证明(1)，注意这样一个事实：如果 $x\in\overline{U}_r$，则对任何 $s>r$，$x\in U_s$．因此，$\mathbb{Q}(x)$包含所有大于 r 的有理数．于是根据定义有

$$f(x)=\inf\mathbb{Q}(x)\leqslant r.$$

再来证明(2)．注意这样一个事实：如果 $x\notin U_r$，则对于任何 $s<r$，x 不在 U_s 中．因此，$\mathbb{Q}(x)$不包含小于 r 的有理数，于是

$$f(x)=\inf\mathbb{Q}(x)\geqslant r.$$

现在我们来证明 f 的连续性．给定 X 的一个点 x_0 和$\mathbb{R}$中包含点 $f(x_0)$的开区间(c,d)．要找 x_0 的一个邻域U，使得 $f(U)\subset(c,d)$．取有理数 p 和 q，使得

$$c<p<f(x_0)<q<d.$$

我们断言开集

$$U=U_q-\overline{U}_p$$

就是所要找的点 x_0 的邻域．如图 33.2 所示．

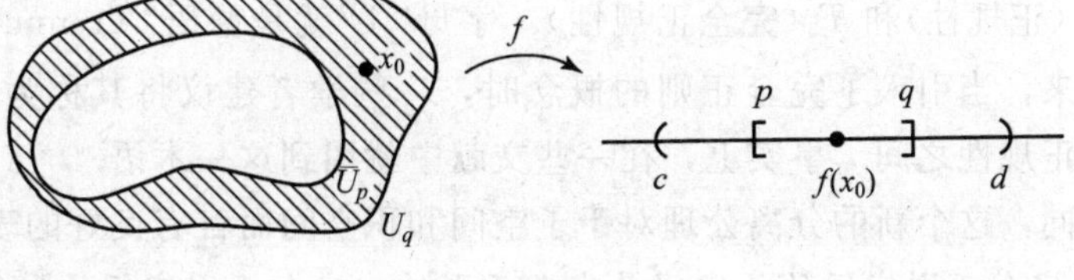

图 33.2

首先，注意 $x_0\in U$．因为根据(2)及 $f(x_0)<q$ 可见 $x_0\in U_q$．同时，再根据(1)及$f(x_0)>p$可见 $x_0\notin\overline{U}_p$．

其次，我们证明 $f(U)\subset(c,d)$．令 $x\in U$．这时有 $x\in U_q\subset\overline{U}_q$，因此根据(1)可见$f(x)\leqslant q$．又由于 $x\notin\overline{U}_p$，所以 $x\notin U_p$，并且根据(2)有 $f(x)\geqslant p$．从而，$f(x)\in[p,q]\subset(c,d)$．定理证毕． ■

定义 设 A 和 B 是拓扑空间 X 的两个子集，如果存在一个连续函数 f：$X\to[0,1]$，使得 $f(A)=\{0\}$及 $f(B)=\{1\}$，那么就称 A 和 B **能用一个连续函数分离**(can be separated by a continuous function)．

Urysohn 引理说明，如果 X 中每一对无交的闭集能用无交的开集分离，那么它们也能用一个连续函数分离．其逆是显然的．因为若 $f: X\to[0, 1]$ 是所述的连续函数，则 $f^{-1}\left(\left[0, \frac{1}{2}\right)\right)$ 和 $f^{-1}\left(\left(\frac{1}{2}, 1\right]\right)$ 就是分别包含 A 和 B 的无交的开集．

现在可能会提出这样的问题：Urysohn 引理的证明是否能推广到正则空间上．既然在正则空间上能用无交的开集来分离点和闭集，那么是否也能用连续函数来分离点和闭集呢？

乍看起来，似乎可以像 Urysohn 引理的证明一样，先取一点 a 和一个不包含这一点的闭集 B，如前面那样，定义 $U_1=X-B$．然后应用 X 的正则性，选取包含点 a 的一个开集 U_0，使得它的闭包含在 U_1 中．但在紧接着下一步的证明中，就遇到了困难．设 p 是序列中在 0 和 1 后面的一个有理数，要想找到一个开集 U_p，使得 $\bar{U}_0\subset U_p$，并且 $\bar{U}_p\subset U_1$．对于这一点，光靠正则性就不够了．

事实上，能够用一个连续函数来分离点和闭集，这比要求用无交的开集来分离它们的条件更强．我们把这一条件当作一个新的分离公理：

定义　空间 X 称为**完全正则的**(completely regular)，如果每一个单点集是闭集，并且对于 X 中的每一个点 x_0 和不包含 x_0 的任何一个闭集 A，存在一个连续函数 $f: X\to[0, 1]$，使得 $f(x_0)=1$ 和 $f(A)=\{0\}$．

根据 Urysohn 引理，一个正规空间一定是完全正则的，并且一个完全正则的空间一定是正则的．这是因为，给定 f，集合 $f^{-1}\left(\left[0, \frac{1}{2}\right)\right)$ 和 $f^{-1}\left(\left(\frac{1}{2}, 1\right]\right)$ 是分别包含 A 和点 x_0 的无交开集．于是，完全正则性就介于分离公理中的正则性和正规性之间．注意，定义中我们可以让函数 f 将 x_0 映射到 0，将 A 映射到 $\{1\}$．因为函数 $g(x)=1-f(x)$ 就满足这一条件．但我们的定义要方便些．

在拓扑学的早年发展中，分离公理曾根据其性质由弱到强被排序为 T_1、T_2(Hausdorff)、T_3(正则性)、T_4(正规性)和 T_5(完全正规性)．字母“T”就是德语“Trennungsaxiom”，意思是“分离公理”．后来，当引入了完全正则的概念时，一些学者建议将其称为“$T_{3\frac{1}{2}}$ 公理[①]”，因为它介于正则性和正规性之间．事实上，在一些文献中就用到这一术语．

与正规性不同，这个新的分离公理对于子空间和积空间而言有良好的表现．

定理 33.2　完全正则空间的子空间是完全正则的．完全正则空间的积空间是完全正则的．

证　设 X 是完全正则的，Y 是 X 的一个子空间．令 x_0 是 Y 的一个点，A 是 Y 中的一个不包含点 x_0 的闭集．那么 $A=\bar{A}\cap Y$，其中 $\bar{A}$ 表示 A 在 X 中的闭包．因此，$x_0\notin\bar{A}$．根据 X 的完全正则性，我们可以选取连续函数 $f: X\to[0, 1]$，使得 $f(x_0)=1$ 和 $f(\bar{A})=\{0\}$．于是 f 在 Y 上的限制就是所要求的连续函数．

设 $X=\Pi X_\alpha$ 是完全正则空间的一个积空间．令 $\boldsymbol{b}=(b_\alpha)$ 是 X 的一个点，A 是 X 中不包含点 $\boldsymbol{b}$ 的闭集．选取一个基元素 ΠU_α，使得它包含点 $\boldsymbol{b}$ 并且与 A 无交．于是除了有限多个 α 外，有 $U_\alpha=X_\alpha$．这有限多个 α 不妨设为 $\alpha=\alpha_1, \alpha_2, \cdots, \alpha_n$．给定 $i=1, \cdots, n$，选取连续函数

① 原文此处误作“$T-3\frac{1}{2}$公理”．——译者注

$$f_i: X_{\alpha_i} \to [0,1],$$

使得 $f_i(b_{\alpha_i})=1$ 及 $f_i(X-U_{\alpha_i})=\{0\}$．令 $\phi_i(\boldsymbol{x})=f_i(\pi_{\alpha_i}(\boldsymbol{x}))$，则 ϕ_i 连续地将 X 映射到$\mathbb{R}$，并且在 $\pi_{\alpha_i}^{-1}(U_{\alpha_i})$之外取值为零．于是积

$$f(\boldsymbol{x})=\phi_1(\boldsymbol{x})\cdot\phi_2(\boldsymbol{x})\cdot\cdots\cdot\phi_n(\boldsymbol{x})$$

就是所求的 X 上的连续函数，因为在 $\boldsymbol{b}$ 点处取值为 1，在 ΠU_α 外取值为零．■

例 1　空间$\mathbb{R}_\ell^2$和 $S_\Omega\times\bar{S}_\Omega$ 都是完全正则的，但不是正规的．因为它们都是完全正则空间(实际上是正规空间)的积空间．

要找一个正则却非完全正则的空间是比较困难的，已给出的大多数例子都很复杂，并要求熟悉基数理论．最近，Thomas[T]构造了一个简单得多的例子，我们放在习题 11 中．■

习题

1. 验证 Urysohn 引理的证明，并且证明：对于给定的 r，

$$f^{-1}(r)=\bigcap_{p>r}U_p-\bigcup_{q<r}U_q,$$

其中 p 和 q 为有理数．

2. (a)证明：多于一点的连通的正规空间是不可数的．

(b)证明：多于一点的连通的正则空间是不可数的．①［提示：任意可数空间都是 Lindelöf 空间．］

3. 在度量空间(X,d)上令

$$f(x)=\frac{d(x,A)}{d(x,A)+d(x,B)},$$

据此给出 Urysohn 引理的一个直接证明．

4. 我们曾经说过，若 A 能表示成 X 中可数个开集的交，则称 A 是 X 中的一个"G_δ 集"．

定理　设 X 是正规的．存在一个连续函数 f：$X\to[0,1]$，使得当 $x\in A$ 时，$f(x)=0$；当 $x\notin A$ 时，$f(x)>0$ 的充分必要条件是 A 为 X 中的一个闭的 G_δ 集．

满足此定理要求的函数称作是**恰好在 *A* 上蜕化的**(vanish precisely on A)．

5. 证明：

定理(Urysohn 引理的强形式)　设 X 是一个正规空间．存在一个连续函数 f：$X\to[0,1]$，使得当 $x\in A$ 时 $f(x)=0$；当 $x\in B$ 时 $f(x)=1$；对于其他情形，有 $0<f(x)<1$ 当且仅当 A 和 B 是 X 的两个无交的闭的 G_δ 集．

6. 一个空间 X 被称为**完美正规的**(perfectly normal)，如果 X 的每一个闭子集都是 X 的一个 G_δ 集．

(a)证明：每一个可度量化空间都是完美正规的．

(b)证明：完美正规空间都是完全正规的．因此，有时将完美正规条件称为"T_6 公理"．［提示：设 A 和 B 是 X 中的两个分离集．选取连续函数 f，g：$X\to[0,1]$使得它们分别恰在 $\bar{A}$ 和 $\bar{B}$ 上蜕化．考虑函数 $f-g$．］

(c)存在一个熟悉的空间，它是完全正规的，但不是完美正规的．这个空间是哪个呢？

① 令人惊奇的是，确实存在一个连通的 Hausdorff 空间，它是可数的无限集．见[S-S]中例 75．

7. 证明每一个局部紧致的 Hausdorff 空间是完全正则的.

8. 设 X 是完全正则的，A 和 B 是 X 中的无交闭子集. 证明：若 A 是紧致的，则存在连续函数 $f: X\to[0,1]$使得 $f(A)=\{0\}$和 $f(B)=\{1\}$.

9. 证明$\mathbb{R}^J$在箱拓扑下是完全正则的. [提示：指出只需要考虑箱邻域$(-1,1)^J$与集合 A 无交，点 x 为坐标原点这样一个特殊情形. 然后再应用一致拓扑下的连续函数也是箱拓扑下的连续函数这个结论.]

*10. 证明以下结论：

定理　*每一个拓扑群都是完全正则的.*

证明：在拓扑群 G 中，设 V_0 是单位元 e 的一个邻域. 一般地，选取 e 的一个邻域 V_n，使得 $V_n\cdot V_n\subset V_{n-1}$. 考虑所有二进制有理数 p 构成的集合，即所有形如 $k/2^n$ 的有理数，其中 k 和 n 都是整数. 对于$(0,1]$中的每一个二进制有理数 p，给出一个开集 $U(p)$，其中 $U(p)$用以下方式归纳定义：$U(1)=V_0$，并且 $U\left(\frac{1}{2}\right)=V_1$. 给定 n，假设对于 $0<k/2^n\leqslant 1$，$U(k/2^n)$已有定义，然后对于 $0<k<2^n$ 定义

$$U(1/2^{n+1}) = V_{n+1},$$
$$U((2k+1)/2^{n+1}) = V_{n+1}\cdot U(k/2^n).$$

对于 $p\leqslant 0$，令 $U(p)=\varnothing$. 对于 $p>1$，令 $U(p)=G$. 证明对于所有的 k 和 n，

$$V_n\cdot U(k/2^n)\subset U((k+1)/2^n).$$

后面的证法如 Urysohn 引理的证明.

这个习题来自[M-Z]，读者可以在那里看到更多的关于拓扑群的结论.

*11. 定义集合 X 如下：对于每一个偶数 m，令 L_m 表示平面中的线段 $m\times[-1,0]$. 对于每一个奇数 n 和整数 $k\geqslant 2$，设 $C_{n,k}$为平面中的线段$(n+1-1/k)\times[-1,0]$和$(n-1+1/k)\times[-1,0]$以及半圆

$$\{x\times y\mid (x-n)^2+y^2=(1-1/k)^2 \quad 且\ y\geqslant 0\}$$

的并. 设 $p_{n,k}$是这个半圆的最高的点 $n\times(1-1/k)$. 设 X 是集合 L_m 和 $C_{n,k}$，以及另外的两个点 a，b 的并. 通过取以下四种集合构成拓扑基，将 X 拓扑化：

(i) X 与不包含点 $p_{n,k}$的水平开线段的交.

(ii) 从这些集合 $C_{n,k}$的某一个中删除有限多个点得到的集合.

(iii) 对于每一个偶数 m，$\{a\}$与 X 中所有满足 $x<m$ 的点 $x\times y$ 构成的集合之并.

(iv) 对于每一个偶数 m，$\{b\}$与 X 中所有满足 $x>m$ 的点 $x\times y$ 构成的集合之并.

(a) 画出 X 的草图. 证明：这些集合构成了 X 的一个拓扑基.

(b) 设 f 是 X 上的一个连续实值函数. 证明：对于任意 c，集合 $f^{-1}(c)$是 X 中的一个 G_δ集.（这一点对于任意空间 X 都是正确的.）证明由 $C_{n,k}$中满足 $f(p)\neq f(p_{n,k})$的点 p 构成的集合 $S_{n,k}$是可数的. 选取 $d\in[-1,0]$，使得直线 $y=d$ 与集合 $S_{n,k}$无交. 证明：对于奇数 n，

$$f((n-1)\times d) = \lim_{k\to\infty} f(p_{n,k}) = f((n+1)\times d).$$

验证 $f(a)=f(b)$.

(c)证明 X 是正则的，但不是完全正则的.

34 Urysohn 度量化定理

现在我们来证明本章的标志性定理，这个定理给出了拓扑空间为可度量化空间的条件. 它的证明融汇了本书前面陈述的许多内容，不仅要用到第 2 章关于度量拓扑的结论，而且还要用到本章刚刚证明的与可数性公理及分离性公理有关的结论. 证明的基本思路虽然简单但却很实用，读者将在后文中多次见到它的不同表达形式.

这里有两种证明方式，因为每一种方式在今后都有相应的推广，因此，我们把这两种方式都写出来. 第一种方式将在第 5 章中证明关于完全正则空间的一个嵌入定理时得到推广，第二种方式则在第 6 章中证明 Nagata-Smirnov 度量化定理时得到推广.

定理 34.1[**Urysohn 度量化定理**(Urysohn metrization theorem)] *每一个具有可数基的正则空间 X 都是可度量化的.*

证 我们通过证明 X 能够被嵌入到一个可度量化的空间 Y 中，也就是证明 X 同胚于 Y 的一个子空间，从而得到 X 是可度量化的. 两种证明的差别就在于对可度量化空间 Y 的选择. 第一种方式，将 Y 取作具有积拓扑的空间 $\mathbb{R}^\omega$，我们已经证明了这个空间是可度量化的(定理 20.5). 第二种方式仍取 Y 为 $\mathbb{R}^\omega$，但拓扑是由一致度量 $\bar{\rho}$(见第 20 节)所诱导的. 在每一种情形下，我们的证明本质上都是要把 X 嵌入到 $\mathbb{R}^\omega$ 的子空间 $[0,1]^\omega$ 中.

第一步. 我们证明：存在由连续函数 $f_n: X\to[0,1]$ 构成的一个可数族，满足条件：对于 X 中任意给定的一个点 x_0 及 x_0 的一个邻域 U，存在一个指标 n，使得 f_n 在 x_0 处取正值，而在 U 的外部蜕化.

这是 Urysohn 引理的一个直接结果，即对于给定的 x_0 和 x_0 的一个邻域 U，存在这样一个连续函数. 然而，倘若我们对于每一偶对 (x_0, U) 都选取一个相应的函数的话，那么所得到的函数族一般来说是不可数的. 因此，我们的任务就是减小这个函数族的基数. 以下是一种可行的方法：

设 $\{B_n\}$ 是 X 的一个可数基. 对于每一对使得 $\bar{B}_n\subset B_m$ 的指标 n，m，应用 Urysohn 引理，选取一个连续函数 $g_{n,m}: X\to[0,1]$ 使得 $g_{n,m}(\bar{B}_n)=\{1\}$ 且 $g_{n,m}(X-B_m)=\{0\}$. 于是，函数族 $\{g_{n,m}\}$ 满足：对于给定的 x_0 及 x_0 的邻域 U，我们可以选取基中一个元素 B_m 包含 x_0 并且包含于 U. 根据正则性，我们然后可以选取 B_n 使得 $x_0\in B_n$ 和 $\bar{B}_n\subset B_m$. 于是，对于指标的偶对 n，m，就给出了 $g_{n,m}$ 的定义，并且 $g_{n,m}$ 在 x_0 取正值，在 U 外蜕化. 由于函数族 $\{g_{n,m}\}$ 的指标集是 $\mathbb{Z}_+\times\mathbb{Z}_+$ 的一个子集，所以它是一个可数族. 因此它可以用正整数作为指标重新标记，于是我们便得到了所需的函数族 $\{f_n\}$.

第二步(第一种方式). 设 $\{f_n\}$ 为第一步中给出的函数族. 赋予 $\mathbb{R}^\omega$ 积拓扑，并且给定一个映射 $F: X\to\mathbb{R}^\omega$，定义为：

$$F(x)=(f_1(x),f_2(x),\cdots).$$

我们断言 F 是一个嵌入.

首先，由于$\mathbb{R}^\omega$上具有积拓扑，并且每一个 f_n 都是连续的，所以 F 是连续的. 其次，因为对于给定的 $x \neq y$，便存在一指标 n 使得 $f_n(x)>0$ 和 $f_n(y)=0$，所以 $F(x) \neq F(y)$. 因此 F 是一个单射.

最后，我们还须证明 F 是从 X 到像集的一个同胚，也就是到$\mathbb{R}^\omega$的子空间 $Z=F(X)$的一个同胚. 我们知道：F 定义了一个从 X 到 Z 的连续的一一映射，因而仅需证明对于 X 的每一开集 U，$F(U)$是 Z 中的一个开集. 设 z_0 为 $F(U)$中一点，我们只需证明存在 Z 中的一个开集 W 使得

$$z_0 \in W \subset F(U).$$

设 x_0 为 U 的一个点，使得 $F(x_0)=z_0$. 选取一个指标 N 使得 $f_N(x_0)>0$ 并且 $f_N(X-U)=\{0\}$. 取$\mathbb{R}$中的开射线$(0, +\infty)$，令 V 表示$\mathbb{R}^\omega$中的开集

$$V = \pi_N^{-1}((0, +\infty)).$$

设 $W=V \cap Z$. 于是根据子空间拓扑的定义可见 W 是 Z 的一个开集. 参见图 34.1. 我们断言：$z_0 \in W \subset F(U)$. 首先，$z_0 \in W$，因为

$$\pi_N(z_0) = \pi_N(F(x_0)) = f_N(x_0) > 0.$$

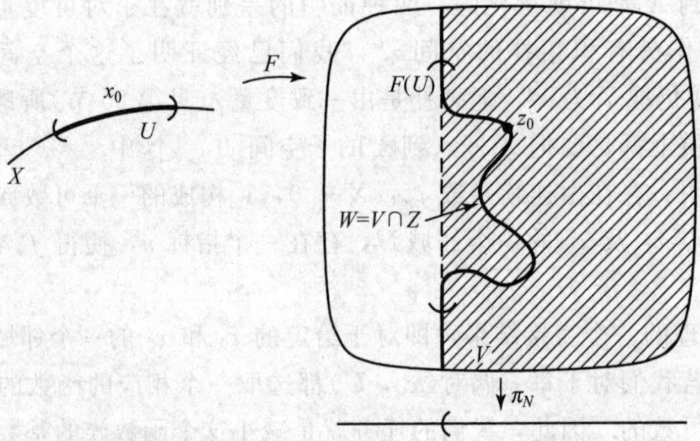

图 34.1

其次，$W \subset F(U)$. 这是由于：若 $z \in W$，则对于某一个 $x \in X$ 有 $z=F(x)$，并且 $\pi_N(z) \in (0, +\infty)$. 因为 $\pi_N(z)=\pi_N(F(x))=f_N(x)$以及 f_N 在 U 外蜕化，所以点 x 必定属于 U. 于是 $z=F(x)$在 $F(U)$中. 这便是我们所要证明的.

从而 F 便是一个 X 到$\mathbb{R}^\omega$的嵌入.

第三步(第二种方式). 在以下证明中，我们是将 X 嵌入到度量空间$(\mathbb{R}^\omega, \bar{\rho})$中. 事实上，我们是将 X 嵌入到度量空间$([0, 1]^\omega, \bar{\rho})$中，其中度量 $\bar{\rho}$ 就等于度量

$$\rho(\boldsymbol{x}, \boldsymbol{y}) = \sup\{|x_i - y_i|\}.$$

我们应用第一步中构造的函数 f_n：$X \to [0, 1]$的可数族. 但这次我们附加一个条件：对于所有的 x，$f_n(x) \leqslant 1/n$. (这个条件是容易满足的，我们仅需将每一个函数 f_n 除以 n 便可以了.)

像前面一样，定义函数 F：$X \to [0, 1]^\omega$ 使其满足

$$F(x)=(f_1(x),f_2(x),\cdots).$$

我们断言：F 是到度量空间$([0, 1]^\omega, \rho)$中的一个嵌入．由第二步的证明中可见 F 是一个单射．此外，我们知道：若在$[0, 1]^\omega$ 上取积拓扑，那么映射 F 将 X 的开集映为子空间 $Z=F(X)$的开集．而当我们考虑由度量 ρ 诱导的$[0, 1]^\omega$ 上更细的拓扑时，上述性质依然成立．

余下有待证明的就是 F 的连续性．它已不再是各个分量函数连续性的直接推论，因为现在使用的已经不再是$\mathbb{R}^\omega$上的积拓扑了．这就是要附加 $f_n(x)\leqslant 1/n$ 这个条件的原因．

设 x_0 是 X 的一个点，$\varepsilon>0$．为了证明连续性，我们需要找到 x_0 的一个邻域 U 使得对于所有 $x\in U$，有

$$x\in U\Longrightarrow \rho(F(x),F(x_0))<\varepsilon.$$

首先，选取充分大的 N，使得 $1/N\leqslant\varepsilon/2$．那么对于每一个 $n=1$，…，N 应用 f_n 的连续性，选取 x_0 的一个邻域 U_n 使得对于 $x\in U_n$ 有

$$|f_n(x)-f_n(x_0)|\leqslant\varepsilon/2.$$

令 $U=U_1\cap\cdots\cap U_N$．我们证明 U 就是所求的 x_0 的邻域．设 $x\in U$．若 $n\leqslant N$，则由 U 的选取可见

$$|f_n(x)-f_n(x_0)|\leqslant\varepsilon/2.$$

若 $n>N$，则

$$|f_n(x)-f_n(x_0)|<1/N\leqslant\varepsilon/2.$$

因为 f_n 将 X 映入$[0, 1/n]$．所以，对于每一个 $x\in U$ 有

$$\rho(F(x),F(x_0))\leqslant\varepsilon/2<\varepsilon.$$

定理证毕． ■

在上述证明的第二步中，实际上我们证明了一个比所陈述的结果更强的结论．为以后使用方便起见，我们在此将其表述如下：

定理 34.2[嵌入定理(imbedding theorem)] 设 X 是一个空间，其中的每一个单点集是闭集．假定$\{f_\alpha\}_{\alpha\in J}$是连续函数的一个加标族，其中 f_α：$X\to\mathbb{R}$ 满足：对于 X 中每一点 x_0 以及 x_0 的每一邻域 U，存在一个指标 α 使得 f_α 在 x_0 取正值并且在 U 之外取 0．那么由

$$F(x)=(f_\alpha(x))_{\alpha\in J}$$

所定义的函数 F：$X\to\mathbb{R}^J$ 是一个 X 到$\mathbb{R}^J$ 的嵌入．若对于每一个 α 有 f_α 将 X 映入$[0, 1]$中，则 F 将 X 嵌入$[0, 1]^J$．

其证明几乎完全是上述定理证明中第二步的翻版，只须用 α 代替 n，用$\mathbb{R}^J$代替$\mathbb{R}^\omega$．其中 X 中的单点集是闭集的条件是为了保证当 $x\neq y$ 时存在一个指标 α 使得 $f_\alpha(x)\neq f_\alpha(y)$．

满足这一定理中条件的连续函数族称之为分离 X 中的点与闭集的函数族．我们已清楚地看到：对于每一个满足单点集是闭集的空间，这样的函数族的存在等价于 X 是完全正则的．因而，我们有以下直接推论：

定理 34.3 一个空间 X 是完全正则空间当且仅当对于某一个 J，X 同胚于$[0, 1]^J$ 的一个子空间．

习题

1. 举例说明具有可数基的 Hausdorff 空间未必是一个可度量化空间.
2. 举例说明一个完全正规并且满足第一可数性公理、Lindelöf 条件及具有可数稠密子集的空间未必是一个可度量化空间.
3. 设 X 是一个紧致的 Hausdorff 空间. 证明 X 是可度量化的当且仅当 X 有可数基.
4. 设 X 是一个局部紧致的 Hausdorff 空间. X 有可数基是否意味着 X 是可度量化的? X 是一个度量空间是否意味着 X 有可数基?
5. 设 X 是一个局部紧致的 Hausdorff 空间. 设 Y 为 X 的单点紧致化. X 有可数基是否蕴涵着 Y 是可度量化的? Y 可度量化是否意味着 X 有可数基?
6. 验证定理 34.2 证明的细节.
7. 一个空间称为**局部可度量化的**(locally metrizable), 如果对于 X 的每一个点 x, 存在一个邻域关于子空间拓扑是可度量化的. 证明: 一个紧致的 Hausdorff 空间, 如果它是局部可度量化的, 那么它是可度量化的. [提示: 证明 X 是有限个具有可数基的开子空间之并.]
8. 证明: 一个局部可度量化空间, 如果它是正则的 Lindelöf 空间, 那么它是可度量化的. [提示. Lindelöf 空间的闭子空间是 Lindelöf 空间.] 正则性是关键的. 你的证明中何处用到了它?
9. 设紧致的 Hausdorff 空间 X 是两个闭子空间 X_1 和 X_2 之并. 若 X_1 和 X_2 是可度量化的, 证明 X 也是可度量化的. [提示: 构造 X 的开集所组成的一个可数族 $\mathcal{A}$, 使得对于 $i=1, 2$, $\mathcal{A}$ 的元素与 X_i 的交构成了 X_i 的一个基. 假设 X_1-X_2 和 X_2-X_1 属于 $\mathcal{A}$. 取 $\mathcal{B}$ 为 $\mathcal{A}$ 中所有元素的有限交所构成的族.]

*35　Tietze 扩张定理[①]

Tietze 扩张定理是 Urysohn 引理的一个直接推论, 这是一个很有用的定理. 它所处理的问题是, 将定义在 X 的一个子空间上的实值连续函数扩张成为定义在整个空间 X 上的连续函数. 这个定理在拓扑学的许多应用中很重要.

定理 35.1[Tietze 扩张定理(Tietze extension theorem)]　设 X 是一个正规空间. A 是 X 的一个闭子集. 则

(a)任何一个从 A 到 $\mathbb{R}$ 的闭区间 $[a, b]$ 中的连续映射都可以扩张为从整个空间 X 到 $[a, b]$ 中的一个连续映射.

(b)任何一个从 A 到 $\mathbb{R}$ 中的连续映射都可以扩张为从整个空间 X 到 $\mathbb{R}$ 中的一个连续映射.

证　定理证明的思路是构造一个定义在整个空间 X 上的连续函数序列 s_n, 使得序列 s_n 一致收敛, 并且 s_n 在 A 上的限制随着 n 的增大愈来愈逼近 f. 于是其极限函数是连续的, 并且它在 A 上的限制等于 f.

第一步. 这一步是在整个 X 上构造一个特别的函数 g, 使得 g 不太大并且在集合 A 上可

① 本节内容将在第 62 节中用到. 也将在许多习题中用到.

以相当精确地逼近 f. 更确切地说，我们考虑 $f: A\to[-r, r]$的情形. 我们断言：存在一个连续函数 $g: X\to\mathbb{R}$ 使得

$$|g(x)|\leqslant\frac{1}{3}r \qquad 对于所有 x\in X,$$

$$|g(a)-f(a)|\leqslant\frac{2}{3}r \qquad 对于所有 a\in A.$$

函数 g 的构造如下：

将区间$[-r, r]$分成三个长度都等于$\frac{2}{3}r$的区间.

$$I_1=[-r,-\frac{1}{3}r],\quad I_2=[-\frac{1}{3}r,\frac{1}{3}r],\quad I_3=[\frac{1}{3}r,r].$$

令 A 的子集 B 和 C 分别为

$$B=f^{-1}(I_1) \quad 和 \quad C=f^{-1}(I_3).$$

因为 f 是连续的，所以 B 和 C 是 A 中无交的闭子集. 因此，它们是 X 的闭集. 根据 Urysohn 引理，存在一个连续函数

$$g:X\to\left[-\frac{1}{3}r,\frac{1}{3}r\right]$$

满足条件：对于 B 中每一点 x，$g(x)=-\frac{1}{3}r$，对于 C 中每一点 x，$g(x)=\frac{1}{3}r$.

于是对于所有的 x，$|g(x)|\leqslant\frac{1}{3}r$. 我们断言：对于 A 中的每一个点 a，

$$|g(a)-f(a)|\leqslant\frac{2}{3}r.$$

这里有三种情况. 若 $a\in B$，则 $f(a)$和 $g(a)$都在 I_1 中. 若 $a\in C$，则 $f(a)$和 $g(a)$都在 I_3 中. 若 $a\notin B\cup C$，则 $f(a)$和 $g(a)$都在 I_2 中. 因此，无论哪种情形，都有 $|g(a)-f(a)|\leqslant\frac{2}{3}r$. 参见图 35.1.

第二步. 现在我们来证明 Tietze 定理中的结论(a). 不失一般性，我们可以将$\mathbb{R}$ 的任意闭区间$[a, b]$改换成区间$[-1, 1]$.

设 $f: X\to[-1, 1]$是一个连续映射. 则 f 满足第一步中的假设的要求，其中 $r=1$. 因此，存在一个定义在 X 上的连续实值函数 g_1，使得

$$|g_1(x)|\leqslant 1/3 \qquad 对于 x\in X,$$

$$|f(a)-g_1(a)|\leqslant 2/3 \qquad 对于 a\in A.$$

考虑函数 $f-g_1$. 它是从 A 到$[-2/3, 2/3]$中的映射，从而我们可以对于 $r=2/3$ 再次应用第一步的结果. 我们得到一个定义在整个空间 X 上的实值函数 g_2，使得

$$|g_2(x)|\leqslant\frac{1}{3}\left(\frac{2}{3}\right) \qquad 对于 x\in X,$$

$$|f(a)-g_1(a)-g_2(a)|\leqslant\left(\frac{2}{3}\right)^2 \qquad 对于 a\in A.$$

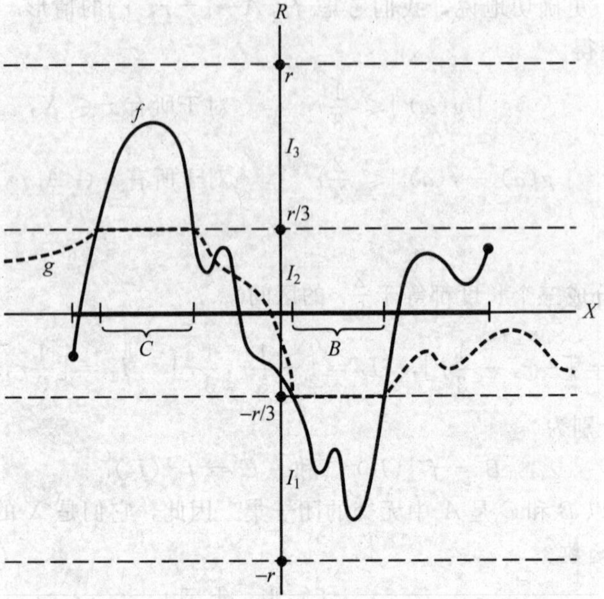

图 35.1

然后，我们再对函数 $f-g_1-g_2$ 应用第一步的结果. 依此类推.

一般地，我们有定义在整个空间 X 上的实值函数 $g_1, \cdots, g_n$，使得对于 $a\in A$ 有

$$|f(a)-g_1(a)-\cdots-g_n(a)|\leqslant\left(\frac{2}{3}\right)^n.$$

对于函数 $f-g_1-\cdots-g_n$ 以及 $r=\left(\frac{2}{3}\right)^n$ 应用第一步中的结论，我们得到一个定义在整个空间 X 上的实值函数 g_{n+1}，使得

$$|g_{n+1}(x)|\leqslant\frac{1}{3}\left(\frac{2}{3}\right)^n \qquad \text{对于 } x\in X,$$

$$|f(a)-g_1(a)-\cdots-g_{n+1}(a)|\leqslant\left(\frac{2}{3}\right)^{n+1} \qquad \text{对于 } a\in A.$$

根据归纳原则，对于每一个 n 定义了 g_n.

对于 X 中的每一点 x，我们现在定义

$$g(x)=\sum_{n=1}^{\infty}g_n(x).$$

当然，我们还必须知道这个无穷级数的收敛性. 而我们可以通过将其与几何级数

$$\frac{1}{3}\sum_{n=1}^{\infty}\left(\frac{2}{3}\right)^{n-1}$$

进行比较，应用微积分中的比较定理，得知这个级数是收敛的.

为了证明 g 的连续性，我们需要证明序列 s_n 一致收敛到 g. 根据数学分析中的“Weierstrass M-判别法”便可得到这个序列的一致收敛性. 如果不用这个判别法，我们只须注意：当 $k>n$

时有

$$
\begin{aligned}
|s_k(x)-s_n(x)| &= \left|\sum_{i=n+1}^{k} g_i(x)\right| \\
&\leqslant \frac{1}{3}\sum_{i=n+1}^{k}\left(\frac{2}{3}\right)^{i-1} \\
&< \frac{1}{3}\sum_{i=n+1}^{\infty}\left(\frac{2}{3}\right)^{i-1} = \left(\frac{2}{3}\right)^{n}.
\end{aligned}
$$

固定 n，并且令 $k\to\infty$，可见对于任何一个 $x\in X$ 有

$$|g(x)-s_n(x)|\leqslant\left(\frac{2}{3}\right)^{n}.$$

因此 s_n 一致收敛到 g.

以下证明：对于 $a\in A$，$g(a)=f(a)$. 设 $s_n(x)=\sum_{i=1}^{n} g_i(x)$，即级数前 n 项的部分和. 那么 $g(x)$ 是部分和的无穷序列 $s_n(x)$ 的极限. 由于对于所有 A 中的点 a，有

$$\left|f(a)-\sum_{i=1}^{n} g_i(a)\right| = |f(a)-s_n(a)|\leqslant\left(\frac{2}{3}\right)^{n},$$

所以对于所有的 $a\in A$ 有 $s_n(a)\to f(a)$. 从而，对于 $a\in A$ 有 $f(a)=g(a)$.

最后，我们来证明 g 是从 X 到 $[-1,1]$ 中的映射. 事实上，它可以由级数 $(1/3)\sum(2/3)^n$ 收敛于 1 而轻松获得. 然而，它不过是证明中的一个幸运巧合，而非证明的实质部分. 倘若，我们已知的仅是 g 为从 X 到 $\mathbb{R}$ 中的一个映射，映射 $r:\mathbb{R}\to[-1,1]$ 为

$$
\begin{aligned}
r(y) &= y && \text{如果 } |y|\leqslant 1, \\
r(y) &= y/|y| && \text{如果 } |y|\geqslant 1,
\end{aligned}
$$

则从 X 到 $[-1,1]$ 的映射 $r\circ g$ 便是 f 的一个扩张.

第三步. 现在我们来证明定理中的结论(b)，这时 f 是从 A 到 $\mathbb{R}$ 的一个映射. 我们可以用 $(-1,1)$ 来代替 $\mathbb{R}$，因为这个区间同胚于 $\mathbb{R}$.

因而，令 f 是从 A 到 $(-1,1)$ 的一个连续映射. 已经证明了的 Tietze 定理的前一部分告诉我们：f 可以扩张为从 X 到闭区间的一个连续映射 $g:X\to[-1,1]$. 如何找到一个映射 h 将 X 映到这个开区间呢？

对于给定的 g，定义一个 X 的子集 D

$$D=g^{-1}(\{-1\})\cup g^{-1}(\{1\}).$$

根据 g 的连续性可见，D 是 X 的一个闭子集. 由于 $g(A)=f(A)$ 包含于 $(-1,1)$，所以集合 A 与 D 无交. 再根据 Urysohn 引理，存在一个连续函数 $\phi:X\to[0,1]$ 使得 $\phi(D)=\{0\}$ 和 $\phi(A)=\{1\}$. 定义

$$h(x)=\phi(x)g(x).$$

h 作为两个连续映射的乘积是连续的. 由于对于 A 中的每一个点 a 有

$$h(a)=\phi(a)g(a)=1\cdot g(a)=f(a),$$

所以 h 也是 f 的一个扩张. 最后，h 将整个空间 X 映入开区间 $(-1,1)$ 中. 因为若 $x\in D$，则

$h(x)=0\cdot g(x)=0$；而当 $x\notin D$ 时，$|g(x)|<1$. 由此可见 $|h(x)|\leqslant 1\cdot|g(x)|<1$. ■

习题

1. 证明 Tietze 扩张定理蕴涵着 Urysohn 引理.
2. 在 Tietze 扩张定理的证明中，第一步将区间$[-r, r]$三等分，这一巧妙方法的实质是什么？倘若将以上方式改为把这个区间拆分成以下三个区间

$$I_1=[-r,-ar],\quad I_2=[-ar,ar],\quad I_3=[ar,r],$$

其中 a 是满足 $0<a<1$ 的某一个实数. 试问除 $a=1/3$ 以外，a 还有哪些值(如果存在的话)可以用于完成定理的证明？
3. 设 X 是可度量化的. 证明以下命题等价：
(i) X 相对于每一个导出 X 的拓扑的度量是有界的.
(ii) 每一连续函数 $\phi: X\to\mathbb{R}$ 是有界的.
(iii) X 是极限点紧致的.
[提示：若 $\phi: X\to\mathbb{R}$ 是一个连续函数，则 $F(x)=x\times\phi(x)$ 是从 X 到 $X\times\mathbb{R}$ 中的一个嵌入. 如果 A 是 X 的一个没有极限点的无限子集，则 ϕ 是从 A 到 $\mathbb{Z}_+$ 的一个连续满射.]
4. 设 Z 是一个拓扑空间. 若 Y 是 Z 的子空间，我们说 Y 是 Z 的一个**收缩核**(retract)，如果存在一个连续映射 $r: Z\to Y$ 使得对于任何一个 $y\in Y$ 有 $r(y)=y$.
(a) 证明：若 Z 是一个 Hausdorff 空间，并且 Y 是 Z 的一个收缩核，则 Y 是 Z 的一个闭子集.
(b) 设 A 是由 $\mathbb{R}^2$ 中两个点组成的子集，证明 A 不是 $\mathbb{R}^2$ 的收缩核.
(c) 设 S^1 为 $\mathbb{R}^2$ 中的单位圆周. 证明：S^1 是 $\mathbb{R}^2-\{\mathbf{0}\}$ 的一个收缩核，其中 $\mathbf{0}$ 是原点. 请判断 S^1 是否为 $\mathbb{R}^2$ 的收缩核？
5. 一个空间 Y 称为具有**通有扩张性质**(universal extension property)，若对于任意给定的由正规空间 X、X 的闭子集 A 以及一个连续函数 $f: A\to Y$ 所组成的每一个三元组，存在一个从 X 到 Y 的连续映射为 f 的扩充.
(a) 证明 $\mathbb{R}^J$ 具有通有扩张性质.
(b) 证明：若 Y 同胚于 $\mathbb{R}^J$ 的一个收缩核，则 Y 也具有通有扩张性质.
6. 设 Y 是一个正规空间. 称 Y 是一个**绝对收缩核**(absolute retract)，是指对于每一个空间偶对(Y_0, Z)，若 Z 是一个正规空间并且 Y_0 是 Z 中同胚于 Y 的一个闭子空间，则空间 Y_0 是 Z 的一个收缩核.
(a) 证明：若 Y 具有通有扩张性质，则 Y 是一个绝对收缩核.
(b) 证明：若 Y 是一个绝对收缩核并且 Y 是紧致的，则 Y 具有通有扩张性质. [提示：假设 Tychonoff 定理成立，从而有$[0, 1]^J$ 是正规的. 将 Y 嵌入到$[0, 1]^J$.]
7. (a) 证明对数螺线

$$C=\{0\times 0\}\cup\{e^t\cos t\times e^t\sin t\mid t\in\mathbb{R}\}$$

是 $\mathbb{R}^2$ 的一个收缩核. 你能给出这样的一个收缩 $r: \mathbb{R}^2\to C$ 吗？
(b) 证明由图 35.2 所示的“x-轴扭结”K 是 $\mathbb{R}^3$ 的一个收缩.

*8. 证明以下结论：

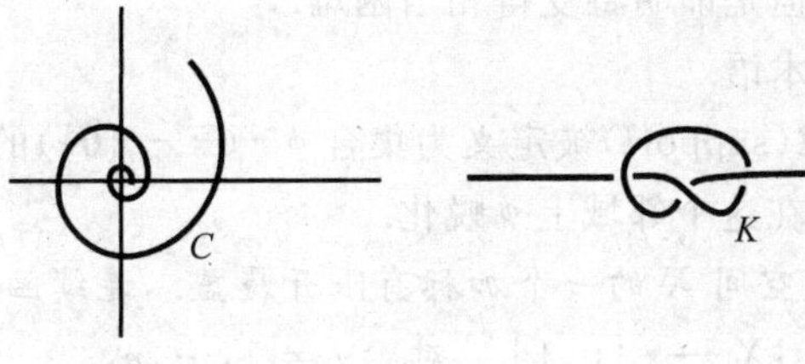

图 35.2

定理 设 Y 是一个正规空间. 则 Y 是一个绝对收缩核当且仅当 Y 有通有扩张性质.

[提示：若 X 和 Y 是无交的两个正规空间，A 是 X 的一个闭子集，并且 $f: A \to Y$ 是一个连续映射，则**贴附空间**(adjunction space) Z_f 被定义为一个商空间，它是在 $X \cup Y$ 中黏合 A 中点 a、$f(a)$ 和 $f^{-1}(\{f(a)\})$ 的所有点所得到的空间. 应用 Tietze 扩张定理，证明 Z_f 是正规的. 若 $p: X \cup Y \to Z_f$ 是一个商映射，证明 $p \mid Y$ 是 Y 与 Z_f 的一个闭子空间之间的一个同胚.]

9. 设 $X_1 \subset X_2 \subset \cdots$ 是空间的一个序列，其中，对于每一个 i，X_i 是 X_{i+1} 的一个闭子空间. 设 X 是所有 X_i 的并. 我们可以将 X 拓扑化：X 的子集 U 称为 X 的一个开集，如果对于每一个 i，$U \cap X_i$ 在 X_i 中是开的.①

(a) 证明：如上定义的开集确实决定了 X 上的一个拓扑，并且每一个空间 X_i 关于这一拓扑是 X 的子空间(事实上，是闭子空间). 这个拓扑称为与各个子空间 X_i **相通的**(coherent)拓扑.

(b) 证明：若对于每一个 i，$f \mid X_i$ 连续，则 $f: X \to Y$ 也连续.

(c) 证明：若每一个空间 X_i 都是正规的，则 X 也是正规的. [提示：任意给定 X 的两个无交的闭子集 A 和 B，令 f 在 A 上等于 0，在 B 上等于 1，然后将 f 依次扩张到 $A \cup B \cup X_i$ 上，其中 $i=1, 2, \cdots$.]

*36 流形的嵌入②

我们已经证明了每一个具有可数基的正则空间可以嵌入到"无穷维"欧氏空间 $\mathbb{R}^\omega$ 中. 一个自然的问题是在怎样的条件下空间 X 可以被嵌入到某一个有限维欧氏空间 $\mathbb{R}^N$. 本节我们将回答上述问题. 在第 8 章我们研究维数论时，将对这个问题给出一个更具一般性的回答.

定义 一个 ***m*-维流形**(m-manifold)是指一个具有可数基的 Hausdorff 空间 X，它的每一点 x 有一个邻域同胚于 $\mathbb{R}^m$ 中的一个开子集.

1-维流形通常称为**曲线**(curve)，2-维流形称为**曲面**(surface). 流形是一类很重要的空间. 在微分几何和代数拓扑中有充分的研究.

我们将证明，若 X 是一个紧致流形，则 X 可以嵌入到一个有限维欧氏空间中. 去掉紧致

① 原文此处误作"$U \cap X_i$ 在 X 中是开的."——译者注

② 本节内容在第 41 节中研究仿紧致性以及在第 50 节研究维数理论时将被视为已知结论.

性的假设，这个定理也成立，但是证明将变得相当困难.

首先，我们需要介绍某些术语.

若 ϕ: $X\to\mathbb{R}$，则 ϕ 的**支撑**(support)被定义为集合 $\phi^{-1}(\mathbb{R}-\{\mathbf{0}\})$ 的闭包. 因此若 x 在 ϕ 的支撑之外，则 x 有一个邻域，在这个邻域上 ϕ 蜕化.

定义　设 $\{U_1, \cdots, U_n\}$ 是空间 X 的一个加标有限开覆盖. 连续函数的一个加标族

$$\phi_i: X \longrightarrow [0,1] \quad 对于 i = 1,\cdots,n,$$

称为由 $\{U_i\}$ 控制的一个**单位分拆**(partition of unity)，如果：

(1) 对于每一个 i，(ϕ_i 的支撑) $\subset U_i$.

(2) 对于每一个 x，$\sum_{i=1}^{n}\phi_i(x) = 1$.

定理 36.1[**有限单位分拆的存在性**(existence of finite partitions of unity)]　设 $\{U_1, \cdots, U_n\}$ 是正规空间 X 的一个有限开覆盖. 则存在一个由 $\{U_i\}$ 控制的单位分拆.

证　第一步. 首先证明覆盖 $\{U_i\}$ 能"缩小"为 X 的一个开覆盖 $\{V_1, \cdots, V_n\}$，使得对于每一个 i 有 $\bar{V}_i \subset U_i$.

用归纳法证明. 首先注意：集合

$$A = X - (U_2 \cup \cdots \cup U_n)$$

是 X 的一个闭子集. 因为 $\{U_1, \cdots, U_n\}$ 覆盖 X，所以集合 A 被包含在开集 U_1 中. 应用正规性，选取一个包含 A 的开集 V_1，使得 $\bar{V}_1 \subset U_1$. 于是集族 $\{V_1, U_2, \cdots, U_n\}$ 覆盖 X.

一般地，设开集 $V_1, \cdots, V_{k-1}$ 已经给定，使得集族

$$\{V_1,\cdots,V_{k-1},U_k,U_{k+1},\cdots,U_n\}$$

覆盖 X，令

$$A = X - (V_1 \cup \cdots \cup V_{k-1}) - (U_{k+1} \cup \cdots \cup U_n).$$

则 A 是 X 的一个闭集，并且包含在开集 U_k 中. 选取 V_k 为包含 A 的一个开集，使得 $\bar{V}_k \subset U_k$. 于是 $\{V_1, \cdots, V_{k-1}, V_k, U_{k+1}, \cdots, U_n\}$ 覆盖 X. 经 n 步归纳，我们便可证明结论.

第二步. 现在来证明定理. 给定 X 的一个开覆盖 $\{U_1, \cdots, U_n\}$，选取 X 的一个开覆盖 $\{V_1, \cdots, V_n\}$，使得对于每一个 i 有 $\bar{V}_i \subset U_i$. 再选取 X 的一个开覆盖 $\{W_1, \cdots, W_n\}$，使得对于每一个 i 有 $\overline{W}_i \subset V_i$. 应用 Urysohn 引理，对于每一个 i，选取一个连续函数

$$\psi_i : X \longrightarrow [0,1]$$

使得 $\psi_i(\overline{W}_i) = \{1\}$ 和 $\psi_i(X - V_i) = \{0\}$ 成立. 因为 $\psi_i^{-1}(\mathbb{R}-\{\mathbf{0}\})$ 包含在 V_i 中，从而

$$(\psi_i 的支撑) \subset \bar{V}_i \subset U_i.$$

又由于集族 $\{W_i\}$ 覆盖 X，对于每一个 x，$\Psi(x) = \sum_{i=1}^{n}\psi_i(x)$ 取正值. 因此，对于每一个 j，定义

$$\phi_j(x) = \frac{\psi_j(x)}{\Psi(x)}.$$

容易验证函数 $\phi_1, \cdots, \phi_n$ 便是我们所需的单位分拆. ■

有一个与单位分拆相似的概念，其中开覆盖和函数族不是有限的，甚至不是可数的. 在第

6 章研究仿紧致性时，我们将讨论相关问题.

定理 36.2 *若 X 是一个 m- 维紧致流形，则 X 可以嵌入到 $\mathbb{R}^N$ 中，其中 N 是某一个正整数.*

证 用有限多个开集 $\{U_1, \cdots, U_n\}$ 覆盖 X，其中每一个开集都可以嵌入到 $\mathbb{R}^m$ 中. 对于每一个 i，选取一个嵌入 $g_i: U_i \to \mathbb{R}^m$. 由于 X 是一个紧致的 Hausdorff 空间，所以它是正规的. 设 $\phi_1, \cdots, \phi_n$ 是由 $\{U_i\}$ 控制的一个单位分拆. 令 $A_i = \phi_i$ 的支撑. 对于 $i=1, \cdots, n$，定义函数 $h_i: X \to \mathbb{R}^m$ 为

$$h_i(x) = \begin{cases} \phi_i(x) \cdot g_i(x) & \text{当 } x \in U_i, \\ \mathbf{0} = (0, \cdots, 0) & \text{当 } x \in X - A_i. \end{cases}$$

[这里 $\phi_i(x)$ 是一个实数 c，$g_i(x)$ 是 $\mathbb{R}^m$ 的一个点 $\mathbf{y} = (y_1, \cdots, y_m)$. 显然，乘积 $c \cdot \mathbf{y}$ 是 $\mathbb{R}^m$ 中的点 $(cy_1, \cdots, cy_m)$.] 由于决定 h_i 的两个函数在它们的定义域的交上取值相同，因此 h_i 的定义是确切的. 由于 h_i 在开集 U_i 和 $X - A_i$ 上的限制都是连续的，所以 h_i 也是连续的.

现在定义函数

$$F: X \longrightarrow (\underbrace{\mathbb{R} \times \cdots \times \mathbb{R}}_{n\text{个}} \times \underbrace{\mathbb{R}^m \times \cdots \times \mathbb{R}^m}_{n\text{个}})$$

为

$$F(x) = (\phi_1(x), \cdots, \phi_n(x), h_1(x), \cdots, h_n(x)).$$

显然，F 是连续的. 为了证明 F 是一个嵌入，我们只须证明 F 是一个单射(因为 X 是紧致的). 假设 $F(x) = F(y)$. 则对于所有的 i，有 $\phi_i(x) = \phi_i(y)$ 和 $h_i(x) = h_i(y)$. 总存在某一个 i，使得 $\phi_i(x) > 0$ [因为 $\sum \phi_i(x) = 1$]. 因此，也必定有 $\phi_i(y) > 0$，从而 $x, y \in U_i$. 于是

$$\phi_i(x) \cdot g_i(x) = h_i(x) = h_i(y) = \phi_i(y) \cdot g_i(y).$$

又因为 $\phi_i(x) = \phi_i(y) > 0$，所以 $g_i(x) = g_i(y)$. 再根据 $g_i: U_i \to \mathbb{R}^m$ 是一个单射，可见 $x = y$. ■

在单位分拆的许多应用中，正像上面给出的那样，都只需用到：对于每一个 x，$\sum \phi_i(x)$ 是正的. 然而，在其他一些情形下，就需要一个更强的条件 $\sum \phi_i(x) = 1$. 参见第 50 节.

习题

1. 证明每一个流形是正则的，从而是可度量化的. 在哪里你要用到 Hausdorff 条件？
2. 设 X 是一个紧致的 Hausdorff 空间. 假设对于每一个 $x \in X$，存在 x 的一个邻域 U 和一个正整数 k 使得 U 可以被嵌入到 $\mathbb{R}^k$ 中. 证明：对于某一正整数 N，X 可以嵌入到 $\mathbb{R}^N$ 中.
3. 设 X 是一个 Hausdorff 空间，X 的每一点有一个邻域与 $\mathbb{R}^m$ 的一个开集同胚. 证明：若 X 是紧致的，则 X 是一个 m- 维流形.
4. X 的子集的一个加标族 $\{A_\alpha\}$ 被称为**点态有限加标族**(point-finite indexed family)，如果每一个 $x \in X$，仅仅对于有限多个 α 有 $x \in A_\alpha$.

   引理(收缩引理) *设 X 是一个正规空间. 设 $\{U_1, U_2, \cdots\}$ 是 X 的点态有限加标开覆盖. 则存在 X 的一个加标开覆盖 $\{V_1, V_2, \cdots\}$，使得 $\bar{V}_n \subset U_n$.*
5. 流形定义中的 Hausdorff 条件是关键的，它不能根据定义中的其他条件推出. 考虑以下空间：设 X 是 $\mathbb{R} - \{0\}$ 与两点集 $\{p, q\}$ 的并. 规定 X 上的拓扑由以下子集组成的基所生成：$\mathbb{R}$

的所有不包含点 0 的开区间，所有形如$(-a, 0)\cup\{p\}\cup(0, a)$的集合以及所有形如$(-a, 0)\cup\{q\}\cup(0, a)$的集合，其中$a>0$. 空间 X 称为**具有双原点的直线**(line with two origins).

(a)验证这是某个拓扑的一个基.

(b)证明 $X-\{p\}$和 $X-\{q\}$分别同胚于$\mathbb{R}$.

(c)证明 X 满足 T_1 公理，但不是一个 Hausdorff 空间.

(d)证明：除了 Hausdorff 条件之外，X 满足 1-维流形的所有条件.

*附加习题：基本内容复习

考虑一个空间可能具有的以下性质：

(1)连通性
(2)道路连通性
(3)局部连通性
(4)局部道路连通性
(5)紧致性
(6)极限点紧致
(7)局部紧致 Hausdorff 空间
(8)Hausdorff 空间
(9)正则
(10)完全正则
(11)正规
(12)第一可数
(13)第二可数
(14)Lindelöf 性质
(15)有可数稠密子集
(16)局部可度量化
(17)可度量化

1. 对于下列的每一空间，试确定(如果能够的话)它满足上述的哪些性质.（必要时，可设 Tychonoff 定理成立.）

(a)S_Ω

(b)$\bar{S}_\Omega$

(c)$S_\Omega\times\bar{S}_\Omega$

(d)有序矩形

(e)$\mathbb{R}_\ell$

(f)$\mathbb{R}_\ell^2$

(g)具有积拓扑的$\mathbb{R}^\omega$

(h)具有一致拓扑的$\mathbb{R}^\omega$

(i)具有箱拓扑的$\mathbb{R}^\omega$

(j)具有积拓扑的$\mathbb{R}^I$，其中$I=[0,1]$

(k)$\mathbb{R}_K$

2. 一个度量空间具有上述的哪些性质？
3. 紧致的 Hausdorff 空间具有上述的哪些性质？
4. 子空间或闭子空间或开子空间保持上述的哪些性质？
5. 有限积或可数积或任意积保持上述的哪些性质？
6. 连续映射保持上述的哪些性质？
7. 学习了第 6 章和第 7 章，就下列性质回答上述习题 1～6 中的问题：

(18)仿紧致性

(19)拓扑完备性

对于整个习题 1～6 中的 340 个问题除 1 个外，习题 7 中的 40 个问题除 1 个外，读者应该能够回答其他的全部问题. 这两个问题至今尚未解决. 见第 32 节中的习题 5 的注记.

第 5 章　Tychonoff 定理

现在考虑第 3 章中遗留下来的那个未解决的问题．我们将证明 Tychonoff 定理：任意多个紧致空间的积还是紧致空间．它的证明要用到 Zorn 引理(见第 11 节)．也有一个依赖于良序定理的证明，在习题中我们给出了这个证明方法的概要．

Tychonoff 定理对分析学家非常有用(几何学家用的相对少些)．在第 38 节中，我们用它构造完全正则空间的 Stone-Čech 紧致化，并在第 47 节中用它来证明 Ascoli 定理的一般形式．

37　Tychonoff 定理

与 Urysohn 引理一样，Tychonoff 定理也是一个"深刻的"定理．它的证明涉及的思想较新颖，并非直接了当．在给出这个定理的证明之前，我们要详细地讨论在证明中的某些关键性的想法．

第 3 章中，我们曾证明过两个紧致空间的积 $X\times Y$ 是紧致的．在那个证明中，只用紧致性的开覆盖形式就完全够了．给定 $X\times Y$ 的一个由基元素构成的开覆盖，先用其中的有限多个元素覆盖每一个薄片 $x\times Y$，进而构造 $X\times Y$ 的一个有限覆盖．

但对于紧致空间的任意积，类似于上面的做法已经行不通了，必须将指标集良序化并且应用超限归纳(参见习题 5)．另外一个办法就是放弃开覆盖方式，代之以紧致性的闭集形式，借助 Zorn 引理来处理．

为了弄明白这一思路，我们先考虑最简单的情形，即两个紧致空间的积 $X_1\times X_2$ 这种情形．假定 $\mathcal{A}$ 为 $X_1\times X_2$ 的一个具有有限交性质的闭子集族，考虑投射 π_1：$X_1\times X_2\to X_1$．X_1 的子集族

$$\{\pi_1(A)\mid A\in\mathcal{A}\}$$

也具有有限交性质，并且其中元素的闭包 $\overline{\pi_1(A)}$ 的族也具有这个性质．同时 X_1 的紧致性又保证了所有集合 $\overline{\pi_1(A)}$ 的交非空．我们从这个交中选择一点 x_1．类似地，可以从所有集合 $\overline{\pi_2(A)}$ 的交中选择一点 x_2．于是我们自然希望 $x_1\times x_2$ 在 $\bigcap\limits_{A\in\mathcal{A}}A$ 中．如果果真如此，定理也就证明了．

但遗憾的是这个设想行不通．考虑下面的例子：设 $X_1=X_2=[0,1]$，集族 $\mathcal{A}$ 是以下所有椭圆形区域族，其中每一个椭圆形区域的边界都是以 $p=\left(\frac{1}{3},\frac{1}{3}\right)$，$q=\left(\frac{1}{2},\frac{2}{3}\right)$为公共焦点的椭圆，如图 37.1 所示．当然 $\mathcal{A}$ 具有有限交性质．现在，我们在这些集合$\{\overline{\pi_1(A)}\mid A\in\mathcal{A}\}$的交中选取一点 x_1，显然可以选取区间$\left[\frac{1}{3},\frac{1}{2}\right]$中的任意一点，比如选定 $x_1=\frac{1}{2}$．类似地，在集合$\{\overline{\pi_2(A)}\mid A\in\mathcal{A}\}$的交中选取一点 x_2，可以选区间

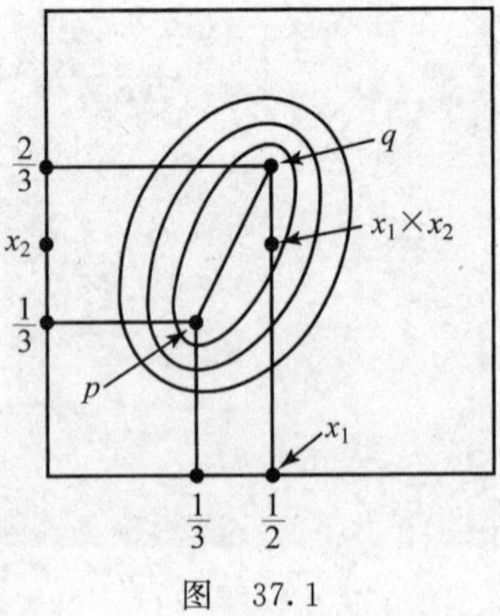

图　37.1

$\left[\frac{1}{3}, \frac{2}{3}\right]$中的任意一点，比如选定$x_2=\frac{1}{2}$. 这是一个不幸的选择，因为点

$$x_1 \times x_2 = \frac{1}{2} \times \frac{1}{2}$$

不在所有集合 A 的交之中.

你也许会说，"你选的不合适嘛！如果在选定了 $x_1=\frac{1}{2}$之后，再选 $x_2=\frac{2}{3}$，那么就找到了交 $\bigcap_{A\in\mathcal{A}} A$ 的一个点."然而，因为在我们所设计的试探性的证明中，x_1 和 x_2 的选取是具有随意性的，所以这种"不好"的选取便难以避免了.

那么，怎样改进证明解决这个问题呢?

这就引出了证明的第二个想法：也许我们可以扩大集族$\mathcal{A}$（当然还要保持有限交性质），藉此来制约 x_1 和 x_2 的选取，以确保我们做出一个"正确的"选择. 例如，在前面的例子中，把集族$\mathcal{A}$扩大为以下椭圆形区域族$\mathcal{D}$，其中每一个区域的边界都是以 $p=\left(\frac{1}{3}, \frac{1}{3}\right)$为一个焦点，而另一个焦点落在线段 pq 上. 集族$\mathcal{D}$如图 37.2 所示. 这个新族$\mathcal{D}$仍具有有限交性质，但是，如果你想在交

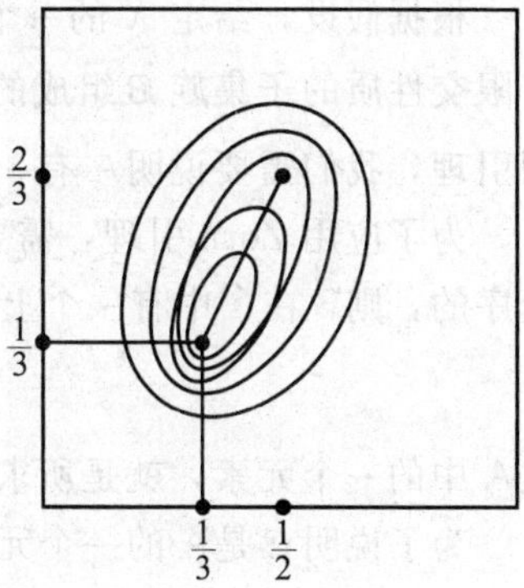

图　37.2

$$\bigcap_{D\in\mathcal{D}} \overline{\pi_1(D)}$$

中选出一点 x_1，则只能选 $x_1=\frac{1}{3}$. 类似地，只能选 $x_2=\frac{1}{3}$.

而$\frac{1}{3}\times\frac{1}{3}$必然属于每一个集合 D，因此也属于每一个集合 A. 换句话说，将集族$\mathcal{A}$扩大成集族$\mathcal{D}$，就能使我们得出理想的选择.

当然，在这个例子中，我们精心地选择了$\mathcal{D}$，使得证明能够进行下去，但在一般情况下，我们对于$\mathcal{D}$的选择应该有些什么要求呢？这里就产生了证明的第三个想法：为什么不能简单地要求选择"尽可能大"的$\mathcal{D}$——以至于没有比它更大的族具有有限交性质了，再来看这个$\mathcal{D}$是否满足要求呢？这个族$\mathcal{D}$的存在性并非显而易见，需要证明. 并且证明中我们要用到 Zorn 引理. 但在我们证明了$\mathcal{D}$的存在性之后，实际上也就证明了$\mathcal{D}$已大到足以保证我们得出恰当选择的程度了.

最后还需说明的是，在我们的讨论中，对于集族$\mathcal{A}$中的每一个元素都是闭集的假设是没有必要的. 因为即使 $A\in\mathcal{A}$是闭集，$\pi_1(A)$也未必是闭集，因此我们只要通过取闭包来得到具有紧致性的闭集. 基于上述原因，我们只需对 X 的任意具有有限交性质的子集族，证明它们的闭包的交是非空的. 事实上，这一方法的确是简便易行的.

引理 37.1　设 X 是一个集合. $\mathcal{A}$是 X 的一个具有有限交性质的子集族. 则存在 X 的一个子集族$\mathcal{D}$，使得$\mathcal{D}$包含$\mathcal{A}$，$\mathcal{D}$具有有限交性质，并且每一个以$\mathcal{D}$为真子集的 X 的子集族都不再具有有限交性质.

对于满足引理要求的族 $\mathcal{D}$，我们通常称它关于有限交性质是极大的.

证　下面，我们就应用 Zorn 引理来构造 $\mathcal{D}$. 回忆一下，给定一个定义了严格偏序关系的集合 A，如果 A 的任意全序子集都有上界，那么 A 便有一个极大元.

需说明的是，将要应用 Zorn 引理的集合 A，它既不是 X 的子集，也不是 X 的一个子集族，而是以集族为元素的集合. 我们把这样的集合称之为"超集"，并用一个空心字母表示它. 于是综述现在所用的记号就是，

c 是 X 的一个元素.

C 是 X 的一个子集.

$\mathcal{C}$ 是 X 的一个子集族.

$\mathbb{C}$ 是 X 的子集族构成的超集.

根据假设，给定 X 的一个具有有限交性质的子集族 $\mathcal{A}$，用 $\mathbb{A}$ 表示 X 的所有满足 $\mathcal{B}\supset\mathcal{A}$ 及有限交性质的子集族 $\mathcal{B}$ 组成的超集. 我们用真包含关系 $\subsetneq$ 作为 $\mathbb{A}$ 上的一个严格偏序. 为了证明引理，我们需要说明 $\mathbb{A}$ 有一个极大元 $\mathcal{D}$.

为了应用 Zorn 引理，需要说明的是：若 $\mathbb{B}$ 是 $\mathbb{A}$ 的一个"子超集"，并且在真包含关系下是全序的，则 $\mathbb{B}$ 在 $\mathbb{A}$ 中有一个上界. 实际上我们将要证明集族

$$\mathcal{C}=\bigcup_{\mathcal{B}\in\mathbb{B}}\mathcal{B}$$

是 $\mathbb{A}$ 中的一个元素，就是所求的上界.

为了说明 $\mathcal{C}$ 是 $\mathbb{A}$ 的一个元素，就须证明 $\mathcal{C}\supset\mathcal{A}$，并且 $\mathcal{C}$ 具有有限交性质. 首先根据 $\mathbb{B}$ 中的每一个元素都包含着 $\mathcal{A}$，可见 $\mathcal{C}\supset\mathcal{A}$. 为了证明 $\mathcal{C}$ 具有有限交性质，设 C_1，…，C_n 是 $\mathcal{C}$ 的一些元素. 因为 $\mathcal{C}$ 是 $\mathbb{B}$ 中一些元素的并，所以对于每一个 i，存在 $\mathbb{B}$ 的一个元素 $\mathcal{B}_i$，使得 $C_i\in\mathcal{B}_i$. 现在超集 $\{\mathcal{B}_1,\cdots,\mathcal{B}_n\}$ 包含于 $\mathbb{B}$，因此，它也是由真包含关系决定的全序集. 因为它是有限的，所以有一个最大元，也就是说存在一个指标 k，使得对于 $i=1$，…，n 有 $\mathcal{B}_i\subset\mathcal{B}_k$. 从而，集合 C_1，…，C_n 都属于 $\mathcal{B}_k$. 又因为 $\mathcal{B}_k$ 具有有限交性质，所以集合 C_1，…，C_n 有非空交. 引理证毕. ■

引理 37.2　*设 X 是一个集合，$\mathcal{D}$ 是 X 的一个子集族并且关于有限交性质是极大的. 则*

(a) $\mathcal{D}$ 中元素的任意有限交仍属于 $\mathcal{D}$.

(b) 若 A 是 X 的一个子集并且与 $\mathcal{D}$ 中的每一个元素都相交，则 A 属于 $\mathcal{D}$.

证　(a) 设 B 是 $\mathcal{D}$ 中有限多个元素的交. 将 B 加到 $\mathcal{D}$ 中来定义一个族 $\mathcal{E}$，即 $\mathcal{E}=\mathcal{D}\cup\{B\}$. 我们证明 $\mathcal{E}$ 满足有限交性质，于是由 $\mathcal{D}$ 的极大性可见 $\mathcal{E}=\mathcal{D}$，因此 $B\in\mathcal{D}$.

取 $\mathcal{E}$ 中有限多个元素. 如果其中没有一个是 B，那么根据 $\mathcal{D}$ 具有有限交性质，可见它们的交非空. 如果其中有一个是 B，则它们的交形如

$$D_1\cap\cdots\cap D_m\cap B.$$

因为 B 等于 $\mathcal{D}$ 中元素的有限交，所以这个交非空.

(b) 给定 A，定义 $\mathcal{E}=\mathcal{D}\cup\{A\}$. 我们证明 $\mathcal{E}$ 具有有限交性质，从而推出 A 属于 $\mathcal{D}$. 取 $\mathcal{E}$ 中有限多个元素，如果其中没有 A，它们的交当然非空. 否则，它们的交形如

$$D_1\cap\cdots\cap D_n\cap A.$$

根据(a)可见 $D_1 \cap \cdots \cap D_n$ 属于 $\mathcal{D}$，因此根据假设，上述交非空. ■

定理 37.3［Tychonoff 定理(Tychonoff theorem)］ 在积拓扑下，紧致空间的任意积还是紧致空间.

证 设

$$X = \prod_{\alpha \in J} X_\alpha,$$

其中每一个空间 X_α 是紧致的. 设 $\mathcal{A}$ 是 X 的一个子集族，具有有限交性质，我们证明交

$$\bigcap_{A \in \mathcal{A}} \overline{A}$$

非空，从而推出 X 的紧致性.

应用引理 37.1，选择 X 的子集族 $\mathcal{D}$，使得 $\mathcal{D} \supset \mathcal{A}$，并且关于有限交性质是极大的. 这就足以证明 $\bigcap_{D \in \mathcal{D}} \overline{D}$ 非空.

给定 $\alpha \in J$，令 π_α：$X \to X_\alpha$ 为通常的投射. 考虑 X_α 的子集族

$$\{\pi_\alpha(D) \mid D \in \mathcal{D}\}.$$

它具有有限交性质，这是因为 $\mathcal{D}$ 具有有限交性质. 由 X_α 的紧致性，可以对于每一个 α，选取一点 $x_\alpha \in X_\alpha$，使得

$$x_\alpha \in \bigcap_{D \in \mathcal{D}} \overline{\pi_\alpha(D)}.$$

令 $\boldsymbol{x}$ 为 X 的一个点$(x_\alpha)_{\alpha \in J}$，我们将证明对于每一个 $D \in \mathcal{D}$，$\boldsymbol{x} \in \overline{D}$，从而完成定理的证明.

首先证明，如果 $\pi_\beta^{-1}(U_\beta)$是包含 $\boldsymbol{x}$ 的任意子基元(就 X 的积拓扑而言)，那么 $\pi_\beta^{-1}(U_\beta)$与 $\mathcal{D}$ 的任何成员都相交，这里 U_β 是 x_β 在 X_β 中的一个邻域. 因为根据定义 $x_\beta \in \overline{\pi_\beta(D)}$，$U_\beta$ 与 $\pi_\beta(D)$交于某一点 $x_\beta(\boldsymbol{y})$，其中 $\boldsymbol{y} \in D$. 于是 $\boldsymbol{y} \in \pi_\beta^{-1}(U_\beta) \cap D$.

根据引理 37.2 的结论(b)可见包含 $\boldsymbol{x}$ 的每一个子基元都属于 $\mathcal{D}$. 于是，再由这个引理的结论(a)可见每一个包含 $\boldsymbol{x}$ 的基元也属于 $\mathcal{D}$. 因为 $\mathcal{D}$ 具有有限交性质，这就意味着每一个包含 $\boldsymbol{x}$ 的基元与 $\mathcal{D}$ 的每一个元素都相交，因此对于每一个 $D \in \mathcal{D}$，$\boldsymbol{x} \in \overline{D}$. 证毕. ■

习题

1. 设 X 是一个空间，$\mathcal{D}$ 是 X 的关于有限交性质的一个极大子集族，
   (a)证明：对于每一个 $D \in \mathcal{D}$，$x \in \overline{D}$ 当且仅当 x 的每一个邻域属于 $\mathcal{D}$，试指出，证明哪一个蕴涵关系时用到了 $\mathcal{D}$ 的极大性?
   (b)设 $D \in \mathcal{D}$. 证明：如果 $A \supset D$，那么 $A \in \mathcal{D}$.
   (c)证明：若 X 满足 T_1 公理，则最多有一个点属于 $\bigcap_{D \in \mathcal{D}} \overline{D}$.
2. 若 X 的一个子集族 $\mathcal{A}$ 中任意可数个元素的交非空，则称 $\mathcal{A}$ 满足**可数交性质**(countable intersection property). 证明：X 是 Lindelöf 空间当且仅当 X 的每一个满足可数交性质的子集族 $\mathcal{A}$，有

$$\bigcap_{A \in \mathcal{A}} \overline{A} \neq \varnothing.$$

3. 考虑下述三个论断：

(i)若 X 是一个集合，$\mathcal{A}$ 是 X 的一个满足可数交性质的子集族，则存在 X 的一个子集族 $\mathcal{D}$，使得 $\mathcal{D}\supset\mathcal{A}$，并且 $\mathcal{D}$ 关于可数交性质是极大的.

(ii)设 $\mathcal{D}$ 关于可数交性质是极大的，则 $\mathcal{D}$ 的元素的可数交仍然是 $\mathcal{D}$ 的元素，并且如果 A 是 X 的一个子集，它与 $\mathcal{D}$ 的每一个元素都相交，那么必然有 $A\in\mathcal{D}$.

(iii)Lindelöf 空间的积仍然是 Lindelöf 空间.

(a)证明：(i)和(ii)蕴涵着(iii).

(b)证明(ii).

(c)Lindelöf 空间的积未必是 Lindelöf 空间(见第 30 节)，因此(i)不成立. 试指出若将引理 37.1 的证明推广到可数交性质，那么证明在什么地方行不通.

4. 下面是另一个应用 Zorn 引理证明的定理. 以前曾经提到过：设 A 是一个空间，若 x，$y\in A$,不存在 A 的分割 $A=C\cup D$(C 和 D 是 A 中两个无交的开集)，使得 $x\in C$，$y\in D$，则称 x 和 y 在 A 的同一个拟连通分支中.

定理　设 X 是紧致的 Hausdorff 空间，则 x 和 y 属于 X 的同一拟连通分支当且仅当它们属于 X 的同一分支.

(a)令 $\mathcal{A}$ 为 X 的闭子空间的族，满足条件：对于每一个 $A\in\mathcal{A}$，x，y 在 A 的同一拟连通分支中. 令 $\mathcal{B}$ 为 $\mathcal{A}$ 的一个子族，在真包含关系下是全序集. 证明 $\mathcal{B}$ 的所有元素的交属于 $\mathcal{A}$. [提示：与第 26 节的练习 11 比较.]

(b)证明 $\mathcal{A}$ 有极小元 D.

(c)证明 D 是连通的.

*5. 下面是 Tychonoff 定理的另外一个证明，它主要利用了良序定理而非 Zorn 引理. 先来证明管状引理的以下形式，再证明定理.

引理　设 $\mathcal{A}$ 是 $X\times Y$ 积拓扑的基元素构成的族，满足条件：$\mathcal{A}$ 没有有限子族覆盖 $X\times Y$. 若 X 是紧致的，则存在点 $x\in X$ 使得 $\mathcal{A}$ 的有限子族都不能够覆盖薄片 $\{x\}\times Y$.

定理　任意紧致空间的积在积拓扑下是紧致的.

证明：设 $\{X_\alpha\}_{\alpha\in J}$ 是紧致空间的一个加标族. 令

$$X=\prod_{\alpha\in J}X_\alpha,$$

π_α：$X\to X_\alpha$ 为投射. 赋予 J 一个良序，使得有一个最大元.

(a)令 $\beta\in J$. 对于任意 $i<\beta$ 假设已经给定 $p_i\in X_i$. 对于任意 $\alpha<\beta$，定义 X 的子空间 Y_α 为

$$Y_\alpha=\{\boldsymbol{x}\mid\pi_i(\boldsymbol{x})=p_i,\quad 对\ i\leqslant\alpha\}.$$

注意，若 $\alpha<\alpha'$，则 $Y_\alpha\supset Y_{\alpha'}$. 证明：若 $\mathcal{A}$ 是 X 的基元素构成的一个有限族，并且 $\mathcal{A}$ 覆盖

$$Z_\beta=\bigcap_{\alpha<\beta}Y_\alpha=\{\boldsymbol{x}\mid\pi_i(\boldsymbol{x})=p_i,i<\beta\},$$

则对于某一个 $\alpha<\beta$，$\mathcal{A}$ 覆盖 Y_α. [提示：若在 J 中 β 有一个紧接前元，用 α 表示这个紧接前元. 否则，对于每一个 $A\in\mathcal{A}$，令 J_A 为使得 $\pi_i(A)\neq X_i$ 的那些指标 $i<\beta$ 的集合. 集合 $J_A(A\in\mathcal{A})$的并是有限的. 令 α 为这个并的最大元.]

(b)设$\mathcal{A}$是X的基元素的族，满足条件：$\mathcal{A}$没有有限子族覆盖X. 证明对于所有i，可以选取点$p_i \in X_i$，使得对于每一个α，(a)中所定义的空间Y_α不能被$\mathcal{A}$有限子族覆盖. 当α是J的最大元时，便有了矛盾. [提示：若α是J的最小元，则应用前面的引理选择p_α. 若p_i对于所有$i<\beta$有定义，由于根据(a)可见空间Z_β不能被$\mathcal{A}$的有限子族覆盖，应用这个引理找出p_β.]

38 Stone-Čech 紧致化

我们已经研究过拓扑空间X紧致化的一种方法，那便是单点紧致化(第 29 节). 从某种意义上说，这是X的极小紧致化，而 Stone-Čech 紧致化则是X的极大紧致化. 这里介绍的这种紧致化是由 M. Stone 和 E. Čech 于 1937 年各自独立完成的. 它在近代分析中有着许多应用，但那些都已超出了本书的范围.

让我们先来回顾以下定义：

定义 空间X的一个**紧致化**(compactification)Y是一个包含X的紧致的 Hausdorff 空间，以X为其子空间，并且使得$\overline{X}=Y$. X的两个紧致化Y_1和Y_2是**等价的**(equivalent)，若存在一个同胚h：$Y_1 \to Y_2$，使得对于每一个$x \in X$有$h(x)=x$.

如果空间X有一个紧致化Y，那么X必须是完全正则的，因为它是完全正则空间Y的子空间. 反之，若X是完全正则空间，则X至少有一个紧致化. 这是因为对于某一个J，X能被嵌入到紧致的 Hausdorff 空间$[0, 1]^J$中，并且，正如下面的引理所说，任何一个这样的嵌入将会给出X的一个紧致化：

引理 38.1 设X是一个空间，h：$X \to Z$是从X到紧致的 Hausdorff 空间Z的一个嵌入. 则存在X的一个相应的紧致化Y具有以下性质：存在一个嵌入H：$Y \to Z$使得H在X上的限制等于h. 在不区别等价的两个空间的意义下，紧致化Y是唯一确定的.

这个空间Y称为由嵌入h所诱导的紧致化.

证 给定h，令X_0为Z的子空间$h(X)$，Y_0为它在Z中的闭包. 于是Y_0是一个紧致的 Hausdorff 空间，并且$\overline{X}_0=Y_0$. 因此Y_0就是X_0的一个紧致化.

现在我们来构造一个包含X的空间Y，使得空间偶对(X, Y)同胚于空间偶对(X_0, Y_0). 选择与X无交的一个集合A，以及A与Y_0-X_0之间的一个一一对应k：$A \to Y_0-X_0$. 定义$Y=X \cup A$，并且定义一一对应H：$Y \to Y_0$为

$$H(x) = h(x), \qquad \text{对于 } x \in X,$$
$$H(a) = k(a), \qquad \text{对于 } a \in A.$$

赋予Y一个拓扑，使得U是Y的一个开集当且仅当$H(U)$是Y_0的一个开集. 映射H当然是一个同胚；而且空间X是Y的一个子空间，因为当H限制在Y的子集X上时，等于同胚h. 通过扩大H的值域，我们便得到了所求的从Y到Z的一个嵌入.

现在假设Y_i是X的一个紧致化，嵌入H_i：$Y_i \to Z$是h的扩张，$i=1, 2$. 于是H_i将X映射到$h(X)=X_0$上. 因为H_i是连续的，所以它将Y_i映射到$\overline{X}_0$中；又因为$H_i(Y_i)$包含着X_0并且还是闭的(因为是紧致的)，所以$H_i(Y_i)$包含着$\overline{X}_0$. 因此$H_i(Y_i)=\overline{X}_0$，并且$H_2^{-1} \circ H_1$定

义了从 Y_1 到 Y_2 的一个同胚，并且在 X 上等于恒等映射. ■

一般地说，对于一个给定的空间 X，可以有多种不同的紧致化方法. 例如对于开区间 $X=(0,1)$，可有以下一些紧致化：

例 1　在 $\mathbb{R}^2$ 中取单位圆周 S^1，令映射 $h:(0,1)\to S^1$ 为

$$h(t)=(\cos 2\pi t)\times(\sin 2\pi t).$$

嵌入 h 诱导的紧致化等价于 X 的单点紧致化. ■

例 2　设 Y 为空间 $[0,1]$. 则 Y 是 X 的一个紧致化，它是由"在 $(0,1)$ 的两端各加上一点"而得到的. ■

例 3　考虑 $\mathbb{R}^2$ 中单位方形 $[-1,1]^2$，令映射 $h:(0,1)\to[-1,1]^2$ 为

$$h(x)=x\times\sin(1/x).$$

空间 $Y_0=\overline{h(X)}$ 为拓扑学家的正弦曲线(见第 24 节例 7). 嵌入 h 所产生的 $(0,1)$ 的紧致化与前面两个完全不同，它是由在 $(0,1)$ 的右端加上一点，在左端加上一条线段而得到的. ■

紧致化研究中的一个基本问题是：

如果 Y 是 X 的一个紧致化，那么在什么条件下，定义在 X 上的一个连续实值函数 f 可以连续地扩张到 Y 上？

函数 f 如果能够扩张，则它必是有界的，因为它的扩张将紧致空间 Y 映入 $\mathbb{R}$ 中，因而是有界的. 但是，有界性一般说来并不充分，考虑下面的例子：

例 4　设 $X=(0,1)$，考虑例 1 中给出的 X 的单点紧致化. 有界连续函数 $f:(0,1)\to\mathbb{R}$ 可以扩张到这个紧致化上的充分必要条件是极限

$$\lim_{x\to 0+} f(x) \quad 和 \quad \lim_{x\to 1-} f(x)$$

存在并且相等.

对于例 2 中给出的 X 的"两点紧致化"函数 f 可以扩张的充分必要条件是上述两个极限都存在.

例 3 中的紧致化，对于一类更广泛的函数都存在扩张. 容易看到，如果上面两个极限都存在，则 f 可以扩张. 但是，函数 $f(x)=\sin(1/x)$ 也可以扩张到这个紧致化上：令 H 是从 Y 到 $\mathbb{R}^2$ 中的嵌入，在子空间 X 上它等于 h，则复合映射

$$Y\xrightarrow{H}\mathbb{R}\times\mathbb{R}\xrightarrow{\pi_2}\mathbb{R}$$

就是所要求的 f 的扩张. 因为如果 $x\in X$，则 $H(x)=h(x)=x\times\sin(1/x)$，于是 $\pi_2(H(x))=\sin(1/x)$. ■

关于最后这个紧致化，有一点非常重要，为了得到它，我们选择一个嵌入

$$h:(0,1)\longrightarrow\mathbb{R}^2,$$

其分量函数是 x 及 $\sin(1/x)$. 这时我们发现，函数 x 和 $\sin(1/x)$ 都能扩张到 X 的紧致化上. 这对于我们很有启发，如果在 $(0,1)$ 上定义了连续有界函数构成的族，我们可用它们作为从 $(0,1)$ 到 R^J 中的一个嵌入(对于某一个 J)，从而得到一个紧致化，使上述族中每一个函数都可以扩张.

这一思想是 Stone-Čech 紧致化中的主要思想，陈述如下：

定理 38.2 设 X 是完全正则空间. 则存在 X 的一个紧致化 Y 满足条件：对于每一个有界连续函数 f：$X\to\mathbb{R}$ 都可以唯一地扩张为从 Y 到 $\mathbb{R}$ 的一个连续函数.

证 设 $\{f_\alpha\}_{\alpha\in J}$ 是 X 上所有有界连续实值函数所构成的族，以 J 为其指标集. 对于每一个 $\alpha\in J$，选取 $\mathbb{R}$ 中一个包含 $f_\alpha(X)$ 的闭区间 I_α. 为了确定起见，选取

$$I_\alpha=[\inf f_\alpha(X),\sup f_\alpha(X)].$$

然后定义 h：$X\to\prod_{\alpha\in J}I_\alpha$ 为

$$h(x)=(f_\alpha(x))_{\alpha\in J}.$$

根据 Tychonoff 定理，ΠI_α 是紧致的. 由于 X 是完全正则的，函数族 $\{f_\alpha\}$ 分离 X 中的点和闭集. 因此根据定理 34.2，h 是一个嵌入.

设 Y 是由嵌入 h 所诱导的紧致化. 则存在一个嵌入 H：$Y\to\Pi I_\alpha$，它在 Y 的子空间 X 上的限制就是 h. 给定 X 上的一个连续有界实值函数 f，我们指出它可以扩充到 Y 上. 因为函数 f 属于族 $\{f_\alpha\}_{\alpha\in J}$，所以存在指标 β，使得 f 等于 f_β. 设 π_β：$\Pi I_\alpha\to I_\beta$ 为投射. 则连续映射 $\pi_\beta\circ H$：$Y\to I_\beta$ 就是所要求的 f 的扩张. 这是因为，如果 $x\in X$，则有

$$\pi_\beta(H(x))=\pi_\beta(h(x))=\pi_\beta((f_\alpha(x))_{\alpha\in J})=f_\beta(x).$$

扩张的唯一性是以下引理的一个推论. ■

引理 38.3 设 $A\subset X$，f：$A\to Z$ 是从 A 到 Hausdorff 空间 Z 中的一个连续映射. 则最多存在 f 的一个连续扩张 g：$\bar{A}\to Z$.

证 这个引理曾在第 18 节中作为习题出现过. 我们在这里给出证明. 假定 g，g'：$\bar{A}\to X$ 是 f 的两个不同的扩张，选择 x 使得 $g(x)\neq g'(x)$. 令 U 和 U' 分别为 $g(x)$ 和 $g'(x)$ 的无交的邻域，选取 x 的邻域 V，使得 $g(V)\subset U$ 并且 $g'(V)\subset U'$. 于是 V 与 A 交于某一点 y，从而 $g(y)\in U$，$g'(y)\in U'$. 但是，由于 $y\in A$，所以 $g(y)=f(y)$ 及 $g'(y)=f(y)$. 这就与 U 及 U' 无交矛盾. ■

定理 38.4 设 X 是一个完全正则空间，Y 是 X 的一个紧致化，它满足定理 38.2 所说的扩张条件. 给定从 X 到紧致 Hausdorff 空间 C 中的任意一个连续映射 f：$X\to C$，则 f 可以唯一扩张为一个连续映射 g：$Y\to C$.

证 注意，由于 C 是完全正则的，所以对于某一个 J，它可以嵌入到 $[0,1]^J$ 中. 于是，我们总可以假定 $C\subset[0,1]^J$. 映射 f 的每一个分支函数 f_α 是 X 上的连续实值有界函数. 根据假设，f_α 可以扩张为从 Y 到 $\mathbb{R}$ 的一个连续映射 g_α. 定义 g：$Y\to\mathbb{R}^J$ 为 $g(y)=(g_\alpha(y))_{\alpha\in J}$，我们说映射 g 是连续的，因为 $\mathbb{R}^J$ 有积拓扑. 实际上 g 确实将 Y 映到 $\mathbb{R}^J$ 的子空间 C 中. 因为根据 g 的连续性，有

$$g(Y)=g(\bar{X})\subset\overline{g(X)}=\overline{f(X)}\subset\bar{C}=C.$$

因此，g 就是所求的 f 的扩张. ■

定理 38.5 设 X 是一个完全正则空间. 若 Y_1 和 Y_2 是 X 的两个紧致化，具有定理 38.2 的扩张性质，则 Y_1 和 Y_2 等价.

证 考虑内射 j_2：$X\to Y_2$，它是 X 到紧致的 Hausdorff 空间 Y_2 的一个连续映射. 因为 Y_1

具有扩张性质，由前述定理，我们可以把 j_2 扩张为一个连续映射 $f_2: Y_1 \to Y_2$. 类似地，可以把内射 $j_1: X \to Y_1$ 扩张为一个连续映射 $f_1: Y_2 \to Y_1$(因为 Y_2 具有扩张性质，而且 Y_1 是一个紧致的 Hausdorff 空间).

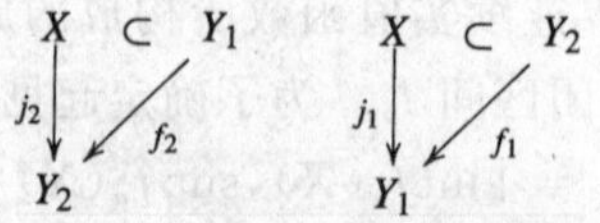

复合函数 $f_1 \circ f_2: Y_1 \to Y_1$ 具有以下性质：对于每一个 $x \in X$，$f_1(f_2(x)) = x$. 因此 $f_1 \circ f_2$ 是恒等映射 $i_X: X \to X$ 的一个连续扩张，但是 Y_1 上的恒等映射也是 i_X 的一个连续扩张，按照扩张的唯一性(引理 38.3)，$f_1 \circ f_2$ 必然等于 Y_1 上的恒等映射. 类似地，$f_2 \circ f_1$ 必然等于 Y_2 上的恒等映射. 因此，f_1 与 f_2 是同胚. ■

定义　对于每一个完全正则空间 X，取 X 的满足定理 38.2 中扩张条件的一个紧致化. 记 X 的这一个紧致化为 $\beta(X)$，并且称之为 X 的 **Stone-Čech 紧致化**(Stone-Čech compactification). 它的一个重要性质就是：从 X 映到一个紧致的 Hausdorff 空间的任意一个连续映射 $f: X \to C$ 有唯一的一个连续映射 $g: \beta(X) \to C$ 为它的扩张.

习题

1. 证明例 4 中的论断.
2. 证明：用 $g(x) = \cos(1/x)$ 定义的有界连续函数 $g: (0, 1) \to \mathbb{R}$ 不能扩张到例 3 中的紧致化. 定义一个嵌入 $h: (0, 1) \to [0, 1]^3$，使得函数 x、$\sin(1/x)$ 及 $\cos(1/x)$ 都能扩张到由 h 所诱导的紧致化上去.
3. 在什么条件下，可度量化空间有一个可度量化的紧致化？
4. 设 Y 是 X 的任意一个紧致化，$\beta(X)$ 是 Stone-Čech 紧致化. 证明存在一个满的连续闭映射 $g: \beta(X) \to Y$，使得在 X 上它等于恒等映射.
   [这个习题清楚地说明 $\beta(X)$ 是 X 的"极大"紧致化. 于是，X 的每一个紧致化都等价于 $\beta(X)$ 的一个商空间.]
5. (a)证明：定义在 S_Ω 上的每一个连续实值函数是"终于常数"的. [提示：首先证明，对于每一个 ε，存在 S_Ω 的一个元素 α 使得对于所有的 $\beta > \alpha$，有 $|f(\beta) - f(\alpha)| < \varepsilon$. 然后，对于 $n \in \mathbb{Z}_+$ 令 $\varepsilon = \frac{1}{n}$，再考虑相应点 α_n.]
   (b)证明：S_Ω 的单点紧致化和 Stone-Čech 紧致化是等价的.
   (c)证明 S_Ω 的每一个紧致化等价于单点紧致化.
6. 设 X 是一个完全正则空间. 证明：X 是连通的当且仅当 $\beta(X)$ 是连通的. [提示：如果 $X = A \cup B$ 为 X 的一个分割，则对于 $x \in A$，令 $f(x) = 0$；对于 $x \in B$，令 $f(x) = 1$.]
7. 设 X 是一个离散空间，考虑空间 $\beta(X)$.
   (a)证明：若 $A \subset X$，则 $\overline{A}$ 与 $\overline{X - A}$ 是无交的，其中闭包是在 $\beta(X)$ 求取的.
   (b)证明：若 U 是 $\beta(X)$ 的一个开集，则 $\overline{U}$ 是 $\beta(X)$ 的一个开集.
   (c)证明：$\beta(X)$ 是全不连通的.

8. 证明：$\beta(\mathbb{Z}_+)$的基数不小于 I^I 的基数，其中 $I=[0, 1]$. [提示：I^I 有可数稠密子集.]

9. (a)设 X 是正规的，y 是 $\beta(X)-X$ 的一个点. 证明 y 不是 X 中点的一个序列的极限.

 (b)证明：若 X 是完全正则的但不是紧致的，则 $\beta(X)$不是可度量化的.

10. 对于每一个完全正则的空间 X 与它的 Stone-Čech 紧致化 $\beta(X)$，我们已经建立了一个对应 $X\to\beta(X)$. 现在对于完全正则空间之间的每一个连续映射 f：$X\to Y$，指派映射 $i\circ f$ 的唯一连续扩张 $\beta(f)$：$\beta(X)\to\beta(Y)$与其对应，其中 i：$Y\to\beta(Y)$是内射. 验证以下结论：

 (i)若 1_X：$X\to X$ 是恒等映射，则 $\beta(1_X)$是 $\beta(X)$上的恒等映射.

 (ii)若 f：$X\to Y$ 及 g：$Y\to Z$，则 $\beta(g\circ f)=\beta(g)\circ\beta(f)$.

 这些性质说明我们所构造的这个对应就是所谓的**函子**(functor)，它是从完全正则空间和这类空间上连续映射的“范畴”，到紧致的 Hausdorff 空间和其上连续映射的“范畴”的一个函子. 在本书的第二部分中你将还会看到这些性质；它们是代数学和代数拓扑学的基础.

第6章　度量化定理与仿紧致性

什么样的拓扑空间是可度量化的呢？第4章中的Urysohn度量化定理朝着解决这个问题的方向迈出了第一步，也是一大步，给出了空间X可以度量化的一个充分条件：X是正则的，并且具有可数基. 但是只要能证得一个更强的结论，数学家们就决不会满足于已有的这个定理. 现在，人们有希望通过在X上寻找一个使X可度量化的充分必要条件，即与可度量性等价的条件来强化这个定理.

我们知道，在Urysohn度量化定理中正则性的假定是必要的，而可数基的条件却不是. 于是一个很自然的想法就是用一些较弱的条件取代可数基条件. 寻找这样的条件需要一些技巧. 因为这个条件一方面要强到足以得出空间的可度量性，另一方面又要弱到使每一个可度量化空间都能满足它. 但是，难就难在如何发现正确的假设，一旦发现了正确的假设，离成功也就为期不远了.

这个条件终于被J. Nagata和Y. Smirnov各自独立找到了，其中涉及到一个新概念，即局部有限性概念. 空间X的一个子集族$\mathcal{A}$称为*局部有限的*，指的是在X的每一点处有一个邻域只和$\mathcal{A}$中有限多个成员相交.

我们现在可以把基$\mathcal{B}$可数这个条件说成$\mathcal{B}$可以表为

$$\mathcal{B}=\bigcup_{n\in\mathbb{Z}_+}\mathcal{B}_n,$$

其中每一个族$\mathcal{B}_n$是有限的. 这是一个笨拙的表达方式，但是它启发我们怎样去表达一个较弱的情形，Nagata-Smirnov条件就是要求基$\mathcal{B}$可以表示成以下形式

$$\mathcal{B}=\bigcup_{n\in\mathbb{Z}_+}\mathcal{B}_n,$$

其中每一个族$\mathcal{B}_n$是*局部有限的*. 这样的族$\mathcal{B}$称为*可数局部有限的*. 出人意外的是这个条件加上正则性正好是X可度量化的充分必要条件.

拓扑学中还有一个概念涉及局部有限性，这就是所谓“仿紧致性”的概念，它是紧致性概念的一个推广. 尽管这一概念的出现并不很久，但已经在许多数学分支上被证明是有用的. 我们在这里引入它，是为了给出X可度量化的另一个充分必要条件，即X是可度量化的当且仅当X既是仿紧致的又是局部可度量化的. 在第42节中将证明这个结论.

本章有些节之间是彼此独立的，它们之间的依从关系如下表所示：

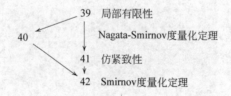

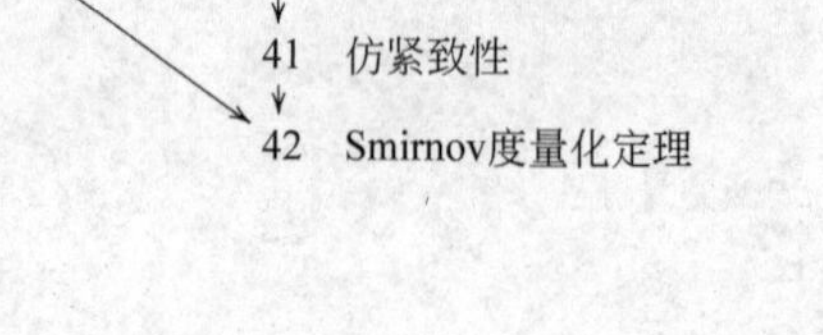

39 局部有限性

在本节中，我们证明局部有限族的一些性质以及关于可度量化空间的一个关键性引理.

定义 设 X 是一个拓扑空间. X 的一个子集族 $\mathcal{A}$ 称为**局部有限的**(locally finite)，若 X 中的每一点都存在一个邻域只与 $\mathcal{A}$ 的有限多个成员相交.

例 1 可以验证，在拓扑空间 $\mathbb{R}$ 中，区间族

$$\mathcal{A} = \{(n, n+2) \mid n \in \mathbb{Z}\}$$

是局部有限的. 另一方面，族

$$\mathcal{B} = \{(0, 1/n) \mid n \in \mathbb{Z}_+\}$$

在(0，1)中是局部有限的，但在 $\mathbb{R}$ 中却不是. 同样，族

$$\mathcal{C} = \{(1/(n+1), 1/n) \mid n \in \mathbb{Z}_+\}$$

也是如此. ■

引理 39.1 设 $\mathcal{A}$ 是 X 的一个局部有限的子集族. 则

(a) $\mathcal{A}$ 的任意子族是局部有限的.

(b) $\mathcal{A}$ 中元素的闭包构成的族 $\mathcal{B} = \{\overline{A}\}_{A \in \mathcal{A}}$ 是局部有限的.

(c) $\overline{\bigcup_{A \in \mathcal{A}} A} = \bigcup_{A \in \mathcal{A}} \overline{A}$.

证 (a)是显然的. 以下证明(b). 注意，与 $\overline{A}$ 相交的任何开集 U 也必然与 A 相交. 因此，如果 U 是 x 的一个邻域，它仅与 $\mathcal{A}$ 中有限多个成员 A 相交，那么 U 最多只能与族 $\mathcal{B}$ 中同样个数的成员相交(可能与 $\mathcal{B}$ 中更少的成员相交，因为即使 A_1 与 A_2 不等，$\overline{A}_1$ 与 $\overline{A}_2$ 相等也是可能的).

为了证明(c)，令 Y 表示 $\mathcal{A}$ 的所有成员的并

$$\bigcup_{A \in \mathcal{A}} A = Y.$$

易见，$\bigcup \overline{A} \subset \overline{Y}$. 在局部有限的条件下，我们证明相反的包含关系也成立. 设 $x \in \overline{Y}$，U 是 x 的一个邻域，它只与 $\mathcal{A}$ 中有限多个成员 A_1，…，A_k 相交. 我们将证明 x 必属于 $\overline{A}_1$，…，$\overline{A}_k$ 中的某一个，因而属于 $\bigcup \overline{A}$. 否则，集合 $U - \overline{A}_1 - \cdots - \overline{A}_k$ 就是 x 的一个邻域，它不与 $\mathcal{A}$ 中任何成员相交，从而不与 Y 相交，这与假设 $x \in \overline{Y}$ 矛盾. ■

对于 X 的加标子集族也有与局部有限类似的概念. 加标族 $\{A_\alpha\}_{\alpha \in J}$ 称为**局部有限的加标族**(locally finite indexed family)，如果 X 中的每一个元素 x 都存在一个邻域仅和有限多个 A_α 相交. 局部有限性的这两种叙述之间有什么关系呢？容易看到 $\{A_\alpha\}_{\alpha \in J}$ 为局部有限的加标族当且仅当作为集族它是局部有限的，并且 X 的每一个非空子集 A 最多只对有限多个 α 有 A 与 A_α 相等.

局部有限加标族只会在第 41 节中处理单位分拆时用到，到时候我们再来关注局部有限加标族.

定义 X 的子集族 $\mathcal{B}$ 称为**可数局部有限的**(countably locally finite)，若 $\mathcal{B}$ 可以表示成可数个局部有限族 $\mathcal{B}_n$ 的并.

这一概念也叫做"σ-局部有限"，其中σ来自测度论，表示"可数并". 注意，可数族和局部有限族都是可数局部有限的.

定义　设$\mathscr{A}$是X的子集族，X的子集族$\mathscr{B}$称为$\mathscr{A}$的**加细**(refinement)(或称为加细$\mathscr{A}$)，若对于$\mathscr{B}$中的每一个元素B，存在$\mathscr{A}$的一个元素A包含B. 若$\mathscr{B}$中的每一个元素都是开集，则称$\mathscr{B}$是$\mathscr{A}$的**开加细**(open refinement). 若$\mathscr{B}$中的每一个元素都是闭集，则称其为$\mathscr{A}$的**闭加细**(closed refinement).

引理 39.2　设X是一个可度量化空间. 若$\mathscr{A}$是X的一个开覆盖，则存在X的可数局部有限的开覆盖$\mathscr{E}$加细$\mathscr{A}$.

证　为了证明这个引理，我们要用到良序定理. 对于集族$\mathscr{A}$选取一个良序$<$，用字母U，V，W，…表示$\mathscr{A}$的元素.

选定X的一个度量. 设n是一个暂时固定的正整数. 给定$\mathscr{A}$中的一个元素U，我们定义$S_n(U)$为

$$S_n(U)=\{x\mid B(x,1/n)\subset U\}.$$

它是U的一个子集，通过"缩紧"U $1/n$的距离得到. ($S_n(U)$是一个闭集，但这一点对于我们并不重要.)现在，我们用$\mathscr{A}$的良序$<$来讨论一个更小的集合. 对于$\mathscr{A}$中的每一个U，定义

$$T_n(U)=S_n(U)-\bigcup_{V<U}V.$$

如图 39.1 所示，其中$\mathscr{A}$由三个集合$U<V<W$组成. 这个图形正好反映出所得到的这些集合是无交的.

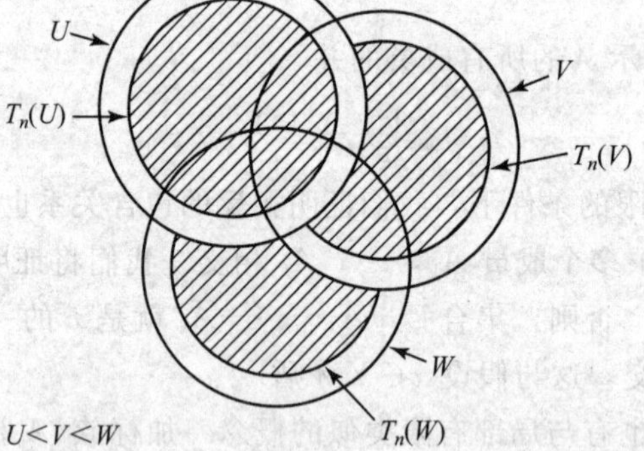

图　39.1

事实上，可以断言，它们至少被分开了$1/n$的距离. 也就是说，如果V和W是$\mathscr{A}$中两个不同的元素，那么对于任意$x\in T_n(V)$和$y\in T_n(W)$，有$d(x,y)\geqslant 1/n$.

为了证明这一事实，设已选定$V<W$. 由$x\in T_n(V)$，可得$x\in S_n(V)$，从而$B(x,1/n)\subset V$. 另一方面，因为$V<W$，并且$y\in T_n(W)$，根据$T_n(W)$的定义可见$y\notin V$，于是$d(x,y)\geqslant 1/n$.

然而集合$T_n(U)$仍然不是我们想要的，因为它不是开集(实际上它是闭集)，所以还需将其放大一点，使之成为一个开集$E_n(U)$. 特别地，令$E_n(U)$为$T_n(U)$的$\frac{1}{3n}$-邻域，也就是说

$E_n(U)$是所有开球 $B\left(x, \dfrac{1}{3n}\right)$(其中 $x\in T_n(U)$)的并.

在 $U<V<W$ 的假设下，如图 39.2 所示，我们所得到的集合是无交的. 事实上，若 V 和 W 是 $\mathcal{A}$ 中不同的两个元素，那么对于任意 $x\in E_n(V)$ 和 $y\in E_n(W)$，一定有 $d(x, y)\geqslant 1/(3n)$. 这一结论根据三角不等式容易得到. 注意，任意 $V\in\mathcal{A}$，集合 $E_n(V)$包含于 V.

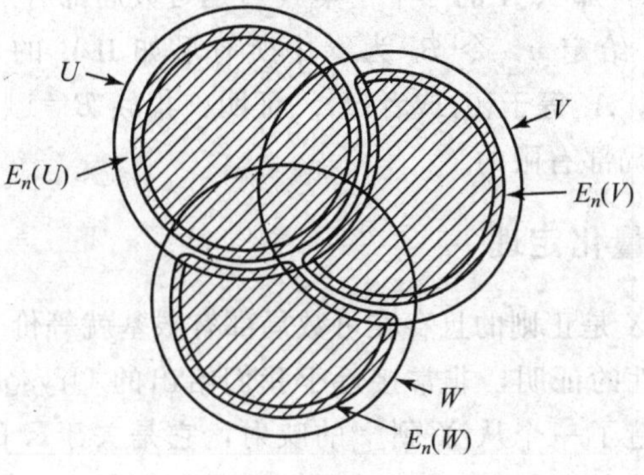

图 39.2

现在，我们来定义

$$\mathcal{E}_n=\{E_n(U)\mid U\in\mathcal{A}\}.$$

我们断言：$\mathcal{E}_n$ 是一个局部有限的开集族，并且加细 $\mathcal{A}$. $\mathcal{E}_n$ 加细 $\mathcal{A}$ 是因为对于每一个 $V\in\mathcal{A}$，有 $E_n(V)\subset V$. 再由任意 $x\in X$，$B(x, 1/(6n))$最多与 $\mathcal{E}_n$ 中的一个元素相交，可见 $\mathcal{E}_n$ 是局部有限的.

当然，$\mathcal{E}_n$ 并不是 X 的一个覆盖.(图 39.2 说明了这一点.)然而我们可以断言：集族

$$\mathcal{E}=\bigcup_{n\in\mathbb{Z}_+}\mathcal{E}_n$$

覆盖 X.

设 $x\in X$，族 $\mathcal{A}$ 如前所述是 X 的一个覆盖. 选取 U 为 $\mathcal{A}$ 中包含 x 的第一个集合(按良序$<$). 由于 U 是一个开集，所以可以选取适当的 n 使得 $B(x, 1/n)\subset U$. 于是，根据定义易见 $x\in S_n(U)$. 因为 U 是 $\mathcal{A}$ 中包含 x 的第一个元素，所以 $x\in T_n(U)$，从而 x 也属于 $\mathcal{E}_n$ 中的元素 $E_n(U)$. 证明完成. ■

习题

1. 验证例 1 中的结论.
2. 找出$\mathbb{R}$ 的一个开覆盖 $\mathcal{A}$，使得 $\mathcal{A}$ 是点态有限的，却不是局部有限的.(集族 $\mathcal{A}$ 称为点态有限的，若$\mathbb{R}$ 中的每一个点只属于 $\mathcal{A}$ 中的有限多个元素.)
3. 试给出一集族 $\mathcal{A}$，使得 $\mathcal{A}$ 本身不是局部有限的，但 $\mathcal{B}=\{\bar{A}\mid A\in\mathcal{A}\}$是局部有限的.
4. 设 $\mathcal{A}$ 是$\mathbb{R}$ 的子集族，

$$\mathcal{A}=\{(n,n+2)\mid n\in\mathbb{Z}\}.$$

以下哪个子集族加细 $\mathcal{A}$?

$$\mathcal{B}=\{(x,x+1)\mid x\in\mathbb{R}\},$$

$$\mathcal{C}=\left\{\left(n,n+\frac{3}{2}\right)\middle| n\in\mathbb{Z}\right\},$$

$$\mathcal{D}=\left\{\left(x,x+\frac{3}{2}\right)\middle| x\in\mathbb{R}\right\}.$$

5. 证明：如果 X 有可数基，那么 X 的一个子集族 $\mathcal{A}$ 是可数局部有限的当且仅当它是可数的.
6. 在一致拓扑下考察 $\mathbb{R}^\omega$. 给定 n，令 $\mathcal{B}_n$ 为 $\mathbb{R}^\omega$ 中所有形如 ΠA_i 的子集族，其中，对于 $i\leqslant n$，$A_i=\mathbb{R}$；对于其他情形，A_i 等于 $\{0\}$ 或者 $\{1\}$. 证明：集族 $\mathcal{B}=\bigcup\mathcal{B}_n$ 是可数局部有限的，却既不是可数的，也不是局部有限的.

40　Nagata-Smirnov 度量化定理

现在我们来证明空间 X 是正则的且存在可数局部有限基就等价于 X 可度量化.

这些条件蕴涵可度量性的证明，非常接近于我们给出的 Urysohn 度量化定理的第二个证明. 我们在那个证明中构造了一个从 X 到 $\mathbb{R}^\omega$ 的映射，它是关于 $\mathbb{R}^\omega$ 的一致度量 $\bar{\rho}$ 的一个嵌入. 这就使我们想起这个证明的主要步骤. 证明的第一步是证明每一个具有可数基的正则空间是正规的. 第二步是构造 X 上的一个可数的实值函数族 $\{f_\alpha\}$，使它能分离点和闭子集. 第三步是利用函数 f_n 定义一个映射，把 X 嵌入到积空间 $\mathbb{R}^\omega$ 中. 第四步是说明，若对任意 $x\in X$，都有 $f_n(x)\leqslant 1/n$，那么这个映射实际上是从 X 到度量空间 $(\mathbb{R}^\omega,\bar{\rho})$ 的一个嵌入.

为了证明一般的度量化定理，这些步骤的每一步都要加以推广. 第一，我们证明具有可数局部有限基的正则空间是正规的. 第二，在 X 上构造某个实值函数族 $\{f_n\}$. 第三，用这些函数把 X 嵌入到积空间 $\mathbb{R}^J$ 中(对某一个 J). 第四步是说明，若函数 f_α 充分小，那么实际上它将 X 嵌入到度量空间 $(\mathbb{R}^J,\bar{\rho})$ 中.

在证明之前，我们回顾一下在前面习题中引入的 G_δ 集的概念.

定义　如果空间 X 的一个子集 A 等于 X 的可数个开子集的交，则称 A 为 X 中的一个 **G_δ 集**(G_δ set).

例 1　显然，X 的每一个开子集是一个 G_δ 集. 在第一可数的 Hausdorff 空间中，每一个单点集是一个 G_δ 集. 可以验证，S_Ω 的单点子集 $\{\Omega\}$ 不是 G_δ 集. ■

例 2　在度量空间 X 中，每一个闭集是一个 G_δ 集. 给定 $A\subset X$，用 $U(A,\varepsilon)$ 表示 A 的 ε-邻域. 可以验证，若 A 是闭集，则有

$$A=\bigcap_{n\in\mathbb{Z}_+}U(A,1/n).$$ ■

引理 40.1　设 X 是一个正则空间并且具有一个可数局部有限基 $\mathcal{B}$，则 X 是正规的，并且 X 中每一个闭集都是 X 的一个 G_δ 集.

证　第一步. 设 W 是 X 的一个开集，我们将证明存在 X 的开集的一个可数族 $\{U_n\}$，使得

$$W=\bigcup U_n=\bigcup\overline{U}_n.$$

因为 $\mathcal{B}$ 是 X 的一个可数局部有限基，所以可以写成 $\mathcal{B}=\bigcup\mathcal{B}_n$，其中每一个族 $\mathcal{B}_n$ 都是局部有限的. 设 $\mathcal{C}_n$ 是 $\mathcal{B}$ 中满足 $B\in\mathcal{B}_n$ 并且 $\overline{B}\subset W$ 的那些元素 B 构成的族. 那么 $\mathcal{C}_n$ 是局部有限

的，因为它是 $\mathcal{B}_n$ 的子集的一个族. 定义

$$U_n=\bigcup_{B\in\mathcal{C}_n}B,$$

那么 U_n 是开集，并且根据引理 39.1，

$$\overline{U}_n=\bigcup_{B\in\mathcal{C}_n}\overline{B}.$$

因此 $\overline{U}_n\subset W$，从而

$$\bigcup U_n\subset\bigcup\overline{U}_n\subset W.$$

我们断言等号成立. 给定 $x\in W$，由正则性可见，存在 $B\in\mathcal{B}$ 使得 $x\in B$ 和 $\overline{B}\subset W$. 现在，对某一个 n 有 $B\in\mathcal{B}_n$. 根据定义可见 $B\in\mathcal{C}_n$，所以 $x\in U_n$. 于是 $W\subset\bigcup U_n$.

第二步. 我们证明 X 的每一个闭集 C 都是 G_δ 集. 给定闭集 C，令 $W=X-C$. 由第一步知，存在 X 中的集合 U_n，使得 $W=\bigcup\overline{U}_n$. 于是

$$C=\bigcap(X-\overline{U}_n),$$

即 C 等于 X 中可数个开集的交.

第三步. 证明 X 是正规的. 设 C 和 D 为 X 中两个无交的闭集. 对于开集 $X-D$ 应用第一步构造一个可数开集族 $\{U_n\}$，使得 $\bigcup U_n=\bigcup\overline{U}_n=X-D$. 于是 $\{U_n\}$ 覆盖 C，并且每一个 $\overline{U}_n$ 都与 D 无交. 类似地，存在 D 的可数开覆盖 $\{V_n\}$，并且每一个 V_n 的闭包也与 C 无交.

现在我们再来回顾关于具有可数基的正则空间是正规的空间的证明(定理 32.1)，这里可以一字不变地重新陈述那个证明. 令

$$U'_n=U_n-\bigcup_{i=1}^{n}\overline{V}_i,\quad V_n'=V_n-\bigcup_{i=1}^{n}\overline{U}_i.$$

则集合

$$U'=\bigcup_{n\in\mathbb{Z}_+}U'_n,\quad V'=\bigcup_{n\in\mathbb{Z}_+}V'_n$$

是分别包含 C 和 D 的无交的开集. ■

引理 40.2 设 X 是一个正规空间，A 是 X 的一个闭的 G_δ 子集. 则存在连续函数 $f: X\to[0,1]$，使得当 $x\in A$ 时有 $f(x)=0$；当 $x\notin A$ 时有 $f(x)>0$.

证 在第 33 节中曾将此命题作为练习给出，在这里我们给出证明. 设 A 为可数个开集 U_n 的交，$n\in\mathbb{Z}_+$. 对于每一个 n，选取一个连续函数 $f_n: X\to[0,1]$，使得当 $x\in A$ 时，$f_n(x)=0$，当 $x\in X-U_n$ 时 $f_n(x)=1$.① 定义函数 $f(x)=\sum f_n(x)/2^n$. 通过与 $\sum 1/2^n$ 比较可见，这个序列是一致收敛的，所以 f 是连续的，并且在 A 上取值为 0，在 $X-A$ 上取正值. ■

定理 40.3[Nagata-Smirnov **度量化定理**(Nagata-Smirnov metrization theorem)] 空间 X 是可度量化的当且仅当 X 是正则的并且有一个可数局部有限基.

证 第一步. 设 X 是正则的并且有一个可数局部有限基 $\mathcal{B}$，则 X 是正规的，并且 X 的每一个闭子集是一个 G_δ 集. 对于某一个 J，下面我们将把 X 嵌入到度量空间$(\mathbb{R}^J,\bar{\rho})$中，从而说明 X 是可度量化的.

① 原文此处误将 $f_n(x)$ 写作 $f(x)$. ——译者注

设 $\mathscr{B}=\bigcup\mathscr{B}_n$，其中每一个集族 $\mathscr{B}_n$ 是局部有限的. 对于每一个正整数 n 和 $\mathscr{B}_n$ 中的任意一个基元素 B，选取一个连续函数

$$f_{n,B}:X\longrightarrow[0,1/n],$$

使得对任意 $x\in B$ 有 $f_{n,B}(x)>0$，对于 $x\notin B$ 有 $f_{n,B}(x)=0$. 于是，函数族$\{f_{n,B}\}$分离 X 中的点和闭集：因为对于任意给定的点 x_0 和 x_0 的一个邻域 U，都存在一个基元素 B，使得 $x_0\in B\subset U$,并且对某一个 n 有 $B\in\mathscr{B}_n$，从而 $f_{n,B}(x_0)>0$，并且 $f_{n,B}(x_0)$在 U 的补集上取零值.

设 J 是$\mathbb{Z}_+\times\mathscr{B}$的一个子集，它由满足 $B\in\mathscr{B}_n$ 的所有偶对(n, B)组成. 定义

$$F:X\longrightarrow[0,1]^J$$

为

$$F(x)=(f_{n,B}(x))_{(n,B)\in J}.$$

根据定理 34.2，相对于$[0, 1]^J$ 的积拓扑而言，映射 F 是一个嵌入.

现在我们在$[0, 1]^J$ 上取由一致度量 $\bar{\rho}$ 所诱导的拓扑，并且证明相对于这个拓扑，F 也是一个嵌入. 这便是需要条件 $f_{n,B}(x)<1/n$ 的地方. 一致拓扑是比积拓扑更细(大)的，因此，相对于一致度量，映射 F 是单射，并且将 X 中的开集变成像空间 $Z=F(X)$的开集. 我们只要再证明 F 连续就够了.

注意，在$\mathbb{R}^J$的子空间$[0, 1]^J$ 上，一致度量等价于度量

$$\rho((x_\alpha),(y_\alpha))=\sup\{|x_\alpha-y_\alpha|\}.$$

为了证明连续性，我们取定 X 的一个点 x_0 和一个数 $\varepsilon>0$，并取定 x_0 的一个邻域 W，使得

$$x\in W\Longrightarrow\rho(F(x),F(x_0))<\varepsilon.$$

暂时固定 n，选取 x_0 的一个邻域 U_n，使得它只与族 $\mathscr{B}_n$ 中的有限多个成员相交. 这就是说，当 B 在 $\mathscr{B}_n$ 上变动时，函数 $f_{n,B}$除了有限多个以外其他的在 U_n 上都恒等于 0. 因为每一个函数 $f_{n,B}$是连续的，所以我们可以选取 x_0 的一个邻域 V_n 包含于 U_n，并且在 V_n 上，当 $B\in\mathscr{B}_n$ 时，每一个保留下来的函数 $f_{n,B}$最多改变 $\varepsilon/2$.

对于每一个 $n\in\mathbb{Z}_+$ 选择 x_0 的上述邻域 V_n，然后选取 N，使得 $1/N\leqslant\varepsilon/2$，并且定义 $W=V_1\cap\cdots\cap V_N$. 可以断言，W 就是所要求的 x_0 的那个邻域. 令 $x\in W$. 如果 $n\leqslant N$，因为函数 $f_{n,B}$在 W 上或者恒等于 0，或者最多改变 $\varepsilon/2$，所以

$$|f_{n,B}(x)-f_{n,B}(x_0)|\leqslant\varepsilon/2.$$

如果 $n>N$，因为 $f_{n,B}$把 X 映入$[0, 1/n]$中，所以

$$|f_{n,B}(x)-f_{n,B}(x_0)|\leqslant 1/n<\varepsilon/2.$$

综上，最后得到

$$\rho(F(x),F(x_0))\leqslant\varepsilon/2<\varepsilon.$$

第二步. 现在我们来证明定理的另一方面. 设 X 是可度量化的. 易见 X 是正则的. 以下将证明 X 有可数局部有限基.

选取 X 的一个度量. 给定 m，用 $\mathscr{A}_m$ 表示所有半径为 $1/m$ 的开球构成的 X 的开覆盖. 根据引理 39.2 可见，存在 X 的一个可数局部有限的开覆盖 $\mathscr{B}_m$ 加细 $\mathscr{A}_m$. 注意 $\mathscr{B}_m$ 中的每一个元素的直径最多为 $2/m$. 令 $\mathscr{B}=\bigcup_{m\in\mathbb{Z}_+}\mathscr{B}_m$. 因为每一个 $\mathscr{B}_m$ 是可数局部有限的，所以 $\mathscr{B}$ 也是可数

局部有限的. 我们来证明$\mathcal{B}$是 X 的一个基.

给定 $x\in X$ 和$\varepsilon>0$，下面将证明存在 $B\in\mathcal{B}$，使得 $x\in B$ 并且 $B\subset B(x, \varepsilon)$. 先选取 m，使得满足 $1/m<\varepsilon/2$. 由于 $\mathcal{B}_m$ 覆盖 X，可以选取 $\mathcal{B}_m$ 中的一个元素 B，使得 $x\in B$. 从而由 $x\in B$ 和 B 的直径最多为 $2/m<\varepsilon$ 可见 B 包含于 $B(x, \varepsilon)$. ■

习题

1. 验证例 1 和例 2.
2. X 的子集 W 称为一个 F_σ 集，若它等于 X 的可数个闭子集的并. 证明 W 是 X 中的一个 F_σ 集当且仅当 $X-W$ 是 X 的 G_δ 集.

   [这一术语源于法语. “F”代表“fermé”，意为“闭集”，“σ”代表“somme”，意为“并”.]
3. 许多空间都有可数基，但 T_1 空间没有局部有限基，除非它是离散的. 试证明这一命题.
4. 找一个非离散的空间，它有可数局部有限基，却没有可数基.
5. X 的子集族$\mathcal{A}$称为**局部离散的**(locally discrete)，若对 X 中的每一个点都存在它的一个邻域最多只与$\mathcal{A}$中一个元素相交. 集族$\mathcal{B}$称为**可数局部离散的**(countably locally discrete)(或 σ-局部离散的)，若它等于可数个局部离散的集族的并. 证明下述命题：

   定理(Bing 可度量定理) *一个空间 X 是可度量化的当且仅当它是正则的并且有一可数局部离散基.*

41 仿紧致性

仿紧致性概念是近年来出现的，它是紧致性概念的一种最有用的推广，特别是在拓扑学和微分几何中很有用. 这里，我们只给出它的一个应用，这就是在下一节将要证明的度量化定理.

我们熟悉的许多空间都是仿紧致的. 例如，每一个紧致空间都是仿紧致的，这一点可从定义直接推得. 每一个可度量化空间也是仿紧致的，这就是我们将要证明的 A. H. Stone 推出的定理. 这样，仿紧致空间就包含了我们已讨论过的两类重要空间，同时，它也包含其他的一些空间.

为了搞清楚仿紧致性是怎样由紧致性推广而来的，我们回忆一下紧致性的定义：一个空间 X 称为紧致的，如果 X 的每一个开覆盖包含一个覆盖 X 的有限子族. 等价地说就是：

一个空间 X 是紧致的，如果 X 的任意一个开覆盖$\mathcal{A}$有有限的开加细$\mathcal{B}$覆盖 X.

这个定义与通常的定义等价，因为给定了这样的加细$\mathcal{B}$之后，我们就可以对$\mathcal{B}$中每一个成员选取$\mathcal{A}$的一个成员包含它，于是就得到了$\mathcal{A}$的一个覆盖 X 的有限子族.

紧致性这种新的说法虽然比较繁琐，但是它蕴涵着一种推广的契机.

定义 空间 X 称为**仿紧致的**(paracompact)，*如果 X 的任意一个开覆盖$\mathcal{A}$有一个覆盖 X 的局部有限的开加细$\mathcal{B}$.*

许多作者仿照 Bourbaki，在仿紧致性的定义中也要求 X 是一个 Hausdorff 空间，(Bourbaki 在紧致的定义中要求了 Hausdorff 条件)这里我们不遵循这一方式.

例 1　空间$\mathbb{R}^n$是仿紧致的. 令 $X=\mathbb{R}^n$. 设$\mathcal{A}$是 X 的一个开覆盖. 令 $B_0=\varnothing$，对于任意正整数 m，B_m 表示球心是坐标原点、半径为 m 的开球. 给定 m，选取$\mathcal{A}$的有限多个元素覆盖 $\bar{B}_m$ 并且都和开集 $X-\bar{B}_{m-1}$ 相交. 用$\mathcal{C}_m$ 表示这有限多个开集族. 那么族$\mathcal{C}=\bigcup\mathcal{C}_m$ 就是$\mathcal{A}$的一个加细. 显然$\mathcal{C}$是局部有限的. 因为开集 B_m 只与其中有限多个元素相交(即$\mathcal{C}_1\cup\cdots\cup\mathcal{C}_m$ 中的元素). 最后，$\mathcal{C}$覆盖 X. 因为对于任意给定 x，设 m 是满足 $x\in\bar{B}_m$ 的最小整数，根据定义可见，x 属于$\mathcal{C}_m$ 中的某一个元素. ■

仿紧致空间的某些性质类似于紧致空间的某些性质. 例如，仿紧致空间的子空间未必仿紧致，但闭子空间一定是仿紧致的. 仿紧致的 Hausdorff 空间必定是正规的. 另一方面，仿紧致空间也有与紧致空间不同的地方，特别是两个仿紧致空间的积未必再是仿紧致的. 稍后，我们将证明这一事实.

定理 41.1　*每一个仿紧致的 Hausdorff 空间 X 是正规的.*

证　这一证明类似于紧致的 Hausdorff 空间是正规空间的证明.

首先证明正则性. 设 a 是空间 X 的一个点，B 是不包含点 a 的一个闭子集. 根据 Hausdorff 条件，对于 B 中的任意点 b，可以选取包含 b 的一个开集 U_b，使它的闭包仍然不包含点 a. 这些开集 U_b 和开集 $X-B$ 一起构成了 X 的一个覆盖，取 X 的一个局部有限开加细$\mathcal{C}$覆盖 X. 将$\mathcal{C}$中所有与 B 相交的成员组成的子族记为$\mathcal{D}$，则$\mathcal{D}$覆盖 B. 进而，如果 $D\in\mathcal{D}$，则 $\bar{D}$ 不包含点 a，因为 D 与 B 相交，所以它必定在某一个集合 U_b 中，而 U_b 的闭包不包含 a 点. 令

$$V=\bigcup_{D\in\mathcal{D}}D.$$

则 V 是 X 中包含 B 的开集. 又因$\mathcal{D}$是局部有限的，

$$\bar{V}=\bigcup_{D\in\mathcal{D}}\bar{D},$$

从而 $\bar{V}$ 也不包含点 a，正则性得证.

为了证明正规性，我们只须重复上面的论证，用闭集 A 代替点 a，用正则性代替 Hausdorff 条件就行了. ■

定理 41.2　*仿紧致空间的每一个闭子空间是仿紧致的.*

证　设 Y 是仿紧致空间 X 的一个闭子空间，$\mathcal{A}$是由 Y 中开集组成的 Y 的一个覆盖. 对于每一个 $A\in\mathcal{A}$，选取 X 的一个开集 A'，使得 $A'\cap Y=A$. 所有开集 A'连同开集 $X-Y$ 一起构成 X 的一个覆盖. 同时，设$\mathcal{B}$是 X 的局部有限开覆盖，并且$\mathcal{B}$加细这一覆盖，于是，族

$$\mathcal{C}=\{B\cap Y\mid B\in\mathcal{B}\}$$

就是所要求的$\mathcal{A}$的局部有限开加细. ■

例 2　*Hausdorff 空间 X 的仿紧致子空间未必是 X 的闭集.* 事实上，开区间(0，1)是仿紧致的，因为它同胚于$\mathbb{R}$，但它却不是$\mathbb{R}$中的闭子集. ■

例 3　*仿紧致空间的子空间未必是仿紧致的.* 空间 $\bar{S}_\Omega\times\bar{S}_\Omega$ 是紧致的，因此是仿紧致的. 但是子空间 $S_\Omega\times\bar{S}_\Omega$ 却不是仿紧致的，因为它是 Hausdorff 的，却不是正规的. ■

为了证明每一个可度量化空间都是仿紧致的这个重要定理，我们还需要下面这一引理，它由 E. Michael 给出，并可用于其他目的.

引理 41.3 设 X 是一个正则空间. 则加在 X 上的下列条件等价[①]: X 的每一个开覆盖有一个加细, 它是

(1)X 的一个开覆盖, 并且是可数局部有限的.

(2)X 的一个覆盖, 并且是局部有限的.

(3)X 的一个闭覆盖, 并且是局部有限的.

(4)X 的一个开覆盖, 并且是局部有限的.

证 (4)⇒(1)是显然的, 对于我们打算证明的定理而言, 需要证明的是它的逆命题. 为此, 我们要通过(1)⇒(2)⇒(3)⇒(4)这样的步骤来做. 为方便起见, 我们已将相应的条件列在引理的条文中了.

(1)⇒(2). 设 $\mathcal{A}$ 是 X 的一个开覆盖, $\mathcal{B}$ 是 $\mathcal{A}$ 的一个可数局部有限的开加细, 并且覆盖 X. 令

$$\mathcal{B} = \bigcup \mathcal{B}_n,$$

其中每一个 $\mathcal{B}_n$ 都是局部有限的.

现在我们利用与以前用过的收缩法基本相同的方法, 从不同的 $\mathcal{B}_n$ 作出一些两两无交的集合. 给定 i, 令

$$V_i = \bigcup_{U \in \mathcal{B}_i} U.$$

再对于每一个 $n \in \mathbb{Z}_+$ 和 $\mathcal{B}_n$ 的每一个成员 U, 定义

$$S_n(U) = U - \bigcup_{i<n} V_i.$$

[注意 $S_n(U)$ 不一定是开的, 也不一定是闭的.]令

$$\mathcal{C}_n = \{S_n(U) \mid U \in \mathcal{B}_n\}.$$

则 $\mathcal{C}_n$ 是 $\mathcal{B}_n$ 的一个加细, 因为对于每一个 $U \in \mathcal{B}_n$, $S_n(U) \subset U$.

令 $\mathcal{C} = \bigcup \mathcal{C}_n$. 可以断言 $\mathcal{C}$ 就是所要求的 $\mathcal{A}$ 的局部有限加细, 并且覆盖 X.

设 x 是 X 的一个点, 我们要证明 x 落入 $\mathcal{C}$ 的某一个元素中, 并且 x 有一个邻域, 只与 $\mathcal{C}$ 中的有限多个元素相交. 考虑覆盖 $\mathcal{B} = \bigcup \mathcal{B}_n$, 令 N 为满足以下条件的那个最小的整数: 在 $\mathcal{B}_N$ 中存在某元素包含着 x. 设 U 是 $\mathcal{B}_N$ 中包含着 x 的一个元素. 首先注意, 对于 $i<N$, x 不属于 $\mathcal{B}_i$ 的任何元素, 所以 x 在 $\mathcal{C}$ 的元素 $S_n(U)$ 中. 其次, 因为每一个族 $\mathcal{B}_n$ 是局部有限的, 所以对于每一个 $n=1, \cdots, N$ 选取 x 的邻域 W_n, 使它仅和 $\mathcal{B}_n$ 中的有限多个成员相交. 如果 W_n 与 $\mathcal{B}_n$ 的成员 $S_n(V)$ 相交, 那么它也必与 $\mathcal{B}_n$ 中的成员 V 相交, 因为 $S_n(V) \subset V$. 因此 W_n 仅和 $\mathcal{C}_n$ 的有限多个成员相交. 此外, 因为 U 在 $\mathcal{B}_N$ 中, 所以对于 $n>N$, U 不与 $\mathcal{C}_n$ 的任何成员相交. 于是 x 的邻域

$$W_1 \cap W_2 \cap \cdots \cap W_N \cap U$$

仅与 $\mathcal{C}$ 的有限多个成员相交.

(2)⇒(3). 设 $\mathcal{A}$ 是 X 的一个开覆盖, $\mathcal{B}$ 是 X 所有满足以下条件的开集 U 构成的集族: $\bar{U}$

---

① 这里的等价性应当这样理解: X 的每一个开覆盖有一个满足条件(1)的加细当且仅当 X 的每一个开覆盖有一个满足条件(2)的加细, 等等. ——译者注

包含在$\mathcal{A}$的一个元素之中．由正则性可见$\mathcal{B}$覆盖 X．再应用(2)，可以找到 X 的一个覆盖$\mathcal{C}$加细$\mathcal{B}$，并且$\mathcal{C}$是局部有限的．令

$$\mathcal{D}=\{\overline{C}\mid C\in\mathcal{C}\}.$$

则$\mathcal{D}$也覆盖 X．根据引理 39.1 可见$\mathcal{D}$是局部有限的，并且加细$\mathcal{A}$．

(3)⇒(4)．设$\mathcal{A}$是 X 的一个开覆盖．根据(3)，选取$\mathcal{B}$为 X 的一个局部有限的覆盖并且加细$\mathcal{A}$．(如果愿意的话，也可以取$\mathcal{B}$为闭加细，但这不是必要的.)我们希望将$\mathcal{B}$的每一个元素 B 稍加扩大，使之成为一个开集．此外，还要把这种扩大做得充分小，使得所得出的开集族仍然是局部有限的，并且仍然是$\mathcal{A}$的加细．

这一步包含着一个新的技巧．前面多次采用的办法都是先按照某种方式将集合排序，再用减掉前面所有集合的办法构造新集合．那种办法是缩小集合，而现在要扩大这些集合，我们必须要有不同的做法．我们将引进 X 的一个局部有限闭覆盖$\mathcal{C}$作为辅助，然后再用它扩大$\mathcal{B}$的成员．

对于 X 的每一点 x，存在 x 的一个邻域仅与$\mathcal{B}$的有限多个成员相交．那么所有满足仅与$\mathcal{B}$的有限多个成员相交这一条件的开集构成的族是 X 的一个开覆盖．再应用(3)，设$\mathcal{C}$是这个覆盖的一个闭加细，它覆盖 X，并且是局部有限的．于是$\mathcal{C}$的每一个成员也仅与$\mathcal{B}$的有限多个成员相交．

对于$\mathcal{B}$的每一个成员 B，令

$$\mathcal{C}(B)=\{C\mid C\in\mathcal{C}\text{和 }C\subset X-B\}.$$

然后定义

$$E(B)=X-\bigcup_{C\in\mathcal{C}(B)}C.$$

因为$\mathcal{C}$是一个局部有限的闭集族，根据引理 39.1，$\mathcal{C}$的任意子族的成员之并仍然是闭集，因此，集合 $E(B)$是开集．此外，按定义，$B\subset E(B)$．(如图 41.1 所示，其中$\mathcal{B}$的成员表示为闭圆域及线段，而$\mathcal{C}$的成员表示为闭正方形区域.)

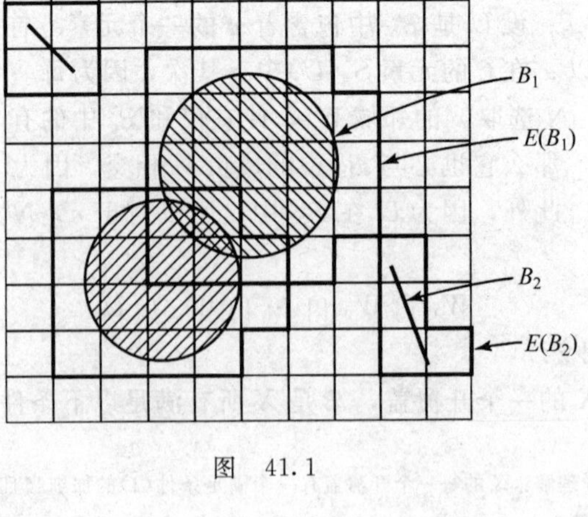

图　41.1

现在我们可能把每一个 B 扩得太大，集族$\{E(B)\}$可能不是$\mathcal{A}$的加细了．但这是容易弥补的．对于每一个 $B\in\mathcal{B}$，可以选取$\mathcal{A}$中包含 B 的成员 $F(B)$．然后定义

$$\mathcal{D}=\{E(B)\cap F(B)\mid B\in\mathcal{B}\}.$$

那么集族$\mathcal{D}$便是$\mathcal{A}$的一个加细．因为 $B\subset(E(B)\cap F(B))$并且$\mathcal{B}$覆盖 X，所以$\mathcal{D}$也覆盖 X.

最后，我们证明$\mathcal{D}$是局部有限的．给定 X 的一个点 x，选取 x 的邻域 W，使得它只与$\mathcal{C}$的有限多个成员，比如说 C_1，…，C_k 相交．下证 W 只与$\mathcal{D}$中有限多个元素相交．因为$\mathcal{C}$是 X 的一个覆盖，故 W 被 C_1，…，C_k 所覆盖．由此只需说明$\mathcal{C}$中的每一个成员 C 仅与$\mathcal{D}$中有限多个成员相交．若 C 与集合 $E(B)\cap F(B)$相交，则 C 与 $E(B)$相交．根据 $E(B)$的定义，C 不可能含在 $X-B$ 中，从而它必与 B 相交．因为 C 仅与$\mathcal{B}$中有限多个元素相交，因此它最多与$\mathcal{D}$中同样多个集合相交. ■

定理 41.4 每一个可度量化空间都是仿紧致的.

证 设 X 是一个可度量化空间，根据引理 39.2 可见，X 的每一个开覆盖$\mathcal{A}$，有 X 的一个可数局部有限的开覆盖加细它，前述引理蕴涵着开覆盖$\mathcal{A}$有覆盖 X 的一个局部有限的开加细. ■

定理 41.5 每一个正则的 Lindelöf 空间是仿紧致的.

证 设 X 是正则的 Lindelöf 空间．给定 X 的一个开覆盖$\mathcal{A}$，那么它有一个可数子族覆盖 X，这个可数子族当然是可数局部有限的．由前述引理可见，$\mathcal{A}$有局部有限的开加细覆盖 X. ■

例 4 两个仿紧致空间的积未必是仿紧致的．空间$\mathbb{R}_\ell$是仿紧致的，因为它是正则的 Lindelöf 空间．但$\mathbb{R}_\ell\times\mathbb{R}_\ell$却不是仿紧致的，因为它是一个 Hausdorff 空间但不是正规的. ■

例 5 空间$\mathbb{R}^\omega$在积拓扑和一致拓扑下都是仿紧致的．这是因为在这些拓扑下，$\mathbb{R}^\omega$都是可度量化的．在箱拓扑下$\mathbb{R}^\omega$是否是仿紧致的并不知道．（见第 32 节习题 5.） ■

例 6 若 J 是不可数的，那么积空间$\mathbb{R}^J$就不是仿紧致的．因为$\mathbb{R}^J$是 Hausdorff 的却不是正规的. ■

仿紧致空间具有很多有用的性质，其中一条就被用来处理空间 X 上单位分拆的存在性．对于这个概念，其有限情形下的表达形式我们已在第 36 节中提到过，现在我们来讨论更一般的情况．先来回顾一个概念：设 ϕ：$X\to\mathbb{R}$，那么 ϕ 的支撑就是所有满足 $\phi(x)\neq0$ 的点 x 构成的集合的闭包.

定义 设$\{U_\alpha\}_{\alpha\in J}$是 X 的一个加标开覆盖．一个加标的连续函数族

$$\phi_\alpha:X\longrightarrow[0,1]$$

称为 X 的由$\{U_\alpha\}$所控制的一个**单位分拆**(partition of unity)，若：

(1)对于每一个 α，ϕ_α 的支撑包含于 U_α.

(2)加标族$\{\phi_\alpha$ 的支撑$\}$是局部有限的.

(3)对于每一个 x，$\sum\phi_\alpha(x)=1$.

条件(2)蕴涵着：每一个 $x\in X$ 都有一个邻域，除了有限多个 α 外，其他的 ϕ_α 在此邻域上取值都为 0．因此我们可以明白条件(3)中“取和”的意思了．我们解释这些是为了说明“和”是对那些不为 0 的 $\phi_\alpha(x)$求取的.

我们现在来构造任意一个仿紧致的 Hausdorff 空间上的单位分拆. 正如在第 36 节中处理有限的情形那样，我们先来证明一个"收缩引理".

***引理 41.6**　设 X 是仿紧致的 Hausdorff 空间，$\{U_\alpha\}_{\alpha\in J}$ 是 X 的加标开覆盖. 那么存在 X 的一个局部有限的加标开覆盖 $\{V_\alpha\}_{\alpha\in J}$，使得对于每一个 α，有 $\bar{V}_\alpha\subset U_\alpha$.

对于每一个 α 有 $\bar{V}_\alpha\subset U_\alpha$，这一条件有时也被表述为：集族 $\{\bar{V}_\alpha\}$ 是集族 $\{U_\alpha\}$ 的**精加细**(precise refinement).

证　令 $\mathcal{A}$ 为所有那些开集 A 的族，要求这些开集 A 满足条件：$\bar{A}$ 包含于族 $\{U_\alpha\}$ 的某一个元素之中. 根据 X 的正则性可见，$\mathcal{A}$ 是 X 的一个覆盖. 因为 X 是仿紧致的，所以可以找到 X 的一个局部有限的开覆盖 $\mathcal{B}$ 加细 $\mathcal{A}$. 我们用某一个指标集 K 来一一地给 $\mathcal{B}$ 加标，这样 $\mathcal{B}$ 中的成员就可以表示为 B_β，$\beta\in K$，并且 $\{B_\beta\}_{\beta\in K}$ 是一个局部有限的加标族. 因为 $\mathcal{B}$ 加细 $\mathcal{A}$，我们可以定义映射 f：$K\to J$，使得对于每一个 $\beta\in K$，$f(\beta)\in J$，使得

$$\bar{B}_\beta\subset U_{f(\beta)}.$$

对于每一个 $\alpha\in J$，我们定义 V_α 为集族

$$\mathcal{B}_\alpha=\{B_\beta\mid f(\beta)=\alpha\}$$

中成员的并.（注意，如果没有指标 β 使得 $f(\beta)=\alpha$，V_α 便是空集.）对于 $\mathcal{B}_\alpha$ 的每一个成员 B_β，根据定义有 $\bar{B}_\beta\subset U_\alpha$. 因为集族 $\mathcal{B}_\alpha$ 是局部有限的，故 $\bar{V}_\alpha$ 为集族 $\{\mathcal{B}_\alpha\}$ 中成员的闭包的并，因此 $\bar{V}_\alpha\subset U_\alpha$.

最后，我们来验证局部有限性. 给定 $x\in X$，选取 x 的一个邻域 W 使得只有有限多个 β，设为 $\beta=\beta_1$，…，β_K，使得 B_β 与 W 相交. 那么仅当 α 是指标 $f(\beta_1)$，…，$f(\beta_K)$ 中的某一个时，W 与 V_α 相交. ■

***定理 41.7**　设 X 是仿紧致的 Hausdorff 空间，$\{U_\alpha\}_{\alpha\in J}$ 是 X 的一个加标开覆盖. 则存在 X 的被 $\{U_\alpha\}$ 控制的一个单位分拆.

证　我们先两次使用收缩引理，以获得 X 的一个局部有限的加标开覆盖 $\{W_\alpha\}$ 和 $\{V_\alpha\}$，使得对于每一个 α，有 $\bar{W}_\alpha\subset V_\alpha$ 和 $\bar{V}_\alpha\subset U_\alpha$. 因为 X 是正规的，所以对于每一个 α 我们可以选取一个连续函数 ψ_α：$X\to[0,1]$，使得 $\psi_\alpha(\bar{W}_\alpha)=\{1\}$ 并且 $\psi_\alpha(X-V_\alpha)=\{0\}$. 因为 ψ_α 的函数值非 0 的点只在 V_α 中取到，所以

$$(\psi_\alpha\text{ 的支撑})\subset\bar{V}_\alpha\subset U_\alpha.$$

进而，还可见 $\{\bar{V}_\alpha\}$ 是局部有限的.（因为一个开集只有当它与 V_α 相交的情况下，它才能与 $\bar{V}_\alpha$ 相交.）因此加标族 $\{\psi_\alpha$ 的支撑$\}$ 也是局部有限的. 注意 $\{W_\alpha\}$ 是 X 的覆盖，所以对于任意给定的 $x\in X$，至少存在一个 ψ_α 在 x 点上取正值.

无限和

$$\Psi(x)=\sum_\alpha\psi_\alpha(x)$$

是有意义的. 因对任意一个 $x\in X$，存在一个邻域 W_x，使得在(ψ_α 的支撑)中只有有限多个成员与之相交. 我们可以说这个无限和就是(有限多个)非 0 项的和，由此可见，将 Ψ 限制在 W_x 上就等于有限多个连续函数的和. 因此它在 X 上也是连续的，并且总取正值. 现在定义

$$\phi_\alpha(x)=\psi_\alpha(x)/\Psi(x),$$

这便得到了所求的单位分拆. ■

数学中单位分拆常被用来“拼凑”函数，即将局部定义的函数“拼凑”起来以获得一个全局有定义的函数. 第 36 节中对它们的使用已说明了这一过程，这里是另一个例子.

*定理 41.8 设 X 是一个仿紧致的 Hausdorff 空间. $\mathcal{C}$ 是 X 的一个子集族. 对于每一个 $C\in\mathcal{C}$，设 ε_C 是一个正数. 如果 $\mathcal{C}$ 是局部有限的，那么存在一个连续函数 f: $X\to\mathbb{R}$，使得对于所有 x 有 $f(x)>0$，同时对于 $x\in C$ 有 $f(x)\leqslant\varepsilon_C$.

证 选取 X 的一个开覆盖，它的每一个成员最多与 $\mathcal{C}$ 中有限多个元素相交. 将此开集族变成一个加标族 $\{U_\alpha\}_{\alpha\in J}$. 选取 X 上的一个由 $\{U_\alpha\}$ 控制的单位分拆 $\{\phi_\alpha\}$. 给定 α，当 C 取遍 $\mathcal{C}$ 中所有与 ϕ_α 的支撑相交的元素时，设 δ_α 是所有 ε_C 中极小的数. 若没有这样的元素 C，令 $\delta_\alpha=1$. 然后定义

$$f(x)=\sum\delta_\alpha\phi_\alpha(x).$$

因为所有的 δ_α 都是正的，因此 f 也是正的. 下面我们要说明的是，对于 $x\in C$，有 $f(x)\leqslant\varepsilon_C$. 为此只需说明，对于任意 $x\in C$ 和任意 α，有

$$\delta_\alpha\phi_\alpha(x)\leqslant\varepsilon_C\phi_\alpha(x);\qquad (*)$$

当 $\sum\phi_\alpha(x)=1$ 时，所要求证的不等式成立. 若 $x\notin\phi_\alpha$ 的支撑，则由于 $\phi_\alpha(x)=0$，可见所求证的不等式是显然的. 若 $x\in\phi_\alpha$ 的支撑，并且 $x\in C$，那么 C 与 ϕ_α 的支撑相交，因此 $\delta_\alpha\leqslant\varepsilon_C$. 所以不等式(*)成立. ■

习题

1. 举例说明，空间 X 是仿紧致的，但未必它的每一个开覆盖 $\mathcal{A}$ 有一个局部有限的子族覆盖 $\mathcal{A}$.
2. (a)证明：一个仿紧致的空间和一个紧致空间构成的积空间是仿紧致的. [提示：使用管状引理.]

   (b)证明：S_Ω 不是仿紧致的.
3. 每一个局部紧致的 Hausdorff 空间都是仿紧致的吗?
4. (a)证明：若 X 具有离散拓扑，那么 X 是仿紧致的.

   (b)若 f: $X\to Y$ 是连续的，并且 X 是仿紧致的，但 Y 的子空间 $f(X)$ 未必是仿紧致的.
5. 设 X 是仿紧致的. 对于 X 的任意加标开覆盖我们已经证明了“收缩引理”，这里将要对 X 的任意局部有限加标族证明“扩张引理”.

   引理 设 $\{B_\alpha\}_{\alpha\in J}$ 是仿紧致的 Hausdorff 空间 X 的子集构成的局部有限的加标族. 则存在 X 的开子集构成的局部有限的加标族 $\{U_\alpha\}_{\alpha\in J}$，使得对于每一个 α，$B_\alpha\subset U_\alpha$.
6. (a)设 X 是正则空间. 若 X 能表示成自身的可数个紧致子空间的并，则 X 是仿紧致的.

   (b)证明 $\mathbb{R}^\infty$ 作为 $\mathbb{R}^\omega$ 的子空间，在箱拓扑下是仿紧致的.

*7. 设 X 是正则空间.

   (a)若 X 是有限个仿紧致的闭子空间的并，那么 X 是仿紧致的.

   (b)若 X 是可数个仿紧致的闭子空间的并，并且这些闭子空间的内部覆盖 X，那么 X 是仿紧致的.

8. 设 p: $X\to Y$ 是一个完备映射. (参见第 31 节的习题 7.)

(a)证明：若 Y 是仿紧致的，那么 X 也是仿紧致的. ［提示：若 $\mathcal{A}$ 是 X 的一个开覆盖，选取由集合 B 构成的 Y 的一个局部有限开覆盖，要求 B 满足条件 $p^{-1}(B)$ 能被 $\mathcal{A}$ 中有限多个元素覆盖. 然后取 $p^{-1}(B)$ 与 $\mathcal{A}$ 中元素的交.］

(b)证明：若 X 是仿紧致的 Hausdorff 空间，则 Y 也是仿紧致的 Hausdorff 空间. ［提示：若 $\mathcal{B}$ 是 X 的一个局部有限的闭覆盖，则 $\{p(B) \mid B \in \mathcal{B}\}$ 是 Y 的局部有限的闭覆盖.］

9. 设 G 是局部紧致的连通拓扑群. 证明 G 是仿紧致的. ［提示：设 U_1 是 e 的有紧致闭包的一个邻域，归纳地定义 $U_{n+1}=\bar{U}_n \cdot U_1$. 证明 $\bar{U}_n$ 的并在 G 中是既开又闭的.］

没有连通的条件，此结论依然成立，但证明要困难些.

10. **定理**　设 X 是局部紧致的和仿紧致的 Hausdorff 空间，那么 X 的每一个分支有一个可数基.

证明：设 X_0 是 X 的一个分支，那么 X_0 是局部紧致的和仿紧致的. 设 $\mathcal{C}$ 是 X_0 的一个局部有限的覆盖，它的每一个成员是 X_0 中的开集并且有紧致的闭包. 设 U_1 是 $\mathcal{C}$ 中的一个非空成员，一般地，U_n 是 $\mathcal{C}$ 中所有与 $\bar{U}_{n-1}$ 相交的成员的并. 证明 $\bar{U}_n$ 是紧致的，并且这些集合 U_n 覆盖 X_0.

42　Smirnov 度量化定理

Nagata-Smirnov 度量化定理给出了空间可度量化的一个充分必要条件. 在本节中，我们给出另一个度量化定理，它是 Nagata-Smirnov 定理的一个推论，是由 Smirnov 首先证明的.

定义　称空间 X 是**局部可度量化的**(locally metrizable)，如果 X 的每一点 x 有一个邻域 U 在子空间拓扑之下是可度量化的.

定理 42.1［**Smirnov 度量化定理**(Smirnov metrization theorem)］　空间 X 可度量化当且仅当 X 是仿紧致的 Hausdorff 空间，并且是局部可度量化的.

证　假定 X 可度量化. 根据定理 41.4 可见，X 是局部可度量化的，也是仿紧致的.

反之，假设 X 是仿紧致的 Hausdorff 空间，并且是局部可度量化的. 我们只需证明 X 有一个可数局部有限基. 因为 X 是正则的，根据 Nagata-Smirnov 定理可见 X 是可度量化的.

将定理 40.3 证明的后一部分调整一下就是这里的证明. 先用一些可度量化的开集来覆盖 X，然后选取这个覆盖的一个局部有限开加细 $\mathcal{C}$ 覆盖 X. $\mathcal{C}$ 的每一个成员 C 都是可度量化的. 设函数 $d_C: C\times C\to\mathbb{R}$ 是给出 C 的拓扑的一个度量. 给定 $x\in X$，用 $B_C(x, \varepsilon)$ 表示 C 中所有满足 $d_C(x, y)<\varepsilon$ 的点 y 构成的集合，因为 $B_C(x, \varepsilon)$ 是 C 的一个开集，所以也是 X 的一个开集.

给定 $m\in\mathbb{Z}_+$，令 $\mathcal{A}_m$ 为半径是 $1/m$ 的开球构成的 X 的覆盖，即

$$\mathcal{A}_m = \{B_C(x,1/m) \mid x \in C \text{ 且 } C \in \mathcal{C}\}.$$

设 $\mathcal{D}_m$ 为 $\mathcal{A}_m$ 的覆盖 X 的一个局部有限开加细. (此处用到了仿紧致性.)设 $\mathcal{D}$ 是这些集族 $\mathcal{D}_m$ 的并. 则 $\mathcal{D}$ 是可数局部有限的. 我们断言 $\mathcal{D}$ 是 X 的一个基，从而定理得证.

设 x 是 X 的一个点，U 是 x 的一个邻域. 我们设法找到 $\mathcal{D}$ 的一个成员 U，使得 $x\in D\subset U$. 现在，x 仅属于 $\mathcal{C}$ 中有限多个成员，比如说属于 C_1，…，C_k. 于是在集合 C_i 中，$U\cap C_i$

是 x 的一个邻域，所以存在一个 $\varepsilon_i>0$ 使得

$$B_{C_i}(x,\varepsilon)\subset(U\cap C_i).$$

选取 m，使得 $2/m<\min\{\varepsilon_1,\cdots,\varepsilon_k\}$. 因为族 $\mathcal{D}_m$ 覆盖 X，因此 $\mathcal{D}_m$ 中必存在一个成员 D 包含 x. 因为 $\mathcal{D}_m$ 加细 $\mathcal{A}_m$，所以对某一个 $C\in\mathcal{C}$ 及某一个 $y\in C$，必存在 $\mathcal{A}_m$ 的一个成员 $B_C(y,1/m)$ 包含 D. 因为

$$x\in D\subset B_C(y,1/m),$$

所以 x 属于 C，从而 C 必然是集合 $C_1,\cdots,C_k$ 中的一个，比如说 $C=C_i$. 又因 $B_C(y,1/m)$ 的直径最多为 $2/m<\varepsilon_i$，于是，我们有

$$x\in D\subset B_{C_i}(y,1/m)\subset B_{C_i}(x,\varepsilon_i)\subset U.$$

■

习题

1. 比较定理 42.1 和第 34 节的习题 7 和习题 8.
2. (a)证明：对于每个 $x\in S_\Omega$，由 x 确定的 S_Ω 的截有可数基，因此是可度量化的.
   (b)证明 S_Ω 不是仿紧致的.

第7章 完备度量空间与函数空间

度量空间的完备性概念，读者可能早就知道了，它是分析学各方面的基础. 虽然完备性只是一种度量性质，而非拓扑性质，但仍然有许多涉及完备度量空间的定理具有拓扑的色彩. 本章中，我们将研究一些重要的完备度量空间，并且证明若干相关的定理.

完备度量空间的最常见的例子是通常度量下的欧氏空间. 另一个重要例子是把一个空间 X 映入一个度量空间 Y 的所有连续函数构成的集合 $\mathcal{C}(X, Y)$. 这个集合上有一个度量称之为一致度量，它和第 20 节中给 $\mathbb{R}^J$ 定义的那种一致度量类似. 如果 Y 是一个完备度量空间，那么 $\mathcal{C}(X, Y)$ 在一致度量下也是完备的. 这一点我们将在第 43 节中予以证明. 作为一个应用，我们在第 44 节中构造了著名的充满空间的 Peano 曲线.

涉及完备度量空间的拓扑特性的定理之一便是关于空间的紧致性与完备性关系的定理，我们在第 45 节中证明它. 这个定理的一个直接的推论是函数空间 $\mathcal{C}(X, \mathbb{R}^n)$ 中关于紧致子空间的一个定理，这就是著名的 Ascoli 定理的一种经典形式.

在函数空间 $\mathcal{C}(X, Y)$ 上，除了由一致度量所诱导的拓扑之外，还有其他有用的拓扑. 在第 46 节中，我们将对其中的某些拓扑予以研究，并在第 47 节中证明 Ascoli 定理的一般形式.

43 完备度量空间

在这一节中，我们定义完备性的概念，并且证明若 Y 是完备度量空间，则函数空间 $\mathcal{C}(X, Y)$ 在一致度量下也是完备的. 此外还要证明每一个度量空间能被等距地嵌入到一个完备度量空间中.

定义 设 (X, d) 为度量空间. X 的点的序列 (x_n) 称为 (X, d) 中的一个 **Cauchy 序列**(Cauchy sequence)，如果它具有以下性质：任意给定 $\varepsilon>0$，存在一个整数 N，使得

$$d(x_n, x_m) < \varepsilon$$

对任意 $n, m \geqslant N$ 成立. 度量空间 (X, d) 称为**完备的**(complete)，若 X 中的每一个 Cauchy 序列收敛.

当然，X 中任何一个收敛序列必定是一个 Cauchy 序列，完备性是要求其逆命题也成立.

注意，完备度量空间 (X, d) 的闭子集 A，在限制度量下必定是完备的. 因为 A 中 Cauchy 序列也是 X 中的 Cauchy 序列，所以在 X 中收敛；又因为 A 是 X 的闭子集，所以其极限必定在 A 中.

另外，如果 X 关于度量 d 是完备的，那么 X 在相应于 d 的标准有界度量

$$\bar{d}(x, y) = \min\{d(x, y), 1\}$$

下也是完备的，反之也对. 因为一个序列 (x_n) 对于 $\bar{d}$ 是 Cauchy 序列当且仅当它对于 d 是 Cauchy 序列，并且一个序列对于 $\bar{d}$ 收敛当且仅当它对于 d 收敛.

以下引理是可以用来判别度量空间是否完备的一个有用的准则.

引理 43.1 如果度量空间 X 中每一个 Cauchy 序列有一个收敛的子序列，那么 X 是完

备的.

证　设(x_n)是(X, d)中的一个 Cauchy 序列. 我们证明，如果(x_n)有一个子序列(x_{n_i})收敛于一点 x，则序列(x_n)本身也收敛于 x.

给定 $\varepsilon>0$，首先选取足够大的 N，使得对于所有的 $n, m\geqslant N$，有

$$d(x_n, x_m) < \varepsilon/2.$$

(因为(x_n)是一个 Cauchy 序列.)然后选取足够大的整数 i，使 $n_i\geqslant N$ 并且

$$d(x_{n_i}, x) < \varepsilon/2.$$

(因为 $n_1<n_2<\cdots$是一个递增的整数序列，并且(x_{n_i})收敛于 x.)综合上述事实，就可以得到所要证的结果：对于 $n\geqslant N$，

$$d(x_n, x) \leqslant d(x_n, x_{n_i}) + d(x_{n_i}, x) < \varepsilon. \qquad \blacksquare$$

定理 43.2　*对于通常度量，即欧氏度量 d 和平方度量 ρ，欧氏空间$\mathbb{R}^k$都是完备的.*

证　为了证明度量空间$(\mathbb{R}^k, \rho)$是完备的，令(x_n)为$(\mathbb{R}^k, \rho)$中的一个 Cauchy 序列. 集合$\{x_n\}$是$(\mathbb{R}^k, \rho)$的有界子集. 因为如果选择 N，使得对于所有的 $n, m\geqslant N$，有

$$\rho(x_n, x_m) \leqslant 1,$$

那么数

$$M = \max\{\rho(x_1, \mathbf{0}), \cdots, \rho(x_{N-1}, \mathbf{0}), \rho(x_N, \mathbf{0}) + 1\}$$

是 $\rho(x_n, \mathbf{0})$的一个上界. 于是，序列(x_n)中的点都在立方体$[-M, M]^k$ 中. 因为这个立方体是紧致的，根据定理 28.2，序列(x_n)有一个收敛子序列，于是$(\mathbb{R}^k, \rho)$是完备的.

为了证明$(\mathbb{R}^k, d)$是完备的，注意一个序列关于 d 是 Cauchy 序列当且仅当它关于 ρ 是 Cauchy 序列，并且一个序列相对于 d 收敛当且仅当它相对于 ρ 收敛. ■

现在我们来处理积空间$\mathbb{R}^\omega$的问题. 为此我们需要下面这个关于积空间中的序列的引理.

引理 43.3　*设 $X=\Pi X_\alpha$ 是积空间，$\mathbf{x}_n$ 是 X 的一个点的序列. 则 $\mathbf{x}_n\to\mathbf{x}$ 当且仅当对于每一个 α，$\pi_\alpha(\mathbf{x}_n)\to\pi_\alpha(\mathbf{x})$.*

证　这一结论曾在第 19 节中作为习题给出，在此我们给出它的证明. 因为投射 $\pi_\alpha: X\to X_\alpha$ 是连续的，所以收敛序列像还是收敛序列，所以命题的"必要性"成立. 下面来证明充分性. 设对于每一个 $\alpha\in J$，有 $\pi_\alpha(\mathbf{x}_n)\to\pi_\alpha(\mathbf{x})$. 设 $U=\Pi U_\alpha$ 是 X 的包含 $\mathbf{x}$ 的一个基元素. 对于 α，如果 U_α 不等于整个空间 X_α，选取 N_α 使得当 $n\geqslant N_\alpha$ 时 $\pi_\alpha(\mathbf{x}_n)\in U_\alpha$. 设 N 是 N_α 中最大的，那么当 $n\geqslant N$ 时 $\mathbf{x}_n\in U$. ■

定理 43.4　*对于积空间$\mathbb{R}^\omega$，总存在一个度量，使得相对这个度量而言$\mathbb{R}^\omega$是完备的.*

证　设$\bar{d}(a, b)=\min\{|a-b|, 1\}$是$\mathbb{R}$ 的标准有界度量. 设 D 是$\mathbb{R}^\omega$的一个度量，定义为

$$D(\mathbf{x}, \mathbf{y}) = \sup\{\bar{d}(x_i, y_i)/i\}.$$

那么 D 诱导了$\mathbb{R}^\omega$的积拓扑. 下面将证明$\mathbb{R}^\omega$关于 D 是完备的. 设 $\mathbf{x}_n$ 是$(\mathbb{R}^\omega, D)$的一个 Cauchy 序列. 由于

$$\bar{d}(\pi_i(\mathbf{x}), \pi_i(\mathbf{y})) \leqslant iD(\mathbf{x}, \mathbf{y}),$$

对于固定的 i，序列 $\pi_i(\mathbf{x}_n)$是$\mathbb{R}$ 中的一个 Cauchy 序列，因此它收敛，不妨设其收敛于 a_i. 于是

序列 $\boldsymbol{x}_n$ 收敛到$\mathbb{R}^\omega$中的点 $\boldsymbol{a}=\{a_1, a_2, \cdots\}$. ■

例 1　一个非完备的度量空间的例子就是关于通常度量 $d(x, y)=|x-y|$ 的有理数空间 $\mathbb{Q}$. 例如，(在$\mathbb{R}$中)收敛于$\sqrt{2}$的有限小数序列

$$1.4, 1.41, 1.414, 1.4142, 1.41421, \cdots$$

是$\mathbb{Q}$中的一个 Cauchy 序列，但(在$\mathbb{Q}$中)不收敛. ■

例 2　另一个非完备的空间是关于度量 $d(x, y)=|x-y|$ 的$\mathbb{R}$中的开区间$(-1, 1)$. 在这个空间中，定义为

$$x_n = 1-1/n$$

的序列(x_n)是一个 Cauchy 序列，但不收敛. 这个例子表明，完备性不是拓扑性质. 也就是说，它不是在同胚下保持不变的性质. 因为$(-1, 1)$同胚于实直线$\mathbb{R}$，而$\mathbb{R}$在通常度量下是完备的. ■

虽然积空间$\mathbb{R}^n$和$\mathbb{R}^\omega$都有度量使之成为完备空间，但对于积空间$\mathbb{R}^J$来说，未必能有这样的结果. 因为如果 J 不可数，则$\mathbb{R}^J$甚至不能度量化(见第 21 节). 但是，在集合$\mathbb{R}^J$上存在不同的拓扑，其一便是由一致度量诱导的. 我们将看到，在这一度量下，$\mathbb{R}^J$是完备的.

我们定义一致度量如下：

定义　设(Y, d)是一个度量空间，$\bar{d}(a, b)=\min\{d(a, b), 1\}$是 Y 上相应于 d 的标准有界度量. 若 $\boldsymbol{x}=(x_\alpha)_{\alpha\in J}$ 与 $\boldsymbol{y}=(y_\alpha)_{\alpha\in J}$ 是笛卡儿积 Y^J 的两个点，令

$$\bar{\rho}(\boldsymbol{x}, \boldsymbol{y}) = \sup\{\bar{d}(x_\alpha, y_\alpha) \mid \alpha\in J\}.$$

容易验证，$\bar{\rho}$ 是一个度量[①]. 称其为 Y^J 的相应于 Y 的度量 d 的**一致度量**(uniform metric).

我们在这里对 Y^J 中的元素使用了标准"串"记号. 因为 Y^J 中的元素是从 J 到 Y 的函数，我们也可以使用函数记号表示它们. 在这一章中，函数记号会比串记号更方便些，因此我们全部使用函数记号. 在此定义中一致度量的定义具有以下形式：若 $f, g: J\to Y$，则

$$\bar{\rho}(f, g) = \sup\{\bar{d}(f(\alpha), g(\alpha)) \mid \alpha\in J\}.$$

定理 43.5　如果空间 Y 关于度量 d 是完备的，则空间 Y^J 在相应于 d 的一致度量 $\bar{\rho}$ 下也是完备的.

证　我们曾经说过，如果(Y, d)是完备的，那么$(Y, \bar{d})$也是完备的，其中 $\bar{d}$ 是相应于 d 的有界度量. 现在假定 $f_1, f_2, \cdots$ 是 Y^J 中点的一个序列，它相对于 $\bar{\rho}$ 是一个 Cauchy 序列. 给定 $\alpha\in J$，对于所有 m 和 n 有

$$\bar{d}(f_n(\alpha), f_m(\alpha)) \leqslant \bar{\rho}(f_n, f_m),$$

这说明 $f_1(\alpha), f_2(\alpha), \cdots$ 是$(Y, \bar{d})$中的一个 Cauchy 序列. 因此，这个序列收敛，设它收敛于点 y_α. 设函数 $f: J\to Y$ 定义为 $f(\alpha)=y_\alpha$. 我们断言：序列(f_n)关于度量 $\bar{\rho}$ 收敛于 f.

给定 $\varepsilon>0$，首先选取充分大的 N，使得 $\bar{\rho}(f_n, f_m)<\varepsilon/2$，其中 $n, m\geqslant N$. 于是，特别是对于 $n, m\geqslant N$ 及 $\alpha\in J$，

$$\bar{d}(f_n(\alpha), f_m(\alpha)) < \varepsilon/2.$$

固定 n 和 α，让 m 变得任意大，则只要 $n\geqslant N$，对任意 $\alpha\in J$ 有

$$\bar{d}(f_n(\alpha), f(\alpha)) \leqslant \varepsilon/2.$$

① 原文此处误为"ρ 是一个度量". ——译者注

因此，当 $n \geqslant N$ 时，有

$$\bar{\rho}(f_n, f) \leqslant \varepsilon/2 < \varepsilon.$$

定理证毕. ■

现在，我们可以考虑集合 Y^X，其中 X 是一个拓扑空间，而不单单是一个集合了. 当然，这并不会对前面所作的讨论有所影响. 当我们考虑所有函数 $f: X \to Y$ 构成的集合时，X 的拓扑是无所谓的. 但是，假定我们考虑的是由所有连续函数 $f: X \to Y$ 构成的 Y^X 的子集 $\mathcal{C}(X, Y)$ 时，就与 X 的拓扑有关了. 这时，我们得出，若 Y 是完备的，则在一致度量下 $\mathcal{C}(X, Y)$ 也是完备的. 这一结论对于所有有界函数 $f: X \to Y$ 构成的集合 $\mathcal{B}(X, Y)$ 也成立.（一个函数 f 称为**有界的**(bounded)，若它的像集 $f(X)$ 是度量空间 (Y, d) 的一个有界子集.）

定理 43.6 设 X 是一个拓扑空间，(Y, d) 是一个度量空间. 则连续函数集 $\mathcal{C}(X, Y)$ 和有界函数集 $\mathcal{B}(X, Y)$ 在一致度量下都是 Y^X 中的闭集. 因此，如果 Y 是完备的，那么这两个空间在一致度量下都是完备的.

证 这个定理的前半部分就是一致极限定理(定理 21.6)的一个翻版. 首先，我们证明，如果 Y^X 中的序列 (f_n) 相对于 Y^X 中的度量 $\bar{\rho}$ 收敛于 Y^X 的元素 f，那么在第 21 节中所给的定义下相对于 Y 上的度量 $\bar{d}$，它也一致收敛于 f. 因为，给定 $\varepsilon > 0$，选取整数 N，使得对于所有 $n > N$，

$$\bar{\rho}(f, f_n) < \varepsilon.$$

于是，对于所有 $x \in X$ 及所有的 $n \geqslant N$，有

$$\bar{d}(f_n(x), f(x)) \leqslant \bar{\rho}(f_n, f) < \varepsilon.$$

所以 (f_n) 一致收敛于 f.

现在，我们证明 $\mathcal{C}(X, Y)$ 相对于度量 $\bar{\rho}$ 是 Y^X 的闭集. 设 f 为 Y^X 的一个元素，同时也是 $\mathcal{C}(X, Y)$ 的一个极限点. 于是存在 $\mathcal{C}(X, Y)$ 中一个元素序列 (f_n) 关于度量 $\bar{\rho}$ 收敛于 f. 根据一致极限定理，f 连续，所以 f 属于 $\mathcal{C}(X, Y)$.

最后，我们要证明 $\mathcal{B}(X, Y)$ 是 Y^X 的一个闭集. f 是 $\mathcal{B}(X, Y)$ 的一个极限点，存在 $\mathcal{B}(X, Y)$ 中一个元素序列 (f_n) 收敛于 f. 选取 N 足够大，使得 $\bar{\rho}(f_N, f) < 1/2$. 从而对于 $x \in X$，我们有 $\bar{d}(f_N(x), f(x)) < 1/2$. 由此可见 $d(f_N(x), f(x)) < 1/2$. 所以，如果 $f_N(X)$ 的直径为 M，那么 $f(X)$ 的直径最多为 $M+1$. 因此，$f \in \mathcal{B}(X, Y)$.

综上所述，我们有：若 Y 关于度量 d 是完备的，则 $\mathcal{C}(X, Y)$ 和 $\mathcal{B}(X, Y)$ 在度量 $\bar{\rho}$ 下都是完备的. ■

定义 设 (Y, d) 是一个度量空间. 可以在由 X 到 Y 的有界函数构成的集合 $\mathcal{B}(X, Y)$ 上定义另一度量如下：

$$\rho(f, g) = \sup\{d(f(x), g(x)) \mid x \in X\}.$$

易见 ρ 的定义是确切的，因为当 $f(X)$ 和 $g(X)$ 都有界时，集合 $f(X) \cup g(X)$ 也是有界的. 这个度量就被称为**上确界度量**(sup metric).

在上确界度量和一致度量之间有一些简单的联系. 事实上，若 $f, g \in \mathcal{B}(X, Y)$，则有

$$\bar{\rho}(f, g) = \min\{\rho(f, g), 1\}.$$

因为如果 $\rho(f, g) > 1$，那么至少存在一点 $x_0 \in X$，有 $d(f(x_0), g(x_0)) > 1$，因此 $\bar{d}(f(x_0),$

$g(x_0))=1$，并且 $\bar{\rho}(f, g)=1$. 反之，如果 $\rho(f, g)\leqslant 1$，那么对任意 $x\in X$，有 $\bar{d}(f(x), g(x))=d(f(x), g(x))\leqslant 1$，从而 $\bar{\rho}(f, g)=\rho(f, g)$. 因此在 $\mathcal{B}(X, Y)$上，度量 $\bar{\rho}$ 正是相对于度量 ρ 的标准有界度量. 这就是我们引用记号 $\bar{\rho}$ 表示一致度量的原因，参见第 20 节.

如果 X 是紧致的，那么每一个连续函数 $f: X\to Y$ 都是有界的. 因此上确界度量就定义在 $\mathcal{C}(X, Y)$上. 如果 Y 在度量 d 下是完备的，那么 $\mathcal{C}(X, Y)$在相应的一致度量 $\bar{\rho}$ 下也是完备的，因此在上确界度量 ρ 下也是完备的. 在这种情况下，我们常使用上确界度量而不是一致度量.

现在我们要证明一个经典定理，得到的结论是：每一个度量空间都可以等距地嵌入到一个完备度量空间中.（还有一种证明方式更为直接些，参见习题 9.）尽管我们并不会用到这个定理，但它在数学的其他方面很有用.

***定理 43.7**　设(X, d)是一个度量空间. 则存在一个从 X 到某个完备度量空间中的等距嵌入.

证　设 $\mathcal{B}(X, \mathbb{R})$是将 X 映入 $\mathbb{R}$ 中的所有有界函数构成的集合. 令 x_0 为 X 中取定的一个点. 给定 $a\in X$，定义 $\phi_a: X\to\mathbb{R}$ 为

$$\phi_a(x) = d(x,a) - d(x,x_0).$$

我们断言 ϕ_a 是有界的. 因为根据不等式

$$d(x,a) \leqslant d(x,b) + d(a,b),$$
$$d(x,b) \leqslant d(x,a) + d(a,b),$$

可见

$$| d(x,a) - d(x,b) | \leqslant d(a,b).$$

令 $b=x_0$，我们得出结论，对于所有 $x\in X$ 有 $|\phi_a(x)|\leqslant d(a, x_0)$.

定义 $\Phi: X\to\mathcal{B}(X, \mathbb{R})$为

$$\Phi(a) = \phi_a.$$

我们证明 Φ 是从(X, d)到完备度量空间$(\mathcal{B}(X, \mathbb{R}), \rho)$中的一个等距嵌入，也就是说，证明对于点的任意偶对 $a, b\in X$，有

$$\rho(\phi_a,\phi_b) = d(a,b).$$

根据定义

$$\begin{aligned}\rho(\phi_a,\phi_b) &= \sup\{| \phi_a(x) - \phi_b(x) | ; x \in X\}\\ &= \sup\{| d(x,a) - d(x,b) | ; x \in X\}\end{aligned}$$

可见

$$\rho(\phi_a,\phi_b) \leqslant d(a,b).$$

另一方面，这个不等式可能是不严格的[①]. 因为当 $x=a$ 时，有

$$| d(x,a) - d(x,b) | = d(a,b).$$ ■

定义　设 X 是一个度量空间. 如果 $h: X\to Y$ 是从 X 到完备度量空间 Y 中的一个等距嵌入，则 Y 的子空间$\overline{h(X)}$是一个完备度量空间. 它称为 X 的一个**完备化**(completion).

X 的完备化在等距的意义上说是唯一确定的. 见习题 10.

①也就是说，等号有可能成立. ——译者注

习题

1. 设 X 是一个度量空间.

   (a)假定对某一个 $\varepsilon>0$，X 中的每一个 ε-球都有紧致闭包. 证明 X 是完备的.

   (b)假定对于每一个 $x\in X$，存在 $\varepsilon>0$，使得球 $B(x,\varepsilon)$ 有紧致闭包. 举例说明，X 未必是完备的.

2. 设(X,d_X)和(Y,d_Y)都是度量空间，Y 是完备的. 设 $A\subset X$. 证明：如果 $f:A\to Y$ 一致连续，则 f 可以唯一地扩张成一个连续函数 $g:\bar{A}\to Y$，并且 g 是一致连续的.

3. X 的两个度量 d 和 d' 称为**度量等价的**(metrically equivalent)，如果恒等映射 $i:(X,d)\to(X,d')$及其逆映射都是一致连续的.

   (a)证明：d 度量等价于相对于 d 的标准有界度量 $\bar{d}$.

   (b)证明：若 d 和 d' 是度量等价的，则 X 在度量 d 下是完备的，当且仅当它关于度量 d' 是完备的.

4. 证明：度量空间(X,d)是完备的，当且仅当对 X 中满足 $|A_n|\to 0$ 的任意一个非空闭集套序列 $A_1\supset A_2\supset\cdots$，有 $\bigcap A_n\neq\varnothing$.

5. 设(X,d)是一个度量空间. 以前说过，一个连续映射 $f:X\to X$ 称为一个压缩映射，指的是如果存在一个数 $\alpha<1$，使得对于所有的 $x,y\in X$，有
$$d(f(x),f(y))\leqslant \alpha d(x,y).$$
证明：如果 f 是一个完备度量空间上的压缩映射，则存在唯一的一个点 $x\in X$，使得 $f(x)=x$. 与第 28 节中的习题 7 比较.

6. 空间 X 称为**拓扑完备的**(topologically complete)，如果存在着诱导出 X 的拓扑的一个度量，使得在这一度量下 X 是完备的.

   (a)证明：一个拓扑完备空间的闭子空间也是拓扑完备的.

   (b)证明：拓扑完备空间的可数积空间(关于积拓扑)仍然是拓扑完备的.

   (c)证明：拓扑完备空间的开子空间是拓扑完备的. [提示：如果 $U\subset X$，并且 X 关于度量 d 是完备的，定义 $\phi:U\to\mathbb{R}$ 为
$$\phi(x)=1/d(x,X-U).$$
通过 $f(x)=x\times\phi(x)$ 将 U 嵌入到 $X\times\mathbb{R}$ 中.]

   (d)证明：如果 A 是拓扑完备空间中的一个 G_δ 集，则 A 是拓扑完备的. [提示：设 A 是开集 U_n 的交，$n\in\mathbb{Z}_+$，考虑 A 到 ΠU_n 的对角线嵌入 $f(a)=(a,a,\cdots)$.]证明：无理数集是拓扑完备的.

7. 证明所有使得 $\sum x_i^2$ 收敛的序列$(x_1,x_2,\cdots)$的集合在 ℓ^2-度量下是完备的(参见第 20 节习题 8).

8. 设 X 和 Y 是两个空间，定义
$$e:X\times\mathcal{C}(X,Y)\longrightarrow Y$$
为 $e(x,f)=f(x)$，映射 e 称为一个**赋值映射**(evaluation map). 证明：如果 d 是 Y 上的度量，$\mathcal{C}(X,Y)$有相应的一致拓扑，那么 e 是连续的. 在第 46 节中我们将推广这一结论.

9. 设(X,d)是一个度量空间. 证明：存在从 X 到完备度量空间(Y,D)的一个等距嵌入 h 如

下：令 $\widetilde{X}$ 表示 X 中点的所有 Cauchy 序列

$$\boldsymbol{x} = (x_1, x_2, \cdots)$$

的集合．若

$$d(x_n, y_n) \longrightarrow 0.$$

则定义 $\boldsymbol{x} \sim \boldsymbol{y}$．用$[\boldsymbol{x}]$表示 $\boldsymbol{x}$ 的等价类，Y 表示这些等价类构成的集合．定义 Y 上的度量 D 为

$$D([\boldsymbol{x}], [\boldsymbol{y}]) = \lim_{n \to \infty} d(x_n, y_n).$$

(a)证明：$\sim$是一个等价关系，D 是一个定义确切的度量．

(b)定义 h：$X \to Y$ 为 $h(x)$是常值序列$(x, x, \cdots)$的等价类：

$$h(x) = [(x, x, \cdots)].$$

证明 h 是一个等距嵌入．

(c)证明 $h(X)$在 Y 中稠密．事实上，给定 $\boldsymbol{x} = (x_1, x_2, \cdots) \in \widetilde{X}$，证明 Y 中点的序列$h(x_n)$收敛于 Y 中的点$[\boldsymbol{x}]$．

(d)证明：如果 A 是度量空间(Z, ρ)的一个稠密子集，并且 A 中任意一个 Cauchy 序列在 Z 中收敛，则 Z 是完备的．

(e)证明(Y, D)是完备的．

10. **定理**（完备化的唯一性） 设 h：$X \to Y$ 和 h'：$X \to Y'$ 分别是从度量空间(X, d)到完备度量空间(Y, D)和(Y', D')的两个等距嵌入．则有一个$(\overline{h(X)}, D)$与$(\overline{h'(X)}, D')$之间的等距同构在子空间 $h(X)$上等于 $h'h^{-1}$．

*44 充满空间的曲线

当 Y 是完备度量空间时，$\mathcal{C}(X, Y)$在一致度量下是完备的．作为这一完备性的应用，我们将要构造著名的"充满空间的 Peano 曲线"．

定理 44.1 设 $I = [0, 1]$．则存在一个连续映射 f：$I \to I^2$，它的像填满整个正方形 I^2．

这种道路的存在性，如同无处可微的连续函数（后面将要讲到）的存在性一样，违反了人们朴素的集合直觉．

证 第一步．我们将构造一个映射 f，使得它是一个连续函数序列 f_n 的极限．为了给出序列 f_n，我们首先来描述关于道路的一种特殊运算．

我们从实直线上任意闭区间$[a, b]$和平面上其边平行于坐标轴的任意正方形入手，考虑如图 44.1 所示的三角形道路 g，它是$[a, b]$到这个正方形的一个连续映射．我们要描述的运算就是用图 44.2 所示的道路 g'代替道路 g，它由四条三角形道路组成，其中的每一个只有 g 的

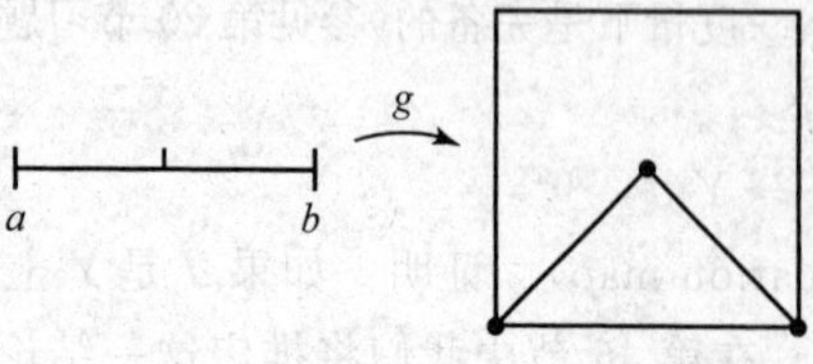

图 44.1

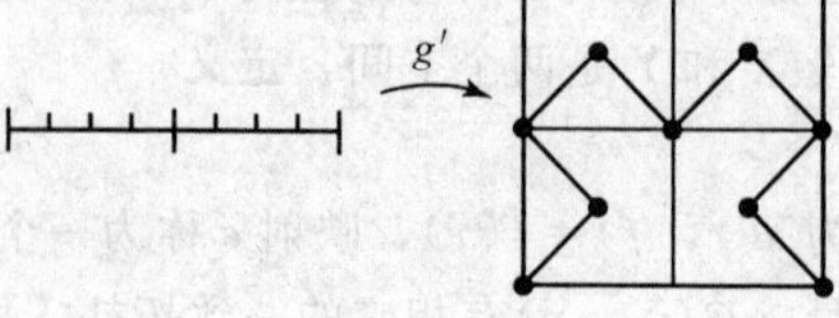

图 44.2

一半那么大. 注意 g 与 g' 有相同的起点和终点. 如果愿意的话，你可以写出 g 和 g' 的方程.

对于连接正方形两个相邻顶点的任意三角形道路，都可以施行上面所说的运算. 例如，对于图 44.3 所示的道路 h，重复上述运算就得出道路 h'.

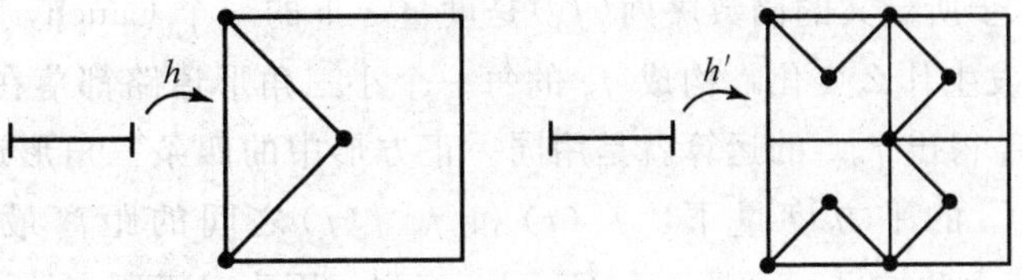

图 44.3

第二步. 现在定义函数序列 f_n：$I \to I^2$. 为方便起见，第一个函数 f_0 就是图 44.1 所示的三角形道路，其中 $a=0$，$b=1$. 下一个函数 f_1 是对函数 f_0 施行第一步中所述运算而得到的函数，如图 44.2 所示. 第三个函数 f_2 是对组成 f_1 的四条三角形道路中的每一个施行同样的运算而得出的函数，如图 44.4 所示.

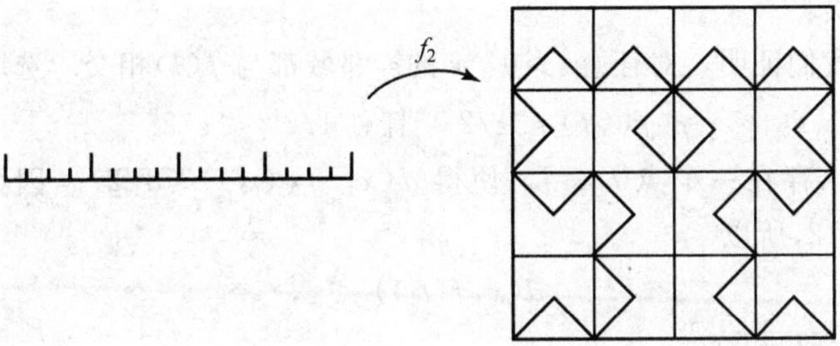

图 44.4

第四个函数 f_3 则是对组成 f_2 的十六条三角形道路中的每一个施行上述运算而得到的函数，如图 44.5 所示. 依此类推. 一般地，f_n 是由在第一步中考虑过的 4^n 条三角形道路组成的道路，其中的每一个都落在边长为 $1/2^n$ 的一个正方形中. 对这些三角形道路施行第一步所描述的运算，每一个用四条较小的三角形道路来代替，就得到函数 f_{n+1}.

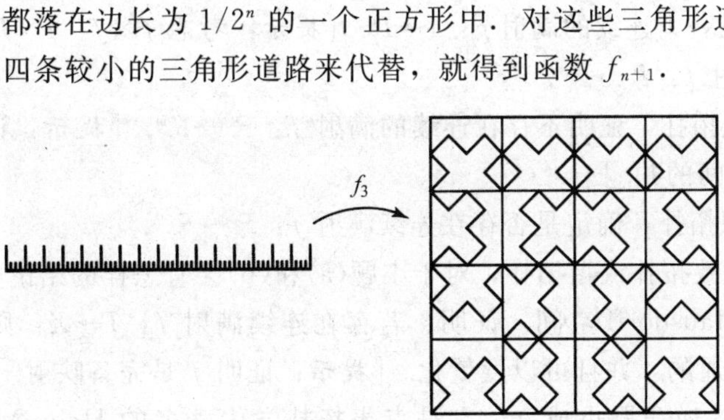

图 44.5

第三步. 出于证明的需要，用 $d(\boldsymbol{x}, \boldsymbol{y})$ 表示 $\mathbb{R}^2$ 中的平方度量，

$$d(\boldsymbol{x},\boldsymbol{y}) = \max\{|x_1 - y_1|, |x_2 - y_2|\}.$$

于是，我们令 ρ 表示相应的 $\mathcal{C}(I, I^2)$ 上的上确界度量，

$$\rho(f,g) = \sup\{d(f(t),g(t)) \mid t \in I\}.$$

因为 I^2 在 $\mathbb{R}^2$ 中是闭集，所以它在平方度量下是完备的，于是 $\mathcal{C}(I, I^2)$ 关于度量 ρ 是完备的.

我们断言，第二步所定义的函数序列 (f_n) 是度量 ρ 下的一个 Cauchy 序列. 为此，我们考察从 f_n 到 f_{n+1} 时会发生什么变化. 构成 f_n 的每一个小三角形道路都落在边长为 $1/2^n$ 的某一个正方形中. 而从 f_n 得出 f_{n+1} 的运算就是用同一正方形中的四条三角形道路来代替一条三角形道路. 因此，在 I^2 的平方度量下，$f_n(t)$ 和 $f_{n+1}(t)$ 之间的距离最多为 $1/2^n$. 于是有 $\rho(f_n, f_{n+1}) \leqslant 1/2^n$. 由此推出 (f_n) 是一个 Cauchy 序列，因为对于所有的 n 和 m，有

$$\rho(f_n, f_{n+m}) \leqslant 1/2^n + 1/2^{n+1} + \cdots + 1/2^{n+m-1} < 2/2^n.$$

第四步. 因为 $\mathcal{C}(I, I^2)$ 是完备的，所以序列 f_n 收敛于一个连续函数 $f: I \to I^2$. 下面我们证明 f 是一个满射.

设 $\boldsymbol{x}$ 是 I^2 的一个点，我们证明 $\boldsymbol{x} \in f(I)$. 首先，我们注意，对于给定的 n，道路 f_n 能够到达距离点 $\boldsymbol{x}$ 为 $1/2^n$ 的范围以内，因为把 I^2 分割为边长是 $1/2^n$ 的小正方形，道路 f_n 会碰到每一个这样的小方块.

利用这一点，我们证明，对任意 $\varepsilon > 0$，$\boldsymbol{x}$ 的 ε-邻域都与 $f(I)$ 相交. 选取充分大的 N，使得

$$\rho(f_N, f) < \varepsilon/2 \quad 且 \quad 1/2^N < \varepsilon/2.$$

根据前一段的结果，存在一个点 $t_0 \in I$，使得 $d(\boldsymbol{x}, f_N(t_0)) \leqslant 1/2^N$. 因为对于所有的 t，有 $d(f_N(t), f(t)) < \varepsilon/2$，所以

$$d(\boldsymbol{x}, f(t_0)) < \varepsilon,$$

从而 $\boldsymbol{x}$ 的 ε-邻域与 $f(I)$ 相交.

由此可见 $\boldsymbol{x}$ 属于 $f(I)$ 的闭包. 但由于 I 是紧致的，所以 $f(I)$ 是紧致的，从而是闭的. 于是证明了 $\boldsymbol{x}$ 属于 $f(I)$. ■

习题

1. 给定 n，证明存在一个连续的满射 $g: I \to I^n$. [提示：考虑 $f \times f: I \times I \to I^2 \times I^2$.]
2. 证明存在连续满射 $f: \mathbb{R} \to \mathbb{R}^n$.
3. (a)若 $\mathbb{R}^\omega$ 被赋予积拓扑，证明不存在连续的满射 $f: \mathbb{R} \to \mathbb{R}^\omega$. [提示：证明 $\mathbb{R}^\omega$ 不能表示成可数个紧致子空间的并.]
   (b)若 $\mathbb{R}^\omega$ 被赋予积拓扑，确定是否存在连续满射 $f: \mathbb{R} \to \mathbb{R}^\infty$.
   (c)若 $\mathbb{R}^\omega$ 被赋予一致拓扑或箱拓扑，对于小题(a)和(b)会有怎样的结论呢?
4. (a)设 X 是一个 Hausdorff 空间. 证明：若存在连续满射 $f: I \to X$，则 X 是紧致的、连通的、弱局部连通的，并且可以度量化. [提示：证明 f 是完备映射.]
   (b)上面小题(a)的逆命题也成立，它是点集拓扑学中著名的 Hahn-Mazurkiewicz 定理(见[H-Y]p. 129). 假设我们已知这个定理，然后证明存在一个连续满射 $f: I \to I^\omega$.
   如果某一个 Hausdorff 空间是单位闭区间的连续像，通常称之为一个 **Peano 空间**(Peano space).

45 度量空间中的紧致性

我们已经证明了对于度量空间来说，紧致性、极限点紧致性以及列紧性都是等价的. 度量空间中的紧致性也有其他的描述方法，其中有一种就涉及到完备性的概念. 这一节我们就来研究它. 作为应用，我们再证明一个刻划$\mathcal{C}(X, \mathbb{R}^n)$中(关于一致度量)紧致子集的定理.

度量空间 X 的紧致性与它的完备性有什么关系呢? 根据引理 43.1 可见，每一个紧致度量空间必定是完备的. 反之未必成立，也就是说，完备度量空间未必是紧致的. 那么下面一个很自然的问题就是，完备空间需附加什么条件才能得出紧致性呢? 这个条件就是所谓的完全有界性.

定义 度量空间(X, d)称为**完全有界的**(totally bounded)，如果对任意 $\varepsilon>0$，存在一个由 ε-球构成的 X 的有限覆盖.

例 1 显然，度量空间的完全有界性蕴涵有界性. 因为若 $B(x_1, 1/2), \cdots, B(x_n, 1/2)$ 是 X 的一个由半径为 1/2 的开球构成的有限覆盖，则 X 的直径最多为 $1+\max\{d(x_i, x_j)\}$. 但反之未必成立. 例如，在度量 $\bar{d}(a, b)=\min\{1, |a-b|\}$之下，实直线$\mathbb{R}$是有界的但不是完全有界的. ■

例 2 关于度量 $d(a, b)=|a-b|$，实直线$\mathbb{R}$是完备的但不是完全有界的. 子空间$(-1, 1)$是完全有界的，却不是完备的，而子空间$[-1, 1]$既是完备的，也是完全有界的. ■

定理 45.1 度量空间(X, d)是紧致的，当且仅当它是完备和完全有界的.

证 如上所说，若 X 是一个紧致度量空间，则 X 自然是完备的. 又因为所有的开 ε-球做成的 X 的开覆盖必包含一个有限子覆盖，所以 X 是完全有界的.

反之，设 X 是完备的和完全有界的. 下面只需证明 X 是列紧的便可以了.

设(x_n)是 X 中点的一个序列，我们来选取它的一个子序列，要求这个子序列是一个 Cauchy 序列，因而一定收敛. 首先，用有限多个半径为 1 的球覆盖 X，这时，至少有一个球，比如说 B_1，包含无限多个 x_n. 设 J_1 是$\mathbb{Z}_+$的一个子集，使得对于每一个 x_n，若 $x_n\in B_1$，则 $n\in J_1$.

其次，用有限多个半径为 1/2 的球覆盖 X，因为 J_1 是无限的，这些球中至少有一个，比如说 B_2，包含 J_1 中无限多个 n. 取 J_2 为满足 $n\in J_1$ 和 $x_n\in B_2$ 的所有 n 构成的集合. 一般地，给定正整数的无穷集 J_k，取 J_{k+1}为 J_k 的一个无穷子集，使得存在一个半径为 $1/(k+1)$的球 B_{k+1}，对于所有的 $n\in J_{k+1}$，有 $x_n\in B_{k+1}$.

选取 $n_1\in J_1$. 对于给定的 n_k，选取 $n_{k+1}\in J_{k+1}$，使得 $n_{k+1}>n_k$. 因为 J_{k+1}是无穷集，这一点是可以做得到的. 现在，对于 $i, j\geqslant k$，指标 n_i，n_j 都属于 J_k(因为 $J_1\supset J_2\supset\cdots$是一个集合的套序列). 因此，对于所有的 $i, j\geqslant k$，点 x_{n_i} 和 x_{n_j} 都包含在半径为 $1/k$ 的球 B_k 中. 于是，序列(x_{n_i})是一个 Cauchy 序列. ■

我们现在应用这一结论来寻找$\mathcal{C}(X, \mathbb{R}^n)$在一致拓扑下的一个紧致子空间. 我们已经知道$\mathbb{R}^n$的子空间是紧致的当且仅当它是闭的和有界的. 大家可能希望对于$\mathcal{C}(X, \mathbb{R}^n)$也有相似的结论成立. 但事实并非如此，即使在 X 紧致的情况下也不行. 其实，这需要$\mathcal{C}(X, \mathbb{R}^n)$的子空间满足一个条件，即等度连续性. 现在我们来看它的定义.

定义 设(Y, d)是一个度量空间. $\mathcal{F}$是函数空间$\mathcal{C}(X, Y)$的一个子集. 对于 $x_0\in X$，函

数集 $\mathcal{F}$ 称为**在 x_0 处等度连续的**(equicontinuous at x_0)，如果给定 $\varepsilon>0$，存在 x_0 的一个邻域 U，使得对于所有的 $x\in U$ 及所有 $f\in\mathcal{F}$ 有

$$d(f(x),f(x_0))<\varepsilon.$$

如果对于每一个点 $x_0\in X$，集合 $\mathcal{F}$ 在 x_0 处等度连续，则称 $\mathcal{F}$ 是**等度连续的**(equicontinuous).

函数 f 在点 x_0 处的连续性是指对给定的 f 及给定的 $\varepsilon>0$，存在 x_0 的一个邻域 U，使对于所有 $x\in U$ 有 $d(f(x),\ f(x_0))<\varepsilon$. $\mathcal{F}$ 的等度连续性是指存在一个邻域 U，对于 $\mathcal{F}$ 中的所有的函数 f，上式都成立.

注意，等度连续性依赖于具体的度量，而不仅仅是 Y 上的拓扑.

引理 45.2　设 X 是一个空间，$(Y,\ d)$ 是一个度量空间. 设 $\mathcal{F}$ 是 $\mathcal{C}(X,\ Y)$ 的一个子集，并且关于度量 d 的一致度量是完全有界的，则 $\mathcal{F}$ 关于 d 是等度连续的.

证　设 $\mathcal{F}$ 是完全有界的. 给定 $0<\varepsilon<1$，给定 x_0，以下证明存在 x_0 的一个邻域 U，对于所有 $f\in\mathcal{F}$ 和 $x\in U$，有 $d(f(x),\ f(x_0))<\varepsilon$.

设 $\delta=\varepsilon/3$，用 $\mathcal{C}(X,\ Y)$ 中的有限多个开 δ-球

$$B(f_1,\delta),\cdots,B(f_n,\delta)$$

覆盖 $\mathcal{F}$. 因为每一个函数 f_i 是连续的，我们可以选取 x_0 的一个邻域 U，使得对于 $i=1,\ \cdots,\ n$ 和 $x\in U$，有

$$d(f_i(x),f_i(x_0))<\delta.$$

设 f 是 $\mathcal{F}$ 的任意一个元素，则 f 至少属于上述 δ-球中的某一个，不妨设为 $B(f_i,\ \delta)$. 于是对于 $x\in U$，有

$$\bar{d}(f(x),f_i(x))<\delta,$$
$$d(f_i(x),f_i(x_0))<\delta,$$
$$\bar{d}(f_i(x_0),f(x_0))<\delta.$$

第一个和第三个不等式成立是因为 $\bar{\rho}(f,\ f_i)<\delta$，第二个不等式成立是因为 $x\in U$. 由于 $\delta<1$，所以用 d 代替 $\bar{d}$ 时，第一个和第三个不等式依然成立. 所以根据三角不等式可见对于所有的 $x\in U, d(f(x),\ f(x_0))<\varepsilon$ 成立. ■

现在我们来证明 Ascoli 定理的经典形式，它所讨论的就是函数空间 $\mathcal{C}(X,\ \mathbb{R}^n)$ 的紧致子空间. 这个定理的一个更广义形式，其证明并不依赖这个经典形式(将在第 47 节中给出). 广义形式的证明依赖于 Tychonoff 定理，但在这里并不需要.

***引理 45.3**　设 X 是一个空间，$(Y,\ d)$ 是一个度量空间. 设 X 和 Y 是紧致的. 如果 $\mathcal{F}$ 关于 d 是 $\mathcal{C}(X,\ Y)$ 的一个等度连续子集，那么关于度量 d 的一致度量和上确界度量，$\mathcal{F}$ 是完全有界的.

证　由于 X 是紧致的，可以在 $\mathcal{C}(X,\ Y)$ 上定义上确界度量 ρ. 关于 ρ 完全有界等价于关于 $\bar{\rho}$ 完全有界. 因为对于 $\varepsilon<1$，关于 ρ 的每一个 ε-球也是关于 $\bar{\rho}$ 的一个 ε-球，反之亦成立. 所以我们可以始终只用度量 ρ.

设 $\mathcal{F}$ 是等度连续的. 给定 $\varepsilon>0$，用关于度量 ρ 的有限多个开 ε-球覆盖 $\mathcal{F}$.

令 $\delta=\varepsilon/3$. 任意给定 $a\in X$，存在 a 的相应邻域 U_a 使得对任意 $x\in U_a$ 和任意 $f\in\mathcal{F}$，有

$d(f(x),f(a))<\delta$. 于是可以找到有限多个邻域 U_a，$a=a_1$，…，a_k，组成 X 的一个覆盖，用 U_i 表示 U_{a_i}. 选取直径小于 δ 的有限个开集 V_1，…，V_m 覆盖 Y.

设 J 是所有函数 α：$\{1,\cdots,k\}\to\{1,\cdots,m\}$ 的集合. 给定 $\alpha\in J$，若存在 $\mathcal{F}$ 中的一个函数 f，使得对于每一个 $i=1$，…，k，$f(a_i)\in V_{\alpha(i)}$，便选取一个这样的函数，记为 f_α. 集合 $\{f_\alpha\}$ 是由集合 J 的一个子集 J' 加标的，所以是有限的. 我们断言：开球 $B_\rho(f_\alpha,\varepsilon)$，$\alpha\in J'$，覆盖 $\mathcal{F}$.

设 f 是 $\mathcal{F}$ 的一个元素. 对于每一个 $i=1$，…，k，选取整数 $\alpha(i)$ 使得 $f(a_i)\in V_{\alpha(i)}$. 则函数 α 在 J' 中. 我们断言：f 属于球 $B_\rho(f_\alpha,\varepsilon)$.

设 x 是 X 的一个点. 选取 i 使得 $x\in U_i$. 于是

$$d(f(x),f(a_i))<\delta,$$
$$d(f(a_i),f_\alpha(a_i))<\delta,$$
$$d(f_\alpha(a_i),f_\alpha(x))<\delta.$$

第一个和第三个不等式成立是因为 $x\in U_i$，第二个不等式成立是因为 $f(a_i)$ 和 $f_\alpha(a_i)$ 都属于 $V_{\alpha(i)}$. 综上可见，$d(f(x),f_\alpha(x))<\varepsilon$. 因对于所有的 $x\in X$，以上不等式成立，所以

$$\rho(f,f_\alpha)=\max\{d(f(x),f_\alpha(x))\}<\varepsilon.$$

因此 f 属于开球 $B_\rho(f_\alpha,\varepsilon)$. ■

定义 设 (Y,d) 是一个度量空间. $\mathcal{C}(X,Y)$ 的子集 $\mathcal{F}$ 称为关于 d 是**点态有界的**(pointwise bounded)，如果对于每一个 $a\in X$[①]，Y 的子集

$$\mathcal{F}_a=\{f(a)\mid f\in\mathcal{F}\}$$

关于 d 是有界的.

*__定理 45.4__[(**Ascoli 定理，经典形式**(Ascoli theorem, classical version))] 设 X 是一个紧致空间，$(\mathbb{R}^n,d)$ 表示关于平方度量或欧氏度量的欧氏空间，赋予 $\mathcal{C}(X,\mathbb{R}^n)$ 相应的一致拓扑. 那么 $\mathcal{C}(X,\mathbb{R}^n)$ 的子空间 $\mathcal{F}$ 有紧致闭包当且仅当 $\mathcal{F}$ 关于 d 是等度连续的和点态有界的.

证 因为 X 是紧致的，在 $\mathcal{C}(X,\mathbb{R}^n)$ 上定义上确界度量 ρ，并赋予 $\mathcal{C}(X,\mathbb{R}^n)$ 一致拓扑. 并始终用 $\mathcal{G}$ 表示 $\mathcal{F}$ 在 $\mathcal{C}(X,\mathbb{R}^n)$ 中的闭包.

第一步. 证明若 $\mathcal{G}$ 是紧致的，则关于 d，$\mathcal{G}$ 是等度连续的并且是点态有界的. 根据 $\mathcal{F}\subset\mathcal{G}$，可见 $\mathcal{F}$ 也是等度连续的并且点态有界的. 这就证明了定理的“必要性”.

根据定理 45.1，$\mathcal{G}$ 的紧致性蕴涵着 $\mathcal{G}$ 关于 ρ 和关于 $\bar{\rho}$ 都是完全有界的，再根据引理 45.2，$\mathcal{G}$ 关于 d 是等度连续的. $\mathcal{G}$ 的紧致还蕴涵着 $\mathcal{G}$ 关于 ρ 是有界的. 由此又可见 $\mathcal{G}$ 在 d 下是点态有界的. 因为如果对于任意 f，$g\in\mathcal{G}$ 有 $\rho(f,g)\leqslant M$，那么，特别地，$d(f(a),g(a))\leqslant M$，因此 $\mathcal{G}_a$ 的直径最多为 M.

第二步. 证明若 $\mathcal{F}$ 关于 d 是等度连续和点态有界的，则 $\mathcal{G}$ 也是等度连续和点态有界的.

首先验证等度连续性. 给定 $x_0\in X$ 和 $\varepsilon>0$，选取 x_0 的一个邻域 U，使得对于所有的 $x\in U$ 和 $f\in\mathcal{F}$，有 $d(f(x),f(x_0))<\varepsilon/3$. 任意给定 $g\in\mathcal{G}$，选取 $f\in\mathcal{F}$，使得 $\rho(f,g)<\varepsilon/3$. 根据三角不等式可见，对于所有 $x\in U$，有 $d(g(x),g(x_0))<\varepsilon$. 因为 g 是任意的，所以 $\mathcal{G}$ 在 x_0 点等度连续.

---

① 原文此处误为“$x\in X$”. ——译者注

其次再来证明点态有界性. 给定 a，选取 M，使得 $\mathcal{F}_a$ 的直径不大于 M. 任意给定 g，$g'\in\mathcal{G}$，选取 f，$f'\in\mathcal{F}$，使得 $\rho(f, g)<1$ 和 $\rho(f', g')<1$. 因为 $d(f(a), f'(a))\leqslant M$，所以 $d(g(a), g'(a))\leqslant M+2$. 再由 g 和 g' 是任意的可得 $\operatorname{diam}\mathcal{G}_a\leqslant M+2$.

第三步. 证明若 $\mathcal{G}$ 是等度连续的并且点态有界的，则存在 $\mathbb{R}^n$ 的紧致子空间 Y，它包含着所有集合 $g(X)$ 的并，其中 $g\in\mathcal{G}$.

对于每一个 $a\in X$，选取邻域 U_a，使得对于所有 $x\in U_a$ 和 $g\in\mathcal{G}$，有 $d(g(x), g(a))<1$. 因为 X 是紧致的，所以可以选取有限多个这种邻域覆盖 X，不妨设这些邻域的下标为 $a=a_1, \cdots, a_k$. 因为 $\mathcal{G}_{a_i}$ 是有界的，所以它们的并也是有界的，设它包含于 $\mathbb{R}^n$ 中的以原点为球心、以 N 为半径的球中. 于是对于所有的 $g\in\mathcal{G}$，集合 $g(X)$ 包含于以原点为球心、以 $N+1$ 为半径的球中. 令 Y 为这个球的闭包.

第四步. 充分性的证明. 设 $\mathcal{F}$ 关于 d 是等度连续和点态有界的. 我们证明关于 ρ，$\mathcal{G}$ 是完备的和完全有界的. 根据定理 45.1 可见，$\mathcal{G}$ 是紧致的.

完备性容易证得. 因为 $\mathcal{G}$ 是完备度量空间 $(\mathcal{C}(X, \mathbb{R}^n), \rho)$ 的一个闭子空间.

我们来验证完全有界性. 首先，根据第二步可见 $\mathcal{G}$ 在度量 d 下是等度连续的和点态有界的；再根据第三步可见，存在 $\mathbb{R}^n$ 的紧致子空间 Y，使得 $\mathcal{G}\subset\mathcal{C}(X, Y)$. 根据引理 45.3，$\mathcal{G}$ 的等度连续性蕴涵着 $\mathcal{G}$ 关于 ρ 是完全有界的. ■

* **推论 45.5**　设 X 是紧致的，d 为 $\mathbb{R}^n$ 上的平方度量或欧氏度量，赋予 $\mathcal{C}(X, \mathbb{R}^n)$ 相应的一致拓扑. 则 $\mathcal{C}(X, \mathbb{R}^n)$ 的一个子空间 $\mathcal{F}$ 是紧致的，当且仅当它关于上确界度量 ρ 是闭的和有界的，关于 d 是等度连续的.

证　若 $\mathcal{F}$ 是紧致的，则它必定是闭的和有界的. 根据前一个定理易见它还是等度连续的. 反之，若 $\mathcal{F}$ 是闭的，则它就等于它的闭包 $\mathcal{G}$. 若它关于 ρ 是有界的，则关于 d 是点态有界的. 若它是等度连续的，则前一个定理蕴涵着它是紧致的. ■

习题

1. 若 X_n 是可度量化的，并且有度量 d_n，则

$$D(\mathbf{x},\mathbf{y}) = \sup\{\overline{d}_i(x_i, y_i)/i\}$$

是积空间 $X=\Pi X_n$ 的一个度量. 证明若每一个 X_n 在 d_n 下都是完全有界的，则 X 在 D 下是完全有界的. 在不使用 Tychonoff 定理的情况下，证明紧致可度量化空间的可数积空间是紧致的.

2. 设 (Y, d) 是一个度量空间，$\mathcal{F}$ 是 $\mathcal{C}(X, Y)$ 的一个子集.

(a) 证明：若 $\mathcal{F}$ 是有限的，则 $\mathcal{F}$ 是等度连续的.

(b) 证明：若 f_n 是 $\mathcal{C}(X, Y)$ 中元素的一个序列，并且一致收敛，则集合 $\{f_n\}$ 是等度连续的.

(c) 设 $\mathcal{F}$ 是可微函数 $f: \mathbb{R}\to\mathbb{R}$ 的集合，其中这些可微函数满足条件：对于每一个 $x\in\mathbb{R}$，存在某一个邻域 U，使得 $\mathcal{F}$ 的所有函数的导数在这个邻域 U 上是一致有界的. [即存在 M，使得对于所有 $y\in U$ 和所有 $f\in\mathcal{F}$ 有 $|f'(y)|\leqslant M$.[①]]证明 $\mathcal{F}$ 是等度连续的.

---

① 方括号中这个注释原文处理不妥，容易引起误解. 译文中的 $y\in U$ 在原文中是 $x\in U$，译文中的 $|f'(y)|\leqslant M$ 在原文中是 $|f'(x)|\leqslant M$. ——译者注

3. 证明：

定理(Arzela 定理) 设 X 紧致的，并且 $f_n \in \mathcal{C}(X, \mathbb{R}^k)$. 若族$\{f_n\}$是点态有界的和等度连续的，则序列 f_n 有一个一致收敛的子序列.

4. (a)设函数 f_n：$I \to \mathbb{R}$ 定义为 $f_n(x)=x^n$. 集合 $\mathcal{F}=\{f_n\}$是点态有界的，但序列(f_n)没有一致收敛的子序列，在哪个或哪些点处 $\mathcal{F}$ 不是等度连续的?

(b)针对第 21 节的习题 9 中定义的函数 f_n 再次讨论(a)的情况.

5. 设 X 是一个空间. $\mathcal{C}(X, \mathbb{R})$的子集 $\mathcal{F}$ 称为**在无穷远处一致蜕化**(vanish uniformly at infinity)，如果给定 $\varepsilon>0$，存在 X 的一个紧致子集 C，使得对于每一个 $x \in X-C$ 及 $f \in \mathcal{F}$，有 $|f(x)|<\varepsilon$. 如果 $\mathcal{F}$ 仅由一个函数 f 组成，则称 f **在无穷远处蜕化**(vanishes at infinity). 用$\mathcal{C}_0(X, \mathbb{R})$表示在无穷远处蜕化的连续函数 f：$X \to \mathbb{R}$ 的族.

定理 设 X 是局部紧致的 Hausdorff 空间，赋予 $\mathcal{C}_0(X, \mathbb{R})$一致拓扑. $\mathcal{C}_0(X, \mathbb{R})$的子集 $\mathcal{F}$ 有紧致闭包，当且仅当它是点态有界的和等度连续的，并且在无穷远处一致蜕化.

[提示：用 Y 表示 X 的单点紧致化，证明若赋予 $\mathcal{C}_0(X, \mathbb{R})$和$\mathcal{C}(Y, \mathbb{R})$上确界度量，则 $\mathcal{C}_0(X, \mathbb{R})$等距于$\mathcal{C}(Y, \mathbb{R})$的一个闭子空间.]

6. 在 Ascoli 定理的证明中将$\mathbb{R}^n$统统换为任意一个度量空间，只要求它满足条件：其中的所有闭的有界子空间都是紧致的. 证明结论依然成立.

*7. 设(X, d)是一个度量空间. 如果 $A \subset X$ 和 $\varepsilon>0$，令 $U(A, \varepsilon)$表示 A 的 ε-邻域. 令 $\mathcal{H}$ 为 X 的所有(非空)有界闭子集的族. 如果 $A, B \in \mathcal{H}$，定义

$$D(A,B) = \inf\{\varepsilon \mid A \subset U(B,\varepsilon) \text{ 并且 } B \subset U(A,\varepsilon)\}.$$

(a)证明：D 是 $\mathcal{H}$ 的一个度量，称之为 **Hausdorff 度量**(Hausdorff metric).

(b)证明：如果(X, d)是完备的，则$(\mathcal{H}, D)$也是完备的. [提示：设 A_n 为 $\mathcal{H}$ 中的一个 Cauchy 序列. 用过渡到子序列的办法，假定 $D(A_n, A_{n+1})<1/2^n$. 定义 A 为序列 x_1，x_2，…的极限点的集合，要求这些序列 x_1，x_2，…满足条件：对于每一个 i，$x_i \in A_i$，并且 $d(x_i, x_{i+1})<1/2^i$. 证明 $A_n \to \bar{A}$.]

(c)证明：若(X, d)是完全有界的，则$(\mathcal{H}, D)$也是完全有界的. [提示：给定 ε，选取 $\delta<\varepsilon$，并且令 S 是 X 的一个有限子集，使得族$\{B_d(x, \delta) \mid x \in S\}$覆盖 X. 设 $\mathcal{A}$ 是 S 的所有非空子集构成的族. 证明$\{B_D(A, \varepsilon) \mid A \in \mathcal{A}\}$覆盖 $\mathcal{H}$.]

(d)**定理** 若 X 关于度量 d 是紧致的，则 $\mathcal{H}$ 关于 Hausdorff 度量 D 也是紧致的.

*8. 设(X, d_X)和(Y, d_Y)都是度量空间，赋予 $X \times Y$ 相应的平方度量，用 $\mathcal{H}$ 表示 $X \times Y$ 关于 Hausdorff 度量 D 的所有(非空)有界闭子集的族. 关于一致度量，考虑空间 $\mathcal{C}(X, Y)$. 设映射 gr：$\mathcal{C}(X, Y) \to \mathcal{H}$是在每一个连续函数 f：$X \to Y$ 上，取值为函数 f 的图像

$$G_f = \{x \times f(x) \mid x \in X\}$$

的那个函数.

(a)证明映射 gr 是单射，并且一致连续.

(b)用 $\mathcal{H}_0$ 表示映射 gr 的像集，设 g：$\mathcal{C}(X, Y) \to \mathcal{H}_0$ 是由 gr 得到的一个满射. 证明若 f：$X \to Y$ 是一致连续的，则映射 g^{-1} 在点 G_f 处是连续的.

(c)举一个映射 g^{-1} 在点 G_f 处不连续的例子.

(d)**定理**　若 X 是紧致的，则 gr：$\mathcal{C}(X, Y)\to\mathcal{H}$ 是一个嵌入.

46　点态收敛和紧致收敛

空间 Y^X 和 $\mathcal{C}(X, Y)$ 除了一致拓扑之外，还有其他一些有用的拓扑. 现在我们要讨论其中的三个：点态收敛拓扑、紧致收敛拓扑以及紧致开拓扑.

定义　给定集合 X 的一个点 x 以及空间 Y 的一个开集 U，令

$$S(x,U)=\{f \mid f\in Y^X \text{ 和 } f(x)\in U\}.$$

所有集合 $S(x, U)$ 构成 Y^X 的拓扑的一个子基，这个拓扑称为**点态收敛拓扑**(topology of pointwise convergence)或**点开拓扑**(point-open topology).

这个拓扑的一般基元素是子基元素 $S(x, U)$ 的有限交. 因此，包含函数 f 的一个典型的基元素就是由所有在有限多点处"接近" f 的函数 g 组成. 这样的邻域如图 46.1 所示，它由所有函数图像与所给三个垂直区间都相交的函数构成.

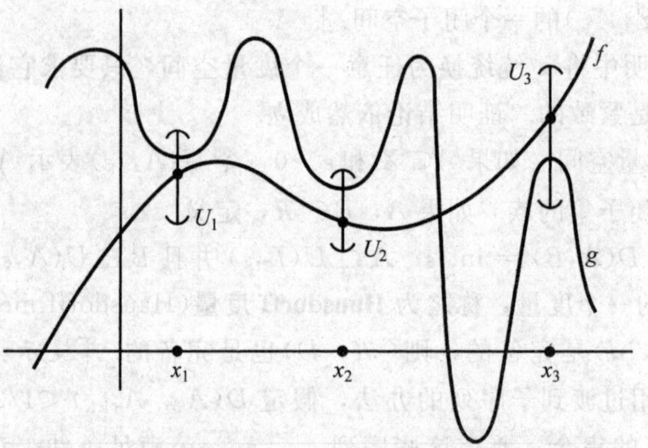

图　46.1

Y^X 上的点态收敛拓扑并非新鲜事物，它就是我们早已研究过的积拓扑. 如果我们用 J 代替 X，将 J 的一般元素记为 α，这样看起来就更加熟悉了. 这时，使得 $\mathbf{x}(\alpha)\in U$ 的所有函数 $\mathbf{x}$：$J\to Y$ 构成的集合 $S(\alpha, U)$ 恰好就是 Y^J 的子集 $\pi_\alpha^{-1}(U)$，而它也正好就是积拓扑的标准子基元素.

称其为点态收敛拓扑的理由缘于以下定理：

定理 46.1　在点态收敛拓扑下，函数序列 f_n 收敛于函数 f，当且仅当对于每一个点 $x\in X$，Y 中点的序列 $f_n(x)$ 收敛于点 $f(x)$.

证　这是引理 43.3 所证明的积拓扑中的一个一般性的事实，在这里只是使用函数空间记号重新陈述一遍. ■

例 1　考虑空间 $\mathbb{R}^I$，其中 $I=[0, 1]$，定义为 $f_n(x)=x^n$ 的连续函数序列 (f_n) 在点态收敛拓扑下收敛于函数 f，其中 f 的定义为

$$f(x)=\begin{cases}0 & \text{对于 } 0\leqslant x<1,\\ 1 & \text{对于 } x=1.\end{cases}$$

这个例子说明，在点态收敛拓扑下，连续函数的子空间$\mathcal{C}(I, \mathbb{R})$不是$\mathbb{R}^I$中的闭集. ■

我们知道，若一个连续函数序列(f_n)在一致拓扑下收敛，则极限必定是连续的. 然而上面这个例子说明，一个序列仅在点态收敛拓扑下收敛，却未必有连续的极限. 人们可能要问，是否存在某一个拓扑介于这两个拓扑之间，仍能保证连续函数的收敛序列有连续的极限呢？答案是肯定的. 只要对空间X加一点限制，而且这个限制还相当宽泛，即要求X是紧致生成的. 如果在以下定义的紧致收敛拓扑下，(f_n)收敛于f，就足以保证f是连续的了.

定义 设(Y, d)是一个度量空间，X是一个拓扑空间. 给定Y^X的一个元素f，X的一个紧致子空间C以及一个数$\varepsilon>0$，令$B_C(f, \varepsilon)$表示Y^X中所有满足下式的元素g构成的集合：

$$\sup\{d(f(x),g(x)) \mid x \in C\} < \varepsilon.$$

这些集合$B_C(f, \varepsilon)$组成了Y^X的一个拓扑基. 我们称这个拓扑为**紧致收敛拓扑**(topology of compact convergence)(有时也称它为“紧致集合上的一致收敛拓扑”).

易见这些集合$B_C(f, \varepsilon)$满足作为基的条件. 最关键的一步是注意，若$g\in B_C(f, \varepsilon)$，则对

$$\delta = \varepsilon - \sup\{d(f(x),g(x)) \mid x \in C\},$$

有$B_C(g, \delta)\subset B_C(f, \varepsilon)$.

这个拓扑与前面的拓扑不同，在这个拓扑中包含f的基元素由具有下述特点的函数组成：它不是仅在有限多个点上“接近”f，而是在某一个紧致集的所有点上“接近”f.

采用这个术语的合理性来自以下定理. 这个定理的证明是直接的.

定理 46.2 函数序列f_n: $X\to Y$关于紧致收敛拓扑收敛于函数f，当且仅当对X的每一个紧致子空间C，序列$f_n \mid C$一致收敛于$f \mid C$.

定义 空间X称为**紧致生成的**(compactly generated)，如果X的一个子集A满足条件：对于X的每一个紧致子空间C，$A\cap C$是C中一个开集，则A是X中的一个开集.

这个条件等价于：如果对于每一个紧致子集C，$B\cap C$是C中闭集，那么集合B是X中闭集. 这是对空间的一种相当宽泛的限制，因为许多熟知的空间都是紧致生成的. 例如以下引理.

引理 46.3 若X是局部紧致的，或者X满足第一可数性公理，则X是紧致生成的.

证 设X是局部紧致的，对于X的每一个紧致子空间C，$A\cap C$是C的一个开集，我们证明A是X的一个开集. 给定$x\in A$，选取x的一个邻域U，使它包含于X的某一个紧致子空间C中. 根据假设，由于$A\cap C$是C的一个开集，所以$A\cap U$是U的一个开集，从而也是X的一个开集. 于是$A\cap U$就是x的一个包含在A中的邻域，所以A是X的一个开集.

设X满足第一可数性公理，如果对于X的每一个紧致子集C，$B\cap C$是C的一个闭集，我们证明B也是X的一个闭集. 设x是$\bar{B}$的一个点，下面证明$x\in B$. 因为X在点x处有可数基，所以存在B中点的一个序列(x_n)收敛于x. 子空间

$$C = \{x\} \cup \{x_n \mid n \in \mathbb{Z}_+\}$$

是紧致的. 因此根据假定$B\cap C$是C的一个闭集. 又因为对于每一个n，$B\cap C$包含x_n，所以它也必包含x，从而$x\in B$. ■

关于紧致生成空间的一个关键性的结论是：

引理 46.4　若 X 是紧致生成的，则函数 $f: X \to Y$ 只要对于 X 的每一个紧致子空间 C，$f|C$ 是连续的，f 便是连续的.

证　设 V 是 Y 的一个开子集，我们证明 $f^{-1}(V)$ 是 X 中的开子集. 给定 X 的任意一个子空间 C，

$$f^{-1}(V) \cap C = (f \mid C)^{-1}(V).$$

如果 C 是紧致的，由 $f|C$ 是连续的，可见这个集合是 C 的一个开集. 因为 X 是紧致生成的，所以 $f^{-1}(V)$ 是 X 的一个开集. ∎

定理 46.5　设 X 是一个紧致生成的空间，(Y, d) 是一个度量空间，则 $\mathcal{C}(X, Y)$ 关于紧致收敛拓扑是 Y^X 的一个闭集.

证　设 $f \in Y^X$ 是 $\mathcal{C}(X, Y)$ 的一个极限点，我们证明 f 连续. 只需证明，对于 X 的每一个紧致子集 C，$f|C$ 是连续的. 对于每一个 n，考虑 f 的邻域 $B_C(f, 1/n)$，因为它和 $\mathcal{C}(X, Y)$ 相交，所以可以选出一个函数 $f_n \in \mathcal{C}(X, Y)$ 包含在这一邻域中. 函数序列 $f_n | C: C \to Y$ 一致收敛于函数 $f|C$，因而根据一致极限定理，$f|C$ 连续. ∎

推论 46.6　设 X 是一个紧致生成的空间，(Y, d) 是一个度量空间. 如果一个连续函数序列 $f_n \in \mathcal{C}(X, Y)$ 在紧致收敛拓扑下收敛于函数 f，那么 f 是连续的.

当 Y 是一个度量空间时，我们在函数空间 Y^X 上有三个拓扑. 这三者之间的关系可由下述定理来予以说明，它的证明是直接的.

定理 46.7　设 X 是一个空间，(Y, d) 是一个度量空间. 对于函数空间 Y^X 上的三种拓扑之间有以下包含关系：

$$(\text{一致拓扑}) \supset (\text{紧致收敛拓扑}) \supset (\text{点态收敛拓扑}).$$

如果 X 是紧致的，则前两个拓扑是一致的. 如果 X 是离散的，则后两个拓扑是一致的.

一致拓扑与紧致收敛拓扑的定义都涉及到空间 Y 上的度量 d，但点态收敛拓扑却不需要. 事实上，它的定义是针对任意空间 Y 的. 这样自然就会产生疑问：是否其他两个拓扑中的哪一个可以扩展为对任意拓扑空间 Y 有定义呢？对于从 X 映入 Y 的所有函数构成的空间 Y^X，这个问题还没有满意的答案. 但是，对于连续函数空间 $\mathcal{C}(X, Y)$，却可以得到一些结果. 我们在 $\mathcal{C}(X, Y)$ 上定义一种拓扑，即紧致开拓扑. 可见若 Y 是一个度量空间，则这个拓扑就与紧致收敛拓扑一致. 如我们将要看到的，紧致开拓扑本身十分重要.

定义　设 X 和 Y 是两个拓扑空间. 如果 C 是 X 的一个紧致子空间，U 是 Y 的一个开子集，定义

$$S(C,U) = \{f \mid f \in \mathcal{C}(X,Y) \text{ 和 } f(C) \subset U\}.$$

集合 $S(C, U)$ 形成 $\mathcal{C}(X, Y)$ 的某一个拓扑的子基，这个拓扑就称为**紧致开拓扑**(compact-open topology).

根据定义易见，紧致开拓扑一般比点态收敛拓扑更细，是可以定义在整个空间 Y^X 上的. 但我们关心的只是子空间 $\mathcal{C}(X, Y)$，所以只考虑这个空间.

定理 46.8　设 X 是一个空间，(Y, d) 是一个度量空间. 对于空间 $\mathcal{C}(X, Y)$ 来说，紧致开拓扑与紧致收敛拓扑一致.

证 如果A是Y的一个子集，$\varepsilon>0$，我们用$U(A,\varepsilon)$表示A的ε-邻域. 如果A是紧致的，V是包含A的一个开集，于是存在$\varepsilon>0$，使得$U(A,\varepsilon)\subset V$. 事实上，所求的$\varepsilon$就是函数$d(a,X-V)$的极小值.

首先，我们证明紧致收敛拓扑比紧致开拓扑细. 设$S(C,U)$是紧致开拓扑的一个子基元素，而f是$S(C,U)$中的一个元素，由于f连续，所以$f(C)$是开集U的一个紧致子集. 因此，我们可以选取ε，使得$f(C)$的ε-邻域包含在U中，于是

$$B_C(f,\varepsilon)\subset S(C,U).$$

我们证明紧致开拓扑比紧致收敛拓扑细. 设$f\in\mathcal{C}(X,Y)$. 对于紧致收敛拓扑包含f的一个开集，则它包含一个形如$B_C(f,\varepsilon)$的基元素，下面我们找出紧致开拓扑的一个包含f的基元素，使它包含于$B_C(f,\varepsilon)$中.

X的每一点x都有一个邻域V_x，使得$f(\bar{V}_x)$包含在Y的一个直径小于ε的开集U_x中. [例如，选取V_x，使$f(V_x)$包含在$f(x)$的$\varepsilon/4$-邻域中，则$f(\bar{V}_x)$包含在$f(x)$的$\varepsilon/3$-邻域中，这个邻域的直径最多是$2\varepsilon/3$.]用有限多个这种集合V_x，譬如$x=x_1,\cdots,x_n$来覆盖C. 令$C_x=\bar{V}_x\cap C$，于是C_x为紧致子集，并且基元素

$$S(C_{x_1},U_{x_1})\cap\cdots\cap S(C_{x_n},U_{x_n})$$

包含f，并且被$B_C(f,\varepsilon)$所包含. ■

推论 46.9 设Y是一个度量空间. $\mathcal{C}(X,Y)$的紧致收敛拓扑与Y的度量无关. 因此，若X是紧致的，则$\mathcal{C}(X,Y)$的一致拓扑与Y的度量无关.

紧致开拓扑的定义不涉及度量，这恰是它的一个有用的特征. 同时它还满足"联合连续性"的要求. 粗略地说就是，$f(x)$不仅对单变量x是连续的，而且在变量x和f同时改变时，仍然是连续的. 确切地说来，便是下面的定理.

定理 46.10 设X是一个局部紧致的Hausdorff空间，$\mathcal{C}(X,Y)$有紧致开拓扑. 映射

$$e:X\times\mathcal{C}(X,Y)\longrightarrow Y$$

定义为

$$e(x,f)=f(x),$$

它是连续的.

这个映射e称为**赋值映射**(evaluation map).

证 给定$X\times\mathcal{C}(X,Y)$的一个点(x,f)，设V是Y中包含像点$e(x,f)=f(x)$的一个开集，我们希望找到一个包含(x,f)的开集，使得e将其映射到V中. 首先，应用f的连续性以及X是局部紧致的Hausdorff空间这一事实，可以选取一个包含x的开集U，使得U有紧致的闭包$\bar{U}$，并且f将$\bar{U}$映射到V中. 考虑$X\times\mathcal{C}(X,Y)$中的开集$U\times S(\bar{U},V)$. 它是包含(x,f)的一个开集，并且若(x',f')属于这个集合，则$e(x',f')=f'(x')$属于集合V. ■

这个定理的一个推论如下，它在代数拓扑中是很有用的.

定义 如果给定了一个函数$f: X\times Z\to Y$，我们便有一个相应的函数$F: Z\to\mathcal{C}(X,Y)$，其定义为

$$(F(z))(x)=f(x,z).$$

反之，如果给定 $F: Z \to \mathcal{C}(X, Y)$，那么这个等式又定义了与之相应的函数 $f: X\times Z \to Y$. 我们称从 Z 到 $\mathcal{C}(X, Y)$ 中的映射 F 是**由 f 诱导的**(induced by f).

***定理 46.11**　设 X 和 Y 是两个空间，赋予 $\mathcal{C}(X, Y)$ 紧致开拓扑. 若 $f: X\times Z\to Y$ 是连续的，则由 f 诱导的映射 $F: Z\to\mathcal{C}(X, Y)$ 也是连续的. 进而，若 X 是局部紧致的 Hausdorff 空间，则其逆命题也成立.

证　我们先假设 F 是连续的，X 是一个局部紧致的 Hausdorff 空间，那么 f 是连续的. 因为 f 等于复合

$$X\times Z \xrightarrow{i_X\times F} X\times\mathcal{C}(X,Y) \xrightarrow{e} Y,$$

其中 i_X 是 X 上的恒等映射.

现在设 f 是连续的，为了证明 F 的连续性，我们取 Z 的一个点 z_0 和 $\mathcal{C}(X, Y)$ 中的包含 $F(z_0)$ 的一个子基元素 $S(C, U)$. 下面寻找 z_0 的一个邻域 W，使得 F 可以将 W 映射到 $S(C, U)$ 中. 这样就完成了证明.

所谓 $F(z_0)$ 属于 $S(C, U)$，即是说，对任意 $x\in C$，有 $(F(z_0))(x)=f(x, z_0)$ 属于 U. 也就是说 $f(C\times z_0)\subset U$. f 的连续性蕴涵着 $f^{-1}(U)$ 是 $X\times Z$ 中包含 $C\times z_0$ 的一个开集，因此

$$f^{-1}(U)\cap(C\times Z)$$

是 $C\times Z$ 中包含 $C\times z_0$ 的开集. 根据第 26 节中的管状引理可见，在 Z 中存在 z_0 的一个邻域 W，使得 $C\times W$ 包含于 $f^{-1}(U)$，如图 46.2 所示. 于是对于 $z\in W$ 和 $x\in C$，有 $f(x, z)\in U$. 从而 $F(W)\subset S(C, U)$.

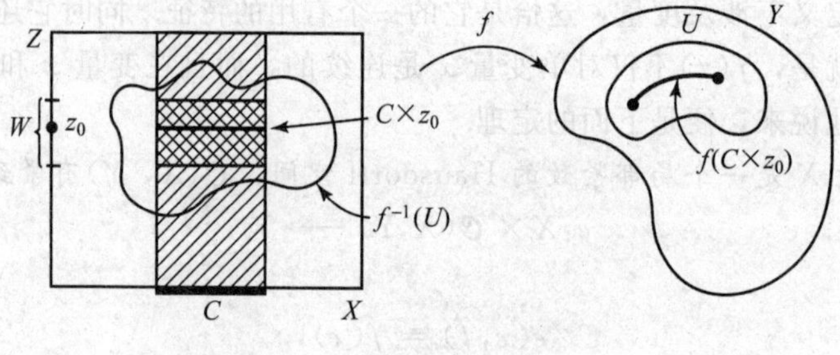

图　46.2

■

我们来简略地讨论一下紧致开拓扑与同伦这个概念之间的关系，其中同伦将在代数拓扑中涉及.

如果 f 和 g 是从 X 到 Y 的两个连续映射，我们说 f 和 g 是同伦的，如果存在一个连续映射

$$h: X\times[0,1]\longrightarrow Y,$$

使得对于所有的 $x\in X$ 有 $h(x, 0)=f(x)$ 和 $h(x, 1)=g(x)$. 映射 h 称为 f 和 g 之间的一个同伦.

粗略地说，一个同伦就是从 X 到 Y 的映射构成的一个"连续单参数族". 更准确些讲，一个同伦 h 给出一个映射

$$H: [0,1]\longrightarrow\mathcal{C}(X,Y),$$

对于每一个参数 $t\in[0, 1]$，它对应着从 X 到 Y 的一个连续映射. 假设 X 是局部紧致的

Hausdorff 空间，我们知道，h 连续当且仅当 H 连续. 这就意味着连续映射 f 和 g 之间的一个同伦 h，恰好对应着函数空间 $\mathcal{C}(X, Y)$ 中连接 $\mathcal{C}(X, Y)$ 的点 f 和 g 的一条道路.

我们将在本书的第二部分更详细地研究同伦的概念.

习题

1. 证明：所有集合 $B_C(f, \varepsilon)$ 形成 Y^X 的某一个拓扑的基.
2. 证明定理 46.7.
3. 证明有界函数 $f: \mathbb{R} \to \mathbb{R}$ 构成的集合 $\mathcal{B}(\mathbb{R}, \mathbb{R})$ 关于一致拓扑是 $\mathbb{R}^{\mathbb{R}}$ 的闭集，但在紧致收敛拓扑下却不是.
4. 考虑定义为
$$f_n(x) = x/n$$
的连续函数序列 $f_n: \mathbb{R} \to \mathbb{R}$ 在定理 46.7 中提到的三个拓扑中，关于哪个拓扑是收敛的？对于第 21 节的习题 9 中所给定的序列，情况又如何呢？
5. 考虑定义为
$$f_n(x) = \sum_{k=1}^{n} kx^k$$
的函数序列 $f_n: (-1, 1) \to \mathbb{R}$
(a) 证明 (f_n) 关于紧致收敛拓扑是收敛的，并且极限函数是连续的.（这是关于幂级数的一个一般性结论.）
(b) 证明 (f_n) 关于一致拓扑不收敛.
6. 证明：关于紧致开拓扑，如果 Y 是 Hausdorff 的，则 $\mathcal{C}(X, Y)$ 也是 Hausdorff 的. 如果 Y 是正则的，则 $\mathcal{C}(X, Y)$ 也是正则的.［提示：如果 $\overline{U} \subset V$，则 $\overline{S(C, U)} \subset S(C, V)$.］
7. 证明：如果 Y 是局部紧致的 Hausdorff 空间，只要全都使用紧致开拓扑，那么复合映射
$$\mathcal{C}(X,Y) \times \mathcal{C}(Y,Z) \longrightarrow \mathcal{C}(X,Z)$$
是连续的.［提示：如果 $g \circ f \in S(C, U)$，找出 V，使得 $f(C) \subset V$ 和 $g(\overline{V}) \subset U$ 成立.］
8. 设 $\mathcal{C}'(X, Y)$ 表示关于某拓扑 $\mathcal{T}$ 的集合 $\mathcal{C}(X, Y)$. 证明：如果赋值映射
$$e: X \times \mathcal{C}'(X,Y) \longrightarrow Y$$
连续，则 $\mathcal{T}$ 包含紧致开拓扑.［提示：诱导映射 $E: \mathcal{C}'(X, Y) \to \mathcal{C}(X, Y)$ 是连续的.］
9. 这是定理 46.11 在商映射上的一个（意外的）应用.（参照第 29 节的习题 11.）
定理 *如果 $p: A \to B$ 是一个商映射，并且 X 是局部紧致的 Hausdorff 空间，那么 $i_X \times p: X \times A \to X \times B$ 是一个商映射.*
证明：
(a) 设 Y 是由 $i_X \times p$ 诱导的商空间，$q: X \times A \to Y$ 是一个商映射. 证明存在一个连续的一一映射 $f: Y \to X \times B$，使得 $f \circ q = i_X \times p$.
(b) 设 $g = f^{-1}$，$G: B \to \mathcal{C}(X, Y)$ 和 $Q: A \to \mathcal{C}(X, Y)$ 分别是由 g 和 q 诱导的映射. 证明 $Q = G \circ p$.
(c) 证明 Q 是连续的. 推证 G 是连续的，因此 g 是连续的.

*10. 一个空间称为局部紧致的，如果存在它的一个开覆盖，这个开覆盖中的每一个开集都包含于 X 的某一个紧致子集中．一个空间称为**σ-紧致的**(σ-compact)，如果它能被可数多个这样的开集覆盖．

(a)证明：若 X 是局部紧致的，并且是第二可数的，则它是 σ-紧致的．

(b)设(Y, d)是一个度量空间．证明：如果 X 是σ-紧致的，那么对 Y^X 上的紧致收敛拓扑，存在一个度量使得若(Y, d)是完备的，则 Y^X 在此度量下也是完备的．[提示：设 A_1，A_2，…是 X 中的可数个紧致子空间构成的族，并且这些紧致子空间的内部构成了 X 的一个覆盖．用 Y_i 表示所有从 A_i 到 Y 的映射构成的集合，并赋予其一致拓扑．定义 Y^X 和积空间 $Y_1 \times Y_2 \times \cdots$ 的一个闭子空间之间的一个同胚．]

11. 设(Y, d)是一个度量空间，X 是一个空间．定义 $\mathcal{C}(X, Y)$的一个拓扑如下：给定 $f \in \mathcal{C}(X, Y)$和 X 上的一个正的连续函数 δ：$X \to \mathbb{R}_+$，令

$$B(f,\delta) = \{g \mid d(f(x),g(x)) < \delta(x), \text{对于所有 } x \in X\}.$$

(a)证明这些集合 $B(f, \delta)$构成了$\mathcal{C}(X, Y)$的某个拓扑的一个基．将这个拓扑称为**细拓扑**(fine topology)．

(b)证明细拓扑包含一致拓扑．

(c)若 X 是紧致的，则细拓扑和一致拓扑是一致的．

(d)证明若 X 是离散的，则$\mathcal{C}(X, Y) = Y^X$，并且细拓扑和箱拓扑一致．

47 Ascoli 定理

我们现在来证明 Ascoli 定理的一般形式，它刻画了关于紧致收敛拓扑$\mathcal{C}(X, Y)$的紧致子空间．然而，这个证明涉及函数空间的三种标准拓扑，即点态收敛拓扑、紧致收敛拓扑和一致拓扑．

定理 47.1[Ascoli 定理(Ascoli theorem)] 设 X 是一个空间，(Y, d)是一个度量空间．赋予$\mathcal{C}(X, Y)$紧致收敛拓扑．设 $\mathcal{F}$ 是$\mathcal{C}(X, Y)$的一个子集．

(a)若 $\mathcal{F}$ 关于 d 是等度连续的，并且集合

$$\mathcal{F}_a = \{f(a) \mid f \in \mathcal{F}\}$$

对于每一个 $a \in X$ 有紧致闭包，则 $\mathcal{F}$ 包含于$\mathcal{C}(X, Y)$的一个紧致子空间中．

(b)若 X 是一个局部紧致的 Hausdorff 空间，则逆命题成立．

证 (a)的证明．赋予 Y^X 积拓扑，它与点态收敛拓扑是一致的．从而 Y^X 是一个 Hausdorff 空间．空间$\mathcal{C}(X, Y)$有紧致收敛拓扑，它不是 Y^X 的子空间．设$\mathcal{G}$是 $\mathcal{F}$ 在 Y^X 中的闭包．

第一步．证明$\mathcal{G}$是 Y^X 的一个紧致子空间．给定 $a \in X$，令 C_a 表示 $\mathcal{F}_a$ 在 Y 中的闭包．根据假设条件可见，C_a 是 Y 的一个紧致子空间．集合 $\mathcal{F}$ 包含于积空间

$$\prod_{a \in X} C_a,$$

因为根据定义，这个积空间由满足以下条件的所有函数 f：$X \to Y$ 构成：对于所有 a，有 $f(a) \in C_a$．根据 Tychonoff 定理，这个积空间是紧致的，它是 Y^X 的一个闭子空间．因为$\mathcal{G}$是 $\mathcal{F}$ 在 Y^X 中的闭包，所以$\mathcal{G}$包含于 ΠC_a 中，并且是闭的．从而$\mathcal{G}$是紧致的．

第二步. 证明$\mathscr{G}$中的每一个函数都是连续的，并且$\mathscr{G}$关于 d 是等度连续的.

给定 $x_0\in X$ 和$\varepsilon>0$，选取 x_0 的一个邻域U，使得

$$d(f(x),f(x_0))<\varepsilon/3 \quad \text{对于所有 } f\in\mathscr{F} \text{ 和所有 } x\in U. \qquad (*)$$

下面将证明对于所有 $g\in\mathscr{G}$和 $x\in U$，有 $d(g(x),\ g(x_0))<\varepsilon$. 从而$\mathscr{G}$是等度连续的.

设 $g\in\mathscr{G}$，x 是 U 的一个点. 定义 V_x 是 Y^X 中所有元素 h 构成的一个开集，其中 h 满足条件

$$d(h(x),g(x))<\varepsilon/3 \text{ 和 } d(h(x_0),g(x_0))<\varepsilon/3. \qquad (**)$$

因为 g 属于$\mathscr{F}$ 的闭包，所以 g 的邻域 V_x 必然包含$\mathscr{F}$ 的一个元素 f，对于($*$)和($**$)使用三角不等式，可见 $d(g(x),\ g(x_0))<\varepsilon$.

第三步. 证明 Y^X 上的积拓扑和$\mathcal{C}(X,\ Y)$上的紧致收敛拓扑在子集$\mathscr{G}$上是一致的.

一般地，紧致收敛拓扑要比积拓扑细. 我们证明对于子集$\mathscr{G}$，相反的蕴涵关系也成立. 令 g 为$\mathscr{G}$的一个元素，令 $B_C(g,\ \varepsilon)$是 Y^X 上紧致收敛拓扑的包含 g 的一个基元素，要找到 Y^X 上点态收敛拓扑的一个包含 g 的基元素 B，使得

$$[B\cap\mathscr{G}]\subset[B_C(g,\varepsilon)\cap\mathscr{G}].$$

应用$\mathscr{G}$的等度连续性和 C 的紧致性，可以选出 X 的有限多个开集 U_1，…，U_n 覆盖 C，要求 U_1，…，U_n 分别包含点 x_1，…，x_n，并且对于每一个 i，有

$$d(g(x),g(x_i))<\varepsilon/3$$

其中 $x\in U_i$，$g\in\mathscr{G}$. 定义 Y^X 的基元素 B 为

$$B=\{h\mid h\in Y^X \text{ 和 } d(h(x_i),g(x_i))<\varepsilon/3, i=1,\cdots,n\}.$$

下面证明若 h 是 $B\cap\mathscr{G}$ 中的一个元素，则 h 便属于 $B_C(g,\ \varepsilon)$. 也就是证明，对于 $x\in C$ 有 $d(h(x),\ g(x))<\varepsilon$. 给定 $x\in C$，选取 i 使得 $x\in U_i$. 由于 $x\in U_i$ 和 g，$h\in\mathscr{G}$，所以有

$$d(h(x),h(x_i))<\varepsilon/3 \text{ 和 } d(g(x),g(x_i))<\varepsilon/3.$$

由于 $h\in B$，所以

$$d(h(x_i),g(x_i))<\varepsilon/3.$$

从而根据三角不等式可见 $d(h(x),\ g(x))<\varepsilon$.

第四步. 完成证明. 集合$\mathscr{G}$包含$\mathscr{F}$并且包含于$\mathcal{C}(X,\ Y)$，并且它是 Y^X 关于积拓扑的一个紧致子空间. 根据刚刚证明的结论，它也是$\mathcal{C}(X,\ Y)$关于紧致收敛拓扑的一个紧致子空间.

(b)的证明. 设$\mathscr{H}$是$\mathcal{C}(X,\ Y)$中包含$\mathscr{F}$ 的一个紧致子空间. 下面证明$\mathscr{H}$是等度连续的，并且对于每一个 $a\in X$，$\mathscr{H}_a$ 是紧致的. 由此可见$\mathscr{F}$ 是等度连续的(由于$\mathscr{F}\subset\mathscr{H}$)，以及$\mathscr{F}_a$ 包含于 Y 的紧致子空间$\mathscr{H}_a$，从而$\overline{\mathscr{F}}_a$ 是紧致的.

为了证明$\mathscr{H}_a$ 是紧致的，考虑以下映射的复合：

$$j:\mathcal{C}(X,Y)\longrightarrow X\times\mathcal{C}(X,Y),$$

其中 $j(f)=a\times f$，以及赋值映射

$$e:X\times\mathcal{C}(X,Y)\longrightarrow Y,$$

其中 $e(x\times f)=f(x)$. 显然映射 j 是连续的，根据定理 46.8 和定理 46.10 可见，映射 e 也是连续的. 复合映射 $e\circ j$ 将$\mathscr{H}$映到$\mathscr{H}_a$ 中，因为$\mathscr{H}$是紧致的，所以$\mathscr{H}_a$ 也是紧致的.

现在我们来证明$\mathcal{H}$在a点关于度量d是等度连续的．设A是X的一个紧致子空间，包含a的一个邻域．下面只需证明$\mathcal{C}(A, Y)$的子集

$$\mathcal{R}=\{f \mid A; f \in \mathcal{H}\}$$

在a点处是等度连续的．

赋予$\mathcal{C}(A, Y)$紧致收敛拓扑，下面证明限制映射

$$r: \mathcal{C}(X,Y) \longrightarrow \mathcal{C}(A,Y)$$

是连续的．设f是$\mathcal{C}(X, Y)$中的一个元素，$B=B_C(f \mid A, \varepsilon)$是$\mathcal{C}(X, Y)$的包含$f \mid A$的一个基元素，其中$C$是$A$的一个紧致子空间．那么$C$是$X$的一个紧致子空间，并且$r$将$\mathcal{C}(X, Y)$中$f$的邻域$B_C(f, \varepsilon)$映到$B$中．

映射r将$\mathcal{H}$映到$\mathcal{R}$上．因为$\mathcal{H}$是紧致的，所以$\mathcal{R}$也是紧致的．$\mathcal{R}$是$\mathcal{C}(A, Y)$的一个子空间，因为A是紧致的，紧致收敛拓扑和一致收敛拓扑在$\mathcal{C}(A, Y)$上是一致的．根据定理45.1可见，$\mathcal{R}$关于$\mathcal{C}(A, Y)$的一致度量是完全有界的．从而根据引理45.2可见，$\mathcal{R}$相对于度量d是等度连续的．■

至于Ascoli定理的更为一般的形式可以在[K]或[Wd]中找到．在那里并没有要求Y是一个度量空间，仅仅假定它有所谓的**一致结构**．这种一致结构是度量概念的一种推广．

Ascoli定理在分析中有很多应用，这已超出本书的范围．可以在[K-F]中找到一些这样的应用．

习题

1. 以下所列举的$\mathcal{C}(\mathbb{R}, \mathbb{R})$的一些子集中哪些是点态有界的？哪些是等度连续的？
   (a)族$\{f_n\}$，其中$f_n(x)=x+\sin nx$.
   (b)族$\{g_n\}$，其中$g_n(x)=n+\sin x$.
   (c)族$\{h_n\}$，其中$h_n(x)=|x|^{1/n}$.
   (d)族$\{k_n\}$，其中$k_n(x)=n\sin(x/n)$.
2. 证明：
   定理　若X是一个局部紧致的Hausdorff空间，则$\mathcal{C}(X, \mathbb{R}^n)$关于紧致收敛拓扑的子空间$\mathcal{F}$有紧致闭包，当且仅当在$\mathbb{R}^n$的任意一个标准度量下，$\mathcal{F}$是点态收敛的并且等度连续的.
3. 证明：当X是一个Hausdorff空间时，Ascoli定理的一般形式蕴涵经典形式(定理45.4).
4. 证明：
   定理(Arzela定理，一般形式)．设X是一个σ-紧致的Hausdorff空间，$f_n: X \to \mathbb{R}^k$是一个函数序列．若$\{f_n\}$是点态有界的和等度连续的，则序列f_n存在一个子序列，它关于紧致收敛拓扑收敛到一个连续函数.
   [提示：证明$\mathcal{C}(X, \mathbb{R}^k)$是第一可数的.]
5. 设(Y, d)是一个度量空间，$f_n: X \to Y$是一个连续函数序列，$f: X \to Y$是一个函数(不必是连续的)．设关于点态收敛拓扑f_n收敛到f．证明，若$\{f_n\}$是等度连续的，则f是连续的，并且f_n关于紧致收敛拓扑收敛到f.

第 8 章 Baire 空间和维数论

本章我们介绍一类称为 Baire 空间的拓扑空间. 要陈述定义 Baire 空间的条件并不容易，但它却在分析学和拓扑学中有广泛应用. 我们所学过的空间大多数都是 Baire 空间. 例如，如果一个 Hausdorff 空间是紧致的或者是局部紧致的，那么它便是一个 Baire 空间. 如果一个可度量化的空间 X 是拓扑完备的，即存在 X 的一个度量，关于这个度量 X 是完备的，那么它便是一个 Baire 空间.

因此，从 X 到 $\mathbb{R}^n$ 的所有连续函数构成的空间 $\mathcal{C}(X, \mathbb{R}^n)$ 在一致度量下是完备的，可见它关于一致拓扑是一个 Baire 空间. 这个结论有一系列有趣的应用.

其中一个应用就是我们将在第 49 节中给出的关于连续却处处不可微的实值函数存在性的证明.

另一个应用出现在拓扑学的一个分支维数论中. 第 50 节中我们将定义拓扑维数的概念，它源自于 Lebesgue. 我们将证明一个经典的定理：每一个拓扑维数为 m 的紧致可度量化空间，都可以嵌入到维数为 $N=2m+1$ 的欧氏空间 $\mathbb{R}^N$ 中. 由此可见，每一个 m-流形都可以嵌入到 $\mathbb{R}^{2m+1}$ 中. 这就推广了第 36 节中证明的嵌入定理.

在本章中，我们假设读者已熟悉完备度量空间(第 43 节). 当学习维数论的时候，将要用到第 36 节(流形的嵌入)以及一些线性代数的内容.

48 Baire 空间

就像本书中所引入的许多条件那样，确定一个空间是 Baire 空间的条件也是“很不自然”的，但是我们只能暂时先忍耐一下.

在本节中，我们将定义 Baire 空间，并指出两类重要的空间，即完备度量空间和紧致的 Hausdorff 空间，它们都包含在 Baire 空间类中. 然后再给出一些应用. 尽管这些应用并没有使 Baire 条件显得更自然一些，但至少说明 Baire 空间是一个有用的工具. 事实上，在分析学与拓扑学中它确实是一个十分有用而巧妙的工具.

定义 我们知道：空间 X 的子集 A 的内部，是所有包含于 A 的开集之并. 如果除了空集，A 不包含 X 的任何其他开集，我们就说 A 有**空内部**(empty interior). 等价地，如果 A 的每一个点都是 A 的补的一个极限点，也就是说 A 的补在 X 中稠密，我们就说 A 有空内部.

例 1 有理数集 $\mathbb{Q}$ 作为 $\mathbb{R}$ 的子集有空内部，但闭区间 $[0, 1]$ 内部非空. 区间 $[0, 1]\times 0$ 作为平面 $\mathbb{R}^2$ 的子集有空内部，子集 $\mathbb{Q}\times\mathbb{R}$ 也有空内部. ■

定义 空间 X 称为一个 **Baire 空间**(Baire space)，如果它满足以下条件：给定 X 的闭集的任意可数族 $\{A_n\}$，如果其中每一个集合在 X 中有空内部，那么它们的并 $\bigcup A_n$ 在 X 中也有空内部.

例 2 有理数空间 $\mathbb{Q}$ 不是 Baire 空间，因为 $\mathbb{Q}$ 的单点集为闭集，并且在 $\mathbb{Q}$ 中有空内部，但 $\mathbb{Q}$ 是它的单点子集的可数并.

另一方面，空间$\mathbb{Z}_+$是一个 Baire 空间. 因为$\mathbb{Z}_+$的任意子集是开集，所以除了空集外，$\mathbb{Z}_+$的任何子集都有非空内部，这就是说，$\mathbb{Z}_+$绝对满足 Baire 条件.

更一般地，作为完备度量空间，$\mathbb{R}$的任意闭子空间是一个 Baire 空间. 出人意料的是$\mathbb{R}$中的无理数集也是一个 Baire 空间，见习题 6. ■

这个术语最初由 Baire(R. Baire)用在与"范畴"一词有关的概念之中. 空间 X 的子集 A 称为 X 中的第一范畴集，如果它包含于具有空内部的 X 的可数个闭集的并之中，否则称 A 是 X 中的第二范畴集. 使用这一术语，我们可以说：

空间 X 是一个 Baire 空间当且仅当 X 中的任意非空开集是第二范畴集.

在本书中，我们不使用"第一范畴集"与"第二范畴集"这两个词.

上述定义是 Baire 空间的"闭集定义"，还有一个借助于开集的定义方式也经常使用. 参见以下引理.

引理 48.1　*X 是一个 Baire 空间当且仅当 X 中开集的任意可数族$\{U_n\}$，若每一个 U_n 在 X 中稠密，则交$\bigcap U_n$也在 X 中稠密.*

证　我们说过，集合 C 在 X 中稠密是指$\bar{C}=X$. 该引理可以立刻由下面两条推出：

(1)A 是 X 中的一个闭集当且仅当 $X-A$ 是 X 中的一个开集.

(2)B 在 X 中有空内部当且仅当 $X-B$ 在 X 中稠密. ■

有许多定理给出了确定一个空间是 Baire 空间的条件. 其中最重要的一个定理如下：

定理 48.2[Baire 范畴定理(Baire category theorem)]　*若 X 是一个紧致的 Hausdorff 空间或者是一个完备度量空间，则 X 是一个 Baire 空间.*

证　给定 X 的闭集的一个可数族$\{A_n\}$，其中每一个 A_n 有空内部. 我们证明它们的并$\bigcup A_n$在 X 中也有空内部. 为此，任意给定 X 的一个非空开集 U_0，我们必须找出一点 x，它属于 U_0，但不属于任何一个 A_n.

首先考虑集合 A_1. 根据假定，A_1 不包含 U_0. 因此可以选出一点 y，它属于 U_0，但不在 A_1 中. 由于 A_1 是闭集，X 是正则的，所以可以选取 y 的一个邻域 U_1，使得

$$\bar{U}_1\cap A_1=\varnothing,$$
$$\bar{U}_1\subset U_0.$$

如果 X 是一个度量空间，还可以把 U_1 选得足够小，使其直径小于 1.

一般地，给定非空开集 U_{n-1}，可以选取 U_{n-1} 的一个点，使它不在闭集 A_n 中，然后选取这个点的一个邻域 U_n，使得

$$\bar{U}_n\cap A_n=\varnothing,$$
$$\bar{U}_n\subset U_{n-1},$$
$$\operatorname{diam}U_n<1/n,\qquad \text{当 } X \text{ 是度量空间时}.$$

我们断言$\bigcap\bar{U}_n$非空. 根据这一结论立即可见定理成立. 因为若 x 是$\bigcap\bar{U}_n$的一个点，则由于$\bar{U}_1\subset U_0$，可见 x 属于 U_0. 由于对于每一个 n，$\bar{U}_n$ 与 A_n 无交，所以 x 不属于 A_n.

证明$\bigcap\bar{U}_n$非空可分成两部分，取决于 X 是紧致的 Hausdorff 空间还是完备度量空间. 如果 X 一个是紧致的 Hausdorff 空间，考虑 X 的非空子集的一个套序列$\bar{U}_1\supset\bar{U}_2\supset\cdots$. 族$\{\bar{U}_n\}$满

足有限交性质，由于 X 是紧致的，$\bigcap \bar{U}_n$ 必然非空.

如果 X 是一个完备度量空间，则可以应用以下引理完成定理的证明. ■

引理 48.3 设 $C_1 \supset C_2 \supset \cdots$ 是完备度量空间 X 中的一个非空闭集的套序列. 若 $\operatorname{diam} C_n \to 0$，则 $\bigcap C_n \neq \varnothing$.

证 这个引理在第 43 节的习题中曾出现过，这里给出证明. 对于每一个 n，选取 $x_n \in C_n$. 因为对于 n，$m \geqslant N$，有 x_n，$x_m \in C_N$，并且对任意给定的 $\varepsilon > 0$，可以选取充分大的 N，使得 C_N 的直径小于 ε，所以序列 (x_n) 是一个 Cauchy 序列. 假定 (x_n) 收敛于 x，则对于任意给定的 k，子序列 x_k，x_{k+1}，$\cdots$ 也收敛于 x. 于是，x 必定属于 $\bar{C}_k = C_k$，因此 $x \in \bigcap C_k$. ■

这里有 Baire 空间理论的一个应用，本节后面我们还将给出更多的应用. 这个应用有些意思但不深奥，它涉及的是一个学生可能会问到的关于收敛的连续函数序列的问题.

设 f_n：$[0, 1] \to \mathbb{R}$ 是连续函数的一个序列，对于每一个 $x \in [0, 1]$，有 $f_n(x) \to f(x)$. 已有例子说明极限函数 f 未必是连续的. 但人们想知道的是 f 到底是如何不连续的呢？例如，它是处处不连续的吗？答案是否定的. 我们将要证明 f 必定在 $[0, 1]$ 的无限多个点处连续. 事实上，所有使得 f 连续的点构成的集合在 $[0, 1]$ 中稠密.

为证明这个结论，需要以下引理.

***引理 48.4** Baire 空间 X 的任何一个开子空间 Y 是一个 Baire 空间.

证 设 A_n 是 Y 中有空内部的闭集的一个可数族，下面证明 $\bigcup A_n$ 在 Y 中有空内部.

设 $\bar{A}_n$ 是 A_n 在 X 中的闭包，则 $\bar{A}_n \cap Y = A_n$. 于是，$\bar{A}_n$ 在 X 中有空内部. 因为若 U 是 X 中包含于 $\bar{A}_n$ 的一个非空开集，则 U 必定与 A_n 相交，这导致 $U \cap Y$ 是 Y 中包含在 A_n 中的一个非空开集，与假设矛盾.

若集合 A_n 的并包含着 Y 中的一个非空开集 W，则 $\bar{A}_n$ 的并也包含着 W. 由于 Y 在 X 中是开的，所以 W 在 X 中也是开的. 但是每一个集合 $\bar{A}_n$ 在 X 中有空内部，这与 X 是一个 Baire 空间矛盾. ■

***定理 48.5** 设 X 是一个空间，(Y, d) 是一个度量空间. 设 f_n：$X \to Y$ 是一个连续函数序列，使得对于所有的 $x \in X$，有 $f_n(x) \to f(x)$，其中 f：$X \to Y$. 如果 X 是一个 Baire 空间，那么使得 f 连续的点构成的集合在 X 中稠密.

证 给定正整数 N 和 $\varepsilon > 0$，定义

$$A_N(\varepsilon) = \{x \mid d(f_n(x), f_m(x)) \leqslant \varepsilon, \text{对于所有 } n, m \geqslant N\}.$$

注意，$A_N(\varepsilon)$ 在 X 中是闭的. 因为根据 f_n 和 f_m 的连续性可见，满足 $d(f_n(x), f_m(x)) \leqslant \varepsilon$ 的点的集合是 X 的一个闭集，并且对于所有 n，$m \geqslant N$，$A_N(\varepsilon)$ 是这些集合的交①.

对于固定的 ε，考虑集合 $A_1(\varepsilon) \subset A_2(\varepsilon) \subset \cdots$. 这些集合的并为 X. 因为任意给定 $x_0 \in X$，由于 $f_n(x_0) \to f(x_0)$ 可得序列 $f_n(x_0)$ 是一个 Cauchy 序列，因此对于某一个 N，有 $x_0 \in A_N(\varepsilon)$.

现在，设

---

① 这里容易引起误解，作者的意思是：

$$A_N(\varepsilon) = \bigcap_{n,m \geqslant N} \{x \mid d(f_n(x), f_m(x)) \leqslant \varepsilon\}. \text{—— 译者注}$$

$$U(\varepsilon)=\bigcup_{N\in\mathbb{Z}_+}\operatorname{Int}A_N(\varepsilon).$$

我们来证明两件事情：

(1)$U(\varepsilon)$是 X 中的一个稠密开集.

(2)函数 f 在集合

$$C=U(1)\cap U(1/2)\cap U(1/3)\cap\cdots$$

的每一点处都连续.

由此推出，本定理在 X 是 Baire 空间的假设下成立.

为了证明 $U(\varepsilon)$在 X 中是稠密的，需要证明对于 X 的任意一个非空开集 V，存在 N 使得 $V\cap\operatorname{Int}A_N(\varepsilon)$是非空的. 为此，我们先注意对每一个 N，$V\cap A_N(\varepsilon)$在 V 中是闭的. 因为根据前述引理可见 V 是一个 Baire 空间，所以至少存在一个这种集合，不妨设为 $V\cap A_M(\varepsilon)$，必包含 V 中的一个非空开集 W. 因为 V 在 X 中是开的，所以 W 也是 X 中的开集. 因此，它包含于 $\operatorname{Int}A_M(\varepsilon)$.

现在我们来证明，若 $x_0\in C$，则 f 在点 x_0 处连续. 给定 $\varepsilon>0$，我们来找 x_0 的一个邻域 W，使得对于 $x\in W$，$d(f(x), f(x_0))<\varepsilon$.

首先，选取 k 使得 $1/k<\varepsilon/3$. 因为 $x_0\in C$，所以 $x_0\in U(1/k)$. 因此存在某一个 N，使得 $x_0\in\operatorname{Int}A_N(1/k)$. 最后，由 f_N 的连续性可以找到 x_0 的一个邻域 W 包含于 $A_N(1/k)$，使得

$$d(f_N(x),f_N(x_0))<\varepsilon/3,\quad 对于\ x\in W. \tag{$*$}$$

根据 $W\subset A_N(1/k)$可见，

$$d(f_n(x),f_N(x))\leqslant 1/k,\quad 对于\ n\geqslant N\ 和\ x\in W.$$

令 $n\to\infty$，我们得到不等式

$$d(f(x),f_N(x))\leqslant 1/k<\varepsilon/3,\quad 对于\ x\in W. \tag{$**$}$$

特别地，因为 $x_0\in W$，我们有

$$d(f(x_0),f_N(x_0))<\varepsilon/3. \tag{$***$}$$

对于($*$)、($**$)和($***$)应用三角不等式，便得到结论. ■

习题

1. 设 X 等于可数并$\bigcup B_n$. 证明：如果 X 是一个非空的 Baire 空间，则至少存在一个集合 $\bar{B}_n$ 有非空内部.
2. 根据 Baire 范畴定理可见$\mathbb{R}$不能写成可数个具有空内部的闭子集的并. 证明如果不要求这些集合是闭的，那么上面的结论不成立.
3. 证明每一个局部紧致的 Hausdorff 空间是 Baire 空间.
4. 证明：若 X 中的每一个点 x 都有一个邻域是 Baire 空间，则 X 是 Baire 空间. [提示：应用 Baire 条件的开集形式.]
5. 证明：若 Y 为 X 中的一个 G_δ 集，并且 X 是紧致的 Hausdorff 空间或完备度量空间，则 Y 在子空间拓扑下是一个 Baire 空间. [提示：假定 $Y=\bigcap W_n$，其中 W_n 在 X 中是开的，并假

定 B_n 是 Y 中具有空内部的一个闭集．给定 X 的一个开集 U_0，使得 $U_0\cap Y\neq\varnothing$，找出 X 中一个开集序列 U_n，满足 $U_n\cap Y\neq\varnothing$，并使得

$$\bar{U}_n \subset U_{n-1},$$
$$\bar{U}_n \cap \bar{B}_n = \varnothing,$$
$$\operatorname{diam} U_n < 1/n, \quad \text{当 } X \text{ 是度量空间时},$$
$$\bar{U}_n \subset W_n.]$$

6. 证明无理数集是一个 Baire 空间.
7. **定理**　*若 D 是 $\mathbb{R}$ 的一个可数稠密子集，则没有函数 f：$\mathbb{R}\to\mathbb{R}$ 恰在 D 的所有点处连续.*
 (a)证明：如果 f：$\mathbb{R}\to\mathbb{R}$，那么使得 f 连续的所有点构成的集合 C 是 $\mathbb{R}$ 中的一个 G_δ 集.［提示：设 U_n 是 $\mathbb{R}$ 中所有满足 $\operatorname{diam} f(U)<1/n$ 的开集 U 的并，证明 $C=\bigcap U_n$.］
 (b)证明 D 不是 $\mathbb{R}$ 中的一个 G_δ 集.［提示：设 $D=\bigcap W_n$，其中 W_n 在 $\mathbb{R}$ 中是开的. 对于 $d\in D$，令 $V_d=\mathbb{R}-\{d\}$. 证明 W_n 和 V_d 都在 $\mathbb{R}$ 中稠密.］
8. 设 f_n 是一个连续函数序列，f_n：$\mathbb{R}\to\mathbb{R}$，使得对任意 $x\in\mathbb{R}$，有 $f_n(x)\to f(x)$. 证明 f 在 $\mathbb{R}$ 中的不可数多个点处连续.
9. 设 g：$\mathbb{Z}_+\to\mathbb{Q}$ 是一个一一映射，令 $x_n=g(n)$. 定义 f：$\mathbb{R}\to\mathbb{R}$ 如下：

$$f(x_n) = 1/n, \quad \text{对于 } x_n \in \mathbb{Q},$$
$$f(x) = 0, \quad \text{对于 } x \notin \mathbb{Q}.$$

证明 f 在每一个无理数处连续，在每一个有理数处不连续. 你能找到一个连续函数序列 f_n 收敛到 f 吗？
10. 证明以下结论：

定理(*一致有界原理*)　*设 X 是一个完备度量空间，$\mathcal{F}$ 是 $\mathcal{C}(X,\mathbb{R})$ 的一个子集，使得对于每一个 $a\in X$，集合*

$$\mathcal{F}_a = \{f(a) \mid f \in \mathcal{F}\}$$

有界，则存在 X 中的一个非空开集 U，使得 $\mathcal{F}$ 中的函数在 U 上一致有界，即存在一个数 M，使得对于所有的 $x\in U$ 及所有 $f\in\mathcal{F}$，有 $|f(x)|\leqslant M$.［提示：令 $A_N=\{x;\ |f(x)|\leqslant N$，对于所有 $f\in\mathcal{F}\}$.］
11. 判定 $\mathbb{R}_\ell$ 是否为 Baire 空间.
12. 证明 $\mathbb{R}^J$ 在箱拓扑、积拓扑以及一致拓扑下都是 Baire 空间.

*13. 设 X 是一个拓扑空间，Y 是一个完备度量空间. 证明 $\mathcal{C}(X,Y)$ 在细拓扑(参见第 46 节的习题 11)下是一个 Baire 空间.［提示：给定基元素 $B(f_i,\delta_i)$ 使得 $\delta_1\leqslant 1$，$\delta_{i+1}\leqslant\delta_i/3$，并且 $f_{i+1}\in B(f_i,\delta_i/3)$，证明

$$\bigcap B(f_i,\delta_i) \neq \varnothing.]$$

*49　一个无处可微函数

我们证明数学分析中的下述结论.

定理 49.1　*设 h：$[0,1]\to\mathbb{R}$ 是一个连续函数. 任意给定 $\varepsilon>0$，存在一个函数*

g：$[0, 1]\to\mathbb{R}$，对于所有的 x，有 $|h(x)-g(x)|<\varepsilon$，使得 g 连续并且无处可微.

证　令 $I=[0, 1]$. 在度量

$$\rho(f,g)=\max\{|f(x)-g(x)|\}$$

下，考虑从 I 到$\mathbb{R}$的连续函数空间 $\mathcal{C}=\mathcal{C}(I, \mathbb{R})$. 这个空间是一个完备度量空间，因此是一个 Baire 空间. 对于每一个 n，我们将确定$\mathcal{C}$的一个子集 U_n，使得 U_n 是$\mathcal{C}$中的一个稠密开集，同时还具有以下性质：属于交

$$\bigcap_{n\in\mathbb{Z}_+} U_n$$

的函数是无处可微的. 因为$\mathcal{C}$是一个 Baire 空间，根据引理 48.1，这个交在$\mathcal{C}$中稠密. 因此，给定 h 和 ε，这个交必然包含一个函数 g，使得 $\rho(h, g)<\varepsilon$，定理由此得证.

关键在于恰当地选取 U_n. 首先取一个函数 f，并考虑它的差商. 给定 $x\in I$ 及 $0<h\leqslant\frac{1}{2}$，考虑表达式

$$\left|\frac{f(x+h)-f(x)}{h}\right| \quad 和 \quad \left|\frac{f(x-h)-f(x)}{-h}\right|.$$

因为 $h\leqslant\frac{1}{2}$，$x+h$ 和 $x-h$ 这两个数中至少有一个属于 I，所以上面两个表达式中至少有一个是有意义的. 如果两个都有意义，则用 $\Delta f(x, h)$表示其中较大的一个，否则就用它表示有意义的那一个. 如果 f 在点 x 处的导数 $f'(x)$存在，它等于这个差商的极限，所以

$$|f'(x)|=\lim_{h\to 0}\Delta f(x,h).$$

我们的目的是找到一个连续函数，使得上面的极限不存在. 确切地说，就是构造 f，对给定的 x，存在一个数列 h_n 收敛到 0，而同时 $\Delta f(x, h_n)$变得任意大.

这就为我们提供了确定集合 U_n 的一个思路. 任意给定一个正数 $h\leqslant 1/2$，令

$$\Delta_h f=\inf\{\Delta f(x,h)\mid x\in I\}.$$

对于 $n\geqslant 2$，我们定义 U_n，使得一个函数 f 属于 U_n 当且仅当对某一个正数 $h\leqslant 1/n$，有 $\Delta_h f>n$. ■

例 1　给定 $\alpha>0$. 函数 f：$[0, 1]\to\mathbb{R}$ 定义为 $f(x)=4\alpha x(1-x)$，其图像是一条抛物线. 容易验证，当 $h=1/4$ 时，对于任意 x，有 $\Delta f(x, h)\geqslant\alpha$. 从几何上来说，就是对于每一个 x，如图 49.1 所示，抛物线的两条割线中至少有一条，其斜率的绝对值不小于 α. 因此，如果 $\alpha>4$，那么函数 f 属于 U_4. 图 49.1 中描述的函数 g 满足条件：对于任意 $h\leqslant 1/4$，有 $\Delta g(x, h)\geqslant\alpha$. 因此

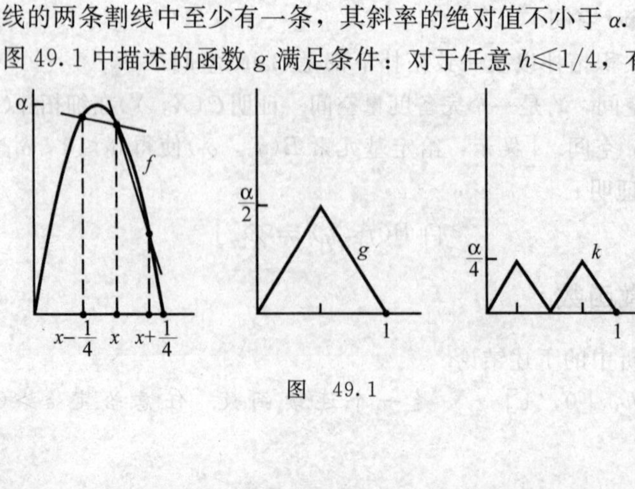

图　49.1

如果 $\alpha>n$，则 g 属于 U_n. 函数 k 对于任意 $h\leqslant 1/8$，满足 $k(x, h)\geqslant\alpha$，因此对 $\alpha>n$，k 属于 U_n.

现在证明关于集合 U_n 的以下结论：

(1) $\bigcap U_n$ 由无处可微函数构成. 设 $f\in\bigcap U_n$，下面证明对给定的 $x\in[0, 1]$，极限

$$\lim \Delta f(x,h)$$

不存在：给定 n，根据 $f\in U_n$ 可见，存在一个数 h_n，$0<h_n\leqslant 1/n$，使得

$$\Delta f(x,h_n) > n.$$

因此序列 (h_n) 收敛到 0，但序列 $(\Delta f(x, h_n))$ 不收敛. 因此，f 在点 x 处不可微.

(2) U_n 在 $\mathcal{C}$ 中是开的. 设 $f\in U_n$，我们找 f 的一个 δ-邻域，使得它包含在 U_n 中. 因为 $f\in U_n$，故存在 h，$0<h\leqslant 1/n$，使得 $\Delta_h f>n$. 令 $M=\Delta_h f$，设

$$\delta = h(M-n)/4.$$

我们断言，若 g 是一个满足 $\rho(f, g)<\delta$ 的函数，则对于所有的 $x\in I$，有

$$\Delta g(x,h) \geqslant \frac{1}{2}(M+n) > n,$$

从而 $g\in U_n$.

为了证明上述论断，我们先假设 $\Delta f(x, h)$ 等于商 $|f(x+h)-f(x)|/h$. 计算

$$\left|\frac{f(x+h)-f(x)}{h}-\frac{g(x+h)-g(x)}{h}\right|$$
$$=(1/h)\,|[f(x+h)-g(x+h)]-[f(x)-g(x)]| \leqslant 2\delta/h = (M-n)/2.$$

如果第一个差商的绝对值至少为 M，那么第二个差商的绝对值至少为

$$M-\frac{1}{2}(M-n) = \frac{1}{2}(M+n).$$

若 $\Delta f(x, h)$ 等于另一个差商，可做相似的讨论.

(3) U_n 在 $\mathcal{C}$ 中稠密. 我们需要证明，对于 $\mathcal{C}$ 中给定的 f、给定的 $\varepsilon>0$ 以及给定的 n，可以找到 U_n 中的一个元素 g，使它包含于 f 的 ε-邻域中.

选取 $\alpha>n$，我们将把 g 构造为一个“分段线性”函数，也就是说，g 的图像由一条折线组成，其中 g 的图形中的每一条线段的斜率的绝对值不小于 α. 由此立即得出函数 g 属于 U_n. 因为令

$$0 = x_0 < x_1 < x_2 < \cdots < x_k = 1$$

是区间 $[0, 1]$ 的一个分拆，使得 g 在每一个子区间 $I_i=[x_{i-1}, x_i]$ 上的限制是一个线性函数. 再选择 h，使得 $h\leqslant 1/n$ 并且

$$h \leqslant \frac{1}{2}\min\{|x_i - x_{i-1}|; i = 1,\cdots,k\}.$$

如果 x 在 $[0, 1]$ 中，则 x 必属于某一个子区间 I_i. 如果 x 属于子区间 I_i 的前半段，则 $x+h$ 也属于 I_i，并且 $(g(x+h)-g(x))/h$ 等于线性函数 $g\mid I_i$ 的斜率. 类似地，如果 x 属于子区间 I_i 的后半段，那么 $x-h$ 属于 I_i，并且 $(g(x-h)-g(x))/(-h)$ 等于线性函数 $g\mid I_i$ 的斜率. 无论在哪一种情况下，总有 $\Delta g(x, h)\geqslant\alpha$，从而 $g\in U_n$.

现在给定 f，ε 和 α，下面说明如何构造上述分段线性函数 g. 首先，由 f 的一致连续性，选择区间的一个分拆

$$0=t_0<t_1<\cdots<t_m=1$$

使得 f 在这个分拆中的每一个子区间$[t_{i-1}, t_i]$上的变化最多为 $\varepsilon/4$. 对于每一个 $i=1, \cdots, m$，选取一点 $a_i\in(t_{i-1}, t_i)$，然后定义一个分段线性函数 g_1 为

$$g_1(x)=\begin{cases}f(t_{i-1}) & \text{如果 } x\in[t_{i-1},a_i]\\ f(t_{i-1})+m_i(x-a_i) & \text{如果 } x\in[a_i,t_i],\end{cases}$$

其中 $m_i=(f(t_i)-f(t_{i-1}))/(t_i-a_i)$. f 和 g_1 的图像如图 49.2 所示.

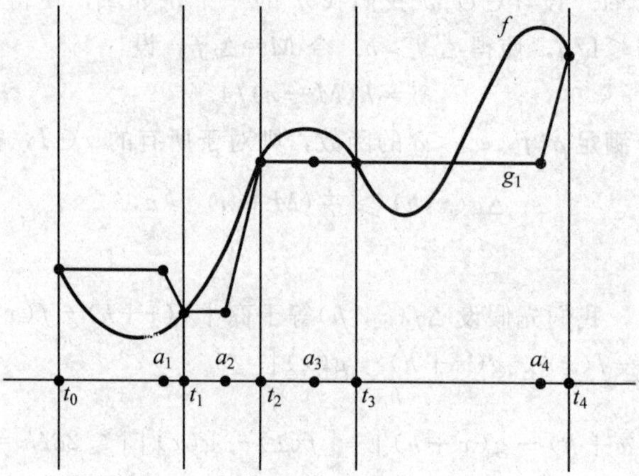

图　49.2

对点 a_i 的选取要自由些. 如果 $f(t_i)\neq f(t_{i-1})$，那么我们可以要求 a_i 充分靠近 t_i，使得

$$t_i-a_i<\frac{|f(t_i)-f(t_{i-1})|}{\alpha}.$$

于是 g_1 的图像将完全由一些斜率为零和斜率的绝对值至少为 α 的线段组成.

进而，我们断言 $\rho(g_1, f)\leqslant\varepsilon/2$. 这是因为在区间 I_i 上，$g_1(x)$与 $f(x)$两者相对于 $f(t_{i-1})$的变化都不超过 $\varepsilon/4$. 因此，它们中的每一个相对于另一个的变化不超过 $\varepsilon/2$. 于是，$\rho(g_1, f)=\max\{|g_1(x)-f(x)|\}\leqslant\varepsilon/2$.

函数 g_1 还不是我们要找的. 现在定义函数 g 如下：用一个“锯齿形”图像代替 g_1 图像中的水平线段，并且这些锯齿形全部包含在 g_1 图像的 $\varepsilon/2$ 范围以内，锯齿的每一条边的斜率的绝对值至少为 α. 我们把具体的做法留给读者去完成. 这样，我们就得到了所要求的函数 g. 如图 49.3 所示. ■

读者可能会觉得这个证明障碍重重，似乎过于玄妙而缺乏建设性. 但是，这个证明中却隐含着一个构造特殊的分段线性函数序列 f_n，使其一致收敛于无处可微函数 f 的过程. 用这种方法定义函数 f，恰好就像通常用无穷级数的极限来定义正弦函数一样是建设性的.

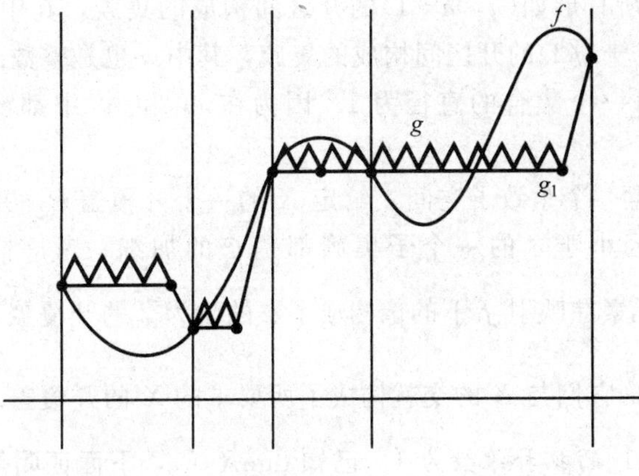

图　49.3

习题

1. 验证例 1 中提到的关于函数 f，g 和 k 的性质.
2. 给定 n 和 ε，定义一个连续函数 f：$I\to\mathbb{R}$，使得 $f\in U_n$，并且对任意 x，有 $|f(x)|\leqslant\varepsilon$.

50　维数论导引

在第 36 节中已经指出过，若 X 是一个紧致流形，则对于某一个正整数 N，X 可以嵌入到 $\mathbb{R}^N$ 中. 本节我们将这一定理推广到任意紧致的可度量化空间.

对任意拓扑空间 X，我们将给出拓扑维数的概念，这就是最初由 Lebesgue 定义的“覆盖维数”. 我们将证明 $\mathbb{R}^m$ 的每一个紧致子集的拓扑维数最多是 m. 还将证明，每一个 m-维紧致流形的拓扑维数最多是 m.（事实上恰好等于 m，不过这一点我们不予证明.）

本节的主要定理是：任意拓扑维数为 m 的紧致的可度量化空间可以嵌入到 $\mathbb{R}^N$ 中，其中 $N=2m+1$. 这个定理由 K. Menger 和 G. Nöbeling 证得. 这个定理的证明是 Baire 定理的一个应用. 由此得到，每一个紧致的 m-维流形可以嵌入到 $\mathbb{R}^{2m+1}$ 中. 此外，还可以得到，对某一个正整数 N，一个紧致的可度量化空间可以嵌入到 $\mathbb{R}^N$ 中当且仅当它有有限的拓扑维数.

我们将要做的讨论之中有很大一部分并不要求所涉及的空间是紧致的，只是为了讨论的方便，才加上了紧致的限制，至于这些结果在非紧致情形下的推广，则放在习题中.

定义　空间 X 的一个子集族 $\mathcal{A}$ 称为 $m+1$ **阶**(order)的，如果 X 的某一点属于 $\mathcal{A}$ 的 $m+1$ 个元素之中，并且 X 的任何点都不会包含在 $\mathcal{A}$ 的多于 $m+1$ 个元素之中.

现在来定义空间 X 的拓扑维数. 前面说过，对于 X 的一个子集族 $\mathcal{A}$，子集族 $\mathcal{B}$ 称为加细 $\mathcal{A}$ 或 $\mathcal{A}$ 的一个加细，指的是对 $\mathcal{B}$ 的每一个元素 B 都存在 $\mathcal{A}$ 的一个元素 A，使得 $B\subset A$.

定义　空间 X 称为**有限维的**(finite dimensional)，如果存在整数 m，使得对于 X 的任意开覆盖 $\mathcal{A}$，有最多为 $m+1$ 阶的 X 的一个开覆盖 $\mathcal{B}$ 加细 $\mathcal{A}$. X 的**拓扑维数**(topological dimension)定义为满足上述要求的 m 的最小值，记为 $\dim X$.

例 1　$\mathbb{R}$ 的任意一个紧致子空间 X 的拓扑维数最多为 1. 我们先从定义 $\mathbb{R}$ 的一个 2 阶开覆

盖开始．用 $\mathcal{A}_1$ 表示$\mathbb{R}$中所有形如$(n, n+1)$的开区间构成的集族，其中 n 是整数．用 $\mathcal{A}_0$ 表示$\mathbb{R}$中所有形如$(n-1/2, n+1/2)$的开区间构成的集族，其中 n 也是整数．那么 $\mathcal{A}=\mathcal{A}_0\cup\mathcal{A}_1$ 是$\mathbb{R}$的一个开覆盖，其中每一个集合的直径为 1．因为在 $\mathcal{A}_0$ 和 $\mathcal{A}_1$ 中都没有两个元素相交的情况，所以 $\mathcal{A}$ 是 2 阶的．

现在设 X 为$\mathbb{R}$的任意一个紧致子空间，给定 X 的一个开覆盖 $\mathcal{C}$，并且 $\mathcal{C}$ 有一个 Lebesgue 数 δ，那么 X 的任意直径小于 δ 的一个子集族都是 $\mathcal{C}$ 的加细．考虑同胚 f：$\mathbb{R}\to\mathbb{R}$，其中 $f(x)=\left(\frac{1}{2}\delta\right)x$．$\mathcal{A}$ 中的元素在映射 f 下的像构成了$\mathbb{R}$的阶为 2 的开覆盖，并且这个覆盖中的每一个元素的直径均为$\frac{1}{2}\delta$，它们与 X 的交就构成了所要求的 X 的开覆盖．■

例 2　区间 $X=[0, 1]$的拓扑维数为 1．已知 $\dim X\leqslant 1$，下面证明等号成立．设 $\mathcal{A}$ 是由集合$[0, 1)$和$(0, 1]$构成的 X 的覆盖．下面证明如果 $\mathcal{B}$ 是 X 的任意一个开覆盖，加细 $\mathcal{A}$，那么 $\mathcal{B}$ 至少为 2 阶的．因为 $\mathcal{B}$ 加细 $\mathcal{A}$，故它必定包含了不止一个元素．设 U 是 $\mathcal{B}$ 中的一个元素，V 是其他元素的并．如果 $\mathcal{B}$ 的阶为 1，那么 U 和 V 是无交的，由此产生了 X 的一个分割．因此 $\mathcal{B}$ 的阶数至少为 2．■

例 3　$\mathbb{R}^2$的任意一个紧致子集 X 的拓扑维数最多为 2．为了证明这一点，我们来构造$\mathbb{R}^2$的一个开覆盖 $\mathcal{A}$ 使其阶数为 3．首先，定义 $\mathcal{A}_2$ 是$\mathbb{R}^2$中具有以下形式的开的单位正方形构成的集族：

$$\mathcal{A}_2=\{(n,n+1)\times(m,m+1)\mid m,n\text{ 是整数}\}.$$

注意 $\mathcal{A}_2$ 中的元素是两两无交的．其次，取这些正方形之一的每一条(开)边 e，

$$e=\{n\}\times(m,m+1)\quad\text{或者}\quad e=(n,n+1)\times\{m\},$$

并且将其稍加扩大而成为$\mathbb{R}^2$中的开集 U_e，使得如果 $e\neq e'$，那么集合 U_e 和 $U_{e'}$ 无交．同时还要求所选的每一个 U_e 的直径最多为 2．最后，定义 $\mathcal{A}_0$ 为由所有中心在点 $n\times m$、半径为$\frac{1}{2}$的开球所构成的集族，如图 50.1 所示．

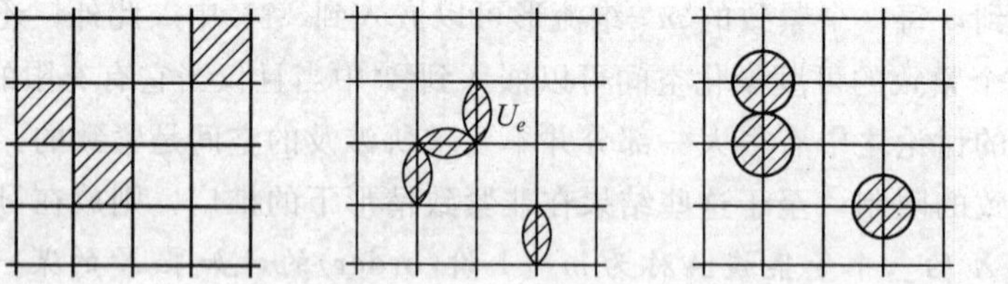

图　50.1

开集族 $\mathcal{A}=\mathcal{A}_2\cup\mathcal{A}_1\cup\mathcal{A}_0$ 覆盖了$\mathbb{R}^2$，并且它的每一个元素的直径最多为 2．又因为$\mathbb{R}^2$中的任何点最多落在每一个 $\mathcal{A}_i$ 中的一个集合中，所以 $\mathcal{A}$ 的阶数为 3．

现在设 X 是$\mathbb{R}^2$的紧致子空间．给定 X 的一个开覆盖，它有一个正的 Lebesgue 数 δ．考虑同胚 f：$\mathbb{R}^2\to\mathbb{R}^2$，其中 $f(x)=(\delta/3)x$．集族 $\mathcal{A}$ 中的开集在 f 之下的像构成了$\mathbb{R}^2$的一个开覆盖，并且其中每一个集合的直径小于 δ．它们与 X 的交构成了所求的 X 的一个开覆盖．

我们将推广这一结论到$\mathbb{R}^n$的紧致子集上. ■

下列定理给出有关拓扑维数的一些基本结论.

定理 50.1 设 X 是具有有限维数的一个空间. 如果 Y 是 X 的一个闭子空间, 那么 Y 也具有有限维数, 并且 $\dim Y \leqslant \dim X$.

证 设 $\dim X=m$, $\mathcal{A}$是由 Y 的开集构成的 Y 的一个覆盖. 对于每一个 $A\in\mathcal{A}$, 选取 X 的一个开集 A', 使得 $A'\cap Y=A$. 这些开集 A'连同开集 $X-Y$ 一起构成了 X 的一个覆盖. 设$\mathcal{B}$是这个覆盖的一个加细, 同时它也是 X 的一个开覆盖, 并且最多是 $m+1$ 阶的. 于是集族

$$\{B\cap Y \mid B\in\mathcal{B}\}$$

是由 Y 的一个开集构成的 Y 的一个覆盖, 它加细$\mathcal{A}$并且阶数最多为 $m+1$. ■

定理 50.2 设 $X=Y\cup Z$, 其中 Y 和 Z 是 X 中的两个闭子空间, 都具有有限拓扑维数. 那么

$$\dim X=\max\{\dim Y,\dim Z\}.$$

证 设 $m=\max\{\dim Y, \dim Z\}$. 下面我们证明 X 是有限维的, 并且拓扑维数最多为 m. 再根据前述定理便得到 X 的拓扑维数是 m 的结论.

第一步. 如果$\mathcal{A}$是 X 的一个开覆盖, 我们说$\mathcal{A}$在 Y 中的点的阶数最多为 $m+1$, 是指 Y 中的点最多属于$\mathcal{A}$的 $m+1$ 个元素.

下面证明, 如果$\mathcal{A}$是 X 的一个开覆盖, 那么存在 X 的一个开覆盖加细$\mathcal{A}$, 并且在 Y 中的点的阶数最多为 $m+1$.

为了证明这一点, 考虑集族

$$\{A\cap Y \mid A\in\mathcal{A}\}.$$

它是 Y 的一个开覆盖, 所以它有一个开的加细$\mathcal{B}$覆盖 Y, 并且其阶数最多为 $m+1$. 任意给定 $B\in\mathcal{B}$, 选取 X 中的一个开集 U_B, 使得 $U_B\cap Y=B$. 选取$\mathcal{A}$中的一个元素 A_B, 使得 $B\subset A_B$. 令$\mathcal{C}$是由所有集合 $U_B\cap A_B$ 以及所有集合 $A-Y$ 组成的集族, 其中 $B\in\mathcal{B}$, $A\in\mathcal{A}$, 则$\mathcal{C}$就是所要找的 X 的那个开覆盖.

第二步. 设$\mathcal{A}$是 X 的一个开覆盖. 我们将构造 X 的一个开覆盖$\mathcal{D}$, 使得$\mathcal{D}$加细$\mathcal{A}$, 并且它的阶数最多为 $m+1$. 设$\mathcal{B}$为 X 的一个开覆盖, $\mathcal{B}$加细$\mathcal{A}$, 并且在 Y 中的点的阶数最多为 $m+1$. 再设$\mathcal{C}$是 X 的开覆盖, 它加细$\mathcal{B}$并且在 Z 中的点的阶数最多为 $m+1$.

我们用以下方式来构造 X 的一个新的覆盖$\mathcal{D}$: 定义 f: $\mathcal{C}\to\mathcal{B}$为对于每一个 $C\in\mathcal{C}$, 取 $f(C)$为$\mathcal{B}$中的一个元素, 满足 $C\subset f(C)$. 给定 $B\in\mathcal{B}$, 定义 $D(B)$为$\mathcal{C}$中所有满足 $f(C)=B$ 的元素 C 的并. (当然, 如果 B 不在 f 的像中, 则 $D(B)$为空集.)取$\mathcal{D}$为所有集合 $D(B)$的族, 其中$B\in\mathcal{B}$.

现在$\mathcal{D}$加细$\mathcal{B}$, 这是因为对于每一个 B 有 $D(B)\subset B$. 因此$\mathcal{D}$加细$\mathcal{A}$. 并且$\mathcal{D}$覆盖 X, 这是因为$\mathcal{C}$覆盖 X, 并且对于每一个 $C\in\mathcal{C}$有 $C\subset D(f(C))$. 下面, 我们证明$\mathcal{D}$最多为 $m+1$ 阶. 假设 $x\in D(B_1)\cap\cdots\cap D(B_k)$, 其中 $D(B_i)$是互不相同的. 我们希望能证明 $k\leqslant m+1$. 注意集合 B_1, …, B_k 是互不相同的, 这是因为集合 $D(B_i)$互不相同. 又因为 $x\in D(B_i)$, 所以对于每一个 i, 可以选取一个集合 $C_i\in\mathcal{C}$, 使得 $x\in C_i$ 并且 $f(C_i)=B_i$. 因为集合 B_i 是互不相同的, 所以集合 C_i 也是互不相同的. 进而, 有

$$x \in [C_1 \cap \cdots \cap C_k] \subset [D(B_1) \cap \cdots \cap D(B_k)] \subset [B_1 \cap \cdots \cap B_k].$$

如果 x 恰好在 Y 中，根据 $\mathcal{B}$ 在 Y 的点上最多为 $m+1$ 阶，可见 $k \leqslant m+1$. 如果 x 恰好在 Z 中，再根据 $\mathfrak{C}$ 在 Z 中的点最多为 $m+1$ 阶，可见 $k \leqslant m+1$. ■

推论 50.3　设 $X = Y_1 \cup \cdots \cup Y_k$，其中每一个 Y_i 是 X 中的一个闭子空间，并且是有限维的，则

$$\dim X = \max\{\dim Y_1, \cdots, \dim Y_k\}.$$

例 4　每一个紧致的 1-维流形 X 的拓扑维数为 1. 空间 X 可以表示成同胚于单位区间 $[0, 1]$ 的空间的有限并，然后应用上述推论便得到了所需的结论. ■

例 5　每一个紧致 2-维流形的拓扑维数最多为 2. 空间 X 可以表示成同胚于 $\mathbb{R}^2$ 中单位闭球的空间的有限并，再根据前述推论便得到了所需的结论.

一个很自然的问题由此产生：紧致 2-维流形的拓扑维数恰好是 2 吗？答案是肯定的，但它的证明却不太容易，需要以代数拓扑作为工具. 我们将在本书的第二部分证明：$\mathbb{R}^2$ 中每一个闭的三角区域的拓扑维数至少为 2. （见第 55 节.）据此可见，$\mathbb{R}^2$ 中任何包含一个闭的三角区域的紧致子空间的拓扑维数就为 2. 从而，紧致 2-维流形的拓扑维数恰好是 2. ■

例 6　**弧**(arc) A 是指同胚于单位闭区间的一个空间. A 的**端点**(end point)是指使得 $A-\{p\}$ 和 $A-\{q\}$ 是连通子集的点 p 和 q. （有限）**线性图**(linear graph) G 是指一个 Hausdorff 空间，它可以表示成有限多段弧的并，其中每对弧最多交于一个公共端点. 这些弧就称为 G 的**边**(edge)，这些弧的端点就称为 G 的**顶点**(vertex). G 的每条边，因为是紧致的，所以在 G 中是闭的. 由前述推论可见 G 的拓扑维数是 1.

图 50.2 中刻画了两个特殊的线性图. 第一个是通常的"气水电问题"的图示. 第二个被称为"五个顶点的完全图". 它们都不能嵌入到 $\mathbb{R}^2$ 中. 尽管这个结论是"显而易见的"，但其证明却不那么容易. 在第 64 节中我们将给出其证明.

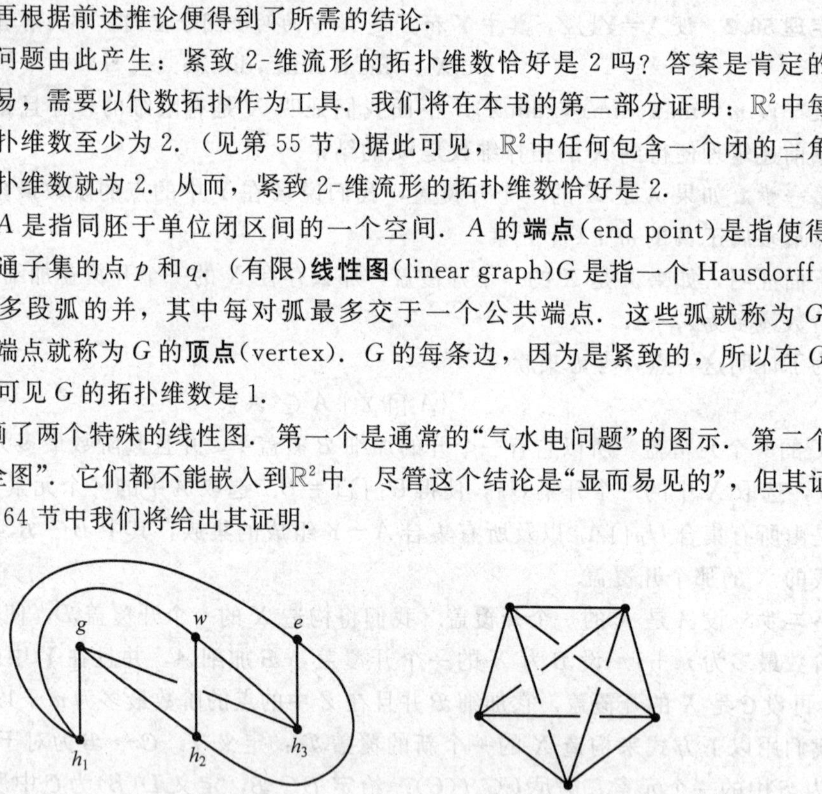

图　50.2

■

例 7　每一个有限线性图都能嵌入到 $\mathbb{R}^3$ 中. 这个证明涉及"最广位置"的概念. $\mathbb{R}^3$ 的一个子集 S 称为占有最广位置，如果 S 中没有三点共线且没有四点共面. 这样的点集是容易找到的. 例如，曲线

$$S = \{(t, t^2, t^3) \mid t \in \mathbb{R}\}$$

上的点集就占有最广位置. 因为如果有四个点位于同一平面 $Ax+By+Cz=D$ 上，那么多项式方程

$$At + Bt^2 + Ct^3 = D$$

将有四个不同的实根！如果有三点共线，那么可以取 S 中另外一个点，获得位于同一平面上的四个点.

现在给定一个有限线性图 G，其顶点分别是 v_1，…，v_n，选取$\mathbb{R}^3$中占有最广位置的一个点集$\{\boldsymbol{z}_1, \cdots, \boldsymbol{z}_n\}$. 定义映射 $f: G \to \mathbb{R}^3$，使得 f 将顶点 v_i 映为 $\boldsymbol{z}_i$，并将连接 v_i 和 v_j 的边同胚地映射到直线的连接 $\boldsymbol{z}_i$ 和 $\boldsymbol{z}_j$ 的那条线段上. 现在 G 的每条边在 G 中都是闭的，从而根据黏结引理可见，f 是连续的. 下面我们证明 f 是一个单射，从而说明 f 是一个嵌入. 设 $e = v_i v_j$ 和 $e' = v_k v_m$ 是 G 的两条边. 如果它们没有公共的顶点，那么 $f(e)$ 和 $f(e')$ 无交. 因为如果有交，那么 $\boldsymbol{z}_i$，$\boldsymbol{z}_j$，$\boldsymbol{z}_k$，$\boldsymbol{z}_m$ 共面. 如果 e 和 e' 有公共的顶点，不妨设 $i = k$，那么 $f(e)$ 和 $f(e')$ 只能交于一点 $\boldsymbol{z}_i = \boldsymbol{z}_k$，因为如若不然，就有 $\boldsymbol{z}_i$，$\boldsymbol{z}_j$，$\boldsymbol{z}_m$ 共线. ■

现在，我们证明一个更一般的嵌入定理：每一个拓扑维数是 m 的紧致可度量化空间都可以嵌入到$\mathbb{R}^{2m+1}$中. 这个定理又是一个"深刻"的定理. 它并非显而易见的，例如，为什么取 $2m+1$ 为这个关键的维数. 这将在证明的过程中进行说明.

为了证明嵌入定理，我们需要将最广位置的概念推广到$\mathbb{R}^N$中. 这将会涉及$\mathbb{R}^N$上一些解析几何的知识，与通常的$\mathbb{R}^N$上的线性代数差不多，只是所用的语言不同而已.

定义 $\mathbb{R}^N$ 中的一个点集$\{\boldsymbol{x}_0, \cdots, \boldsymbol{x}_k\}$称为**几何独立的**(geometrically independent)或**仿射独立的**(affinely independent)，如果等式

$$\sum_{i=0}^{k} a_i \boldsymbol{x}_i = \boldsymbol{0} \quad 和 \quad \sum_{i=0}^{k} a_i = 0$$

仅在每一个 $a_i = 0$ 时才成立.

显然，任意单点集是几何独立的. 那么，一般情况下几何独立意味着什么呢？如果由第二个等式解出 a_0，再代入第一个等式，可见这个定义实际上等价于等式

$$\sum_{i=1}^{k} a_i (\boldsymbol{x}_i - \boldsymbol{x}_0) = \boldsymbol{0}$$

仅在每一个 $a_i = 0$ 时才成立. 这恰好是向量空间$\mathbb{R}^N$中向量集 $\boldsymbol{x}_1 - \boldsymbol{x}_0$，…，$\boldsymbol{x}_k - \boldsymbol{x}_0$ 线性独立的定义. 这样，我们就得出了一些直观印象：任意两个不同的点构成几何独立点集，不共线的三点构成一个几何独立点集，在$\mathbb{R}^3$中不共面的四点构成几何独立点集，等等.

由这些说明可见，下述点

$$\begin{aligned} \boldsymbol{0} &= (0,0,\cdots,0), \\ \varepsilon_1 &= (1,0,\cdots,0), \\ &\cdots \\ \varepsilon_N &= (0,0,\cdots,1) \end{aligned}$$

在$\mathbb{R}^N$中是几何独立的. 另外，$\mathbb{R}^N$中不存在包含多于 $N+1$ 个点的几何独立点集.

定义 设$\{\boldsymbol{x}_0, \cdots, \boldsymbol{x}_k\}$为$\mathbb{R}^N$中的一个几何独立点集，**由这些点确定的平面 $\boldsymbol{P}$**(plane P determined by these points)定义为$\mathbb{R}^N$中所有满足以下条件的点 $\boldsymbol{x}$ 构成的集合：

$$\boldsymbol{x} = \sum_{i=0}^{k} t_i \boldsymbol{x}_i, \quad 其中 \quad \sum_{i=0}^{k} t_i = 1.$$

仅由代数知识即可验证 P 也可以表示为所有点 $\boldsymbol{x}$ 的集合，其中 $\boldsymbol{x}$ 满足对某一组纯量 a_1，…，a_k，有

$$\boldsymbol{x}=\boldsymbol{x}_0+\sum_{i=1}^{k} a_i(\boldsymbol{x}_i-\boldsymbol{x}_0). \tag{$*$}$$

这样，P 不仅可以描述成"由点 $\boldsymbol{x}_0$，…，$\boldsymbol{x}_k$ 确定的平面"，还可以描述成"过点 $\boldsymbol{x}_0$，并且与向量 $\boldsymbol{x}_1-\boldsymbol{x}_0$，…，$\boldsymbol{x}_k-\boldsymbol{x}_0$ 平行的平面".

现在考虑定义为 $T(\boldsymbol{x})=\boldsymbol{x}-\boldsymbol{x}_0$ 的同胚 T：$\mathbb{R}^N\to\mathbb{R}^N$，它称为$\mathbb{R}^N$中的一个**平移**(translation)，($*$)式表明映射 T 把平面 P 映到$\mathbb{R}^N$的一个向量子空间 V^k 上，其中 V^k 以向量 $\boldsymbol{x}_1-\boldsymbol{x}_0$，…，$\boldsymbol{x}_k-\boldsymbol{x}_0$ 为基．由于这个原因，常常称 P 为$\mathbb{R}^N$中的一个 **k-维平面**(k-plane).

于是立即可见以下两点：首先，如果 $k<N$，k-维平面必然在$\mathbb{R}^N$中有空内部(因为 V^k 有空内部)．其次，如果 $\boldsymbol{y}$ 是$\mathbb{R}^N$中不在 P 中的任意一点，则集合

$$\{\boldsymbol{x}_0,\cdots,\boldsymbol{x}_k,\boldsymbol{y}\}$$

是几何独立的．因为若 $\boldsymbol{y}\notin P$，则 $T(\boldsymbol{y})=\boldsymbol{y}-\boldsymbol{x}_0$ 不在 V^k 中．根据线性代数中的一个标准定理，向量$\{\boldsymbol{x}_1-\boldsymbol{x}_0$，…，$\boldsymbol{x}_k-\boldsymbol{x}_0$，$\boldsymbol{y}-\boldsymbol{x}_0\}$线性无关，从而得出我们所期望的结果.

定义　$\mathbb{R}^N$中的一个点集 A 称为**在$\mathbb{R}^N$中占有最广位置**(general position in $\mathbb{R}^N$)，如果 A 的每一个含有 $N+1$ 个点或者少于 $N+1$ 个点的子集都是几何独立的.

在$\mathbb{R}^3$的情形下，可以验证这与以前的定义是一致的.

引理 50.4　给定$\mathbb{R}^N$的一个有限点集$\{\boldsymbol{x}_1$，…，$\boldsymbol{x}_n\}$和 $\delta>0$，存在$\mathbb{R}^N$中占有最广位置的一个点集$\{\boldsymbol{y}_1$，…，$\boldsymbol{y}_n\}$，使得对于所有的 i，有 $|\boldsymbol{x}_i-\boldsymbol{y}_i|<\delta$.

证　我们采用归纳法证明．令 $\boldsymbol{y}_1=\boldsymbol{x}_1$，假定已经给定了$\mathbb{R}^N$中占有最广位置的 $\boldsymbol{y}_1$，…，$\boldsymbol{y}_p$．考虑$\{\boldsymbol{y}_1$，…，$\boldsymbol{y}_p\}$中不多于 N 个点的子集确定的$\mathbb{R}^N$中的所有平面的集合．当 $k\leqslant N-1$ 时，每一个这样的子集都是几何独立的，并且确定了一个 k-维平面．这些平面在$\mathbb{R}^N$中都有空内部．由于这些平面只有有限多个，所以它们的并在$\mathbb{R}^N$中也有空内部．(注意$\mathbb{R}^N$是一个 Baire 空间.)选取 $\boldsymbol{y}_{p+1}$为$\mathbb{R}^N$中的一点，它与 $\boldsymbol{x}_{p+1}$的距离不超过 δ，并且不在上述任何一个平面之中．由此立即可见集合

$$C=\{\boldsymbol{y}_1,\cdots,\boldsymbol{y}_p,\boldsymbol{y}_{p+1}\}$$

是$\mathbb{R}^N$中占有最广位置的集合．因为若令 D 为包含 C 中不多于 $N+1$ 个点的一个子集，当 D 不包含 $\boldsymbol{y}_{p+1}$时，根据归纳假设，D 是几何独立的．如果 D 含有 $\boldsymbol{y}_{p+1}$，则 $D-\{\boldsymbol{y}_{p+1}\}$包含不多于 N 个点，并且根据选择，$\boldsymbol{y}_{p+1}$不在由这些点所确定的平面中．于是根据前面所述，D 是几何独立的.　■

定理 50.5［**嵌入定理**(imbedding theorem)］　每一个拓扑维数为 m 的紧致可度量化空间 X 都可以嵌入到$\mathbb{R}^{2m+1}$中.

证　设 $N=2m+1$．我们用

$$|\boldsymbol{x}-\boldsymbol{y}|=\max\{|x_i-y_i|;i=1,\cdots,N\}$$

表示$\mathbb{R}^N$上的平方度量．用 ρ 表示空间 $\mathcal{C}(X,\mathbb{R}^N)$上相应的上确界度量，其中

$$\rho(f,g)=\sup\{|f(x)-g(x)|;x\in X\}.$$

因为$\mathbb{R}^N$在平方度量下是完备的，所以在度量ρ下，空间$\mathcal{C}(X, \mathbb{R}^N)$也是完备的.

选取空间X的一个度量d，因为X紧致，所以d是有界的. 给定一个连续映射$f: X \to \mathbb{R}^N$，定义

$$\Delta(f) = \sup\{\operatorname{diam} f^{-1}(\{z\}) \mid z \in f(X)\}.$$

数$\Delta(f)$可以测量f“偏离”单射的程度，如果$\Delta(f)=0$，则每一个集合$f^{-1}(\{z\})$恰好由一个点组成，因而f是一个单射.

现在，给定$\varepsilon>0$，定义U_ε为所有使得$\Delta(f)<\varepsilon$的连续映射$f: X \to \mathbb{R}^N$的集合，它是由“偏离”单射的程度小于ε的那些映射组成的. 下面证明U_ε是$\mathcal{C}(X, \mathbb{R}^N)$中的一个稠密开集. 据此，交

$$\bigcap_{n \in \mathbb{Z}_+} U_{1/n}$$

在$\mathcal{C}(X, \mathbb{R}^N)$中是稠密的，特别地，它是非空的.

如果f是这个交的一个元素，那么对任意的n，有$\Delta(f)<1/n$. 因此$\Delta(f)=0$，从而f是单射. 又因为X紧致，所以f是一个嵌入. 于是嵌入定理得证.

(1)U_ε是$\mathcal{C}(X, \mathbb{R}^N)$中的一个开集. 给定$U_\varepsilon$中的一个元素$f$，我们希望找到以$f$为中心的一个球$B_\rho(f, \delta)$包含于$U_\varepsilon$. 首先选一个数$b$，使得$\Delta(f)<b<\varepsilon$. 注意，如果$f(x)=f(y)=z$，则有$x$和$y$都属于$f^{-1}(\{z\})$，所以$d(x, y)$必小于$b$. 由此可见，若令$A$为$X \times X$的子集

$$A = \{x \times y \mid d(x,y) \geqslant b\},$$

则函数$|f(x)-f(y)|$在A上是正的. 由于A在$X \times X$中是闭的，所以是紧致的. 于是函数$|f(x)-f(y)|$在A上有一个正的极小值. 令

$$\delta = \frac{1}{2}\min\{|f(x)-f(y)|; x \times y \in A\}.$$

我们断言，这个δ便足够了.

假设g是一个映射，使得$\rho(f, g)<\delta$. 如果$x \times y \in A$，则根据定义$|f(x)-f(y)| \geqslant 2\delta$. 这是因为$g(x)$与$g(y)$分别与$f(x)$和$f(y)$的距离小于$\delta$，所以必有$|g(x)-g(y)|>0$. 因此函数$|g(x)-g(y)|$在$A$上是正的. 由此推出，若$x$和$y$是满足$g(x)=g(y)$的两个点，则必有$d(x, y)<b$. 所以$\Delta(g) \leqslant b<\varepsilon$.

(2)U_ε在$\mathcal{C}(X, \mathbb{R}^N)$中稠密. 这是证明中的困难之处，需要用到上面讨论过的$\mathbb{R}^N$的解析几何知识. 设$f \in \mathcal{C}(X, \mathbb{R}^N)$. 给定$\varepsilon>0$和$\delta>0$，我们希望找到一个函数$g \in \mathcal{C}(X, \mathbb{R}^N)$使得$g \in U_\varepsilon$，并且$\rho(f, g)<\delta$.

用有限多个开集$\{U_1, \cdots, U_n\}$覆盖X，使得

(1)在X中，$\operatorname{diam} U_i<\varepsilon/2$.

(2)在$\mathbb{R}^N$中，$\operatorname{diam} f(U_i)<\delta/2$.

(3)$\{U_1, \cdots, U_n\}$的阶数$\leqslant m+1$.

设$\{\phi_i\}$是由$\{U_i\}$控制的一个单位分拆(见第36节). 对于每一个i，选取一个点$x_i \in U_i$. 再对于每一个i，选取一个点$z_i \in \mathbb{R}^N$，使得z_i与点$f(x_i)$的距离小于$\delta/2$，并且使得$\{z_1, \cdots, z_n\}$在$\mathbb{R}^N$中占有最广位置. 最后，定义$g: X \to \mathbb{R}^N$为

$$g(x)=\sum_{i=1}^{n}\phi_i(x)z_i.$$

我们断言，g 便是所求的函数.

首先，我们证明 $\rho(f,g)<\delta$. 注意，

$$g(x)-f(x)=\sum_{i=1}^{n}\phi_i(x)z_i-\sum_{i=1}^{n}\phi_i(x)f(x).$$

其中用到了 $\sum\phi_i(x)=1$. 于是

$$g(x)-f(x)=\sum\phi_i(x)(z_i-f(x_i))+\sum\phi_i(x)(f(x_i)-f(x)).$$

根据点 z_i 的选取，对于每一个 i，$|z_i-f(x_i)|<\delta/2$. 如果 i 是使得 $\phi_i(x)\neq 0$ 的一个指标，则有 $x\in U_i$. 因为 $\operatorname{diam} f(U_i)<\delta/2$，所以 $|f(x_i)-f(x)|<\delta/2$. 由于 $\sum\phi_i(x)=1$，可见 $|g(x)-f(x)|<\delta$. 于是 $\rho(g,f)<\delta$.

其次，证明 $g\in U_\varepsilon$. 我们要证明，若 $x,y\in X$，并且 $g(x)=g(y)$，则 x 和 y 同时属于某一个开集 U_i，因而必有 $d(x,y)<\varepsilon/2$.（因为 $\operatorname{diam}U_i<\varepsilon/2$.）于是 $\Delta(g)\leqslant\varepsilon/2<\varepsilon$.

为此假定 $g(x)=g(y)$，于是

$$\sum_{i=1}^{n}[\phi_i(x)-\phi_i(y)]z_i=\mathbf{0}.$$

因为覆盖 $\{U_i\}$ 最多为 $m+1$ 阶，所以最多有 $m+1$ 个 $\phi_i(x)$ 不为零，也最多有 $m+1$ 个 $\phi_i(y)$ 不为零. 从而，和式 $\sum_{i=1}^{n}[\phi_i(x)-\phi_i(y)]z_i$ 最多有 $2m+2$ 个非零项. 注意到和式的系数之和蜕化，因为

$$\sum[\phi_i(x)-\phi_i(y)]=1-1=0.$$

这些点 z_i 在 $\mathbb{R}^N$ 中占有最广位置，所以其含有不多于 $N+1$ 个元素的任何一个子集必定是几何独立的. 根据假设 $N+1=2m+2$. 于是对于所有的 i，

$$\phi_i(x)-\phi_i(y)=0.$$

对某一个 i，$\phi_i(x)>0$，所以 $x\in U_i$. 因为 $\phi_i(y)=\phi_i(x)$，所以也有 $y\in U_i$. ■

为了充实嵌入定理的内涵，我们需要一些有限维空间的例子. 为此，我们证明以下定理.

定理 50.6　$\mathbb{R}^N$ 的每一个紧致子空间的拓扑维数最多为 N.

证　这个证明是例 3 中对于 $\mathbb{R}^2$ 所给证明的一个推广. 设 ρ 是 $\mathbb{R}^N$ 上的平方度量.

第一步. 首先把 $\mathbb{R}^N$ 分解成一些"单位方体". 定义 $\mathcal{J}$ 是 $\mathbb{R}$ 中的以下开区间族：

$$\mathcal{J}=\{(n,n+1)\mid n\in\mathbb{Z}\},$$

再定义 $\mathcal{K}$ 为 $\mathbb{R}$ 中的以下单点集族：

$$\mathcal{K}=\{\{n\}\mid n\in\mathbb{Z}\}.$$

如果 M 是一个整数，使得 $0\leqslant M\leqslant N$，令 $\mathcal{C}_M$ 表示所有积

$$C=A_1\times A_2\times\cdots\times A_N$$

的集合，其中恰有 M 个 A_i 属于 $\mathcal{J}$，而其余的 A_i 则属于 $\mathcal{K}$. 如果 $M>0$，则 C 同胚于积空间 $(0,1)^M$，称之为 **M-维方体**（M-cube）. 如果 $M=0$，则 C 是一个单点集，称之为 **0-维方体**（0-cube）.

令$\mathcal{C}=\mathcal{C}_0\cup\mathcal{C}_1\cup\cdots\cup\mathcal{C}_N$. 注意$\mathbb{R}^N$的每一个点$\boldsymbol{x}$恰属于$\mathcal{C}$的一个元素，因为每一个实数$x_i$恰在$\mathcal{J}\cup\mathcal{K}$的一个元素中. 我们将$\mathcal{C}$的每一个元素$C$稍加扩大，使之成为$\mathbb{R}^N$中直径不超过3/2的一个开集$U(C)$，使得如果$C$和$D$是两个不同的$M$-维方体，则$U(C)$和$U(D)$无交.

设$\boldsymbol{x}=(x_1, \cdots, x_N)$是$M$-维方体$C$的一个点. 我们将证明，存在一个数$\varepsilon(\boldsymbol{x})>0$，使得$\boldsymbol{x}$的$\varepsilon(\boldsymbol{x})$-邻域与异于$C$的$M$-维方体无交. 如果$C$是0-维方体，我们令$\varepsilon(\boldsymbol{x})=1/2$，从而完成证明. 若$M>0$，并且$x_i$中恰好有$M$个不是整数，则选取$\varepsilon(\boldsymbol{x})\leqslant 1/2$，使得对于每一个不是整数的$x_i$，区间$(x_i-\varepsilon, x_i+\varepsilon)$中不包含整数. 如果$\boldsymbol{y}=(y_1, \cdots, y_N)$是$\boldsymbol{x}$的$\varepsilon$-邻域的一个点，那么当$x_i$不是整数时，$y_i$也不是整数. 这意味着，要么$\boldsymbol{y}$与$\boldsymbol{x}$属于同一个$M$-维方体，要么$\boldsymbol{y}$属于某一个$L$-维方体，其中$L>M$. 不论何种情况，$\boldsymbol{x}$的$\varepsilon$-邻域与异于$C$的$M$-维方体无交.

给定一个M-维方体C，定义C的邻域$U(C)$为C中所有点$\boldsymbol{x}$的$\varepsilon(\boldsymbol{x})/2$-邻域的并. 易见，若$C$与$D$是两个不同的$M$-维方体，则$U(C)$与$U(D)$无交. 进而，若$\boldsymbol{z}$是$U(C)$的一个点，则存在$C$的一个点$\boldsymbol{x}$，使得$d(\boldsymbol{z}, \boldsymbol{x})<\varepsilon(\boldsymbol{x})/2<1/4$. 由于$C$的直径为1，所以集合$U(C)$的直径最多为3/2.

第二步. 给定M，$0\leqslant M\leqslant N$，定义$\mathcal{A}_M$为所有集合$U(C)$的族，其中$C\in\mathcal{C}_M$. $\mathcal{A}_M$中的元素两两无交，并且每一个元素的直径最多为3/2. 剩下来的证明只不过是例3中对$\mathbb{R}^2$所做证明的翻版. ■

推论 50.7 *每一个紧致的m-维流形的拓扑维数最多为m.*

推论 50.8 *每一个紧致的m-维流形可以嵌入到$\mathbb{R}^{2m+1}$中.*

推论 50.9 *设X是一个紧致的可度量化空间，那么X可以嵌入到某一个欧氏空间$\mathbb{R}^N$中，当且仅当X具有有限拓扑维数.*

正如先前提到过的，我们证明的结果之中，有许多并不要求紧致性条件，在下面的习题中，请读者去证明相应结果的推广.

有一点我们没有要求证明，即证明m-维流形的拓扑维数恰好是m. 一个重要的原因就是，这个证明要以代数拓扑为工具.

还有一点我们也没有要求证明，即$N=2m+1$是使得每一个拓扑维数为m的紧致可度量化空间可以嵌入到$\mathbb{R}^N$中的N的最小值. 我们曾提到过，即使对于线性图，其中$m=1$，该证明也不容易.

关于维数论的进一步结果，读者可以参见 Hurewicz 和 Wallman[H-W]的经典书籍. 特别地，那本书中讨论了一个完全不同的拓扑维数的定义，归功于 Menger 和 Urysohn. 它是一个归纳定义. 空集的维数为-1. 如果一个空间有一个拓扑基，该基中每一个元素B的边界的维数最多为$n-1$，则这个空间的维数最多为n. 一个空间的维数便是使得这一条件成立的最小的n. 这个维数概念与我们对紧致可度量化空间所定义的概念是一致的.

习题

1. 证明任意离散空间是0维的.
2. 证明任意多于一个点的连通T_1空间的维数至少为1.
3. 证明拓扑学家的正弦曲线是1维的.

4. 证明：点$\mathbf{0}$，ε_1，ε_2，ε_3和(1, 1, 1)在$\mathbb{R}^3$中占有最广位置．画出由这五个顶点构成的完全图嵌入到$\mathbb{R}^3$中的草图．
5. 验证当$m=1$时，嵌入定理的证明，并证明在第(2)部分中，映射g将X映到$\mathbb{R}^3$中的一个线性图上．
6. **定理** 设X是一个具有可数基的局部紧致的Hausdorff空间，且其每一个紧致子空间的拓扑维数最多为m，则X同胚于$\mathbb{R}^{2m+1}$的一个闭子空间．

 证明：设f：$X\to\mathbb{R}^N$是一个连续映射，我们说当$x\to\infty$时$f(x)\to\infty$，是指对于任意给定的n，存在X的紧致子空间C，使得对于每一个点$x\in X-C$有$f(x)>n$．

 (a)设$\bar{\rho}$是$\mathcal{C}(X, \mathbb{R}^N)$上的一致度量．证明：若当$x\to\infty$时，$f(x)\to\infty$，并且$\bar{\rho}(f, g)<1$，则当$x\to\infty$时，$g(x)\to\infty$．

 (b)证明：若当$x\to\infty$时，$f(x)\to\infty$，则f可以扩张成单点紧致化空间上的一个连续映射．证明：若f是一个单射，则f是X与$\mathbb{R}^N$的一个闭子空间的同胚．

 (c)给定f：$X\to\mathbb{R}^N$和X的一个紧致子空间C，令
$$U_\varepsilon(C)=\{f\mid\Delta(f\mid C)<\varepsilon\}.$$
 证明$U_\varepsilon(C)$在$\mathcal{C}(X, \mathbb{R}^N)$中是开的．

 (d)证明：若$N=2m+1$，则$U_\varepsilon(C)$在$\mathcal{C}(X, \mathbb{R}^N)$中稠密．［提示：给定$f$和$\varepsilon$，$\delta>0$，选取$g$：$C\to\mathbb{R}^N$使得对于$x\in C$，有$d(f(x), g(x))<\delta$，并且$\Delta(g)<\varepsilon$．应用Tietze扩张定理，扩充$f-g$为$h$：$X\to[-\delta, \delta]^N$．］

 (e)证明存在映射f：$X\to\mathbb{R}$使得当$x\to\infty$时，$f(x)\to\infty$．［提示：将X表示成紧致子空间C_n的并，其中对于每一个n，$C_n\subset\operatorname{Int}C_{n+1}$．］

 (f)设C_n是(e)中所定义的集合，应用$\bigcap U_{1/n}(C_n)$在$\mathcal{C}(X, \mathbb{R}^N)$中稠密这一结论完成证明．
7. **推论** 每一个m-维流形都可以嵌入到$\mathbb{R}^{2m+1}$中作为一个闭子空间．
8. 称X为σ-紧致的，如果存在X的可数个紧致子空间的族，其内部覆盖X．

 定理 设X是一个σ-紧致的Hausdorff空间．如果X的每一个紧致子空间的拓扑维数最多为m，那么X的拓扑维数也最多为m．

 证明：令$\mathcal{A}$是X的一个开覆盖，用以下方法找到X的另一个开覆盖$\mathcal{B}$加细$\mathcal{A}$，并且$\mathcal{B}$的阶数最多为$m+1$．

 (a)证明$X=\bigcup X_n$，其中X_n是紧致的，并且对于每一个n，有$X_n\subset\operatorname{Int}X_{n+1}$．设$X_0=\varnothing$．

 (b)找到X的一个开覆盖$\mathcal{B}_0$加细$\mathcal{A}$，并且对于每一个n，$\mathcal{B}_0$中与X_n相交的成员包含于X_{n+1}．

 (c)设$n\geqslant 0$，$\mathcal{B}_n$是X的一个开覆盖，加细$\mathcal{B}_0$，使得$\mathcal{B}_n$在X_n中的点的阶最多为$m+1$[①]．选取X的一个开覆盖$\mathcal{C}$加细$\mathcal{B}_n$，使得$\mathcal{C}$在X_{n+1}中的点的阶最多为$m+1$．选取f：$\mathcal{C}\to\mathcal{B}_n$使得$C\subset f(C)$．对于$B\in\mathcal{B}_n$，用$D(B)$表示所有满足$f(C)=B$的集合$C$的并．设

① 这一句话的意思是，集族
$$\{B\cap X_n\mid B\in\mathcal{B}\}$$
的阶最多为$m+1$．参见定理50.2的证明中的第一步第一段．本段落中另外还有两句话意义类此．——译者注

$\mathcal{B}_{n+1}$是由$\mathcal{B}_n$中所有满足$B\cap X_{n-1}\neq\varnothing$的集合$B$，以及$\mathcal{B}_n$中所有满足$B\cap X_{n-1}=\varnothing$的集合$B$确定的集合$D(B)$所构成的族. 证明$\mathcal{B}_{n+1}$是$X$的一个开覆盖，加细$\mathcal{B}_n$，并且在$X_{n+1}$中的点的阶最多为$m+1$.

(d)定义$\mathcal{B}$为：给定集合B，若存在某一个N，使得对于所有的$n\geqslant N$，有$B\in\mathcal{B}_n$，则有$B\in\mathcal{B}$.

9. **推论**　每一个m-维流形的拓扑维数最多为m.

10. **推论**　$\mathbb{R}^N$的每一个闭子空间的拓扑维数最多为N.

11. **推论**　空间X能嵌入到$\mathbb{R}^N$中作为一个闭子空间，其中N是某一个非负整数，当且仅当X是具有可数基的局部紧致的Hausdorff空间，并且具有有限拓扑维数.

* 附加习题：局部欧氏空间

一个空间X称为**局部m-维欧氏的**(locally m-Euclidean)，如果对于每一个$x\in X$，存在x的一个邻域同胚于$\mathbb{R}^m$中的一个开集. 这样的空间自然满足T_1公理，但不一定是Hausdorff空间.（见第36节的习题.）若X还是一个Hausdorff空间，并且有可数基，那么称X为一个**m-维流形**(m-manifold).

以下习题中统统假设X是局部m-维欧氏空间.

1. 证明X是局部紧致的和局部可度量化的.
2. 考虑关于X的以下条件：

   (i)X是一个紧致的Hausdorff空间.

   (ii)X是一个m-维流形.

   (iii)X是可度量化的.

   (iv)X是正规的.

   (v)X是Hausdorff的.

   证明：(i)⇒(ii)⇒(iii)⇒(iv)⇒(v).
3. 证明$\mathbb{R}$是局部1-维欧氏空间，并满足(ii)，但不满足(i).
4. 证明$\mathbb{R}\times\mathbb{R}$在字典序拓扑下是局部1-维欧氏空间，并且满足(iii)，但不满足(ii).
5. 证明长直线是局部1-维欧氏空间，并且满足(iv)，但不满足(iii).（见第24节的习题.）

*6. 存在一个空间，它是局部2-维欧氏空间，满足(v)，但不满足(iv). 这个空间的构造方法如下：设A是$\mathbb{R}^3$的以下子空间：

$$A=\{(x,y,0)\mid x>0\}.$$

给定实数c，令B_c是$\mathbb{R}^3$的以下子空间：

$$B_c=\{(x,y,c)\mid x\leqslant 0\}.$$

设X为A和所有子空间B_c的并，其中c取遍所有实数. 选取以下三种集合作为基将X拓扑化：

(i)U，其中U在A中是开的.

(ii)V，其中V是子空间B_c中所有满足$x<0$的点构成的B_c中的一个开集.

(iii)对于$\mathbb{R}$的每一个开区间$I=(a,b)$、每一个实数c以及每一个$\varepsilon>0$，集合$A_c(I,\varepsilon)\cup$

$B_c(I,\varepsilon)$，其中

$$A_c(I,\varepsilon)=\{(x,y,0)\mid 0<x<\varepsilon \text{ 和 } c+ax<y<c+bx\},$$

$$B_c(I,\varepsilon)=\{(x,y,c)\mid -\varepsilon<x\leqslant 0 \text{ 和 } a<y<b\}.$$

空间 X 称为“Prüfer 流形”.

(a)画出 $A_c(I,\varepsilon)$和 $B_c(I,\varepsilon)$的草图.

(b)证明(i)～(iii)三种集合共同构成了 X 的拓扑的一个基.

(c)证明：定义为

$$f_c(x,y)=\begin{cases}(x,c+xy,0) & \text{对于 } x>0,\\ (x,y,c) & \text{对于 } x\leqslant 0\end{cases}$$

的映射 f_c：$\mathbb{R}^2\to X$ 是$\mathbb{R}^2$和 X 的子空间 $A\cup B_c$ 之间的一个同胚.

(d)证明 $A\cup B_c$ 在 X 中是开的. 证明 X 是 2-维欧氏空间.

(e)证明 X 是 Hausdorff 的.

(f)证明 X 不是正规的. [提示：X 的子空间

$$L=\{(0,0,c)\mid c\in\mathbb{R}\}$$

是闭的和离散的. 与第 31 节中的习题 3 比较.]

7. 证明：X 是 Hausdorff 的当且仅当 X 是完全正则的.

8. 证明：X 是可度量化的当且仅当 X 是仿紧致的和 Hausdorff 的.

9. 证明：若 X 是可度量化的，则 X 的每一个分支都是一个 m-维流形.

第二部分

代数拓扑学

第9章 基 本 群

确定给定的两个拓扑空间是否同胚是拓扑学的基本问题之一. 目前还没有解决这个问题的一般方法，但是有一些适用于某些特殊情形的技巧.

为了证明两个空间是同胚的，只要构造一个有连续逆映射的连续映射，将其中一个空间映到另一个空间上，而对于构造连续映射，我们已经有了一些办法.

证明两个空间不同胚则是另一回事. 为此，必须证明在它们之间不存在有连续逆映射的连续映射. 如果能够找到某一个拓扑性质为一个拓扑空间所具有而不为另一个空间所具有，那么问题便解决了，即这两个空间一定不同胚. 例如，闭区间$[0, 1]$不同胚于开区间$(0, 1)$，因为前者是紧致的，而后者却不紧致. 实直线$\mathbb{R}$不同胚于"长线"L，因为$\mathbb{R}$有可数基而L却没有. 实直线$\mathbb{R}$也不与平面$\mathbb{R}^2$同胚，因为从平面$\mathbb{R}^2$中挖去一点，剩下的空间是连通的，但从实直线中挖去一点之后，剩下的空间就不连通了.

但是我们迄今所研究过的拓扑性质远不足以解决这个问题. 例如，怎样证明平面$\mathbb{R}^2$不同胚于三维空间$\mathbb{R}^3$呢？查遍已经学过的拓扑性质——紧致性、连通性、局部连通性、可度量化性等，还是找不到一种拓扑性质能够用来区别这两个空间. 作为另一个例子，考虑二维球面S^2、环面T(轮胎的表面)以及双环面$T \# T$(连体轮胎的表面)，迄今我们所研究过的拓扑性质都不能够区别它们.

所以我们必须引入一些新的性质和方法. *单连通性*是这类性质中最自然的一个. 也许读者在学习平面上的线积分时，已经学过了这个概念. 粗略地说，如果空间X中的每一条闭曲线都能够收缩成X的一个点，则称X是单连通的. (以后我们将给出更精确的定义.)单连通性可以用来区别$\mathbb{R}^2$和$\mathbb{R}^3$，从$\mathbb{R}^3$中挖去一点之后，剩下的空间是单连通的. 但从$\mathbb{R}^2$中挖去一点之后就不是单连通的了. 单连通性还能用于区别S^2(它是单连通的)和环面T(它不是单连通的). 但是，单连通性还是不能区别T和$T \# T$，因为它们都不是单连通的.

有一个概念比单连通性更广泛，单连通性只是它的一种特殊情形. 这个概念涉及一个群，称之为*基本群*. 同胚的两个空间的基本群是同构的. 空间的单连通性恰好表示这个空间的基本群是平凡群(即只有一个元素的群). 于是要证明S^2与T不同胚，就可以通过S^2的基本群是平凡群而T的基本群不是平凡群这一点加以说明. 与单连通性相比，基本群能区别更多的空间. 例如，它能用于证明T和$T \# T$不同胚，因为T的基本群是一个交换群，而$T \# T$的基本群却不是交换群.

在这一章中，我们将定义基本群并研究其性质，然后应用它来解决一些问题，包括证明上面提到的那些空间不同胚的问题.

其他的应用包括证明不动点定理、关于球面保持对径点的映射的一个定理以及众所周知的*代数基本定理*. (代数基本定理告诉我们，每一个实系数或者复系数的多项式方程必有一个根.)我们将在下一章中讨论著名的Jordan *曲线定理*. 这个定理的结论是：平面上任何一条简单闭曲线C都将平面分成两个分支，并且C还是这两个分支的共同边界.

我们始终假定读者熟悉商拓扑(第 22 节)和局部连通性(第 25 节).

51 道路同伦

在定义空间 X 的基本群之前，我们考虑 X 中的道路以及道路之间的一个等价关系“道路同伦”，并且还将在这些等价类构成的集合中定义一种运算，使得这个等价类的集合成为代数学中所说的一个广群.

定义 设 f 和 f' 是从空间 X 到空间 Y 的两个连续映射. 我们说 f 同伦于 f'，如果有一个连续映射 $F: X\times I\to Y$ 使得对于每一个 x，

$$F(x,0)=f(x) \quad \text{和} \quad F(x,1)=f'(x).$$

(其中 $I=[0, 1]$.)映射 F 称为是 f 和 f' 之间的一个**同伦**(homotopy). 如果 f 同伦于 f'，则记作 $f\simeq f'$. 如果 $f\simeq f'$ 并且 f' 是一个常值映射，则称 f 是**零伦的**(nulhomotopic).

我们将一个同伦设想为从 X 到 Y 的映射的一个连续单参数族，如果把参数 t 想象为时间变量，那么当 t 从 0 变到 1 时，同伦 F 便将映射 f 连续地“形变”为映射 f'.

现在考虑 f 是 X 中的一条道路这种特殊情形. 重申下述定义：如果 $f: [0, 1]\to X$ 是一个连续映射，使得 $f(0)=x_0$，$f(1)=x_1$，则称 f 是 X 中从 x_0 到 x_1 的一条道路. x_0 和 x_1 分别称为道路 f 的**起点**(initial point)和**终点**(final point). 为了方便起见，我们在本章中用区间 $I=[0, 1]$ 作为所有道路的定义域.

对于 X 中的两条道路 f 与 f'，有一个比上述同伦关系更强一些的关系. 现定义如下.

定义 设 f, f' 是将 $I=[0, 1]$ 映入 X 中的两条道路. 如果 f 与 f' 都以 x_0 为起点、以 x_1 为终点、并且存在连续映射 $F: I\times I\to X$ 使得对于每一个 $s\in I$ 和每一个 $t\in I$，

$$F(s,0)=f(s), \quad F(s,1)=f'(s),$$
$$F(0,t)=x_0, \quad F(1,t)=x_1,$$

则称 f 与 f' 是**道路同伦的**(path homotopic)，F 称为 f 与 f' 之间的一个**道路同伦**(path homotopy). 参见图 51.1. 如果 f 道路同伦于 f'，则记为 $f\simeq_p f'$.

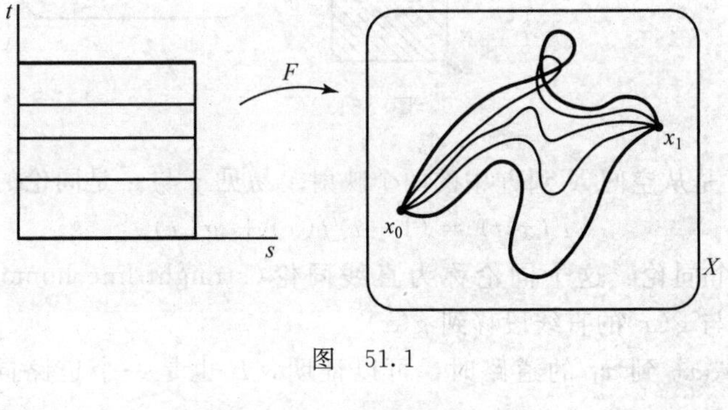

图 51.1

定义中的第一个条件告诉我们 F 是 f 与 f' 之间的一个同伦，而第二个条件则是说，对于每一个 t，通过方程 $f_t(s)=F(s, t)$ 定义了一条从 x_0 到 x_1 的道路 f_t. 换言之，第一个条件说 F 表示一种将道路 f 连续地形变到道路 f' 的方式，而第二个条件则表明在这个道路形变的过程

中端点保持不动.

引理 51.1　关系$\simeq$和$\simeq_p$都是等价关系.

如果f是一条道路，我们则记它的道路同伦等价类为$[f]$.

证　我们来验证它们满足等价关系的条件.

对于给定的f，显然$f\simeq f$，因为映射$F(x, t)=f(x)$就是所求的同伦. 如果f是一条道路，F便是道路同伦.

如果$f\simeq f'$，我们证明$f'\simeq f$. 设F是f与f'之间的一个同伦，则$G(x, t)=F(x, 1-t)$便是f'与f之间的一个同伦. 当F是道路同伦时，G也是道路同伦.

设$f\simeq f'$，$f'\simeq f''$. 我们证明$f\simeq f''$. 设F为f与f'之间的一个同伦，F'为f'与f''之间的一个同伦，定义$G: X\times I\to Y$如下：

$$G(x,t)=\begin{cases}F(x,2t) & \text{当 } t\in\left[0,\dfrac{1}{2}\right],\\ F'(x,2t-1) & \text{当 } t\in\left[\dfrac{1}{2},1\right].\end{cases}$$

映射G的定义是确切的，因为当$t=\frac{1}{2}$时，$F(x, 2t)=f'(x)=F'(x, 2t-1)$. 由于$G$在$X\times I$的两个闭子集$X\times\left[0, \frac{1}{2}\right]$与$X\times\left[\frac{1}{2}, 1\right]$上都是连续的，根据黏结引理，$G$在$X\times I$上也是连续的. 于是$G$便是$f$与$f''$之间所求的同伦.

请自行验证当F和F'都是道路同伦时，G也是道路同伦. 参见图 51.2.

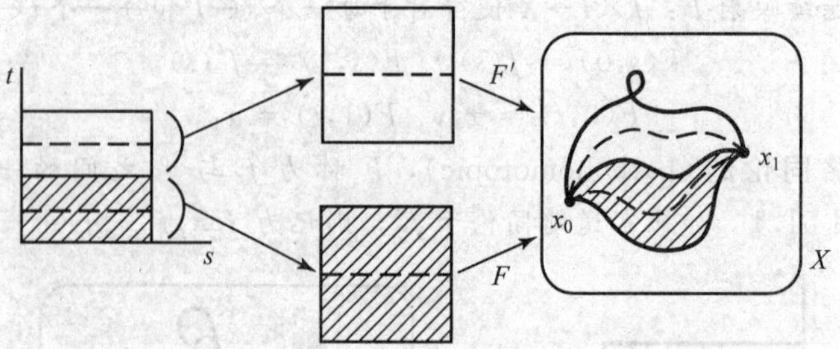

图　51.2

■

例 1　设f与g是从空间X到$\mathbb{R}^2$中的两个映射. 易见f与g是同伦的，映射

$$F(x,t)=(1-t)f(x)+tg(x)$$

便是它们之间的一个同伦. 这个同伦称为**直线同伦**(straight-line homotopy)，因为它将点$f(x)$沿着连接$f(x)$与$g(x)$的直线段移到$g(x)$.

当f与g都是从x_0到x_1的道路时，可以证明，F也是一个道路同伦. 这种情形画在图 51.3 中.

更一般些，设A是$\mathbb{R}^n$中的一个凸子空间.（也就是说，对于A中的任何两个点a和b，连接a和b的直线段包含在A中.）则A中任何从x_0到x_1的两条道路f和g是道路同伦的，因为其间的直线同伦F的像集包含在A中.　■

例 2 设 X 为**穿孔平面**(punctured plane)$\mathbb{R}^2-\{\mathbf{0}\}$，简单地记为$\mathbb{R}^2-\mathbf{0}$. X 中的两条道路

$$f(s)=(\cos\pi s,\sin\pi s),g(s)=(\cos\pi s,2\sin\pi s)$$

是道路同伦的，其间的直线同伦便是可以采用的一个道路同伦. 但是为了证明 f 与道路

$$h(s)=(\cos\pi s,-\sin\pi s)$$

是道路同伦的，用它们之间的直线同伦就不行了，因为这一同伦的像不在空间 $X=\mathbb{R}^2-\mathbf{0}$ 中. 参见图 51.4.

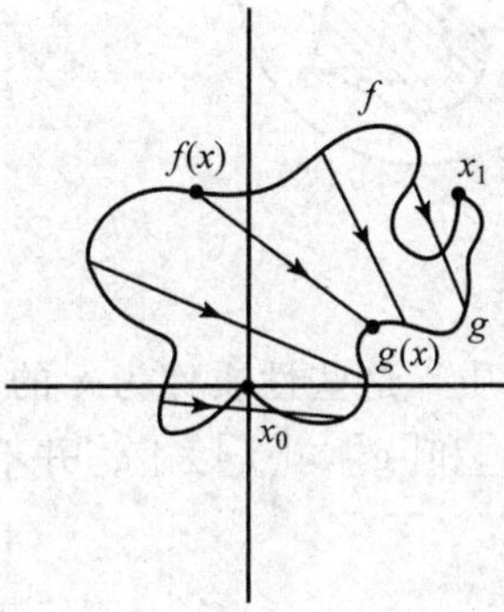

图 51.3

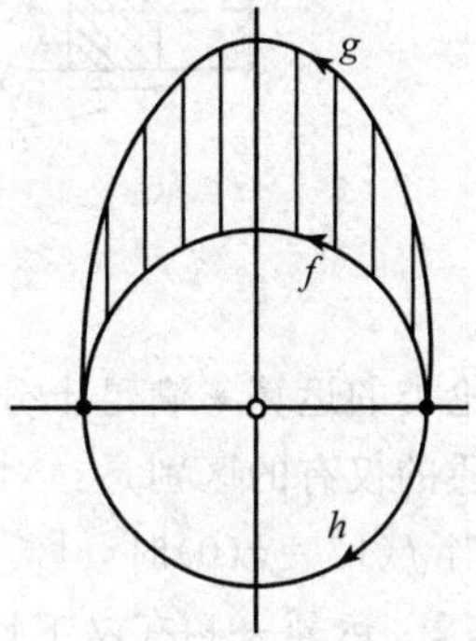

图 51.4

事实上，X 中根本就不存在 f 与 h 之间的道路同伦. 这一结论并不出人意外，直观上显然不能"将 f 移过 $\mathbf{0}$ 处的洞"而不破坏其连续性. 但是要证明这一点还需要一些准备工作. 稍后，我们还要讨论这个例子.

这个例子说明，在谈到两条道路是否道路同伦之前，必须知道像空间的情形. 例如，道路 f 和 h 作为$\mathbb{R}^2$中的道路便是道路同伦的. ■

我们现在来把代数方法引入到几何问题的研究中. 在道路同伦类中定义某种运算如下.

定义 设 f 是 X 中从 x_0 到 x_1 的一条道路，g 是 X 中从 x_1 到 x_2 的一条道路. 定义 f 与 g 的乘积 $f*g$ 为道路 h，

$$h(s)=\begin{cases}f(2s), & \text{当 } s\in\left[0,\frac{1}{2}\right],\\ g(2s-1), & \text{当 } s\in\left[\frac{1}{2},1\right].\end{cases}$$

映射 h 的定义是确切的，并且根据黏结引理，h 是连续的，因此 h 是从 x_0 到 x_2 的一条道路. 可以把 h 设想成这样一条道路，其前半段是 f，后半段是 g.

定义在道路上的乘积运算按等式

$$[f]*[g]=[f*g]$$

诱导出道路同伦类上的一个定义确切的运算. 为了验证这一点，设 F 是 f 和 f'之间的一个道路同伦，G 是 g 和 g'之间的一个道路同伦. 定义

$$H(s,t)=\begin{cases}F(2s,t), & \text{当 } s\in\left[0,\frac{1}{2}\right],\\ G(2s-1,t), & \text{当 } s\in\left[\frac{1}{2},1\right].\end{cases}$$

由于对于所有 t，有 $F(1, t)=x_1=G(0, t)$，所以映射 H 的定义是确切的. 根据黏结引理，这个映射也是连续的. 易于验证 H 便是所求的 $f*g$ 和 $f'*g'$之间的道路同伦. 见图 51.5.

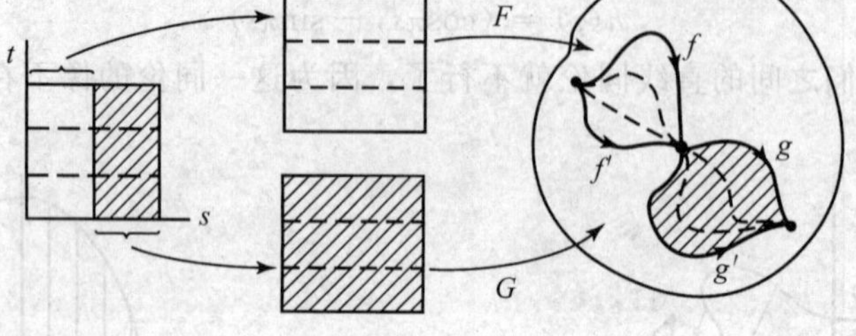

图　51.5

道路同伦类的运算 $*$ 满足十分类似于群的公理的一些性质，这些性质称为 $*$ 的广群性质. 它与群的性质的仅有的区别是：对于任意两个道路同伦类$[f]$和$[g]$，$[f]*[g]$并不总是有定义的，只有当 $f(1)=g(0)$时，$[f]*[g]$才有定义.

定理 51.2　运算 $*$ 具有以下性质：

(1)(结合律)如果$[f]*([g]*[h])$有定义，则$([f]*[g])*[h]$也有定义，并且它们相等.

(2)(有右、左单位元)给定 $x\in X$，令 e_x：$I\to X$ 表示将 I 变为点 x 的常值道路. 如果 f 是 X 中从 x_0 到 x_1 的一条道路，则有

$$[f]*[e_{x_1}]=[f]\quad \text{和}\quad [e_{x_0}]*[f]=[f].$$

(3)(有逆元)给定 X 中从 x_0 到 x_1 的一条道路 f，由 $\bar{f}(s)=f(1-s)$定义的道路 $\bar{f}$ 称为 f 的逆，这时有

$$[f]*[\bar{f}]=[e_{x_0}]\quad \text{和}\quad [\bar{f}]*[f]=[e_{x_1}].$$

证　我们应用两个基本结论来解决问题. 第一个基本结论是：如果 k：$X\to Y$ 是一个连续映射，F 是 X 中的道路 f 和 f'之间的一个道路同伦，则 $k\circ F$ 便是 Y 中的道路 $k\circ f$ 和 $k\circ f'$之间的一个道路同伦. 见图 51.6.

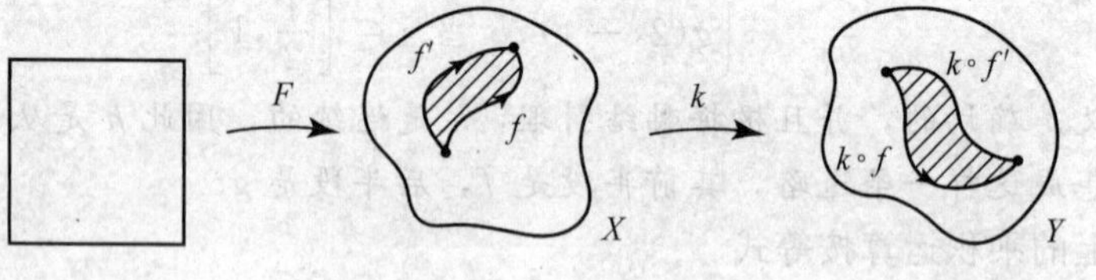

图　51.6

第二个基本结论是：如果 k：$X\to Y$ 是一个连续映射，f 和 g 是 X 中的两条道路，满足条件 $f(1)=g(0)$，则

$$k\circ(f*g)=(k\circ f)*(k\circ g).$$

从乘积运算 $*$ 的定义立即可见上述等式成立.

第一步．我们先来验证性质(2)和(3)．为了验证(2)，令 e_0 是 I 中取常值 0 的道路，i：$I\to I$是恒等映射，它同时也是 I 中的一条从 0 到 1 的道路．因此，$e_0 * i$ 也是 I 中的一条从 0 到 1 的道路．(这两条道路的图形画在图 51.7 中．)

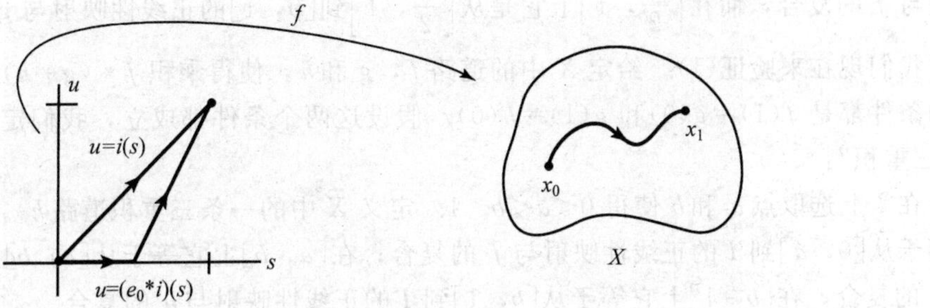

图 51.7

由于 I 是凸的，在 i 和 $e_0 * i$ 之间存在一个道路同伦 G．于是 $f\circ G$ 便是 X 中的道路 $f\circ i=f$ 与道路

$$f\circ(e_0 * i)=(f\circ e_0)*(f\circ i)=e_{x_0} * f$$

之间的一个道路同伦．通过完全类似的论证可以证明$[f]*[e_{x_1}]=[f]$，其中用到如下事实：如果 e_1 表示 1 处的常值道路，则 $i * e_1$ 在 I 中道路同伦于道路 i．

为了验证(3)，注意 i 的逆是 $\bar{i}(s)=1-s$．因此 $i*\bar{i}$ 是 I 中的一条以 0 为起点和以 0 为终点的道路．e_0 也是 I 中的一条以 0 为起点和以 0 为终点的道路．(这两条道路的图形画在图 51.8 中．)由于 I 是凸的，I 中有一个 e_0 与 $i*\bar{i}$ 之间的道路同伦 H．因此 $f\circ H$ 是 $f\circ e_0=e_{x_0}$ 和

$$(f\circ i)*(f\circ\bar{i})=f*\bar{f}$$

之间的一个道路同伦．完全类似地，注意到 $\bar{i}*i$ 在 I 中道路同伦于 e_1，立即可见$[\bar{f}]*[f]=[e_{x_1}]$．

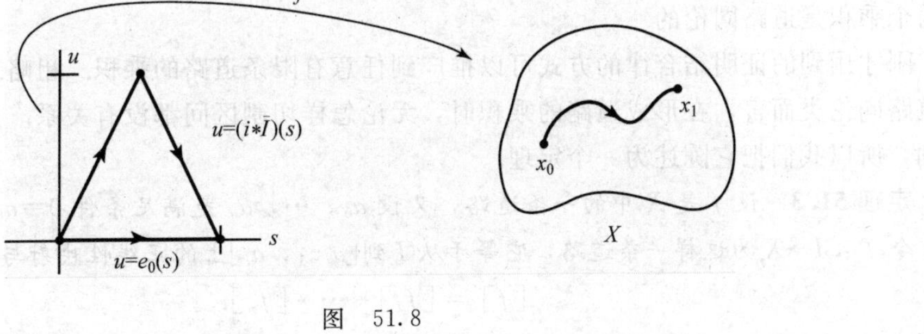

图 51.8

第二步．结合律(1)的证明要麻烦一些．为了这里的论证，也为了便于将来应用，我们通过不同的方式来描述乘积 $f*g$．

如果$[a, b]$和$[c, d]$是 $\mathbb{R}$ 中的两个区间，有唯一的一个形如 $p(x)=mx+k$ 的映射 p：$[a, b]\to[c, d]$将 a 映为 c，将 b 映为 d．我们将称这种映射为从$[a, b]$到$[c, d]$的**正线性映射**(positive linear map)，因为它的图形是一条具有正斜率的直线．注意：正线性映射的逆映

射仍然是正线性映射，两个正线性映射的复合还是正线性映射.

使用这个术语，乘积 $f*g$ 可以描述如下：在$\left[0,\ \frac{1}{2}\right]$上它是从$\left[0,\ \frac{1}{2}\right]$到$[0,\ 1]$的正线性映射与 f 的复合，而在$\left[\frac{1}{2},\ 1\right]$上它是从$\left[\frac{1}{2},\ 1\right]$到$[0,\ 1]$的正线性映射与 g 的复合.

我们现在来验证(1). 给定 X 中的道路 f，g 和 h，使得乘积 $f*(g*h)$和$(f*g)*h$ 有定义的条件都是 $f(1)=g(0)$和 $g(1)=h(0)$. 假设这两个条件都成立，我们定义 f，g 和 h 的一个"三重积"：

在 I 上选取点 a 和 b 使得 $0<a<b<1$. 定义 X 中的一条三重积道路 $k_{a,b}$如下：在$[0,\ a]$上它等于从$[0,\ a]$到 I 的正线性映射与 f 的复合；在$[a,\ b]$上它等于从$[a,\ b]$到 I 的正线性映射与 g 的复合；在$[b,\ 1]$上它等于从$[b,\ 1]$到 I 的正线性映射与 h 的复合.

道路 $k_{a,b}$ 当然依赖于点 a 和点 b 的选取. 然而道路同伦类却不依赖于点 a 和点 b 的选取！我们来证明：如果 c 和 d 是 I 中的另外两个点，使得 $0<c<d<1$，则 $k_{c,d}$道路同伦于 $k_{a,b}$.

设 p：$I\to I$ 为画在图 51.9 中的映射. 将这个映射限制于$[0,\ a]$，$[a,\ b]$和$[b,\ 1]$，它便分别等于将这些区间映到$[0,\ c]$，$[c,\ d]$和$[d,\ 1]$上的正线性映射. 这就立即导致 $k_{c,d}\circ p$ 等于 $k_{a,b}$. 但是 p 和恒等映射 i：$I\to I$ 都是 I 中从 0 到 1 的道路，因此在 I 中 p 和 i 之间有一个道路同伦 P. 所以 $k_{c,d}\circ P$ 便是 X 中 $k_{a,b}$和 $k_{c,d}$之间的一个道路同伦.

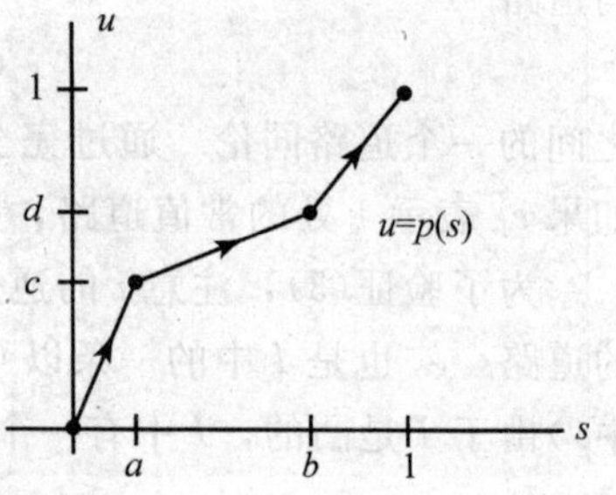

图　51.9

为了证明结合律已经没什么要做了. 因为容易验证乘积 $f*(g*h)$恰好就是当 $a=\frac{1}{2}$和 $b=\frac{3}{4}$时的三重积 $k_{a,b}$，而乘积 $(f*g)*h$ 恰好就是当$c=\frac{1}{4}$和 $d=\frac{1}{2}$时的三重积 $k_{c,d}$，所以这两个乘积是道路同伦的. ■

刚才用到的证明结合律的方式可以推广到任意有限条道路的乘积. 粗略地说，就最后得到的道路同伦类而言，在形成道路的乘积时，无论怎样切割区间都没有关系. 这个结论后面将要用到，所以我们把它陈述为一个定理.

定理 51.3　设 f 是 X 中的一条道路，又设 a_0，…，a_n 是满足条件 $0=a_0<\cdots<a_n=1$ 的实数. 令 f_i：$I\to X$ 为这样一条道路，它等于从 I 到$[a_{i-1},\ a_i]$上的正线性映射与 f 的复合. 则

$$[f]=[f_1]*\cdots*[f_n].$$

习题

1. 证明：如果 h，h'：$X\to Y$ 是同伦的，并且 k，k'：$Y\to Z$ 也是同伦的，则 $k\circ h$ 和$k'\circ h'$是同伦的.
2. 给定空间 X 和 Y，令$[X,\ Y]$表示为从 X 到 Y 的映射的同伦类构成的集合.
   (a)记 $I=[0,\ 1]$. 证明对于任意 X，集合$[X,\ I]$只有一个元素.
   (b)证明：当 Y 道路连通时，集合$[I,\ Y]$只有一个元素.

3. 空间 X 称为**可缩的**(contractible)，如果恒等映射 i_X：$X \to X$ 是零伦的.

(a)证明 I 和 $\mathbb{R}$ 都是可缩的.

(b)证明可缩空间是道路连通的.

(c)证明：如果 Y 是可缩的，则对于任意 X，集合 $[X, Y]$ 只有一个元素.

(d)证明：如果 X 是可缩的，并且 Y 是道路连通的，则 $[X, Y]$ 只有一个元素.

52 基本群

空间 X 中道路的道路同伦类的集合对于运算 $*$ 而言并不是一个群，因为两个道路同伦类的乘积并不总有定义. 但是，如果我们取定 X 中的点 x_0 作为"基点"，并且只考虑那些起点和终点都是 x_0 的道路，那么这种道路的道路同伦类的集合对于运算 $*$ 而言便构成了一个群，这个群称为 X 的基本群.

在这一节中，我们将要研究基本群的一些性质. 特别地，我们要证明基本群是空间 X 的拓扑不变量. 对于研究同胚问题，这一结果是十分重要的.

我们先来回顾群论中的某些术语. 设 G 和 G' 都是群，其中的运算用乘法表示. **同态**(homomorphism)f：$G \to G'$ 是一个映射，使得对于所有 x，$y \in G$，$f(x \cdot y) = f(x) \cdot f(y)$. 对于同态而言，等式 $f(e) = e'$ 和 $f(x^{-1}) = f(x)^{-1}$ 一定会成立，其中 e 和 e' 分别是 G 和 G' 中的单位元，并且指数 -1 表示逆元. f 的**核**(kernel)是 $f^{-1}(e')$，它是 G 的一个子群. 同样，f 的像是 G' 的一个子群. 同态 f 叫做**单同态**(monomorphism)，如果它是一个单射(这等价于 f 的核由 e 单独构成). 同态 f 叫做**满同态**(epimorphism)，如果它是一个满射. 同态 f 叫做**同构**(isomorphism)，如果它是一个一一映射.

设 G 是一个群，H 是 G 的一个子群. 用 xH 表示所有乘积 $x \cdot h$ 构成的集合，$h \in H$，这个集合称为 H 在 G 中的一个**左陪集**(left coset). 所有左陪集构成的族形成 G 的一个分拆. 类似地，H 在 G 中的所有右陪集 Hx 构成的族也形成 G 的一个分拆. 如果对于每一个 $x \in G$ 和每一个 $h \in H$，有 $x \cdot h \cdot x^{-1} \in H$，则称 H 是 G 的一个**正规子群**(normal subgroup). 在这种情形下我们有 $xH = Hx$，因此上述的两个分拆是一样的. 这时将这个分拆表示为 G/H. 如果定义

$$(xH) \cdot (yH) = (x \cdot y)H,$$

我们便得到了 G/H 中的一个定义确切的运算，并且使得它成为一个群. 这个群称为群 G 相对于子群 H 而言的**商群**(quotient). 映射 f：$G \to G/H$ 将 x 映为 xH，是以 H 为核的同态. 反之，如果 f：$G \to G'$ 是一个满同态，则这个同态的核 N 便是 G 的一个正规子群，并且 f 诱导出一个同构 $G/N \to G'$，对于每一个 $x \in G$ 这个同构将 xN 映为 $f(x)$.

如果子群 H 不是正规的，我们用记号 G/H 表示 H 在 G 中的右陪集构成的族.

我们现在来定义基本群.

定义 设 X 为一个空间，x_0 为 X 的一个点. X 中起点和终点都是 x_0 的道路称为以 x_0 为基点的**回路**(loop). 所有以 x_0 为基点的回路的道路同伦类组成的集合对于运算"$*$"而言构成一个群，称为空间 X 关于**基点**(base point)x_0 的**基本群**(fundamental group)，记作 $\pi_1(X, x_0)$.

从定理 51.2 可见，运算"$*$"限制在上述定义中谈到的集合上，满足群的以下公理：对于任意给定的两条以 x_0 为基点的回路 f 和 g，乘积 $f*g$ 总是有定义的，并且它也是以 x_0 为基点的一条回路. 结合律、单位元$[e_{x_0}]$的存在性、$[f]$的逆元$[\bar{f}]$的存在性都是明显的.

有时，X 的基本群也称为 X 的**第一个同伦群**(first homotopy group). 这意味着还会有第二个同伦群. 事实上，对于每一个 $n\in\mathbb{Z}_+$，都会有群 $\pi_n(X, x_0)$. 但是我们在本书中不去研究它们，它们称为同伦论的一门学问中的研究对象的一部分.

例 1　设$\mathbb{R}^n$为 n-维欧氏空间. 则 $\pi_1(\mathbb{R}^n, x_0)$是平凡群(即由单位元一个元素构成的群)，因为如果 f 是$\mathbb{R}^n$中以 x_0 为基点的一条回路，那么直线同伦便是 f 与 x_0 处的常值道路之间的一个道路同伦. 更一般些，如果 X 是$\mathbb{R}^n$中的一个凸集，那么 $\pi_1(X, x_0)$便是平凡群. 特别地，$\mathbb{R}^n$中的**单位球**(unit ball)

$$B^n=\{\boldsymbol{x}\mid x_1^2+\cdots+x_n^2\leqslant 1\},$$

的基本群是平凡群. ■

人们马上要问：基本群在多大程度上依赖于基点？我们现在来给出这个问题的回答.

定义　设 α 是 X 中从 x_0 到 x_1 的一条道路. 定义映射

$$\hat{\alpha}:\pi_1(X,x_0)\longrightarrow\pi_1(X,x_1),$$

使得

$$\hat{\alpha}([f])=[\bar{\alpha}]*[f]*[\alpha].$$

因为运算"$*$"的定义是确切的，映射$\hat{\alpha}$的定义也是确切的，它叫做"α-帽". 如果 f 是以 x_0 为基点的一条回路，那么$\bar{\alpha}*(f*\alpha)$便是以 x_1 为基点的一条回路. 因此$\hat{\alpha}$将 $\pi_1(X, x_0)$映射到 $\pi_1(X, x_1)$中，这正是我们所需要的. 注意，$\hat{\alpha}$仅依赖于 α 的道路同伦类. 参见图 52.1.

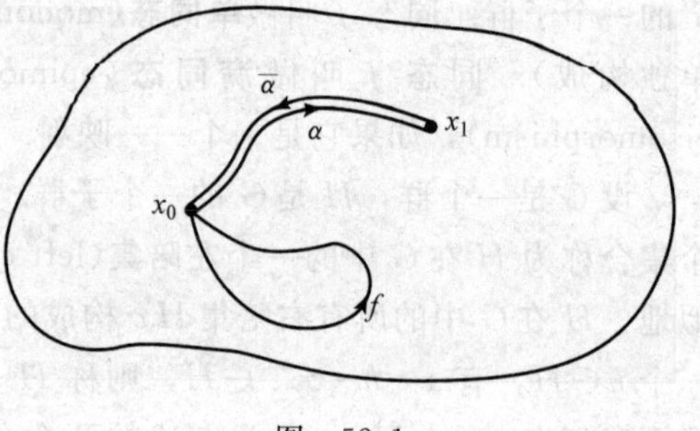

图　52.1

定理 52.1　映射$\hat{\alpha}$是群的一个同构.

证　为了证明$\hat{\alpha}$是一个同态，我们作以下计算：

$$\begin{aligned}\hat{\alpha}([f])*\hat{\alpha}([g])&=([\bar{\alpha}]*[f]*[\alpha])*([\bar{\alpha}]*[g]*[\alpha])\\&=[\bar{\alpha}]*[f]*[g]*[\alpha]\\&=\hat{\alpha}([f]*[g]).\end{aligned}$$

为了证明$\hat{\alpha}$是一个同构，我们证明：若用 β 表示道路 α 的逆$\bar{\alpha}$，那么$\hat{\beta}$便是$\hat{\alpha}$的逆. 对于 $\pi_1(X, x_1)$中的每一个元素$[h]$，我们作以下计算：

$$\begin{aligned}\hat{\beta}([h])&=[\bar{\beta}]*[h]*[\beta]=[\alpha]*[h]*[\bar{\alpha}],\\\hat{\alpha}(\hat{\beta}([h]))&=[\bar{\alpha}]*([\alpha]*[h]*[\bar{\alpha}])*[\alpha]=[h].\end{aligned}$$

类似的计算表明对于每一个$[f]\in\pi_1(X, x_0)$，$\hat{\beta}(\hat{\alpha}([f]))=[f]$. ■

推论 52.2　若 X 是道路连通的，并且 x_0，x_1 是 X 中的两个点，则 $\pi_1(X, x_0)$同构于 $\pi_1(X, x_1)$.

设 X 是一个拓扑空间，C 为 X 中包含 x_0 的道路连通分支，易见 $\pi_1(C, x_0)=\pi_1(X, x_0)$，因为 X 中所有以 x_0 为基点的回路和同伦都包含在子空间 C 中．于是 $\pi_1(X, x_0)$ 只依赖于 X 中包含 x_0 的道路连通分支，并且 $\pi_1(X, x_0)$ 也不反映 X 的其余部分的任何情况．因此，当我们研究基本群时，通常只考虑道路连通的空间．

如果 X 道路连通，那么所有的基本群 $\pi_1(X, x)$ 都是同构的．这自然使人试图将这些群彼此"等同"起来，以便能够不涉及基点而简单地谈论空间 X 的基本群．做这件事的困难在于没有等同 $\pi_1(X, x_0)$ 与 $\pi_1(X, x_1)$ 的自然的方式，从 x_0 到 x_1 的不同道路可以给出这两个群之间不同的同构．因此，忽略基点会导致错误．

已经知道，$\pi_1(X, x_0)$ 与 $\pi_1(X, x_1)$ 的同构与道路的选取无关当且仅当基本群是一个交换群(见习题 3)．这是对空间 X 的一种苛刻的要求．

定义 如果 X 是道路连通空间，并且对于某一个 $x_0 \in X$，$\pi_1(X, x_0)$ 是平凡群(只有一个元素)，从而对于每一个 $x_0 \in X$，$\pi_1(X, x_0)$ 是平凡群，则称 X 是**单连通的**(simply connected)．$\pi_1(X, x_0)$ 是平凡群这一事实常表示为 $\pi_1(X, x_0)=0$．

引理 52.3 在单连通空间 X 中，任何两条有公共起点和终点的道路都是道路同伦的．

证 设 α 和 β 是从 x_0 到 x_1 的两条道路．则 $\alpha * \bar{\beta}$ 有定义，并且是 X 中以 x_0 为基点的一条回路．由于 X 是单连通的，所以这条回路道路同伦于 x_0 处的常值回路．因此

$$[\alpha * \bar{\beta}] * [\beta] = [e_{x_0}] * [\beta],$$

由此可见 $[\alpha]=[\beta]$． ■

基本群是空间 X 的拓扑不变量，这在直观上看起来十分清楚．为了严格证明这一点，一个方便的方式便是引入"连续映射诱导同态"这一概念．

设 h：$X \to Y$ 为连续映射，并且 h 将 X 中的点 x_0 变为 Y 中的点 y_0．我们常用记号

$$h:(X, x_0) \longrightarrow (Y, y_0).$$

来表示这种情形．如果 f 是 X 中以 x_0 为基点的一条回路，那么复合映射 $h \circ f$：$I \to Y$ 便是 Y 中以 y_0 为基点的一条回路．这样一来，对应 $f \to h \circ f$ 便会引出将 $\pi_1(X, x_0)$ 映到 $\pi_1(Y, y_0)$ 的一个映射．下面正式给出定义．

定义 设 h：$(X, x_0) \to (Y, y_0)$ 是一个连续映射．定义

$$h_*: \pi_1(X, x_0) \longrightarrow \pi_1(Y, y_0)$$

使得

$$h_*([f]) = [h \circ f].$$

映射 h_* 称为 h 相对于基点 x_0 而言的**诱导同态**(induced homomorphism)．

映射 h_* 的定义是确切的．因为如果 F 是道路 f 与 f' 之间的一个道路同伦，那么 $h \circ F$ 便是道路 $h \circ f$ 与 $h \circ f'$ 之间的一个道路同伦．也容易证明 h_* 是一个同态，因为

$$(h \circ f) * (h \circ g) = h \circ (f * g).$$

诱导同态 h_* 不仅依赖于映射 h：$X \to Y$，也依赖于基点 x_0 的选取．(当 x_0 取定时，y_0 由 f 确定．)因此，当我们考虑 X 中几个不同的基点时，记号上就会出现一些麻烦．如果 x_0，x_1 是 X 中不相同的两点，我们总不能用同一个符号 h_* 去表示两个不同的同态，其中第一个的定义域

是$\pi_1(X, x_0)$，而第二个的定义域是$\pi_1(X, x_1)$. 即使当X道路连通，因而所有这些群都同构的时候，也会有这样的问题，因为毕竟这些群并不相同. 因此，我们将采用记号

$$(h_{x_0})_*: \pi_1(X, x_0) \longrightarrow \pi_1(X, y_0)$$

表示前述的第一个同态，而用$(h_{x_1})_*$表示第二个同态. 如果在讨论某问题时只考虑一个基点，我们常常不提基点而简单地用h_*表示诱导同态.

诱导同态有两个十分重要的性质，称为诱导同态的"函子性质". 这两个性质在下列定理中给出.

定理 52.4 若$h: (X, x_0) \to (Y, y_0)$和$k: (Y, y_0) \to (Z, z_0)$都是连续的，则$(k \circ h)_* = k_* \circ h_*$. 如果$i: (X, x_0) \to (X, x_0)$是恒等映射，则$i_*$是恒等同态.

证 证明是简单的. 根据定义

$$(k \circ h)_*([f]) = [(k \circ h) \circ f],$$

$$(k_* \circ h_*)([f]) = k_*(h_*([f])) = k_*([h \circ f]) = [k \circ (h \circ f)],$$

类似地，$i_*([f]) = [i \circ f] = [f]$. ■

推论 52.5 若$h: (X, x_0) \to (Y, y_0)$是X与Y之间的一个同胚，则h_*是$\pi_1(X, x_0)$与$\pi_1(Y, y_0)$之间的一个同构.

证 设$k: (Y, y_0) \to (X, x_0)$为h的逆，则$k_* \circ h_* = (k \circ h)_* = i_*$，其中$i$是$(X, x_0)$的恒等映射. 而$h_* \circ k_* = (h \circ k)_* = j_*$，其中$j$是$(Y, y_0)$的恒等映射. 由于$i_*$和$j_*$分别是$\pi_1(X, x_0)$和$\pi_1(Y, y_0)$的恒等同态，所以$k_*$是$h_*$的逆. ■

习题

1. $\mathbb{R}^n$的一个子集A称为**星形凸集**(star convex)，如果A中有一个点a_0，使得连接a_0与A中任意另外一点的线段都包含在A中.
   (a)找出一个不是凸集的星形凸集.
   (b)证明：若A是星形凸集，则A是单连通的.
2. 设α是X中的一条从x_0到x_1的道路，β是X中的一条从x_1到x_2的道路. 证明：如果$\gamma = \alpha * \beta$，则$\hat{\gamma} = \hat{\beta} \circ \hat{\alpha}$.
3. 设x_0和x_1为道路连通空间X中给定的两个点. 证明：$\pi_1(X, x_0)$是一个交换群当且仅当对于任意两条从x_0到x_1的道路α和β，有$\hat{\alpha} = \hat{\beta}$.
4. 设$A \subset X$，又设$r: X \to A$是连续映射，使得对于每一个$a \in A$，$r(a) = a$. (映射r称为从X到A上的收缩.)给定$a_0 \in A$，证明

$$r_*: \pi_1(X, a_0) \longrightarrow \pi_1(A, a_0)$$

   是满射.
5. 设A为$\mathbb{R}^n$的一个子空间，又设$h: (A, a_0) \to (Y, y_0)$. 证明：若h可扩张成一个从$\mathbb{R}^n$到Y中的连续映射，则h_*为平凡同态(即将每一个元素都映成单位元的同态).
6. 证明：若X是道路连通的，则在不区别所涉及的群之间的同构的前提下，连续映射的诱导同态与基点的选取无关. 精确地说，设$h: X \to Y$是连续的，有$h(x_0) = y_0$和$h(x_1) = y_1$. 设α是X中从x_0到x_1的一条道路，令$\beta = h \circ \alpha$，则有

$$\hat{\beta} \circ (h_{x_0})_* = (h_{x_1})_* \circ \hat{\alpha}.$$

这个等式表明下列映射图表

$$\begin{array}{ccc} \pi_1(X, x_0) & \xrightarrow{(h_{x_0})_*} & \pi_1(Y, y_0) \\ \downarrow \hat{\alpha} & & \downarrow \hat{\beta} \\ \pi_1(X, x_1) & \xrightarrow{(h_{x_1})_*} & \pi_1(Y, y_1) \end{array}$$

"可交换".

7. 设 G 对于运算"·"而言为拓扑群，x_0 是它的单位元. 令 $\Omega(G, x_0)$ 表示 G 中以 x_0 为基点的所有回路的集合. 若 f，$g\in\Omega(G, x_0)$，定义一条回路 $f\otimes g$，使得

$$(f\otimes g)(s) = f(s)\cdot g(s).$$

(a)证明这个运算使集合 $\Omega(G, x_0)$ 成为一个群.

(b)证明这个运算在 $\pi_1(G, x_0)$ 上诱导出一个群的运算 $\otimes$.

(c)证明在 $\pi_1(G, x_0)$ 上两个群运算"$*$"和 $\otimes$ 是相同的. [提示：计算 $(f * e_{x_0})\otimes(e_{x_0} * g)$.]

(d)证明 $\pi_1(G, x_0)$ 是一个交换群.

53 覆叠空间

我们已经指出 $\mathbb{R}^n$ 的任何凸子空间的基本群都是平凡群，现在来计算非平凡的基本群. 计算基本群最有效的工具之一便是*覆叠空间*的概念，我们将在这一节中介绍. 覆叠空间在 Riemann 曲面和复流形的研究中也是很重要的. (见[A-S].) 我们将在第 13 章中进行更为详细的研究.

定义 设 p：$E\to B$ 是一个连续的满射，U 是 B 的开集. 如果 U 的原像 $p^{-1}(U)$ 能够表示为 E 中一些占有最广位置的开集 V_α 的并，并且对于每一个 α，将 p 限制在 V_α 上都是从 V_α 到 U 上的同胚，则称 p **均衡地覆盖**(evently covered) U. 集合族 $\{V_\alpha\}$ 称为 $p^{-1}(U)$ 的一个**片状分拆**(partition into slice).

如果 U 是被 p 均衡地覆盖着的开集，我们常将集合 $p^{-1}(U)$ 画成"一叠薄饼"悬在 U 的上方，每一片"薄饼"都和 U 的大小形状相同. 而映射 p 则把它们挤压到 U 上(见图 53.1). 注意，如果 U 被 p 均衡地覆盖，而 W 是包含于 U 的一个开集，那么 W 也被 p 均衡地覆盖.

定义 设 p：$E\to B$ 为连续的满射. 如果 B 的每一个点 b 有邻域 U 被 p 均衡地覆盖着，则 p 称为**覆叠映射**(covering map)，E 称为 B 的**覆叠空间**(covering space).

注意，若 p：$E\to B$ 是覆叠映射，那么对于 B 中的每一个点 b，E 的子空间 $p^{-1}(b)$ 必定具有离散的拓扑. 因为每一片 V_α 在 E 中都是开集，而且只与 $p^{-1}(b)$ 相交于一点，因此，这一点是子空间 $p^{-1}(b)$ 中的开集.

还要注意，如果 p：$E\to B$ 是覆叠映射，则 p 是开映射. 因为若设 A 是 E 中的开集，给定 $x\in p(A)$，选取 x 的一个被 p 均衡地覆盖着的邻域 U. 设 $\{V_\alpha\}$ 是 $p^{-1}(U)$ 的一个片状分拆. A 中有一点 y 使得 $p(y)=x$. 设 V_β 是包含着 y 的那一小片. 集合 $V_\beta\cap A$ 是 E 中的开集，因此也是 V_β 中的开集. 因

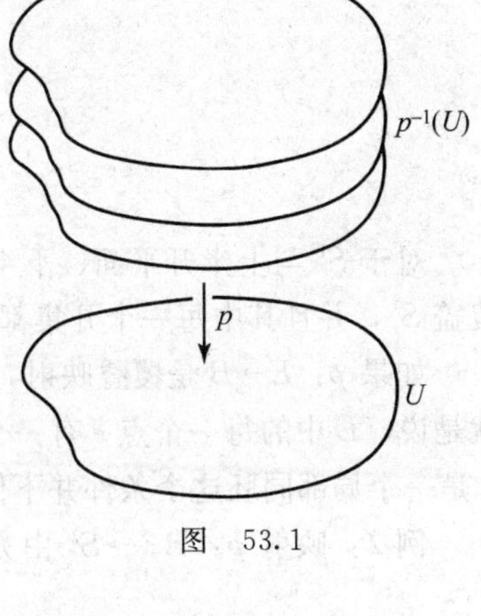

图 53.1

为 p 将 V_β 同胚地映到 U 上，集合 $p(V_\beta\cap A)$ 是 U 中的开集，因此也是 B 中的开集. 于是 $p(V_\beta\cap A)$ 是 x 的一个包含在 $p(A)$ 中的邻域，这便是我们要证明的.

例 1　设 X 是一个空间，i：$X\to X$ 为恒等映射，那么 i 便是(最简单的)覆叠映射. 更一般地，设 E 是由 X 的 n 个占有最广位置的"副本"组成的空间 $X\times\{1,\cdots,n\}$. 映射 p：$E\to X$ 定义为对于所有的 i，$p(x,i)=x$，则 p 也是一个(相当简单的)覆叠映射. 对于这种情形，我们可以将整个空间 E 画成 X 上方的一叠薄饼. ■

为了避开这类简单的叠饼式覆叠空间，我们常要求覆叠空间是道路连通的. 这样一个非平凡覆叠空间的例子如下.

定理 53.1　设映射 p：$\mathbb{R}\to S^1$ 定义为

$$p(x)=(\cos 2\pi x,\sin 2\pi x),$$

则 p 是一个覆叠映射.

可以将 p 画成这样一个函数：把实直线 $\mathbb{R}$ 绕在圆周 S^1 上，并且每一个区间 $[n,n+1]$ 在 S^1 上绕一圈.

证　可以用正弦函数和余弦函数的初等性质来证明 p 是覆叠映射. 例如，考虑 S^1 的子集 U，由第一个坐标都是正数的点构成. 集合 $p^{-1}(U)$ 由使得 $\cos 2\pi x$ 为正数的点 x 组成，也就是说，它是区间

$$V_n=\left(n-\frac{1}{4},n+\frac{1}{4}\right),$$

的并，参见图 53.2. 将 p 限制在任何一个闭区间 $\bar{V}_n$ 上都是单射，因为 $\sin 2\pi x$ 在这种区间上是严格单调的. 根据介值定理，p 将 $\bar{V}_n$ 映满 $\bar{U}$，将 V_n 映满 U. 由于 $\bar{V}_n$ 是紧致的，$p\mid\bar{V}_n$ 是 $\bar{V}_n$ 与 $\bar{U}$ 之间的一个同胚. 因此，$p\mid V_n$ 是 V_n 与 U 之间的一个同胚.

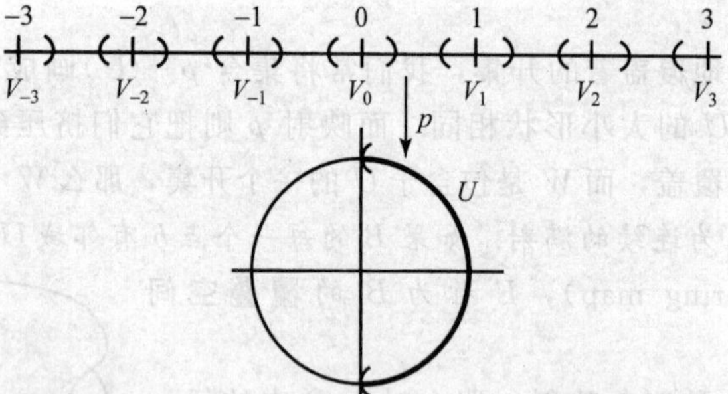

图　53.2

对于 S^1 与上半开平面、下半开平面以及左半开平面的交，可以作类似的论证，而这些开集覆盖 S^1，并且其中每一个开集都是由 p 均衡地覆盖着的. 因此 p：$\mathbb{R}\to S^1$ 是一个覆叠映射. ■

如果 p：$E\to B$ 是覆叠映射，则 p 是 E 与 B 之间的一个**局部同胚**(local homeomorphism). 也就是说，E 中的每一个点 e 有一个邻域被 p 同胚地映到 B 的一个开子集上. 下面这个例子指出，p 是一个局部同胚这个条件并不保证 p 是一个覆叠映射.

例 2　映射 p：$\mathbb{R}_+\to S^1$ 由方程

$$p(x)=(\cos 2\pi x,\sin 2\pi x)$$

定义. 这个映射是一个满射，也是一个局部同胚. 参见图 53.3. 然而它并不是覆叠映射，因为点 $b_0=(1,0)$没有一个邻域 U 被 p 均衡地覆盖. b_0 的典型邻域 U 的逆像由每一个正整数 $n>0$ 的一个邻域 V_n 和一个形如$(0,\varepsilon)$的小区间 V_0 构成. 每一个区间 $V_n(n>0)$被 p 同胚地映到 U 上，然而区间 V_0 却仅仅由 p 嵌入到 U 中. ■

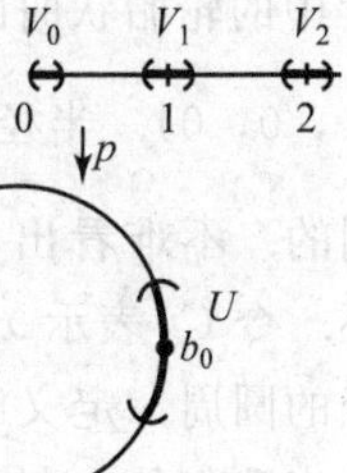

图 53.3

例 3 前面的例子可能使你认为实直线$\mathbb{R}$是圆周 S^1 的仅有的连通覆叠空间. 事实上并非如此. 例如，考虑映射 $p: S^1\to S^1$，它的定义是

$$p(z)=z^2.$$

(这里，我们将 S^1 看成由满足条件 $|z|=1$ 的复数 z 所组成的复平面 $\mathbb{C}$ 的子集.)请读者自行验证 p 是一个覆叠映射. ■

例 2 指出覆叠映射的限制不一定还是覆叠映射. 但在某些情形下，覆叠映射的限制仍然是覆叠映射.

定理 53.2 设 $p: E\to B$ 是一个覆叠映射. 如果 B_0 是 B 的一个子空间，$E_0=p^{-1}(B_0)$，则 p 的限制 $p_0: E_0\to B_0$ 仍然是一个覆叠映射.

证 给定 $b_0\in B_0$，令 U 为 B 中包含 b_0 的一个被 p 均衡地覆盖着的开子集，$\{V_\alpha\}$是 $p^{-1}(U)$的片状分拆. 这时 $U\cap B_0$ 是 b_0 在 B_0 中的一个邻域，并且这些集合 $V_\alpha\cap E_0$ 是 E_0 中的两两无交的开集，其并为 $p^{-1}(U\cap B_0)$，并且其中的每一个都被 p 同胚地映到 $U\cap B_0$ 上. ■

定理 53.3 如果 $p: E\to B$ 和 $p': E'\to B'$ 都是覆叠映射，则

$$p\times p': E\times E'\longrightarrow B\times B'$$

也是覆叠映射.

证 给定 $b\in B$ 和 $b'\in B'$，设 U 和 U'分别为 b 和 b'的邻域，并且它们分别被 p 和 p'均衡地覆盖着. 设$\{V_\alpha\}$和$\{V'_\beta\}$分别是 $p^{-1}(U)$和$(p')^{-1}(U')$的片状分拆，则开集 $U\times U'$在 $p\times p'$下的逆像便是所有这些集合 $V_\alpha\times V'_\beta$ 的并. 这些集合是 $E\times E'$中的无交的开集，并且每一个都被 $p\times p'$同胚地映到 $U\times U'$上. ■

例 4 考虑空间 $T=S^1\times S^1$. T 称为**环面**(torus). 乘积映射

$$p\times p: \mathbb{R}\times\mathbb{R}\longrightarrow S^1\times S^1$$

是环面上的一个以平面$\mathbb{R}^2$为覆叠空间的覆叠映射，其中 p 表示定理 53.1 中的覆叠映射. $p\times p$ 将每一个单位正方形$[n, n+1]\times[m, m+1]$都卷成整个环面. 见图 53.4.

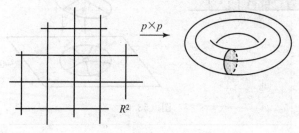

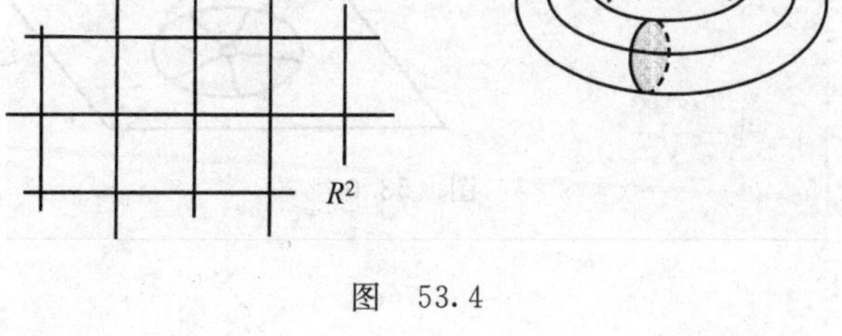

图 53.4 ■

积空间 $S^1\times S^1$ 是$\mathbb{R}^4$的子空间，因而难于形象化，图中画的环面并不是 $S^1\times S^1$，而是大家熟知的$\mathbb{R}^3$中的轮胎状曲面 D，它是用一个 xz 平面上中心为 $(1, 0, 0)$. 半径为$\frac{1}{3}$的圆周 C_1 绕着 z 轴旋转而得到的. 不难看出，$S^1\times S^1$ 与曲面 D 之间的一个同胚. 令 C_2 表示 xy 平面上以原点为中心、以 1 为半径的圆周，定义映射 $f: C_1\times C_2\to D$，使得$f(a, b)$是当我们绕 z 轴旋转 C_1，C_1 的中心正好到达 b 时，C_1 上的点 a 到达的那个点(参见图 53.5). 可以想象得到，f 是$C_1\times C_2$ 与 D 之间的一个同胚. 如果愿意的话，读者可以写出 f 的方程，并且直接验证 f 是连续的既单且满的映射.（f 的连续性可以根据$C_1\times C_2$ 的紧致性推出.）

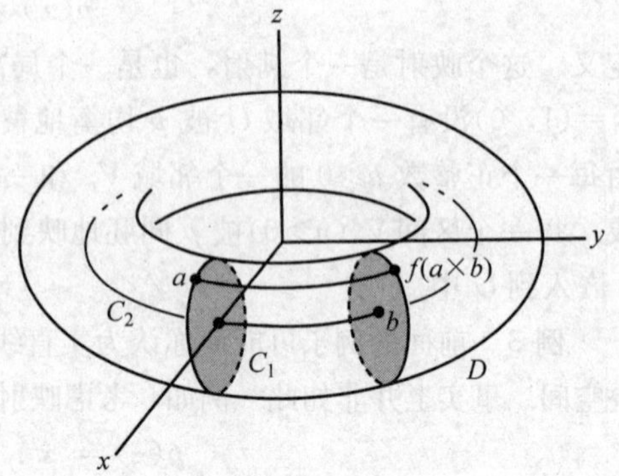

图　53.5

例 5　考虑前例中的覆叠映射 $p\times p$. 设 b_0 表示 S^1 中的点 $p(0)$，B_0 表示 $S^1\times S^1$ 的子空间

$$B_0 = (S^1\times b_0)\cup(b_0\times S^1),$$

则 B_0 是在一点处相交的两个圆周的并，我们常称之为**8 字形空间**(figure-eight space). 空间 $E_0 = p^{-1}(B_0)$是画在图 53.4 中的"无限网格"

$$E_0 = (\mathbb{R}\times\mathbb{Z})\cup(\mathbb{Z}\times\mathbb{R}).$$

$p\times p$ 的限制映射 $p_0: E_0\to B_0$ 便是一个覆叠映射.

这个无限网格是 8 字形空间的覆叠空间之一，稍后我们还要讨论其另外的覆叠空间. ■

例 6　考虑覆叠映射

$$p\times i:\mathbb{R}\times\mathbb{R}_+\longrightarrow S^1\times\mathbb{R}_+,$$

其中 i 是$\mathbb{R}_+$上的恒等映射，p 是定理 53.1 中的映射. 如果我们取从 $S^1\times\mathbb{R}_+$ 到$\mathbb{R}^2-\mathbf{0}$ 的标准同胚，即将 $x\times t$ 映为 tx 的同胚. 复合映射便给出了一个用上半开平面覆叠穿孔平面的覆叠映射

$$\mathbb{R}\times\mathbb{R}_+\longrightarrow\mathbb{R}^2-\mathbf{0}.$$

这个覆叠映射画在图 53.6 中，它在研究复变函数时作为复对数函数的 Riemann 面出现.

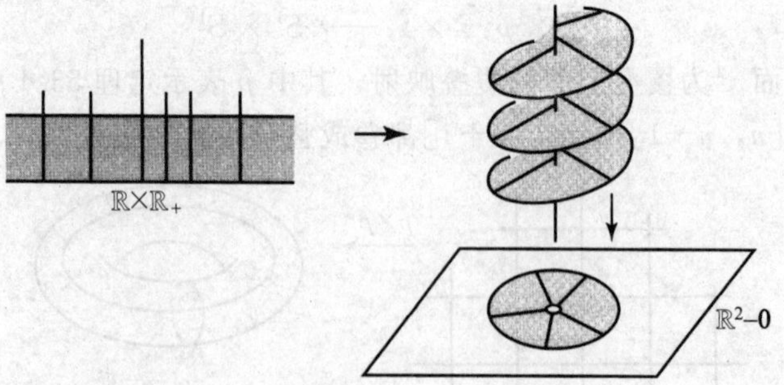

图　53.6

■

习题

1. 设空间 Y 的拓扑是离散的. 证明：如果 p：$X\times Y\to X$ 是对于第一个坐标的投射，则 p 是一个覆叠映射.
2. 设 p：$E\to B$ 是连续的满射，又设 U 是 B 的一个被 p 均衡地覆盖着的开集. 证明：如果 U 是连通的，则 $p^{-1}(U)$的片状分拆是唯一的.
3. 设 p：$E\to B$ 是覆叠映射，又设 B 是连通的. 证明：如果对于某一个 $b_0\in B$，$p^{-1}(b_0)$恰有 k 个元素，则对于每一个 $b\in B$，$p^{-1}(b)$也恰有 k 个元素. 在这种情形下，E 称为 B 的 **k-重覆叠**(k-fold covering).
4. 设 q：$X\to Y$ 和 r：$Y\to Z$ 都是覆叠映射，令 $p=r\circ q$. 证明：如果对于每一个 $z\in Z$，$r^{-1}(z)$是有限的，则 p 是一个覆叠映射.
5. 证明例 3 中的映射是覆叠映射. 将这个映射推广为 $p(z)=z^n$.
6. 设 p：$E\to B$ 是覆叠映射.
   (a)如果 B 是 Hausdorff、正则、完全正则或者局部紧致的 Hausdorff 空间，则 E 满足同样的拓扑性质. [提示：如果$\{V_\alpha\}$是 $p^{-1}(U)$的一个片状分拆，C 是 B 的一个闭子集，它包含于U，则 $p^{-1}(C)\cap V_\alpha$ 是 E 的一个闭子集.]
   (b)如果 B 是紧致的并且对于每一个 $b\in B$，$p^{-1}(b)$是有限的，则 E 也是紧致的.

54 圆周的基本群

空间 X 的覆叠空间的研究与 X 的基本群的研究是密切相关的. 在本节中我们将建立这两个概念之间的几个重要的联系，并且计算圆周的基本群.

定义 设 p：$E\to B$ 是一个映射. 如果 f 是从某一空间 X 到 B 中的一个连续映射，映射 $\tilde{f}$：$X\to E$若满足条件 $p\circ\tilde{f}=f$，即有下述图表可交换，则称$\tilde{f}$为 f 的一个**提升**(lifting).

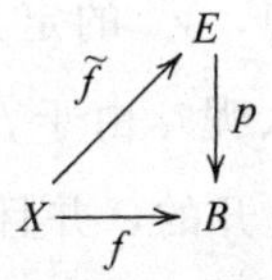

当 p 是覆叠映射时，提升的存在性对于研究覆叠空间以及基本群都十分重要. 首先我们证明对于一个覆叠空间，道路能够提升，然后证明道路同伦也能提升. 先给出一个例子.

例 1 考虑定理 53.1 中的覆叠映射 p：$\mathbb{R}\to S^1$. 以 $b_0=(1, 0)$为起点、定义为 $f(s)=(\cos\pi s, \sin\pi s)$的道路 f，提升为以 0 为起点、以$\frac{1}{2}$为终点的道路$\tilde{f}(s)=s/2$. 道路 $g(s)=(\cos\pi s, -\sin\pi s)$提升为以 0 为起点、以$-\frac{1}{2}$为终点的道路 $\tilde{g}(s)=-s/2$. 道路 $h(s)=(\cos4\pi s, \sin4\pi s)$提升为以 0 为起点、以 2 为终点的道路 $\tilde{h}(s)=2s$. 直观地说，h 将区间$[0, 1]$绕着圆周转两圈，这一点反映在提升道路 $\tilde{h}$ 从 0 开始到 2 结束这一事实中. 这些道路都画在图 54.1 中.

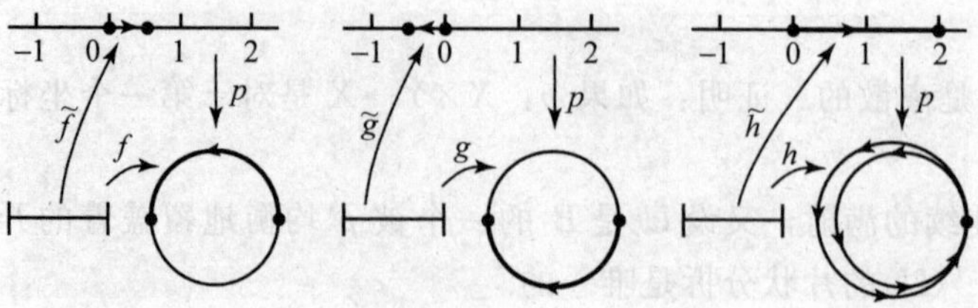

图 54.1

■

引理 54.1　设 $p: E\to B$ 是一个覆叠映射，$p(e_0)=b_0$. 任何一条以 b_0 为起点的道路 $f: [0, 1]\to B$ 都有 E 中以 e_0 为起点的一条唯一道路 $\tilde{f}$ 作为它的提升.

证　用一些开集 U 覆盖 B，这些开集的每一个都被 p 均衡地覆盖着. 找出 $[0, 1]$ 的一个分划[①]，设为 $s_0, \cdots, s_n$，使得对于每一个 i，集合 $f([s_i, s_{i+1}])$ 都包含在这样的一个开集 U 中.（这里，我们用到了 Lebesgue 数引理.）下面逐步地定义提升 $\tilde{f}$.

首先，定义 $\tilde{f}(0)=e_0$，然后，设当 $0\leqslant s\leqslant s_i$ 时，$\tilde{f}(s)$ 已经定义好了，再在 $[s_i, s_{i+1}]$ 上定义 $\tilde{f}$ 如下：集合 $f([s_i, s_{i+1}])$ 包含在某一个被 p 均衡地覆盖着的开子集 U 中. 令 $\{V_\alpha\}$ 为 $p^{-1}(U)$ 的一个片状分拆，每一个集合 V_α 被 p 同胚地映射到 U 上，$\tilde{f}(s_i)$ 包含在这些集合的某一个（比如说 V_0）中，当 $s\in[s_i, s_{i+1}]$ 时，由下式

$$\tilde{f}(s) = (p \mid V_0)^{-1}(f(s))$$

定义 $\tilde{f}(s)$. 由于 $p\mid V_0: V_0\to U$ 是一个同胚，$\tilde{f}$ 在 $[s_i, s_{i+1}]$ 上是连续的.

按这种方式继续下去，我们便在整个 $[0, 1]$ 上定义了 $\tilde{f}$. $\tilde{f}$ 的连续性根据黏结引理得到. $p\circ\tilde{f}=f$ 则可直接从 $\tilde{f}$ 的定义得到.

$\tilde{f}$ 的唯一性也要逐步证明. 设 $\tilde{\tilde{f}}(s)$ 是以 e_0 为起点的 f 的另一个提升，则 $\tilde{\tilde{f}}(0)=e_0=\tilde{f}(0)$. 假设对于所有 s，$0\leqslant s\leqslant s_i$，有 $\tilde{\tilde{f}}(s)=\tilde{f}(s)$，$V_0$ 的定义如前，那么当 $s\in[s_i, s_{i+1}]$ 时，$\tilde{f}(s)$ 定义为 $(p\mid V_0)^{-1}(f(s))$，$\tilde{\tilde{f}}(s)$ 会等于什么呢？由于 $\tilde{\tilde{f}}(s)$ 是 f 的一个提升，它必定把区间 $[s_i, s_{i+1}]$ 变到集合 $p^{-1}(U)=\bigcup V_\alpha$ 中. V_α 都是开的，并且两两无交. 由于集合 $\tilde{\tilde{f}}([s_i, s_{i+1}])$ 是连通的，它应当完全包含在这些 V_α 的某一个之中. 由于 $\tilde{\tilde{f}}(s_i)=\tilde{f}(s_i)$ 属于 V_0，$\tilde{\tilde{f}}$ 必定把整个区间 $[s_i, s_{i+1}]$ 变到 V_0 之中，从而当 $s\in[s_i, s_{i+1}]$ 时，$\tilde{\tilde{f}}(s)$ 应当等于 V_0 在 $p^{-1}(f(s))$ 中的某一个点 y. 但是这种点 y 只有一个，即 $(p\mid V_0)^{-1}(f(s))$. 因此，当 $s\in[s_i, s_{i+1}]$ 时 $\tilde{\tilde{f}}(s)=\tilde{f}(s)$. ■

引理 54.2　设 $p: E\to B$ 是一个覆叠映射，$p(e_0)=b_0$. 又设映射 $F: I\times I\to B$ 连续，$F(0, 0)=b_0$，则存在唯一的一个连续映射

$$\widetilde{F}: I\times I \longrightarrow E$$

$(\widetilde{F}(0, 0)=e_0)$ 是 F 的一个提升. 如果 F 是一个道路同伦，则 $\widetilde{F}$ 也是一个道路同伦.

---

① 原书此处和后面多处使用了一个未经定义的词“subdivision”，从上下文可见它与“partition”（分拆）同义，我们译为“分划”. ——译者注

证 给定 F，首先定义 $\widetilde{F}(0,0)=e_0$，然后应用上面的引理将 $\widetilde{F}$ 扩充到 $I\times I$ 的左边 $0\times I$ 和底边 $I\times 0$ 上．最后，将 $\widetilde{F}$ 扩充到整个 $I\times I$ 上，详述如下：

选取 I 的一个足够细的分划

$$s_0 < s_1 < \cdots < s_m,$$

$$t_0 < t_1 < \cdots < t_n$$

使得每一个矩形

$$I_i \times J_j = [s_{i-1}, s_i] \times [t_{j-1}, t_j]$$

都被 F 映到被 p 均衡地覆盖着的 B 的某一个开子集中．（这里用到了 Lebesgue 数引理．）以下逐步定义提升 $\widetilde{F}$：首先从矩形 $I_1\times J_1$ 开始，然后是"底行"的其他矩形 $I_i\times J_1$，接着是上面一行的矩形 $I_i\times J_2$，等等．

一般地，对于给定的 i_0 和 j_0，假定 $\widetilde{F}$ 在集合 $0\times I$、$I\times 0$ 以及所有"先于"$I_{i_0}\times J_{j_0}$ 的矩形的并 A 上已经定义(所谓 $I_i\times J_j$ 先于 $I_{i_0}\times J_{j_0}$ 是指 $j<j_0$ 或者 $j=j_0$，但 $i<i_0$)，还假设 $\widetilde{F}$ 是 $F|A$ 的一个连续的提升．现在着手在 $I_{i_0}\times J_{j_0}$ 上定义 $\widetilde{F}$．在 B 中选取一个被 p 均衡地覆盖着的开集 U 包含集合 $F(I_{i_0}\times J_{j_0})$．设$\{V_\alpha\}$为 $p^{-1}(U)$的一个片状分拆，p 将每一个集合 V_α 同胚地映到 U 上．至此 $\widetilde{F}$ 在集合 $C=A\cap(I_{i_0}\times J_{j_0})$上已有定义，集合 C 恰为矩形 $I_{i_0}\times J_{j_0}$ 左边和底边的并，因而是连通的．从而 $\widetilde{F}(C)$是连通的，并且整个地包含在某一个 V_α 中，设 $\widetilde{F}(C)$包含在 V_0 中．这种情形在图 54.2 中描绘出来了．

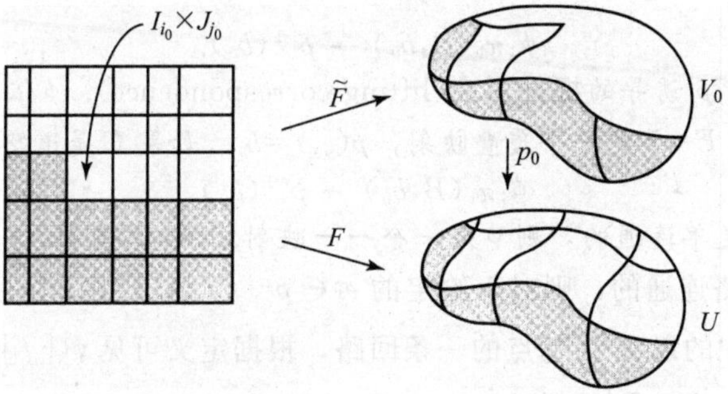

图 54.2

令 p_0：$V_0\to U$ 表示 p 在 V_0 上的限制．因为 $\widetilde{F}$ 是 $F|A$ 的一个提升，所以当 $x\in C$ 时，

$$p_0(\widetilde{F}(x)) = p(\widetilde{F}(x)) = F(x),$$

从而 $\widetilde{F}(x)=p_0^{-1}(F(x))$．因此，当 $x\in I_{i_0}\times J_{j_0}$ 时，定义

$$\widetilde{F}(x) = p_0^{-1}(F(x)).$$

这样，便将 $\widetilde{F}$ 扩充到 $I_{i_0}\times J_{j_0}$ 上了．根据黏结引理，扩充以后的映射是连续的．

按这种方式继续下去，我们便在整个 $I\times I$ 上定义了 $\widetilde{F}$．

为了验证唯一性，只需注意在构造 $\widetilde{F}$ 的每一步骤，先是把 $\widetilde{F}$ 扩充到 $I\times I$ 的下边界和左边界，后来是一个一个地扩充到 $I_i\times J_j$，都只有唯一的方式连续地扩充 $\widetilde{F}$．因此，一旦 $\widetilde{F}$ 在$(0,0)$处的值取定了，$\widetilde{F}$ 也就完全确定了．

现在假设 F 是一个道路同伦，我们希望证明 $\widetilde{F}$ 也是一个道路同伦. 映射 F 将 I^2 的整个左边 $0\times I$ 变为 B 中的一点 b_0. 由于 $\widetilde{F}$ 是 F 的一个提升，它应当将 $0\times I$ 变到集合 $p^{-1}(b_0)$ 中. 但是这个集合作为 E 的子空间具有离散拓扑. 由于 $0\times I$ 是连通的，$\widetilde{F}$ 是连续的，所以 $\widetilde{F}(0\times I)$ 是连通的，因此它应当是单点集. 类似地，$\widetilde{F}(1\times I)$ 也是一个单点集. 于是 $\widetilde{F}$ 是一个道路同伦. ■

定理 54.3　设 $p: E\to B$ 是一个覆叠映射，$p(e_0)=b_0$. 又设 f，g 是 B 中从 b_0 到 b_1 的两条道路，$\tilde{f}$，$\tilde{g}$ 分别是 f，g 在 E 中以 e_0 为起点的提升. 如果 f，g 是道路同伦的，则 $\tilde{f}$，$\tilde{g}$ 以 E 中的同一个点为终点，并且它们也是道路同伦的.

证　设 $F: I\times I\to B$ 是 f 与 g 之间的道路同伦，则 $F(0, 0)=b_0$. 又设 $\widetilde{F}: I\times I\to E$ 是 F 到 E 上的一个提升，$\widetilde{F}(0, 0)=e_0$. 根据前一引理，$\widetilde{F}$ 是一个道路同伦，所以 $\widetilde{F}(0\times I)=\{e_0\}$，并且 $\widetilde{F}(1\times I)$ 为单点集 $\{e_1\}$.

$\widetilde{F}$ 在 $I\times I$ 的底边上的限制 $\widetilde{F}\mid I\times 0$ 是 E 中以 e_0 为起点的一条道路，它是 $F\mid I\times 0$ 的提升. 根据道路提升的唯一性得到 $\widetilde{F}(s, 0)=\tilde{f}(s)$. 类似地，$\widetilde{F}\mid I\times 1$ 是 E 中的一条道路，它是 $F\mid I\times 1$ 的提升，并且以 e_0 为起点，因为 $\widetilde{F}(0\times I)=\{e_0\}$. 根据道路提升的唯一性，$\widetilde{F}(s, 1)=\tilde{g}(s)$. 所以 $\tilde{f}$，$\tilde{g}$ 的终点都是 e_1，并且 $\widetilde{F}$ 是它们之间的一个道路同伦. ■

定义　设 $p: E\to B$ 是一个覆叠映射，$b_0\in B$. 选取 e_0 使得 $p(e_0)=b_0$. 给定 $\pi_1(B, b_0)$ 中的一个元素 $[f]$. 设 $\tilde{f}$ 为 f 在 E 中以 e_0 为起点的提升. 令 $\phi([f])$ 表示 $\tilde{f}$ 的终点 $\tilde{f}(1)$. 则 ϕ 是定义确切的集合间的映射

$$\phi: \pi_1(B, b_0) \to p^{-1}(b_0).$$

我们称 ϕ 为由覆叠映射 p 诱导的**提升对应**(lifting correspondence). ϕ 依赖于点 e_0 的选取.

定理 54.4　设 $p: E\to B$ 是一个覆叠映射，$p(e_0)=b_0$. 如果 E 是道路连通的，则提升对应

$$\phi: \pi_1(B, b_0) \to p^{-1}(b_0)$$

是一个满射. 如果 E 是单连通的，则 ϕ 是一个一一映射.

证　如果 E 是道路连通的，则对于给定的 $e_1\in p^{-1}(b_0)$，E 中有一条从 e_0 到 e_1 的道路 $\tilde{f}$. 因此，$f=p\circ\tilde{f}$ 是 B 中的以 b_0 为基点的一条回路，根据定义可见 $\phi([f])=e_1$.

设 E 是单连通的. 设 $[f]$ 和 $[g]$ 是 $\pi_1(B, b_0)$ 中的两个元素，使得 $\phi([f])=\phi([g])$. 设 $\tilde{f}$ 和 $\tilde{g}$ 分别是 f 和 g 的提升，在 E 中的道路以 e_0 为起点，则 $\tilde{f}(1)=\tilde{g}(1)$. 由于 E 是单连通的，所以在 $\tilde{f}$ 和 $\tilde{f}$ 之间有一个道路同伦 $\widetilde{F}$. 于是 $p\circ\widetilde{F}$ 是 B 中 f 和 g 之间的一个道路同伦. ■

定理 54.5　S^1 的基本群同构于整数加群.

证　设 $f: \mathbb{R}\to S^1$ 是定理 53.1 中的覆叠映射. 令 $e_0=0$ 和 $b_0=p(e_0)$，则 $p^{-1}(b_0)$ 便是整数集 $\mathbb{Z}$. 因为 $\mathbb{R}$ 是单连通的，所以提升对应

$$\phi: \pi_1(S^1, b_0) \longrightarrow \mathbb{Z}$$

是一一的. 只要证明了 ϕ 是一个同态，便完成了定理的证明.

在 $\pi_1(B, b_0)$ 中给定 $[f]$ 和 $[g]$，设 $\tilde{f}$ 和 $\tilde{g}$ 分别是它们在 $\mathbb{R}$ 上开始于 0 点的提升道路. 设 $n=\tilde{f}(1)$ 和 $m=\tilde{g}(1)$，则根据定义有 $\phi([f])=n$ 和 $\phi([g])=m$. 令 $\tilde{\tilde{g}}$ 为 $\mathbb{R}$ 中的道路

$$\tilde{\tilde{g}}(s) = n + \tilde{g}(s).$$

由于对于所有 $x\in\mathbb{R}$ 有 $p(n+x)=p(x)$，道路 $\tilde{\tilde{g}}$ 是 g 开始于 n 的提升. 从而乘积 $\tilde{f} * \tilde{\tilde{g}}$ 有定义，

并且易验证它是 $f*g$ 开始于 0 点的提升. 这条道路的终点是$\tilde{\tilde{g}}(1)=n+m$. 因此根据定义,

$$\phi([f]*[g]) = n+m = \phi([f])+\phi([g]).$$ ■

定义 设G是一个群, 而x是G的一个元素. 记x的逆为x^{-1}. 记号x^n表示x与自身的n重幂, x^{-n}表示x^{-1}与自身的n重幂, 而x^0表示群G的单位元. 如果所有形如$x^m(m\in\mathbb{Z})$的元素构成的集合等于G, 则称G为一个**循环群**(cyclic group), 并且x叫做G一个的**生成元**(generator).

群的基数也叫做群的**阶**(order). 一个群是无限阶的循环群当且仅当这个群同构于整数加群, 一个群是k阶循环群当且仅当这个群同构于整数模k群$\mathbb{Z}/k$. 前一定理说明圆周的基本群是无限循环群.

注意, 如果x是无限循环群G的一个生成元, y是某一个群H中的一个元素, 则存在唯一的一个从G到H的同态h使得$h(x)=y$, 其定义为对于所有n, $h(x^n)=y^n$.

为了后面第 65 节、第 13 章和第 14 章中的需要, 我们在这里证明定理 54.4 的一个加强版本.

* **定理 54.6** 设p: $E\to B$是一个覆叠映射, $p(e_0)=b_0$.

(a)同态p_*: $\pi_1(E, e_0)\to\pi_1(B, b_0)$是一个单同态.

(b)设$H=p_*(\pi_1(E, e_0))$, 则提升对应ϕ诱导出从H的右陪集构成的族到$p^{-1}(b_0)$中的一个单射

$$\Phi:\pi_1(B,b_0)/H \longrightarrow p^{-1}(b_0).$$

并且当E道路连通时, Φ是一个一一映射.

(c)如果f是B中以b_0为基点的回路, 则$[f]\in H$当且仅当f的提升为E中一条以e_0为基点的回路.

证 (a)设$\tilde{h}$是E中e_0处的一条回路, $p_*([\tilde{h}])$是单位元. 设F是$p\circ\tilde{h}$与常值回路之间的一个道路同伦. 如果$\tilde{F}$是F在E中的提升, $\tilde{F}(0, 0)=e_0$, 则$\tilde{F}$是$\tilde{h}$与e_0处的常值回路之间的一个道路同伦.

(b)给定B中的回路f和g, 令$\tilde{f}$和$\tilde{g}$是它们在E中开始于e_0的提升, 则有$\phi([f])=\tilde{f}(1)$和$\phi([g])=\tilde{g}(1)$. 我们证明$\phi([f])=\phi([g])$当且仅当$[f]\in H*[g]$.

首先, 设$[f]\in H*[g]$, 则对于E中某一条以e_0为基点的回路$h=p\circ\tilde{h}$有$[f]=[h*g]$. 这时乘积$\tilde{f}*\tilde{g}$有定义, 并且它是$h*g$的提升. 因为$[f]=[h*g]$, 开始于e_0的提升$\tilde{f}$和$\tilde{h}*\tilde{g}$应当在E中的同一点处终结. 因此$\tilde{f}$和$\tilde{g}$终结于E中的同一个点, 所以$\phi([f])=\phi([g])$. 见图 54.3.

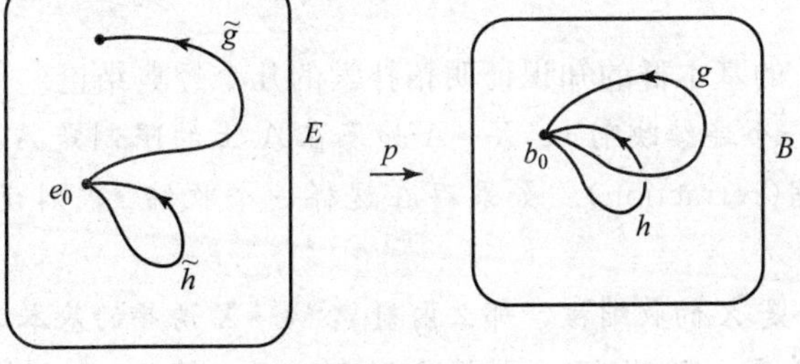

图 54.3

现在假设$\phi([f])=\phi([g])$. 则$\tilde{f}$和$\tilde{g}$终结于E中的同一个点. $\tilde{f}$与$\tilde{g}$的逆的乘积有定义，并且它是E中以e_0为基点的一条回路$\tilde{h}$. 通过直接计算可见，$[\tilde{h}*\tilde{g}]=[\tilde{f}]$. 如果$\tilde{F}$是$E$中的回路$\tilde{h}*\tilde{g}$与$\tilde{f}$之间的道路同伦，则$p\circ\tilde{F}$便是$B$中$h*g$与$f$之间的道路同伦，其中$h=p\circ\tilde{h}$. 因此，$[f]\in H*[g]$，这正是我们要证明的.

如果E是道路连通的，则ϕ是一个满射，所以Φ也是一个满射.

(c)Φ是单射意味着$\phi([f])=\phi([g])$当且仅当$[f]\in H*[g]$. 应用这个结论于g是常值回路的情形，可见$\phi([f])=e_0$当且仅当$[f]\in H$. 然而$\phi([f])=e_0$，开始于e_0的f的提升也终结于e_0. ■

习题

1. 对于第53节例2中的局部同胚，"道路提升引理"(引理54.1)不能成立的原因是什么？
2. 在引理54.2的证明中，定义映射$\tilde{F}$时，为什么要把矩形取得足够小？
3. 设p: $E\to B$是覆叠映射. 设α和β是B中的道路，满足条件$\alpha(1)=\beta(0)$. 又设$\tilde{\alpha}$和$\tilde{\beta}$是它们的提升，使得$\tilde{\alpha}(1)=\tilde{\beta}(0)$. 证明$\tilde{\alpha}*\tilde{\beta}$是$\alpha*\beta$的一个提升.
4. 考虑第53节例6中的覆叠映射p: $\mathbb{R}\times\mathbb{R}_+\to\mathbb{R}^2-\mathbf{0}$. 找出道路

$$f(t)=(2-t,0),$$
$$g(t)=((1+t)\cos 2\pi t,(1+t)\sin 2\pi t),$$
$$h(t)=f*g$$

的提升，并且画出这些道路以及它们的提升的草图.
5. 考虑第53节例4中的覆叠映射$p\times p$: $\mathbb{R}\times\mathbb{R}\to S^1\times S^1$. 考虑$S^1\times S^1$中的道路

$$f(t)=(\cos 2\pi t,\sin 2\pi t)\times(\cos 4\pi t,\sin 4\pi t).$$

将$S^1\times S^1$看成是轮胎面D时，画出f的草图. 找出f在$\mathbb{R}\times\mathbb{R}$中的一个提升$\tilde{f}$，并画出它的草图.
6. 考虑由$g(z)=z^n$和$h(z)=\frac{1}{z^n}$定义的映射g，h: $S^1\to S^1$.（这里将S^1作为模为1的复数z的集合.）计算从无限循环群$\pi_1(S^1, b_0)$到自身的诱导同态g_*和h_*. [提示：应用等式$(\cos\theta+\mathrm{i}\sin\theta)^n=\cos n\theta+\mathrm{i}\sin n\theta$.]
7. 推广定理54.5的证明，证明环面的基本群同构于群$\mathbb{Z}\times\mathbb{Z}$.
8. 设p: $E\to B$是覆叠映射，其中E是道路连通的. 证明当B单连通时p必定是同胚.

55　收缩和不动点

我们现在来运用S^1的基本群的知识证明拓扑学的几个经典结论.

定义　若$A\subset X$，一个连续映射r: $X\to A$如果在A上的限制是A上的恒等映射，则称之为X到A上的一个**收缩**(retraction). 如果存在这样一个收缩r，则说A是X的一个**收缩核**(retract).

引理55.1　如果A是X的收缩核，那么内射j: $A\to X$诱导的基本群的同态是一个单射.

证　如果r: $X\to A$是一个收缩，则复合映射$r\circ j$等于A上的恒等映射. 这蕴涵着

$r_* \circ j_*$ 是 $\pi_1(A, a)$ 的恒等映射，因此 j_* 是单射. ■

定理 55.2[非收缩定理] 从 B^2 到 S^1 上没有收缩.

证 如果 S^1 是 B^2 的一个收缩核，则内射 $j: S^1 \to B^2$ 的诱导同态是一个单射. 但 S^1 的基本群不是平凡群而 B^2 的基本群是平凡群. 这是一个矛盾. ■

引理 55.3 设 $h: S^1 \to X$ 是连续映射. 则以下条件等价：

(1) h 是零伦的.

(2) h 可以扩张为一个连续映射 $k: B^2 \to X$.

(3) h_* 是基本群间的平凡同态.

证 (1)⇒(2). 设 $H: S^1 \times I \to X$ 是 h 与某一个常值映射之间的同伦. 设 $\pi: S^1 \times I \to B^2$ 为映射，定义为

$$\pi(x,t) = (1-t)x.$$

π 是连续的、闭的、满的，因而是一个商映射，它将 $S^1 \times 1$ 收缩成为点 $\mathbf{0}$，而在其他地方是单的. 由于 H 在 $S^1 \times 1$ 上取常值，它通过商映射 π 诱导出一个连续映射 $k: B^2 \to X$，k 是 h 的扩张. 参见图 55.1.

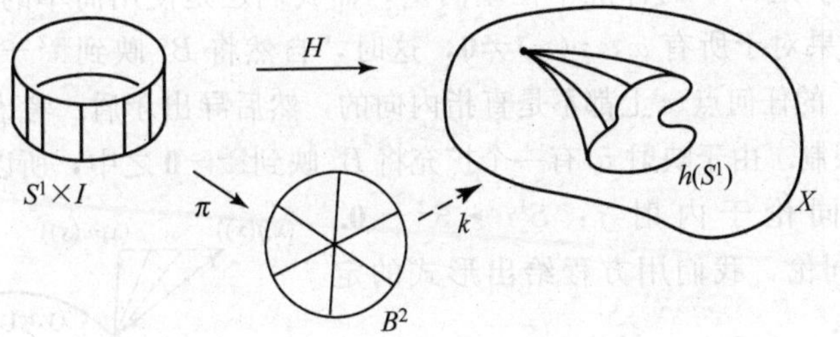

图 55.1

(2)⇒(3). 设 $j: S^1 \to B^2$ 是内射，则 h 等于复合 $k \circ j$. 因此 $h_* = k_* \circ j_*$. 然而，由于 B^2 的基本群是平凡的，所以

$$j_*: \pi_1(S^1, b_0) \to \pi_1(B^2, b_0)$$

是平凡的. 因此 h_* 是平凡的.

(3)⇒(1). 设 $p: \mathbb{R} \to S^1$ 是标准的覆叠映射，$p_0: I \to S^1$ 为其在单位区间上的限制，则 $[p_0]$ 是 $\pi_1(S^1, b_0)$ 的一个生成元，因为 p_0 是 S^1 中的回路，它开始于 0 的提升在 1 处终结.

设 $x_0 = h(b_0)$. 由于 h_* 是平凡的，回路 $f = h \circ p_0$ 代表 $\pi_1(X, x_0)$ 的单位元. 因此，X 中 f 与 x_0 处的常值道路之间有一个道路同伦 F. 由于映射 $p_0 \times \text{id}: I \times I \to S^1 \times I$ 是连续的、闭的、满的，所以它是一个商映射. 对于每一个 t，$p_0 \times \text{id}$ 将 $0 \times t$ 和 $1 \times t$ 都映为 $b_0 \times t$，而在其他地方是单的. 道路同伦 F 将 $0 \times I$、$1 \times I$ 和 $I \times 1$ 映到 X 的点 x_0，所以它诱导出一个连续映射 $H: S^1 \times I \to X$，这个连续映射是 h 和某一个常值映射之间的同伦. 参见图 55.2. ■

推论 55.4 内射 $j: S^1 \to \mathbb{R}^2 - \mathbf{0}$ 不是零伦的. 恒等映射 $i: S^1 \to S^1$ 也不是零伦的.

证 有一个从 $\mathbb{R}^2 - \mathbf{0}$ 到 S^1 的收缩，其定义为 $r(x) = x / \| x \|$. 因此，j_* 是单射，因而是非平凡的. 类似地，i_* 是恒等同态，因而也是非平凡的. ■

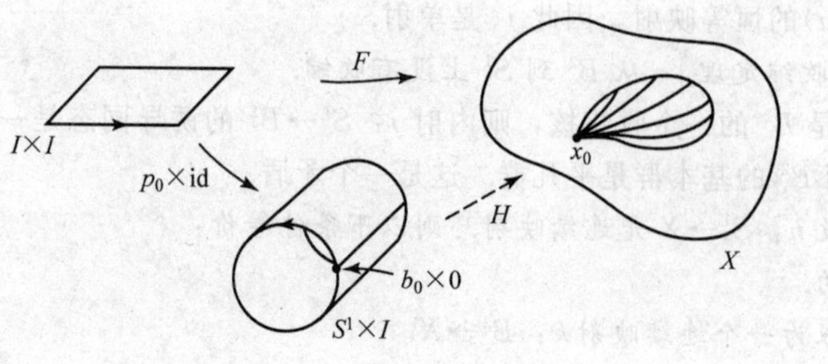

图　55.2

定理 55.5　对于任意给定的 B^2 上的一个非蜕化向量场，存在 S^1 中的一个点，这个点上的向量直指内向①，也存在 S^1 中的一个点，这个点上的向量直指外向②.

证　B^2 上的一个**向量场**(vector field)是一个有序偶$(x, v(x))$，其中 $x \in B^2$，v 是从 B^2 到 $\mathbb{R}^2$ 中的一个连续映射. 在微积分中，常用记号

$$v(x) = v_1(x)\boldsymbol{i} + v_2(x)\boldsymbol{j}$$

代替函数 v，其中 $\boldsymbol{i}$，$\boldsymbol{j}$ 是$\mathbb{R}^2$中的标准单位基向量，而我们还是使用简单的函数记号. 一个向量场称为非蜕化的，如果对于所有 x，$v(x) \neq \mathbf{0}$，这时，自然将 B^2 映到$\mathbb{R}^2 - \mathbf{0}$ 中.

先假设 $v(x)$在 S^1 的任何点 x 上都不是直指内向的，然后导出矛盾. 考虑映射 v：$B^2 \to \mathbb{R}^2 - \mathbf{0}$. 设 w 是 v 在 S^1 上的限制. 由于映射 w 有一个扩充将 B^2 映到$\mathbb{R}^2 - \mathbf{0}$ 之中，所以它是零伦的.

另一方面，w 同伦于内射 j：$S^1 \to \mathbb{R}^2 - \mathbf{0}$. 图 55.3 诠释了这个同伦，我们用方程给出形式的定义如下：对于 $x \in S^1$，

$$F(x,t) = tx + (1-t)w(x).$$

我们应当指出 $F(x, t) \neq \mathbf{0}$. 明显地，当 $t=0$ 或 $t=1$ 时，$F(x, t) \neq \mathbf{0}$. 如果对于某一个 t，$0<t<1$，有 $F(x, t)=\mathbf{0}$，则 $tx+(1-t)w(x)=0$. 因此 $w(x)$等于 x 与某一个负数的乘积，而这意味着 $w(x)$在点 x 上直指内向！因此 F 的确是一个从 $S^1 \times I$ 到$\mathbb{R}^2 - \mathbf{0}$ 的映射.

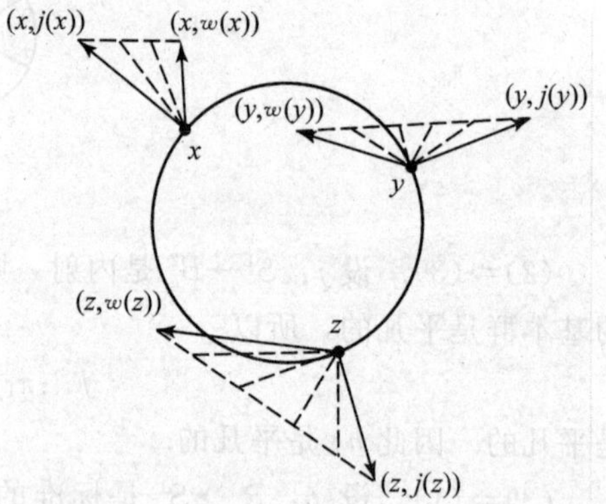

图　55.3

这推出 j 是零伦的，与前一推论矛盾.

为了证明 v 在 S^1 的某一个点上直指外向，只需将刚才证明的结论应用于向量场$(x, -v(x))$就可以了. ■

我们已经知道每一个连续映射 f：$[0, 1] \to [0, 1]$必定有一个不动点(参见第 24 节中的习题 3). 其实对于球 B^2 而言同样的结论也成立，然而证明却更为深刻.

定理 55.6[圆盘的 Brouwer 不动点定理]　如果 f：$B^2 \to B^2$ 是连续的，则存在一个点

① 直指内向即指向圆心的方向. ——译者注

② 直指外向即指向圆心的方向的反方向. ——译者注

$x\in B^2$使得 $f(x)=x$.

证 我们用反证法来证明. 设对于 B^2 中的每一个 x, $f(x)\neq x$. 定义 $v(x)=f(x)-x$, 我们便得到了 B^2 上的一个非蜕化的向量场$(x, v(x))$. 然而向量场 v 在 S^1 上没有一个点 x 直指外向, 因为这意味着对于某一个正实数 a,

$$f(x)-x=ax,$$

于是 $f(x)=x+ax$ 将处于单位球 B^2 的外面. 这是一个矛盾. ■

在数学中不动点定理令人感兴趣的原因在于许多问题(例如, 方程组的解的存在性问题)都能化为不动点问题. 这里给出一个例子, 即经典的 Frobenius 定理. 假设读者已经具备了线性代数的一些知识.

*__推论 55.7__ 设 A 是一个 3×3 的正实数矩阵, 则 A 有一个正的实特征值.

证 设 T: $\mathbb{R}^3\to\mathbb{R}^3$是一个线性变换, 其(相对于$\mathbb{R}^3$的标准基而言的)矩阵为 A. 又设 B 为二维球面 S^2 与$\mathbb{R}^3$的第一卦限

$$\{(x_1,x_2,x_3)\mid x_1\geqslant 0,x_2\geqslant 0,x_3\geqslant 0\}$$

的交. 不难证明, B 同胚于球体 B^2, 所以对于 B 到自身的连续映射, 不动点定理成立.

若 $x=(x_1, x_2, x_3)\in B$, 则 x 的所有分量都是非负的, 并且至少有一个分量是正的. 由于 A 的所有元素都是正的, 所以向量 $T(x)$的所有分量都是正的. 因此, 映射 $x\to T(x)/\|T(x)\|$ 为 B 到自身的一个连续映射, 从而有一个不动点 x_0. 于是

$$T(x_0)=\|T(x_0)\|x_0,$$

所以 T(从而矩阵 A)有一个正的实特征值 $\|T(x_0)\|$. ■

最后, 我们证明一个定理. 这个定理蕴涵着$\mathbb{R}^2$中的三角形区域

$$T=\{(x,y)\mid x\geqslant 0,y\geqslant 0 \text{ 并且 } x+y\leqslant 1\}$$

的拓扑维数至少是 2. (参见第 50 节.)

*__定理 55.8__ 存在$\varepsilon>0$使得对于任何一个由直径小于ε的集合组成的T的开覆盖$\mathcal{A}$, T中总有某一个点至少属于$\mathcal{A}$的三个元素之中.

证 由于 T 同胚于 B^2, 因此可以将本节中证明的结论应用于空间 T.

选取 $\varepsilon>0$ 使得没有一个直径小于 ε 的集合和 T 的所有三条边都相交. $\left(\text{事实上}, \varepsilon=\frac{1}{2}\text{就可以}.\right)$我们假设 $\mathcal{A}=\{U_1, \cdots, U_n\}$是 T 的一个开覆盖, 其中每一个 U_i 的直径都小于ε, 使得 $\mathcal{A}$ 中任何三个元素都无交, 然后由此导出矛盾.

对于每一个 $i=1, \cdots, n$, 选取 T 的一个顶点 v_i 如下: 如果 U_i 与 T 的两条边相交, 令 v_i 为这两条边的公共顶点. 如果 U_i 只与 T 的一条边相交, 令 v_i 为这条边的端点中的一个. 如果 U_i 与 T 的任何一条边都无交, 令 v_i 为 T 的任意顶点.

现设$\{\phi_i\}$是由$\{U_1, \cdots, U_n\}$控制的单位分拆. (参见第 36 节.)定义 k: $T\to\mathbb{R}^2$如下:

$$k(x)=\sum_{i=1}^{n}\phi_i(x)v_i.$$

则 k 是连续的. 给定 T 中的一个点 x, 它最多属于 $\mathcal{A}$ 的两个元素, 因此最多只有两个 $\phi_i(x)$是

非零的．所以，如果 x 仅属于一个开集 U_i，则存在 $0\leqslant t\leqslant 1$，使得 $k(x)=v_i$，如果 x 属于两个开集 U_i 和 U_j，则 $k(x)=tv_i+(1-t)v_j$．无论何种情形，$k(x)$都属于 T 的三条边的并 $\mathrm{Bd}T$ 中．于是 k 将 T 映到 $\mathrm{Bd}T$ 中．

此外，k 将 T 的每一条边映到自身．因为如果 x 属于 T 的边 vw，任意包含 x 的开集 U_i 都要与这条边相交，因此 v_i 必然等于 v 或 w．由 k 的定义可见 $k(x)$属于 vw．

设 h：$\mathrm{Bd}T\to\mathrm{Bd}T$ 为 k 在 $\mathrm{Bd}T$ 上的限制．因为 h 能够被扩充为连续映射 k，所以它是零伦的．另一方面，h 同伦于 $\mathrm{Bd}T$ 到自身的恒等映射．因为 h 将每一条边映到自身，h 与 $\mathrm{Bd}T$ 的恒等映射之间的直线同伦便是所需的同伦．然而，$\mathrm{Bd}T$ 的恒等映射 i 绝不是零伦的．■

习题

1. 证明：如果 A 是 B^2 的一个收缩核，则每一个连续映射 f：$A\to A$ 必有一个不动点．
2. 证明：如果 h：$S^1\to S^1$ 是零伦的，则 h 必有一个不动点，并且 h 还将某一个点 x 映为它的对径点 $-x$．
3. 证明：如果 A 是非奇异的 3×3 非负矩阵，则 A 必有一个正的实特征值．
4. 假定你已经知道：对于每一个 n，没有收缩 r：$B^{n+1}\to S^n$．（这个结论可以用代数拓扑中更为深刻的工具来证明．）证明以下结论：
   (a) 恒等映射 i：$S^n\to S^n$ 不是零伦的．
   (b) 内射 j：$S^n\to\mathbb{R}^{n+1}-\mathbf{0}$ 不是零伦的．
   (c) B^{n+1} 上每一个非蜕化向量场必定在 S^n 的某一点处直指内向，也在 S^n 的某一点处直指外向．
   (d) 每一个连续映射 f：$B^{n+1}\to B^{n+1}$ 必定有一个不动点．
   (e) 每一个由正实数组成的$(n+1)\times(n+1)$矩阵必有正的特征根．
   (f) 如果 h：$S^n\to S^n$ 是零伦的，则 h 必有一个不动点，同时 h 也必将某一个点 x 映为它的对径点 $-x$．

*56　代数基本定理

每一个实系数或复系数的 n 次方程

$$x^n+a_{n-1}x^{n-1}+\cdots+a_1x+a_0=0$$

有 n 个根（几重根就称为几个根）．这是复数的一个基本性质．可能读者在中学代数学课程中就见过这个定理，但那时却无法证明它．

事实上，这个证明是相当困难的．最难的部分是证明次数为正数时，方程至少有一个根．对此有许多不同的证法．可以用代数的技巧，然而代数的证明既长又费力．也可以用复变函数论的方法，在复变函数论中，这个定理是 Liouville 定理的明显推论．而我们这里给出的证明相当简单，它作为圆周基本群计算的简单推论．

定理 56.1［代数基本定理］　*实系数或复系数的 $n>0$ 次方程*

$$x^n+a_{n-1}x^{n-1}+\cdots+a_1x+a_0=0$$

至少有一个（实的或复的）根．

证 第一步．考虑由 $f(z)=z^n$ 定义的映射 f：$S^1\to S^1$，其中 z 为复数．我们证明在基本群之间诱导的同态 f_* 是一个单射．

设 p_0：$I\to S^1$ 为 S^1 中的标准回路，

$$p_0(s)=\mathrm{e}^{2\pi\mathrm{i}s}=(\cos 2\pi s,\sin 2\pi s).$$

它在 f_* 下的像是回路

$$f(p_0(s))=(\mathrm{e}^{2\pi\mathrm{i}s})^n=(\cos 2\pi ns,\sin 2\pi ns).$$

这一回路提升为覆叠空间 $\mathbb{R}$ 中的道路 $s\to ns$．因此，在 $\pi_1(S^1,\ b_0)$ 与整数群的标准同构下，$f\circ p_0$ 对应着整数 n，而 p_0 对应着整数 1．因此 f_* 是 S^1 的基本群中的"n 倍乘"，特别地，它是一个单射．

第二步．证明：如果映射 g：$S^1\to\mathbb{R}^2-\mathbf{0}$ 定义为 $g(z)=z^n$，则 g 不是零伦的．

映射 g 等于第一步中的映射 f 与内射 j：$S^1\to\mathbb{R}^2-\mathbf{0}$ 的复合．f_* 是单射，j_* 也是单射，因为 S^1 是 $\mathbb{R}^2-\mathbf{0}$ 的收缩核．因此 $g_*=j_*\circ f_*$ 也是单射，于是 g 不可能是零伦的．

第三步．现在我们来证明本定理的一个特殊情形：若方程

$$x^n+a_{n-1}x^{n-1}+\cdots+a_1x+a_0=0$$

满足条件

$$|a_{n-1}|+\cdots+|a_1|+|a_0|<1,$$

则在单位球体 B^2 中有一个根．

假定这个方程在 B^2 中没有根，那么我们便可定义一个映射 k：$B^2\to\mathbb{R}^2-\mathbf{0}$，使

$$k(z)=z^n+a_{n-1}z^{n-1}+\cdots+a_1z+a_0.$$

设 h 为 k 在 S^1 上的限制，由于 h 可扩张为一个从单位球 B^2 到 $\mathbb{R}^2-\mathbf{0}$ 的映射，所以 h 是零伦的．

另一方面，我们来定义一个 h 与第二步中的映射 g 之间的同伦 F．定义 F：$S^1\times I\to\mathbb{R}^2-\mathbf{0}$ 使得

$$F(z,t)=z^n+t(a_{n-1}z^{n-1}+\cdots+a_0).$$

参见图 56.1．$F(z,\ t)$ 永远不为 $\mathbf{0}$ 是因为

$$\begin{aligned}|F(z,t)|&\geqslant|z^n|-|t(a_{n-1}z^{n-1}+\cdots+a_0)|\\&\geqslant 1-t(|a_{n-1}z^{n-1}|+\cdots+|a_0|)\\&=1-t(|a_{n-1}|+\cdots+|a_0|)>0.\end{aligned}$$

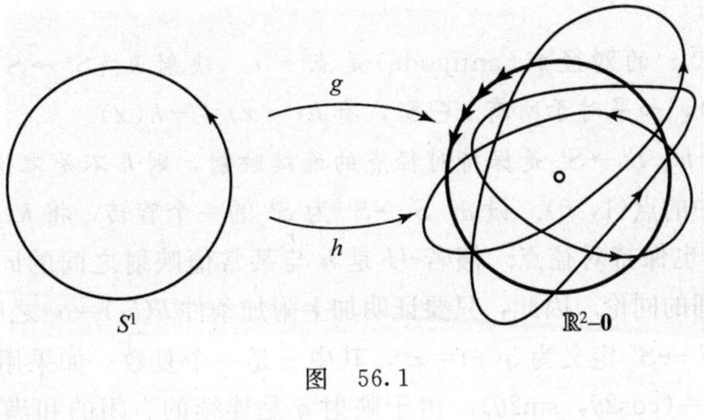

图 56.1

第四步．现在来证明一般情形．对于给定的多项式方程

$$x^n + a_{n-1}x^{n-1} + \cdots + a_1 x + a_0 = 0,$$

选取一个实数 $c>0$，然后取变换 $x=cy$，则得到方程

$$(cy)^n + a_{n-1}(cy)^{n-1} + \cdots + a_1(cy) + a_0 = 0,$$

也就是

$$y^n + \frac{a_{n-1}}{c}y^{n-1} + \cdots + \frac{a_1}{c^{n-1}}y + \frac{a_0}{c^n} = 0.$$

如果最后这个方程有一个根 $y=y_0$，那么最初的方程就有根 $x_0=cy_0$．所以，只要将 c 取得足够大，使得

$$\left|\frac{a_{n-1}}{c}\right| + \left|\frac{a_{n-2}}{c^2}\right| + \cdots + \left|\frac{a_1}{c^{n-1}}\right| + \left|\frac{a_0}{c^n}\right| < 1,$$

那么，由第三步中研究过的特殊情形，本定理证明完成．■

习题

1. 给定一个实系数或复系数的方程

$$x^n + a_{n-1}x^{n-1} + \cdots + a_1 x + a_0 = 0.$$

证明：当 $|a_{n-1}| + \cdots + |a_1| + |a_0| < 1$ 时，这个方程的所有根都在单位球 B^2 的内部．

[提示：设 $g(x)=1+a_{n-1}x+\cdots+a_1x^{n-1}+a_0x^n$，并证明当 $x\in B^2$ 时，$g(x)\neq 0$．]

2. 找出一个以原点为圆心的圆周，使得它包含方程 $x^7+x^2+1=0$ 的全部根．

*57　Borsuk－Ulam 定理

这里有一个费尽心思才能得到解答的问题．假设在平面 $\mathbb{R}^2$ 上给定了一个有界的多边形区域 A．不管 A 的形状如何，容易证明总存在一条直线将 A 平分，也就是说把 A 切割成面积相等的两部分．为此，取水平线 $y=c$，用 $f(c)$ 表示 A 在这条直线下面部分的面积，由于 $f(c)$ 是 c 的连续函数，用介值定理便能发现有一个 c 使得 $f(c)$ 恰好等于 A 的面积的一半．

现在假定给定了两个区域 A_1 和 A_2，并且要求用一条直线同时将这两部分平分．即使是有这条直线找起来也肯定不容易．不相信的话，你可以试试用一条直线平分两个三角形．

事实上，这条直线总是存在的．这个结论是下面介绍的著名的 Borsuk-Ulam 定理的一个推论．

定义　S^n 中的点 x 的**对径点**(antipode)是点 $-x$．映射 $h: S^n\to S^m$ 称为**保持对径点的**(antipode-preserving)，如果对于所有 $x\in S^n$，有 $h(-x)=-h(x)$．

定理 57.1　如果 $h: S^1\to S^1$ 是保持对径点的连续映射，则 h 不是零伦的．

证　记 b_0 为 S^1 中的点(1, 0)．设 $\rho: S^1\to S^1$ 为 S^1 的一个旋转，将 $h(b_0)$ 映到 b_0．因为 ρ 保持对径点，所以 $\rho\circ h$ 也保持对径点．假若 H 是 h 与某常值映射之间的同伦，那么 $\rho\circ H$ 便是 $\rho\circ h$ 与某常值映射之间的同伦．因此，只要证明加上附加条件 $h(b_0)=b_0$ 之后这个定理成立即可．

第一步．设 $q: S^1\to S^1$ 定义为 $q(z)=z^2$，其中 z 是一个复数．如果用实坐标表示，这个映射便是 $q(\cos\theta, \sin\theta)=(\cos 2\theta, \sin 2\theta)$．由于映射 q 是连续的、闭的和满的，所以它是一个商

映射．S^1 中的任何一个点在映射 q 下的原像是 S^1 中的一对对径点 z 和 $-z$．由于 $h(-z)=-h(z)$，我们有等式 $q(h(-z))=q(h(z))$．因此，由于 q 是一个商映射，映射 $q\circ h$ 诱导出一个连续映射 k：$S^1\to S^1$ 使得 $k\circ q=q\circ h$.

$$\begin{array}{ccc} S^1 & \xrightarrow{h} & S^1 \\ {\scriptstyle q}\downarrow & & \downarrow{\scriptstyle q} \\ S^1 & \xrightarrow{k} & S^1 \end{array}$$

我们有 $q(b_0)=h(b_0)=b_0$，所以 $k(b_0)=b_0$．此外，$h(-b_0)=-b_0$.

第二步．我们证明 $\pi_1(S^1，b_0)$到自身的同态 k_* 是非平凡的.

为此，我们首先指出 q 是一个覆叠映射．（这曾在第 53 节的习题中给出.）其证明类似于标准映射 p：$\mathbb{R}\to S^1$ 是覆叠映射的证明．例如，如果 U 是 S^1 中由第二个坐标为正数组成的子集，则 $p^{-1}(U)$由 S^1 中在$\mathbb{R}^2$的第一象限和第三象限的点构成．映射 q 将这两个集合的每一个同胚地映射到 U 上．如果 U 是 S^1 与下半开平面、右半开平面或左半开平面的交，类似的论断也是成立的.

其次，注意如果$\tilde{f}$是 S^1 中的一条从 b_0 到 $-b_0$ 的道路，则回路 $f=q\circ\tilde{f}$代表 $\pi_1(S^1，b_0)$中的一个非平凡的元素．因为$\tilde{f}$是 f 在 S^1 中的一个提升，它开始于 b_0 但不终结于 b_0.

最后我们指出 k_* 是非平凡的．设$\tilde{f}$是 S^1 中从 b_0 到 $-b_0$ 的一条道路，f 是回路 $q\circ\tilde{f}$，则 $k_*[f]$是非平凡的，因为 $k_*[f]=[k\circ(q\circ\tilde{f})]=[q\circ(h\circ\tilde{f})]$，后者非平凡是因为 $h\circ\tilde{f}$是 S^1 中从 b_0 到 $-b_0$ 的一条道路.

第三步．最后证明同态 h_* 是非平凡的，所以 h 不是零伦的.

同态 k_* 是单射，因为它是一个无限循环群到自身的非平凡同态．同态 q_* 也是单射，实际上 q_* 相当于整数群乘 2 的那个同态．这导致 $k_*\circ q_*$ 是单射．由于 $q_*\circ h_*=k_*\circ q_*$，同态 h_* 也应当是单射.　■

定理 57.2　不存在保持对径点的连续映射 g：$S^2\to S^1$.

证　设 g：$S^2\to S^1$ 是一个保持对径点的连续映射．将 S^1 看成是 S^2 的赤道，则将 g 限制到 S^1 上便是一个从 S^1 到自身的保持对径点的连续映射 h．根据前一定理，h 不是零伦的．然而 S^2 的上半球面 E 同胚于球 B^2，而 g 却是 h 在 E 上的连续扩张！参见图 57.1.　■

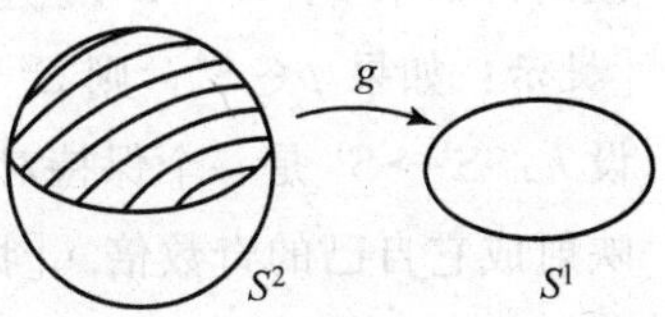

图　57.1

定理 57.3［S^2 的 Borsuk-Ulam 定理］　设 f：$S^2\to\mathbb{R}^2$ 是一个连续映射，则 S^2 中必有一个点 x 使得 $f(x)=f(-x)$.

证　设对于所有 $x\in S^2$，有 $f(x)\neq f(-x)$，则

$$g(x)=\frac{f(x)-f(-x)}{\|f(x)-f(-x)\|}$$

定义了一个连续映射 g：$S^2\to S^1$ 使得对于所有 x，$g(-x)=-g(x)$.　■

定理 57.4［平分定理］　在$\mathbb{R}^2$中给定两个有界的多边形区域，则在$\mathbb{R}^2$中有一条直线平分这两个区域中的每一个.

证　在$\mathbb{R}^3$中的平面$\mathbb{R}^2\times 1$上取两个有界的多边形区域 A_1 和 A_2，然后证明在这个平面上有一条直线平分这两个区域中的每一个.

给定 S^2 的一个点 u，考虑$\mathbb{R}^3$中过原点以 u 为单位法向量的平面 P. 这个平面将$\mathbb{R}^3$分成两个半空间. 令 $f_i(u)$等于 A_i 在被 P 分成的两个半空间中与法向量 u 同侧的那部分的面积.

如果 u 为单位向量 $\boldsymbol{k}$，则 $f_i(u)=A_i$ 的面积. 如果 $u=-\boldsymbol{k}$，则 $f_i(u)=0$. 否则，平面 P 与平面$\mathbb{R}^2\times 1$ 相交于一条直线 L，这条直线将$\mathbb{R}^2\times 1$ 分成两个半平面，$f_i(u)$便是 A_i 在这条直线某一侧的那部分的面积. 参见图 57.2.

将 u 换成 $-u$ 时，我们得到的是同一个平面 P，但两个半空间互换了，所以 $f_i(-u)$便是 A_i 在被 P 分成的两个半空间中与法向量 u 异侧的那部分的面积. 因此

$$f_i(u)+f_i(-u)=A_i \text{ 的面积.}$$

我们来定义映射 F: $S^2\to\mathbb{R}^2$，使得 $F(u)=(f_1(u), f_2(u))$. Borsuk-Ulam 定理保证了 S^2 中有一个点 u 使得 $F(u)=F(-u)$. 因此对于 $i=1, 2$，$f_i(u)=f_i(-u)$，$f_i(u)=\frac{1}{2}A_i$ 的面积. 证毕. ■

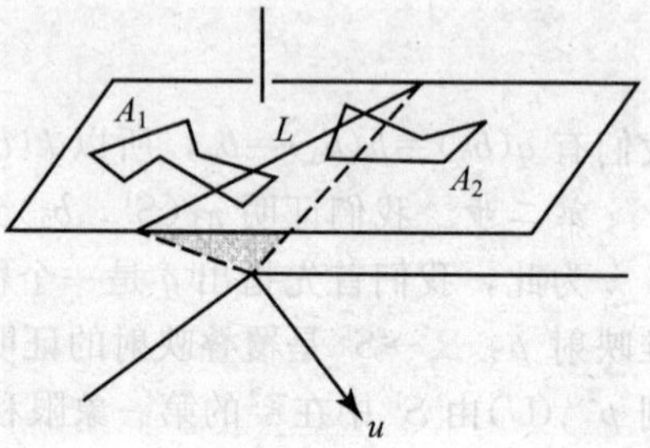

图 57.2

我们已经对有界的多边形区域证明了平分定理. 在证明中我们要用到的对 A_1 和 A_2 的要求无非是面积可加性. 因此这个定理对于分析中通常所谓"Jordan-可测"的集合 A_1 和 A_2 成立.

这些定理都可以推广到高维情形，然而证明却不会那么直观了. 平分定理的高维版本告诉我们：对于给定的$\mathbb{R}^n$中的 n 个 Jordan-可测集合，存在 $n-1$ 维平面平分所有这些集合. 当 $n=3$ 时，这个结论有一个有趣的名字，叫做"火腿三明治定理". 如果考虑由两片面包和一片火腿组成的一个火腿三明治，那么这个平分定理告诉我们能够一刀把每片都切成两半.

习题

1. 证明以下"气象定理"：在任何给定的时刻，地球表面上总有一对对径点，两处的温度和气压分别相同.
2. 证明：如果 g: $S^2\to S^2$ 是连续映射，并且对于所有 x，$g(x)\neq g(-x)$，则 g 是一个满射. [提示：如果 $p\in S^2$，则 $S^2-\{p\}$同胚于$\mathbb{R}^2$.]
3. 设 h: $S^1\to S^1$ 是一个保持对径点的连续映射，$h(b_0)=b_0$. 证明 h_* 将 $\pi_1(S^1, b_0)$的某生成元映射成它自己的奇数倍. [提示：证明对于定理 57.1 中构造的映射 k，k_* 便是如此.]
4. 假定以下结论：对于每一个 n，不存在任何保持对径点的零伦的连续映射 h: $S^n\to S^n$. (这个结论要用更高级的代数拓扑工具来证明.) 证明：

   (a) 没有收缩 r: $B^{n+1}\to S^n$.

   (b) 没有保持对径点的连续映射 g: $S^{n+1}\to S^n$.

   (c) (Borsuk-Ulam 定理) 给定连续映射 f: $S^{n+1}\to\mathbb{R}^{n+1}$，则在 S^{n+1} 中有一点 x 使得 $f(x)=f(-x)$.

   (d) 如果 A_1, …, A_{n+1} 是$\mathbb{R}^{n+1}$中有界的可测集，则在$\mathbb{R}^{n+1}$中有一个 n 维平面平分这些集合中的每一个.

58 形变收缩核和伦型

我们已经知道，了解空间 X 的基本群的一个办法便是研究空间 X 的覆叠空间. 另一个办法在这一节中讨论，涉及伦型概念. 它提供了一种手段，将计算一个空间的基本群的问题化为计算另一个较为熟悉的空间的基本群.

我们从一个引理开始.

引理 58.1 设 $h, k: (X, x_0)\to(Y, y_0)$是连续映射. 如果 h 和 k 是同伦的，并且在同伦的过程中始终保持将 X 的基点 x_0 映为 y_0，则 h_* 和 k_* 相等.

证 证明十分直截了当. 根据假定，h 与 k 之间有一个同伦 $H: X\times I\to Y$ 使得对于所有 t，$H(x_0, t)=y_0$. 这导致如果 f 是 X 中以 x_0 为基点的回路，则复合

$$I\times I\xrightarrow{f\times \mathrm{id}} X\times I\xrightarrow{H} Y$$

便是 $h\circ f$ 与 $k\circ f$ 之间的一个同伦，并且这是一个道路同伦，因为 f 是 x_0 处的一条回路，而 H 将 $x_0\times I$ 映为 y_0. ■

应用这个引理，可以推广前面关于空间$\mathbb{R}^2-\mathbf{0}$ 的一个结果，证明内射 $j: S^1\to\mathbb{R}^2-\mathbf{0}$ 诱导的同态不仅是单射，而且还是满射. 一般情形如下.

定理 58.2 内射 $j: S^n\to\mathbb{R}^{n+1}-\mathbf{0}$ 诱导出基本群之间的同构.

证 设 $X=\mathbb{R}^{n+1}-\mathbf{0}$，$b_0=(1, 0, \cdots, 0)$. 设 $r: X\to S^n$ 为映射 $r(x)=x/\|x\|$，则 $r\circ j$ 是 S^n 的恒等映射，所以 $r_*\circ j_*$ 是 $\pi_1(S^n, b_0)$的恒等同态.

考虑复合 $j\circ r$，它将 X 映到自身：

$$X\xrightarrow{r} S^n\xrightarrow{j} X.$$

这个映射不是 X 的恒等映射但同伦于恒等映射. 事实上，直线同伦 $H: X\times I\to X$，

$$H(x,t)=(1-t)x+tx/\|x\|,$$

便是 X 的恒等映射与映射 $j\circ r$ 之间的同伦. 这是因为，由于$(1-t)+t/\|x\|$是一个介于 1 与 $1/\|x\|$之间的数，所以 $H(x, t)$永不为 $\mathbf{0}$. 注意，在同伦的过程中，由于$\|b_0\|=1$，点 b_0 保持不动. 根据前一引理，同态$(j\circ r)_*=j_*\circ r_*$是 $\pi_1(X, b_0)$的恒等同态. ■

前面的证明为什么可行？概言之，因为有一个自然的方法将$\mathbb{R}^{n+1}-\mathbf{0}$ 的恒等映射形变为将$\mathbb{R}^{n+1}-\mathbf{0}$ 收缩到 S^n 上的一个映射. 这个形变 H 将从原点出发的每一条射线收缩到这条射线与 S^n 的交点，并且在形变的过程中保持 S^n 上的点不动.

图 58.1说明，当 $n=1$ 时，形变 H 如何引出$\mathbb{R}^2-\mathbf{0}$ 中的回路 f 与 S^1 中的回路 $g=f/\|f\|$之间的道路同伦 $H(f(s), t)$.

这些评注促使我们归纳出一种更为一般的情形，以求在这种情形下同样的论证过程能够通行无阻.

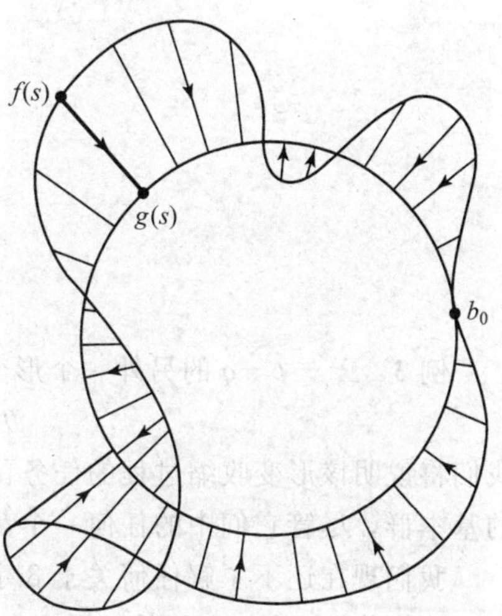

图 58.1

定义　设 A 是 X 的子空间．称 A 是 X 的一个**形变收缩核**(deformation retract)，如果 X 的恒等映射与一个将 X 中的所有点映到 A 中的映射同伦，并且在同伦的过程中保持 A 中的每一个点不动．即存在一个连续映射 $H: X\times I\to X$ 使得对于所有 $x\in X$，有 $H(x,0)=x$ 和 $H(x,1)\in A$，并且对于所有 $a\in A$，有 $H(a,t)=a$．同伦 H 称为从 X 到 A 上的一个**形变收缩**(deformation retraction)．这时，映射 $r: X\to A$ 是从 X 到 A 的收缩，其定义为 $r(x)=H(x,1)$，并且 H 是 X 的恒等映射到映射 $j\circ r$ 的同伦，其中 $j: A\to X$ 是内射．

前一定理的证明立即可推广以便证明以下定理．

定理 58.3　设 A 是 X 的一个形变收缩核，$x_0\in A$，则内射

$$j:(A,x_0)\longrightarrow(X,x_0)$$

诱导基本群之间的同构．

例 1　设 B 为 $\mathbb{R}^3$ 中的 z 轴．考虑空间 $\mathbb{R}^3-B$．它以穿孔 xy 平面 $(\mathbb{R}^2-\mathbf{0})\times 0$ 为形变收缩核．映射 H 便是一个形变收缩，定义为

$$H(x,y,z,t)=(x,y,(1-t)z).$$

这个形变收缩将每一条平行于 z 轴的直线收缩到这条直线与 xy 平面的交点．因此我们得到：空间 $\mathbb{R}^3-B$ 有一个无限循环的基本群．■

例 2　考虑**穿双孔平面**(doubly punctured plane) $\mathbb{R}^2-p-q$．我们断言 8 字形空间是它的一个形变收缩核．与其把形变收缩的方程写出来，还不如用草图描述形变收缩的过程，形变的三个步骤反映在图 58.2 中．

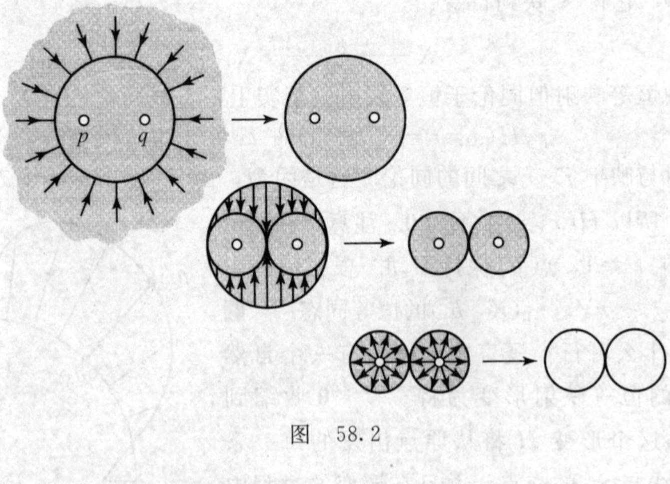

图　58.2

■

例 3　$\mathbb{R}^2-p-q$ 的另外一个形变收缩核便是所谓"θ 空间"

$$\theta=S^1\cup(0\times[-1,1]).$$

我们将说明该形变收缩过程的任务留给读者．由此可以得出结论：8 字形空间与 θ 空间有同构的基本群，尽管它们中的任何一个都不是另外一个的形变收缩核．

我们现在还不了解任何关于 8 字形空间的基本群的知识，稍后将会对此进行讨论．■

8 字形空间和 θ 空间的例子提示我们，可能有一种比指出两个空间中一个是另一个的形变收缩核更一般的办法来说明两个空间具有同构的基本群．现在就来陈述这样一个新概念．

定义 设 $f: X \to Y$ 和 $g: Y \to X$ 是两个连续映射. 又设映射 $g \circ f: X \to X$ 同伦于 X 的恒等映射，映射 $f \circ g: Y \to Y$ 同伦于 Y 的恒等映射，则映射 f 和 g 都称为**同伦等价**(homotopy equivalence)，其中的每一个都称为另一个的**同伦逆**(homotopy inverse).

容易直接证明：如果 $f: X \to Y$ 是一个 X 和 Y 之间的同伦等价，$h: Y \to Z$ 是一个 Y 和 Z 之间的同伦等价，则 $h \circ f: X \to Z$ 便是一个 X 和 Z 之间的同伦等价. 由此可见，同伦等价关系是一个等价关系. 如果两个空间是同伦等价的，则称这两个空间具有相同的**伦型**(homotopy type).

如果 A 是 X 的一个形变收缩核，那么 A 与 X 便具有相同的伦型. 因为若令 $j: A \to X$ 为内射，$r: X \to A$ 为收缩，则复合 $r \circ j$ 便等于 A 的恒等映射，而根据假设复合 $j \circ r$ 便同伦于 Y 的恒等映射(并且在同伦的过程中 A 的每一个点都保持不动).

现在来证明具有相同伦型的两个空间具有同构的基本群. 为此，必须研究两个从 X 到 Y 的连续映射在同伦的过程中并不保持基点不动时，会发生什么情况.

引理 58.4 设 $h, k: X \to Y$ 是连续映射，$h(x_0) = y_0$，$k(x_0) = y_1$. 如果 h 和 k 是同伦的，则在 Y 中有一条从 y_0 到 y_1 的道路 α 使得 $k_* = \hat{\alpha} \circ h_*$. 事实上，如果 $H: X \times I \to Y$ 是 h 和 k 之间的同伦，则 α 可以取为道路 $\alpha(t) = H(x_0, t)$.

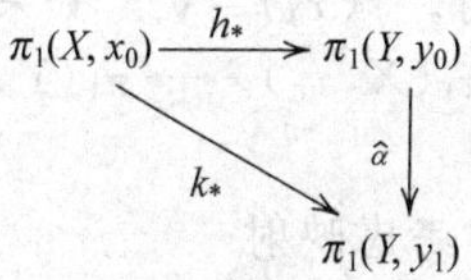

证 设 $f: I \to X$ 是 X 中以 x_0 为基点的一条回路. 我们要证明

$$k_*([f]) = \hat{\alpha}(h_*([f])).$$

也就是说要证明 $[k \circ f] = [\bar{\alpha}] * [h \circ f] * [\alpha]$，或者等价地，证明

$$[\alpha] * [k \circ f] = [h \circ f] * [\alpha].$$

我们来验证最后这个式子.

作为开始，考虑 $X \times I$ 中的回路 f_0 和 f_1，它们的定义是

$$f_0(s) = (f(s), 0) \quad \text{和} \quad f_1(s) = (f(s), 1).$$

还要考虑 $X \times I$ 中的道路 c，其定义为

$$c(t) = (x_0, t).$$

这时有 $H \circ f_0 = h \circ f$ 和 $H \circ f_1 = k \circ f$，其中 $H \circ c$ 取为道路 α. 参见图 58.3.

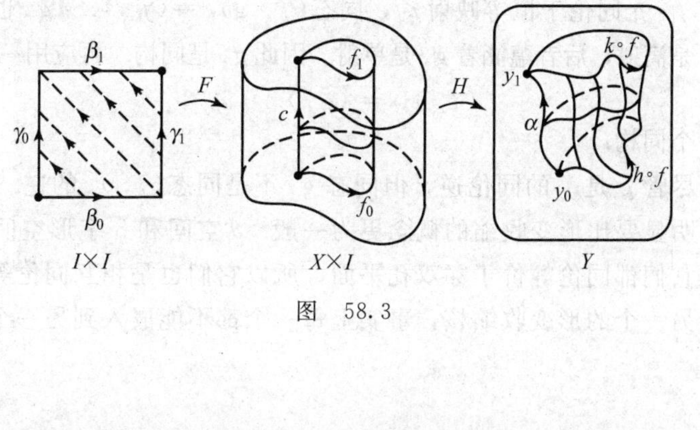

图 58.3

设 $F: I\times I \to X\times I$ 为映射 $F(s,\ t)=(f(s),\ t)$. 考虑 $I\times I$ 中沿着四条边跑的道路：

$$\beta_0(s)=(s,0)\quad \text{和}\quad \beta_1(s)=(s,1),$$
$$\gamma_0(t)=(0,t)\quad \text{和}\quad \gamma_1(t)=(1,t),$$

这时有 $F\circ\beta_0=f_0$ 和 $F\circ\beta_1=f_1$，同时 $F\circ\gamma_0=F\circ\gamma_1=c$.

折线道路 $\beta_0*\gamma_1$ 和 $\gamma_0*\beta_1$ 是 $I\times I$ 中从(0, 0)到(1, 1)的道路. 由于 $I\times I$ 是凸的，两者之间有一个道路同伦 G. 于是 $F\circ G$ 是 $X\times I$ 中 f_0*c 和 $c*f_1$ 之间的一个道路同伦. 并且 $H\circ(F\circ G)$ 是 Y 中

$$(H\circ f_0)*(H\circ c)=(h\circ f)*\alpha$$

和

$$(H\circ c)*(H\circ f_1)=\alpha*(k\circ f)$$

之间的一个道路同伦. 证毕. ■

推论 58.5　设 $h,\ k: X\to Y$ 是两个同伦的连续映射，$h(x_0)=y_0$，$k(x_0)=y_1$. 如果 h_* 是单射、满射或者平凡的映射，则 k_* 也相应地是单射、满射或者平凡的映射.

推论 58.6　设 $h: X\to Y$. 如果 h 是零伦的，则 h_* 是平凡的同态.

证　常值映射诱导平凡的同态. ■

定理 58.7　设 $f: X\to Y$ 是连续的，$f(x_0)=y_0$. 如果 f 是同伦等价，则

$$f_*:\pi_1(X,x_0)\longrightarrow\pi_1(Y,y_0)$$

是同构.

证　设 $g: Y\to X$ 是 f 的同伦逆. 考虑映射

$$(X,x_0)\xrightarrow{\ f\ }(Y,y_0)\xrightarrow{\ g\ }(X,x_1)\xrightarrow{\ f\ }(Y,y_1),$$

其中 $x_1=g(y_0)$，$y_1=f(x_1)$. 我们有相应的诱导同态

$$\begin{array}{ccc}
\pi_1(X,x_0) & \xrightarrow{(f_{x_0})_*} & \pi_1(Y,y_0)\\
 & \swarrow{\scriptstyle g_*} & \\
\pi_1(X,x_1) & \xrightarrow{(f_{x_1})_*} & \pi_1(Y,y_1)
\end{array}$$

(这里，必须区别 f 相对于不同的基点的两个诱导同态.) 根据假定，

$$g\circ f:(X,x_0)\longrightarrow(X,x_1)$$

同伦于恒等映射，所以 X 中存在道路 α 使得

$$(g\circ f)_*=\hat{\alpha}\circ(i_X)_*=\hat{\alpha}.$$

这蕴涵着 $(g\circ f)_*=g_*\circ(f_{x_0})_*$ 是同构.

类似地，由于 $f\circ g$ 同伦于恒等映射 i_Y，同态 $(f\circ g)_*=(f_{x_1})_*\circ g_*$ 也是同构.

前者蕴涵着 g_* 是满射，后者蕴涵着 g_* 是单射. 因此 g_* 是同构. 再应用一次第一个等式，可见

$$(f_{x_0})_*=(g_*)^{-1}\circ\hat{\alpha},$$

所以 $(f_{x_0})_*$ 也是一个同构.

要注意的是，尽管 g 是 f 的同伦逆，但同态 g_* 不是同态 $(f_{x_0})_*$ 的逆. ■

同伦等价关系明显要比形变收缩的概念更为一般. θ 空间和 8 字形空间都是穿双孔平面的形变收缩核，因此它们都同伦等价于穿双孔平面，所以它们也是相互同伦等价的. 然而其中任何一个都不同胚于另一个的形变收缩核，事实上每一个都不能嵌入到另一个之中.

令人吃惊的是，这两个空间发生的状况是典型的. Martin Fuchs 证明了这样一个定理：两个空间 X 和 Y 同伦等价当且仅当它们分别同胚于同一个空间 Z 的两个形变收缩核. 尽管使用的是初等的工具，但其证明是困难的[F].

习题

1. 证明：如果 A 是 X 的形变收缩核，B 是 A 的形变收缩核，则 B 是 X 的形变收缩核.
2. 下列空间中的每一个的基本群或者是平凡的，或者是无限循环群，或者同构于 8 字形空间的基本群. 试对于每一个空间确定何者成立.
   (a)"实心环"$B^2\times S^1$.
   (b)环面 T 挖去一点.
   (c)圆柱面 $S^1\times I$.
   (d)无限的圆柱面 $S^1\times\mathbb{R}$.
   (e)$\mathbb{R}^3$ 去掉非负的 x，y，z 轴.
   以下是$\mathbb{R}^2$的子集：
   (f)$\{x\mid \|x\|>1\}$
   (g)$\{x\mid \|x\|\geqslant 1\}$
   (h)$\{x\mid \|x\|<1\}$
   (i)$S^1\cup(\mathbb{R}_+\times 0)$
   (j)$S^1\cup(\mathbb{R}_+\times\mathbb{R})$
   (k)$S^1\cup(\mathbb{R}\times 0)$
   (l)$\mathbb{R}^2-(\mathbb{R}_+\times 0)$
3. 证明：对于给定的空间族$\mathcal{C}$，同伦等价关系是这个族$\mathcal{C}$上的等价关系.
4. 令 X 为 8 字形空间，Y 为 θ 空间. 描述两个互为同伦逆的映射 $f: X\to Y$ 和 $g: Y\to X$.
5. 复习一个定义：空间 X 称为可缩的(contractible)，如果 X 到自身的恒等映射是零伦的. 证明：X 是可缩的当且仅当 X 具有一点的伦型.
6. 证明：可缩空间的收缩核是可缩的.
7. 设 A 是 X 的子空间，$j: A\to X$ 是内射. 又设 $f: X\to A$ 是一个连续映射. 假定映射 $j\circ f$ 与 X 的恒等映射之间有一个同伦 $H: X\times I\to X$.
   (a)证明：如果 f 是一个收缩，则 j_* 是同构.
   (b)证明：如果 H 将 $A\times I$ 映到 A 中，则 j_* 是同构.
   (c)给出一个使得 j_* 不是同构的例子.
*8. 找一个空间 X 和 X 的一个点 x_0 使得内射$\{x_0\}\to X$是一个同伦等价，但$\{x_0\}$不是 X 的形变收缩核. [提示：取 X 为$\mathbb{R}^2$的子空间，它是所有线段$(1/n)\times I(n\in\mathbb{Z}_+)$、线段 $0\times I$ 以及线段 $I\times 0$ 的并. 令 x_0 为点$(0, 1)$. 如果$\{x_0\}$是 X 的形变收缩核，证明：对于 x_0 的任意邻域 U，U 中包含 x_0 的道路连通分支将包含 x_0 的一个邻域.]
9. 定义连续映射 $h: S^1\to S^1$ 的**度**(degree)如下：
   记 S^1 中的点$(1, 0)$为 b_0，选取无限循环群 $\pi_1(S^1, b_0)$的一个生成元 γ. 如果 x_0 是 S^1 的一

个点，选取 S^1 中的一条从 b_0 到 x_0 的道路 α，并且定义 $\gamma(x_0)=\hat{\alpha}(\gamma)$. 这时，$\gamma(x_0)$ 生成群 $\pi_1(S^1, x_0)$. 元素 $\gamma(x_0)$ 不依赖道路 α 的选取，因为 S^1 的基本群是一个交换群.

现在，对于给定的 $h: S^1 \to S^1$，选取 $x_0 \in S^1$，令 $h(x_0)=x_1$. 考虑同态

$$h_*: \pi_1(S^1, x_0) \longrightarrow \pi_1(S^1, x_1).$$

由于两个群都是无限循环群，我们有

$$h_*(\gamma(x_0)) = d \cdot \gamma(x_1) \qquad (*)$$

对于某一个整数 d 成立.（群的运算写成加法.）整数 d 称为 h 的度，记为 $\deg h$. h 的度并不依赖生成元 γ 的选取，选取不同的生成元只会改变等式(*)两边的符号.

(a)证明 d 不依赖于 x_0 的选取.

(b)证明：如果 h，k：$S^1 \to S^1$ 是同伦的，则它们具有相同的度.

(c)证明 $\deg(h \circ k)=(\deg h)\cdot(\deg k)$.

(d)计算常值映射、恒等映射、反射 $\rho(x_1, x_2)=(x_1, -x_2)$ 和映射 $h(z)=z^n$ 的度，其中 z 是一个复数.

*(e)证明：如果 h，k：$S^1 \to S^1$ 具有相同的度，则它们是同伦的.

10. 假设对于每一个映射 $h: S^n \to S^n$ 我们指定了一个整数 $\deg h$，称之为 h 的度，满足条件：

(i)同伦的映射具有相同的度.

(ii)$\deg(h \circ k)=(\deg h)\cdot(\deg k)$.

(iii)恒等映射的度为 1，常值映射的度为 0，反射 $\rho(x_1, \cdots, x_{n+1})=(x_1, \cdots, x_n, -x_{n+1})$ 的度为 -1.

[可以用代数拓扑的工具构造这个函数. 直观地说，度 $\deg h$ 表示 h 将 S^n 围绕自身卷了几重. 度的正负告诉我们 h 是否保持定向.]证明：

(a)不存在收缩 $r: B^{n+1} \to S^n$.

(b)如果 $h: S^n \to S^n$ 的度异于 $(-1)^{n+1}$，则 h 有一个不动点.［提示：证明如果 h 没有不动点，则 h 同伦于对径映射 $a(x)=-x$.］

(c)如果 $h: S^n \to S^n$ 的度异于 1，则 h 将某点 x 映为它的对径点 $-x$.

(d)如果 S^n 有一个非平凡的切向量场 v，则 n 是奇数.［提示：如果 v 存在，证明恒等映射同伦于对径映射.］

59　S^n 的基本群

现在，我们回到本章开头提到的问题，即指出球面、环面、双环面从拓扑看来彼此不同的问题. 先来研究球面，证明 $n \geqslant 2$ 时 S^n 是单连通的. 我们需要以下重要的结论.

定理 59.1　设 $X=U\cup V$，其中 U 和 V 是 X 中的开集. 设 $U\cap V$ 是道路连通的，$x_0 \in U\cap V$. 令 i 和 j 分别表示 U 和 V 到 X 中的内射. 则诱导同态

$$i_*: \pi_1(U, x_0) \to \pi_1(X, x_0) \quad \text{和} \quad j_*: \pi_1(V, x_0) \to \pi_1(X, x_0)$$

的像生成 $\pi_1(X, x_0)$.

证　这个定理是说，X 中以 x_0 为基点的任何回路都道路同伦于形如 $(g_1 * (g_2 * (\cdots * g_n)))$

的乘积，其中每一个 g_i 为 X 中以 x_0 为基点的回路，它的像都在 U 或者 V 中.

第一步. 我们指出，单位区间有一个分拆 $a_0<\cdots<a_n$ 使得对于每一个 i，$f(a_i)\in U\cap V$ 并且 $f([a_{i-1}, a_i])$ 或者包含于 U 或者包含于 V.

现在选取$[0, 1]$的一个分拆 b_0，…，b_m 使得对于每一个 i，$f([b_{i-1}, b_i])$ 或者包含于 U 或者包含于 V.（用 Lebesgue 数引理.）如果对于每一个 i，$f(b_i)\in U\cap V$，我们就完成了证明. 如若不然，设 i 是一个使得 $f(b_i)\notin U\cap V$ 的指标. 这时，$f([b_{i-1}, b_i])$ 和 $f([b_i, b_{i+1}])$ 中的每一个都应当包含在 U 或者 V 中. 如果 $f(b_i)\in U$，那么两者都应当包含在 U 中. 如果 $f(b_i)\in V$，那么两者都应当包含在 V 中. 无论是哪种情形，我们都可以删掉 b_i，并且得到一个新的分拆 c_0，…，c_{m-1}，仍然满足条件：对于每一个 i，$f([c_{i-1}, c_i]$或者包含于 U 或者包含于 V.

有限次重复这个过程，便可得到所需要的分拆.

第二步. 现在来证明定理. 对于给定的 f，设 a_0，…，a_n 为满足第一步中要求的分拆. 定义 f_i 为 X 中的道路，它等于从$[0, 1]$到$[a_{i-1}, a_i]$的正线性映射与 f 的复合. 这时，f_i 是一条道路，它的像或者在 U 中或者在 V 中，并且根据定理 51.3，

$$[f]=[f_1]*[f_2]*\cdots*[f_n].$$

对于每一个 i，在 $U\cap V$ 中选取一条从 x_0 到 $f(a_i)$ 的道路 α_i.（这里，用到 $U\cap V$ 的道路连通性.）由于 $f(a_0)=f(a_n)=x_0$，我们将 α_0 和 α_n 取为 x_0 处的常值道路. 参见图 59.1.

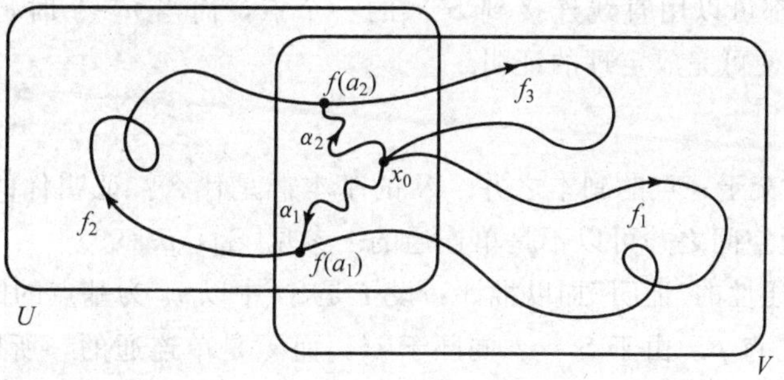

图 59.1

对于每一个 i，令

$$g_i=(\alpha_{i-1}*f_i)*\bar{\alpha}_i,$$

则 g_i 是 X 中以 x_0 为基点的一条回路，它的像包含于 U 或者 V. 直接计算表明

$$[g_1]*[g_2]*\cdots*[g_n]=[f_1]*[f_2]*\cdots*[f_n].$$

∎

上面的定理是拓扑学中一个有名的定理的特殊情形，这个定理叫做 Seifert-van Kampen 定理. Seifert-van Kampen 定理对于当 $U\cap V$ 道路连通时用 U 和 V 的基本群来表达 $X=U\cup V$ 的基本群方面给出了很一般的结论，第 11 章中我们再来研究.

推论 59.2 设 $X=U\cup V$，其中 U 和 V 是 X 中的开集，$U\cap V$ 非空并且是道路连通的. 如果 U 和 V 都是单连通的，则 X 也是单连通的.

定理 59.3 当 $n\geqslant 2$ 时，n 维球面 S^n 是单连通的.

证　令 $p=(0,\cdots,0,1)\in\mathbb{R}^{n+1}$ 和 $q=(0,\cdots,0,-1)$ 分别表示 S^n 的“北极”和“南极”.

第一步. 证明当 $n\geqslant1$ 时，穿孔球面 S^n-p 同胚于$\mathbb{R}^n$.

定义 $f:(S^n-p)\to\mathbb{R}^n$ 为

$$f(x)=f(x_1,\cdots,x_{n+1})=\frac{1}{1-x_{n+1}}(x_1,\cdots,x_n).$$

映射 p 叫做**球极投射**(stereographic projection). ($\mathbb{R}^{n+1}$ 中通过北极 p 和 S^n-p 上的点 x 的直线与 n 维平面$\mathbb{R}^n\times0\subset\mathbb{R}^{n+1}$交于点 $f(x)\times0$.) 为了验证 f 是一个同胚，定义映射 $g:\mathbb{R}^n\to(S^n-p)$ 使得

$$g(y)=g(y_1,\cdots,y_n)=(t(y)\cdot y_1,\cdots,t(y)\cdot y_n,1-t(y)),$$

其中 $t(y)=2/(1+\|y\|^2)$. 我们只要验证 g 既是 f 的左逆也是 f 的右逆就可以了.

反射 $(x_1,\cdots,x_{n+1})\to(x_1,\cdots,x_n,-x_{n+1})$ 是 S^n-p 到 S^n-q 的一个同胚，所以 S^n-q 也同胚于$\mathbb{R}^n$.

第二步. 现在来证明定理. 设 $U=S^n-p$ 和 $V=S^n-q$，它们都是 S^n 中的开集.

首先注意，当 $n\geqslant1$ 时，球面 S^n 是道路连通的. 这是因为 U 和 V 都是道路连通的(它们都同胚于$\mathbb{R}^n$)，并且有一个公共点 $(1,0,\cdots,0)$.

现在证明：当 $n\geqslant2$ 时，球面 S^n 是单连通的. 空间 U 和 V 都是单连通的，因为它们同胚于$\mathbb{R}^n$. U 和 V 的交等于 S^n-p-q，在球极投射下同胚于$\mathbb{R}^n-\mathbf{0}$. 这个空间是道路连通的，因为$\mathbb{R}^n-\mathbf{0}$ 中的每一个点都可以用直线连接到 S^{n-1} 的一个点，而当 $n\geqslant2$ 时，S^{n-1} 是道路连通的. 于是应用前面的推论便可完成定理的证明. ■

习题

1. 设 X 是 S^2 的两个交于一点的副本之并. X 的基本群是什么? 证明你的结论. [小心! 交于一点的两个单连通空间之并可以不是单连通的. 参见[S], p. 59.]
2. 对以下 S^2 的单连通性的“证明”加以批评：设 f 是 S^2 中以 x_0 为基点的回路. 在 S^2 中选取一个不在 f 的像中的点 p. 由于 S^2-p 同胚于$\mathbb{R}^2$，而$\mathbb{R}^2$是单连通的，所以回路 f 道路同伦于常值道路.
3. (a)证明当 $n>1$ 时，$\mathbb{R}^1$与$\mathbb{R}^n$不同胚.

   (b)证明当 $n>2$ 时，$\mathbb{R}^2$与$\mathbb{R}^n$不同胚.

   事实上，当 $n\neq m$ 时，$\mathbb{R}^m$ 和$\mathbb{R}^n$不同胚，但其证明要用到更多代数拓扑的工具.
4. 同定理 59.1 的假设.

   (a)如果 j_* 是平凡的同态，或者 i_* 和 j_* 都是平凡的同态，你能对 X 的基本群给出什么结论?

   (b)给出一个例子，使得 i_* 和 j_* 都是平凡的，但 U 和 V 的基本群都不是平凡的.

60　某些曲面的基本群

重新提一下，*曲面*是具有可数基的 Hausdorff 空间，它的每一点有一个邻域同胚于$\mathbb{R}^2$中某一个开子集. 许多数学分支中都研究曲面，例如几何、拓扑、复分析等. 我们在这里只考虑几个曲面，包括环面、双环面等，并通过比较它们的基本群来证明它们互不同胚. 在下一章中，

我们将对所有紧致曲面进行分类.

首先，考虑环面. 在前面的习题中，曾经要求过读者通过覆叠空间的理论来计算它的基本群. 现在，我们将用关于积空间基本群的定理来计算它的基本群.

回顾一下，如果 A 和 B 是以"·"为运算的群，则用下式定义笛卡儿积 $A\times B$ 中的运算，使得它成为一个群：

$$(a\times b)\cdot(a'\times b')=(a\cdot a')\times(b\cdot b').$$

此外，如果 $h: C\to A$ 和 $k: C\to B$ 是群的同态，则映射 $\Phi: C\to A\times B$ 也是群的同态，其定义为 $\Phi(c)=h(c)\times k(c)$.

定理 60.1 $\pi_1(X\times Y, x_0\times y_0)$ 同构于 $\pi_1(X, x_0)\times\pi_1(Y, y_0)$.

证 设 $p: X\times Y\to X$ 和 $q: X\times Y\to Y$ 为投射. 如果使用定理陈述中的基点，我们有诱导同态

$$p_*:\pi_1(X\times Y,x_0\times y_0)\longrightarrow\pi_1(X,x_0),$$
$$q_*:\pi_1(X\times Y,x_0\times y_0)\longrightarrow\pi_1(Y,y_0).$$

定义同态

$$\Phi:\pi_1(X\times Y,x_0\times y_0)\longrightarrow\pi_1(X,x_0)\times\pi_1(Y,y_0)$$

使得

$$\Phi([f])=p_*([f])\times q_*([f])=[p\circ f]\times[q\circ f].$$

以下证明 Φ 是一个同构.

Φ 是一个满射. 设 $g: I\to X$ 是以 x_0 为基点的一条回路，$h: I\to Y$ 是以 y_0 为基点的一条回路. 我们来证明元素 $[g]\times[h]$ 在 Φ 的像中. 定义 $f: I\to X\times Y$ 使得

$$f(s)=g(s)\times h(s).$$

则 f 是 $X\times Y$ 中以 $x_0\times y_0$ 为基点的一条回路，并且

$$\Phi([f])=[p\circ f]\times[q\circ f]=[g]\times[h],$$

这正是我们要证明的.

Φ 的核是蜕化的. 设 $f: I\to X\times Y$ 是 $X\times Y$ 中以 $x_0\times y_0$ 为基点的一条回路，使得 $\Phi([f])=[p\circ f]\times[q\circ f]$ 是单位元. 这意味着 $p\circ f\simeq_p e_{x_0}$ 和 $q\circ f\simeq_p e_{y_0}$. 设 G 和 H 分别是它们的道路同伦. 这时，映射 $F: I\times I\to X\times Y$ 便是 f 与以 $x_0\times y_0$ 为基点的常值映射之间的道路同伦，定义为

$$F(s,t)=G(s,t)\times H(s,t).$$ ■

推论 60.2 环面 $T=S^1\times S^1$ 的基本群同构于群 $\mathbb{Z}\times\mathbb{Z}$.

现在来定义一个叫做射影平面的曲面并且计算它的基本群.

定义 **射影平面**(projective plane)P^2 是 S^2 中等同每一个点 x 与它的对径点 $-x$ 而得到的商空间.

射影平面不是一个读者所熟悉的空间，不能嵌入到 $\mathbb{R}^3$ 中，也难于直观. 然而它是射影几何所研究的基本对象，就像欧氏空间 $\mathbb{R}^2$ 对于通常的欧氏几何一样. 拓扑学家的兴趣所在是将它作为曲面的例子.

定理 60.3　射影平面 P^2 是紧致曲面，并且商映射 $p: S^2 \to P^2$ 是覆叠映射.

证　先指出 p 是开映射. 设 U 是 S^2 的一个开集. 对径映射 $a: S^2 \to S^2$，是一个同胚其定义为 $a(x) = -x$. 因此 $a(U)$ 是 S^2 中的一个开集. 由于集合

$$p^{-1}(p(U)) = U \cup a(U)$$

也是 S^2 中的开集，因此根据定义 $p(U)$ 是 P^2 中的开集. 类似的证明指出 p 也是闭映射.

下面证明 p 是覆叠映射. 给定 P^2 中的点 y，选取 $x \in p^{-1}(y)$. 对于某 $\varepsilon < 1$，选取 x 在 S^2 中的一个 ε-邻域(使用 $\mathbb{R}^3$ 中的欧氏度量 d). U 不会包含 S^2 的任何一对对径点 $\{z, a(z)\}$，这是因为 $d(z, a(z)) = 2$. 从而映射

$$p: U \longrightarrow p(U)$$

是一一的. 由于它是连续的开映射，所以它是一个同胚. 类似地，

$$p: a(U) \longrightarrow p(a(U)) = p(U)$$

也是一个同胚. 于是集合 $p^{-1}(p(U))$ 便是无交的开集 U 和 $a(U)$ 之并，其中每一个都被 p 同胚地映射到 $p(U)$. 因此 $p(U)$ 是 $p(x) = y$ 被 p 均衡地覆盖着的邻域.

由于 S^2 有可数基 $\{U_n\}$，所以空间 P^2 有可数基 $\{p(U_n)\}$.

P^2 是一个 Hausdorff 空间是因为 S^2 是正规空间并且 p 是闭映射. (见第 31 节中的习题 6). 我们还可以给出一个另外的直接证明如下：设 y_1 和 y_2 是 P^2 中的两个点. 集合 $p^{-1}(y_1) \cup p^{-1}(y_2)$ 由四个点组成. 设 2ε 为这四个点中每两个点的距离的最小者. 令 U_1 为 $p^{-1}(y_1)$ 中的某一个点的 ε-邻域，U_2 为 $p^{-1}(y_2)$ 中的某一个点的 ε-邻域，则

$$U_1 \cup a(U_1) \quad \text{和} \quad U_2 \cup a(U_2)$$

是无交的. 这蕴涵着 $p(U_1)$ 和 $p(U_2)$ 分别是 y_1 和 y_2 在 P^2 中的无交邻域.

由于 S^2 是一个曲面并且 P^2 的每一个点有一个邻域同胚于 S^2 中的某一个开子集，所以空间 P^2 也是一个曲面. ■

推论 60.4　$\pi_1(P^2, y)$ 是一个 2 阶群.

证　投射 $p: S^2 \to P^2$ 是一个覆叠映射. 由于 S^2 是单连通的，应用定理 54.4 可见，在 $\pi_1(P^2, y)$ 与集合 $p^{-1}(y)$ 之间有一个一一对应. 由于后者是一个二元素集，所以 $\pi_1(P^2, y)$ 是 2 阶群.

任何 2 阶群都同胚于整数模 2 群 $\mathbb{Z}/2$. ■

对于任意 $n \in \mathbb{Z}_+$，可以类似地将 P^n 定义为在 S^n 中等同每一个点 x 与它的对径点 $-x$ 而得到的商空间，并称之为 n 维射影空间. 定理 60.3 的证明不用作任何改变便可以用于证明投射 $p: S^n \to P^n$ 是覆叠映射. 然后，由于当 $n \geqslant 2$ 时 S^n 是单连通的，进而指出当 $n \geqslant 2$ 时，$\pi_1(P^n, y)$ 是由两个元素组成的群. 请你自己考虑，当 $n=1$ 时会发生怎样的情况.

我们现在来研究双环面，从有关 8 字形的一个引理开始.

引理 60.5　8 字形的基本群不是交换群.

证　设 X 为 $\mathbb{R}^2$ 中两个相交于一点 x_0 的圆周 A 与 B 的并. 我们来描述 X 的一个覆叠空间 E.

空间 E 为 $\mathbb{R}^2$ 的子空间，由以下几部分组成：x 轴，y 轴，在 x 轴的每一个非零整点上与 x 轴相切的一个小圆周，以及在 y 轴的每一个非零整点上与 y 轴相切的一个小圆周.

投射 p：$E\to X$ 是这样一个映射：将 x 轴绕圆周 A 转，将 y 轴绕另外一个圆周 B 转，把它们的整点映射到基点 x_0，同时将与 x 轴相切的小圆周同胚地映射到 B 上，将与 y 轴相切的小圆周同胚地映射到 A 上，即把小圆周与 x 轴或 y 轴的切点映到 x_0 点. 请读者自己体会，这样的映射 p 的确是一个覆叠映射.

假如我们想做，当然可以用公式把一切都说清楚，但不如这样描述易于掌握.

现在令 $\tilde{f}$：$I\to E$ 为道路 $\tilde{f}(s)=s\times 0$，它沿着 x 轴从原点走到点 1×0. 又令 $\tilde{g}$：$I\to E$ 为道路 $\tilde{g}(s)=0\times s$，它沿着 y 轴从原点走到点 0×1. 令 $f=p\circ\tilde{f}$ 和 $g=p\circ\tilde{g}$，则 f 和 g 分别是 8 字形空间中以 x_0 为基点、围绕圆周 A 和 B 绕圈的回路. 参见图 60.1.

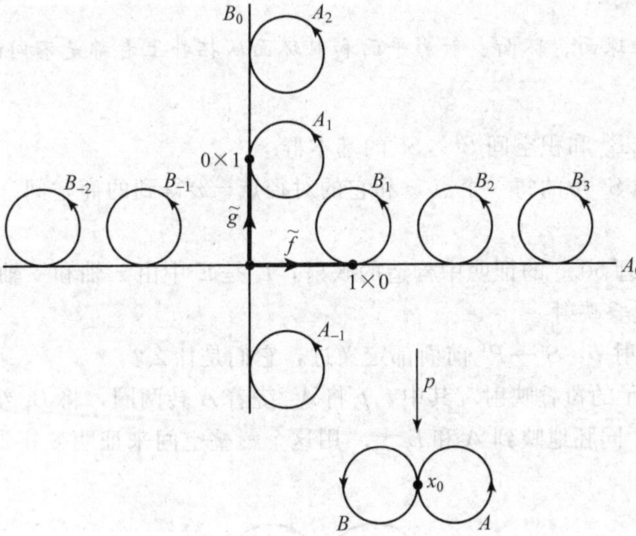

图 60.1

我们断言，$f*g$ 和 $g*f$ 不是道路同伦的，从而得到 8 字形的基本群不是交换群的结论.

为了证明这个论断，我们将这两条道路提升为 E 中从原点开始的道路. 道路 $f*g$ 的提升是这样一条道路：它先沿着 x 轴从原点到 1×0，然后绕着在点 1×0 与 x 轴相切的小圆周转一圈. 另一方面，道路 $g*f$ 的提升是这样一条道路：它先沿着 y 轴从原点到 0×1，然后绕着在点 0×1 与 y 轴相切的小圆周转一圈. 由于这两条道路不在同一点终结，所以 $f*g$ 和 $g*f$ 不是道路同伦的. ■

稍后我们将要证明，8 字形空间的基本群在代数学中叫做“由两个生成元生成的自由群”.

定理 60.6 双环面的基本群不是交换群.

证 双环面 $T\# T$ 是这样做成的曲面：取两个环面的副本，在每一个上面挖出一个小洞，然后把剩下的部分沿着小洞的边缘黏合起来. 我们断言：8 字形空间 X 是 $T\# T$ 的一个收缩核. 这个结论蕴涵着内射 j：$X\to T\# T$ 诱导出单同态 j_*，因此 $\pi_1(T\# T, x_0)$ 不是交换群.

当然能够通过公式来写出收缩 r：$T\# T\to X$，然而通过图形(参见图 60.2)来说明要简单一些. 设 Y 是有一个公共点的两个环面的并. 首先，我们用一个映射将 $T\# T$ 映到 Y 上：把虚线画的圆周捏成一点，而在其他地方保持一对一．这个映射确定了从 $T\# T$ 中的8字形到 Y 中的8字形的一个同胚 h．然后，我们把 Y 收缩到其中的8字形上，方法是把每一个横断面上的圆周映射到这个圆周与8字形的交点．接着再把 Y 中的8字形通过映射 h^{-1} 返回到 $T\# T$ 中的那个8字形上．

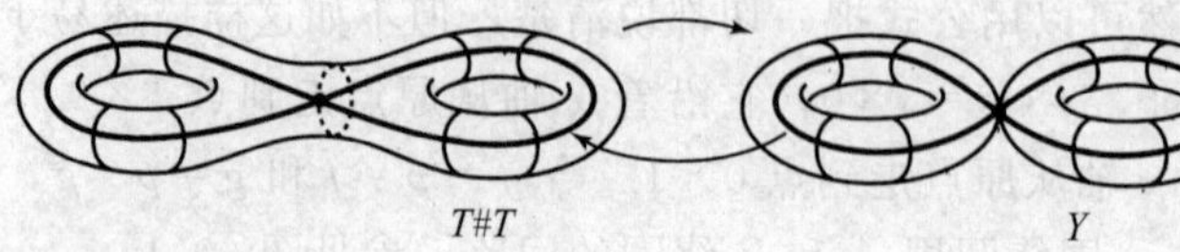

图　60.2

■

推论 60.7　2-维球面、环面、射影平面和双环面从拓扑上看都是不同的[①]．

习题

1. 计算"实心环" $S^1\times B^2$ 和积空间 $S^1\times S^2$ 的基本群．
2. 设 X 是 B^2 中等同 S^1 中的每一个点 x 和它的对径点 $-x$ 得到的商空间．证明 X 同胚于射影平面 P^2．
3. 设 $p: E\to X$ 是引理60.5的证明中构造的映射，E' 是 E 中由 x 轴和 y 轴的并构成的子空间．证明 $p\mid E'$ 不是覆叠映射．
4. 空间 P^1 和覆叠映射 $p: S^1\to P^1$ 前面都定义过，它们是什么？
5. 考虑图60.3中所示的覆叠映射．其中，p 将 A_1 绕着 A 转两圈，将 B_1 绕着 B 转两圈，同时 p 分别将 A_0 和 B_0 同胚地映到 A 和 B 上．用这个覆叠空间来证明8字形空间的基本群不是交换群．

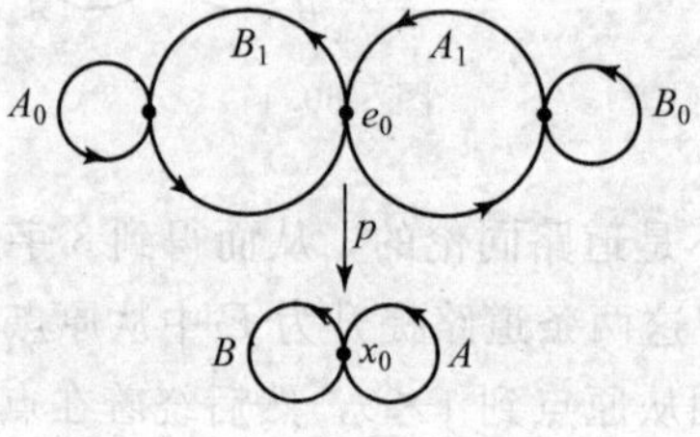

图　60.3

① 也就是说，它们互不同胚．——译者注

第 10 章　平面分割定理

关于平面拓扑学，有几个较为困难的问题，它们在分析的研究中是很自然就产生的. 这些问题的答案看上去很直观，但要给出证明却非常困难. 这些问题包括 Jordan 曲线定理、Brouwer 区域不变性定理，以及简单闭曲线的环绕数(winding number)是 0 或 ± 1 这一经典定理. 本章中，我们运用用覆叠空间和基本群理论来证明这些结论.

61　Jordan 分割定理

我们先考虑这些经典的数学定理中的 Jordan 曲线定理. 这个定理涉及这样一个在几何上看似很直观的结论，即平面上的一条简单闭曲线总会将平面分成两个连通分支，一个在"内"，一个在"外". 这个猜测最初由 Camille Jordan 于 1892 年提出，随后便出现了一些不正确的证明，其中包括了 Jordan 本人给出的一个证明. 正确的证明最终由 Oswald Veblen 于 1905 年给出. 早期的证明是很复杂的，数年之后才找到了较为简单的证明方法. 如果借助于现代代数拓扑，尤其是奇异同调论，证明会变得很直接. 这里给出的证明是我们所知道的证明中最简单的一个，只用到了覆叠空间和基本群理论中的结论.

我们将 Jordan 曲线定理的证明分为三部分. 第一部分称为 Jordan *分割定理*：用平面上的一条简单闭曲线来分割平面，这时平面至少会被分成两个连通分支. 第二部分是说平面上的一条弧不能将平面分开. 第三部分为严格的 Jordan *曲线定理*：平面上的一条简单闭曲线 C 将平面分为两个连通分支，并且 C 是这两个分支的共同边界. 本节就来讨论定理证明的第一部分.

在处理分割定理的过程中，将所涉及的诸集合视为 S^2 的子集较之视为$\mathbb{R}^2$的子集会更为方便. 在证明了关于 S^2 的分割定理之后，关于$\mathbb{R}^2$的分割定理便将顺理成章地得到. 两个定理中所涉及的集合之间的关系将由下述引理给出.

以前提过，若 b 是 S^2 的一个点，则存在着一个同胚 h：$S^2-b\to\mathbb{R}^2$. 例如，可以先选取 S^2 上的旋转，将 b 映射到北极，接着再做球极投影.

引理 61.1　*设 C 是 S^2 的一个紧致子空间，b 是 S^2-C 的一个点，h：$S^2-b\to\mathbb{R}^2$ 是一个同胚. 又设 U 是 S^2-C 的一个分支. 如果 U 不包含 b，那么 $h(U)$ 是 $\mathbb{R}^2-h(C)$ 的一个有界分支. 如果 U 包含 b，那么 $h(U-b)$ 是 $\mathbb{R}^2-h(C)$ 的一个无界分支.*

特别地，如果 S^2-C 有 n 个分支，那么 $\mathbb{R}^2-h(C)$ 便有 n 个分支.

证　我们先来证明当 U 是 S^2-C 的一个分支时 $U-b$ 是连通的. 当 $b\notin U$ 时，这个结论是平凡的. 因此我们假设 $b\in U$，并且集合 A，B 构成了 $U-b$ 的一个分割. 选取 b 的一个邻域 W 使得 W 与集合 C 无交，并且 W 同胚于$\mathbb{R}^2$中的一个开球. 因为 W 是连通的，所以它包含于 U 中. 因为 $W-b$ 是连通的，所以它或者包含于 A，或者包含于 B. 设 $W-b\subset A$. 由于 W 是 b 的一个与 B 无交的邻域，所以 b 不是 B 的一个极限点. 从而集合 $A\cup\{b\}$ 与 B 构成了 U 的一个分割，与假设矛盾.

设$\{U_\alpha\}$是 S^2-C 的所有分支构成的集合. 令 $V_\alpha=h(U_\alpha-b)$. 由于 S^2-C 是局部连通的，

所以 U_α 都是 S^2 中的连通的开子集，并且两两无交．从而 V_α 都是 $\mathbb{R}^2-h(C)$ 中的连通的开子集，并且两两无交，因此 V_α 是 $\mathbb{R}^2-h(C)$ 的分支．

现将同胚 $h: S^2-b\to\mathbb{R}^2$ 扩充为同胚 $H: S^2\to\mathbb{R}^2\cup\{\infty\}$，其中 $\mathbb{R}^2\cup\{\infty\}$ 是 $\mathbb{R}^2$ 的单点紧致化，并令 $H(b)=\infty$．如果 U_β 是 S^2-C 中包含 b 的一个分支，那么 $H(U_\beta)$ 是 $\mathbb{R}^2\cup\{\infty\}$ 中包含 ∞ 的一个邻域．从而 V_β 是无界的．因为它的补 $\mathbb{R}^2-V_\beta$ 是紧致的，$\mathbb{R}^2-h(C)$ 的所有其他分支都是有界的．参见图 61.1． ■

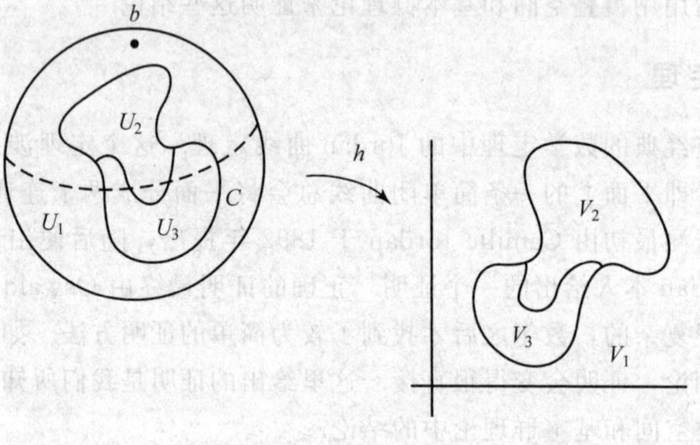

图　61.1

引理 61.2［零伦引理(nulhomotopy lemma)］　设 a 和 b 是 S^2 中的两个点，A 是一个紧致空间，

$$f: A\to S^2-a-b$$

是一个连续映射．如果 a 和 b 属于 $S^2-f(A)$ 的同一分支，那么 f 是零伦的．

证　我们用 $\mathbb{R}^2$ 的单点紧致化 $\mathbb{R}^2\cup\{\infty\}$ 代替 S^2，并且分别将点 a 和 b 取作 $\mathbf{0}$ 和 ∞．这时引理化为：设 A 是一个紧致空间，$g: A\to\mathbb{R}^2-\mathbf{0}$ 是一个连续映射．若 $\mathbf{0}$ 属于 $\mathbb{R}^2-g(A)$ 的无界分支，则 g 是零伦的．

上述结论易于证明．选取球心在原点、半径充分大的球 B，使得 B 包含 $g(A)$．设 p 是 $\mathbb{R}^2$ 上不属于 B 的一个点，那么 $\mathbf{0}$ 和 p 都属于 $\mathbb{R}^2-g(A)$ 的无界分支．

因为 $\mathbb{R}^2$ 是局部道路连通的，所以开集 $\mathbb{R}^2-g(A)$ 也是局部道路连通的．从而 $\mathbb{R}^2-g(A)$ 的分支和道路分支是相同的．因此我们可以在 $\mathbb{R}^2-g(A)$ 中选取一条从 $\mathbf{0}$ 到 p 的道路 α．定义同伦 $G: A\times I\to\mathbb{R}^2-\mathbf{0}$ 为

$$G(x,t)=g(x)-\alpha(t);$$

这个同伦画在图 61.2 中．同伦 G 是映射 g 和映射 k 间的同伦，其中 k 定义为 $k(x)=g(x)-p$．注意到 $G(x,t)\neq\mathbf{0}$，因为道路 α 与 $g(A)$ 无交．

现在定义同伦 $H: A\times I\to\mathbb{R}^2-\mathbf{0}$ 为

$$H(x,t)=tg(x)-p.$$

H 是映射 k 与某常值映射之间的同伦．注意 $H(x,t)\neq\mathbf{0}$，这是因为 $tg(x)$ 在球 B 中，而 p 却并非如此．

于是我们证明了 g 是零伦的.

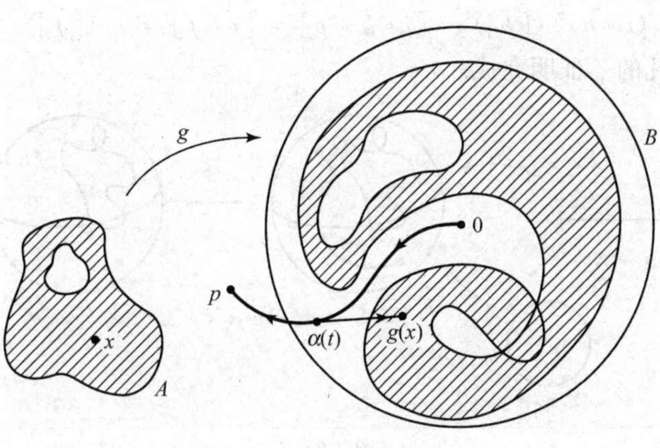

图 61.2

■

现在我们来证明 Jordan 分割定理. 设 X 是连通空间, $A\subset X$. 我们称 **A 分割 X**(A seperates X), 如果 $X-A$ 不是连通的. 我们称 **A 将 X 分割成 n 个分支**(A separates X into n components), 如果 $X-A$ 有 n 个分支.

一段弧(arc)A 是同胚于单位区间$[0, 1]$的一个空间. A 中的两个点 p 和 q 称为 **A 的端点**(end point), 如果 p, q 使得 $A-p$ 和 $A-q$ 都是连通的. A 中的其他点就称为 **A 的内点**(interior point).

简单闭曲线(simple closed curve)是同胚于单位圆周 S^1 的空间.

定理 61.3[Jordan 分割定理(Jordan separation theorem)] 设 C 是 S^2 中的一条简单闭曲线. 则 C 分割 S^2.

证 因为 S^2-C 是局部道路连通的, 所以它的分支和道路分支都是局部道路连通的. 以下我们假设 S^2-C 是道路连通的, 再由此推出矛盾.

将 C 表示为两段弧 A_1 与 A_2 之并, 这两段弧仅相交于它们的端点 a 和 b. 用 X 表示空间 S^2-a-b, U 表示 X 中的开集 S^2-A_1, V 表示开集 S^2-A_2. 这时 $X=U\cup V$, 并且

$$U\cap V=S^2-(A_1\cup A_2)=S^2-C,$$

我们已经假设 $U\cap V$ 是道路连通的, 因此满足定理 59.1 所要求的条件.

设 x_0 为 $U\cap V$ 的一个点. 我们来证明内射

$$i:(U,x_0)\to(X,x_0)\quad 和 \quad j:(V,x_0)\to(X,x_0)$$

诱导出所涉及基本群的之间的平凡同态. 从而根据定理 59.1 可见群 $\pi_1(X, x_0)$是平凡的. 但 $X=S^2-a-b$ 同胚于穿孔平面$\mathbb{R}^2-\mathbf{0}$, 因此它的基本群不是平凡的.

我们来证明 i_* 是平凡同态. 给定一个基点在 x_0 处的回路 f: $I\to U$. 为了证明 $i_*([f])$是平凡的, 令 p: $I\to S^1$ 是生成 $\pi_1(S^1, b_0)$的标准回路. 映射 f: $I\to U$ 诱导连续映射 h: $S^1\to U$ 使得 $h\circ p=f$. 参见图 61.3.

考虑映射 $i\circ h$: $S^1\to S^2-a-b$. 根据假设, 集合 $i(h(S^1))=h(S^1)$与包含点 a 和 b 的连通集 A_1 无交. 因此, a 和 b 属于 $S^2-i(h(S^1))$的同一个分支. 根据前述引理, 映射 $i\circ h$ 是零伦

的，再根据引理 55.3，$(i\circ h)_*$是基本群的平凡同态．但是

$$(i\circ h)_*([p])=[i\circ h\circ p]=[i\circ f]=i_*([f]).$$

因此，$i_*([f])$是平凡的．证明完成．

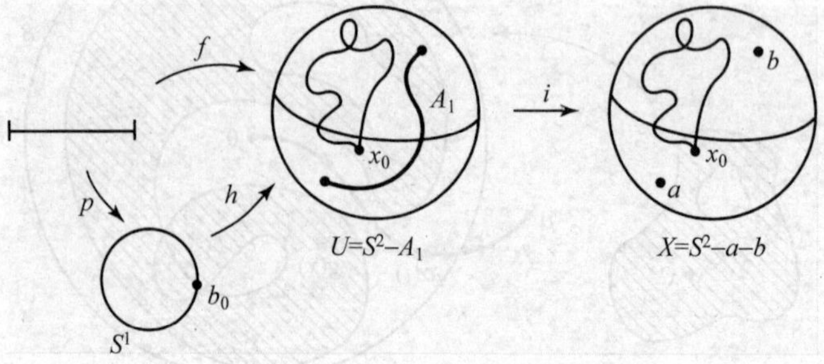

图 61.3

■

让我们考察一下前面的证明．在证明中究竟用到简单闭曲线 C 的哪些性质呢？事实上，我们只需要 C 能够表示成两个闭的连通子集 A_1 和 A_2 的并，其中 A_1 和 A_2 交于两点 a 和 b．注意到这一点我们便可以得到以下分割定理的推广形式，这个广义分割定理以后还要用到．

定理 61.4［**广义分割定理**(general separation theorem)］ 设 A_1 和 A_2 是 S^2 的两个连通的闭子集，并且只交于 a 和 b 两点．则集合 $C=A_1\cup A_2$ 分割 S^2．

证 我们首先需要说明的是 C 不等于 S^2．在前面的证明中这是显然的．在目前的情形下 $C\neq S^2$ 成立是因为 S^2-a-b 是连通的，但 $C-a-b$ 却不连通．（集合 A_i-a-b 构成了 $C-a-b$ 的一个分割.）

剩下的证明和前面那个定理的证明完全一样． ■

习题

1. 举例说明环面上的简单闭曲线有时能够分割环面，有时不能够分割环面．
2. 设 A 是$\mathbb{R}^2$的子集，由拓扑学家的正弦曲线和从(0，－1)到(0，－2)到(1，－2)到(1，sin1)的折线道路之并组成，见图 61.4．我们称 A 是**闭的拓扑学家的正弦曲线**(closed topologist's sine curve)．证明：若 C 是 S^2 中的一个同胚于闭的拓扑学家的正弦曲线的子空间，则 C 分割 S^2．

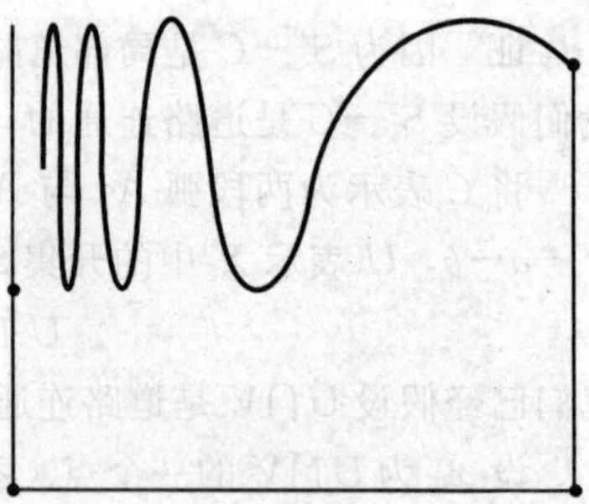

图 61.4

*62 区域不变性[①]

拓扑学中的重要定理之一便是这个关于"区域不变性"的定理，因为它表述了欧氏空间的一个内蕴性质．这一定理由 L. E. J. Brouwer 于 1912 年证得．定理结论为：设 U 是$\mathbb{R}^n$中的任意开集，$f: U\to\mathbb{R}^n$是任意连续单射，那么 $f(U)$是$\mathbb{R}^n$中的开集，并且 f 的逆映射是连续的．（数学分析中的反函数定理是在增加了假设映射 f 是连续可微并且具有非奇异的 Jacobi 矩阵的

① 在这一节中，我们要用 Tietze 扩充定理(第 35 节)．

条件下得到的.)我们来证明当 $n=2$ 时的情况.

引理 62.1[同伦扩张引理] 设 X 是一个空间，$X\times I$ 是正规的，A 是 X 的一个闭子空间，$f: A\to Y$ 是连续映射，其中 Y 是 $\mathbb{R}^n$ 的开子空间. 若 f 是零伦的，则 f 可以扩充为一个连续映射 $g: X\to Y$，并且 g 也是零伦的.

证 设 $F: A\times I\to Y$ 是 f 与某常值映射之间的同伦. 这时，$F(a, 0)=f(a)$，并且对任意 a，$F(a, 1)=y_0$. 对任意 $x\in X$ 定义 $F(x, 1)=y_0$，这样就将 F 扩充到空间 $X\times 1$ 上. 这时 F 是从 $X\times I$ 的闭子空间 $(A\times I)\cup(X\times 1)$ 到 $\mathbb{R}^n$ 的连续映射. 由 Tietze 扩充定理，这一映射可扩充为连续映射 $G: X\times I\to\mathbb{R}^n$.

映射 $x\to G(x, 0)$ 是 f 的一个扩充，但它是将 X 映射到 $\mathbb{R}^n$ 而不是子空间 Y. 为了得到所求的映射，我们作以下操作：设 U 是 $X\times I$ 的开子集 $U=G^{-1}(Y)$. 则 U 包含 $(A\times I)\cup(X\times 1)$，见图 62.1. 因为 I 是紧致的，由管道引理可见存在 X 的一个包含 A 的开集 W，使得 $W\times I\subset U$. 由于 X 同胚于 $X\times I$ 的闭子空间 $X\times 0$，所以 X 是正规的. 因此可以选取连续函数 $\phi: X\to[0, 1]$ 使得对任意 $x\in A$，有 $\phi(x)=0$，对于任意 $x\in X-W$，有 $\phi(x)=1$. 映射 $x\to x\times\phi(x)$ 将 X 映射到 $X\times I$ 的子空间 $(W\times I)\cup(X\times 1)$ 中，其中 $(W\times I)\cup(X\times 1)$ 包含在 U 中. 于是连续映射 $g(x)=G(x, \phi(x))$ 便将 X 映射到了 Y 中. 因为对任意 $x\in A$，有 $\phi(x)=0$，所以 $g(x)=G(x, 0)=f(x)$. 从而 g 就是所求的 f 的扩充，映射 $H: X\times I\to Y$，定义为

$$H(x,t)=G(x,(1-t)\phi(x)+t),$$

便是 g 与一个常值映射间的同伦.

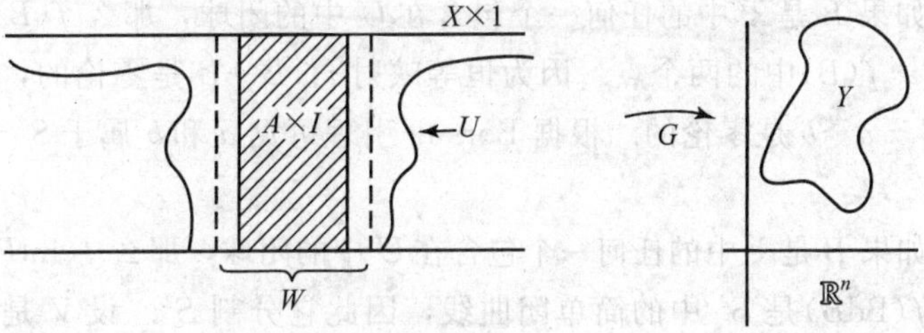

图 62.1 ■

下面的引理是上一节中零伦引理在某些条件下的逆命题.

引理 62.2[**Borsuk 引理**(Borsuk lemma)] 设 a 和 b 是 S^2 中的两个点，A 是一个紧致空间，$f: A\to S^2-a-b$ 是一个连续单射. 如果 f 是零伦的，那么 a 和 b 属于 $S^2-f(A)$ 的同一分支上.

证 因为 A 是紧致的，S^2 是一个 Hausdorff 空间，所以 $f(A)$ 是 S^2 的紧致子空间，同胚于 A. 因为 f 是零伦的，所以从 $f(A)$ 到 S^2-a-b 的内射也是零伦的. 因此，我们只要对于 f 是内射的特殊情形证明引理就足够了. 进而，我们把 S^2 换成 $\mathbb{R}^2\cup\{\infty\}$，并且将 a 设为 $\mathbf{0}$，b 设为 ∞. 这时引理可陈述为：

设 A 是 $\mathbb{R}^2-\mathbf{0}$ 的紧致子空间，如果内射 $j: A\to\mathbb{R}^2-\mathbf{0}$ 是零伦的，那么 $\mathbf{0}$ 便属于 $\mathbb{R}^2-A$ 的无界分支.

现在我们来证明它. 设 C 是 $\mathbb{R}^2-A$ 的包含 $\mathbf{0}$ 的分支，我们假设 C 是有界的，并且由此推

出矛盾．设 D 是$\mathbb{R}^2-A$ 的其他分支的并，其中包括无界分支．那么 C 和 D 是$\mathbb{R}^2$的无交开集，并且$\mathbb{R}^2-A=C\cup D$．参见图 62.2.

我们定义一个连续映射 h：$\mathbb{R}^2\to\mathbb{R}^2-\mathbf{0}$ 使得它作用在 C 的补上是恒等映射.

由内射 j：$A\to\mathbb{R}^2-\mathbf{0}$ 入手．根据假设 j 是零伦的，由前述引理可见 j 可以扩充为一个从 $C\cup A$ 到$\mathbb{R}^2-\mathbf{0}$ 的连续映射 k．这时 k 作用在 A 上时为恒等映射．再将 k 扩充为映射 h：$\mathbb{R}^2\to\mathbb{R}^2-\mathbf{0}$，其中对任意 $x\in D\cup A$，$h(x)=x$，从而根据黏结引理 h 是连续的.

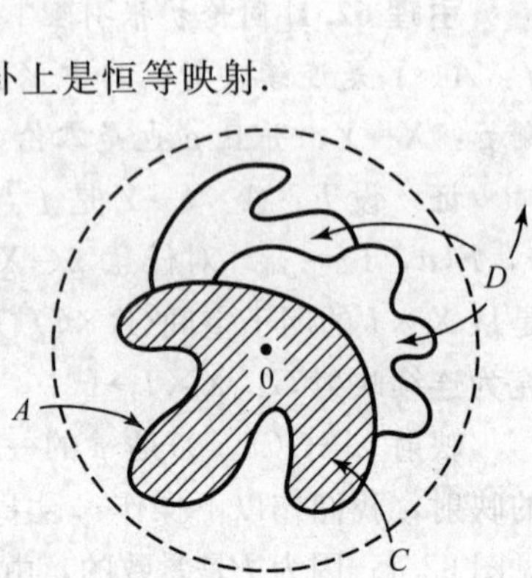

图　62.2

现在我们来找出矛盾．设 B 是$\mathbb{R}^2$中的半径为 M 球心在坐标原点的闭球，其中 M 足够大使得 B 的内部包含 $C\cup A$．（这里要用到 C 是有界的这一性质．）如果将 h 限制于 B 上，便获得映射 g：$B\to\mathbb{R}^2-\mathbf{0}$ 使得对任意 $x\in \mathrm{Bd}B$ 有 $g(x)=x$．将 g 复合从$\mathbb{R}^2-\mathbf{0}$ 到 $\mathrm{Bd}B$ 的标准收缩 $x\to Mx/\|x\|$，就可以获得一个由 B 到 $\mathrm{Bd}B$ 上的收缩．但这个收缩是不存在的．■

定理 62.3［区域不变性(invariance of domain)］　如果 U 是$\mathbb{R}^2$的一个开子集，f：$U\to\mathbb{R}^2$是连续单射，那么 $f(U)$是$\mathbb{R}^2$中的开子集，并且反函数 f^{-1}：$f(U)\to U$ 是连续的.

证　像前面所做的一样，我们用 S^2 代替$\mathbb{R}^2$，证明如果 U 是$\mathbb{R}^2$的开子集，f：$U\to S^2$ 是连续单射，那么 $f(U)$是 S^2 的开子集，并且逆映射是连续的.

第一步．证明如果 B 是$\mathbb{R}^2$中的任何一个包含在 U 中的闭球，那么 $f(B)$不能分割 S^2.

设 a 和 b 是 $S^2-f(B)$中的两个点．因为恒等映射 i：$B\to B$ 是零伦的，所以通过限制 f 得到的映射 h：$B\to S^2-a-b$ 是零伦的．根据 Borsuk 引理可见 a 和 b 属于 $S^2-h(B)=S^2-f(B)$的同一分支.

第二步．证明如果 B 是$\mathbb{R}^2$中的任何一个包含在 U 中的闭球，那么 $f(\mathrm{Int}B)$是 S^2 中的开集.

因为空间 $C=f(\mathrm{Bd}B)$是 S^2 中的简单闭曲线，因此它分割 S^2．设 V 是 S^2-C 的一个包含连通集合 $f(\mathrm{Int}B)$的分支，W 是其他分支的并．由于 S^2 是局部连通的，所以 V 和 W 是 S^2 中的开集．我们只要证明 $V=f(\mathrm{Int}B)$，便通过了这一步.

假设 a 是 V 中不在 $f(\mathrm{Int}B)$的一个点，由此推出矛盾．设 b 是 W 的一个点．由于集合 $D=f(B)$不能分割 S^2，所以 S^2-D 是包含 a 和 b 的连通集．再由 S^2-D 包含于 S^2-C(因为 $D\supset C$)可得到 a 和 b 属于 S^2-C 的同一分支中，产生矛盾．参见图 62.3.

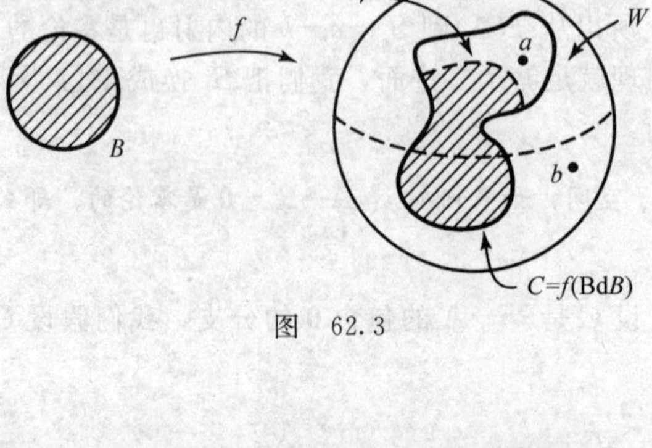

图　62.3

第三步．完成定理的证明．因为对任意包含于 U 中的球 B，集合 $f(\mathrm{Int}B)$ 是 S^2 中的开集，所以映射 $f: U \to S^2$ 是一个开映射．从而 $f(U)$ 是 S^2 中的开集，并且 f^{-1} 是连续的． ■

习题

1. 举例说明当 f 不是单射时 Borsuk 引理的结论可能不成立．
2. 设 A 是 S^2 的紧致可缩子空间．证明 A 不能分割 S^2．
3. 设 X 是一个空间，使得 $X \times I$ 是正规的，A 是 X 的闭子空间，$f: A \to Y$ 是连续映射，其中 Y 是 $\mathbb{R}^n$ 的一个开子空间．如果 f 同伦于一个可以扩充为连续映射 $h: X \to Y$ 的映射，那么 f 自身可扩充为一个连续映射 $g: X \to Y$，使得 $g \simeq h$．
4. 设 C 是 $\mathbb{R}^2 - \mathbf{0}$ 中的一条简单闭曲线，$j: C \to \mathbb{R}^2 - \mathbf{0}$ 是一个内射．证明：若 $\mathbf{0}$ 属于 $\mathbb{R}^2 - C$ 的一个无界分支，则 j_* 是平凡的，否则是非平凡的．（事实上，在第二种情况中 j_* 是一个同构，我们将在第 65 节中证明这一点．）
5. **定理** 设 U 是 $\mathbb{R}^2$ 中的一个单连通开集．如果 C 是包含在 U 中的一条简单闭曲线，那么 $\mathbb{R}^2 - C$ 的每一个有界分支都包含于 U．
   （实际上这一情况刻画了 $\mathbb{R}^2$ 中的单连通开集．参见[RW]．当然，空间 $\mathbb{R}^2 - C$ 中只包含一个有界分支，我们将在下一节中证明这一点．）
6. 假设你已知不存在从 B^n 到 S^{n-1} 的收缩．
   (a) 证明对于 S^n，Borsuk 引理成立．
   (b) 证明 S^n 中没有紧致可缩子空间分割 S^n．
   (c) 假设你还知道 S^n 中的任何一个同胚于 S^{n-1} 的子空间都会分割 S^n，证明区域不变性定理在 n 维空间中成立．

63 Jordan 曲线定理

在证明 Jordan 分割定理时所使用的 Seifert-van Kampen 定理的特殊情况告诉我们关于空间 $X = U \cup V$ 的基本群的一些信息，其中 $U \cap V$ 是道路连通的．在下面的定理中，我们将考察当 $U \cap V$ 不是道路连通的时候，情况又会怎样．借助这个结论，我们便可以完成 Jordan 曲线定理的证明．

定理 63.1 设 X 为两个开集 U 和 V 之并，并且 $U \cap V$ 可以表示成两个无交的开集 A 和 B 之并．假设有一条 U 中的道路 α 从 A 的一个点 a 到 B 的一个点 b，并有一条 V 中的道路 β 从 b 到 a．记 $f = \alpha * \beta$，它是一条回路．

(a) 道路同伦类 $[f]$ 生成 $\pi_1(X, a)$ 的一个无限循环子群．

*(b) 若 $\pi_1(X, a)$ 是无限循环的，则它是由 $[f]$ 生成的．①

(c) 设存在 U 中的道路 γ 从 a 到 A 中的点 a'，又存在 V 中的道路 δ 从 a' 到 a．于是 $g = \gamma * \delta$ 是一条回路．这时分别由 $[f]$ 和 $[g]$ 生成的 $\pi_1(X, a)$ 的两个子群只交于单位元．

① 这个结论的证明要用到定理 54.6．另外，在第 65 节中讨论环绕数时要用到这个结论．

证　这个证明中的很多地方是仿照第 54 节中证明圆周基本群是无限循环群时所采用的方法．如前述证明一样，这里证明的关键一步就是找到空间 X 的一个适当的覆叠空间 E．

第一步（构造 E）．我们通过黏贴子空间 U 和 V 的副本的方法构造 E．选取 U 的可数多个两两无交的副本和 V 的可数多个两两无交的副本，记为

$$U\times(2n)\quad 和\quad V\times(2n+1),$$

其中 $n\in\mathbb{Z}$，$\mathbb{Z}$ 表示整数集合．用 Y 表示这些空间的并，那么 Y 便是 $X\times\mathbb{Z}$ 的一个子空间．现在我们通过等同点

$$x\times(2n)\quad 和\quad x\times(2n-1),\quad 对于任意\ x\in A$$

以及等同点

$$x\times(2n)\quad 和\quad x\times(2n+1),\quad 对于任意\ x\in B$$

来将 E 定义为 Y 的商空间．令 π：$Y\rightarrow E$ 表示商映射．

设映射 ρ：$Y\rightarrow X$ 定义为 $\rho(x\times m)=x$，它诱导出映射 p：$E\rightarrow X$．由于 E 具有商拓扑，所以映射 p 是连续的．另外 p 也是一个满射．下面我们来证明 p 是一个覆叠映射．参见图 63.1．

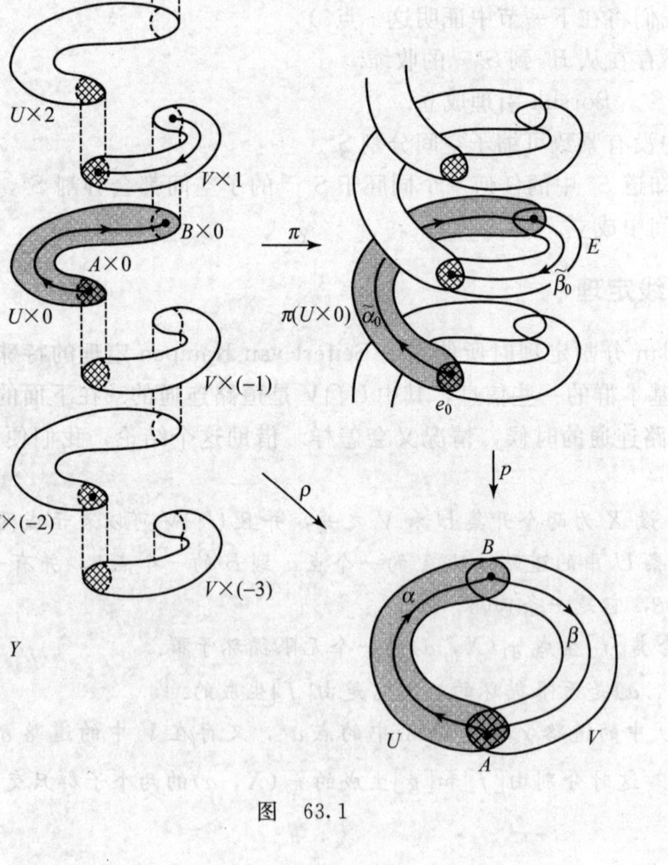

图　63.1

首先，我们指出 π 是开映射. 因为 Y 是无交开集 $\{U\times(2n)\}$ 和 $\{V\times(2n+1)\}$ 的并，因此只要证明 $\pi|(U\times 2n)$ 和 $\pi|(V\times(2n+1))$ 是开映射即可. 例如，在 $U\times 2n$ 中任意选取一个开集，它可以表示为 $W\times 2n$，其中 W 是 U 中的一个开集. 这时

$$\pi^{-1}(\pi(W\times 2n))=[W\times 2n]\cup[(W\cap B)\times(2n+1)]\cup[(W\cap A)\times(2n-1)]$$

是 Y 中的三个开集的并，因而是 Y 中的开集. 根据商拓扑的定义，$\pi(W\times 2n)$ 是 E 中的开集.

现在我们来证明 p 是一个覆叠映射. 要证明的是 U 和 V 能够被 π 均衡地覆盖. 例如，考虑 U. 集合 $p^{-1}(U)$ 是无交集合 $\pi(U\times 2n)(n\in\mathbb{Z})$ 的并. 因为 π 是开映射，所以每一个集合都是 E 中的开集. 设 π_{2n} 表示 π 在开集 $U\times 2n$ 上的限制，将其映射到 $\pi(U\times 2n)$ 上. 这是一个同胚，因为它是一一的连续开映射. 当限制到 $\pi(U\times 2n)$ 上时，映射 p 恰是两个同胚的复合

$$\pi(U\times 2n)\xrightarrow{\pi_{2n}^{-1}}U\times 2n\xrightarrow{\rho}U,$$

因此它也是一个同胚. 所以 $p|\pi(U\times 2n)$ 就将集合 $\pi(U\times 2n)$ 同胚地映射到 U 上. 这便是我们要证明的.

第二步. 我们来定义回路 $f=\alpha*\beta$ 的提升的一个族.

对于每一个整数 n，记 $e_n=\pi(a\times 2n)$ 是 E 中的点. 这时诸 e_n 是两两不同的，并且构成集合 $p^{-1}(a)$. 定义 f 的提升 $\tilde{f}_n$，它的起点为 e_n 终点为 e_{n+1}.

由于 α 和 β 分别是 U 和 V 中的道路，我们可以定义

$$\tilde{\alpha}_n(s)=\pi(\alpha(s)\times 2n),$$
$$\tilde{\beta}_n(s)=\pi(\beta(s)\times(2n+1)),$$

这时 $\tilde{\alpha}_n$ 和 $\tilde{\beta}_n$ 分别是 α 和 β 的提升.（当 $n=0$ 时，如图 63.1 所示.）乘积 $\tilde{\alpha}_n*\tilde{\beta}_n$ 也是有定义的，因为 $\tilde{\alpha}_n$ 的终点为 $\pi(b\times 2n)$，$\tilde{\beta}_n$ 的起点为 $\pi(b\times(2n+1))$. 令 $\tilde{f}_n=\tilde{\alpha}_n*\tilde{\beta}_n$. 注意 $\tilde{f}_n$ 的起点为 $\tilde{\alpha}_n(0)=\pi(a\times 2n)=e_n$，终点为 $\tilde{\beta}_n(1)=\pi(a\times(2n+1))=\pi(a\times(2n+2))=e_{n+1}$.

第三步. 证明 $[f]$ 生成了 $\pi_1(X,a)$ 的一个无限循环子群. 也就是要证明若 m 是一个正整数，则 $[f]^m$ 不是单位元. 这一点是容易证明的. 因为乘积

$$\tilde{h}=\tilde{f}_0*(\tilde{f}_1*(\cdots*\tilde{f}_{m-1}))$$

是有定义的，并且是 m-重幂

$$h=f*(f*(\cdots*f))$$

的提升. 这时因为 $\tilde{h}$ 的起点为 e_0 终点为 e_m，所以 $[h]=[f]^m$ 不是平凡的.

*第四步. 证明当 $\pi_1(X,a)$ 是无限循环群时，它由 $[f]$ 生成. 考虑提升对应 ϕ: $\pi_1(X,a)\to p^{-1}(a)$. 在第三步中证明了对于每一个正整数 m，对应 ϕ 将 $[f]^m$ 映射为 $p^{-1}(a)$ 的一个点 e_m. 与之相似的讨论可以证明它将 $[f]^{-m}$ 映射为 e_{-m}. 因此 ϕ 是满射. 根据定理 54.6 可见，ϕ 诱导一个单射

$$\Phi:\pi_1(X,a)/H\to p^{-1}(a),$$

其中 $H=p_*(\pi_1(E,e_0))$. 由于 ϕ 是满射，所以 Φ 是满射. 于是 H 是平凡群，因为一个无限循环群对于任何一个非平凡子群的商群是有限的. 从而提升对应 ϕ 是一一的. 由于这个对应将由 $[f]$ 生成的子群映射到 $p^{-1}(a)$ 上，所以这个子群等于所有的 $\pi_1(X,a)$.

第五步. 现在我们来证明(c)成立. 图 63.1 中可能误导你，使你以为(c)中所考虑的 $\pi_1(X,a)$ 中的元 $[g]$ 是平凡的，但实际上这是很特殊的情况. 图 63.2 说明当 A 本身是两个无交的非空开集的并时会出现什么样的情况. 在这种情况下(稍后这对我们是有用的) $[f]$ 和 $[g]$

都生成 $\pi_1(X, a)$ 的无限循环子群.

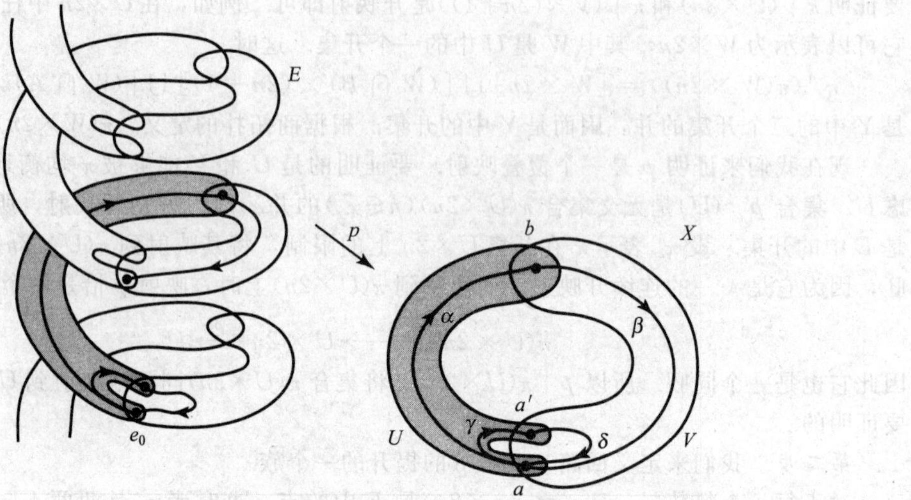

图　63.2

给定 $g=\gamma*\delta$，我们定义 g 到 E 上的一个提升如下：因为 γ 是 U 中的一条道路，我们可以定义

$$\tilde{\gamma}(s)=\pi(\gamma(s)\times 0);$$

因为 δ 是 V 中的一条道路，我们可以定义

$$\tilde{\delta}(s)=\pi(\delta(s)\times(-1)).$$

这时 $\tilde{\gamma}$ 和 $\tilde{\delta}$ 分别是 γ 和 δ 的提升. 乘积 $\tilde{g}=\tilde{\gamma}*\tilde{\delta}$ 有定义，因为 $\tilde{\gamma}$ 的终点为 $\pi(a'\times 0)$，$\tilde{\delta}$ 的起点为 $\pi(a'\times(-1))$. 此外它还是 g 的提升. 注意 $\tilde{g}$ 是 E 中的一条回路，因为它的起点和终点都是 $\pi(a\times 0)=\pi(a\times(-1))=e_0$.

这蕴涵着由 $[f]$ 和 $[g]$ 生成的两个子群的公共部分只有单位元. 因为 f 的 m-重幂提升到一条起点是 e_0 终点是 e_m 的道路，但是 g 的任意重幂提升到一条起点和终点都是 e_0 的道路，所以对于每一个非零的整数 m 和 k，有 $[f]^m\neq[g]^k$. ■

定理 63.2［**不分割定理**(nonseparation theorem)］　设 D 是 S^2 中的一段弧. 则 D 不分割 S^2.

证　我们给出这个定理的两个证明. 第一个证明使用了前一节中的结论，第二个证明则没有.

第一个证明. 由于 D 是可缩的，所以恒等映射 i：$D\to D$ 是零伦的. 因此若 a 和 b 是 S^2 中的不属于 D 的两个点，则内射 j：$D\to S^2-a-b$ 是零伦的. 由 Borsuk 引理可见 a，b 属于 S^2-D 的同一分支.

第二个证明. 将 D 表示为两段弧 D_1 和 D_2 的并，并且这两段弧只交于一点 d. 设 a 和 b 是 S^2 中的不属于 D 的两个点. 我们证明若 a，b 能被 S^2-D_1 和 S^2-D_2 中的道路连起来，那么它们就能被 S^2-D 中的一条道路连接. 图 63.3 说明了这一论断不是平凡的.

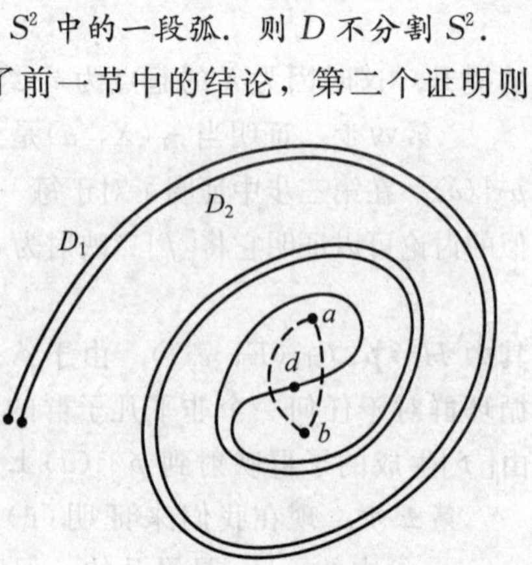

图　63.3

现在假设 a 和 b 不能被 S^2-D 中的道路连接，并且由此推出矛盾．应用定理 63.1．令 X 表示空间 S^2-d．令 U 和 V 分别表示两个开集

$$U=S^2-D_1 \quad \text{和} \quad V=S^2-D_2,$$

则 $X=U\cup V$，并且 $U\cap V=S^2-D$．根据假设，a，b 是 S^2-D 中的两个不能由 S^2-D 中的道路连接的点．因此，$U\cap V$ 不是道路连通的．设 A 是 $U\cap V$ 中的包含 a 的道路分支，B 是其他道路分支的并．因为 $U\cap V$(作为 S^2 中的开集)是局部道路连通的，所以 $U\cap V$ 的道路分支是开集，从而 A 和 B 都是 X 中的开集．根据假定，a 和 b 既可以被 $U=S^2-D_1$ 中的道路连接，也可以被 $V=S^2-D_2$ 中的道路连接．根据定理 63.1 有 $\pi_1(X, a)$不是平凡的．然而 $X=S^2-d$，因此它的基本群却是平凡的．

现在来完成定理的证明．给定弧 D 以及 S^2-D 中的两个点 a 和 b，假设 a 和 b 不能被 S^2-D 中的道路连接，并且由此推出矛盾．选取同胚 h：$[0, 1]\to D$，令 $D_1=h([0, 1/2])$，$D_2=h([1/2, 1])$．上面已经说明了因为 a 和 b 不能被 S^2-D 中的道路连接，所以它们既不能被 S^2-D_1 中的道路连接，又不能被 S^2-D_2 中的道路连接．不妨设 a，b 不能被 S^2-D_1 中的道路连接．

将 D_1 分割为两段弧 $E_1=h([0, 1/4])$和 $E_2=h([1/4, 1/2])$，然后重复前面的论证，我们便可证明 a 和 b 不能同时在 S^2-E_1 和 S^2-E_2 中用道路连接．

类似地，不断地重复这个论证过程．我们便可定义闭区间的一个序列

$$I\supset I_1\supset I_2\supset\cdots$$

使得 I_n 的长度为$(1/2)^n$，并且对任意 n，a 和 b 不能被 $S^2-h(I_n)$中的道路连接．根据单位区间的紧致性，存在 x 属于$\bigcap I_n$．又因区间的长度趋于零，所以这样的点只有一个．

考虑空间 $S^2-h(x)$．因为这个空间同胚于$\mathbb{R}^2$，所以点 a 和 b 能够被 $S^2-h(x)$中的道路 α 连接．由于 $\alpha(I)$是紧致的，因此是闭的．从而存在 $h(x)$的一个ϵ-邻域与 $\alpha(I)$无交．又因为 h 是连续的，所以存在 m 使得 $h(I_m)$包含在这个邻域中．这就说明 α 是 $S^2-h(I_m)$中连接 a，b 的道路，与假设矛盾． ■

这个定理的两个证明都很有趣．正如我们在第 62 节中注意到的那样，第一个证明是为了说明不存在 S^2 的紧致可收缩子空间能分割 S^2．第二个证明是从另一个方面入手的．我们来检查一下第二个证明，并且考虑一下到底 D_1 和 D_2 的哪些性质使得结论成立．事实上，只需要 D_1 和 D_2 是 S^2 的闭子集并且 $S^2-(D_1\cap D_2)$是单连通的．因此下面的定理也成立，稍后我们还会用到这个定理．

定理 63.3[**广义不分割定理**(general nonseparation theorem)] 设 D_1 和 D_2 是 S^2 的闭子集并且 $S^2-D_1\cap D_2$ 是单连通的．若 D_1 和 D_2 都不分割 S^2，则 $D_1\cup D_2$ 不分割 S^2．

现在我们来证明 Jordan 曲线定理．

定理 63.4[**Jordan 曲线定理**(Jordan curve theorem)] 设 C 是 S^2 中的一条简单闭曲线，则 C 恰好将 S^2 分割成两个分支 W_1 和 W_2，并且 W_1 和 W_2 都将 C 作为它的边界，即 $C=\overline{W}_i-W_i$，$i=1, 2$．

证 第一步．证明 S^2-C 恰有两个分支．将 C 表示为两段弧 C_1 和 C_2 的并，其中 C_1 和 C_2

交于两点集$\{p, q\}$. 令X为空间S^2-p-q，U和V为两个开集

$$U = S^2 - C_1 \quad 和 \quad V = S^2 - C_2,$$

这时$X=U\cup V$，并且$U\cap V=S^2-C$. 根据Jordan分割定理，$U\cap V$至少有两个分支.

假定$U\cap V$的分支多于两个，并且由此推出矛盾. 设A_1和A_2是$U\cap V$的两个分支，B是其他分支的并. 因为S^2-C是局部连通的，所以这些集合都是开集. 设$a\in A_1$，$a'\in A_2$，$b\in B$. 因为弧C_1和C_2不能分割S^2，所以有U中的道路α和γ分别从a到b和a到a'，也有V中的道路β和δ分别从b到a和a'到a. 考虑回路$f=\alpha*\beta$和$g=\gamma*\delta$. 将$U\cap V$表示成两个开集$A_1\cup A_2$和B的并，根据定理63.1，$[f]$是$\pi_1(X, a)$中的非平凡元. 将$U\cap V$表示成两个开集A_1和$A_2\cup B$的并，那么$[g]$也是$\pi_1(X, a)$中的非平凡元. 因为$\pi_1(X, a)$是无限循环的，所以存在非零整数m，k使得$[f]^m=[g]^k$，但这与定理63.1的(c)矛盾.

第二步. 证明C是W_1和W_2的公共边界.

因为S^2是局部连通的，所以S^2-C的两个分支W_1和W_2都是S^2中的开集. 特别地，两者都不包含对方的极限点，从而$\overline{W}_1-W_1$和$\overline{W}_2-W_2$都包含在C中.

为了证明反向的包含关系，我们需要证明C中的每一个点x的任何一个邻域U都与闭集$\overline{W}_1-W_1$有非空的交，从而说明x属于$\overline{W}_1-W_1$.

设U是x的任意一个邻域. 因为C同胚于S^1，我们可将C表示成只交于端点的两段弧C_1和C_2，并且C_1充分小，使得它能包含在U中. 参见图63.4.

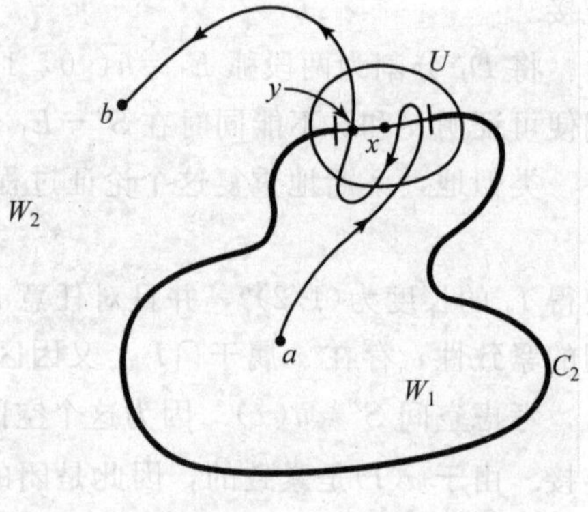

图　63.4

设a和b分别是W_1和W_2中的点. 因为C_2不分割S^2，所以我们可以找到S^2-C_2中的一条道路α连接a和b. 集合$\alpha(I)$必定包含$\overline{W}_1-W_1$的一个点y，否则$\alpha(I)$就是包含在无交开集W_1和$S^2-\overline{W}_1$的并中的连通集，并且还会和两个开集都相交. 点y属于闭曲线C，因为$(\overline{W}_1-W_1)\subset C$. 因为道路$\alpha$与弧$C_2$无交，所以$y$必包含于弧$C_1$，因此便属于开集$U$. 从而$U$与$\overline{W}_1-W_1$交于点$y$. 定理证毕. ■

如同我们对前述定理所做的一样，我们想知道使定理成立的关键条件到底是什么. 回头细看第一步，实际上只需要C_1和C_2是连通闭集，$C_1\cap C_2$只有两个点，以及C_1和C_2都不分割S^2. 前两个条件保证了$C_1\cup C_2$至少能够分割S^2为两个分支，第三个条件保证了它只能被分割为两个分支. 从而，我们不需作更多的努力就可以获得下面的结论.

定理 63.5　设C_1和C_2是S^2中的仅交于两点的两个连通子集. 如果C_1和C_2都不分割S^2，那么$C_1\cup C_2$将S^2分割成两个分支.

例 1　读者可能会觉得Jordan曲线定理的第二部分(即C是W_1和W_2的公共边界)太明显了用不着证明. 其实这个结论成立严格依赖于C同胚于S^1.

例如，考虑图63.5中的空间. 它是相交于两点的两段弧的并，根据定理63.5，它将S^2分割为两个分支W_1和W_2，就像圆周所做的一样. 然而在这种情形下C并不是W_1和W_2的公共

边界. ■

除了这三个分割定理外还有第四个分割定理，称为 Schoenflies 定理. 这个定理说：若 C 是 S^2 中的一条简单闭曲线，U 和 V 是 S^2-C 的两个分支，则 $\bar{U}$ 和 $\bar{V}$ 同胚于单位闭球 B^2. 这个定理的一个证明可以在[H-S]中找到.

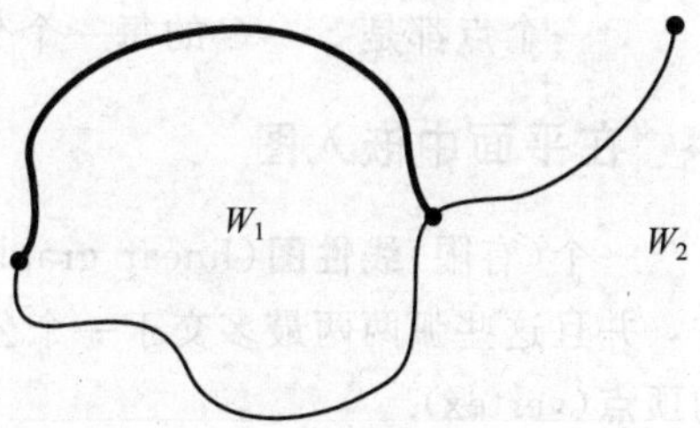

图 63.5

分割定理可以推广到高维情形，如下：

(1)S^n 中任意同胚于 S^{n-1} 的子空间 C 分割 S^n.

(2)S^n 中任意同胚于[0，1]或某一个球 B^m 的子空间 A 不分割 S^n.

(3)S^n 中任意同胚于 S^{n-1} 的子空间 C 分割 S^n 为两个分支，C 是这两个分支的公共边界.

学习了代数拓扑中的奇异同调群就可以容易地证明这些定理.（参见[Mu]，202 页.）关于 $\mathbb{R}^n$ 的 Brouwer 区域不变性定理只是一个推论.

然而，如果不对空间 C 到 S^n 的嵌入加一些限制条件，Schoenflies 定理便不能推广到高维. 著名的例子"Alexander 角球"便说明了这一点. Alexander 角球是 S^2 在 S^3 中的一个同胚像，它的补区域中竟然有一个不是单连通的.（参见[H-Y]，176 页.）

这些分割定理能够更进一步推广. 按照这条路线走到最后便是著名的 Alexander-Pontryagin 对偶定理，这是一个极深刻的代数拓扑定理，在这里我们不打算陈述它.（参见[Mu].）从 Alexander-Pontryagin 对偶定理可以推出：如果 S^n 的某一个闭子空间 C 将 S^n 分割为 k 个分支，那么 S^n 的每一个同胚于(甚至是同伦等价于)C 的子空间也会将 S^n 分割为 k 个分支. 这样一来，前面提到的高维情形下的三个定理(1)～(3)便可以立即由此推出.

习题

1. 设 C_1 和 C_2 是 S^2 中的两条无交的简单闭曲线.

(a)证明 $S^2-C_1-C_2$ 只有三个分支.［提示：若 W_1 是 S^2-C_1 的分支，与 C_2 无交，并且 W_2 是 S^2-C_2 的分支，与 C_1 无交，证明 $\bar{W}_1\cup\bar{W}_2$ 不能分割 S^2.］

(b)证明这三个分支的边界分别为 C_1，C_2 和 $C_1\cup C_2$.

2. 设 D 是 S^2 的闭连通子空间，它将 S^2 分割成 n 个分支.

(a)若 A 是 S^2 中的一段弧，与 D 的交为它的一个端点，证明 $D\cup A$ 将 S^2 分割成 n 个分支.

(b)若 A 是 S^2 中的一段弧，与 D 的交为它的两个端点，证明 $D\cup A$ 将 S^2 分割成 $n+1$ 个分支.

(c)若 C 是 S^2 中的一条简单闭曲线，与 D 仅交于一点，证明 $D\cup C$ 将 S^2 分割成 $n+1$ 个分支.

*3. (a)设 D 是 S^2 的子空间，同胚于拓扑学家的正弦曲线 $\bar{S}$.（参见第 24 节.）证明 D 不分割 S^2.

［提示：设 h：$\bar{S}\to D$ 是一个同胚. 给定 $0<c<1$，令 $\bar{S}_c$ 表示 $\bar{S}$ 与集合$\{(x, y)\mid x\leqslant c\}$的交. 证明：对于给定的 a，$b\in S^2-D$，对某一个 c，存在 $S^2-h(\bar{S}_c)$中的一条从 a 到 b 的道路. 由此推出存在 S^2-D 中的一条从 a 到 b 的道路.］

(b)设 C 是 S^2 的子空间，同胚于闭的拓扑学家的正弦曲线. 证明 C 正好将 S^2 分割成两个分支，并且 C 是这两个分支的公共边界. [提示：设 h 是闭的拓扑学家的正弦曲线与 C 之间的一个同胚. 设 $C_0=h(0\times[-1,\ 1])$. 先应用定理 63.4 的论断证明 $C-C_0$ 中的每一个点都是 S^2-C 的每一个分支的边界点.]

64　在平面中嵌入图

一个(有限)**线性图**(linear graph)G 是一个 Hausdorff 空间，它可以表示成有限多个弧的并，并且这些弧两两最多交于一个公共端点. 这些弧称为这个图的**边**(edge)，弧的端点称为图的**顶点**(vertex).

线性图常被数学家用来模拟现实生活中的现象，然而我们只是把它们简单地看成一些有趣的空间，在某种意义下作为简单闭曲线的推广.

对于任何一个图(在不区别同胚的两个图的意义下)，只要列举出它的全部顶点，并且指出哪些顶点的偶对有边将它们相连，这个图便完全确定下来了.

例 1　设 G 包含 n 个顶点，并且 G 中每对互异顶点都存在 G 的一条边连接，那么我们称 G 是一个 n 顶点**完全图**(complete graph)，记为 G_n. 图 64.1 中的几个图就满足上述条件. 注意，前三个图都是 $\mathbb{R}^2$ 中的子空间，第四个图是 $\mathbb{R}^3$ 中的子空间，稍稍尝试之后可以发现这个图不能嵌入到 $\mathbb{R}^2$ 中，稍后我们将证明这一点.

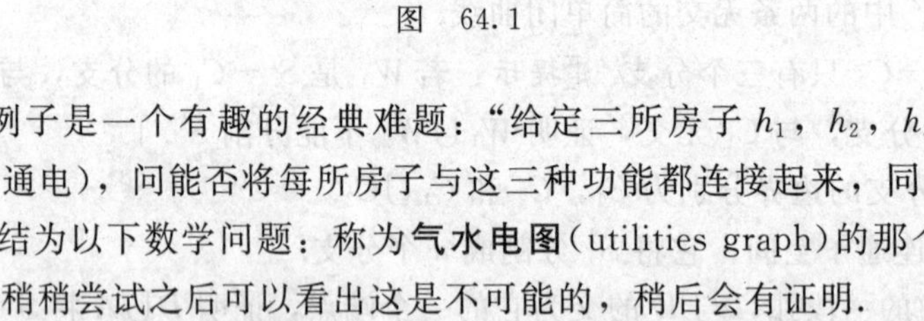

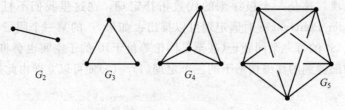

图　64.1 ■

例 2　另外的例子是一个有趣的经典难题："给定三所房子 h_1，h_2，h_3 和三种功能 g(通气)，w(通水)，e(通电)，问能否将每所房子与这三种功能都连接起来，同时不让每两条连线相交?"将此问题归结为以下数学问题：称为**气水电图**(utilities graph)的那个图(图 64.2)是否可以嵌入到 $\mathbb{R}^2$ 中？稍稍尝试之后可以看出这是不可能的，稍后会有证明. ■

定义　**θ 空间**(theta space)X 是指一个能够表示为三段弧 A，B，C 的并的 Hausdorff 空间，并且这三段弧中每两段都恰好相交于它们的两个端点.(这个空间 X 显然同胚于希腊字母 θ.)

注意，严格来说 θ 空间 X 并不是线性图，因为其中每两段弧的交多于一个公共端点. 但是我们能够把它表示为一个图，只要把每一段弧 A，B 和 C 分拆成相交于一个公共端点的两段弧便可以了.

引理 64.1　设 X 是一个 θ 空间，并且它还是 S^2 的子空间，A，B 和 C 是弧，它们的并恰好是空间 X. 那么 X 将 S^2 分成三个分支，它们的边界分别是 $A\cup B$，$B\cup C$ 和 $A\cup C$. 以 $A\cup B$

作为边界的分支就是 $S^2-A\cup B$ 的分支之一.

证 设 a 和 b 是弧 A，B 和 C 的端点. 考虑简单闭曲线 $A\cup B$，它将 S^2 分成两个分支 U 和 U'，并且这两个分支都是 S^2 中的开集，具有公共边界 $A\cup B$. 参见图 64.3.

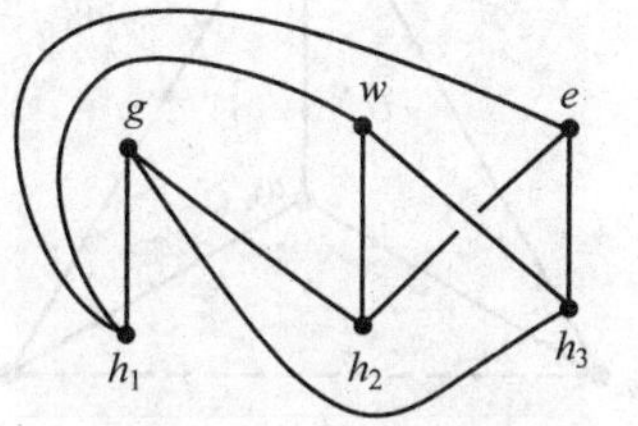

图 64.2

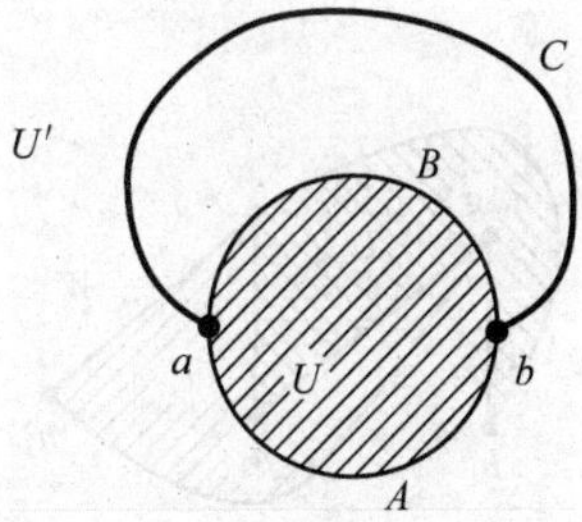

图 64.3

因为空间 $C-a-b$ 是连通的，所以包含在其中的一个分支中，不妨设为 U'. 现在考虑两个空间 $\bar{U}=U\cup A\cup B$ 和 C，它们都是连通的. 因为 C 是一段弧，$\bar{U}$ 的补是连通集 U'，所以两者都不能分割 S^2. 又因为这两个集合的交只有两个点 a 和 b，于是根据定理 63.5，它们的并将 S^2 分割成两个分支 V 和 W. 由此可见 $S^2-(A\cup B\cup C)$ 可以表示成三个无交连通集 U，V 和 W 的并. 因为这三个集合都是 S^2 中的开集，所以它们就是 $S^2-(A\cup B\cup C)$ 的分支，其中 U 的边界就是 $A\cup B$. 类似地，其他两个分支的边界分别为 $B\cup C$ 和 $A\cup C$. ■

定理 64.2 设 X 是气水电图. 则 X 不能嵌入平面.

证 如果 X 能嵌入到平面中，那么就能嵌入到 S^2 中，因此我们假设 X 是 S^2 的一个子空间，由此推出矛盾.

我们使用例 2 中的记号，g，w，e，h_1，h_2 和 h_3 是 X 的顶点. 设 A，B 和 C 是 X 中的弧：

$$A=gh_1w,$$
$$B=gh_2w,$$
$$C=gh_3w.$$

这三段弧中的任意两段只交于端点 g 和 w，因此 $Y=A\cup B\cup C$ 是一个 θ 空间. 空间 Y 将 S^2 分割为三个分支 U，V 和 W，它们的边界分别为 $A\cup B$，$B\cup C$ 和 $A\cup C$. 参见图 64.4.

X 的顶点 e 属于这三个分支之一，因此 X 中的弧 eh_1，eh_2 和 eh_3 都包含在这个分支的闭包中. 这个分支不可能是 U，因为 $\bar{U}$ 包含在 $U\cup A\cup B$ 中，这个集合不包含点 h_3. 类似地，包含 e 的分支也不可能是 V 和 W，因为 $\bar{V}$ 不包含 h_1，$\bar{W}$ 不包含 h_2. 从而推出矛盾. ■

引理 64.3 设 X 是 S^2 中以 a_1，a_2，a_3 和 a_4 为顶点的完全图. 则 X 将 S^2 分成四个分支. 设这四个分支的边界分别为 X_1，X_2，X_3 和 X_4，则每一个 X_i 就是 X 中不以 a_i 为顶点的那些边的并.

证 设 Y 是 X 中异于弧 a_2a_4 的所有弧的并. 我们可以按以下方式将 Y 表示成一个 θ 空间：

$$A=a_1a_2a_3,$$
$$B=a_1a_3,$$

$$C = a_1 a_4 a_3.$$

参见图 64.5. 弧 A，B 和 C 在端点 a_1 和 a_3 处相交，并且它们的并就是 Y.

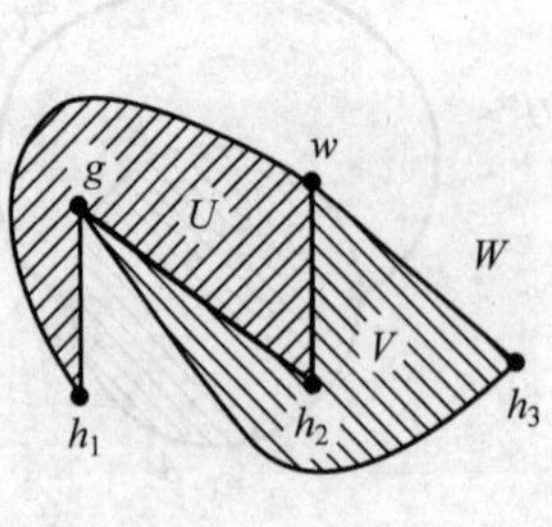

图　64.4

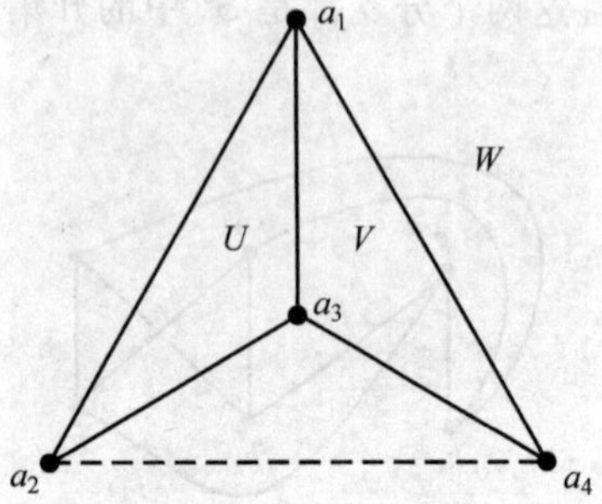

图　64.5

空间 Y 将 S^2 分割成三个分支 U，V 和 W，它们的边界分别是 $A \cup B$，$B \cup C$ 和 $A \cup C$. 空间 $a_2a_4 - a_2 - a_4$ 是连通的，必包含于这三个分支之一. 但它不包含于 U 中，因为 $A \cup B$ 不包含 a_4. 同时它也不包含于 V，因为 $B \cup C$ 不包含 a_2. 从而它只能包含于 W.

$\bar{U} \cup \bar{V}$ 是连通的，因为 $\bar{U}$ 和 $\bar{V}$ 是连通的，并且有非空的交 B. 进而，集合 $\bar{U} \cup \bar{V}$ 不分割 S^2，因为它的补是 W. 类似地，弧 a_2a_4 是连通的，不分割 S^2. 集合 a_2a_4 与 $\bar{U} \cup \bar{V}$ 仅交于 a_2 和 a_4. 根据定理 63.5，$a_2a_4 \cup \bar{U} \cup \bar{V}$ 将 S^2 分割为两个分支 W_1 和 W_2，所以 $S^2 - Y$ 是四个无交连通集合 U，V，W_1 和 W_2 的并. 因为这几个集合都是开集，所以它们便是 $S^2 - Y$ 的诸分支.

在这些分支中，不妨将其中之一设为 U，并以图 $A \cup B = X_4$ 作为边界. 通过类似的讨论可见，其他三个分支分别将 X_1，X_2 和 X_3 作为边界. ■

定理 64.4　五个顶点的完全图不能嵌入平面.

证　设 G 是 S^2 的子空间，并且是以 a_1，a_2，a_3，a_4 和 a_5 为五个顶点的完全图. 令 X 表示 G 的诸边中不以 a_5 为顶点的那些边之并，从而 X 是四个顶点的完全图. 于是 X 将 S^2 分割成四个分支，这四个分支的边界分别为 X_1，X_2，X_3 和 X_4，其中 X_i 是不以 a_i 为顶点的那些边构成的. 点 a_5 必属于这四个分支之一，于是那些以 a_5 为顶点的边之并构成的连通集合

$$a_1a_5 \cup a_2a_5 \cup a_3a_5 \cup a_4a_5$$

也必包含在这个分支的闭包中. 因此 a_1，…，a_4 都属于这个分支的边界. 但这是不可能的，因为没有哪个 X_i 能够包含所有四个顶点 a_1，…，a_4，于是产生了矛盾. ■

根据这些定理可以得到：若图 G 包含一个子图是气水电图或者是五个顶点的完全图，则 G 不能嵌入平面. 逆命题也是正确的，它是一个著名的定理，由 Kuratowski 证得，但证明并不容易.

习题

设 X 是一个空间，可表示为有限多段弧 A_1，…，A_n 的并，这些弧中的每一对最多交于一个公共端点.

(a)证明 X 是一个 Hausdorff 空间当且仅当每一段弧 A_i 都是 X 中的闭集.
(b)举例说明 X 可以不是一个 Hausdorff 空间. [提示:参见第 36 节中的习题 5.]

65 简单闭曲线的环绕数

若 h:$S^1 \to \mathbb{R}^2 - \mathbf{0}$ 是一个连续映射,则诱导出来的同态 h_* 将 S^1 的基本群的生成元映射为 $\mathbb{R}^2 - \mathbf{0}$ 的基本群的生成元的某整数幂. 这个整数幂 n 就称为 h 相对于 $\mathbf{0}$ 的**环绕数**(winding number). 它刻画了 h"绕着原点缠绕了 S^1"多少圈. 它的正负号当然依赖于生成元的选取. 参见图 65.1. 在下一节中我们将对此予以更正式的介绍.

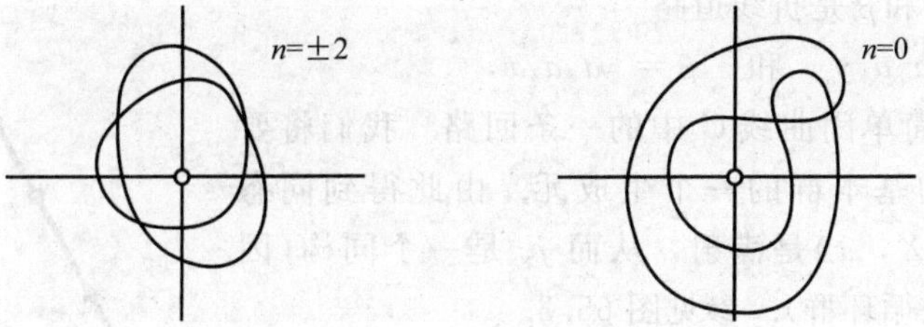

图 65.1

现在,我们提出这样一个问题:如果 h 是一个单射,也就是说,如果 h 是 S^1 与 $\mathbb{R}^2 - \mathbf{0}$ 中一条简单闭曲线 C 的同胚,关于 h 的环绕数会有什么结论呢? 根据图 65.2 可以做出这样一个明显的猜测:如果 $\mathbf{0}$ 属于 $\mathbb{R}^2 - C$ 的一个无界分支,那么 $n=0$. 然而,如果 $\mathbf{0}$ 属于一个有界分支,那么 $n=\pm 1$.

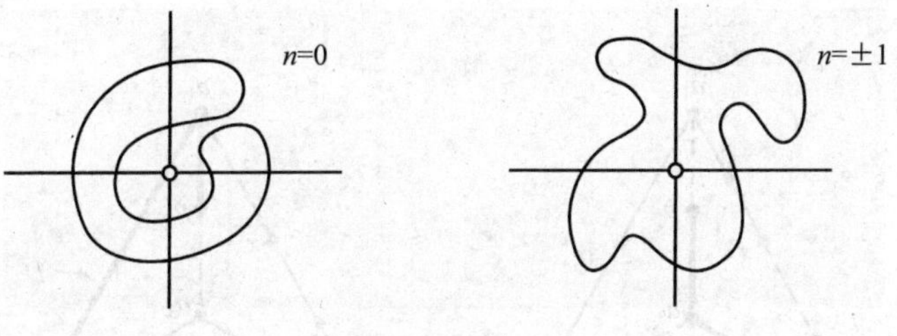

图 65.2

第一个猜测是容易证明的,因为根据引理 61.2,如果 $\mathbf{0}$ 属于 $\mathbb{R}^2 - C$ 的一个无界分支,那么 h 是零伦的. 另一方面,第二个猜测却是惊人的困难,实际上这是一个相当深刻的结论. 在本节中我们将证明它.

如常,我们用 S^2 代替 $\mathbb{R}^2 \cup \{\infty\}$,设 p 为对应 $\mathbf{0}$ 的点,q 是对应 ∞ 的点. 这时我们的猜测可以重新整理为:如果 C 是 S^2 中的一条简单闭曲线,设 p 和 q 属于 $S^2 - C$ 的不同分支,那么内射 j:$C \to S^2 - p - q$ 便诱导出基本群之间的一个同构. 这便是我们将要证明的结论.

首先,我们证明上述结论在简单闭曲线 C 包含于一个四顶点的完全图时成立. 然后再证明一般情况.

引理 65.1 设 G 是 S^2 的一个子空间,并且 G 是以 a_1,…,a_4 为顶点的完全图. 设 C 是

子图 $a_1a_2a_3a_4a_1$，它是一条简单闭曲线．设 p 和 q 分别表示两个边 a_1a_3 和 a_2a_4 的内点．那么：

(a)点 p 和 q 属于 S^2-C 的不同分支．

(b)内射 $j: C\to S^2-p-q$ 诱导出基本群之间的一个同构．

证　(a)如引理 64.3 的证明中一样，θ 空间 $C\cup a_1a_3$ 将 S^2 分割为三个分支 U，V 和 W．这三者之一，譬如说 W，将 C 作为其边界．这是唯一一条边界包含 a_2 和 a_4 的分支．因此，$a_2a_4-a_2-a_4$ 必包含于 W，于是 q 属于 W．当然 p 不能属于 W，因为 p 属于 θ 空间 $C\cup a_1a_3$．根据引理 64.1，W 是 S^2-C 的一个分支．因此 p 和 q 属于 S^2-C 的不同分支．

(b)设 $X=S^2-p-q$．证明思想如下：选取点 x 为弧 a_1a_2 内部的一个点，点 y 为弧 a_3a_4 内部的一个点，令 α 和 β 是折线道路

$$\alpha = xa_1a_4y \quad 和 \quad \beta = ya_3a_2x,$$

那么 $\alpha*\beta$ 是包含在简单闭曲线 C 中的一条回路．我们将要证明 $\alpha*\beta$ 代表 X 的基本群的一个生成元．由此得到同态 $j_*: \pi_1(C, x)\to\pi_1(X, x)$ 是满射，从而 j_* 是一个同构(因为所涉及的群是无限循环群)．参见图 65.3.

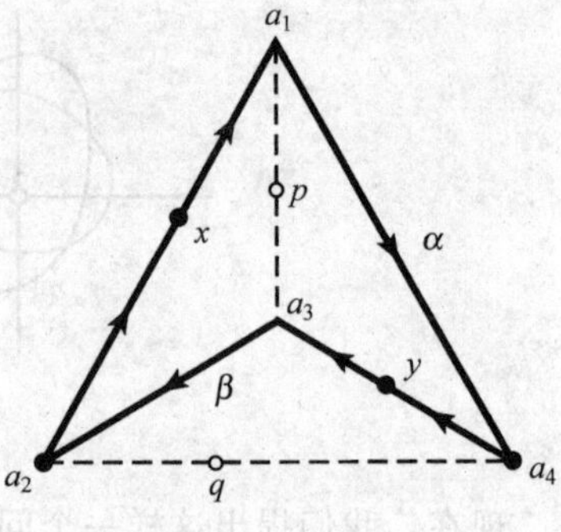

图　65.3

设 D_1 和 D_2 是弧

$$D_1 = pa_3a_2q \quad 和 \quad D_2 = qa_4a_1p,$$

令 $U=S^2-D_1$，$V=S^2-D_2$．参见图 65.4．那么 $X=U\cup V$，并且 $U\cap V=S^2-D$，其中 D 是简单闭曲线 $D=D_1\cup D_2$．因此，根据 Jordan 曲线定理，$U\cap V$ 有两个分支．进而，由于 D 就是简单闭曲线 $a_1a_3a_2a_4a_1$，所以根据结论(a)可见，分别属于图 G 另外两条边的内部的点 x 和 y 属于 S^2-D 的两个不同分支．

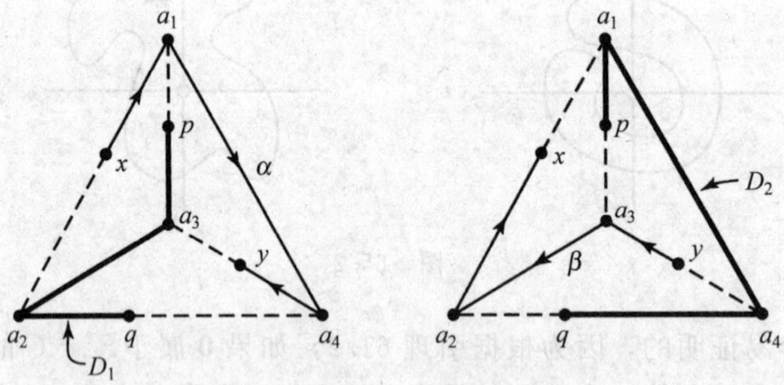

图　65.4

因此满足定理 63.1 的假设．α 是 U 中从 x 到 y 的一条道路，β 是 V 中从 y 到 x 的一条道路．因为 X 的基本群是无限循环群，所以回路 $\alpha*\beta$ 代表这个群中的一个生成元．■

现在我们来证明主要定理．

定理 65.2　设 C 是 S^2 中的一条简单闭曲线，p 和 q 属于 S^2-C 的不同分支，那么内射 j：$C\to S^2-p-q$ 诱导基本群之间的同构．

证　证明过程中需要构造一个以 C 为子图的四顶点完全图．

第一步．设 a，b 和 c 是 $\mathbb{R}^2$ 中的三个互异点．如果 A 是以 a 和 b 为端点的弧，B 是以 b 和 c 为端点的弧，那么便有一条包含在 $A\cup B$ 中的弧以 a 和 c 为端点．

选取一条从 a 到 b 的道路 f：$I\to A$ 和一条从 b 到 c 的道路 g：$I\to B$，使得 f 和 g 都是同胚．设 t_0 是 I 中满足条件 $f(t_0)\in B$ 的最小点，t_1 是 I 中满足条件 $g(t_1)=f(t_0)$ 的点．那么集合 $f([0, t_0])\cup g([t_1, 1])$ 就是所求的弧．（若 $t_0=0$ 或 $t_1=1$，则这些集合中的某一个为单点集.）参见图 65.5．

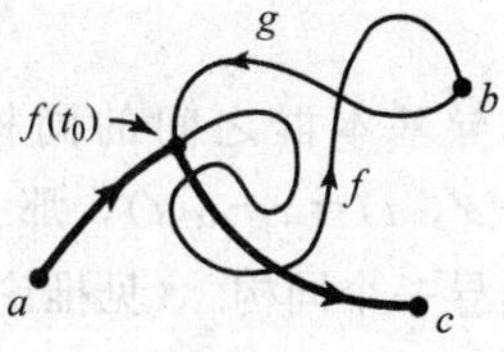

图 65.5

第二步．我们证明如果 U 是 $\mathbb{R}^2$ 中的开集，那么对于 U 中的任何两个点，如果它们能够由 U 中的道路连接的话，这两个点一定是 U 中某一个弧的端点．

对于 x，$y\in U$，定义 $x\sim y$，如果 $x=y$ 或存在 U 中的道路以 x 和 y 为端点．第一步的结论说明这是一个等价关系．等价类是开集，因为如果 x 的 ε-邻域包含在 U 中，那么这个邻域就是由等价于 x 的点构成的．因为 U 是连通的，故只有一个这样的等价类．

第三步．设 C 是 $\mathbb{R}^2$ 中的一条简单闭曲线．我们构造 $\mathbb{R}^2$ 中的一个子空间 G，它是以 a_1，…，a_4 为四个顶点的完全图，并且 C 等于子图 $a_1a_2a_3a_4a_1$．

为方便起见，我们假设 $\mathbf{0}$ 属于 $\mathbb{R}^2-C$ 的一个有界分支．考虑 $\mathbb{R}^2$ 中的 x 轴 $\mathbb{R}\times 0$．令 a_1 表示 x 轴的负半轴中包含在 C 中的最大点，a_3 表示 x 轴的正半轴中包含在 C 中的最小点，那么线段 a_1a_3 包含在 $\mathbb{R}^2-C$ 的有界分支的闭包中．

将 C 表示为两个端点为 a_1 和 a_3 的弧 C_1 和 C_2 的并．设 a 是 $\mathbb{R}^2-C$ 的无界分支的一个点．因为 C_1 和 C_2 不能将 $\mathbb{R}^2$ 分割，所以我们能选取从 a 到 $\mathbf{0}$ 的两条道路 α：$I\to\mathbb{R}^2-C_1$ 和 β：$I\to\mathbb{R}^2-C_2$，根据第二步，我们可以假设 α 和 β 是单射．设 $a_2=\alpha(t_0)$，其中 t_0 是满足 $\alpha(t_0)\in C$ 的最小的数，那么 a_2 是 C_2 的一个内点．类似地，设 $a_4=\beta(t_1)$，其中 t_1 是满足 $\beta(t_1)\in C$ 的最小点，那么 a_4 是 C_1 的内点．于是 $\alpha([0, t_0])$ 和 $\beta([0, t_1])$ 分别是连接 a 与 a_2 和 a_4 的弧．由第二步，它们的并包含一段端点为 a_2 和 a_4 的弧，并且这段弧与 C 仅交于这两个点．这段弧以及线段 a_1a_3 和曲线 C 一起构成了所求的图．参见图 65.6．

第四步．根据第三步的结论和前述引理可得：对于包含在 S^2-C 的不同分支中的某两个点 p 和 q，内射 j：$C\to S^2-p-q$ 诱导出基本群之间的同构．为完成定理的证明，我们只需要证明的是：对于包含在 S^2-C 的不同分支中的任意两个点 p 和 q 结论都成立．为此，需要证明以下事实：

设 D 是 $\mathbb{R}^2$ 中的简单闭曲线，$\mathbf{0}$ 属于 $\mathbb{R}^2-D$ 的一个有界分支．p 是这个分支中的另一个点．如果内射 j：$D\to\mathbb{R}^2-\mathbf{0}$ 诱导出基本群之间的同构，那么内射 k：$D\to\mathbb{R}^2-p$ 也诱导出基本群之间的同构．

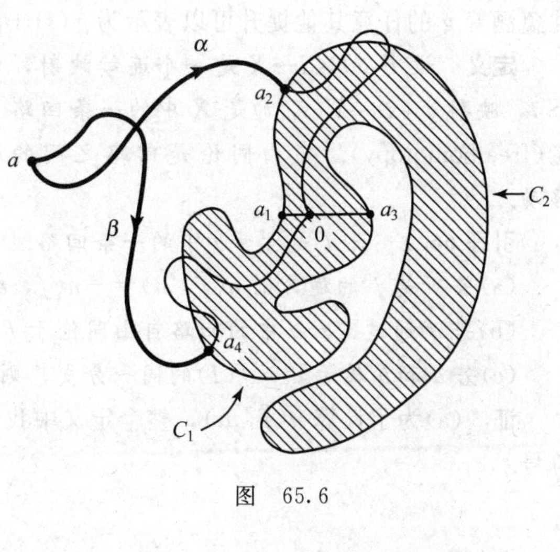

图 65.6

设 f：$\mathbb{R}^2-p\to\mathbb{R}^2-\mathbf{0}$ 表示同胚 $f(x)=x-p$. 需要证明映射

$$D\xrightarrow{k}\mathbb{R}^2-p\xrightarrow{f}\mathbb{R}^2-\mathbf{0}$$

诱导基本群之间的同构. 设 α 是 $\mathbb{R}^2-D$ 中从 $\mathbf{0}$ 到 p 的道路，F：$D\times I\to\mathbb{R}^2-\mathbf{0}$ 是映射 $F(x,t)=x-\alpha(t)$，那么 F 是 j 和 $f\circ k$ 间的一个同伦. 因为 j 诱导出一个同构，所以 $f\circ k$ 也诱导一个同构.（见推论 58.5.）■

这个定理是代数拓扑中的一个十分深刻的定理的特殊情况. 代数拓扑中的那个定理考虑的是 S^{m+n+1} 的两两无交子空间的“关联数”，这两个无交子空间分别同胚于 m-维球面和 n-维球面. 这与 Alexander 对偶定理有关.（见[Mu]，433 页.）我们的定理是在 S^2 中讨论一个 0 维球面(即两点空间)和一个 1 维球面(即简单闭曲线)这种特殊情况.

66　Cauchy 积分公式

复变函数论研究的核心定理之一便是解析函数的 Cauchy 积分公式. 对于这个定理的经典形式而言，作为预备知识我们不仅需要 Jordan 曲线定理，并且还需要上一节中介绍的环绕数定理. Cauchy 积分公式有一个另类表达方式，它不需要用到这些结论. 尽管这个表达方式使人感到有些别扭，但却经常出现在有关的教材之中.

由于我们已经掌握了 Jordan 曲线定理，所以我们给自己规定的任务是从那个另类表达方式出发来推导经典形式的 Cauchy 积分公式.

我们先更为正式地介绍“环绕数”这个概念.

定义　设 f 是 $\mathbb{R}^2$ 中的一条回路，点 a 不是 f 的像点. 令

$$g(s)=[f(s)-a]/\|f(s)-a\|,$$

那么 g 是 S^1 中的一条回路. 设 p：$\mathbb{R}\to S^1$ 是标准覆叠映射，$\tilde{g}$ 为 g 到 S^1 的提升. 由于 g 是一条回路，所以差 $\tilde{g}(1)-\tilde{g}(0)$ 是整数. 这个整数就称为 **f 关于 a 的环绕数**(winding number of f with respect to a)，记为 $n(f,a)$.

注意 $n(f,a)$ 并不依赖于 g 的提升的选取. 因为如果 $\tilde{g}$ 是 g 的一个提升，那么提升的唯一性蕴涵着 g 的任意其他提升可以表示为 $\tilde{g}(s)+m$，其中 m 是某个整数.

定义　设 F：$I\times I\to X$ 是一个连续映射，对任意 t 有 $F(0,t)=F(1,t)$. 那么对于每一个 t，映射 $f_t(s)=F(s,t)$ 是 X 中的一条回路. 映射 f 称为回路 f_0 和 f_1 之间的一个**自由同伦**(free homotopy). 自由同伦是回路之间的一个同伦，在同伦的过程中回路的基点允许移动.

引理 66.1　设 f 是 $\mathbb{R}^2-a$ 中的一条回路.

(a)若 $\bar{f}$ 是 f 的逆，则 $n(\bar{f},a)=-n(f,a)$.

(b)若 f 通过 $\mathbb{R}^2-a$ 中的回路自由同伦于 f'，则 $n(f,a)=n(f',a)$.

(c)若 a 和 b 属于 $\mathbb{R}^2-f(I)$ 的同一分支，则 $n(f,a)=n(f,b)$.

证　(a)为了计算 $n(\bar{f},a)$，整个定义中我们用 $1-s$ 代替 s. 这恰好改变了 $\tilde{g}(1)-\tilde{g}(0)$ 的符号.

(b)设 F 是 f 和 f' 之间的自由同伦. 定义 $G: I\times I\to S^1$ 为

$$G(s,t)=[F(s,t)-a]/\|F(s,t)-a\|.$$

令 $\widetilde{G}$ 是 G 到 $\mathbb{R}$ 的提升. 则对于每一个 t, $\widetilde{G}(1, t)-\widetilde{G}(0, t)$ 是一个整数. 又根据连续性, 它是一个常数.

(c)设 α 是 $\mathbb{R}^2-f(I)$ 中从 a 到 b 的道路. 根据定义, $n(f, a)=n(f-a, \mathbf{0})$. 因为 $f(s)-\alpha(t)$ 是 $\mathbb{R}^2-\mathbf{0}$ 中 $f-a$ 和 $f-b$ 之间的自由同伦, 由此我们的结论成立. ■

定义 设 f 是 X 中的一条回路. 我们称 f 是**简单回路**(simple loop), 如果只在 $s=s'$ 或 s, s' 中一个为 0, 另一个为 1 的情况下才有 $f(s)=f(s')$. 如果 f 是一条简单回路, 那么它的像集便是 X 中的一条简单闭曲线.

定理 66.2 设 f 是 $\mathbb{R}^2$ 中的一条简单回路. 若 a 属于 $\mathbb{R}^2-f(I)$ 的一个无界分支, 则 $n(f, a)=0$. 若 a 属于一个有界分支, 则 $n(f, a)=\pm1$.

证 由于 $n(f, a)=n(f-a, \mathbf{0})$, 我们可以只讨论 $a=\mathbf{0}$ 这种情形. 进而, 可以假定 f 的基点在正 x 轴上. 因为我们可以旋转 $\mathbb{R}^2-\mathbf{0}$ 使得 f 的基点到达这种位置, 旋转过程中 f 的改变过程是一个自由同伦的过程, 所以对于定理的结论没有影响.

设 f 是 $X=\mathbb{R}^2-\mathbf{0}$ 中的一条简单回路, 其基点 x_0 位于正 x 轴上. 设 C 为简单闭曲线 $f(I)$. 以下证明, 当 $\mathbf{0}$ 在 $\mathbb{R}^2-C$ 的有界分支中时, $[f]$ 生成 $\pi_1(X, x_0)$. 当 $\mathbf{0}$ 在 $\mathbb{R}^2-C$ 的无界分支中时, $[f]$ 是平凡的.

通过标准的商映射 $p: I\to S^1$, 映射 f 诱导出一个同胚 $h: S^1\to C$. 元素 $[p]$ 生成 S^1 的基本群, 所以 $h_*[p]$ 生成 C 的基本群. 如果 $\mathbf{0}$ 在 $\mathbb{R}^2-C$ 的有界分支中, 定理 65.2 告诉我们 $j_*h_*[p]=[f]$ 生成 $\mathbb{R}^2-\mathbf{0}$ 的基本群, 其中 $j: C\to\mathbb{R}^2-\mathbf{0}$ 是内射. 另一方面, 如果 $\mathbf{0}$ 在 $\mathbb{R}^2-C$ 的无界分支中, 则根据引理 61.2, $j\circ h$ 是零伦的, 所以 $[f]$ 是平凡的.

我们来证明: 若 $[f]$ 生成 $\pi_1(X, x_0)$, 则 $n(f, \mathbf{0})=\pm1$. 若 $[f]$ 是平凡的, 则 $n(f, \mathbf{0})=0$. 由于从 $\mathbb{R}^2-\mathbf{0}$ 到 S^1 上的收缩 $x\to x/\|x\|$ 诱导基本群之间的同构, 回路 $g(s)=f(s)/\|f(s)\|$ 在第一种情形下代表 $\pi_1(S^1, b_0)$ 的一个生成元, 而在第二种情形下则代表单位元. 考察定理 54.5 的证明中的同构 $\phi: \pi_1(S^1, b_0)\to\mathbb{Z}$, 我们便会发现当将 g 提升为 $\mathbb{R}$ 中的一条以 0 为起点的道路 $\tilde{g}$ 时, 在第一种情形下, 道路 $\tilde{g}$ 将在 ±1 处终结. 而在第二种情形下, 将在 0 处终结. ■

定义 设 f 是 $\mathbb{R}^2$ 中的一条简单回路. 称 f 是**逆时针**(counterclockwise)回路, 如果对于 $\mathbb{R}^2-f(I)$ 的有界分支中的某一个点(因此对于每一个点) a 有 $n(f, a)=+1$. 称 f 为**顺时针**(clockwise)回路, 如果 $n(f, a)=-1$. 因此标准回路 $p(s)=(\cos2\pi s, \sin2\pi s)$ 是逆时针回路.

在复变函数中的应用

我们现在来讨论环绕数与复线积分之间的关联.

引理 66.3 设 f 是复平面上的一条分段可微的回路, a 是一个不在 f 的像中的点. 则

$$n(f,a)=\frac{1}{2\pi i}\int_f\frac{dz}{z-a}.$$

这个等式常用来定义 f 的环绕数.

证　这个引理的证明是一个简单的计算练习．设 p：$\mathbb{R}\to S^1$ 是标准覆叠映射．令 $r(s)=\|f(s)-a\|$，$g(s)=[f(s)-a]/r(s)$．设 $\tilde{g}$ 是 g 到 $\mathbb{R}$ 上的提升，$\theta(s)=2\pi\tilde{g}(s)$．则 $f(s)-a=r(s)\exp(\mathrm{i}\theta(s))$，因此

$$\begin{aligned}\int_f\frac{\mathrm{d}z}{z-a}&=\int_0^1[(r'\mathrm{e}^{\mathrm{i}\theta}+\mathrm{i}r\theta'\mathrm{e}^{\mathrm{i}\theta})/r\mathrm{e}^{\mathrm{i}\theta}]\mathrm{d}s\\&=[\log r(s)+\mathrm{i}\theta(s)]_0^1\\&=\mathrm{i}[\theta(1)-\theta(0)]\\&=2\pi\mathrm{i}[\tilde{g}(1)-\tilde{g}(0)].\end{aligned}$$

■

定理 66.4[**Cauchy 积分公式的经典形式**(Cauchy integral formula—classical version)]　设 C 是复平面上的一条分段可微的简单闭曲线，B 是 $\mathbb{R}^2-C$ 的一个有界分支．如果 $F(z)$ 在包含 B 和 C 的开集 Ω 上是解析的，那么对于 B 中的每一个点 a 都有

$$F(a)=\pm\frac{1}{2\pi\mathrm{i}}\int_C\frac{F(z)}{z-a}\mathrm{d}z.$$

其中，若 C 是逆时针定向的，上式中的符号取"＋"，反之则取"－"．

证　我们从 Ahlfors[A]中证明的形式出发来推导这个公式．在 Ahlfors[A]中陈述的定理是：

设 F 在区域 Ω 上是解析的，f 在 Ω 上是一条分段可微的回路．假设对不在 Ω 中的每个点 b，有 $n(f,b)=0$．若 $a\in\Omega$ 并且 a 不是 f 的像点，则

$$n(f,a)\cdot F(a)=\frac{1}{2\pi\mathrm{i}}\int_f\frac{F(z)}{z-a}\mathrm{d}z.$$

现在我们将这个结果用到简单闭曲线 C 的一个分段可微参数化 f 上．当 b 不在 Ω 中时，$n(f,b)=0$ 成立，因为每一个这样的 b 都属于 $\mathbb{R}^2-C$ 的无界分支．进而，当 $a\in B$ 时，根据定理 66.2，$n(f,a)=\pm1$，其符号依赖于 C 的定向．定理证毕．■

注意，如果没有关于 Jordan 曲线定理的知识，我们甚至不能将 Cauchy 积分定理的经典形式陈述清楚．为了给出证明，我们还要用到关于简单闭曲线的环绕数的知识．有趣的是，后一结果可以用一个完全不同的方法来证明(至少，对于可微的情形是如此)．这个方法就是应用在分析中证明的 Green 定理的一般形式．我们在习题 2 中给出了一个证明概要．

习题

1. 设 f 是 $\mathbb{R}^2-a$ 中的一条回路，$g(s)=[f(s)-a]/\|f(s)-a\|$．映射 g 通过标准商映射 p：$I\to S^1$ 诱导出一个连续映射 h：$S^1\to S^1$．证明 $n(f,a)$ 等于 h 的度，其定义见第 58 节中的习题 9.
2. 这个练习要求熟悉流形分析．

   定理　设 C 是 $\mathbb{R}^2$ 中的一条简单闭曲线，并且是 $\mathbb{R}^2$ 中的光滑子流形．设 f：$I\to C$ 是一条简单回路，它光滑地参数化 C．若 $\mathbf{0}$ 是 $\mathbb{R}^2-C$ 的有界分支的一个点，那么 $n(f,\mathbf{0})=\pm1$.

   证明：设 U 是 $\mathbb{R}^2-C$ 的有界分支，B 是 U 中的一个以 $\mathbf{0}$ 为圆心的 ϵ-闭球．设 $S=\mathrm{Bd}B$，M 是

$U-B$ 的闭包.

(a)证明 M 是一个以 $C\cup S$ 为边界的 2-维光滑流形.

(b)应用 Green 定理证明 $\int_C dz/z=\pm\int_S dz/z$,其中符号依赖于 S 和 C 的定向.[提示:令 $P=-y/(x^2+y^2)$,$Q=x/(x^2+y^2)$.]

(c)证明第二个积分等于 $\pm 2\pi i$.

第 11 章 Seifert-van Kampen 定理

67 阿贝尔群的直和

本节我们只考虑阿贝尔群①．通常，我们将这种群中的运算写作加法．用 0 表示群中的单位元，$-x$ 表示 x 的逆元，nx 表示 n 个 x 的和 $x+\cdots+x$.

设 G 是一个阿贝尔群，$\{G_\alpha\}_{\alpha\in J}$ 为 G 的子群的一个加标族．若 G 中的每一个元素 x 可以表示为群族② G_α 中有限个成员之和，则称群族 G_α **生成**(generate)G．由于 G 为阿贝尔群，我们总可以经过适当分组，使得每一组中的元素都在同一子群 G_α 中．因此 x 可以表示成以下形式：

$$x = x_{\alpha_1} + \cdots + x_{\alpha_n},$$

其中指标 $\{\alpha_i\}$ 是两两不同的.从而,我们经常将 x 写成形式和 $x=\sum_{\alpha\in J} x_\alpha$,其中当 α 不是 $\alpha_1,\cdots,\alpha_n$ 中的某一个时,约定 $x_\alpha=0$.

如果群族 G_α 生成 G,则称 G 为群族 G_α 的**和**(sum),记作 $G=\sum_{\alpha\in J} G_\alpha$,而当指标集为有限指标集 $\{1,\cdots,n\}$ 时,也记作 $G=G_1+\cdots+G_n$.

设群族 G_α 生成 G，并且对于每一个 $x\in G$，x 的表示 $x=\sum x_\alpha$ 是唯一的．也就是说，假定对于每一个 $x\in G$，只有一个 J-串 $(x_\alpha)_{\alpha\in J}$ 使得除有限个 α 外都有 $x_\alpha=0$，并且 $x=\sum x_\alpha$．这时 G 称为群族 G_α 的**直和**(direct sum)，记作

$$G=\bigoplus_{\alpha\in J} G_\alpha,$$

当指标集有限时，也记作 $G=G_1\oplus\cdots\oplus G_n$.

例 1 笛卡儿积 $\mathbb{R}^\omega$ 关于按坐标相加的运算构成阿贝尔群．当 $i\neq n$ 时，使得 $x_i=0$ 的所有元素串 (x_i) 所构成的集合 G_n 是一个同构于 $\mathbb{R}$ 的子群．群族 G_n 生成 $\mathbb{R}^\omega$ 的子群 $\mathbb{R}^\infty$，事实上，$\mathbb{R}^\infty$ 是这些群的直和. ■

下面的引理指出了直和的一个有用的特征，称为直和的**扩展条件**(extension condition).

引理 67.1 设 G 是一个阿贝尔群，$\{G_\alpha\}$ 为 G 的子群的一个族．若 G 为群族 G_α 的直和，则 G 满足以下条件：

(∗)对于任何阿贝尔群 H 以及任何同态 h_α：$G_\alpha\to H$ 的族，存在一个同态 h：$G\to H$，使得对于每一个 α，h 在 G_α 上的限制等于 h_α.

此外，h 还是唯一的．反之，如果群族 G_α 生成 G 并且扩展条件(∗)成立，则 G 为群族 G_α 的直和.

---

① 阿贝尔群便是交换群，后文中阿贝尔化便是交换化．——译者注

② 本书从此往后多处使用英语中的复数形式表示由某些对象构成的族．例如，此处用“the groups G_α”表示由群 G_α 构成的族，其中 α 取遍某指标集．我们将“the groups G_α”译为“群族 G_α”以配合原书的行文习惯．无论是原文或中译的表达方式都不够规范，但也都不至于引起误解．规范的中文表达方式应当是“群族 $\{G_\alpha\}$”．——译者注

证 我们首先证明：如果 G 具有上述扩展性质，则 G 为群族 G_α 的直和. 假设 $x=\sum x_\alpha=\sum y_\alpha$，我们来证明对任何指标 β 有 $x_\beta=y_\beta$. 令 H 表示群 G_β，设 h_α：$G_\alpha\to H$ 满足以下条件：当 $\alpha\neq\beta$ 时为平凡同态，当 $\alpha=\beta$ 时为恒等同态. 设 h：$G\to H$ 为由假设给出的同态族 h_α 的扩充，则

$$h(x)=\sum h_\alpha(x_\alpha)=x_\beta,$$
$$h(x)=\sum h_\alpha(y_\alpha)=y_\beta.$$

于是 $x_\beta=y_\beta$.

以下证明：如果 G 为群族 G_α 的直和，则扩展条件成立. 对于给定的同态 h_α，我们定义 $h(x)$ 如下：若 $x=\sum x_\alpha$，令 $h(x)=\sum h_\alpha(x_\alpha)$. 由于此处为有限和，所以上述定义有意义. 由于 x 的表示是唯一的，所以 h 的定义是确切的. 易于验证，h 即为所求的同态. 由于对于每一个 α，h 在 G_α 上的限制等于 h_α 时，h 必定满足上述等式，因此 h 是唯一的. ■

这个引理使得有关直和的许多结果易于证明.

推论 67.2 设 $G=G_1\oplus G_2$. 假定 G_1 为子群族 $\{H_\alpha\}_{\alpha\in J}$ 的直和，G_2 为子群族 $\{H_\beta\}_{\beta\in K}$ 的直和，其中指标集 J 与 K 无交. 则 G 为子群族 $\{H_\gamma\}_{\gamma\in J\cup K}$ 的直和.

证 若 h_α：$H_\alpha\to H$ 和 h_β：$H_\beta\to H$ 皆为同态族，根据上述引理，它们的扩充同态为 h_1：$G_1\to H$ 和 h_2：$G_2\to H$. 从而 h_1 和 h_2 可以扩充为同态 h：$G\to H$. ■

作为例子，上述推论蕴涵着下列事实：

$$(G_1\oplus G_2)\oplus G_3=G_1\oplus G_2\oplus G_3=G_1\oplus(G_2\oplus G_3).$$

推论 67.3 若 $G=G_1\oplus G_2$，则 G/G_2 同构于 G_1.

证 设 $H=G_1$，h_1：$G_1\to H$ 为恒等同态，h_2：$G_2\to H$ 为平凡同态. 假定 h：$G\to H$ 为 G 的扩充. 则 h 是以 G_2 为核的满射. ■

在许多场合，人们希望对给定的阿贝尔群的一个族 $\{G_\alpha\}$ 找到一个群 G 使得它含有同构于 G_α 的子群 G'_α，并且 G 还是这些子群的直和. 事实上，这总是可以办到的. 为此，我们需要引入外直和这个概念.

定义 设 $\{G_\alpha\}_{\alpha\in J}$ 为阿贝尔群的一个加标族. 假定 G 是一个阿贝尔群，i_α：$G_\alpha\to G$ 是单同态的一个族，使得 G 为群族 $i_\alpha(G_\alpha)$ 的直和，那么称 G 为群族 G_α 的关于单同态族 i_α 的**外直和**(external direct sum).

当然，群 G 并不唯一. 然而我们将证明在不区别同构的群的意义下它是唯一的. 这里有一个构造 G 的办法.

定理 67.4 对于给定的阿贝尔群的一个族 $\{G_\alpha\}_{\alpha\in J}$，存在一个阿贝尔群 G 和单同态的一个族 i_α：$G_\alpha\to G$，使得 G 为群族 $i_\alpha(G_\alpha)$ 的直和.

证 首先考虑笛卡儿积

$$\prod_{\alpha\in J}G_\alpha.$$

如果我们通过按坐标相加来定义两个 J-元素串的加法，那么它是一个阿贝尔群. 设 G 是一个以 $(x_\alpha)_{\alpha\in J}$ 作为其元素的笛卡儿积的子群，其中 $(x_\alpha)_{\alpha\in J}$ 满足以下条件：除去有限多个 α 之外，$x_\alpha=0_\alpha$，0_α 是 G_α 的单位元. 对于给定的指标 β，定义 i_β：$G_\beta\to G$ 使得 $i_\beta(x)$ 以 x 为其第 β 个坐

标，并且对于任何 $\alpha\neq\beta$ 以 0_α 为其第 α 个坐标. 易见，i_β 为单同态. 由于 G 的每一个元素 $\boldsymbol{x}$ 仅有有限个坐标不是单位元，也易见，G 中的每一个元素 $\boldsymbol{x}$ 可以唯一地表示成群族 $i_\beta(G_\beta)$ 中的元素的有限和. ■

可以直接将刻画直和的扩展条件转化为刻画外直和的扩展条件.

定理 67.5　设 $\{G_\alpha\}_{\alpha\in J}$ 为阿贝尔群的一个加标族，G 是一个阿贝尔群，i_α：$G_\alpha\to G$ 为同态的一个族. 如果每一个 i_α 都是单同态，并且 G 是群族 $i_\alpha(G_\alpha)$ 的直和，则 G 满足以下扩展条件：

(∗)对于任何阿贝尔群 H 以及任何同态族 h_α：$G_\alpha\to H$，存在一个同态 h：$G\to H$，使得对于每一个 α 都有 $h\circ i_\alpha=h_\alpha$.

此外，h 还是唯一的. 反之，如果群族 $i_\alpha(G_\alpha)$ 生成 G 并且扩展条件(∗)成立，则每一个 i_α 都是单同态，并且 G 为群族 $i_\alpha(G_\alpha)$ 的直和.

证　只要证明：如果扩展条件成立，则每一个 i_α 为单同态. 对于任意给定的指标 β，令 $H=G_\beta$ 以及 h_α：$G_\alpha\to H$ 满足以下条件：当 $\alpha=\beta$ 时为恒等同态，当 $\alpha\neq\beta$ 时为平凡同态. 令 h：$G\to H$ 表示满足假设条件的扩充，则特别有 $h\circ i_\beta=h_\beta$，这蕴涵着 i_β 为单射. ■

一个直接的推论便是直和的唯一性定理.

定理 67.6[直和的唯一性(uniqueness of direct sum)**]**　设 $\{G_\alpha\}_{\alpha\in J}$ 为阿贝尔群的一个族. 设 G 和 G' 都是阿贝尔群，i_α：$G_\alpha\to G$ 和 i'_α：$G_\alpha\to G'$ 都是单同态族，其中 G 是群族 $i_\alpha(G_\alpha)$ 的直和，G' 是群族 $i'_\alpha(G_\alpha)$ 的直和. 则存在一个唯一同构 ϕ：$G\to G'$ 使得 $\phi\circ i_\alpha=i'_\alpha$ 对于每一个 α 成立.

证　应用前面的引理.（这是第四次!）由于 G 为群族 G_α 的外直和，$\{i'_\alpha\}$ 是同态的一个族，所以存在一个唯一同态 ϕ：$G\to G'$ 使得 $\phi\circ i_\alpha=i'_\alpha$ 对于每一个 α 成立. 类似地，由于 G' 是群族 G_α 的外直和，并且 $\{i_\alpha\}$ 是同态的一个族，从而存在一个唯一同态 ψ：$G'\to G$ 使得 $\psi\circ i'_\alpha=i_\alpha$ 对于每一个 α 成立. 于是 $\psi\circ\phi$：$G\to G$ 使得 $\psi\circ\phi\circ i_\alpha=i_\alpha$ 对于每一个 α 成立. 由于 G 的恒等映射具有如上性质，根据引理的唯一性部分得知：$\psi\circ\phi$ 必为 G 上的恒等映射. 同理，$\phi\circ\psi$ 也必为 G' 上的恒等映射. ■

如果 G 为相对于单同态族 i_α 的群族 G_α 的外直和，我们有时也将 G 写成 $G=\bigoplus G_\alpha$，尽管群族 G_α 不是 G 的子群. 也就是说，我们等同群 G_α 与其在 i_α 下的像，然后将 G 视为通常的直和，而不是外直和. 具体情况可依照上下文而定.

以下我们来讨论自由阿贝尔群.

定义　设 G 是一个阿贝尔群，$\{a_\alpha\}$ 是 G 中元素的一个加标族，G_α 是由 a_α 生成的 G 的子群. 如果群族 G_α 生成 G，我们也称元素族 a_α 生成 G. 如果每一个群 G_α 都是无限循环群，并且 G 为群族 G_α 的直和，则称 G 为以元素族 $\{a_\alpha\}$ 为**基**(base)的**自由阿贝尔群**(free Abelian group).

直和的扩展条件蕴涵着以下自由阿贝尔群的扩展条件.

引理 67.7　设 G 是一个阿贝尔群，$\{a_\alpha\}_{\alpha\in J}$ 为 G 中元素的一个族，它们生成 G. 则 G 是一个以 $\{a_\alpha\}$ 为基的自由阿贝尔群的充分必要条件是，对于任何一个阿贝尔群 H 以及 H 中任意元素的一个族 $\{y_\alpha\}$，存在一个 G 到 H 的同态 h 使得 $h(a_\alpha)=y_\alpha$ 对于每一个 α 成立. 这时，h 是唯一的.

证 令 G_α 表示由 a_α 生成的 G 的子群. 首先假定扩展性质成立. 我们来证明每一个 G_α 都是无限循环群. 假设有某个指标 β 使得元素 a_β 生成 G 的一个有限循环子群. 若取 $H=\mathbb{Z}$，则任何同态 $h: G\to H$ 都不会满足将每一个 a_α 映射到 1. 因为 a_β 是有限阶的，而 1 不是有限阶的！要证明 G 为群族 G_α 的直和，只需应用引理 67.1 便可.

反之，如果 G 是以 $\{a_\alpha\}$ 为基的自由阿贝尔群，则对于给定的 H 中的元素族 $\{y_\alpha\}$，存在同态 $h_\alpha: G_\alpha\to H$ 使得 $h_\alpha(a_\alpha)=y_\alpha$(因为 G_α 是无限循环群). 然后应用引理 67.1. ■

定理 67.8 设 G 是以 $\{a_1, \cdots, a_n\}$ 为基的一个自由阿贝尔群，则 n 是由 G 唯一确定的.

证 群 G 同构于 n-重积 $\mathbb{Z}\times\cdots\times\mathbb{Z}$，子群 $2G$ 对应于积 $(2\mathbb{Z})\times\cdots\times(2\mathbb{Z})$. 这时商群 $G/2G$ 与集合 $(\mathbb{Z}/2\mathbb{Z})\times\cdots\times(\mathbb{Z}/2\mathbb{Z})$ 一一对应，从而 $G/2G$ 的基数为 2^n，于是 n 由 G 唯一确定. ■

如果 G 为具有有限基的自由阿贝尔群，则 G 的基元素的个数叫做 G 的**秩**(rank).

习题

1. 设 $G=\sum G_\alpha$. 证明：这个和式为直和当且仅当等式
$$x_{\alpha_1}+\cdots+x_{\alpha_n}=0$$
蕴涵着每一个 $x_{\alpha_i}=0$. (这里 $x_{\alpha_i}\in G_{\alpha_i}$ 且诸指标 α_i 两两不同.)

2. 证明：若 G_1 为 G 的一个子群，那么满足 $G=G_1\oplus G_2$ 的 G 的子群 G_2 可能不存在.
[提示：取 $G=\mathbb{Z}$ 及 $G_1=2\mathbb{Z}$.]

3. 设 G 是以 $\{x, y\}$ 为基的自由阿贝尔群，证明 $\{2x+3y, x-y\}$ 也是 G 的基.

4. 阿贝尔群中元素 a 的**阶**(order)是指满足条件 $ma=0$ 的最小正整数 m，若这样的正整数不存在，则称 a 的阶为无穷大. a 的阶便是它所生成的子群的阶.
(a)证明：G 的所有有限阶元素构成 G 的一个子群，称为**挠子群**(torsion subgroup).
(b)证明：若 G 是自由阿贝尔群，则它没有有限阶元素.
(c)证明：有理数加群没有有限阶元素，但它不是自由阿贝尔群. [提示：若 $\{a_\alpha\}$ 是一个基，用这个基来表示 $\frac{1}{2}a_\alpha$.]

5. 举例说明：一个秩为 n 的自由阿贝尔群 G 具有秩为 n 的子群 H，$H\neq G$.

6. 证明以下结论：
定理 若 A 是秩为 n 的自由阿贝尔群，则 A 的任何子群 B 都是秩不超过 n 的自由阿贝尔群.
证明：可以假设 $A=\mathbb{Z}^n$，即 $\mathbb{Z}$ 的 n-重笛卡儿积. 设 $\pi_i: \mathbb{Z}^n\to\mathbb{Z}$ 是到第 i 个坐标的投影. 任意给定 $m\leqslant n$，设 B_m 为 B 的子集，其元素 $\boldsymbol{x}$ 满足条件：当 $i>m$ 时，$\pi_i(\boldsymbol{x})=0$，则 B_m 为 B 的子群. 考虑 $\mathbb{Z}$ 的子群 $\pi_m(B_m)$. 如果它是非平凡的，选取 $\boldsymbol{x}_m\in B_m$ 使得 $\pi_m(\boldsymbol{x}_m)$ 为这个子群的生成元. 否则，设 $\boldsymbol{x}_m=\boldsymbol{0}$.
(a)证明：对于每一个 m，$\{\boldsymbol{x}_1, \cdots, \boldsymbol{x}_m\}$ 生成 B_m.
(b)证明：对于每一个 m，$\{\boldsymbol{x}_1, \cdots, \boldsymbol{x}_m\}$ 所有非零元素构成 B_m 的一个基.
(c)证明：$B_n=B$ 是秩不超过 n 的自由阿贝尔群.

68　群的自由积

在本节中，我们考虑那些未必满足交换性的群 G. 此时我们将群 G 的运算视为乘法，并且用 1 表示 G 的单位元，用 x^{-1} 表示 x 的逆元，用 x^n 表示 x 的 n-重乘积，用 x^{-n} 表示 x^{-1} 的 n-重乘积，用 x^0 表示 1.

本节我们将讨论群的自由积这个概念，它对于任意群的作用相当于阿贝尔群的直和.

设 G 是一个群. 如果 $\{G_\alpha\}_{\alpha\in J}$ 是 G 的一个子群族，如上节那样，我们称它们**生成**(generate)G，如果 G 的每一个元素 x 都能表示成群族 G_α 中所包含的元素的有限乘积. 这意味着存在含于这些 G_α 的有限序列(x_1, …, x_n)使得 $x=x_1\cdots x_n$. 这一序列称为群族 G_α 中(长度为 n)的**字**(word). 这时，我们说 G 的元素 x 由它**表示**(represent).

注意，由于这里没有交换性的假定，在 x 的表示中不能通过重组其因子而达到每一个因子组属于(不同的)G_α 的目的. 然而，当 x_i 与 x_{i+1} 同属于一个 G_α 时，我们可以将其重组而得到一个长度为 $n-1$ 的字

$$(x_1,\cdots,x_{i-1},x_ix_{i+1},x_{i+2},\cdots,x_n),$$

这个字也表示 x. 此外，若 x_i 等于 1，可以将其从序列中去掉，而得到表示 x 的较短的字.

连续地实施上述化简运算，可以得到一个表示 x 的字(y_1, …, y_m)使得 y_i 和 y_{i+1} 不包含于同一群 G_α 之中，并且对于每一个 i，$y_i\neq1$. 这样的字称为**约化字**(reduced word). 然而，若 x 为 G 的单位元，上述化简运算不再可行. 这是由于此时 x 可由字(a, a^{-1})表示，这个字已简化到长度为 1 的字(aa^{-1})，从而同时消失！由此，为方便起见，我们约定：空集是表示 G 中单位元(长度为 0)的约化字. 据此，我们有：若群族 G_α 生成 G，则 G 的每一个元素都可以用含于群族 G_α 的元素组成的约化字表示.

注意，若(x_1, …, x_n)和(y_1, …, y_m)分别为表示 x 和 y 的字，则(x_1, …, x_n, y_1, …, y_m)为表示 xy 的字. 即使三个字中的前两个都是约化字，第三个也未必是约化字，除非 x_n 与 y_1 位于不同的 G_α 中.

定义　设 G 是一个群，$\{G_\alpha\}_{\alpha\in J}$ 为生成 G 的 G 的一个子群族. 假设当 $\alpha\neq\beta$ 时 $G_\alpha\cap G_\beta$ 仅含有单位元. 称 G 为群族 G_α 的**自由积**(free product)，如果对于任何一个 $x\in G$，都唯一地存在含于群族 G_α 并且表示 x 的字. 此时，记作

$$G=\prod_{\alpha\in J}^{*}G_\alpha,$$

对于有限的情形，也记作 $G=G_1*\cdots*G_n$.

设 G 是群族 G_α 的自由积，(x_1, …, x_n)为含于群 G_α 中的元素构成的字，对于每一个 i 有 $x_i\neq1$. 则对于每一个 i，存在一个唯一 α_i 使得 $x_i\in G_{\alpha_i}$. 我们可以将“它是一个约化字”简单地说成：对于每一个 i 有 $\alpha_i\neq\alpha_{i+1}$.

设群族 G_α 生成 G，其中当 $\alpha\neq\beta$ 时有 $G_\alpha\cap G_\beta=\{1\}$. 为了使得 G 为这些群的自由积，只需判定由空字给出的 1 的表示是唯一的. 其原因如下：假设这个较弱的条件成立，并且假设(x_1, …, x_n)和(y_1, …, y_m)是表示 G 中同一元素 x 的两个约化字. 设 α_i 和 β_i 是使得 $x_i\in G_{\alpha_i}$

及 $y_i\in G_{\beta_i}$ 的指标. 由于

$$x_1\cdots x_n = x = y_1\cdots y_m,$$

从而有

$$(y_m^{-1},\cdots,y_1^{-1},x_1,\cdots,x_n)$$

表示 1. 这样的字必定是可约化的, 由此可见必有 $\alpha_1=\beta_1$, 从而这个字可约化为

$$(y_m^{-1},\cdots,y_1^{-1}x_1,\cdots,x_n).$$

重复以上讨论可见, 这个字也一定是可约化的, 从而有 $y_1^{-1}x_1=1$. 那么 $x_1=y_1$, 由此, 1 可以用

$$(y_m^{-1},\cdots,y_2^{-1},x_2,\cdots,x_n)$$

表示. 不断重复上述讨论可以得出 $m=n$ 并且对于每一个 i 有 $x_i=y_i$.

例 1 考虑由集合$\{0, 1, 2\}$到自身的一一映射所构成的群 P. 对于 $i=1, 2$, 定义 P 中的元素 π_i 满足条件: $\pi_i(i)=i-1$, $\pi_i(i-1)=i$ 以及当 $j\neq1, 2$ 时, $\pi_i(j)=j$. 则 π_i 生成 P 的一个子群 G_i, 其阶为 2. 可以验证: G_1 和 G_2 生成 P. 但 P 不是它们的自由积. 比如, 两个约化字(π_1, π_2, π_1)和(π_2, π_1, π_2)表示 P 中的同一元素. ■

自由积也满足类似于直和的**扩展条件**(extension condition).

引理 68.1 *设 G 是一个群, $\{G_\alpha\}$为 G 的子群族. 若 G 为群族 G_α 的自由积, 则 G 满足以下条件:*

(∗)对于任何群 H 以及任何同态族 h_α: $G_\alpha\to H$, 存在一个同态 h: $G\to H$, 使得对于每一个 α, 同态 h 在 G_α 上的限制等于 h_α.

此外, h 是唯一的.

该引理的逆也是成立的, 只是其证明不像直和的情况那样简单. 我们稍后再来讨论.

证 给定 $x\in G$, $x\neq1$. 设$(x_1, \cdots, x_n)$是表示 x 的约化字. 若 h 存在, 它必定满足等式

$$h(x) = h(x_1)\cdots h(x_n) = h_{\alpha_1}(x_1)\cdots h_{\alpha_n}(x_n), \qquad (*)$$

其中 α_i 为满足条件 $x_i\in G_{\alpha_i}$ 的指标. 由此 h 是唯一的.

为了证明 h 的存在性, 我们定义 h 满足条件: 当 $x\neq1$ 时, h 由(∗)定义, 并且令 $h(1)=1$. 由于由约化字给出的 x 的表示是唯一的, 所以 h 的定义确切. 我们证明 h 是一个同态.

首先证明一个预备性结论. 任意给定一个具有正长度的由含于群族 G_α 的元素表示的字 $w=(x_1, \cdots, x_n)$, 定义 $\phi(w)$为 H 中满足等式

$$\phi(w) = h_{\alpha_1}(x_1)\cdots h_{\alpha_n}(x_n) \qquad (**)$$

的元素, 其中 α_i 是使得 $x_i\in G_{\alpha_i}$ 的任何一个指标. 当 $x_i=1$ 时 α_i 是唯一的, 因此 ϕ 的定义确切. 若 w 是空字, 令 $\phi(w)$表示 H 上的单位元. 我们证明: 若 w' 是 w 经某一化简运算后所得到的字, 则 $\phi(w')=\phi(w)$.

首先假设 w' 是从字 w 中删除 $x_i=1$ 后得到的字, 那么由 $h_{\alpha_i}(x_i)=1$ 推得 $\phi(w')=\phi(w)$. 其次, 假设 $\alpha_i=\alpha_{i+1}$ 且

$$w' = (x_1,\cdots,x_ix_{i+1},\cdots,x_n).$$

事实上, 等式

$$h_\alpha(x_i)h_\alpha(x_{i+1})=h_\alpha(x_ix_{i+1})$$

蕴涵着 $\phi(w)=\phi(w')$，其中 $\alpha=\alpha_i=\alpha_{i+1}$.

若 w 为群族 G_α 中表示 x 的任何一个字，则容易推得 $h(x)=\phi(w)$. 因为由 h 的定义，等式对任何约化字 w 成立，并且化简运算不改变 ϕ 的值.

现在来证明 h 是一个同态. 设 $w=(x_1,\cdots,x_n)$ 及 $w'=(y_1,\cdots,y_m)$ 分别是表示 x 和 y 的字. 设 (w,w') 为表示 xy 的字 $(x_1,\cdots,x_n,y_1,\cdots,y_m)$. 由等式(∗∗)得到 $\phi(w,w')=\phi(w)\phi(w')$，从而 $h(xy)=h(x)h(y)$. ■

现在我们考虑以下问题：对于任何群的一个族 $\{G_\alpha\}$，给出一个群 G，它包含所有子群 G_α'，这个子群同构于 G_α，使得 G 是子群族 G_α' 的自由积. 我们将看到这是可以做到的，但需要引入一个外自由积的概念.

定义 设 $\{G_\alpha\}_{\alpha\in J}$ 为群的一个加标族. 设 G 是一个群，$i_\alpha: G_\alpha\to G$ 为单同态的一个族，使得 G 为群族 $i_\alpha(G_\alpha)$ 的自由积. 则称 G 为群族 G_α 相对于单同态族 i_α 的**外自由积**(external free product).

当然，群 G 不是唯一的，然而我们将证明在不区别同构的群的意义下它是唯一的. G 的构造比外直和的构造要困难一些.

定理 68.2 对于给定的群的一个族 $\{G_\alpha\}_{\alpha\in J}$，存在一个群 G 及单同态的一个族 $i_\alpha: G_\alpha\to G$，使得 G 是群族 $i_\alpha(G_\alpha)$ 的自由积.

证 为方便起见，我们假定群族 G_α 作为集合族是两两无交的. (这容易办到，因为必要的话，可以用 $G_\alpha\times\{\alpha\}$ 替换 G_α.)

如前所述，我们将包含于群族 G_α 中的元素定义一个(长度为 n 的)**字**(word)，即 $\bigcup G_\alpha$ 中元素的 n-元素串 $w=(x_1,\cdots,x_n)$. 这个字称为约化字，如果对于每一个 i，$\alpha_i\neq\alpha_{i+1}$，其中 α_i 为使得 $x_i\in G_{\alpha_i}$ 的指标，并且对于每一个 i，x_i 不是 G_{α_i} 的单位元. 我们定义空集是唯一的具有 0 长度的约化字. 注意：我们还没有给出含有所有子群 G_α 的群 G，因此目前还不能谈到"表示"G 的元素的字.

设 W 表示群族 G_α 中所有约化字所组成的集合. 令 $P(W)$ 表示所有一一映射 $\pi: W\to W$ 的集合，则 $P(W)$ 是一个群，它以映射的复合运算为群的运算. $P(W)$ 的某一个子群 G 将是我们所需要的群.

第一步. 对每一指标 α 及每一个 $x\in G_\alpha$，我们定义一个满足以下条件的映射 $\pi_x: W\to W$：

(1)以 1_α 表示 G_α 的单位元. 若 $x=1_\alpha$，则 π_x 为 W 中的恒等映射.

(2)若 x, $y\in G_\alpha$ 并且 $z=xy$，则 $\pi_z=\pi_x\circ\pi_y$.

具体定义如下：设 $x\in G_\alpha$. 先明确几个记号，$w=(x_1,\cdots,x_n)$ 总是表示 W 中的非空元素，α_1 表示满足 $x_1\in G_{\alpha_1}$ 的指标. 若 $x\neq 1_\alpha$，定义 π_x 如下：

(i) $\pi_x(\varnothing)=(x)$,

(ii) $\pi_x(w)=(x,x_1,\cdots,x_n)$　　若 $\alpha_1\neq\alpha$,

(iii) $\pi_x(w)=(xx_1,\cdots,x_n)$　　若 $\alpha_1=\alpha$ 且 $x_1\neq x^{-1}$,

(iv) $\pi_x(w)=(x_2,\cdots,x_n)$　　若 $\alpha_1=\alpha$ 且 $x_1=x^{-1}$.

如果 $x=1_\alpha$，定义 π_x 为 W 的恒等映射.

注意对每一种情形，π_x 的值都是一个约化字，即是 W 中的元素. 对于情形(i)和(ii)，在 π_x 的作用下字的长度增加，对于情形(iii)；在 π_x 的作用下保持字的长度不变；对于情形(iv)，在 π_x 的作用下字的长度减少. 对于情形(iv)，π_x 作用在长度为 1 的字 w 上，其结果为一个空字.

第二步. 我们证明：如果 $x, y\in G_\alpha$ 并且 $z=xy$，则 $\pi_z=\pi_x\circ\pi_y$.

如果 x 或者 y 等于 1_α，结论显然成立，因为此时 π_x 或者 π_y 为恒等映射. 以下假设 $x\neq 1_\alpha$ 和 $y\neq 1_\alpha$. 我们来计算 π_z 以及 $\pi_x\circ\pi_y$ 在约化字 w 处的值. 需要考虑四种情形.

(i)设 w 是一个空字. 我们有 $\pi_y(\varnothing)=(y)$. 如果 $z=1_\alpha$，则 $y=x^{-1}$ 并且根据(iv)有 $\pi_x\pi_y(\varnothing)=\varnothing$,同时 $\pi_z(\varnothing)$也是空集，因为 π_z 为恒等映射. 如果 $z\neq 1_\alpha$，则

$$\pi_x\pi_y(\varnothing)=(xy)=(z)=\pi_z(\varnothing).$$

对于其他情形，假设 $w=(x_1, \cdots, x_n)$，其中 $x_1\in G_{\alpha_1}$.

(ii)假设 $\alpha\neq\alpha_1$. 则 $\pi_y(w)=(y, x_1, \cdots, x_n)$. 若 $z=1_\alpha$，则 $y=x^{-1}$ 且根据(iv)有 $\pi_x\pi_y(w)=(x_1, \cdots, x_n)$，同时由于 π_z 为恒等映射，$\pi_z(w)=w$. 如果 $z\neq 1_\alpha$，则

$$\begin{aligned}\pi_x\pi_y(w)&=(xy,x_1,\cdots,x_n)\\&=(z,x_1,\cdots,x_n)=\pi_z(w).\end{aligned}$$

(iii)设 $\alpha=\alpha_1$ 和 $yx_1\neq 1_\alpha$. 则 $\pi_y(w)=(yx_1, x_2, \cdots, x_n)$. 如果 $xyx_1=1_\alpha$，则 $\pi_x\pi_y(w)=(x_2, \cdots, x_n)$，同时，由于 $zx_1=xyx_1=1_\alpha$，$\pi_z(w)$等于 w. 如果 $xyx_1\neq 1_\alpha$，则

$$\begin{aligned}\pi_x\pi_y(w)&=(xyx_1,x_2,\cdots,x_n)\\&=(zx_1,x_2,\cdots,x_n)=\pi_z(w).\end{aligned}$$

(iv)最后，假设 $\alpha=\alpha_1$ 和 $yx_1=1_\alpha$. 则 $\pi_y(w)=(x_2, \cdots, x_n)$，当 $n=1$ 时这是一个空字. 这时，

$$\begin{aligned}\pi_x\pi_y(w)&=(x,x_2,\cdots,x_n)\\&=(x(yx_1),x_2,\cdots,x_n)\\&=(zx_1,x_2,\cdots,x_n)=\pi_z(w).\end{aligned}$$

第三步. 映射 π_x 是 $P(W)$中的一个元素，并且由 $i_\alpha(x)=\pi_x$ 定义的映射 i_α：$G_\alpha\rightarrow P(W)$是一个单同态.

为了证明 π_x 是一个一一映射，注意到如果 $y=x^{-1}$，则条件(1)和(2)蕴涵着 $\pi_y\circ\pi_x$ 与 $\pi_x\circ\pi_y$都是 W 上的恒等映射. 由此，π_x 属于 $P(W)$. 事实上，条件(2)蕴涵着 i_α 是一个同态. 为了证明 i_α 是一个单同态，只要注意如果 $x\neq 1_\alpha$，则 $\pi_x(\varnothing)=(x)$，从而 π_x 不是 W 上的恒等映射.

第四步. 设 G 是由群族 $G'_\alpha=i_\alpha(G_\alpha)$生成的 $P(W)$的一个子群. 我们证明 G 是群族 G'_α 的自由积.

首先，我们证明若 $\alpha\neq\beta$，则 $G'_\alpha\cap G'_\beta$ 仅含有单位元. 设 $x\in G_\alpha$ 且 $y\in G_\beta$. 假定 π_x 和 π_y 都不是 W 上的恒等映射，并且证明 $\pi_x\neq\pi_y$. 这是容易的，因为 $\pi_x(\varnothing)=(x)$而 $\pi_y(\varnothing)=(y)$，从而它们是不同的字.

其次，我们证明在群族 G_α' 中没有非空的约化字

$$w' = (\pi_{x_1}, \cdots, \pi_{x_n})$$

表示 G 中的单位元. 设 α_i 是使得 $x_i \in G_{\alpha_i}$ 的指标，则 $\alpha_i \neq \alpha_{i+1}$ 并且对于所有 i，$x_i \neq 1_{\alpha_i}$. 这时，

$$\pi_{x_1}(\pi_{x_2}(\cdots(\pi_{x_n}(\varnothing)))) = (x_1, \cdots, x_n),$$

从而，由 w' 表示的 G 中的元素不是 $P(W)$ 的单位元. ■

尽管上述关于自由积的存在性的证明的正确性是无可非议的，然而它却有一个缺陷，因为它没有给我们提供一个简便的办法来考虑自由积中的元素. 在许多场合，这个缺陷对我们无所谓，因为许多应用的关键在于它的存在性. 然而，人们希望对自由积的具体模型有一个更为清晰的了解.

就外直和而言，我们做到了这一点. 阿贝尔群族 G_α 的外直和由笛卡儿积 $\prod G_\alpha$ 中的这样一些元素 (x_α) 所构成：仅有有限多个 $x_\alpha \neq 0_\alpha$. 每一个群 G_β 同构于由这样一些元素 (x_α) 所构成的子群 G_β'，这些元素对于所有的 $\alpha \neq \beta$ 有 $x_\alpha = 0_\alpha$.

对于自由积是否也有这样一个简单的模型呢？回答是肯定的. 在上述证明的最后一步，我们证明了：若 $(\pi_{x_1}, \cdots, \pi_{x_n})$ 是 G_α' 中的一个约化字，则

$$\pi_{x_1}(\pi_{x_2}(\cdots(\pi_{x_n}(\varnothing)))) = (x_1, \cdots, x_n).$$

此等式蕴涵着如果 π 是 $P(W)$ 中属于自由积 G 的任何一个元素，则对应法则 $\pi \to \pi(\varnothing)$ 定义了一个 G 与集合 W 之间的一一对应！进而，如果 π 和 π' 为 G 中的两个元素，使得

$$\pi(\varnothing) = (x_1, \cdots, x_n) \quad 和 \quad \pi'(\varnothing) = (y_1, \cdots, y_k),$$

则 $\pi(\pi'(\varnothing))$ 是一个将字 $(x_1, \cdots, x_n, y_1, \cdots, y_k)$ 不断约化而得到的字！

这就为我们提供了一种了解 G 的方法. 可以将 G 简单地视为集合 W，其上两个字的乘法运算就是将其连接并化简结果. 单位元对应于空字. 并且每一个群 G_β 是 W 的一个子集，它由空集以及所有形如 (x) 的长度为 1 的字所组成，其中 $x \in G_\beta$，$x \neq 1_\beta$.

一个问题马上来了：为什么不按照如上的说法去定义自由积呢？这比考虑 W 的置换群 $P(W)$ 似乎是一种更为简洁的方式. 对上述问题的回答是：如果以此种说法作为自由积的定义，则群公理的验证将变得十分困难，特别是结合律的验证将异常复杂. 相比较而言，前面给出的关于自由积的存在性的证明更为简洁和优美.

对关于通常的自由积的扩展条件稍加修改，便可得到关于外自由积的扩展条件.

定理 68.3 设 $\{G_\alpha\}$ 是群的一个族，G 是一个群，$i_\alpha: G_\alpha \to G$ 为同态的一个族. 如果每一个 i_α 都是一个单同态，并且 G 为群族 $i_\alpha(G_\alpha)$ 的自由积，则 G 满足以下条件：

对于任何一个群 H，以及任何同态的一个族 $h_\alpha: G_\alpha \to H$，存在一个同态 h: $G \to H$，使得对于每一个 α 都有 $h \circ i_\alpha = h_\alpha$. (*)

此外，h 是唯一的.

由此得到的一个结论是自由积的唯一性定理，它的证明与直和情形的证明非常相似，我们将其留给读者.

定理 68.4[**自由积的唯一性**(uniqueness of free product)] 设 $\{G_\alpha\}_{\alpha \in J}$ 是群的一个族. 假设 G 和 G' 都是群，$i_\alpha: G_\alpha \to G$ 和 $i_\alpha': G_\alpha \to G'$ 都是单同态族，使得 $\{i_\alpha(G_\alpha)\}$ 和 $\{i_\alpha'(G_\alpha)\}$ 分别生成 G

和 G'. 如果 G 和 G' 分别具有前述引理中陈述的扩展性质，则有一个唯一的同构 ϕ: $G\to G'$，使得对于每一个 α 有 $\phi\circ i_\alpha=i'_\alpha$.

最后，我们能够证明扩展条件决定了自由积，即证明引理 68.1 和 68.3 的逆.

引理 68.5 设 $\{G_\alpha\}_{\alpha\in J}$ 是群的一个族. 假设 G 是一个群，i_α: $G_\alpha\to G$ 是同态的一个族. 如果引理 68.3 中的扩展条件成立，则每一个 i_α 都是一个单同态，并且 G 是群族 $i_\alpha(G_\alpha)$ 的自由积.

证 我们首先证明每一个 i_α 是一个单同态. 任意给定一个指标 β，记 $H=G_\beta$. 设 h_α: $G_\alpha\to H$ 满足条件：当 $\alpha=\beta$ 时为恒等映射，当 $\alpha\neq\beta$ 时为平凡同态. 设 h: $G\to H$ 为由扩展条件给出的同态. 则 $h\circ i_\beta=h_\beta$，从而 i_β 为单射.

根据定理 68.2，存在一个群 G' 和单同态的一个族 i'_α: $G_\alpha\to G'$ 使得 G' 是群 $i'_\alpha(G_\alpha)$ 的自由积. G 和 G' 都具有引理 68.3 中的扩展性质. 则前面的定理蕴涵着：存在一个同构 ϕ: $G\to G'$ 使得 $\phi\circ i_\alpha=i'_\alpha$. 由此立即得到 G 为群族 $i_\alpha(G_\alpha)$ 的自由积. ■

我们再来证明与推论 67.2 和 67.3 类似的两个结果.

推论 68.6 设 $G=G_1*G_2$，其中 G_1 和 G_2 分别是子群族 $\{H_\alpha\}_{\alpha\in J}$ 和 $\{H_\beta\}_{\beta\in K}$ 的自由积. 如果指标集 J 与 K 无交，则 G 为子群族 $\{H_\gamma\}_{\gamma\in J\cup K}$ 的自由积.

证 这个证明几乎是推论 67.2 的证明的翻版. ■

这个结论特别蕴涵着

$$G_1*G_2*G_3=G_1*(G_2*G_3)=(G_1*G_2)*G_3.$$

为了表述下一个定理，我们需回忆一下群论中的某些概念. 设 x 和 y 都是群 G 中的元素，称 y **共轭**(conjugate)于 x，如果对于每一个 $c\in G$，$y=cxc^{-1}$ 成立. 群 G 的正规子群是一个含有群中所有元素的所有共轭元的子群.

设 S 为 G 的一个子集，我们考虑 G 中包含 S 的所有正规子群的交 N. 易见，N 自身也是一个 G 的正规子群，称为 G 中包含 S 的**最小的正规子群**(least normal subgroup).

定理 68.7 设 $G=G_1*G_2$. 设 N_i 为 G_i 的正规子群，$i=1$，2. 如果 N 是 G 中包含 N_1 和 N_2 的最小正规子群，则

$$G/N\cong(G_1/N_1)*(G_2/N_2).$$

证 内射与投影同态的复合

$$G_1\longrightarrow G_1*G_2\longrightarrow(G_1*G_2)/N$$

将 N_1 映为单位元，从而它诱导了一个同态

$$i_1:G_1/N_1\longrightarrow(G_1*G_2)/N.$$

类似地，内射与投影同态的复合诱导了一个同态

$$i_2:G_2/N_2\longrightarrow(G_1*G_2)/N.$$

我们来证明 i_1 和 i_2 满足引理 68.5 中的扩展条件. 由此可见，i_1 和 i_2 是单同态并且 $(G_1*G_2)/N$ 是相对于这两个单同态的 G_1/N_1 与 G_2/N_2 的外自由积.

设 h_1: $G_1/N_1\to H$ 和 h_2: $G_2/N_2\to H$ 为任意两个同态，则关于 G_1*G_2 的扩展条件蕴涵着存在一个从 G_1*G_2 到 H 的同态，它等于投射与 G_i 上的映射 h_i 的复合

$$G_i \longrightarrow G_i/N_i \longrightarrow H,$$

其中 $i=1$，2. 此同态将 N_1 与 N_2 中的元素映射为单位元，因此，它的核包含 N. 从而，它诱导了一个同态 h：$(G_1 * G_2)/N \to H$，满足 $h_1 = h \circ i_1$ 及 $h_2 = h \circ i_2$. ■

推论 68.8 如果 N 是 $G_1 * G_2$ 中包含 G_1 的最小正规子群，则 $(G_1 * G_2)/N \cong G_2$.

在进一步的讨论中，我们将经常用到"最小正规子群"的概念. 显然，如果 N 是 G 中包含子集 S 的最小正规子群，则 N 包含 S 以及 S 的所有元素的所有共轭元. 为以后使用方便，我们来验证这些元素实际上生成 N.

引理 68.9 设 S 为群 G 的一个子集. 如果 N 为 G 中包含 S 的最小正规子群，则 S 中所有元素的所有共轭元生成 N.

证 设 N' 是由所有 S 的元素的所有共轭元生成的 G 的子群. 我们有 $N' \subset N$. 为验证相反的包含关系，只需证明 N' 是 G 的正规子群. 任意选取 $x \in N'$ 以及 $c \in G$，我们证明 $cxc^{-1} \in N'$.

可以将 x 写成 $x = x_1 x_2 \cdots x_n$ 的形式，其中每一个 x_i 都共轭于 S 中的某一个元素 s_i. 这时 cxc^{-1} 也共轭于 s_i. 因为

$$cxc^{-1} = (cx_1c^{-1})(cx_2c^{-1})\cdots(cx_nc^{-1}),$$

从而 cxc^{-1} 是 S 的元素的共轭元的乘积，因此 $cxc^{-1} \in N'$. ■

习题

1. 验证例 1 中的细节.
2. 设 $G = G_1 * G_2$，其中 G_1 和 G_2 都是非平凡群.
   (a) 证明 G 不是阿贝尔群.
   (b) 对于 $x \in G$，定义 x 的长度为 G_1 和 G_2 中表示 x 的元素的唯一的约化字的长度. 证明：如果 x 的长度为偶数(不小于 2)，则 x 不是无限阶的. 如果 x 的长度为奇数，则 x 共轭于一个具有较短长度的元素.
   (c) 证明 G 中的有限阶元素是 G_1 和 G_2 中的有限阶元素及其共轭元.
3. 设 $G = G_1 * G_2$. 对于 $c \in G$，令 cG_1c^{-1} 表示所有形如 cxc^{-1} 的元素，其中 $x \in G_1$. 它是 G 的一个子群，证明它与 G_2 的交只含有单位元.
4. 证明定理 68.4.

69 自由群

设 G 是一个群，$\{a_\alpha\}$ 是 G 中元素的一个族，其中 $\alpha \in J$. 我们称元素族 $\{a_\alpha\}$ 生成 G，若 G 的每一元素都能表示成元素族 $\{a_\alpha\}$ 的幂的乘积. 如果元素族 $\{a_\alpha\}$ 是有限的，则称 G 是**有限生成的**(finitely generated).

定义 设 $\{a_\alpha\}$ 为 G 中元素的一个族. 假设每一个 a_α 生成 G 的一个无限循环子群 G_α. 如果 G 为群 $\{G_\alpha\}$ 的自由积，则称 G 为**自由群**(free group)，并且称 $\{a_\alpha\}$ 为 G 的一个**自由生成元组**(system of free generators).

此时，G 的每一个元素 x 可由群族 G_α 中的元素给出的约化字表示，并且这种表示是唯一的. 也就是说，如果 $x \neq 1$，则 x 能被唯一地写成

$$x=(a_{\alpha_1})^{n_1}\cdots(a_{\alpha_k})^{n_k},$$

其中，对于每一个 i，$\alpha_i\neq\alpha_{i+1}$ 并且 $n_i\neq 0$.（当然，n_i 可能是负数.）

自由群由下面的扩展性质所刻画.

引理 69.1 设 G 是一个群，$\{a_\alpha\}_{\alpha\in J}$ 为 G 中元素的一个族. 如果 G 是具有自由生成元组 $\{a_\alpha\}$ 的一个自由群，则 G 满足以下条件：

对于任意给定的群 H 及任何 H 中的元素的一个族 $\{y_\alpha\}$，存在一个同态 h: $G\to H$ 使得 $h(a_\alpha)=y_\alpha$ 对于每一个 α 成立. (*)

此外，h 是唯一的. 反之，如果扩展条件(*)成立，则 G 是具有自由生成元组 $\{a_\alpha\}$ 的自由群.

证 如果 G 为自由群，则对于每一个 α，a_α 生成的群 G_α 是一个无限循环群，从而存在一个同态 h_α: $G_\alpha\to H$ 使得 $h_\alpha(a_\alpha)=y_\alpha$. 然后应用引理 68.1. 为了证明逆命题成立，设 β 是一个固定的指标. 根据假设，存在一个同态 h: $G\to\mathbb{Z}$ 使得 $h(a_\beta)=1$ 并且当 $\alpha\neq\beta$ 时，$h(a_\alpha)=0$. 因此群 G_β 是无限循环的. 然后应用引理 68.5. ■

上一节的结论(尤其是推论 68.6)蕴涵着以下定理.

定理 69.2 设 $G=G_1*G_2$，其中 G_1 和 G_2 分别是具有自由生成元组 $\{a_\alpha\}_{\alpha\in J}$ 和 $\{a_\alpha\}_{\alpha\in K}$ 的两个自由群. 如果 J 和 K 是无交的，则 G 是一个具有自由生成元组 $\{a_\alpha\}_{\alpha\in J\cup K}$ 的自由群.

定义 设 $\{a_\alpha\}_{\alpha\in J}$ 为任何一个加标族. 设 G_α 表示所有形如 $a_\alpha^n(n\in\mathbb{Z})$ 的符号的集合. 通过定义

$$a_\alpha^n\cdot a_\alpha^m=a_\alpha^{n+m}$$

使得 G_α 成为一个群，则 a_α^0 为 G_α 的单位元，并且 a_α^{-n} 为 a_α^n 的逆元. 将 a_α^1 简记为 a_α. 我们将 $\{G_\alpha\}$ 的外自由积叫做**元素族 a_α 上的自由群**(free group on the elements a_α).

若 G 是元素族 a_α 上的自由群，我们通常对群 G_α 中的元素与其在外自由积构造中所涉及的单同态 i_α: $G_\alpha\to G$ 的像不加区别. 从而，将每一个 a_α 视为 G 中的元素，并且族 $\{a_\alpha\}$ 形成 G 的一个自由生成元组.

自由群与自由阿贝尔群之间有着密切的联系. 为说明这一联系，我们回忆一下代数中交换子子群的概念.

定义 设 G 是一个群. 如果 x，$y\in G$，我们用 $[x, y]$ 表示 G 中的元素

$$[x,y]=xyx^{-1}y^{-1},$$

并且将其称为 x 和 y 的**交换子**(commutator). 由 G 中的所有交换子所生成的子群称为 G 的**交换子子群**(commutator subgroup)，并记作 $[G, G]$.

下面的结论是已知的，为完整起见，这里给出一个证明.

定理 69.3 对任何 G，交换子子群 $[G, G]$ 是 G 的一个正规子群，并且商群 $G/[G, G]$ 是一个阿贝尔群. 若 h: $G\to H$ 为 G 到任何阿贝尔群 H 的一个同态，则 h 的核包含 $[G, G]$，从而 h 诱导一个同态 k: $G/[G, G]\to H$.

证 第一步. 首先我们证明每一个交换子的共轭元是 $[G, G]$ 中的元素. 推导如下：

$$\begin{aligned}g[x,y]g^{-1}&=g(xyx^{-1}y^{-1})g^{-1}\\&=(gxyx^{-1})(1)(y^{-1}g^{-1})\end{aligned}$$

$$\begin{aligned}&=(gxyx^{-1})(g^{-1}y^{-1}yg)(y^{-1}g^{-1})\\&=((gx)y(gx)^{-1}y^{-1})(ygy^{-1}g^{-1})\\&=[gx,y]\cdot[y,g],\end{aligned}$$

即这个元在$[G, G]$中.

第二步. 我们来证明$[G, G]$为 G 的一个正规子群. 设 z 为$[G, G]$中的任何一个元素，我们证明 z 的共轭元 gzg^{-1}在$[G, G]$中. 元素 z 是交换子及其逆元的乘积. 由于

$$[x,y]^{-1}=(xyx^{-1}y^{-1})^{-1}=[y,x],$$

所以 z 实际上也等于交换子的乘积. 令 $z=z_1\cdots z_n$，其中 z_i 是交换子，则

$$gzg^{-1}=(gz_1g^{-1})(gz_2g^{-1})\cdots(gz_ng^{-1}),$$

根据第一步可见，它是$[G, G]$中元素的乘积，从而属于$[G, G]$.

第三步. 我们证明 $G/[G, G]$是一个阿贝尔群. 设 $G'=[G, G]$. 我们希望证明

$$(aG')(bG')=(bG')(aG'),$$

即 $abG'=baG'$. 此式等价于

$$a^{-1}b^{-1}abG'=G',$$

由于 $a^{-1}b^{-1}ab=[a^{-1}, b^{-1}]$是 G'中的一个元素，所以上式成立.

第四步. 为了完成证明，注意：由于 H 是一个阿贝尔群，所以 h 将每一个交换子映为 H 的单位元. 于是，h 的核包含$[G, G]$，从而 h 诱导出一个同态 k. ■

定理 69.4　设 G 是以 a_α 为自由生成元组的自由群，则 $G/[G, G]$是一个以$[a_\alpha]$为基的自由阿贝尔群，这里$[a_\alpha]$表示 $G/[G, G]$中 a_α 的陪集.

证　我们应用引理 67.7. 任意给定一个阿贝尔群 H 中的元素族$\{y_\alpha\}$，存在一个同态 $h: G\to H$使得 $h(a_\alpha)=y_\alpha$ 对于每一个 α 成立. 由于 H 是一个阿贝尔群，h 的核包含$[G, G]$. 因此 h 诱导出一个同态 $k: G/[G, G]\to H$ 将$[a_\alpha]$映为 y_α. ■

推论 69.5　如果 G 是一个具有 n 个自由生成元的自由群，则 G 的每一个自由生成元组有 n 个元素.

证　自由阿贝尔群 $G/[G, G]$的秩为 n. ■

自由群有许多与自由阿贝尔群类似的性质. 例如，如果 H 是自由阿贝尔群 G 的子群，则 H 也是一个自由阿贝尔群. (对于有限秩的情形，第 67 节的习题 6 给出了一个证明的概要. 一般情形的证明与此类似.)类似的结果对于自由群也成立，只是其证明相当复杂. 我们将在第 14 章应用覆叠空间理论来证明它.

另一方面，自由群与自由阿贝尔群间也有许多差异. 任何秩为 n 的自由阿贝尔群，其子群的秩最多是 n. 然而，类似的结论对于自由群并不成立. 如果 G 是一个 n 个元素组成的自由生成元组的自由群，那么 G 的子群的自由生成元组的基数可以大于 n，以至于是无限的！我们将在后面解释这种情形.

生成元与关系

群论中的基本问题是对给定的两个群决定它们是否同构. 对于自由阿贝尔群，这一问题已被解决：两个群是同构的当且仅当它们的基有相同的基数. 类似地，两个自由群是同构的当且

仅当它们的自由生成元组有相同的基数.(我们已针对有限基数的情形给出了证明.)

然而,对于一般的群,问题的答案不那么简单. 只是对有限生成的阿贝尔群才有简明的答案.

如果 G 是一个有限生成的阿贝尔群,那么有一个基本定理,其结论是说: G 是两个子群的直和,即 $G=H\oplus T$,其中 H 是秩有限的自由阿贝尔群,T 是所有有限阶元素组成的子群(称 T 为 G 的**挠子群**(torsion subgroup).)H 的秩是由 G 唯一确定的,因为其秩便是 G 相对于它的挠子群的商群的秩. 这个数值通常称为 G 的 **Betti 数**(Betti number). 此外,子群 T 自身可以表示成以素数方幂为阶的有限多个循环群的直和. 这些群的阶数由 T 唯一决定(从而也由 G 唯一决定),它们被称为 G 的**初等因子**(elementary divisor). G 的同构类完全由它的 Betti 数及它的初等因子决定.

如果 G 不是阿贝尔群,我们还没有一个令人满意的答案,即便 G 是有限生成的也是如此. 关于决定 G 的等价类的条件,我们所能给出的只是以下一些事实:

对于给定的 G,假设 G 的生成元的族 $\{a_\alpha\}_{\alpha\in J}$ 已经给定. 设 F 是由元素 $\{a_\alpha\}$ 给出的自由群,那么,这些元素到 G 的映射 $h(a_\alpha)=a_\alpha$ 可以扩充为一个满同态 $h: F\to G$. 如果 N 等于 h 的核,则 $F/N\cong G$. 因而,刻画 G 的一个方法便是:给出 G 的生成元族 $\{a_\alpha\}$,并且以某种方式给出子群 N 的特征. N 的每一个元素称为 F 上的一个**关系**(relation),并且 N 称为**关系子群**(relations subgroup). 我们可以通过给出 T 的一个生成元的集合来描述子群 N. 然而由于 N 是 F 的一个正规子群,所以还可以用一个较小的集合来描述 N. 特别地,我们也可以用 F 中元素的一个族 $\{r_\beta\}$ 来描述 N,只是要求这些元素及其共轭元共同生成 N,也就是说,N 是包含这些 r_β 的 F 的最小正规子群. 对于这种情形,我们也将族 $\{r_\beta\}$ 称为 G 的一个**关系的完备集**(complete set of relation).

由于 N 的每一个元素均属于 F,因而它当然可以由 G 的生成元 $\{a_\alpha\}$ 的幂给出的约化字唯一表示. 当我们提到 G 的生成元上的一个关系时,有时是指这一约化字,而不是它所表示的 N 中的元素. 具体含义可依照上下文来判定.

定义 设 G 是一个群,G 的一个**表示**(presentation)是指 G 的生成元的一个族 $\{a_\alpha\}$ 连同 G 的关系的一个完备集 $\{r_\beta\}$,其中每一个 r_β 都是集合 $\{a_\alpha\}$ 生成的自由群中的一个元素. 若 $\{a_\alpha\}$ 是有限族,则 G 当然是有限生成的. 如果 $\{a_\alpha\}$ 和 $\{r_\beta\}$ 都是有限的,则 G 称为**有限表示的**(finitely presented),并且这两个族一起称为 G 的一个**有限表示**(finite presentation).

这种刻画 G 的方式还远未达到令人满意的程度. G 的一个表示在不区别同构的群的意义下唯一地决定了 G. 但是,具有两个全然不同的表示的群却可能是同构的. 并且,即使对于有限的情形,我们也无法确定具有不同表示的两个群是否同构. 这就是群论中的"同构问题的不可解性".

但是,我们所能做到的仅此而已!

习题

1. 若 $G=G_1*G_2$,证明

$$G/[G,G]\cong(G_1/[G_1,G_1])\oplus(G_2/[G_2,G_2]).$$

[提示:对直和和自由积应用扩展条件来定义同态

$$G/[G,G]\rightleftarrows(G_1/[G_1,G_1])\oplus(G_2/[G_2,G_2])$$

使得它们互逆.]

2. 将上题的结果推广到任意自由积上.

3. **定理** 设 $G=G_1*G_2$①，其中 G_1 和 G_2 分别是阶为 m 和阶为 n 的循环群，则 m 和 n 是由 G 唯一确定的.

(a)证明 $G/[G, G]$ 的阶为 mn.

(b)确定最大整数 k 使得 G 含有阶为 k 的元素.(见第 68 节的习题 2.)

(c)证明定理.

4. 证明：若 $G=G_1\oplus G_2$，其中 G_1 和 G_2 分别是阶为 m 和阶为 n 的循环群，则一般而言，m 和 n 不能由 G 唯一确定.[提示：若 m 和 n 分别为素数，证明 G 是 mn 阶循环群.]

70 Seifert-van Kampen 定理

我们现在回到决定空间 X 的基本群的问题，这里空间 X 可以表示成两个开集 U 和 V 之并，并且它们的交是道路连通的. 我们已在第 59 节中证明了：如果 $x_0\in U\cap V$，两个群 $\pi_1(U, x_0)$ 和 $\pi_1(V, x_0)$ 在由内射诱导的同态下在 $\pi_1(X, x_0)$ 中的像生成 $\pi_1(X, x_0)$. 本节我们将证明 $\pi_1(X, x_0)$ 完全由上述两个群、群 $\pi_1(U\cap V, x_0)$ 以及由内射诱导的群的同态决定. 这是关于基本群的一个基本结论. 应用这一结论，我们便能够计算包括 2 维紧致流形在内的许多空间的基本群.

定理 70.1[Seifert-van Kampen 定理(Seifert-van Kampen theorem)] 设 $X=U\cup V$，其中 U 和 V 为 X 中的开集. 假设 U，V 以及 $U\cap V$ 都是道路连通的，$x_0\in U\cap V$. 设 H 是一个群，并且

$$\phi_1:\pi_1(U,x_0)\longrightarrow H \quad 和 \quad \phi_2:\pi_1(V,x_0)\longrightarrow H$$

是两个同态. 设 i_1，i_2，j_1，j_2 是依照下图所示内射诱导的同态.

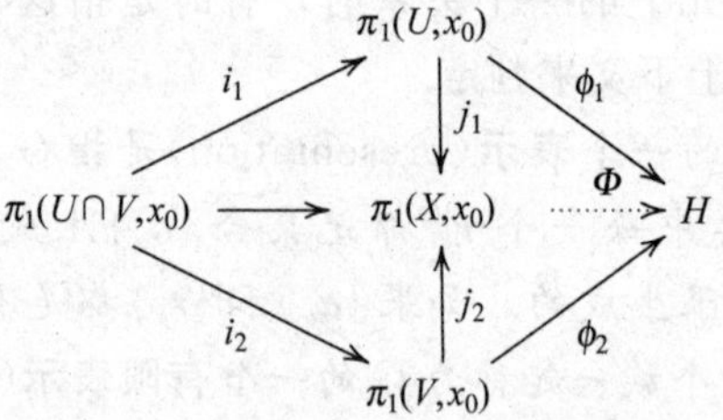

如果 $\phi_1\circ i_1=\phi_2\circ i_2$，则存在一个唯一同态 Φ：$\pi_1(X, x_0)\to H$ 使得 $\Phi\circ j_1=\phi_1$ 和 $\Phi\circ j_2=\phi_2$ 成立.

这个定理告诉我们：如果 ϕ_1 和 ϕ_2 是"在 $U\cap V$ 上相容"的任何两个同态，则它们诱导出从 $\pi_1(X, x_0)$ 到 H 的一个同态.

证 唯一性的证明是简单的. 定理 59.1 告诉我们：$\pi_1(X, x_0)$ 是由 j_1 和 j_2 的像生成的. Φ 在生成元 $j_1(g_1)$ 上的值必为 $\phi_1(g_1)$，它在生成元 $j_2(g_2)$ 上的值必为 $\phi_2(g_2)$. 因此 Φ 完全由 ϕ_1 和 ϕ_2 所决定. 而证明 Φ 的存在性则不那么容易.

① 原书中误作 $G=G_1*G_1$. ——译者注

为方便起见，我们引入以下记号：对于 X 中的一条道路 f，用 $[f]$ 表示 f 在 X 中的道路同伦类．如果 f 位于 U 中，用 $[f]_U$ 表示 f 在 U 中的道路同伦类．$[f]_V$ 及 $[f]_{U\cap V}$ 等记号的定义是类似的．

第一步．我们首先定义一个集合间的映射 ρ，它将 U 或者 V 中以 x_0 为基点的回路 f 映为群 H 中的一个元素．规定

$$\rho(f)=\phi_1([f]_U)\quad \text{如果 } f \text{ 在 } U \text{ 中},$$
$$\rho(f)=\phi_2([f]_V)\quad \text{如果 } f \text{ 在 } V \text{ 中}.$$

这时 ρ 的定义是确切的，这是因为若 f 既在 U 中又在 V 中，则有

$$\phi_1([f]_U)=\phi_1 i_1([f]_{U\cap V})\quad \text{和}\quad \phi_2([f]_V)=\phi_2 i_2([f]_{U\cap V}),$$

根据假设 H 中的这两个值相等．集合间的映射 ρ 满足以下两个条件：

(1)如果 $[f]_U=[g]_U$ 或者 $[f]_V=[g]_V$，则 $\rho(f)=\rho(g)$.

(2)如果 f 和 g 都在 U 中或者都在 V 中，则 $\rho(f*g)=\rho(f)\cdot\rho(g)$.

前者成立是根据定义，后者成立是因为 ϕ_1 和 ϕ_2 都是同态．

第二步．进一步将 ρ 扩充为 σ，它将每一条 U 或 V 中的道路 f 映为 H 中的某一个元素，要求 σ 满足第一步中的条件(1)，并且当 $f*g$ 有定义时，σ 满足条件(2).

首先，对于每一个 $x\in X$，依如下方式选取一条从 x_0 到 x 的道路 α_x：如果 $x=x_0$，取 α_x 为 x_0 点处的常值道路．如果 $x\in U\cap V$，取 α_x 为 $U\cap V$ 中的某一条道路．如果 x 在 U 或 V 中但不在 $U\cap V$ 中，分别取 α_x 为 U 或者 V 中的某一条道路．

然后，对任何 U 或 V 中的道路 f，按照

$$L(f)=\alpha_x*(f*\overline{\alpha}_y)$$

分别定义 U 或 V 中以 x_0 为基点的回路 $L(f)$，其中 x 为 f 的起点，y 为 f 的终点．见图 70.1．最后，定义

$$\sigma(f)=\rho(L(f)).$$

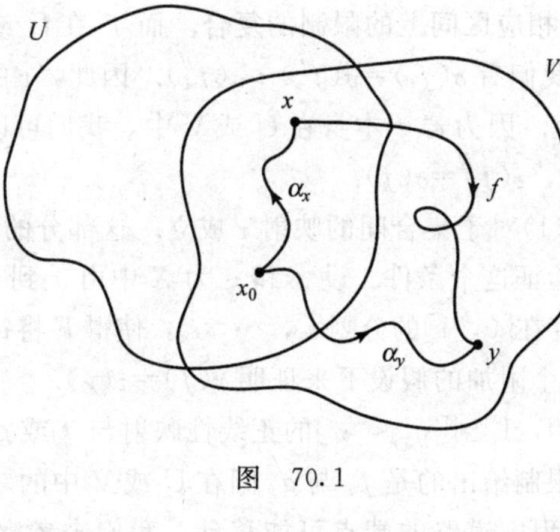

图　70.1

我们先来证明 σ 的确是 ρ 的一个扩充．如果 f 是位于 U 或 V 中的一条以 x_0 为基点的回路，则由于 α_{x_0} 是常值道路，从而

$$L(f) = e_{x_0} * (f * e_{x_0}).$$

那么，$L(f)$在U或V中道路同伦于f. 由于ρ满足条件(1)，所以$\rho(L(f))=\rho(f)$. 因此$\sigma(f)=\rho(f)$.

为了验证条件(1)，设f和g是位于U或者V中彼此道路同伦的道路. 那么，回路$L(f)$和$L(g)$也是在U或者V中彼此道路同伦的，从而ρ满足条件(1). 为了验证条件(2)，设f和g为U或V中满足$f(1)=g(0)$的任何两条道路，则对于适当的点x，y以及z，有

$$L(f) * L(g) = (\alpha_x * (f * \bar{\alpha}_y)) * (\alpha_y * (g * \bar{\alpha}_z)),$$

这条回路在U或V中道路同伦于$L(f * g)$. 对于ρ应用条件(1)和(2)，则有

$$\rho(L(f * g)) = \rho(L(f) * L(g)) = \rho(L(f)) \cdot \rho(L(g)).$$

因此$\sigma(f * g)=\sigma(f) \cdot \sigma(g)$.

第三步. 最后，我们将σ扩充为集合间的映射τ，使得τ将X中的任意一条道路f映为H中的一个元素，要求它满足以下条件：

(1)如果$[f]=[g]$，则$\tau(f)=\tau(g)$.

(2)如果$f * g$有定义，则$\tau(f * g)=\tau(f) \cdot \tau(g)$.

对于给定的f，选取$[0, 1]$区间的一个分划$s_0<\cdots<s_n$，使得f将每一个子区间$[s_{i-1}, s_i]$映到U或V中. 令f_i表示$[0, 1]$到$[s_{i-1}, s_i]$的正线性映射与$f|[s_{i-1}, s_i]$的复合. 这时f_i是位于U或V中的道路，并且

$$[f] = [f_1] * \cdots * [f_n].$$

如果τ是σ的一个扩充并且满足条件(1)和(2)，则必有

$$\tau(f) = \sigma(f_1) \cdot \sigma(f_2) \cdots \sigma(f_n). \qquad (*)$$

于是我们将用此等式作为τ的定义.

我们将证明这个定义与分划的选取无关. 这只要证明：若将某一个点p插入到分划中，则$\tau(f)$的值保持不变. 设指标i满足条件$s_{i-1}<p<s_i$，当对于新分划计算$\tau(f)$时，公式(*)的变化仅仅是$\sigma(f_i)$不出现，取而代之的是$\sigma(f_i') \cdot \sigma(f_i'')$，其中$f_i'$和$f_i''$分别为$[0, 1]$到$[s_{i-1}, p]$和$[p, s_i]$的正线性映射与$f$在相应区间上的限制的复合. 而$f_i$在$U$或$V$中与$f_i' * f_i''$道路同伦，由于$\sigma$满足条件(1)及(2)，我们有$\sigma(f_i)=\sigma(f_i') \cdot \sigma(f_i'')$. 因此，$\tau$的定义是确切的.

因而，τ是σ的一个扩充. 因为若f本身在U或V中，我们可以选取$[0, 1]$上的平凡分划来定义$\tau(f)$，从而根据定义，$\tau(f)=\sigma(f)$.

第四步. 我们证明条件(1)对于集合间的映射τ成立. 这部分的证明需特别小心.

我们先就一个特殊情形验证这个条件. 设f和g为X中由x到y的两条道路，F为二者间的同伦. 此外，我们还假设存在$[0, 1]$的分划s_0，…，s_n，使得F将每一个矩形$R_i=[s_{i-1}, s_i]\times I$映入$U$与$V$之一. 我们在这个附加的假设下来证明$\tau(f)=\tau(g)$.

对于给定的i，考虑由$[0, 1]$到$[s_{i-1}, s_i]$的正线性映射与f或g的复合，将它们分别记作f_i和g_i. F在矩形R_i上的限制给出的是f_i与g_i间在U或V中的一个同伦，然而F未必是一个道路同伦，因为在同伦过程中道路的端点可能移动. 我们来考察同伦过程中道路端点的轨迹. 定义β_i为道路$\beta_i(t)=F(s_i, t)$，则β_i为X中从$f(s_i)$到$g(s_i)$的一条道路. 道路β_0和β_n分别为点x和y处的常值道路. 见图 70.2. 我们证明：对于每一个i，

$$f_i * \beta_i \simeq_p \beta_{i-1} * g_i$$

是在 U 或 V 中的道路同伦.

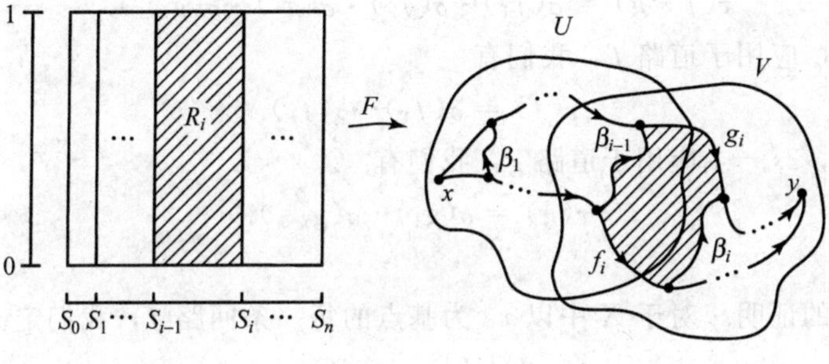

图 70.2

在矩形 R_i 中，我们取沿 R_i 的下边线和右边线的由 $s_{i-1}\times 0$ 经由 $s_i\times 0$ 到 $s_i\times 1$ 的那条折线道路，这条道路在 F 的作用下便得到了道路 $f_i * \beta_i$. 类似地，取沿 R_i 的左边线和上边线的那条折线道路，这条道路在 F 的作用下便得到了道路 $\beta_{i-1} * g_i$. 由于 R_i 是凸集，存在一个在 R_i 中的两条折线间的道路同伦，因此由 F 给出 $f_i * \beta_i$ 与 $\beta_{i-1} * g_i$ 之间的一个在 U 或 V 中的道路同伦. 这便是我们所需的道路同伦.

由于 σ 满足条件(1)和(2)，我们有

$$\sigma(f_i)\cdot\sigma(\beta_i)=\sigma(\beta_{i-1})\cdot\sigma(g_i),$$

因此

$$\sigma(f_i)=\sigma(\beta_{i-1})\cdot\sigma(g_i)\cdot\sigma(\beta_i)^{-1}. \qquad (**)$$

类似地，由于 β_0 和 β_n 为常值道路，我们有 $\sigma(\beta_0)=\sigma(\beta_n)=1$. (因为 $\beta_0 * \beta_0=\beta_0$ 蕴涵着 $\sigma(\beta_0)\cdot\sigma(\beta_0)=\sigma(\beta_0)$.)

推导如下：

$$\tau(f)=\sigma(f_1)\cdot\sigma(f_2)\cdots\sigma(f_n).$$

对此式应用(**)并化简，我们有

$$\tau(f)=\sigma(g_1)\cdot\sigma(g_2)\cdots\sigma(g_n)$$
$$=\tau(g).$$

从而，我们就这一特别情形证明了条件(1).

下面我们就一般情形证明条件(1). 任意给定道路 f 和 g 以及二者间的一个同伦 F，选取 $[0,1]$ 的分划 $s_0,\cdots,s_n$ 和 $t_0,\cdots,t_m$ 使得 F 将每一个子矩形 $[s_{i-1},s_i]\times[t_{j-1},t_j]$ 映入 U 或 V 中. 若 f_j 为道路 $f_j(s)=F(s,t_j)$，则 $f_0=f$ 且 $f_m=g$. 由于道路 f_{j-1} 和 f_j 满足前述特殊情形的条件，从而对于每一个 j 有 $\tau(f_{j-1})=\tau(f_j)$，所以有 $\tau(f)=\tau(g)$.

第五步. 我们证明集合之间的映射 τ 满足条件(2). 给定 X 中的一条道路 $f * g$，选取 $[0,1]$ 的一个包含点 1/2 作为分点的分划 $s_0<\cdots<s_n$，使得 $f * g$ 将每一子区间映射到 U 或 V 中. 设指标 k 满足条件 $s_k=1/2$.

当 $i=1,\cdots,k$ 时，由 $[0,1]$ 到 $[s_{i-1},s_i]$ 的正线性映射复合 $f * g$ 所得到的道路就是由 $[0,1]$ 到 $[2s_{i-1},2s_i]$ 的正线性映射复合 f 所得到的道路，将此道路记为 f_i. 类似地，当 $i=k+1,\cdots,n$ 时，由 $[0,1]$ 到 $[s_{i-1},s_i]$ 的正线性映射复合 $f * g$ 所得到的道路就是由 $[0,1]$ 到

$[2s_{i-1}-1, 2s_i-1]$的正线性映射复合 g 所得到的道路，将此道路记为 g_{i-k}. 将分划 s_0，…，s_n 应用于道路 $f*g$ 的定义域，我们有

$$\tau(f*g)=\sigma(f_1)\cdots\sigma(f_k)\cdot\sigma(g_1)\cdots\sigma(g_{n-k}).$$

将分划 $2s_0$，…，$2s_k$ 应用于道路 f，我们有

$$\tau(f)=\sigma(f_1)\cdots\sigma(f_k).$$

将分划 $2s_k-1$，…，$2s_n-1$ 应用于道路 g，我们有

$$\tau(g)=\sigma(g_1)\cdots\sigma(g_{n-k}).$$

因此(2)显然成立.

第六步. 定理的证明. 对于 X 中以 x_0 为基点的每一条回路 f，我们定义

$$\Phi([f])=\tau(f).$$

条件(1)和(2)说明 Φ 为定义确切的同态.

我们来证明 $\Phi\circ j_1=\phi_1$. 如果 f 是 U 中的一条回路，则

$$\begin{aligned}\Phi(j_1([f]_U))&=\Phi([f])\\&=\tau(f)\\&=\rho(f)=\phi_1([f]_U).\end{aligned}$$

类似地，$\Phi\circ j_2=\phi_2$. ■

上述定理是 Seifert-van Kampen 定理的现代形式. 以下我们再来给出它的经典形式，它涉及两个群的自由积. 前面我们已经提到过，当 G 是外自由积 $G=G_1*G_2$ 时，为简化记号，经常将 G_1 和 G_2 视为 G 的子群.

定理 70.2［**Seifert-van Kampen 定理的经典形式**(Seifert-van Kampen theorem, classical version)］ *假设如前一定理. 设*

$$j:\pi_1(U,x_0)*\pi_1(V,x_0)\longrightarrow\pi_1(X,x_0)$$

是自由积的同态，并且是由内射诱导的同态 j_1 和 j_2 的扩充. 则 j 是一个满射，并且它的核为自由积的最小正规子群 N，它包含了所有形如

$$(i_1(g)^{-1},i_2(g))$$

的字表示的元素，其中 $g\in\pi_1(U\cap V, x_0)$.

换言之，j 的核是由自由积中所有形如 $i_1(g)^{-1}i_2(g)$ 的元素以及它们的共轭元所生成的群.

证　由于 $\pi_1(X, x_0)$ 是由 j_1 和 j_2 的像所生成的，因此 j 为满射.

我们证明 $N\subset\ker j$. 由于 $\ker j$ 是正规的，我们只要证明对任何 $g\in\pi_1(U\cap V, x_0)$，$i_1(g)^{-1}i_2(g)$ 属于 $\ker j$. 如果 $i: U\cap V\to X$ 是内射，则

$$ji_1(g)=j_1i_1(g)=i_*(g)=j_2i_2(g)=ji_2(g).$$

于是 $i_1(g)^{-1}i_2(g)$ 属于 j 的核.

因此 j 诱导一个满同态

$$k:\pi_1(U,x_0)*\pi_1(V,x_0)/N\longrightarrow\pi_1(X,x_0).$$

我们证明 k 是一个单射，由此得到 $N=\ker j$. 这只要证明 k 有一个左逆.

令 H 表示群 $\pi_1(U, x_0) * \pi_1(V, x_0)/N$. 又设 $\phi_1: \pi_1(U, x_0) \to H$ 是 $\pi_1(U, x_0)$ 到自由积的内射与自由积到它相对于 N 的商群的投射两者的复合. 类似地，定义 $\phi_2: \pi_1(V, x_0) \to H$. 考虑下图表：

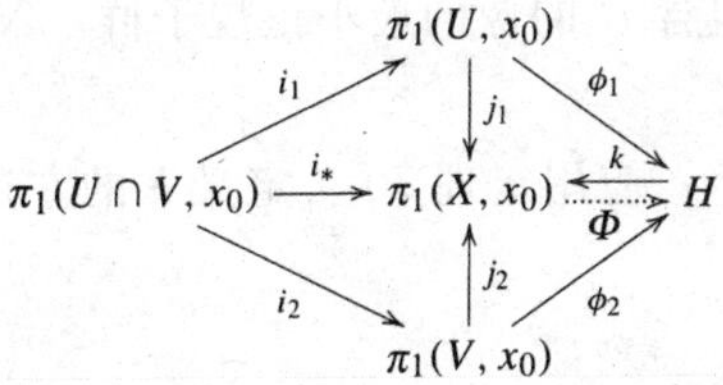

易见，$\phi_1 \circ i_1 = \phi_2 \circ i_2$. 因为若 $g \in \pi_1(U \cap V, x_0)$，则 $\phi_1(i_1(g))$ 为 H 中的陪集 $i_1(g)N$，而 $\phi_2(i_2(g))$ 为陪集 $i_2(g)N$. 由于 $i_1(g)^{-1} i_2(g) \in N$，所以两个陪集相等.

根据定理 70.1 推出：存在一个同态 $\Phi: \pi_1(X, x_0) \to H$ 使得 $\Phi \circ j_1 = \phi_1$ 及 $\Phi \circ j_2 = \phi_2$. 我们证明 Φ 是 k 的左逆. 这只要证明 $\Phi \circ k$ 作用在 H 的每一个生成元上恒等，也就是说，对每一个属于 $\pi_1(U, x_0)$ 或 $\pi_1(V, x_0)$ 的 g，$\Phi \circ k$ 作用在形如 gN 的陪集上等于其自身. 因为当 $g \in \pi_1(U, x_0)$ 时，我们有

$$k(gN) = j(g) = j_1(g),$$

由此得到

$$\Phi(k(gN)) = \Phi(j_1(g)) = \phi_1(g) = gN,$$

这便是我们要证明的. 当 $g \in \pi_1(V, x_0)$ 时情况是类似的. ■

推论 70.3 假设同 Seifert-van Kampen 定理. 如果 $U \cap V$ 是单连通的，则存在一个同构

$$k: \pi_1(U, x_0) * \pi_1(V, x_0) \longrightarrow \pi_1(X, x_0).$$

推论 70.4 假设同 Seifert-van Kampen 定理. 如果 V 是单连通的，则存在一个同构

$$k: \pi_1(U, x_0)/N \longrightarrow \pi_1(X, x_0),$$

其中 N 为包含同态

$$i_1: \pi_1(U \cap V, x_0) \longrightarrow \pi_1(U, x_0)$$

的像的 $\pi_1(U, x_0)$ 的最小正规子群.

例 1 设 X 是一个 θ-空间，则 X 是可表示成三条弧 A，B 和 C 之并的一个 Hausdorff 空间，其中每两条弧的交点恰为它们各自的端点 p 和 q. 前面我们已经证明了 X 的基本群不是阿贝尔群. 此处我们证明其基本群为具有两个生成元的自由群.

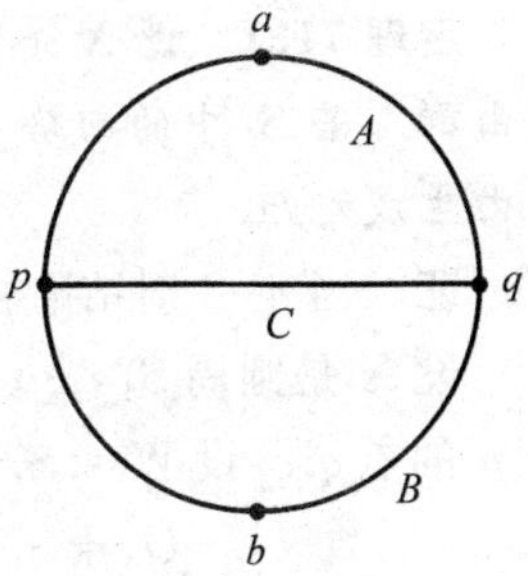

图 70.3

设 a 和 b 分别为 A 和 B 的内点. 将 X 写成两个开集 $U = X - a$ 与 $V = X - b$ 之并. 见图 70.3. 空间 $U \cap V = X - a - b$ 是单连通的，因为它是可缩的. 进而，U 和 V 都以无限循环群为基本群，因为 U 有 $B \cup C$ 的伦型，V 有 $A \cup C$ 的伦型. 因此，X 的基本群是两个无限循环群的自由积，也就是说，它是具有两个生成元的自由群. ■

习题

在以下习题中，假设条件同 Seifert-van Kampen 定理中的一样.

1. 设由内射 $i: U\cap V\to X$ 诱导的同态 i_* 是平凡的.

(a)证明：j_1 和 j_2 诱导一个满同态

$$h:(\pi_1(U,x_0)/N_1)*(\pi_1(V,x_0)/N_2)\longrightarrow \pi_1(X,x_0),$$

其中 N_1 是 $\pi_1(U, x_0)$中包含 i_1 的像的最小正规子群，N_2 是 $\pi_1(V, x_0)$中包含 i_2 的像的最小正规子群.

(b)证明 h 是一个同构. [提示：应用定理 70.1 定义 h 的左逆.]

2. 设 i_2 为满射.

(a)证明 j_1 诱导一个满同态

$$h:\pi_1(U,x_0)/M\longrightarrow \pi_1(X,x_0),$$

其中 M 是包含 $i_1(\ker i_2)$的 $\pi_1(U, x_0)$的最小正规子群. [提示：证明 j_1 为满射.]

(b)证明 h 是一个同构. [提示：设 $H=\pi_1(U, x_0)/M$，$\phi_1: \pi_1(U, x_0)\to H$ 为投影. 运用 $\pi_1(U\cap V, x_0)/\ker i_2$ 同构于 $\pi_1(V, x_0)$这一事实来定义一个同态 $\phi_2: \pi_1(V, x_0)\to H$. 再运用定理 70.1 定义 h 的一个左逆.]

3. (a)证明：若 G_1 和 G_2 具有有限表示，则 $G_1 * G_2$ 也具有有限表示.

(b)证明：若 $\pi_1(U\cap V, x_0)$是有限生成的，并且 $\pi_1(U, x_0)$和 $\pi_1(V, x_0)$具有有限表示，则 $\pi_1(X, x_0)$也具有有限表示. [提示：若 N' 是 $\pi_1(U, x_0)*\pi_1(V, x_0)$中含有所有元素 $i_1(g_i)^{-1}i_2(g_i)$的正规子群，这里 g_i 取遍 $\pi_1(U\cap V, x_0)$的一个由生成元构成的集合，则对于任何 g，N'包含 $i_1(g)^{-1}i_2(g)$.]

71　圆周束的基本群

本节我们引入圆周束这样一个概念，并计算它的基本群.

定义　假设 X 是一个可以表示成单位圆周 S^1 的有限个同胚像 S_1，…，S_n 之并的 Hausdorff 空间. 若存在 X 的一个点 p 使得只要 $i\neq j$ 便有 $S_i\cap S_j=\{p\}$，则称 X 是圆周 S_1，…，S_n 的**束**(wedge).

由于每一个空间 S_i 是紧致的，从而它是空间 X 中的一个闭集. 此外，X 可以嵌入平面，如果 C_i 表示$\mathbb{R}^2$中以$(i, 0)$为圆心、以 i 为半径的圆周，则 X 同胚于$C_1\cup\cdots\cup C_n$.

定理 71.1　设 X 是圆周 S_1，…，S_n 的束，p 是这些圆周的公共点. 则 $\pi_1(X, p)$是一个自由群. 若 S_i 中的回路 f_i 为$\pi_1(S_i, p)$的生成元，则回路 f_1，…，f_n 代表$\pi_1(X, p)$的一个自由生成元组.

证　当 $n=1$ 时结论显然成立. 我们对 n 进行归纳. 证明方法类似于前一节例 1 中使用的方法.

设 X 是圆周 S_1，…，S_n 的束、p 是这些圆周的公共点. 对于每一个 i，在 S_i 上选一个异于 p 的点 q_i. 设 $W_i=S_i-q_i$，并且设

$$U=S_1\cup W_2\cup\cdots\cup W_n\quad 和\quad V=W_1\cup S_2\cup\cdots\cup S_n,$$

则 $U\cap V=W_1\cup\cdots\cup W_n$. 参见图 71.1. 空间 U，V 以及 $U\cap V$ 都是道路连通的，因为它是具有一个公共点的道路连通空间的并.

空间 W_i 同胚于一个开区间，所以 p 是它的一个形变收缩核. 设 F_i：$W_i\times I\to W_i$ 为这个形变

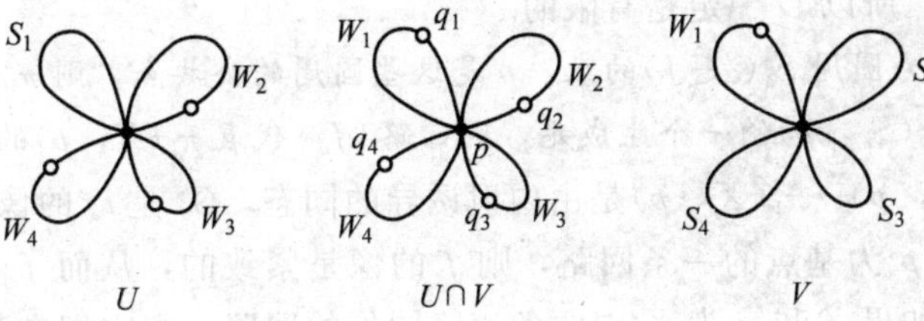

图 71.1

收缩，由这些 F_i 共同定义了一个映射 $F:(U\cap V)\times I\to U\cap V$，它是一个从 $U\cap V$ 到 p 的形变收缩.（为了证明 F 的连续性，只需注意 S_i 为 X 的闭子空间，从而 $W_i=S_i-q_i$ 为 $U\cap V$ 的闭子空间，由此 $W_i\times I$ 为 $(U\cap V)\times I$ 的闭子空间. 然后应用黏结引理.）由此可见 $U\cap V$ 是单连通的，从而相对于内射诱导的单同态而言，$\pi_1(X,p)$ 是群 $\pi_1(U,p)$ 和 $\pi_1(V,p)$ 的自由积.

类似的论证说明，S_1 是 U 的一个形变收缩核，$S_2\cup\cdots\cup S_n$ 为 V 的一个形变收缩核. 所以 $\pi_1(U,p)$ 是无限循环群，回路 f_1 表示一个生成元. 此外，由归纳假设可见 $\pi_1(V,p)$ 是一个自由群，回路 $f_2,\cdots,f_n$ 表示一个自由生成元组. 根据定理 69.2，本定理证明完成. ■

上述定理可以推广到具有一个公共点的无穷多个圆周的并 X 上. 这里我们要小心地关注 X 的拓扑.

定义 设空间 X 是子空间 $X_\alpha(\alpha\in J)$ 之并. X 的拓扑称为是与子空间 X_α **相通的**(coherent)，倘若子集 C 满足条件：对任何一个 α，$C\cap X_\alpha$ 是 X_α 中的闭集，则 C 为 X 中的闭集. 一个等价表述是：若 X 中的一个子集与每一个 X_α 的交为 X_α 中的开集，则这个子集为 X 中的开集.

如果 X 是有限多个闭子空间 $X_1,\cdots,X_n$ 的并，则 X 的拓扑必定与这些子空间相通，这是因为，如果 $C\cap X_i$ 是 X_i 中的闭集，则它也是 X 中的闭集，并且 C 为有限多个集合 $C\cap X_i$ 之并.

定义 设空间 X 可以表述为某些同胚于单位圆周的子空间 $S_\alpha(\alpha\in J)$ 之并，并且存在 X 中的一点 p 使得只要 $\alpha\neq\beta$ 便有 $S_\alpha\cap S_\beta=\{p\}$. 如果 X 的拓扑与诸子空间 S_α 相通，则称 X 为圆周族 S_α 的**束**(wedge).

对于有限的情形，定义中的相通条件可以用 Hausdorff 条件替代. 此时相通条件已经被蕴涵. 而对于无限的情形，这种蕴涵关系不再成立，由此我们将相通条件作为定义的一部分. 我们也希望有 Hausdorff 条件，然而，它已不再必要，因为它被相通条件所蕴涵.

引理 71.2 设 X 为圆周 $S_\alpha(\alpha\in J)$ 的束，则 X 是正规的. 此外，X 的任何一个紧致子空间都包含在有限多个圆周 S_α 的并之中.

证 显然，单点集是 X 中的闭集. 设 A 和 B 为 X 中无交的两个闭集，B 不包含点 p. 选取 S_α 中的无交子集 U_α 和 V_α 使得它们在 S_α 中是开的，并且分别包含 $\{p\}\cup(A\cap S_\alpha)$ 和 $B\cap S_\alpha$. 设 $U=\bigcup U_\alpha$ 及 $V=\bigcup V_\alpha$，则 U 与 V 无交. 由于所有的 U_α 都含有 p，所以 $U\cap S_\alpha=U_\alpha$. 由于所有的 V_α 都不包含 p，所以 $V\cap S_\alpha=V_\alpha$. 因此，U 和 V 为 X 中的开集. 因而，X 是正规的.

假设 C 是 X 的一个紧致子空间. 对于每一个 α，倘若 $C\cap(S_\alpha-p)$ 非空，我们在其中选取一点 x_α. 这时 $D=\{x_\alpha\}$ 为 X 中的闭集，这是由于它与每一个子空间 S_α 的交为单点集或者空集. 同理，D 的每一个子集都是 X 中的闭集. 因此，D 是 X 中包含于 C 的闭离散子空间，由

于 C 是极限点紧致的，所以 D 一定是有限的. ■

定理 71.3 设 X 为圆周 $S_\alpha(\alpha\in J)$ 的束，p 是这些圆周的公共点，则 $\pi_1(X, p)$ 为自由群. 如果 S_α 中的回路 f_α 是 $\pi_1(S_\alpha, p)$ 的一个生成元，则回路 $\{f_\alpha\}$ 代表 $\pi_1(X, p)$ 的一个自由生成元组.

证 设 $i_\alpha: \pi_1(S_\alpha, p)\to\pi_1(X, p)$ 是由内射诱导的同态，G_α 是 i_α 的像.

如果 f 是 X 中以 p 为基点的一条回路，则 f 的像是紧致的，从而 f 在某有限多个子空间 S_α 的并之中. 进而，如果 f 和 g 为 X 中两条道路同伦的回路，则它们在某有限多个子空间 S_α 的并中也是道路同伦的.

这蕴涵着群 $\{G_\alpha\}$ 生成 $\pi_1(X, p)$. 因为若 f 为 X 中的一条回路，则存在某有限指标集使得 f 在 $S_{\alpha_1}\cup\cdots\cup S_{\alpha_n}$ 中，这时，定理 71.1 蕴涵着 $[f]$ 是群 $G_{\alpha_1}, \cdots, G_{\alpha_n}$ 中某些元素的乘积. 类似地，i_β 是一个单同态. 因为如果 f 为 S_β 中的一条回路并且在 X 中道路同伦于一条常值道路，则 f 在某有限多个子空间 S_α 的并中道路同伦于一条常值道路，因此定理 71.1 蕴涵着 f 在 S_β 中道路同伦于一条常值道路.

最后，假设存在一个由群 G_α 中元素构成的表示 $\pi_1(X, p)$ 中单位元的非空的约化字

$$w=(g_{\alpha_1}, \cdots, g_{\alpha_n}).$$

设 f 为 X 中的一条回路. w 表示它的道路同伦类，则 f 在 X 中道路同伦于一条常值道路，从而它在某有限多个子空间 S_α 的并中也道路同伦于一条常值道路. 这与定理 71.1 矛盾. ■

上述定理依赖于 X 的拓扑与子空间族 S_α 相通这一事实. 考虑以下例子：

例 1 设 C_n 为 $\mathbb{R}^2$ 中以 $(1/n, 0)$ 为圆心、以 $1/n$ 为半径的圆周. 设 X 为 $\mathbb{R}^2$ 的子空间并且是这些圆周的并，则 X 是可数无限多个圆周之并且其中任何两个都交于原点 p. 然而，X 不是这些圆周 C_n 的束. 为简便起见，我们称 X 为一个**无限耳环**(infinite earring).

可以直接验证 X 的拓扑不与子空间族 C_n 相通. 正半 x 轴与 X 的交恰好含有每一个圆周 C_n 的一个点，但是这个集合不是 X 中的闭集. 我们换一个办法来论证这个结论. 对于每一个 n，设 f_n 为表示 $\pi_1(C_n, p)$ 的生成元的 C_n 中的一条回路. 我们证明 $\pi_1(X, p)$ 不是以 $\{[f_n]\}$ 为自由生成元组的自由群. 事实上，我们将证明这些 $[f_i]$ 并不生成群 $\pi_1(X, p)$.

考虑依以下方式定义的 X 中的回路 g：对于每一个 n，在区间 $[1/(n+1), 1/n]$ 上，定义 g 为这个区间到 $[0, 1]$ 上的正线性映射与 f_n 的复合，这给出了 g 在 $(0, 1]$ 上的定义，此外，定义 $g(0)=p$. 因为 X 具有由 $\mathbb{R}^2$ 诱导的拓扑，可见 g 是连续的. 见图 71.2. 我们指出：对任意给定的 n，$[g]$ 不属于由 $[f_1], \cdots, [f_n]$ 生成的 $\pi_1(X, p)$ 的子群 G_n.

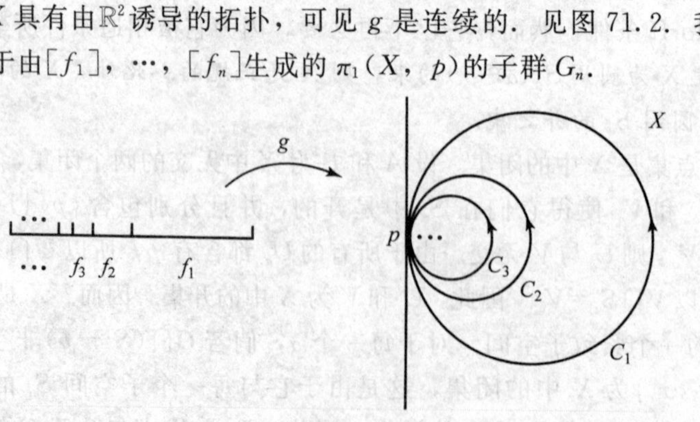

图 71.2

选取 $N>n$，并考虑映射 $h: X\to C_N$，使得当 $x\in C_N$ 时 $h(x)=x$，当 $x\notin C_N$ 时 $h(x)=p$，则 h 是连续的，并且诱导了一个将 G_n 的每一个元素都映为单位元的同态 $h_*: \pi_1(X, p)\to\pi_1(C_N, p)$. 另一方面，$h\circ g$ 为 C_N 上的一条回路，它在区间 $[1/(N+1), 1/N]$ 之外取常值，而在这个区间上等于这个区间到 $[0, 1]$ 上的正线性映射与 f_N 的复合. 因此，$h_*([g])=[f_N]$，它生成 $\pi_1(C_N, p)$! 于是，$[g]\notin G_n$. ■

在前面的定理中，我们计算了无限个圆周的束的基本群. 为后面使用方便，我们现在证明这种空间是存在的.（这个结果在第 14 章中要用到.）

***引理 71.4** 对任意的指标集 J，存在一个空间 X 使得它是圆周 $S_\alpha(\alpha\in J)$ 的束.

证 赋予指标集 J 以离散拓扑. 设 E 为积空间 $S^1\times J$. 取一点 $b_0\in S^1$，设 X 为将 E 的闭子集 $P=b_0\times J$ 黏成一点 p 所得到的商空间. 设 $\pi: E\to X$ 为商映射. 令 $S_\alpha=\pi(S^1\times\alpha)$. 我们来证明每一个 S_α 同胚于 S^1 并且 X 是这些圆周 S_α 的束.

如果 C 是 $S^1\times\alpha$ 中的闭子集，则 $\pi(C)$ 是 X 中的闭子集. 如果点 $b_0\times\alpha$ 不在 C 中，则 $\pi^{-1}\pi(C)=C$. 否则，$\pi^{-1}\pi(C)=C\cup P$. 对每一种情形，$\pi^{-1}\pi(C)$ 都是 $S^1\times J$ 中的闭集，从而 $\pi(C)$ 是 X 中的闭集.

这蕴涵着 S_α 本身是 X 中的闭集，这是因为 $S^1\times\alpha$ 是 $S^1\times J$ 中的闭集，π 将 $S^1\times\alpha$ 同胚地映射到 S_α 上. 设 π_α 是这个同胚.

为了证明 X 的拓扑与子空间 S_α 相通，设 $D\subset X$ 并且假定对于每一个 α 有 $D\cap S_\alpha$ 是 S_α 中的闭集. 那么

$$\pi^{-1}(D)\cap(S^1\times\alpha)=\pi_\alpha^{-1}(D\cap S_\alpha),$$

由于 π_α 连续，所以 $\pi_\alpha^{-1}(D\cap S_\alpha)$ 是 $S^1\times\alpha$ 中的闭集. 于是 $\pi^{-1}(D)$ 是 $S^1\times J$ 中的闭集. 根据商拓扑的定义，D 是 X 中的闭集. ■

习题

1. 设空间 X 可以表示成 n 个各自同胚于单位圆周的子空间 $S_1, \cdots, S_n$ 之并，并且存在一点 p 使得当 $i\neq j$ 时 $S_i\cap S_j=\{p\}$.
   (a) 证明 X 是 Hausdorff 空间当且仅当每一个子空间 S_i 为 X 中的闭集.
   (b) 证明 X 是 Hausdorff 空间当且仅当 X 的拓扑与子空间 S_i 是相通的.
   (c) 举例说明 X 可以不是 Hausdorff 空间. [提示：参见第 36 节习题 5.]
2. 设空间 X 是闭子空间 $X_1, \cdots, X_n$ 之并，并且存在一点 p 使得当 $i\neq j$ 时 $X_i\cap X_j=\{p\}$. 这时我们称 X 为空间 $X_1, \cdots, X_n$ 的**束**(wedge)，并记作 $X=X_1\vee\cdots\vee X_n$. 证明：如果对于每一个 i，p 为 X_i 的某开集 W_i 的形变收缩核，则 $\pi_1(X, p)$ 是 $\pi_1(X_i, p)$ 相对于内射诱导的单同态的外自由积.
3. 如果 X 同胚于 S^1 而 Y 同胚于 S^2，试问关于 $X\vee Y$ 的基本群有什么结论？
4. 证明：若 X 是圆周的无限束，则 X 不满足第一可数性公理.
5. 设 S_n 为 $\mathbb{R}^2$ 上以 $(n, 0)$ 为圆心、以 n 为半径的圆周，$\mathbb{R}^2$ 的子空间 Y 是这些圆周的并，p 为它们的公共点.
   (a) 证明 Y 与圆周的可数无限束 X 或者例 1 中的空间不同胚.

(b)证明 $\pi_1(Y, p)$是具有自由生成元组$\{[f_n]\}$的自由群，其中 f_n 是表示 $\pi_1(S_n, p)$的生成元的一条回路.

72　黏贴 2 维胞腔

我们已经用两种方式算出了环面 $T=S^1\times S^1$ 的基本群：其一是通过考虑标准覆叠映射 $p\times p:\mathbb{R}\times\mathbb{R}\to S^1\times S^1$ 并使用提升工具. 其二是应用乘积空间基本群的基本定理. 本节再给出一个计算环面的基本群的办法.

若将覆叠映射 $p\times p$ 限制在单位矩形上，我们得到一个商映射 $\pi: I^2\to T$. 它将 Bd I^2 映到子空间 $A=(S^1\times b_0)\cup(b_0\times S^1)$上，并且将 I^2 中的其他部分一一地映射到 $T-A$ 上，其中 A 为两个圆周的束. 因此 T 可以被想象为将正方形 I^2 的边界黏在 A 上.

将平面上某多边形区域的边黏到另外一个空间上是构造新空间的常用方法. 在此，我们给出如何计算这种空间的基本群的办法. 这个办法有许多漂亮的应用.

定理 72.1　设 X 是一个 Hausdorff 空间，A 为 X 中的一个道路连通的闭子空间. 假设存在一个连续映射 $h: B^2\to X$ 将 Int B^2 一一地映射到 $X-A$ 上，并且将 $S^1=\text{Bd}\,B^2$ 映入 A 中. 设 $p\in S^1$ 并且 $a=h(p)$，$k: (S^1, p)\to(A, a)$为限制 h 而得到的映射. 则内射诱导的同态

$$i_*:\pi_1(A,a)\longrightarrow\pi_1(X,a)$$

是一个满射，并且它的核是 $\pi_1(A, a)$中包含 $k_*: \pi_1(S^1, p)\to\pi_1(A, a)$的像的最小正规子群.

有时我们说，X 的基本群是从 A 的基本群中"消除"类 $k_*[f]$而得到的，其中$[f]$生成 $\pi_1(S^1, p)$.

证　第一步. 原点 $\mathbf{0}$ 为 B^2 的圆心，设 x_0 为 X 中的点 $h(\mathbf{0})$. 如果 U 是 X 中的开集 $U=X-x_0$，我们证明 A 为 U 的一个形变收缩核. 见图 72.1.

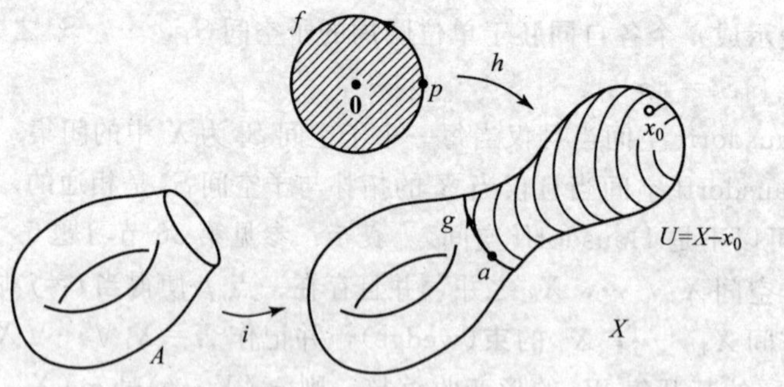

图　72.1

设 $C=h(B^2)$，令 $\pi: B^2\to C$ 是限制 h 的值域所得到的映射. 考虑映射

$$\pi\times\text{id}: B^2\times I\longrightarrow C\times I,$$

这是一个闭映射，因为 $B^2\times I$ 是紧的并且 $C\times I$ 是 Hausdorff 空间. 因此，它是一个商映射. 它的限制

$$\pi':(B^2-\mathbf{0})\times I\longrightarrow(C-x_0)\times I$$

也是一个商映射，这是由于它的定义域是 $B^2\times I$ 中的开集，并且是相对于 $\pi\times\mathrm{id}$ 的饱和开集. 有一个从 $B^2-\mathbf{0}$ 到 S^1 的形变收缩，经由商映射 π' 它诱导了一个从 $C-x_0$ 到 $\pi(S^1)$ 的形变收缩. 我们将这个形变收缩扩充到 $U\times I$ 上，并且在形变的过程中要求 A 中的每一个点都保持不动. 因此 A 是 U 的一个形变收缩核.

由此推出，A 到 U 的内射诱导出基本群之间的一个同构. 从而，我们的定理归结为验证以下论断：

设 f 是一条回路，它所在的类生成 $\pi_1(S^1,p)$. 则由 U 到 X 的内射诱导一个满同态

$$\pi_1(U,a)\longrightarrow\pi_1(X,a),$$

其核是包含回路 $g=h\circ f$ 所在的类的最小正规子群.

第二步. 为方便起见，我们先考虑由内射诱导的同态 $\pi_1(U,b)\to\pi_1(X,b)$，其中基点 b 不在 A 中.

设 b 为 $U-A$ 中的任何一点. 将 X 写成两个开集 U 与 $V=X-A=\pi(\mathrm{Int}\,B^2)$ 之并. 这时 U 是道路连通的，因为它以 A 为形变收缩核. 由于 π 为商映射，它在 $\mathrm{Int}\,B^2$ 上的限制也是一个商映射，从而是一个同胚. 因此，V 是单连通的. 集合 $U\cap V=V-x_0$ 同胚于 $\mathrm{Int}\,B^2-\mathbf{0}$，因此它是道路连通的并且它的基本群为无限循环群. 由于 b 为 $U\cap V$ 的一个点，推论 70.4 蕴涵着由内射诱导的同态

$$\pi_1(U,b)\longrightarrow\pi_1(X,b)$$

是一个满射，并且它的核是包含无限循环群 $\pi_1(U\cap V,b)$ 的像的最小正规子群.

第三步. 我们再将基点改回点 a，并证明定理.

设 q 为 B^2 的一个点，它是 $\mathbf{0}$ 到 p 的线段的中点，取 $b=h(q)$. 这时 b 便是 $U\cap V$ 的一个点. 设 f_0 是以 q 为基点的 $\mathrm{Int}\,B^2-\mathbf{0}$ 中的一条回路，要求它表示这个空间的基本群的一个生成元，则 $g_0=h\circ f_0$ 是 $U\cap V$ 中的一个以 b 为基点的回路，并且表示 $U\cap V$ 的基本群的一个生成元. 见图 72.2.

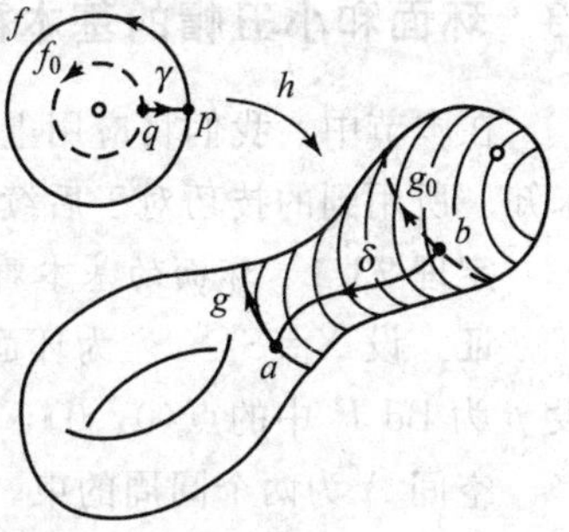

图 72.2

由第二步得知，由内射诱导的同态 $\pi_1(U,b)\to\pi_1(X,b)$ 是一个满射，并且它的核是包含回路 $g_0=h\circ f_0$ 所在的类的最小正规子群. 为了对以 a 为基点的回路得到相应的结论，我们论证如下：

设 γ 是 B^2 中从 q 到 p 的一条直线道路，$\delta=h\circ\gamma$ 是 U 中从 b 到 a 的一条道路. 由道路 δ 分别在 U 和 X 中诱导的两个同构(都记作 $\hat\delta$)与由内射诱导的同态在以下图表中可交换：

$$\begin{array}{ccc}\pi_1(U,b) & \longrightarrow & \pi_1(X,b)\\ \downarrow{\scriptstyle\hat\delta} & & \downarrow{\scriptstyle\hat\delta}\\ \pi_1(U,a) & \longrightarrow & \pi_1(X,a)\end{array}$$

因此，由内射诱导的从 $\pi_1(U,a)$ 到 $\pi_1(X,a)$ 的同态是满的，并且它的核是包含元素 $\hat\delta([g_0])$ 的最小正规子群.

回路 f_0 表示 Int $B^2-\mathbf{0}$ 的以 q 为基点的基本群的一个生成元．从而回路 $\bar{\gamma}*(f_0*\gamma)$ 表示 $B^2-\mathbf{0}$ 的以 p 为基点的基本群的一个生成元．因此，它道路同伦于 f 或者 f 的逆．不妨设前者成立．将此道路同伦再复合映射 h，我们有 $\bar{\delta}*(g_0*\delta)$ 在 U 中与 g 道路同伦．于是 $\hat{\delta}([g_0])=[g]$，从而定理成立．■

在定理的证明中，对于 B^2 本身的性质，我们并没有用到许多．事实上，如果我们将 B^2 换成一个与之同胚的空间 B，并且以 Bd B 的同胚像代替 S^1，则上述定理的相应结论依然成立．这样的空间 B 称为 **2-维胞腔**(2-cell)．上述定理中的空间 X 可以想象为将一个“2-维胞腔”黏贴到 A 上．后面我们将对这种情形进行更为规范的讨论．

习题

1. 设 X 为 Hausdorff 空间，A 是一个道路连通的闭子空间．假设连续映射 $h: B^n\to X$ 将 S^{n-1} 映入 A 中，并且将 Int B^n 一一地映为 $X-A$．设 a 为 $h(S^{n-1})$ 的一个点．若 $n>2$，试说明由内射诱导的从 $\pi_1(A, a)$ 到 $\pi_1(X, a)$ 的同态有哪些性质．
2. 设 X 是由一个正规的道路连通空间 A 与单位球 B^2 的无交并并且借助于连续映射 $f: S^1\to A$ 给出的贴附空间．(见第 35 节习题 8.)证明 X 满足定理 72.1 中的假设条件．何处用到了 A 的正规性？
3. 设 G 是一个群，x 是 G 中的一个元素，N 为 G 的包含 x 的最小正规子群．证明：若存在一个正规的道路连通空间使得其基本群同构于 G，则存在一个正规的道路连通空间，其基本群同构于 G/N．

73　环面和小丑帽的基本群

在本节中，我们将应用上一节的结果来计算两个空间的基本群，其一是已知的，而另一却未知．所用到的技巧对于后续讨论具有重要意义．

定理 73.1　*环面的基本群有一个由两个生成元 α，β 及单一关系 $\alpha\beta\alpha^{1-}\beta^{-1}$ 组成的表示．*

证　设 $X=S^1\times S^1$ 为环面，$h: I^2\to X$ 为标准覆叠映射 $p\times p: \mathbb{R}\times\mathbb{R}\to S^1\times S^1$ 的限制．设 p 为 Bd I^2 中的点$(0, 0)$，$a=h(p)$，$A=h(\text{Bd } I^2)$．则定理 72.1 的假设条件成立．

空间 A 为两个圆周的束，所以 A 的基本群为自由群．事实上，若在 Bd I^2 中令 a_0 为道路 $a_0(t)=(t, 0)$，b_0 为道路 $b_0(t)=(0, t)$，则道路 $\alpha=h\circ a_0$ 和道路 $\beta=h\circ b_0$ 都是 A 中的回路，并且$[\alpha]$和$[\beta]$构成 $\pi_1(A, a)$的一个自由生成元组．见图 73.1.

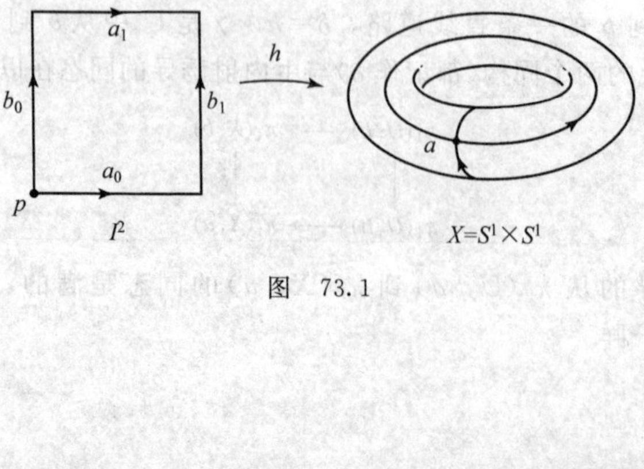

图　73.1

设 a_1 和 b_1 为 Bd I^2 中的道路 $a_1(t)=(t,1)$ 和 $b_1(t)=(1,t)$. 考虑由

$$f = a_0 * (b_1 * (\bar{a}_1 * \bar{b}_0))$$

定义的 Bd I^2 中的回路 f，则 f 表示 $\pi_1(\text{Bd } I^2, p)$ 的一个生成元，并且回路 $g=h\circ f$ 等于乘积 $\alpha*(\beta*(\bar{\alpha}*\bar{\beta}))$. 根据定理 72.1，$\pi_1(X, a)$ 是由自由生成元 $[\alpha]$ 和 $[\beta]$ 生成的自由群对于含有元素 $[\alpha][\beta][\alpha]^{-1}[\beta]^{-1}$ 的最小正规子群的商群. ■

推论 73.2　环面的基本群是秩为 2 的自由阿贝尔群.

证　设 G 是以 α，β 为生成元的自由群，N 是含有元素 $\alpha\beta\alpha^{-1}\beta^{-1}$ 的最小正规子群. 因为这个元素为一个交换子，所以 N 包含于 G 的交换子子群 $[G, G]$ 中. 另一方面，因为 G/N 是由所有陪集 αN 及 βN 所生成的，所以它的元素可交换，即 G/N 是阿贝尔群. 因此 N 包含着 G 的交换子子群.

根据定理 69.4，G/N 是一个秩为 2 的自由阿贝尔群. ■

定义　设 $n>1$ 为正整数. 设 $r: S^1\to S^1$ 是以 $2\pi/n$ 为旋转角的旋转，它将点 $(\cos\theta, \sin\theta)$ 映为点 $(\cos(\theta+2\pi/n), \sin(\theta+2\pi/n))$. 在单位球 B^2 中将 S^1 中的每一个点 x 与点 $r(x)$，$r^2(x)$，…，$r^{n-1}(x)$ 等同起来，得到的商空间记为 X. 我们将要证明 X 是一个 Hausdorff 空间，并且将这个空间称为 ***n*-叠小丑帽**(n-fold dunce cap).

设 $\pi: B^2\to X$ 为前面定义的商映射. 我们证明 π 是闭映射. 为此，只需证明如果 C 是 B^2 中的闭集，则 $\pi^{-1}\pi(C)$ 为 B^2 中的闭集，然后由商映射的定义可见 $\pi(C)$ 为 X 中的闭集. 设 $C_0=C\cap S^1$，它是 B^2 中的闭集. 集合 $\pi^{-1}\pi(C)$ 等于 C 与 $r(C_0)$，$r^2(C_0)$，…，$r^{n-1}(C_0)$ 的并，由于 r 为同胚，上述每一个集合都是 B^2 中的闭集. 因此，$\pi^{-1}\pi(C)$ 为 B^2 中的闭集.

由于 π 连续，所以 X 是紧致的. 曾经在第 31 节中作为一个习题给出的下述引理说明 X 是一个 Hausdorff 空间.

引理 73.3　设 $\pi: E\to X$ 是一个闭的商映射. 若 E 是正规的，则 X 也是正规的.

证　假设 E 为正规空间. 由于 E 中的单点集为闭集，所以 X 中的单点集为闭集. 设 A 和 B 为 X 中的无交闭集，则 $\pi^{-1}(A)$ 和 $\pi^{-1}(B)$ 为 E 中的无交闭集. 选取 U 和 V 为 E 中分别包含 $\pi^{-1}(A)$ 和 $\pi^{-1}(B)$ 的无交开集. 当然，$\pi(U)$ 和 $\pi(V)$ 为分别包含 A 和 B 的无交开集这样一个猜测对我们很有诱惑力，然而，这个猜测是不成立的. 因为它们未必是开集(π 未必是开映射)，也未必是无交的. 参见图 73.2.

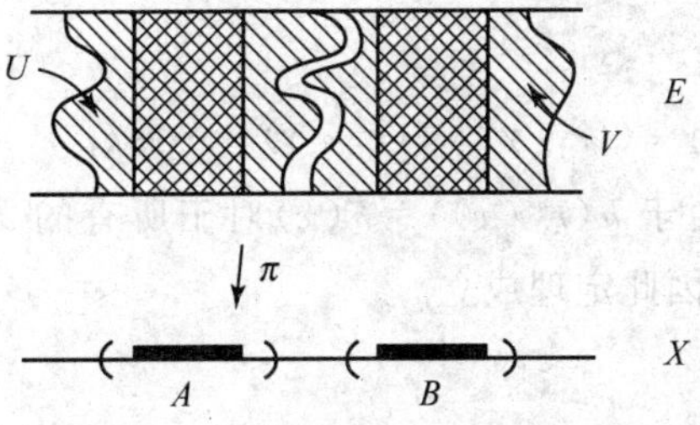

图　73.2

正因为如此，我们才按以下方式给出证明. 设 $C=E-U$ 和 $D=E-V$. 由于 C 和 D 是 E

中的两个闭集，所以 $\pi(C)$ 和 $\pi(D)$ 是 X 中的两个闭集. 由于 C 不包含 $\pi^{-1}(A)$ 中的点，所以 $\pi(C)$ 与 A 无交. 因此 $U_0=X-\pi(C)$ 为 X 中包含 A 的开集. 类似地，$V_0=X-\pi(D)$ 为 X 中包含 B 的开集. 进而，U_0 与 V_0 无交. 这是因为，如果 $x\in U_0$，则 $\pi^{-1}(x)$ 与 C 无交，因此它包含于 U 中. 类似地，如果 $x\in V_0$，则 $\pi^{-1}(x)$ 包含于 V 中. 由于 U 和 V 无交，所以 U_0 与 V_0 也无交. ■

事实上，2-叠小丑帽是我们曾见过的一个空间，它同胚于射影平面 P^2. 为了验证这个事实，我们回顾一下 P^2 的定义. 它是将 S^2 中每一对对径点 x 和 $-x$ 等同所得到的商空间. 设 p：$S^2\to P^2$ 为相应的商映射. 用 i 表示 B^2 与 S^2 中上半球面之间的标准同胚，即

$$i(x,y)=(x,y,(1-x^2-y^2)^{1/2}),$$

再将其与 p 复合. 我们得到一个映射 π：$B^2\to P^2$，这个映射是连续的、闭的、满的. 在 Int$B$ 上它是一个单射，并且对任何一点 $x\in S^1$，它将 x 和 $-x$ 映为同一点. 因此它诱导出一个 2-叠小丑帽到 P^2 的同胚.

从 P^2 的基本群的计算中你便能猜到关于 n-叠小丑帽的基本群的结论.

定理 73.4　*n-叠小丑帽的基本群是一个 n 阶循环群.*

证　设 h：$B^2\to X$ 为商映射，其中 X 为 n-叠小丑帽. 令 $A=h(S^1)$，$p=(1,0)\in S^1$，$a=h(p)$. 则 h 将 S^1 中的从 p 到 $r(p)$ 的弧 C 映到 A 上，它将 C 的两个端点映成一个点，但在其他地方为单射. 因此，A 同胚于圆周，于是它的基本群是无限循环群. 事实上，如果 γ 是 S^1 中从 p 到 $r(p)$ 由

$$\gamma(t)=(\cos(2\pi t/n),\sin(2\pi t/n))$$

定义的道路，则 $\alpha=h\circ\gamma$ 表示 $\pi_1(A,a)$ 的一个生成元. 参见图 73.3.

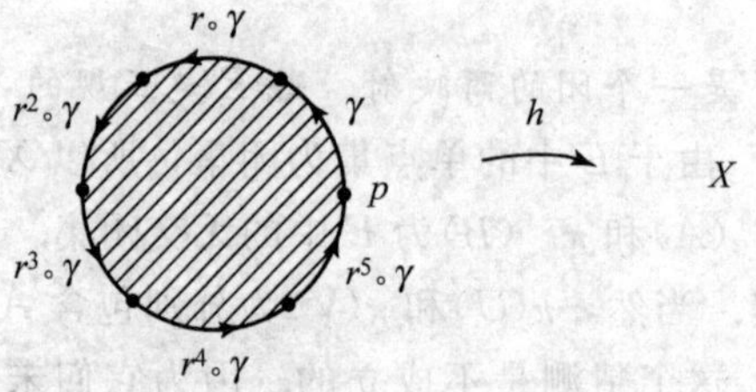

图　73.3

于是回路

$$f=\gamma*((r\circ\gamma)*((r^2\circ\gamma)*\cdots*(r^{n-1}\circ\gamma)))$$

的同伦类生成 $\pi_1(S^1,p)$. 由于 $h(r^m(x))=h(x)$ 对于所有的 x 及 m 成立，回路 $h\circ f$ 等于 n-重乘积 $\alpha*(\alpha*(\cdots*\alpha))$. 因此定理成立. ■

习题

1. 试给出其基本群同胚于下述群的空间.（其中 $\mathbb{Z}/n$ 表示模 n 整数加群.）

(a) $\mathbb{Z}/n\times\mathbb{Z}/m$.

(b) $\mathbb{Z}/n_1\times\mathbb{Z}/n_2\times\cdots\times\mathbb{Z}/n_k$.

(c)$\mathbb{Z}/n*\mathbb{Z}/m$.（参见第 71 节习题 2.）

(d)$\mathbb{Z}/n_1*\mathbb{Z}/n_2*\cdots*\mathbb{Z}/n_k$.

2. 证明下述定理：

定理 设 G 是一个有限表示的群，则存在一个紧致的 Hausdorff 空间 X，其基本群同胚于 G.

证明：假设 G 有一个由 n 个生成元和 m 个关系组成的表示. 设 A 为 n 个圆周的束，由 A 与 m 个单位球的同胚像 B_1，…，B_m 的并以及借助于连续映射 f：$\bigcup \text{Bd}\ B_i \to A$ 所得到的贴附空间记作 X.

(a)证明 X 为 Hausdorff 空间.

(b)对于 $m=1$ 的情形证明定理.

(c)应用下一个习题中表述的代数学中的结论，对 m 进行归纳.

在这个习题中提到的构造空间 X 的方法是代数拓扑中的一个标准方法. 空间 X 叫做 2 维 **CW 复形**(CW complex).

3. **引理** 设 f：$G\to H$ 和 g：$H\to K$ 都是同态，f 是一个满射. 若 $x_0\in G$ 并且 $\ker g$ 为 H 中包含 $f(x_0)$ 的最小正规子群，则 $\ker(g\circ f)$ 是 G 中含有 $\ker f$ 和 x_0 的最小正规子群 N.

证明 $f(N)$ 正规，并且据此证明 $\ker(g\circ f)=f^{-1}(\ker g)\subset f^{-1}f(N)=N$.

4. 证明：习题 2 中所构造的空间实际上是可度量化的. [提示：商映射是一个完全映射.]

第12章　曲面分类

代数拓扑的最早成就之一在于它解决了紧致曲面的同胚分类问题．这里所说的“解决”曲面的分类问题是指：列举出一些紧致曲面，使得其中的任意两个曲面互不同胚，并且任意给定的一个紧致曲面都同胚于我们所列举出的紧致曲面中的某一个．本章我们将讨论这个问题．

74　曲面的基本群

本节我们主要说明如何构造紧致连通曲面并计算它们的基本群．我们所构造的这些曲面中，每一个都是将某一个平面多边形区域的边界“黏合起来”而得到的商空间．

为了使这个黏合过程有章可循，我们必须认真对待某些问题．首先我们将对“平面多边形区域”给出一个确切的定义．给定平面$\mathbb{R}^2$上的一个点c以及一个正数$a>0$，考虑$\mathbb{R}^2$中以c为圆心、以a为半径的圆周．给定实数的一个有限序列$\theta_0<\theta_1<\cdots<\theta_n$，其中$n\geqslant 3$，$\theta_n=\theta_0+2\pi$，考虑圆周上的点$p_i=c+a(\cos\theta_i, \sin\theta_i)$．这些点在圆周上按逆时针方向依次排列并且$p_n=p_0$．连接$p_{i-1}$和$p_i$的直线将整个平面分割成两个闭的半平面．用$H_i$表示其中含有所有$p_k$的那个半平面，则空间

$$P=H_1\cap\cdots\cap H_n$$

称为由这些点p_i所决定的**多边形区域**(polygonal region)．这些点p_i称为P的**顶点**(vertex)，连接p_{i-1}和p_i的线段称为P的一条**边**(edge)，以 Bd P表示所有各边的并，Int P表示集合$P-\text{Bd}\,P$．易见，如果p为 Int P的一个点，则P可以表示成所有连接点p和 Bd P中点的线段的并，并且两条线段仅在p点处相交．

给定$\mathbb{R}^2$中的一条线段L，L的一个**定向**(orientation)是其端点的一个排列，倘若L的第一个端点为a，第二个端点为b，则称a为有向线段L的**起点**(initial point)，b为有向线段L的**终点**(final point)．这时，我们常称L为一条从a到b的有向线段，并且用L上由a指向b的一个箭头标明L的定向．如果L'是另一条由c到d的有向线段，那么L到L'的**正线性映射**(positive linear map)是指一个同胚h，它将L中的点$x=(1-s)a+sb$映为L'中的点$h(x)=(1-s)c+sd$．

如果多边形区域P的顶点p_0，…，$p_n(p_0=p_n)$的个数与多边形区域Q的顶点q_0，…，$q_n(q_0=q_n)$的个数相同，那么明显地存在一个从 Bd P到 Bd Q的同胚h，它将从p_{i-1}到p_i的边按正线性的方式映射到从q_{i-1}到q_i的边上．如果p和q分别为 Int P和 Int Q中的取定的点，那么上述同胚可以扩充为一个从P到Q的同胚，它将连接p和 Bd P中一点x的线段线性地映到连接q和$h(x)$的线段上．见图 74.1.

定义　设P是一个平面多边形区域．P的诸边的一个**标记**(labelling)是指从P的边构成的集合到某一个集合S的映射，集合S叫做**标签**(label)集．对P的每一条边给定了一个定向，又给定了P的诸边的一个标记，我们在P中定义一个等价关系如下：Int P中的每一个点仅与其自身等价．对于具有相同标签的P的两条边，设h是从其中某一条边到另一条边上的正线

性映射，则定义前一条边上的点 x 与另一边上的点 $h(x)$ 等价．这样定义的关系的确是 P 中的一个等价关系．通过这个等价关系而得到的商空间 X 叫做按照给定的定向和给定的标记**黏合 P 的各边**(pasting the edges of P)得到的商空间．

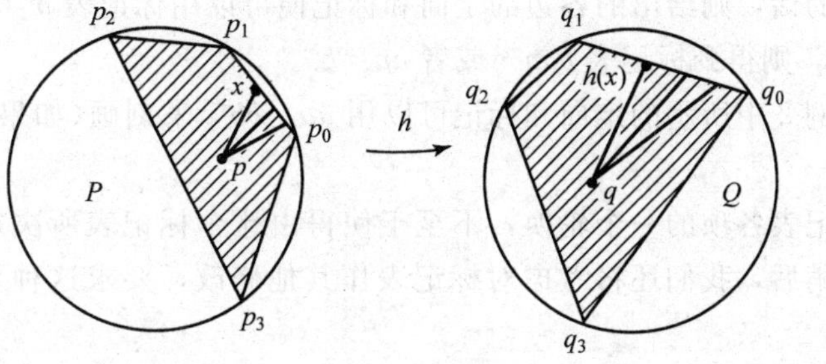

图 74.1

例 1 考虑由图 74.2 给出的三角形区域的各边的定向和标记．这个图说明我们可以得到一个与单位球同胚的商空间．

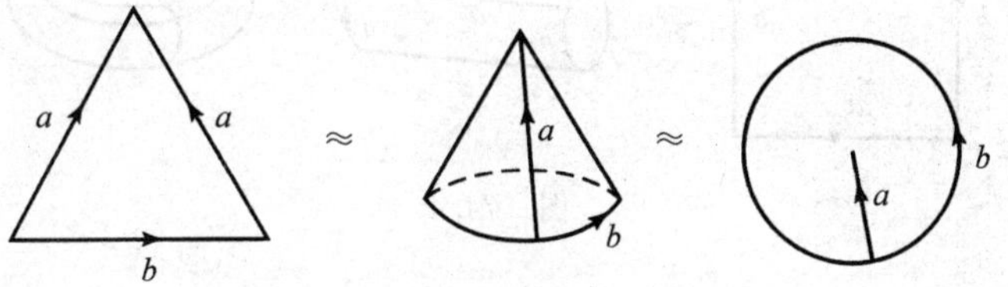

图 74.2

■

例 2 由图 74.3 所示的正方形区域的各边的定向和标记给出的空间同胚于球面 S^2．

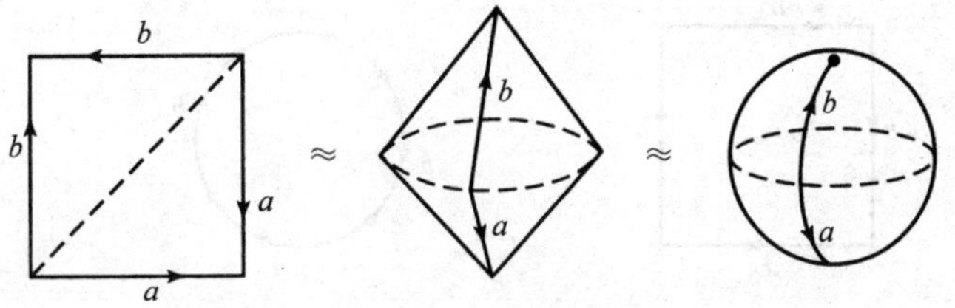

图 74.3

■

下面我们描述给定平面多边形区域各边的定向和标签的一个方法，它可以省去画图的麻烦．

定义 设 P 是一个平面多边形区域，其顶点依次为 p_0，…，p_n，其中 $p_0=p_n$．给定 P 各边的定向和标记．设 a_1，…，a_m 为赋予 P 的各边的标签，它们是两两不同的．对于每一个 k，设 a_{i_k} 是 P 的边 $p_{k-1}p_k$ 的标签．令 $\varepsilon_k=+1$ 或者 $\varepsilon_k=-1$，视这个边上给定的定向是从 p_{k-1} 到 p_k 还是相反而定．这时，P 的边的条数、各边的定向和标记完全由以下符号定义：

$$w=(a_{i_1})^{\varepsilon_1}(a_{i_2})^{\varepsilon_2}\cdots(a_{i_n})^{\varepsilon_n}.$$

我们称形式符号 w 为 P 的诸边的一个**长度为 n 的标记表**(labelling scheme of length n)，它只是由一系列标签和指数 $+1$ 或 -1 组成.

当我们给定一个标记表的时候，通常省略等于 $+1$ 的指数. 例如，在例 1 中，如果取 p_0 为三角形最高顶点的话，则给出的各边的定向和标记便可以用标记表 $a^{-1}ba$ 来刻画. 如果我们选择其他顶点为 p_0，则得到标记表 baa^{-1} 或者 $aa^{-1}b$.

类似地，对于例 2 中所示的定向和标记可以用 $aa^{-1}bb^{-1}$ 来刻画(如果从正方形左下角的顶点开始).

显然，对于标记表各项的一个轮换，不至于使得由这个标记表所决定的空间 X 在同胚的意义下有所改变. 稍后，我们还将考虑对标记表作其他修改，要求这种修改使空间 X 在同胚的意义下不变.

例 3　此前，我们曾经讨论过环面可以作为一个商空间通过商映射 $p\times p$: $I\times I\to S^1\times S^1$ 来得到. 它也可以通过图 74.4 所示的正方形各边的定向和标记获得. 其标记表可取为 $aba^{-1}b^{-1}$.

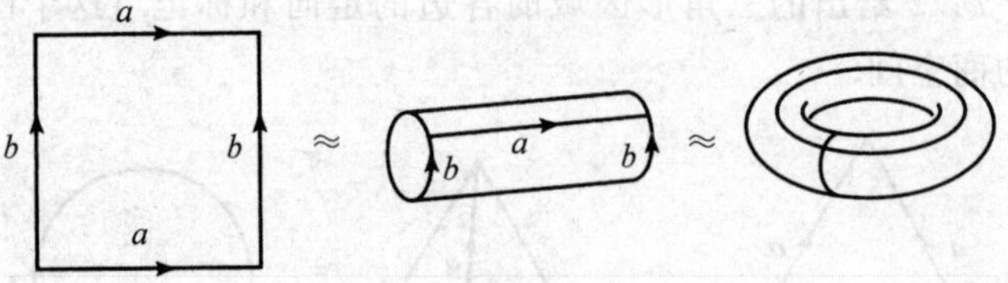

图　74.4

■

例 4　射影平面 P^2 同胚于将 S^1 的每一个点 x 用 $-x$ 表示而获得的单位球 B^2 的商空间. 由于单位正方形同胚于单位球，从而这个空间也可以由图 74.5 所示的单位正方形的各边的定向和标记来表示. 其标记表可取为 $abab$.

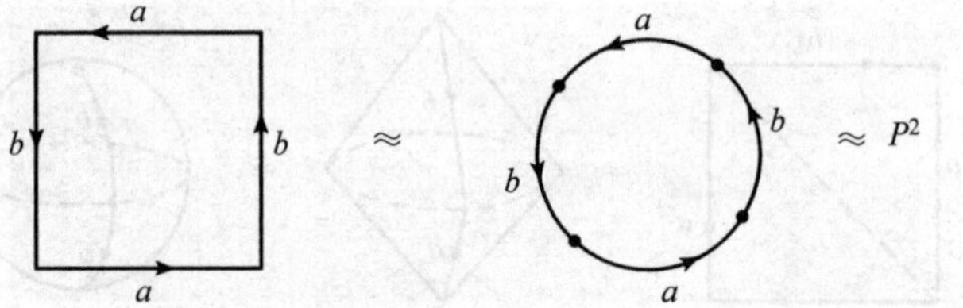

图　74.5

■

当我们通过黏合多边形区域的边这种方式来构造新的空间时，没有理由限制自己只对单个多边形区域来做这样的事. 给定有限个占有最广位置的多边形 P_1，…，P_k，以及它们各边的定向和标记，我们完全可以像对单个多边形所做的那样，通过黏合这些多边形区域的相应的边来构造商空间 X. 我们也可以用类似的方式通过 k 个标记表表示这些多边形各边的定向和标记. 依赖于给定的标记表，得到的商空间 X 可以连通也可以不连通.

例 5　根据图 74.6 中所示的两个正方形的各边的标记得到的商空间是连通的，这个空间称为 **Möbius 带**(Möbius band). 可以验证，这个空间也可以通过一个带有标记表 $abac$ 的正方形来构造.

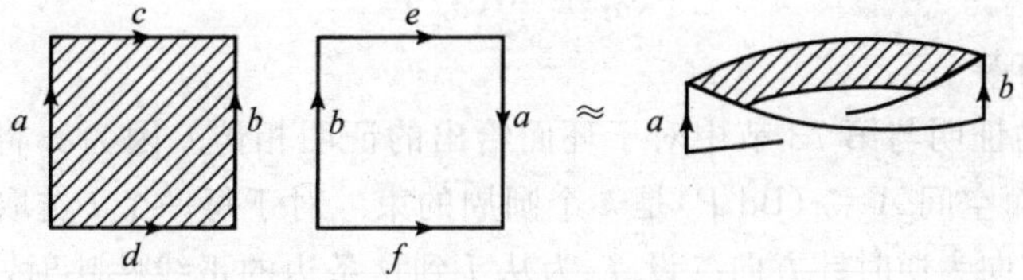

图　74.6

■

例 6　由图 74.7 中所示的指定了标记表的两个正方形所给出的商空间则是不连通的.

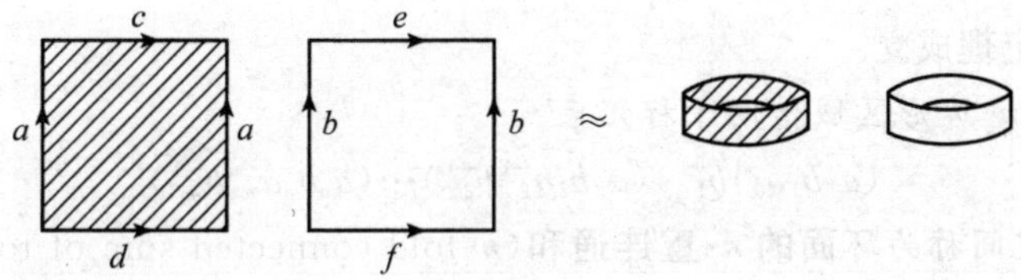

图　74.7

■

定理 74.1　设空间 X 是某有限多个多边形区域借助于它们的一个标记表黏合相应的边所得到的空间. 则 X 是一个紧致的 Hausdorff 空间.

证　为简单起见，我们只考虑 X 是由单个多边形区域得到的情形. 一般情形的讨论与此相仿.

由于商映射是连续的，显然 X 是紧致的. 为了证明 X 是一个 Hausdorff 空间，只需要证明商映射 π 是闭映射(参见引理 73.3). 为此，我们需验证对于 P 的每一个闭集 C，$\pi^{-1}\pi(C)$ 为 P 中的闭集. 集合 $\pi^{-1}\pi(C)$ 由 C 的点以及 P 中经 π 黏合到 C 中的那些点组成. 这些点容易确定. 对于 P 的一条边 e，用 C_e 表示 P 的紧致子空间 $C\cap e$. 如果 e_i 是 P 中被黏合到 e 的边，h_i：$e_i \to e$ 为黏合同胚，则集合 $D_e=\pi^{-1}\pi(C)\cap e$ 包含着空间 $h_i(C_{e_i})$. 事实上，D_e 等于 C_e 与所有 $h_i(C_{e_i})$ 的并，其中 e_i 取遍所有 P 被黏合到 e 的边. 这个并是紧致的，因此它是 e 中的闭集，也是 P 中的闭集.

由于 $\pi^{-1}\pi(C)$ 是集合 C 和诸集合 D_e 的并，其中 e 取遍 P 的所有边，因此它是 P 中的闭集. 这便是我们需要证明的. ■

注意，如果 X 是由多边形区域通过边的黏合而得到的空间，那么商映射 π 可能会将多边形的所有顶点映射为 X 上的某一个点，也可能不是这样. 对例 3 中的环面，其商映射便满足这个条件，而例 1 和例 2 中球和曲面相应的商映射却不满足这个条件. 遇到满足这个条件的商映射 π，我们将感到十分欣慰，因为这时 X 的基本群容易计算.

定理 74.2　设 P 是一个多边形区域，

$$w=(a_{i_1})^{\varepsilon_1}\cdots(a_{i_n})^{\varepsilon_n}$$

为 P 的各边的一个标记表，X 是相应的商空间，π：$P\to X$ 是相应的商映射. 如果 π 将 P 的所有顶点映射到 X 的一个点 x_0，并且 a_1，…，a_k 为标记表中所有互不相同的标签，则 $\pi_1(X, x_0)$ 同构于具有 k 个生成元 α_1，…，α_k 的自由群关于包含着元素

$$(\alpha_{i_1})^{\varepsilon_1}\cdots(\alpha_{i_n})^{\varepsilon_n}$$

的最小正规子群的商群.

证　这里给出的证明与第73节中对于环面给出的证明相仿．因为 π 将 P 的所有顶点映射为 X 的一个点，从而空间 $A=\pi(\text{Bd }P)$ 是 k 个圆周的束．对于每一个 i 选取标签为 a_i 的 P 的一条边，规定其上的定向为逆时针方向．设 f_i 为从 I 到这条边的正线性映射，并且令 $g_i=\pi\circ f_i$，则回路 g_1，…，g_k 代表 $\pi_1(A, x_0)$ 的自由生成元．绕着 Bd P 按逆时针方向转了一圈的回路 f 生成 Bd P 的基本群．回路 $\pi\circ f$ 等于回路

$$(g_{i_1})^{\varepsilon_1}*\cdots*(g_{i_n})^{\varepsilon_n}.$$

根据定理72.1，该定理成立．■

定义　考虑由 $4n$-边形区域借助于标记表

$$(a_1b_1a_1^{-1}b_1^{-1})(a_2b_2a_2^{-1}b_2^{-1})\cdots(a_nb_na_n^{-1}b_n^{-1})$$

所得到的空间．此空间称为**环面的 n-重连通和**(n-fold connected sum of tori)，或者简称为 **n-重环面**(n-fold torus)，记作 $T\#\cdots\#T$.

2-重环面如图74.8所示．如果将多边形区域 P 沿图示的直线 c 割开，则分成两块中的每一块都是一个挖掉了一个开圆盘的环面．若再将这样两个曲面沿曲线 c 黏合起来，则又得到了第60节中给出的空间，这里称为**双重环面**(double torus)．相仿的讨论说明3-重环面可以画成图74.9所示的曲面．

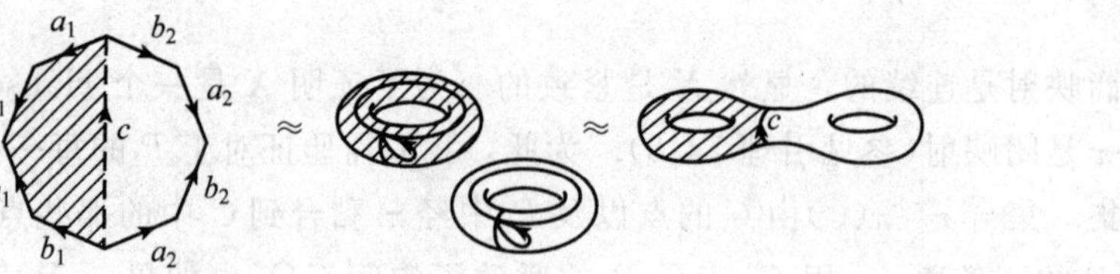

图　74.8

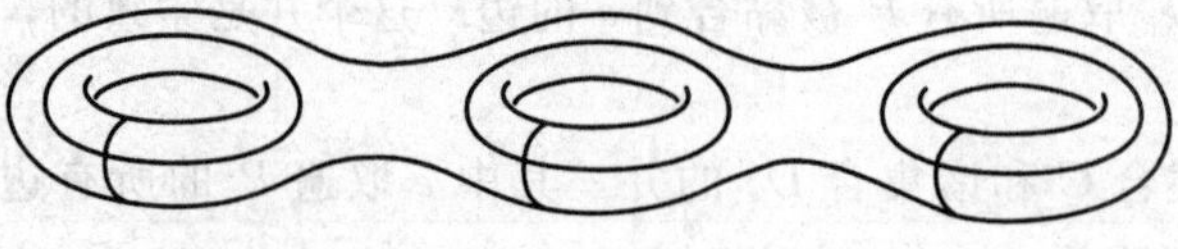

图　74.9

定理 74.3　设 X 表示 n-重环面．则 $\pi_1(X, x_0)$ 同构于由 $2n$ 个生成元 α_1，β_1，…，α_n，β_n 所生成的自由群关于包含着元素

$$[\alpha_1,\beta_1][\alpha_2,\beta_2]\cdots[\alpha_n,\beta_n]$$

的最小正规子群的商群，其中 $[\alpha, \beta]=\alpha\beta\alpha^{-1}\beta^{-1}$.

证　为应用定理74.2，必须证明对于 X 的给定的标记表，多边形区域的所有顶点都属于同一等价类．我们将证明留给读者．■

定义　设 $m>1$．考虑由平面上的 $2m$-边多边形区域 P 借助于标记表

$$(a_1a_1)(a_2a_2)\cdots(a_ma_m)$$

所得到的空间. 此空间称为**射影平面的 m-重连通和**(m-fold connected sum of projective plane), 或简称为**m-重射影平面**(m-fold projective plane), 记作 $P^2\#\cdots\#P^2$.

2-重射影平面 $P^2\#P^2$ 画在图 74.10 中. 此图说明如何从两个射影平面构造这个空间. 我们先从每一个射影平面上挖掉一个开圆盘, 然后沿所挖掉圆盘的边界将两个空间黏合. 与 P^2 的情形类似, 我们无法在$\mathbb{R}^3$中画出 m-重射影平面, 事实上, 它不能嵌入到$\mathbb{R}^3$中. 然而, 有时我们也把它画成$\mathbb{R}^3$中自交的曲面. (称之为浸入曲面, 以区别于嵌入曲面.) 在习题中对此进行探讨.

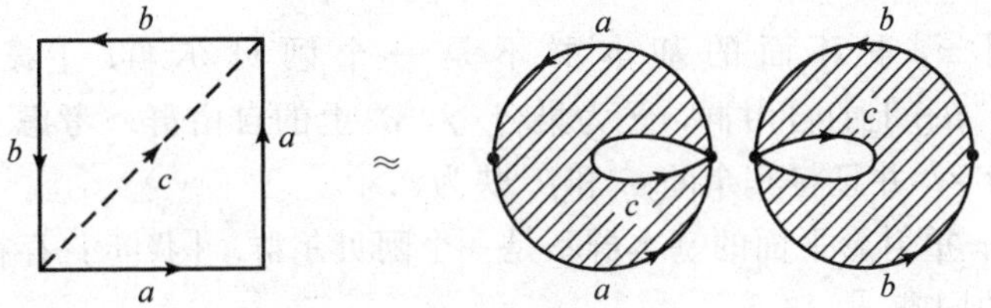

图 74.10

定理 74.4 设 X 是一个 m-重射影平面. 则 $\pi_1(X, x_0)$ 同胚于 m 个生成元 $\alpha_1, \cdots, \alpha_m$ 生成的自由群关于包含着元素

$$(\alpha_1)^2(\alpha_2)^2\cdots(\alpha_m)^2$$

的最小正规子群的商群.

证 只需验证对于 X 的给定的标记表, 多边形区域的所有顶点都属于同一等价类. 我们将证明留给读者. ■

有许多办法构造紧致曲面. 比如, 可以在 P^2 和 T 上各自挖掉一个开圆盘, 而后再将它们沿所挖掉的圆盘的边界黏合起来. 可以验证上述空间可由 6-边形并借助于标记表 $aabcb^{-1}c^{-1}$ 得到. 然而, 我们将不再讨论它, 因为我们已经得到紧致连通曲面的一个完全列表. 也就是说, 我们即将给出曲面分类定理.

习题

1. 给出 $P^2\#T$ 的基本群的一个表示.
2. 考虑由 7-边形区域借助于标记表 $abaaab^{-1}a^{-1}$ 所得到的空间 X. 证明 X 的基本群是两个循环群的自由积. [提示: 参见定理 68.7.]
3. **Klein 瓶**(Klein bottle) K 是由矩形区域借助于标记表 $aba^{-1}b$ 所得到的空间, 图 74.11 说明如何将 K 画成一个$\mathbb{R}^3$中的浸入曲面.
   (a) 给出 K 的基本群的一个表示.
   (b) 给出一个二重覆叠映射 $p: T\to K$, 其中 T 为环面. 描述其基本群之间的诱导同态.
4. (a) 证明 Klein 瓶同胚于 $P^2\#P^2$. [提示: 在图 74.11 中沿对角线将矩形剪开, 将其中的一个三角形区域翻转, 然后再将两个区域中以 b 为标签的边黏合起来.]
   (b) 说明如何将 4-重射影平面画成$\mathbb{R}^3$中的浸入曲面.
5. Möbius 带 M 叫做"有边曲面", 它不是一个曲面. 证明 M 同胚于从 P^2 中挖掉一个开圆盘而得到的空间.

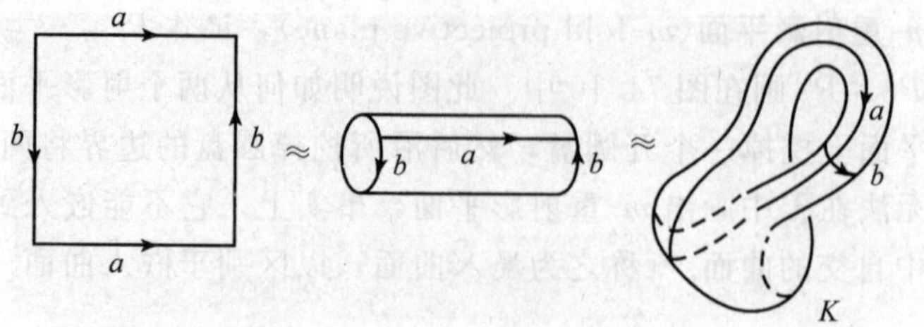

图　74.11

6. 若 $n>1$，证明 n-重环面的基本群不是一个阿贝尔群. [提示：设 G 为集合 $\{\alpha_1, \beta_1, \cdots, \alpha_n, \beta_n\}$ 上的自由群，F 为集合 $\{\gamma, \delta\}$ 上的自由群. 考虑从 G 到 F 中的同态，它将 α_1 和 β_1 映为 γ，并且将其余的 α_i 和 β_i 映为 δ.]
7. 若 $m>1$，证明 m-重射影平面的基本群不是一个阿贝尔群. [提示：存在一个从这个基本群到群 $\mathbb{Z}/2*\mathbb{Z}/2$ 的同态.]

75　曲面的同调

尽管我们已经成功地得到了许多曲面的基本群的表示，但目前仍不拟追究这些结论到底对我们有什么用. 从先前的计算中我们得出什么结论呢？譬如，双重环面与三重环面是否同胚？答案并不明显. 我们知道，并没有一个有效的方法从两个群的表示来判明这两个群是否同构. 倘若考虑阿贝尔群 $\pi_1/[\pi_1, \pi_1]$，其中 $\pi_1=\pi_1(X, x_0)$，事情就好办多了. 因为这时有一些熟知的不变量可供应用. 本节我们就此进行探讨.

我们知道，如果 X 是一个道路连通空间，并且 α 是 X 中从 x_0 到 x_1 的一条道路，则存在一个从以 x_0 为基点的基本群到以 x_1 为基点的基本群的同构 $\hat{\alpha}$，但这一同构依赖于道路 α 的选取. 然而对于群 $\pi_1/[\pi_1, \pi_1]$ 却有一个更强一点的结论. 在这种情况下，由 α 诱导的从以 x_0 为基点的"基本群的阿贝尔化"到以 x_1 为基点的相应基本群的同构便与道路 α 的选取无关.

为了验证以上事实，我们只需证明：如果 α 和 β 是从 x_0 到 x_1 的两条道路，则道路 $g=\alpha*\bar{\beta}$ 诱导出从 $\pi_1/[\pi_1, \pi_1]$ 到自身的恒等同构. 证明这一点很容易. 如果 $[f]\in\pi_1(X, x_0)$，则有

$$\hat{g}[f]=[\bar{g}*f*g]=[g]^{-1}*[f]*[g].$$

若考虑阿贝尔群 $\pi_1/[\pi_1, \pi_1]$ 中的陪集，便可见 $\hat{g}$ 诱导出恒等映射.

定义　若 X 是一个道路连通空间，令

$$H_1(X)=\pi_1(X,x_0)/[\pi_1(X,x_0),\pi_1(X,x_0)].$$

$H_1(X)$ 称为是 X 的**第一个同调群**(first homology group). 我们在此表达式中省略了基点，这是由于在两个不同基点的基本群的阿贝尔化之间存在唯一的一个道路诱导同构.

在以后学习代数拓扑时，你将会发现那里对 $H_1(X)$ 有完全不同的定义. 事实上，那时对于所有 $n\geqslant 0$，$H_n(X)$ 都有定义，并且称之为 X 的**同调群**(homology group). 这些阿贝尔群都是 X 的拓扑不变量，在运用代数理论中的结论去处理拓扑问题时起着重要作用. W. Hurewicz 的一个定理给出了这些群与 X 的同伦群之间的联系. 这个定理告诉我们道路连通空

间 X 的第一个同调群 $H_1(X)$ 同构于 X 的基本群的阿贝尔化. 这个定理使我们能够将空间的基本群的阿贝尔化定义为第一个同调群.

为了对前面讨论的曲面计算 $H_1(X)$，我们需要以下结论.

定理 75.1 设 F 是一个群，N 是 F 的一个正规子群，q: $F \to F/N$ 是投射. 投射同态

$$p: F \longrightarrow F/[F,F]$$

诱导一个同构

$$\phi: q(F)/[q(F),q(F)] \longrightarrow p(F)/p(N).$$

粗略地讲，这个定理告诉我们：用 N 分解 F 再将其商群阿贝尔化，与先对 F 阿贝尔化再用 N 在阿贝尔化过程中的像来分解它，效果相同.

证 我们有下图所示的各种投射同态 p，q，r，s，其中 $q(F)=F/N$，$p(F)=F/[F,F]$.

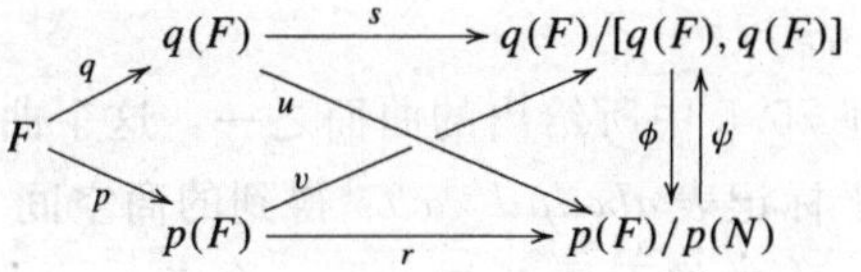

由于 $r \circ p$ 将 N 映为 1，它诱导出一个同态 u：$q(F) \to p(F)/p(N)$. 因为 $p(F)/p(N)$ 是阿贝尔群，同态 u 诱导 $q(F)/[q(F)，q(F)]$ 的一个同态 ϕ. 另一方面，由于 $s \circ q$ 将 F 映入一个阿贝尔群，它诱导出一个同态 v：$p(F) \to q(F)/[q(F)，q(F)]$. 由于 $s \circ q$ 将 N 映为 1，因此 $v \circ p$ 也将 N 映为 1，从而 v 诱导 $p(F)/p(N)$ 的一个同态 ψ.

同态 ϕ 可以如下描述：给定群 $q(F)/[q(F)，q(F)]$ 中的一个元素 y，选取 F 的一个元素 x 使得 $s(q(x))=y$，则 $\phi(y)=r(p(x))$. 对同态 ψ 可以给出相仿的描述. 由此得到 ϕ 和 ψ 是互逆的. ■

推论 75.2 设 F 是以 α_1，…，α_n 为自由生成元的自由群，N 为 F 中含有元素 $x \in F$ 的最小正规子群，$G=F/N$，p：$F \to F/[F，F]$ 为投射. 则 $G/[G，G]$ 同构于商群 $F/[F，F]$，它是以 $p(\alpha_1)$，…，$p(\alpha_n)$ 为基的自由阿贝尔群关于由 $p(x)$ 所生成的子群的商群.

证 由于 N 是由 x 及其所有共轭元所生成的，所以群 $p(N)$ 是由 $p(x)$ 所生成的. 因此由上述定理可得到本推论. ■

定理 75.3 若 X 是环面的 n-重连通和，则 $H_1(X)$ 是秩为 $2n$ 的自由阿贝尔群.

证 根据上述推论，定理 74.3 蕴涵着 $H_1(X)$ 同构于集合 α_1，β_1，…，α_n，β_n 上的自由阿贝尔群 F' 关于由元素 $[\alpha_1，\beta_1]\cdots[\alpha_n，\beta_n]$ 生成的子群的商群，其中 $[\alpha，\beta]=\alpha\beta\alpha^{-1}\beta^{-1}$. 由于群 F' 是阿贝尔群，这个元素等于单位元. ■

定理 75.4 若 X 是射影平面的 m-重连通和，则 $H_1(X)$ 的挠子群 $T(X)$ 的阶为 2，并且 $H_1(X)/T(X)$ 是秩为 $m-1$ 的自由阿贝尔群.

证 根据上述推论，定理 74.4 蕴涵着 $H_1(X)$ 同构于集合 α_1，$\cdots\alpha_m$ 上的自由阿贝尔群 F' 关于由 $(\alpha_1)^2$，…，$(\alpha_m)^2$ 生成的子群的商群. 如果用加法表示群运算(这做法在处理阿贝尔群时常用)，这个子群由元素 $2(\alpha_1+\cdots+\alpha_m)$ 生成. 改变群 F' 的基. 若设 $\beta=\alpha_1+\cdots+\alpha_m$，则元素 α_1，…，α_{m-1}，β 构成 F' 的一个基，并且 F' 的每一个元素可以由它们唯一地表示. 群 $H_1(X)$ 同

构于α_1，…，α_{m-1}，β上的自由阿贝尔群关于由2β生成的子群的商群．也就是说，$H_1(X)$同构于m-重笛卡儿积$\mathbb{Z}\times\cdots\times\mathbb{Z}$关于子群$0\times\cdots\times 0\times 2\,\mathbb{Z}$的商群．定理得证．■

定理 75.5　设T_n和P_m分别表示环面的n-重连通和与射影平面的m-重连通和．则曲面S^2．T_1，T_2，…．P_1，P_2，…中的任何两个都不同胚．

习题

1. 计算$H_1(P^2\# T)$．假定已知定理75.5所列诸紧致曲面是一个完全列表，那么这个列表中的哪一个曲面同胚于$P^2\# T$?
2. 若X为Klein瓶，直接计算$H_1(K)$．
3. 设X为由8-边形区域P依标记表$acadbcb^{-1}d$黏合诸边给出的商空间．
   (a)验证黏合映射将P的所有顶点映射到商空间X的一个点．
   (b)计算$H_1(X)$．
   (c)假设已知X同胚于定理75.5中所给出的曲面之一，这个曲面是哪一个？
*4. 设X是8-边形区域借助于标记表$abcdad^{-1}cb^{-1}$得到的商空间．设π：$P\to X$为商映射．
   (a)证明P的所有顶点在π下的像不是X中的同一个点．
   (b)确定空间$A=\pi(\mathrm{Bd}\,P)$并计算它的基本群．
   (c)计算$\pi_1(X, x_0)$和$H_1(X)$．
   (d)假定已知X同胚于定理75.5中给出的曲面之一，它同胚于哪一个？

76　切割与黏合

为了证明分类定理，我们需要用到某种几何方法，这便是所谓"切割"与"黏合"的方法．这些技巧将说明如何将一个或多个多边形区域根据给定的标记表黏合多边形的边来获得一个空间X，以及如何用多边形区域和标记表来表示X．

首先我们说明把一个多边形区域"切割"是什么意思．设P是一个多边形区域，其顶点依次为p_0，…，$p_n=p_0$．给定k，$1<k<n-1$，考虑依次以p_0，…，p_k，p_0为顶点的多边形区域Q_1和依次以p_0，p_k，…，$p_n=p_0$为顶点的多边形区域Q_2．这两个区域有公共边p_0p_k，并且区域P是它们的并．

用$\mathbb{R}^2$的一个变换将Q_1移动，要求Q_1移动到的多边形区域Q_1'与Q_2无交．这时区域Q_1'依次以q_0，q_1，…，q_k，q_0为顶点，其中q_i为p_i在$\mathbb{R}^2$的变换下的像．将区域Q'_1和Q_2称为P沿从p_0到p_k的直线**切割**(cut)而得到的两个区域．这时，区域P同胚于$Q_1'\cup Q_2$的一个商空间，它是将Q_1'中从q_0到q_k的那条边与Q_2中从p_0到p_k的那条边按照这两条边之间正线性映射的方式黏合起来而得到的．参见图76.1．

现在我们来考虑上述过程的逆过程．假设给定两个无交的多边形区域Q_1'和Q_2，它们的顶点依次为q_0，…，q_k，q_0和p_0，p_k，…，$p_n=p_0$．并且假定有一个商空间是将Q_1'中从q_0到q_k的那条边与Q_2中从p_0到p_k的那条边按照这两条边之间正线性映射的方式黏合起来而得到的．我们希望用一个多边形区域P表示这个空间．

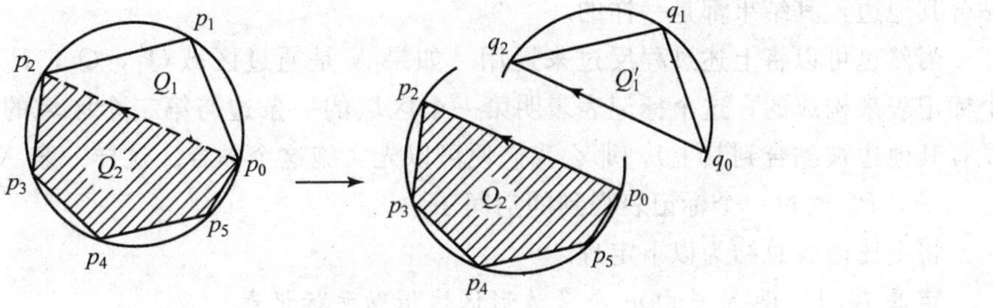

图 76.1

这个任务可以按以下方式完成：假设 Q_2 的顶点 p_0，p_k，…，$p_n=p_0$ 位于某一个圆周上并且依次按逆时针方式排列．在同一圆周上选取点 p_1，…，p_{k-1} 使得 p_0，p_1，…，p_{k-1}，p_k 依逆时针方向排列．设 Q_1 是以这些点为顶点的多边形区域．于是存在一个从 Q_1' 到 Q_1 的同胚将每一个 q_i 映为 p_i，并且将 Q_1' 的边 q_0q_k 线性地映为Q_2 的边 p_0p_k．此时上一段中提到的商空间便同胚于区域 P，它是 Q_1 与 Q_2 的并．我们称 P 为沿着指定的两条边将 Q_1' 和 Q_2 **黏合**(paste)起来而得到的．参见图 76.2.

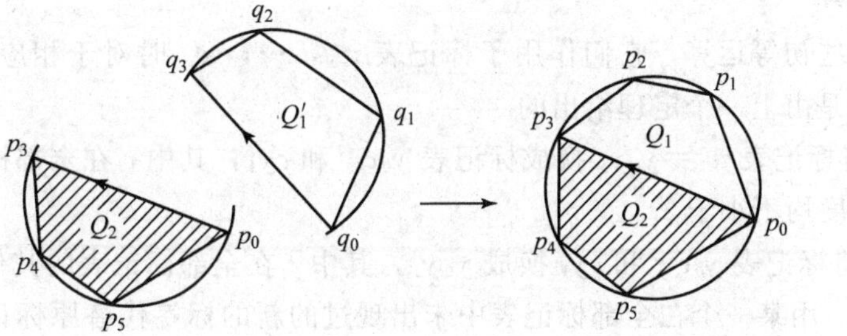

图 76.2

现在我们来问这样一个问题：如果一个多边形区域已经有了标记表，那么将其切割后对标记表有怎样的影响？更确切地说，给定无交的多边形区域的一个族 P_1，…，P_m 和这些区域的标记表 w_1，…，w_m，其中 w_i 为 P_i 中诸边的标记表．假设 X 是借助于这些标记表所给出的商空间．如果沿 p_0p_k 将 P_1 割开，其影响是怎样的？这时，我们得到了 $m+1$ 个多边形区域 Q_1'，Q_2，P_2，…，P_m．为了通过这些区域获得空间 X，我们需要增加一对边的黏合．为了表示出增加的这一对边的黏合，我们需要增加一个标签，并且将它分配给新引入的一对边 q_0q_k 和 p_0p_k．因为对 Q_2 而言，从 p_0 到 p_k 是逆时针方向．对于 Q_1' 而言，从 q_0 到 q_k 为顺时针方向，因此在 Q_2 的标记表中相应的标签取指数$+1$，在 Q_1' 的标记表中相应的标签取指数-1.

让我们说得更明白些．将 P_1 的标记表 w_1 写成 $w_1=y_0y_1$ 的形式，其中 y_0 为 w_1 的前 k 项，y_1 为余下的部分．设 c 是一个在标记表 w_1，…，w_m 的各项中都未曾使用的标记．这时，取 Q_1' 的标记表为 y_0c^{-1}，取 Q_2 的标记表为 cy_1．对于 $i>1$ 仍取区域 P_i 上原有的标记表 w_i.

易见，空间 X 可以通过区域Q_1'，Q_2，P_2，…，P_m 借助于这个标记表来获得．因为商映射的复合是一个商映射，所以无论我们一次黏合所有的边，还是先将 p_0p_k 与 q_0q_k 黏合然后再黏合其他边，其结果都是一样的.

当然也可以将上述过程反过来运用. 如果 X 是通过区域 Q_1'，Q_2，P_2，…，P_m 借助于一个标记表来构成的，这个标记表表明第一个区域的一条边与第二个区域的另一条边黏合(并且没有其他边被黏合到其上)，那么我们便可以先实施这个黏合. 这样一来 X 便变成了 m 个区域 P_1，…，P_m 通过一个标记表得到的空间了.

将上述内容总结为以下定理.

定理 76.1　设 X 是由 m 个多边形区域借助于标记表

$$y_0 y_1, w_2, \cdots, w_m \qquad (*)$$

通过边的黏合所得到的空间. 设标签 c 不在这个标记表中出现. 若 y_0 和 y_1 的长度都不小于 2，则 X 也可以由 $m+1$ 个多边形区域借助于标记表

$$y_0 c^{-1}, c y_1, w_2, \cdots, w_m \qquad (**)$$

通过边的黏合而得到. 反之，若 X 是由 $m+1$ 个多边形区域借助于标记表(**)通过边的黏合而得到的空间，并且 c 不在标记表(*)中，则 X 也可以由 m 个多边形区域借助于标记表(*)得到.

标记表的初等运算

下面列举一些初等运算，它们作用于标记表 w_1，…，w_m 时对于相应的商空间 X 没有影响. 前两种运算是由上一个定理给出的.

(i)切割. 将标记表 $w_1=y_0y_1$ 换成标记表 y_0c^{-1} 和 cy_1，其中 c 在全部标记表中不出现，并且 y_0 和 y_1 的长度均不小于 2.

(ii)黏合. 将标记表 y_0c^{-1} 和 cy_1 换成 y_0y_1，其中 c 在全部标记表的其他位置不出现.

(iii)换标签. 用某一个在全部标记表中未出现过的新的标签代替原标记表中出现的所有同一个标签. 类似地，可以将一个给定的标签 a 的所有指数同时改变符号. 这意味着重置标记为 a 的所有边的方向. 这样做对黏合映射没有影响.

(iv)置换. 将一个标记表 w_i 换成它的一个循环置换. 特别地，若 $w_i=y_0y_1$，我们可以用 y_1y_0 代替 w_i. 这意味着从某一个顶点开始将多边形区域 P_i 的诸顶点重新编号，它对商空间没有影响.

(v)翻转. 将标记表

$$w_i=(a_{i_1})^{\varepsilon_1}\cdots(a_{i_n})^{\varepsilon_n}$$

替换为它的形式逆

$$w_i^{-1}=(a_{i_n})^{-\varepsilon_n}\cdots(a_{i_1})^{-\varepsilon_1}.$$

这意味着“多边形区域 P_i 翻了个个儿”. 这时，所有顶点的顺序翻转过来了，并且对于所有边的定向也翻转过来了. 这不影响商空间 X.

(vi)删除. 将标记表 $w_i=y_0aa^{-1}y_1$ 替换为 y_0y_1，其中 a 在全部标记表的其他位置不出现，并且 y_0 和 y_1 的长度均不小于 2.

最后这个结论可以根据图 76.3 中所示的三个步骤予以说明，只有一个步骤以前没有提到过. 设 b 和 c 是在全部标记表中不出现的两个标签. 先通过切割运算(i)用 y_0ab 替换 $y_0aa^{-1}y_1$

和 $b^{-1}a^{-1}y_1$，然后在每一个多边形区域中将以 a 和 b 为标签的两条边分别合并成一条边，并且赋予一个新的标签．这一步是新的．其结果是得到两个标记表 y_0c 和 $c^{-1}y_1$，它们可以通过黏合运算(ii)被换成一个标记表 y_0y_1．

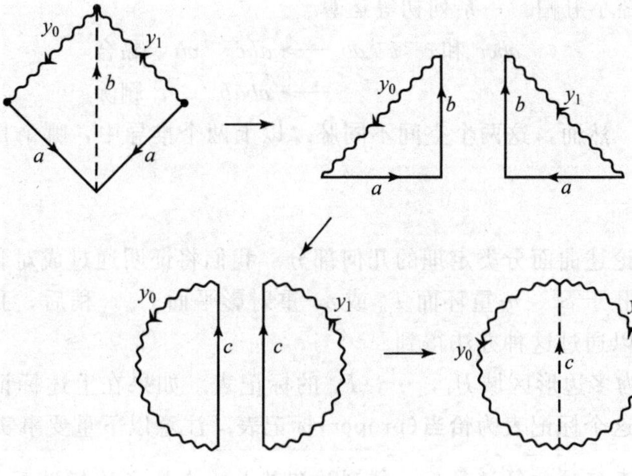

图　76.3

(vii)反删除．这是运算(vi)的逆运算．即以标记表 $y_0aa^{-1}y_1$ 替换 y_0y_1，其中 a 是在全部标记表中没有出现过的一个标签．实际上我们不会用到这个运算．

定义　我们称标记两族多边形区域的两个标记表是**等价的**(equivalent)，如果可以经过一系列的初等运算将其中一个标记表化为另一个．由于每一个初等运算的逆运算也是一个初等运算，所以上述关系是一个等价关系．

例 1　Klein 瓶 K 是通过标记表 $aba^{-1}b$ 得到的空间．在第 74 节中，曾经求证 K 同胚于 2-重射影平面 $P^2 \# P^2$．事实上，这个问题的几何证明可归结为下列初等运算：

$$
\begin{aligned}
aba^{-1}b &\longrightarrow abc^{-1} \text{ 和 } ca^{-1}b && \text{切割}\\
&\longrightarrow c^{-1}ab \text{ 和 } b^{-1}ac^{-1} && \text{置换和翻转}\\
&\longrightarrow c^{-1}aac^{-1} && \text{黏合}\\
&\longrightarrow aacc && \text{置换和换标签.}
\end{aligned}
$$
■

习题

1. 考虑商空间 X，它是两个多边形区域借助于标记表 $w_1=acbc^{-1}$ 和 $w_2=cdba^{-1}d$ 得到的．
 (a)如果将两个多边形区域中以"a"为标签的边黏合，我们可将 X 表示为一个 7-边形区域 P 的商空间．P 的标记表是怎样的？通过哪些初等运算来得到新的标记表？
 (b)将两个多边形区域中以"b"为标签的边黏合，回答(a)中的相应问题．
 (c)说明为什么不能通过黏合以"c"为标签的边来得到标记表 $acbdba^{-1}d$ 用以表示 X．
2. 考虑两个多边形区域借助于标记表 $w_1=abcc$ 和 $w_2=c^{-1}c^{-1}ab$ 所得到的空间 X．以下一系列初等运算

$$abcc \text{ 和 } c^{-1}c^{-1}ab \longrightarrow ccab \text{ 和 } b^{-1}a^{-1}cc \quad \text{置换和翻转}$$
$$\longrightarrow ccaa^{-1}cc \quad \text{黏合}$$
$$\longrightarrow cccc \quad \text{删除}$$

说明 X 同胚于 4-叠小丑帽．一系列初等运算

$$abcc \text{ 和 } c^{-1}c^{-1}ab \longrightarrow abcc^{-1}ab \quad \text{黏合}$$
$$\longrightarrow abab \quad \text{删除}$$

说明 X 同胚于 P^2．然而，这两个空间不同胚．以上两个推导中，哪个是正确的？

77　分类定理

在本节中，我们论述曲面分类定理的几何部分．我们将证明通过成对黏合一个多边形区域的边所得到的空间同胚于 S^2、n-重环面 T_n 或 m-重射影平面 P_m．稍后，我们还会说明为什么每一个紧致曲面都可以通过这种办法得到．

设 w_1，…，w_k 为多边形区域 P_1，…，P_k 的标记表．如果在上述标记表中每一个标签恰好出现两次，我们称这个标记表为**恰当**(proper)标记表．注意以下重要事实：

一个恰当的标记表经过初等运算后，得到的仍然是一个恰当的标记表．

定义　设 w 是某单一多边形区域的一个恰当的标记表．我们称 w 为**环型**(torus type)的标记表，如果对于每一个标签而言 $+1$ 和 -1 作为指数各出现一次．否则，我们称 w 为**射影型**(projective type)的标记表．

首先考虑一个射影型的标记表 w．我们将证明 w 等价于这样一个(具有相同长度的)标记表，在这个标记表中每一个具有相同指数的同一个标签成对地出现在这个标记表的前部．也就是说，w 等价于一个具有以下形式的标记表

$$(a_1a_1)(a_2a_2)\cdots(a_ka_k)w_1,$$

其中 w_1 或者是环型的或者是空的．

因为 w 是射影型的，那么标记表 w 中至少有一个标签，比如说标签 a，使得在它出现的两个地方指数相同．我们可设 w 具有以下形式：

$$w = y_0ay_1ay_2,$$

其中某一个 y_i 可能为空．为看起来方便，我们在上述表达式中添加若干个括号，将其表示为

$$w = [y_0]a[y_1]a[y_2].$$

我们有以下结论．

引理 77.1　设 w 是一个以下形式的恰当的标记表：

$$w = [y_0]a[y_1]a[y_2],$$

其中某一个 y_i 可能为空，则它有一个等价形式

$$w \sim aa[y_0y_1^{-1}y_2],$$

其中 y_1^{-1} 表示 y_1 的形式逆．

证　第一步．我们首先考虑 y_0 为空的情形．证明

$$a[y_1]a[y_2] \sim aa[y_1^{-1}y_2].$$

若 y_1 是空的，这是显然的．若 y_2 是空的，可以经翻转、置换、换标签的方法得到等价性．如果二者都非空，可经切割、黏合、换标签得到等价性，如图 77.1 所示．请读者自己给出相应的初等运算．

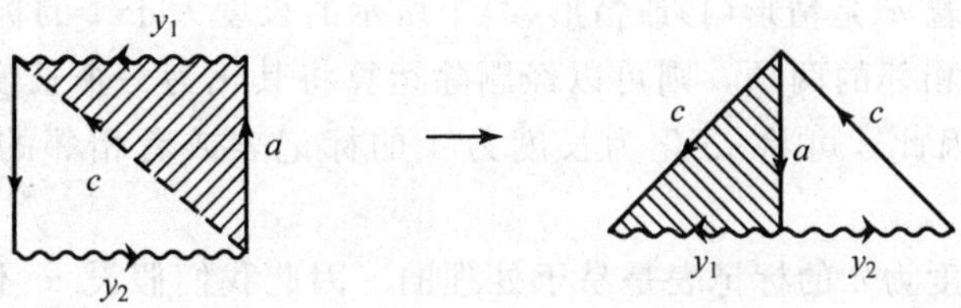

图 77.1

第二步．以下我们考虑一般情形．设 $w=[y_0]a[y_1]a[y_2]$，其中 y_0 不是空的．若 y_1 和 y_2 都是空的，通过置换，可见引理成立．否则，通过图 77.2 所示的切割和黏合得到

$$w \sim b[y_2]b[y_1 y_0^{-1}].$$

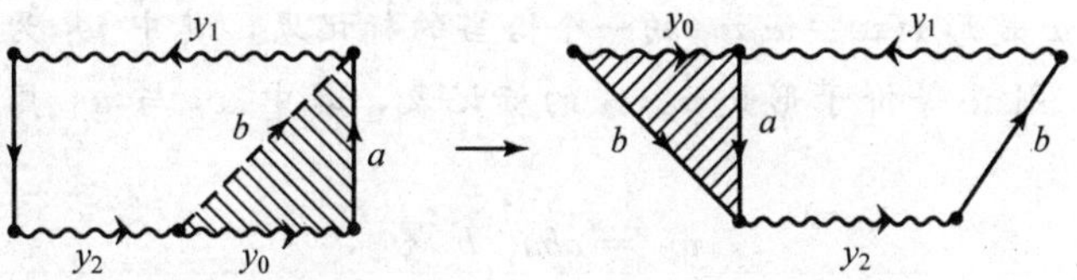

图 77.2

由此可见，

$$\begin{aligned} w &\sim bb[y_2^{-1} y_1 y_0^{-1}] && \text{通过第一步} \\ &\sim [y_0 y_1^{-1} y_2]b^{-1}b^{-1} && \text{翻转} \\ &\sim aa[y_0 y_1^{-1} y_2] && \text{置换和换标签} \end{aligned}$$

■

推论 77.2 若 w 是一个射影型标记表，则 w 等价于一个具有相同长度且形如

$$(a_1a_1)(a_2a_2)\cdots(a_ka_k)w_1$$

的标记表，其中 $k\geqslant 1$ 且 w_1 为空或者是环型的．

证 标记表 w 可以表示成以下形式：

$$w=[y_0]a[y_1]a[y_2].$$

前述引理蕴涵着 w 等价于一个与其具有相同长度且形如 $w'=aaw_1$ 的标记表．若 w_1 是环型的，则推论已经成立．否则我们将 w' 写成

$$w'=aa[z_0]b[z_1]b[z_2]=[aaz_0]b[z_1]b[z_2]$$

的形式．再次应用前述引理，可见 w' 等价于 w''，形如

$$w''=bb[aaz_0z_1^{-1}z_2]=bbaaw_2,$$

其中 w'' 与 w 具有相同长度．若 w_2 是环型的，则结论已经成立．否则，继续进行类似的论证．

■

按照上述推论，若 w 是某个多边形区域的一个恰当的标记表，则(1)w 是环型的，或(2)w

等价于形如$(a_1a_1)\cdots(a_ka_k)w_1$的标记表，其中$w_1$是环型的，或(3)$w$等价于形如$(a_1a_1)\cdots(a_ka_k)$的标记表．对于情形(3)没有什么事情要做了，因为这样的标记表表示若干个射影平面的连通和．下面我们来讨论情形(1)和情形(2)．

为此，我们注意若w是情形(1)或情形(2)中所示的长度大于 4 的标记表，并且w含有标签相同但指数相反的相邻的两项，则可以经删除运算将其化为一个长度较短的如(1)，(2)或(3)所示的标记表．因此，可将w化为长度为 4 的标记表或者相邻的标签皆互不相同的标记表．

我们将看到，长度为 4 的标记表是易于处理的．因此我们假设w不包含标签相同但指数相反的两项．在这种情形下，我们证明w等价于一个具有相同长度的标记表w'，形如

$$w' = aba^{-1}b^{-1}w'' \quad \text{对于情形(1)}$$

或

$$w' = (a_1a_1)\cdots(a_ka_k)aba^{-1}b^{-1}w'' \quad \text{对于情形(2)}$$

其中w''是环型的或者为空．这是下列引理的主旨：

引理 77.3　设w是形如$w=w_0w_1$的一个恰当的标记表，其中w_1为环型标记表，并且没有相同的标签相邻．则w等价于形如w_0w_2的标记表，其中w_2与w_1具有相同的长度，并且形如

$$w_2 = aba^{-1}b^{-1}w_3,$$

其中w_3是环型的或者为空．

证　这是本节最为精巧的一个证明，它涉及三次切割和黏合．我们先证明，如果有必要的话，需要适当地改变标签和指数，w可以写成

$$w = w_0[y_1]a[y_2]b[y_3]a^{-1}[y_4]b^{-1}[y_5], \qquad (*)$$

其中某一个y_i可能是空的．

在w_1所含的所有标签中，设a是一个出现两次的标签(它们的指数相反)，并且它们两次出现的位置最为接近．根据假设这两次出现不是紧挨着的．倘若有必要，同时改变二者的指数，可设a在a^{-1}的前面出现．设b是一个出现在a与a^{-1}之间的一个标签，并设其指数为$+1$．此时b^{-1}将出现在w_1中，但它不出现在a与a^{-1}之间，这是由于a和a^{-1}出现的位置最为接近．若b^{-1}在a^{-1}之后出现，我们就得到结论．若b^{-1}在a之前出现，那么将每一个b的指数改变符号，然后再将标签a与标签b对调，这样便得到了所需形式．

以下我们假定w形如式$(*)$．

第一次切割和黏合．我们证明w等价于标记表

$$w' = w_0a[y_2]b[y_3]a^{-1}[y_1y_4]b^{-1}[y_5].$$

为此，我们将w改写为

$$w = w_0[y_1]a[y_2by_3]a^{-1}[y_4b^{-1}y_5].$$

使用图 77.3 所示的切割与黏合，便有

$$\begin{aligned} w &\sim w_0c[y_2by_3]c^{-1}[y_1y_4b^{-1}y_5] \\ &\sim w_0a[y_2]b[y_3]a^{-1}[y_1y_4]b^{-1}[y_5]. \end{aligned}$$

这里用到了换标签的办法．注意，之所以可以在 c 处切割，是因为切割后的两个多边形都至少有三条边．

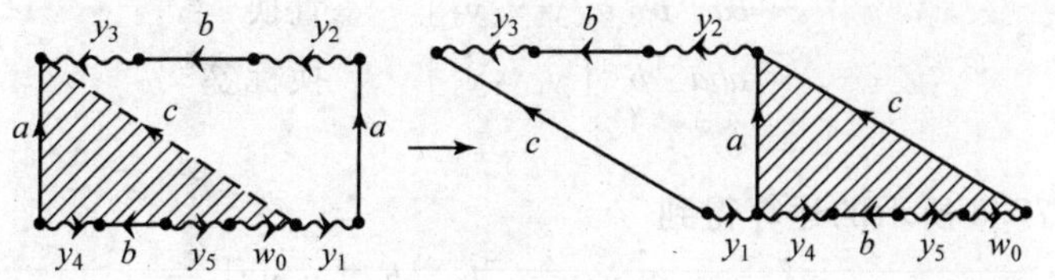

图 77.3

第二次切割和黏合．给定标记表

$$w' = w_0 a[y_2]b[y_3]a^{-1}[y_1 y_4]b^{-1}[y_5],$$

我们证明 w' 等价于标记表

$$w'' = w_0 a[y_1 y_4 y_3]ba^{-1}b^{-1}[y_2 y_5].$$

若标记表 y_1，y_4，y_5 及 w_0 都是空的，讨论很简单，因为此时

$$\begin{aligned} w' &= a[y_2]b[y_3]a^{-1}b^{-1} \\ &\sim b[y_3]a^{-1}b^{-1}a[y_2] \quad \text{置换} \\ &\sim a[y_3]ba^{-1}b^{-1}[y_2] \quad \text{换标签} \\ &= w''. \end{aligned}$$

否则，用图 77.4 所示的运算得到

$$\begin{aligned} w' &= w_0 a[y_2]b[y_3]a^{-1}[y_1 y_4]b^{-1}[y_5] \\ &\sim w_0 c[y_1 y_4 y_3]a^{-1}c^{-1}a[y_2 y_5] \\ &\sim w_0 a[y_1 y_4 y_3]ba^{-1}b^{-1}[y_2 y_5], \end{aligned}$$

这里也用到了换标签的办法．

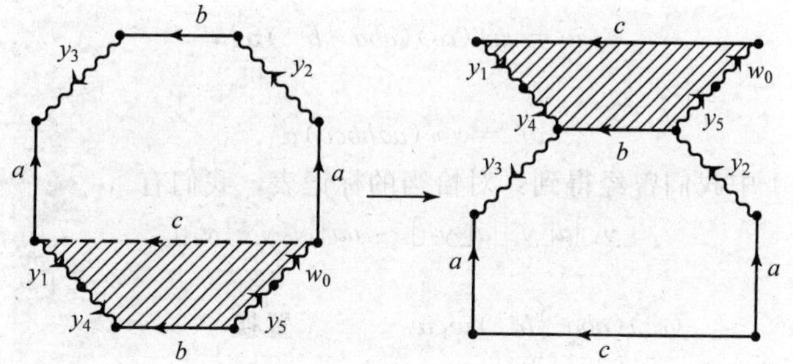

图 77.4

第三次切割和黏合．我们来完成定理的证明．给定标记表

$$w'' = w_0 a[y_1 y_4 y_3]ba^{-1}b^{-1}[y_2 y_5],$$

我们证明 w'' 等价于标记表

$$w''' = w_0 aba^{-1}b^{-1}[y_1 y_4 y_3 y_2 y_5].$$

若标记表 w_0，y_5，y_2 都是空的，证明很容易，因为在这种情形下

$$\begin{aligned} w'' &= a[y_1y_4y_3]ba^{-1}b^{-1} \\ &\sim ba^{-1}b^{-1}a[y_1y_4y_3] \qquad \text{置换} \\ &\sim aba^{-1}b^{-1}[y_1y_4y_3] \qquad \text{换标签} \\ &= w'''. \end{aligned}$$

否则，我们按照图 77.5 所示的运算得到

$$\begin{aligned} w'' &= w_0a[y_1y_4y_3]ba^{-1}b^{-1}[y_2y_5] \\ &\sim w_0ca^{-1}c^{-1}a[y_1y_4y_3y_2y_5] \\ &\sim w_0aba^{-1}b^{-1}[y_1y_4y_3y_2y_5], \end{aligned}$$

式中再一次用到了换标签的办法. 定理证毕.

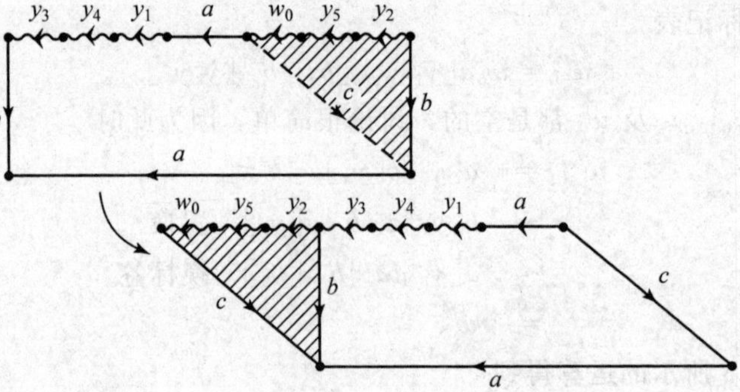

图 77.5

■

分类定理证明的最后步骤需要指出，一些射影平面与一些环面的连通和等价于某些射影平面的连通和.

引理 77.4 设 w 是一个恰当的标记表，形如

$$w = w_0(cc)(aba^{-1}b^{-1})w_1,$$

则 w 等价于标记表

$$w' = w_0(aabbcc)w_1.$$

证 在引理 77.1 中我们曾经得到：对恰当的标记表，我们有

$$[y_0]a[y_1]a[y_2] \sim aa[y_0y_1^{-1}y_2]. \qquad (*)$$

本引理的证明如下：

$$\begin{aligned} w &\sim (cc)(aba^{-1}b^{-1})w_1w_0 && \text{置换} \\ &= cc[ab][ba]^{-1}[w_1w_0] \\ &\sim [ab]c[ba]c[w_1w_0] && \text{根据}(*)\text{,从后向前看} \\ &= [a]b[c]b[acw_1w_0] \\ &\sim bb[ac^{-1}acw_1w_0] && \text{根据}(*) \\ &= [bb]a[c]^{-1}a[cw_1w_0] \\ &\sim aa[bbccw_1w_0] && \text{根据}(*) \\ &\sim w_0aabbccw_1. && \text{置换} \end{aligned}$$

■

定理 77.5［**分类定理**(classification theorem)］　设 X 是通过成对地黏合平面多边形区域的边所获得的商空间，则 X 同胚于 S^2、n-重环面 T_n 或 m-重射影平面 P_m.

证　设 w 是多边形区域 P 的用来得到空间 X 的那个标记表. 这时 w 是一个长度不小于 4 的恰当的标记表. 我们证明 w 等价于下列标记表之一：

(1)$aa^{-1}bb^{-1}$.

(2)$abab$.

(3)$(a_1a_1)(a_2a_2)\cdots(a_ma_m)$，其中 $m\geqslant 2$.

(4)$(a_1b_1a_1^{-1}b_1^{-1})(a_2b_2a_2^{-1}b_2^{-1})\cdots(a_nb_na_n^{-1}b_n^{-1})$，其中 $n\geqslant 1$.

第一个标记表给出空间 S^2，第二个标记表给出空间 P^2，第 74 节的例 2 和例 4 中曾经提到过. 第三个标记表和第四个标记表分别给出空间 P_m 和 T_n.

第一步. 设 w 为环型标记表. 我们证明 w 等价于标记表(1)或(4)型标记表.

若 w 的长度为 4，则它可以写成下列两种形式之一：

$$aa^{-1}bb^{-1}\quad \text{或者}\quad aba^{-1}b^{-1}.$$

前一种为(1)型，后一种属于(4)型.

以下我们对 w 的长度进行归纳. 假设 w 的长度大于 4. 若 w 等价于一个较短的环型标记表，那么根据归纳假设便得到了所需结论. 否则，w 是不包含在相邻的位置上出现相同标签的标记表. 应用引理 77.3(对 w_0 为空的情形)可见，w 等价于一个与其具有相同长度的标记表，形如

$$aba^{-1}b^{-1}w_3,$$

其中 w_3 是环型的. 由于 w 的长度大于 4，从而 w_3 非空. 并且 w_3 中也不包含在相邻的位置上出现相同标签的标记表，因为 w 不等价于较短的环型标记表. 对于 $w_0=aba^{-1}b^{-1}$ 再次应用引理 77.3，我们得到 w 等价于一个标记表，形如

$$(aba^{-1}b^{-1})(cdc^{-1}d^{-1})w_4,$$

其中 w_4 为空或者是环型的. 若 w_4 为空，则我们已经完成了证明. 否则再次应用引理 77.3 继续类似的讨论.

第二步. 假设 w 为射影型的恰当的标记表. 我们证明 w 等价于标记表(2)或者等价于(3)型标记表.

若 w 的长度为 4，则推论 77.2 蕴涵着 w 等价于标记表 $aabb$ 或 $aab^{-1}b$. 前者是属于类型(3)的一个标记表. 后者可以表示成形如 $aay_1^{-1}y_2$，其中 $y_1=y_2=b$，这时引理 77.1 蕴涵着它等价于标记表 $ay_1ay_2=abab$，即标记表(2).

对 w 的长度进行归纳. 假设 w 的长度大于 4. 推论 77.2 告诉我们 w 等价于形如

$$w'=(a_1a_1)\cdots(a_ka_k)w_1$$

的标记表，其中 $k\geqslant 1$ 并且 w_1 是环型的或者为空. 若 w_1 为空，我们就完成了证明. 若 w 中含有紧挨着的两个相同的标签，则 w' 等价于一个具有较短长度的射影型标记表，因而可以运用归纳假设证得结论. 否则，引理 77.3 蕴涵着 w' 等价于以下形式的标记表：

$$w''=(a_1a_1)\cdots(a_ka_k)aba^{-1}b^{-1}w_2,$$

其中 w_2 为空或者是环型的．这时我们应用引理 77.4 得到 w'' 与以下标记表等价：

$$(a_1a_1)\cdots(a_ka_k)aabbw_2.$$

继续类似的论证，最终我们将会得到属于类型(3)的一个标记表．■

习题

1. 设 X 是通过成对地黏合某多边形区域的边所得到的空间．
   (a)证明 X 恰好同胚于下列空间之一：S^2，P^2，K，T_n，$T_n\# P^2$，$T_n\# K$，其中 K 是 Klein 瓶，$n\geqslant 1$．
   (b)证明 X 恰好同胚于以下空间之一：S^2，T_n，P^2，K_m，$P^2\# K_m$，其中 K_m 是 K 的 m-重连通和，$m\geqslant 1$．
2. (a)写出由图 77.1 和图 77.2 所示变换过程中用到的初等运算序列．
   (b)写出由图 77.3、图 77.4 和图 77.5 所示变换过程中用到的初等运算序列．
3. 分类定理的证明提供了一种算法，将给定多边形区域的一个恰当的标记表化为定理中的 4 种标准形式之一．其相应的等价关系如下：
   (i)$[y_0]a[y_1]a[y_2]\sim aa[y_0y_1^{-1}y_2]$．
   (ii)$[y_0]aa^{-1}[y_1]\sim[y_0y_1]$，如果 y_0y_1 的长度不小于 4．
   (iii)$w_0[y_1]a[y_2]b[y_3]a^{-1}[y_4]b^{-1}[y_5]\sim w_0aba^{-1}b^{-1}[y_1y_4y_3y_2y_5]$．
   (iv)$w_0(cc)(aba^{-1}b^{-1})w_1\sim w_0aabbccw_1$．
   使用以上算法，将下列标记表化为标准形式．
   (a)$abacb^{-1}c^{-1}$．
   (b)$abca^{-1}cb$．
   (c)$abbca^{-1}ddc^{-1}$．
   (d)$abcda^{-1}b^{-1}c^{-1}d^{-1}$．
   (e)$abcda^{-1}c^{-1}b^{-1}d^{-1}$．
   (f)$aabcdc^{-1}b^{-1}d^{-1}$．
   (g)$abcdabdc$．
   (h)$abcdabcd$．
4. 设 w 是某 10-边形区域的一个恰当的标记表．若 w 是射影型的，那么它能表示成定理 77.5 中的哪些空间？当 w 为环型时，结论又如何？

78　紧致曲面的构造

为完成紧致曲面的分类，必须证明每一个紧致连通曲面都可以通过成对地黏合多边形区域的边的方式获得．事实上，我们将证明比这稍弱一点的结论，因为我们将假设所涉及的曲面有一个三角剖分．定义这个概念如下．

定义　设 X 是一个紧致的 Hausdorff 空间．X 中的一个**弯曲的三角形**(curved triangle)是指 X 的一个子空间 A 和一个同胚 h：$T\to A$，其中 T 是平面上的一个闭的三角形区域．若 e 为 T 的一条边，则称 $h(e)$ 为 A 的一条**边**(edge)．若 v 为 T 的一个顶点，则称 $h(v)$ 为 A 的一个**顶**

点(vertex). X 的一个**三角剖分**(triangulation)是 X 中的弯曲的三角形的一个族 A_1，…，A_n，它们的并为 X，并且当 $i\neq j$ 时，$A_i\cap A_j$ 或者是空集，或者是 A_i 和 A_j 的公共顶点，或者是两者的公共边．此外，设 h_i：$T_i\to A_i$ 为相应于 A_i 的同胚，当 $A_i\cap A_j$ 为它们的一个公共边 e 时，我们要求映射 $h_j^{-1}h_i$ 是 T_i 的边 $h_i^{-1}(e)$ 与 T_j 的边 $h_j^{-1}(e)$ 之间的一个线性同胚．如果 X 有一个三角剖分，我们称它是**可三角剖分的**(triangulable).

有一个基本定理：每一个紧致曲面都可三角剖分．这个定理的证明较长，但并不十分困难(参见[A-S]或[D-M]).

定理 78.1 若 X 为可三角剖分的紧致曲面，则 X 同胚于平面上两两无交的三角形区域的一个族通过成对地黏合边而得到的一个商空间.

证 设 A_1，…，A_n 是 X 上的一个三角剖分，其相应的同胚为 h_i：$T_i\to A_i$．假定诸三角形 T_i 是两两无交的，则诸映射 h_i 拼合在一起定义了一个商映射 h：$E=T_1\cup\cdots\cup T_n\to X$(因为 E 是紧致的且 X 是一个 Hausdorff 空间)．进而，当 A_i 与 A_j 相交于它们的公共边时，由于映射 $h_j^{-1}\circ h_i$是线性的，所以 h 将 T_i 与 T_j 的边经一个线性同胚黏合.

我们需要证明两个结论．第一，必须证明对于一个三角形 A_i 的每一条边 e，恰好有另一个三角形 A_j 使得 $A_i\cap A_j=e$．这意味着商映射 h 成对地黏合诸三角形 T_i 的边.

第二个结论则很不明显．我们必须证明：如果交 $A_i\cap A_j$ 是两个三角形的公共顶点 v，则存在一系列三角形以 v 为顶点，这一系列三角形从 A_i 开始到 A_j 结束，其中每相邻的两个三角形都相交于一条公共边．见图 78.1.

如果不顾及这一点，可能出现图 78.2 中所示的情形．此时我们不能仅通过诸三角形 T_i 的各边的黏合方式来定义商映射 h，当边的黏合方式并不能确定顶点的黏合方式时，我们还必须指定顶点的黏合方式.

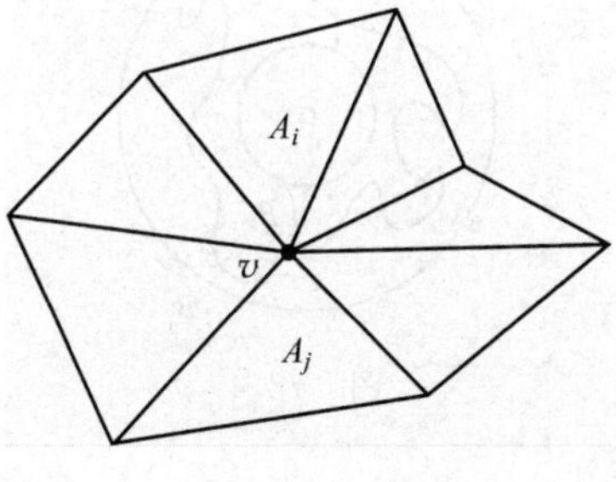

图 78.1

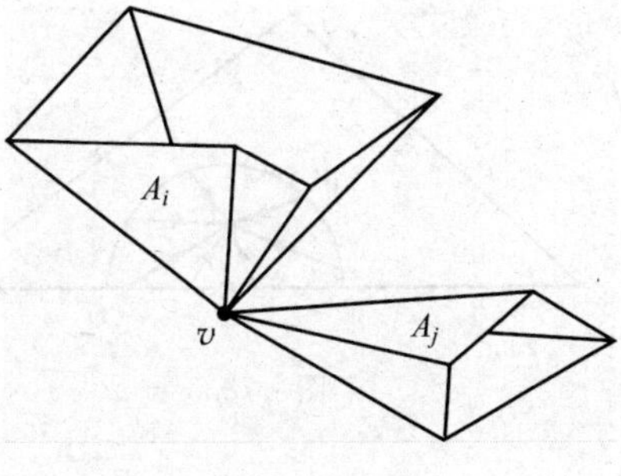

图 78.2

第一步．我们首先考虑第二个问题．证明由于空间 X 是一个曲面，图 78.2 中所示的情形不会发生.

给定 v，我们规定以 v 为顶点的两个三角形 A_i 和 A_j 是等价的，如果存在一个以 v 为顶点的三角形序列，从 A_i 开始到 A_j 结束，并且这个序列中的每一个三角形与其后面接着的那个三角形的交是这两个三角形的公共边．如果等价类多于一个，设 B 是某一个等价类中的所有三角形的并，C 是另一等价类中的所有三角形的并．由于 B 中的任何一个三角形与 C 中的任何一个三角形没有公共边，从而 B 与 C 的交是一个顶点 v．由此可见，对于点 v 在 X 中的任何

一个充分小的邻域 W，$W-v$ 不连通.

另一方面，如果 X 是一个曲面，那么 v 有一个同胚于 2-维开球的邻域. 因此，对于 v 的任意小的邻域 W，$W-v$ 是连通的.

第二步. 我们再来处理第一个结论. 它略为繁琐些. 首先我们来证明：对于任意给定的一个以 e 为边的三角形 A_i，至少有一个异于 A_i 的三角形 A_j 也以 e 为边. 这是以下结论的一个推论：

设 X 是平面上的一个三角形区域，x 为 X 的某条边的内点，则 x 在 X 中没有同胚于 2-维开球的邻域.

为证明此结论，注意 x 有任意小的邻域 W 使得 $W-x$ 是单连通的. 事实上，如果 W 是 x 在 X 中的 ε 邻域，对于充分小的 ε，$W-x$ 可以缩成一点. 参见图 78.3.

另一方面，假设 x 有同胚于 $\mathbb{R}^2$ 中的某开球的一个邻域 U，其中的一个同胚将 x 映为 $\mathbf{0}$. 我们将证明 x 没有任意小的邻域 W 使得 $W-x$ 是单连通的.

事实上，设 B 是 $\mathbb{R}^2$ 中以原点为圆心的开球，并设 V 是 $\mathbf{0}$ 包含于 B 中的任何一个邻域. 选取 ε 使得以 $\mathbf{0}$ 为圆心、以 ε 为半径的开球 B_ε 包含于 V 中，并且考虑内射构成的图

$$\begin{array}{ccc} B_\varepsilon-\mathbf{0} & \xrightarrow{\quad i\quad} & B-\mathbf{0} \\ & {\scriptstyle j}\searrow \quad \nearrow{\scriptstyle k} & \\ & V-\mathbf{0} & \end{array}$$

内射 i 同伦于同胚 $h(x)=x/\varepsilon$，从而它诱导了基本群之间的一个同构. 因此，k_* 是一个满射，因而 $V-\mathbf{0}$ 不是单连通的. 参见图 78.4.

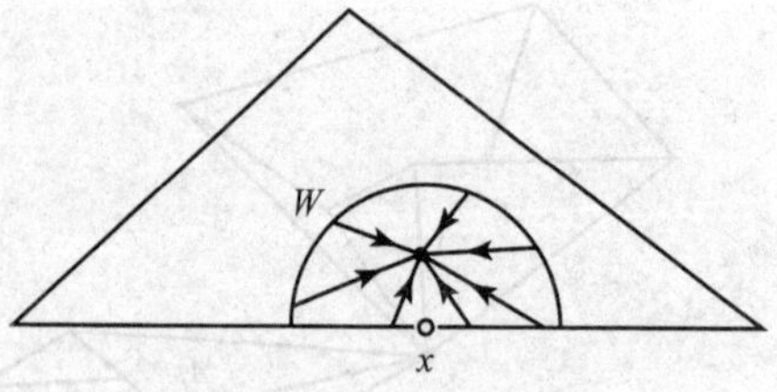

图　78.3

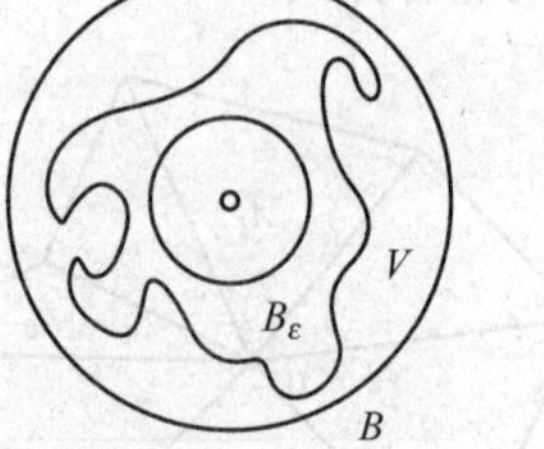

图　78.4

第三步. 以下我们证明：给定三角形 A_i 的一条边 e，除了 A_i 外最多还有一个三角形 A_j 以 e 为边. 这是以下事实的一个直接推论：

设 X 为 $\mathbb{R}^3$ 中 k 个三角形的并，每两个三角形仅交于公共边 e，x 为 e 的一个内点. 若 $k\geqslant 3$，则 x 在 X 中没有同胚于 2-维开球的邻域.

我们证明：不存在 x 在 X 中的邻域 W，使得 $W-x$ 的基本群是阿贝尔群. 由此推得 x 没有同胚于 2-维开球的邻域.

首先证明：若 A 是 X 中的三角形的所有异于 e 的边的并，则 A 的基本群不是一个阿贝尔群. 空间 A 是 k 条弧的并，每两条仅交于端点. 如果 B 是构成 A 的那些弧中某三条弧的并，

则存在一个从 A 到 B 上的收缩 r，它将所有不在 B 中的那些弧同胚地映到 B 中的某条弧上，并且保持端点不动．于是 r_* 是一个满同态．由于 B 的基本群不是阿贝尔群(根据第 70 节的例 1 或第 58 节的例 3)，所以 A 的基本群也不是阿贝尔群．

易见，由于 A 是 $X-x$ 的一个形变收缩，因此 $X-x$ 的基本群也不是阿贝尔群．见图 78.5．

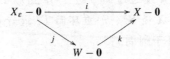

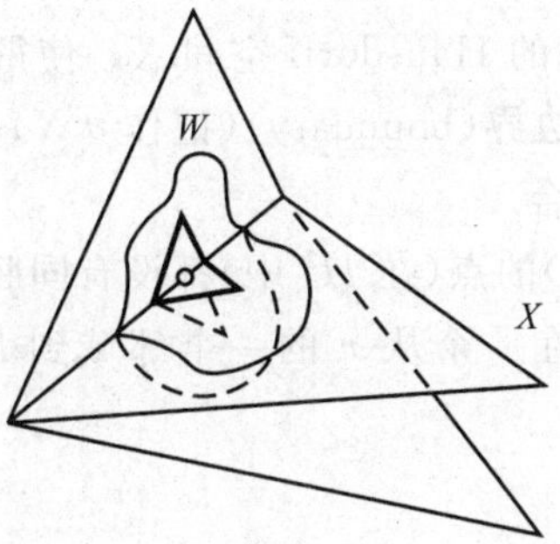

图 78.5

现在我们来证明定理中的结论．为方便起见，设 x 是 $\mathbb{R}^3$ 的原点．若 W 是 $\mathbf{0}$ 的任何一个邻域，我们有一个“收缩”$f(x)=\varepsilon x$ 将 X 映入 W 中．空间 $X_\varepsilon=f(X)$ 是 X 在 W 内部的一个拷贝．考虑内射构成的图表

$$\begin{array}{ccc} X_\varepsilon-\mathbf{0} & \xrightarrow{\quad i \quad} & X-\mathbf{0} \\ & {\scriptstyle j}\searrow \quad \nearrow{\scriptstyle k} & \\ & W-\mathbf{0} & \end{array}$$

内射 i 同伦于同胚 $h(x)=x/\varepsilon$，因此它诱导基本群之间的一个同构．从而 k_* 是一个满射，于是 $W-\mathbf{0}$ 的基本群不是阿贝尔群． ■

定理 78.2 若 X 是一个可三角剖分的紧致连通曲面，则 X 同胚于一个成对地黏合某平面多边形区域的边所得到的空间．

证 根据前一个定理可见，平面上有三角形区域的一个族 T_1，…，T_n，并且对这些三角形区域的每一条边给了一个定向和一个标记，其中每一个标签在全部标记表中正好出现两次，并且使得 X 同胚于通过这些区域借助于这个标记表得到的商空间．

我们应用第 76 节中给出的黏合运算．若两个三角形区域含有使用同一标签的边，我们便沿这个边将两个区域黏合(必要时，先对一个区域应用翻转运算)．其结果是将两个三角形区域变成一个 4-边形区域，并且这个新区域的各条边保持着先前的定向和标记．继续类似的做法，只要还存在两个区域，它们有边具有相同的标签，便可以将它们黏合．

最终会出现两种情形，其一是获得一个多边形区域，此时定理成立．其二是得到几个多边形区域，两两间不再有相同的标签的边．这说明上述所进行的边的黏合得到的空间是不连通的．事实上，每一个区域给出这个空间的一个连通分支．由于 X 是连通的，所以这种情形不会出现． ■

习题

1. 以下每一组4个三角形区域上的标记表确定的是何种空间？

(a)abc，dae，bef，cdf.

(b)abc，cba，def，dfe^{-1}.

2. 设H^2是由$\mathbb{R}^2$中所有满足$x_2 \geqslant 0$的点(x_1, x_2)所构成的子空间．一个带边的2-维流形(或者，带边曲面)是一个有可数基的Hausdorff空间X，使得X中每一点x都有一个邻域同胚于$\mathbb{R}^2$或H^2的一个开集．X的**边界**(boundary)(记作∂X)是由X中那些没有邻域同胚于$\mathbb{R}^2$中的开集的那些点x组成的集合.

(a)证明H^2中所有形如$(x_1, 0)$的点(在H^2中)都没有同胚于$\mathbb{R}^2$中的开集的邻域.

(b)证明$x \in \partial X$当且仅当存在一个从x的一个邻域到H^2中的一个开集的同胚h，使得$h(x) \in \mathbb{R} \times 0$.

(c)证明∂X是一个1-维流形.

3. 证明$\mathbb{R}^2$中的闭单位球是一个带边的2-维流形.

4. 设X是一个2-维流形，U_1，…，U_k是X中无交开集的一个族．假定对于每一个i，存在开单位球B^2与U_i之间的一个同胚h_i．设$\varepsilon = 1/2$以及B_ε是半径为ε的开球．证明空间$Y = X - \bigcup h_i(B_\varepsilon)$是一个带边的2-维流形，并且$\partial Y$有$k$个分支．空间$Y$叫做有$k$个洞的$X$.

5. 证明以下定理：

定理　给定一个可三角剖分的紧致连通的带边2-维流形Y，使得∂Y有k个分支，那么Y同胚于有k个洞孔的X，其中X是S^2、n-重环面T_n或者m-重射影平面P_m.

[提示：∂Y的每一个分支同胚于圆周.]

第13章 覆叠空间分类

迄今为止，我们一直用覆叠空间作为计算基本群的工具．现在我们反过来，把基本群作为研究覆叠空间的工具．

为了使这一研究能有效地进行，我们需要将注意力放在 B 是局部道路连通空间这种情形．在这样的假定下，我们还可以进一步要求 B 是道路连通的，因为 B 可以分解为它的道路连通分支 B_α 之并，而这些道路连通分支是 B 中的无交开集，并且根据定理 53.2，通过限制 p 得到的映射 $p^{-1}(B_\alpha)\to B_\alpha$ 都是覆叠映射．我们还可以假设 E 是道路连通的．因为如果 E_α 是 $p^{-1}(E_\alpha)$的一个道路连通分支，则通过限制 p 得到的映射 $E_\alpha\to B_\alpha$ 仍然是一个覆叠映射(参见引理 80.1)．因此，只要确定了 B 的每一个道路连通分支上的所有道路连通的覆叠空间，我们便确定了局部道路连通空间 B 的所有覆叠空间．

基于如上理由，我们作以下约定：

约定 除非另有说明，在本章中提到一个覆叠映射 $p: E\to B$ 时，总假设 E 和 B 都是局部道路连通且道路连通的空间．

在此约定下，我们来描述 B 的覆叠空间与 B 的基本群之间的联系．

如果 $p: E\to B$ 是覆叠映射，$p(e_0)=b_0$，则根据定理 54.6 诱导同态 p_* 是单射，所以

$$H_0 = p_*(\pi_1(E,e_0))$$

是 $\pi_1(B, b_0)$的一个同构于 $\pi_1(E, e_0)$的子群．这导致在适当地定义覆叠映射间等价的前提下，覆叠映射 p 完全由子群 H_0 所确定．这是将在第 79 节中给出的一个结论．此外，在对 B 附加某一个(相当宽的)“局部完好”的条件之下，对于 $\pi_1(B, b_0)$的每一个子群 H_0，B 的某覆叠映射 $p: E\to B$ 的对应子群恰好是 H_0．这一点我们将在第 82 节中给出证明．

粗略地说，这些结果表明：通过考察 $\pi_1(B, b_0)$的所有子群，便可以确定 B 的所有覆叠空间．这是代数拓扑的典型手法：为了解决一个拓扑问题，将它化为一个比较容易把握的代数问题来处理．

本章始终假设读者知晓广义提升对应定理，即定理 54.6．

79 覆叠空间的等价

在这一节中，我们证明在覆叠映射某一个适当的等价概念下，覆叠映射 $p: E\to B$ 完全由基本群 $\pi_1(B, b_0)$的子群 H_0 所确定．

定义 设 $p: E\to B$ 和 $p': E'\to B$ 都是覆叠映射．若存在一个同胚 $h: E\to E'$ 使得 $p=p'\circ h$，则称 p 与 p' 是**等价的**(equivalent)．同胚 h 称为**覆叠映射之间的等价**(equivalence of covering maps)，也称为**覆叠空间之间的等价**(equivalence of covering spaces)．

$$\begin{array}{ccc} E & \xrightarrow{h} & E' \\ & {\scriptstyle p}\searrow \quad \swarrow{\scriptstyle p'} & \\ & B & \end{array}$$

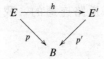

对于两个覆叠映射 $p: E\to B$ 和 $p': E'\to B$，我们将证明：如果它们的对应子群 H_0 与 H_0' 相同，则存在一个等价 $h: E\to E'$. 为此，我们需要推广第 54 节的提升引理.

引理 79.1[**广义提升引理**(general lifting lemma)]　设 $p: E\to B$ 是一个覆叠映射，$p(e_0)=b_0$. 又设 $f: Y\to B$ 是一个连续映射，$f(y_0)=b_0$. 假定 Y 是道路连通且局部道路连通的. 则 f 可以被提升为映射 $\tilde{f}: Y\to E$ 使得 $\tilde{f}(y_0)=e_0$ 当且仅当

$$f_*(\pi_1(Y,y_0))\subset p_*(\pi_1(E,e_0)).$$

此外，如果上述提升存在，则它是唯一的.

证　如果存在提升 $\tilde{f}$，则

$$f_*(\pi_1(Y,y_0))=p_*(\tilde{f}_*(\pi_1(Y,y_0)))\subset p_*(\pi_1(E,e_0)).$$

这证明了定理的"仅当"部分[①].

现在我们来证明：如果 $\tilde{f}$ 存在，则它是唯一的. 任意给定 $y_1\in Y$，在 Y 中选取一条从 y_0 到 y_1 的道路 α. 考虑 B 中的道路 $f\circ\alpha$，将其提升为 E 中以 e_0 为起点的道路 γ. 如果 f 的提升 $\tilde{f}$ 存在，则 $\tilde{f}(y_1)$ 必为 γ 的终点 $\gamma(1)$，这是由于 $\tilde{f}\circ\alpha$ 是以 e_0 为起点的道路 $f\circ\alpha$ 的提升，而道路的提升是唯一的.

最后，我们来证明定理的"当"部分[②]. 前面的唯一性证明已经给了我们一些启示. 给定 $y_1\in Y$，在 Y 中选取一条从 y_0 到 y_1 的道路 α. 将道路 $f\circ\alpha$ 提升为 E 中一条以 e_0 为起点的道路 γ，并且定义 $\tilde{f}(y_1)=\gamma(1)$. 参见图 79.1. 关于 $\tilde{f}$ 的定义确切并且与道路 α 的选取无关这两点留到证明的末尾讨论，我们先在这些已经成立的假定下证明 $\tilde{f}$ 的连续性.

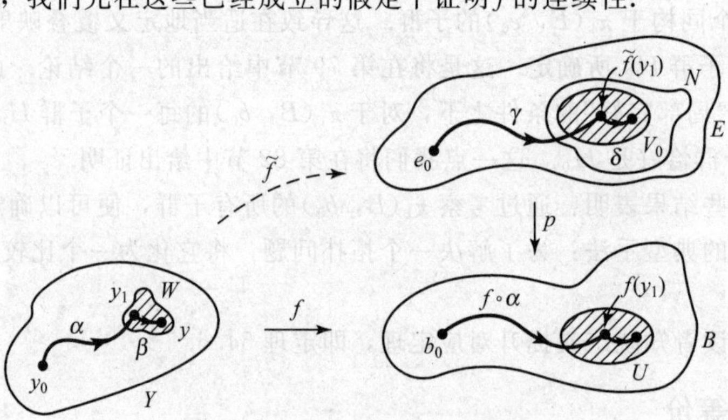

图　79.1

为了证明 $\tilde{f}$ 在 Y 的点 y_1 处连续，我们证明：给定 $\tilde{f}(y_1)$ 的一个邻域 N，存在 y_1 的一个邻域 W 使得 $\tilde{f}(W)\subset N$. 为此，选取 $f(y_1)$ 的一个被 p 均衡地覆盖的道路连通邻域 U. 将 $p^{-1}(U)$ 分解成若干片，并且设 V_0 为包含 $\tilde{f}(y_1)$ 的那一片. 如果必要的话，可以取 $f(y_1)$ 的更小的邻域代替 U，这样我们总可以假定 $V_0\subset N$. 设 $p_0: V_0\to U$ 为 p 的限制，则 p_0 是一个同胚. 由于 f 在 y_1 处连续，而 Y 是局部道路连通的，我们可以取 y_1 的道路连通邻域 W 使得

① 即定理的必要性部分. ——译者注

② 即定理的充分性部分. ——译者注

$f(W)\subset U$. 我们要证明$\tilde{f}(W)\subset V_0$，从而完成定理的证明.

给定$y\in W$，在W中选取一条从y_1到y的道路β. 由于$\tilde{f}$的定义是确切的，$\tilde{f}(y)$可以通过以下方式给出，取从y_0到y的一条道路$\alpha * \beta$，将$f\circ(\alpha*\beta)$提升为E中以e_0为起点的一条道路，令$\tilde{f}(y)$为这个提升道路的终点. 现在，γ是α的一个提升，它以e_0为起点. 由于道路$f\circ\beta$在U中，因此道路$\delta=p_0{}^{-1}\circ f\circ\beta$是它以$\tilde{f}(y_1)$为起点的提升. 从而$\gamma*\delta$为$f\circ(\alpha*\beta)$以$e_0$为起点的提升，其终点为$V_0$中的点$\delta(1)$. 因此$\tilde{f}(W)\subset V_0$.

最后，我们证明$\tilde{f}$的定义是确切的. 设α和β为Y中连接y_0和y_1的两条道路. 我们必须证明：若$f\circ\alpha$和$f\circ\beta$被提升为E中两条以e_0为起点的道路，那么这两条提升的道路在E中有相同的终点.

首先，我们将$f\circ\alpha$提升为E中以e_0起点的道路γ，然后将$f\circ\bar{\beta}$提升为E中以γ的终点$\gamma(1)$为起点的道路δ，那么$\gamma*\delta$为回路$f\circ(\alpha*\bar{\beta})$的提升. 根据假设，有

$$f_*(\pi_1(Y,y_0))\subset p_*(\pi_1(E,e_0)).$$

因此$[f\circ(\alpha*\bar{\beta})]$属于$p_*$的像集之中. 定理54.6蕴涵着它的提升$\gamma*\delta$是$E$中的一条回路.

由此易见$\tilde{f}$的定义是确切的. 这是由于$\bar{\delta}$是以e_0为起点的$f\circ\beta$的提升，γ是以e_0为起点$f\circ\alpha$的提升，并且这两个提升在E中有相同的终点. ■

定理 79.2 *设p：$E\to B$和p'：$E'\to B$都是覆叠映射，$p(e_0)=p'(e'_0)=b_0$，则存在等价h：$E\to E'$使得$h(e_0)=e'_0$成立当且仅当以下两个群*

$$H_0=p_*(\pi_1(E,e_0)) \quad 和 \quad H'_0=p'_*(\pi_1(E',e'_0))$$

相等. 若h存在，则它是唯一的.

证 先证明定理的“仅当”部分. 给定h，h是一个同胚这一条件蕴涵着

$$h_*(\pi_1(E,e_0))=\pi_1(E',e'_0).$$

由于$p'\circ h=p$，所以$H_0=H'_0$.

其次证明定理的“当”部分. 假设$H_0=H'_0$，我们来证明h的存在性. 我们将应用前面的引理.（四次!）考虑映射

$$\begin{array}{ccc} & & E' \\ & & \downarrow{\scriptstyle p'} \\ E & \xrightarrow{p} & B. \end{array}$$

因为p'是一个覆叠映射并且E是道路连通和局部道路连通的，从而存在一个映射h：$E\to E'$使得$h(e_0)=e'_0$，并且为p的一个提升(即$p'\circ h=p$). 在上述讨论中将E和E'的地位互换，可见存在一个映射k：$E'\to E$使得$k(e'_0)=e_0$和$p\circ k=p'$. 考虑映射

$$\begin{array}{ccc} & & E \\ & & \downarrow{\scriptstyle p} \\ E & \xrightarrow{p} & B. \end{array}$$

映射$k\circ h$：$E\to E$是p的一个提升(因为$p\circ k\circ h=p'\circ h=p$)，使得$p(e_0)=e_0$. E的恒等映射i_E也是这样的一个提升. 前面的引理的唯一性意味着$k\circ h=i_E$. 类似的讨论说明$h\circ k$等于E'的恒等映射. ■

乍看起来，关于等价性的问题似乎已经获得解决．但是，我们忽略了某些细节问题．我们已得到了将 e_0 映到 e'_0 的等价 h：$E\to E'$ 存在的充分必要条件．然而，我们尚未确定一般来说何种条件下存在这种等价．的确可能不存在将 e_0 映为 e'_0 的等价，尽管可能有一个将 e_0 映为 $(p')^{-1}(b_0)$ 中另外一点 e'_1 的等价．是否可以通过考察子群 H_0 和 H'_0 来判定等价的存在性？下面我们来考虑这个问题．

设 H_1 和 H_2 为群 G 的子群．让我们回顾代数学中的一些知识：若存在某元素 $\alpha\in G$ 使得 $H_2=\alpha\cdot H_1\cdot\alpha^{-1}$，则称 H_1 与 H_2 **共轭**(conjugate)．换句话说，将 x 映为 $\alpha\cdot x\cdot\alpha^{-1}$ 的 G 到自身的同构恰好将群 H_1 映为群 H_2．易见，共轭是在 G 的所有子群所构成的族上的一个等价关系．子群 H 所在的等价类称为 H 的**共轭类**(conjugacy class)．

引理 79.3　设 p：$E\to B$ 是一个覆叠映射．e_0 和 e_1 是 $p^{-1}(b_0)$ 中的两个点，并且 $H_i=p_*(\pi_1(E, e_i))$．

(a)若 γ 是 E 中从 e_0 到 e_1 的一条道路，且 α 是 B 中的回路 $p\circ\gamma$，则等式 $[\alpha]*H_1*[\alpha]^{-1}=H_0$ 成立，因此 H_0 与 H_1 共轭．

(b)反之，给定 e_0 及一个群 $\pi_1(B, b_0)$ 中与 H_0 共轭的子群 H，则存在 $p^{-1}(b_0)$ 的一个点 e_1 使得 $H_1=H$．

证　(a)首先证明 $[\alpha]*H_1*[\alpha]^{-1}\subset H_0$．给定 $[h]$ 为 H_1 中的一个元素，则对于 E 中以 e_1 为基点的某一条回路 $\tilde{h}$ 有 $[h]=p*([\tilde{h}])$．设 $\tilde{k}$ 表示道路 $\tilde{k}=(\gamma*\tilde{h})*\bar{\gamma}$，则 $\tilde{k}$ 是 E 中以 e_0 为基点的一条回路，并且

$$p*([\tilde{k}])=[(\alpha*h)*\bar{\alpha}]=[\alpha]*[h]*[\alpha]^{-1},$$

从而等式右边的元素属于 $p*(\pi_1(E, e_0))=H_0$，这便是我们所要证明的．参见图 79.2.

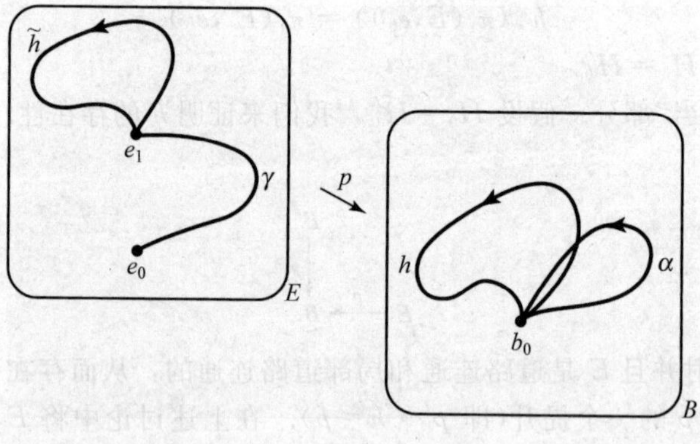

图　79.2

现在证明 $[\alpha]*H_1*[\alpha]^{-1}\supset H_0$．注意 $\bar{\gamma}$ 是从 e_1 到 e_0 的道路并且 $\bar{\alpha}$ 等于回路 $p\circ\bar{\gamma}$．根据上面证明的结论，我们有

$$[\bar{\alpha}]*H_0*[\bar{\alpha}]^{-1}\subset H_1,$$

这便是我们所要证明的．

(b)为得到相反的蕴涵关系，给定 e_0 并设 H 共轭于 H_0，则对以 b_0 为基点的 B 中的某一条

回路 α 有 $H_0=[\alpha]*H*[\alpha]^{-1}$. 设 E 中以 e_0 为起点的道路 γ 是 α 的提升，并且设 $e_1=\gamma(1)$，则(a)蕴涵着 $H_0=[\alpha]*H_1*[\alpha]^{-1}$. 因此 $H=H_1$. ■

定理 79.4 设 p：$E\to B$ 和 p'：$E'\to B$ 是两个覆叠映射，$p(e_0)=p'(e'_0)=b_0$. 覆叠映射 p 和 p' 等价当且仅当 $\pi_1(B, b_0)$ 的子群

$$H_0=p_*(\pi_1(E,e_0)) \quad 与 \quad H'_0=p'_*(\pi_1(E',e'_0))$$

共轭.

证 设 h：$E\to E'$ 是一个等价，$e'_1=h(e_0)$，并且令 $H'_1=p_*(\pi_1(E', e'_1))$. 由定理 79.2 可见 $H_0=H'_1$. 前一个引理告诉我们 H'_1 共轭于 H'_0.

反之，若群 H_0 共轭于 H'_0，前一个引理蕴涵着：存在 E' 的一个点 e' 使得 $H'_1=H_0$. 根据定理 79.2，存在一个等价 h：$E\to E'$ 使得 $h(e_0)=e'_1$. ■

例 1 考虑圆周 $B=S^1$ 的覆叠空间. 因为 $\pi_1(B, b_0)$ 是阿贝尔群，$\pi_1(B, b_0)$ 中的两个子群共轭当且仅当它们相等. 因此，B 的两个覆叠映射等价当且仅当它们对应着 $\pi_1(B, b_0)$ 的同一个子群.

我们知道 $\pi_1(B, b_0)$ 同构于整数加群 $\mathbb{Z}$. $\mathbb{Z}$ 有哪些子群？近世代数中的一个标准的结论告诉我们：$\mathbb{Z}$ 的非平凡的子群 G_n 必定是由某一正整数 $n\in\mathbb{Z}_+$ 的所有倍数所组成的.

我们已经研究过圆周的一个覆叠空间，其覆叠映射为 p：$\mathbb{R}\to S^1$. 由于 $\mathbb{R}$ 是单连通的，因此这个空间只能对应 $\pi_1(S^1, b_0)$ 的平凡子群. 我们也曾经考虑过覆叠映射 p：$S^1\to S^1$，定义为 $p(z)=z^n$，其中 z 为复数. 对于这种情形，映射 p_* 将 $\pi_1(S^1, b_0)$ 的一个生成元映为自身的 n 次. 因此，参照 $\pi_1(S^1, b_0)$ 到 $\mathbb{Z}$ 的标准同构，群 $p_*(\pi_1(S^1, b_0))$ 对应的是 $\mathbb{Z}$ 的子群 G_n.

根据上述定理可见：S^1 的每一个道路连通的覆叠空间与上述某一覆叠空间等价. ■

习题

1. 证明：当 $n>1$ 时，每一个连续映射 f：$S^n\to S^1$ 都是零伦的.［提示：应用提升引理.］
2. (a)证明每一个连续映射 f：$P^2\to S^1$ 都是零伦的.
   (b)给出从环面到 S^1 中的一个不是零伦的连续映射.
3. 设 p：$E\to B$ 是一个覆叠映射，$p(e_0)=b_0$. 证明 $H_0=p_*(\pi_1(E, e_0))$ 是 $\pi_1(B, b_0)$ 的正规子群当且仅当对于 $p^{-1}(b_0)$ 中的每一对点 e_1，e_2，有一个等价 h：$E\to E$ 使得 $h(e_1)=e_2$.
4. 设 $T=S^1\times S^1$ 为环面. 有一个由投射诱导的 $\pi_1(T, b_0\times b_0)$ 到 $\mathbb{Z}\times\mathbb{Z}$ 的两个因子上的同构.
   (a)找出 T 的一个覆叠空间，要求这个覆叠空间对应着 $\mathbb{Z}\times\mathbb{Z}$ 中由元素 $m\times 0$ 所生成的子群，其中 m 为正整数.
   (b)找出 T 的一个覆叠空间，要求这个覆叠空间对应着 $\mathbb{Z}\times\mathbb{Z}$ 中的平凡子群.
   (c)找出 T 的一个覆叠空间，要求这个覆叠空间对应着 $\mathbb{Z}\times\mathbb{Z}$ 中由 $m\times 0$ 和 $0\times n$ 所生成的子群，其中 m 和 n 都是正整数.

*5. 设 $T=S^1\times S^1$ 为环面，$x_0=b_0\times b_0$.
   (a)证明以下定理.

   定理 每一个 $\pi_1(T, x_0)$ 到自身的同构都是由将 x_0 映为 x_0 的从 T 到自身的同胚诱导出来的.

[提示：设 p：$\mathbb{R}^2\to T$ 是通常的覆叠映射．若 A 是一个 2×2 的整数矩阵，关于矩阵 A 的线性映射 T_A：$\mathbb{R}^2\to\mathbb{R}^2$ 诱导一个连续映射 f：$T\to T$．此外，若 A 是整数集上的可逆阵，则 f 是同胚.]

(b)证明以下定理.

定理　若 E 是 T 的一个覆叠空间，则 E 或者同胚于 $\mathbb{R}^2$，或者同胚于 $S^1\times\mathbb{R}$，或者同胚于 T.

[提示：可以应用代数学中的以下结论：若 F 是秩为 2 的自由阿贝尔群，N 是一个非平凡的子群，则 F 有一个基 a_1，a_2 使得或者(1)对于某正整数 m，ma_1 为 N 的一个基，或者(2)ma_1，na_2 是 N 的一个基，其中 m 和 n 都是正整数.]

*6. 证明以下定理.

定理　设 G 是一个拓扑群，其乘法运算为 m：$G\times G\to G$，单位元为 e．假设 p：$\widetilde{G}\to G$ 是一个覆叠映射．给定 $\tilde{e}$ 使得 $p(\tilde{e})=e$，则在 $\widetilde{G}$ 中有唯一的一个乘法运算使它成为一个拓扑群，使得 $\tilde{e}$ 是这个拓扑群中的单位元，并且 p 是一个同态.

证明：根据我们的约定，这里 G 和 $\widetilde{G}$ 都是道路连通和局部道路连通的.

(a)设 I：$G\to G$ 为映射，其定义为 $I(g)=g^{-1}$．证明存在唯一的映射 $\widetilde{m}$：$\widetilde{G}\times\widetilde{G}\to\widetilde{G}$ 和唯一的映射 $\widetilde{I}$：$\widetilde{G}\to\widetilde{G}$，$\widetilde{m}(\tilde{e}\times\tilde{e})=\tilde{e}$，$\widetilde{I}(\tilde{e})=\tilde{e}$，使得 $p\circ\widetilde{m}=\widetilde{m}\circ(p\times p)$ 以及 $p\circ\widetilde{I}=I\circ p$ 成立.

(b)证明定义为 $\tilde{g}\to\widetilde{m}(\tilde{e}\times\tilde{g})$ 和 $\tilde{g}\to\widetilde{m}(\tilde{g}\times\tilde{e})$ 的两个映射 $\widetilde{G}\to\widetilde{G}$ 都等于 $\widetilde{G}$ 的恒等映射．[提示：应用引理 79.1 中的唯一性.]

(c)证明由 $\tilde{g}\to\widetilde{m}(\tilde{g}\times\widetilde{I}(\tilde{g}))$ 和 $\tilde{g}\to\widetilde{m}(\widetilde{I}(\tilde{g})\times\tilde{g})$ 定义的两个映射 $\widetilde{G}\to\widetilde{G}$ 都把 $\widetilde{G}$ 映为 $\tilde{e}$.

(d)分别由

$$\tilde{g}\times\tilde{g}'\times\tilde{g}''\to\widetilde{m}(\tilde{g}\times\widetilde{m}(\tilde{g}'\times\tilde{g}''))$$
$$\tilde{g}\times\tilde{g}'\times\tilde{g}''\to\widetilde{m}(\widetilde{m}(\tilde{g}\times\tilde{g}')\times\tilde{g}'')$$

定义的两个映射 $\widetilde{G}\times\widetilde{G}\times\widetilde{G}\to\widetilde{G}$ 是相等的.

(e)完成定理的证明.

7. 设覆叠映射 p：$\widetilde{G}\to G$ 是拓扑群之间的一个同态．证明：若 G 是阿贝尔群，则 $\widetilde{G}$ 也是阿贝尔群.

80　万有覆叠空间

假定 p：$E\to B$ 是一个覆叠映射，$p(e_0)=b_0$．若 E 是单连通的，则称 E 为 B 的一个**万有覆叠空间**(universal covering space)．由于 $\pi_1(E, e_0)$是平凡群，在上一节中定义的对应下，其覆叠空间也对应着 $\pi_1(B, b_0)$的平凡子群．于是定理 79.4 蕴涵着 B 的任何两个万有覆叠空间是等价的．基于这个原因，我们常说 B 的万有覆叠空间，而不说 B 的(某)一个万有覆叠空间．我们将看到，并非每一个空间都有万有覆叠空间．在此，我们将在 B 有万有覆叠空间的假定下讨论它的若干性质.

我们来证明以下两个基本引理.

引理 80.1 设 B 是一个道路连通且局部道路连通的空间. 设 p: $E\to B$ 是较早定义的那种覆叠映射(因此 E 未必是道路连通的). 若 E_0 为 E 中的一条道路连通分支，则由 p 的限制定义的映射 p_0: $E_0\to B$ 是一个覆叠映射.

证 我们先证 p_0 是一个满射. 由于空间 E 局部同胚于 B，因而 E 也是局部道路连通的. 于是 E_0 为 E 中的开集. 由此可见 $p(E_0)$为 B 中的开集. 我们来证明 $p(E_0)$也是 B 中的闭集，从而 $p(E_0)=B$.

设 x 为 B 中属于 $p(E_0)$闭包的一个点. 设 U 是点 x 的被 p 均衡地覆盖的一个道路连通邻域. 由于 U 包含着 $p(E_0)$中的点，那么必有 $p^{-1}(U)$的某一片 V_α 与 E_0 有非空交. 由于 V_α 同胚于 U，从而道路连通，因此它必含于 E_0 之中. 于是 $p(V_\alpha)=U$ 包含于 $p(E_0)$，特别地，有 $x\in p(E_0)$.

现在证明 p_0: $E_0\to B$ 是一个覆叠映射. 给定 $x\in B$，选取 x 的邻域 U 如前. 如果 V_α 是 $p^{-1}(U)$的一个片，则 V_α 道路连通. 若它与 E_0 有交，则它包含于 E_0. 因此 $p_0{}^{-1}(U)$ 等于 $p^{-1}(U)$中那些与 E_0 有交的片 V_α 的并，每一个这样的片为 E_0 中的开集并且被 p_0 同胚地映到 U 上. 于是 U 被 p_0 均衡地覆盖. ■

引理 80.2 设 p, q, r 都是连续映射，$p=r\circ q$，如以下图表所示：

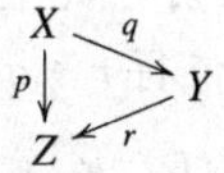

(a)若 p 和 r 都是覆叠映射，则 q 也是覆叠映射.

*(b)若 p 和 q 都是覆叠映射，则 r 也是覆叠映射.

证 根据约定，X, Y, Z 都是道路连通和局部道路连通空间. 设 $x_0\in X$，$y_0=q(x_0)$以及 $z_0=p(x_0)$.

(a)假设 p 和 r 都是覆叠映射. 我们先证明 q 是一个满射. 给定 $y\in Y$，选取 Y 中从 y_0 到 y 的一条道路 $\tilde{\alpha}$，则 $\alpha=r\circ\tilde{\alpha}$ 为 Z 中以 z_0 为起点的一条道路，设 X 中以 x_0 为起点的道路 $\tilde{\tilde{\alpha}}$ 为 α 的提升，则 Y 中以 y_0 为起点的道路 $q\circ\tilde{\tilde{\alpha}}$ 为 α 的提升. 由道路提升的唯一性，$\tilde{\alpha}=q\circ\tilde{\tilde{\alpha}}$. 因此 q 将 $\tilde{\tilde{\alpha}}$ 的终点映到 $\tilde{\alpha}$ 的终点 y. 这证明 q 是满射.

给定 $y\in Y$，我们来选取点 y 的一个邻域使其被 q 均衡地覆盖. 设 $z=r(y)$. 由于 p 和 r 都是覆叠映射，我们可以取到点 z 的一个被 p 和 r 均衡地覆盖的道路连通邻域 U. 设 V 为 $r^{-1}(U)$ 中含有点 y 的一片. 我们来证明 V 被 q 均衡地覆盖. 设 $\{U_\alpha\}$为 $p^{-1}(U)$中的所有片构成的族. 这时 q 将每一个 U_α 映入 $r^{-1}(U)$中. 因为 U_α 是连通的，q 必定将其映入 $r^{-1}(U)$的某一片中. 因此，$q^{-1}(V)$是一些片 U_α 的并，U_α 被 q 映入 V 中. 易见，每一个这样的 U_α 都被 q 同胚地映射到 V 上. 设 p_0, q_0, r_0 分别为 p, q, r 的限制，如以下图表所示：

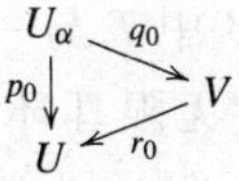

由于 p_0 和 r_0 为同胚，所以 $q_0=r_0{}^{-1}\circ p_0$ 也是同胚.

*(b)我们将只在习题中用到这个结论．设 p 和 q 都是覆叠映射．因为 $p=r\circ q$ 和 p 都满射，所以 r 也是满射．

给定 $z\in Z$，设 U 为点 z 被 p 均衡地覆盖的邻域．我们证明 U 也被 r 均衡地覆盖．设 $\{V_\beta\}$ 为 $r^{-1}(U)$ 的全体道路分支所构成的族，它们是 Y 中两两无交的开集．我们来证明：对于每一个 β，映射 r 将 V_β 同胚地映到 U 上．

设 $\{U_\alpha\}$ 为由 $p^{-1}(U)$ 的所有片构成的族，这些片是两两无交的道路连通的开集，因此它们便是 $p^{-1}(U)$ 的所有道路分支．由于 U_α 是连通的，所以它在映射 q 下的像必定包含于某一个 V_β，从而 q 将每一个 U_α 映入集合 $r^{-1}(U)$．因此 $q^{-1}(V_\beta)$ 是族 $\{U_\alpha\}$ 的某一子族之并．根据定理 53.2 和引理 80.1 可见：若 U_{α_0} 为 $q^{-1}(V_\beta)$ 的一条道路分支，则 q 的限制 q_0：$U_{\alpha_0}\to V_\beta$ 是一个覆叠映射．特别地，q_0 是一个满射．因此 q_0 是一个同胚，即开的连续单射．考虑分别由 p，q，r 的限制得到的映射图表

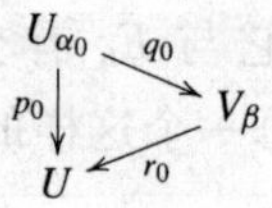

由于 p_0，q_0 为同胚，所以 r_0 也是同胚． ■

定理 80.3 设 p：$E\to B$ 是一个覆叠映射，其中 E 是单连通的，那么对于任何一个覆叠映射 r：$Y\to B$，存在一个覆叠映射 q：$E\to Y$ 使得 $r\circ q=p$．

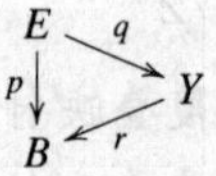

本定理说明为什么将 E 称为 B 的万有覆叠空间；它覆叠了 B 的所有其他覆叠空间．

证 设 $b_0\in B$．选取 e_0 和 y_0 使得 $p(e_0)=b_0$，$r(y_0)=b_0$．我们应用引理 79.1 构造 q．映射 r 是一个覆叠映射，并且由于 E 是单连通的，显然有

$$p_*(\pi_1(E,e_0))\subset r_*(\pi_1(Y,y_0)).$$

因此，存在一个映射 q：$E\to Y$ 使得 $r\circ q=p$，$q(e_0)=y_0$．由前一个引理可见，q 是一个覆叠映射． ■

我们给出一个空间作为例子说明一个空间可能没有覆叠空间．为此需要以下引理．

引理 80.4 设 p：$E\to B$ 是一个覆叠映射，$p(e_0)=b_0$．若 E 是单连通的，则 b_0 有一个邻域 U 使得内射 i：$U\to B$ 诱导出平凡同态

$$i_*:\pi_1(U,b_0)\longrightarrow\pi_1(B,b_0).$$

证 设 U 是点 b_0 的一个被 p 均衡地覆盖的邻域，将 $p^{-1}(U)$ 分解为片，设 U_α 含有点 e_0 的那一片，设 f 为 U 中以 b_0 为基点的一条回路．由于 p 决定了 U_α 与 U 之间的一个同胚，回路 f 可提升为 U_α 中以 e_0 为基点的一条回路 $\tilde{f}$．因为 E 是单连通的，所以 E 中存在 $\tilde{f}$ 与一条常值回路之间的一个道路同伦 $\tilde{F}$，于是 $p\circ\tilde{F}$ 是 B 中 f 与一条常值回路之间的道路同伦． ■

例 1 设 X 是平面中我们熟悉的一个"无限耳环"．若 C_n 是平面上以 $(1/n,\ 0)$ 为圆心、以 $1/n$ 为半径的圆周，则 X 为所有 C_n 的并．设 b_0 为原点，如果 U 是点 b_0 在 X 中的一个邻域，我们证明由内射 i：$U\to X$ 所诱导的基本群之间的同态是非平凡的．

对于任何一个 n，存在一个收缩 r：$X\to C_n$，使得对于每一个 $i\neq n$，r 将 C_i 映为点 b_0. 选取充分大的 n 使得 C_n 包含于 U. 则下面由内射所诱导的同态的图表中 j_* 是一个单射.

$$\begin{array}{ccc} \pi_1(C_n,b_0) & \xrightarrow{\;j_*\;} & \pi_1(X,b_0) \\ & {\scriptstyle k_*}\searrow \quad \nearrow{\scriptstyle i_*} & \\ & \pi_1(U,b_0) & \end{array}$$

因此，i_* 不可能是平凡的.

从以上讨论可见，尽管 X 是道路连通且局部道路连通的，但它却没有万有覆叠空间. ■

习题

设 q：$X\to Y$ 和 r：$Y\to Z$ 是两个映射，$p=r\circ q$.

(a)设 q 和 r 是两个覆叠映射. 证明：若 Z 有万有覆叠空间，则 p 是一个覆叠映射. 参见第 53 节的习题 4.

*(b)举例说明 q 和 r 是覆叠映射，而 p 却不是覆叠映射.

*81　覆叠变换

对于给定的覆叠映射 p：$E\to B$，考虑这个覆叠空间到其自身的所有等价所构成的集合是一个颇有意思的问题. 这样一个等价称为**覆叠变换**(covering transformation). 覆叠变换的复合、覆叠变换的逆都是覆叠变换，所以覆叠变换构成的集合是一个群，我们将其称为**覆叠变换群**(group of covering transformations)，记作 $\mathcal{C}(E,p,B)$.

本节始终假设 p：$E\to B$ 是一个覆叠映射，$p(e_0)=b_0$，$H_0=p_*(\pi_1(E,e_0))$. 我们将证明 $\mathcal{C}(E,p,B)$ 完全被 $\pi_1(B,b_0)$ 及其子群 H_0 所确定. 特别地，我们将证明：如果 $N(H_0)$ 是以 H_0 为其正规子群的 $\pi_1(B,b_0)$ 中最大的子群，则 $\mathcal{C}(E,p,B)$ 同构于 $N(H_0)/H_0$.

下面给出 $N(H_0)$ 的正式定义.

定义　若 H 是群 G 的一个子群，H 在 G 中的**正规化子**(normalizer)是指由以下等式给出的 G 的子集：

$$N(H)=\{g\mid gHg^{-1}=H\}.$$

易见，$N(H)$ 是 G 的一个子群. 根据定义，$N(H)$ 包含 H 并且 H 是它的正规子群，$N(H)$ 也是 G 中以 H 为正规子群的最大子群.

应用第 54 节中的提升对应以及第 79 节中证明的关于等价的存在的结论来建立 $N(H_0)/H_0$ 与 $\mathcal{C}(E,p,B)$ 之间的对应. 首先给出以下定义.

定义　给定 p：$E\to B$，$p(e_0)=b_0$. 设 F 为集合 $F=p^{-1}(e_0)$. 设

$$\Phi:\pi_1(B,b_0)/H_0\longrightarrow F$$

为定理 54.6 中给出的提升对应，它是一个一一映射. 此外定义以下对应：

$$\Psi:\mathcal{C}(E,p,B)\longrightarrow F$$

使得对于每一个覆叠变换 h：$E\to E$，$\Psi(h)=h(e_0)$. 由于 h 被它在 e_0 处的值所唯一地决定，因此 Ψ 是一个单射.

引理 81.1　映射 Ψ 的像等于 $\pi_1(B, b_0)/H_0$ 的子群 $N(H_0)/H_0$ 在 Φ 下的像.

证　提升对应 $\phi: \pi_1(B, b_0) \to F$ 是按以下方式定义的：给定 B 中以 b_0 为基点的一条回路 α，设 E 中以 e_0 为基点的道路 γ 是它的提升，令 $e_1=\gamma(1)$，ϕ 定义为 $\phi([\alpha])=e_1$. 为了证明本引理，需要证明存在一个满足条件 $h(e_0)=e_1$ 的覆叠变换 $h: E \to E$ 当且仅当 $[\alpha] \in N(H_0)$.

证明这一点是容易的. 引理 79.1 告诉我们：h 存在当且仅当 $H_0=H_1$，其中 $H_1=p_*(\pi_1(E, e_1))$. 而引理 79.3 告诉我们：$[\alpha] * H_1 * [\alpha]^{-1}=H_0$. 因此 h 存在当且仅当 $[\alpha] * H_0 * [\alpha]^{-1}=H_0$，这等于说 $[\alpha] \in N(H_0)$. ■

定理 81.2　一一映射

$$\Phi^{-1} \circ \Psi: \mathcal{C}(E,p,B) \longrightarrow N(H_0)/H_0$$

是两个群之间的一个同构.

证　我们仅需证明 $\Phi^{-1} \circ \Psi$ 是一个同态. 设 h，k：$E \to E$ 是两个覆叠变换. 令 $h(e_0)=e_1$ 和 $k(e_0)=e_2$. 根据定义，有

$$\Psi(h)=e_1 \quad \text{和} \quad \Psi(k)=e_2.$$

分别选取 E 中从 e_0 到 e_1 和 e_2 的道路 γ 和 δ. 若 $\alpha=p \circ \gamma$ 和 $\beta=p \circ \delta$，则根据定义有

$$\Phi([\alpha]H_0)=e_1 \quad \text{和} \quad \Phi([\beta]H_0)=e_2.$$

设 $e_3=h(k(e_0))$，则有 $\Psi(h \circ k)=e_3$. 为了证明定理，我们只需证明

$$\Phi([\alpha * \beta]H_0)=e_3.$$

由于 δ 是从 e_0 到 e_2 的道路，所以 $h \circ \delta$ 是从 $h(e_0)=e_1$ 到 $h(e_2)=h(k(e_0))=e_3$ 的道路. 参见图 81.1. 这时乘积 $\gamma *(h \circ \delta)$ 有定义并且是一条从 e_0 到 e_3 的道路. 这条道路是 $\alpha * \beta$ 的一个提升，这是由于 $p \circ \gamma=\alpha$ 和 $p \circ h \circ \delta=p \circ \delta=\beta$. 因此，$\Phi([\alpha * \beta]H_0)=e_3$，这便是我们所要证明的.

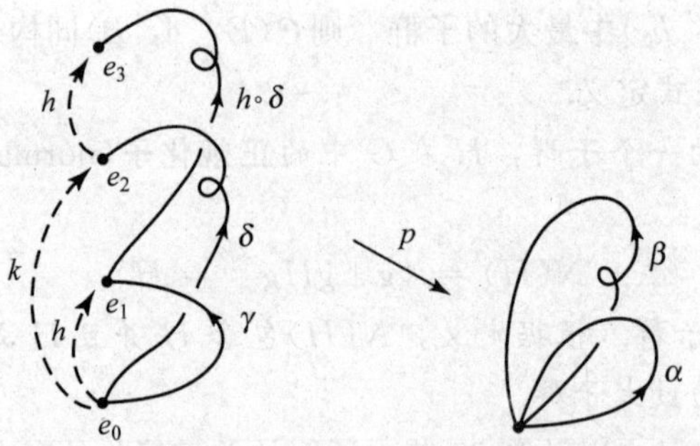

图　81.1

■

推论 81.3　群 H_0 为 $\pi_1(B, b_0)$ 的正规子群当且仅当对于 $p^{-1}(b_0)$ 的每一对点 e_1 和 e_2，存在一个覆叠变换 $h: E \to E$ 使得 $h(e_1)=e_2$. 这时，存在一个同构

$$\Phi^{-1} \circ \Psi: \mathcal{C}(E,p,B) \longrightarrow \pi_1(B,b_0)/H_0.$$

推论 81.4　设 $p: E \to B$ 为覆叠映射. 如果 E 是单连通的，则

$$\mathcal{C}(E,p,B) \cong \pi_1(B,b_0).$$

若 H_0 是 $\pi_1(B, b_0)$ 的一个正规子群，则 $p: E \to B$ 称为**正则覆叠映射**(regular covering map).

(请注意不要弄混淆，“正规”和“正则”，这两个术语已被赋予了完全不同的含义!)

例 1 由于圆周的基本群是一个阿贝尔群，S^1 的每一个覆叠映射都是正则的. 如果 p：$\mathbb{R}\to S^1$ 是标准覆叠映射，则覆叠变换便是同胚 $x\to x+n$. 因此相应的覆叠变换群同构于$\mathbb{Z}$. ■

例 2 作为另一个极端的例子，我们考虑如图 81.2 所示的 8 字形空间的覆叠空间.（在第 60 节中我们曾考虑过这个覆叠空间：将 x 轴缠绕到圆周 A 上，y 轴缠绕到圆周 B 上. 圆周 A_i 和圆周 B_i 分别被同胚地映射到 A 和 B 上.）我们将证明群 $\mathcal{C}(E，p，B)$为平凡群.

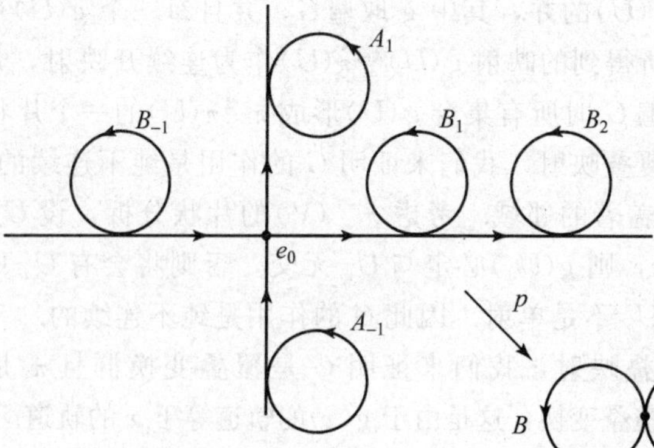

图 81.2

一般来说，若 h：$E\to E$ 是一个覆叠变换，对于底空间[①]中的任何一条回路，如果可提升为 E 中以 e_0 为基点的一条回路，那么这条回路以 $h(e_0)$为起点的提升也是一条回路. 在当前的情形下，生成 A 的基本群的一条回路，当提升的起点取为 e_0 时，它的提升不是一条回路，而当提升的起点取为 $p^{-1}(b_0)$中位于 y 轴上的其他点时，它的提升才是一条回路. 类似地，生成 B 的基本群的一条回路，当提升的起点取为 e_0 时，它的提升不是一条回路，而当提升的起点取为 $p^{-1}(b_0)$中位于 x 轴上的其他点时，它的提升才是一条回路. 由此可见，$h(e_0)=e_0$，从而 h 是恒等映射. ■

有这样一种直接构造正则的覆叠空间的办法，事实上，每一个正则的覆叠空间都可以通过这种方式来构造. 这涉及一个群在空间上的作用.

定义 设 X 是一个空间，G 是从 X 到自身的同胚群的一个子群. **轨道空间**(orbit space) X/G 是 X 相对于下述等价关系的商空间：对任意 $x\in X$ 和任意 $g\in G$ 定义 $x\sim g(x)$. x 的等价类称为 x 的**轨道**(orbit).

定义 若 G 是空间 X 的所有同胚所构成的群，G 在 X 上的作用称为是**纯不连续的**(properly discontinuous)，如果对于每一个 $x\in X$ 都存在 x 的一个邻域 U，使得 $g(U)$与 U 无交.（$g\neq e$，e 为 G 的单位元.）因此，当 $g_0\neq g_1$ 时便有 $g_0(U)$与 $g_1(U)$无交，否则 U 与 ${g_0}^{-1}g_1(U)$将不是无交的.

定理 81.5 设 X 是道路连通且局部道路连通的，G 为由 X 上的所有同胚构成的群. 则商映射 π：$X\to X/G$ 是一个覆叠映射当且仅当 G 的作用是纯不连续的. 此时，覆叠映射 π 是正则

---

① 底空间指的是覆叠映射的像空间. ——译者注

的并且 G 是覆叠变换群.

证　首先证明 π 是一个开映射. 若 U 为 X 中的开集，则 $\pi^{-1}\pi(U)$ 是 X 中形如 $g(U)$ 的开集的并，其中 g 取遍 G 的所有元素. 因此 $\pi^{-1}\pi(U)$ 为 X 中的开集，根据定义，$\pi(U)$ 是 X/G 中的开集. 因此 π 是开的.

第一步. 假设 G 的作用是纯不连续的，我们来证明 π 是一个覆叠映射. 给定 $x\in X$，设 U 是 x 的一个邻域，使得当 $g_0\neq g_1$ 时 $g_0(U)$ 与 $g_1(U)$ 无交. 则 π 均衡地覆盖着 $\pi(U)$. 事实上，$\pi^{-1}\pi(U)$ 等于那些无交开集 $g(U)$ 的并，其中 g 取遍 G，并且每一个 $g(U)$ 最多包含每一条轨道的一个点. 因此，由限制 π 所得到的映射 $g(U)\to\pi(U)$ 作为连续开映射，是一个一一映射，因此是一个同胚. 因此当 g 取遍 G 时所有集合 $g(U)$ 形成 $\pi^{-1}\pi(U)$ 的一个片状分拆.

第二步. 假设 π 是一个覆叠映射，我们来证明 G 的作用是纯不连续的. 给定 $x\in X$，设 V 是 $\pi(x)$ 的一个被 π 均衡地覆盖着的邻域. 考虑 $\pi^{-1}(V)$ 的片状分拆，设 U_α 为其中含有 x 的那一片. 任意给定 $g\in G$，$g\neq e$，则 $g(U_\alpha)$ 必定与 U_α 无交，否则将会有 U_α 中的两个点在同一条轨道中，这将导致 π 限制于 U_α 不是单射. 因此 G 的作用是纯不连续的.

第三步. 若 π 是一个覆叠映射，我们来证明 G 是覆叠变换群且 π 是正则的. 显然，当 $\pi\circ g=\pi$ 时，任何 $g\in G$ 都是覆叠变换，这是由于 $g(x)$ 的轨道等于 x 的轨道. 另一方面，设 h 是一个满足条件 $h(x_1)=x_2$ 的覆叠变换. 因为 $\pi\circ h=\pi$，从而点 x_1 和 x_2 在映射 π 下有相同的像，因此存在一个元素 $g\in G$，使得 $g(x_1)=x_2$. 定理 79.2 中的唯一性部分蕴涵着 $h=g$.

由此可见 π 是正则的. 事实上，对于同一轨道中的任何两个点 x_1 和 x_2，存在一个元素 $g\in G$ 使得 $g(x_1)=x_2$. 再应用推论 81.3 便可得到所要的结论. ■

定理 81.6　*若 p：$X\to B$ 是一个正则的覆叠映射，G 是 p 的覆叠变换群，则存在一个同胚 k：$X/G\to B$ 使得 $p=k\circ\pi$，其中 π：$X\to X/G$ 为投射.*

$$\begin{array}{ccc} X & = & X \\ \downarrow{\scriptstyle\pi} & & \downarrow{\scriptstyle p} \\ X/G & \xrightarrow{k} & B \end{array}$$

证　若 g 是一个覆叠变换，则根据定义有 $p(g(x))=p(x)$. 因此在每一轨道上 p 为常值映射，从而它诱导出从商空间 X/G 到 B 的一个连续映射 k. 另一方面，因为 p 是一个满的连续开映射，所以 p 是一个商映射. 由于 p 是正则的，在 G 的作用下 $p^{-1}(b)$ 中的任何两点属于同一轨道. 因此，π 诱导出一个连续映射 $B\to X/G$，它是 k 的逆映射. ■

例 3　设 X 是圆柱面 $S^1\times I$. h：$X\to X$ 是一个同胚，其中 $h(x,t)=(-x,t)$. k：$X\to X$ 也是一个同胚，定义为 $k(x,t)=(-x,1-t)$. 群 $G_1=\{e,h\}$ 和 $G_2=\{e,k\}$ 都同构于整数模 2 群，两者在 X 上的作用都是纯不连续的. 以下留给读者验证：X/G_1 同胚于 X，而 X/G_2 同胚于 Möbius 带. 参见图 81.3.

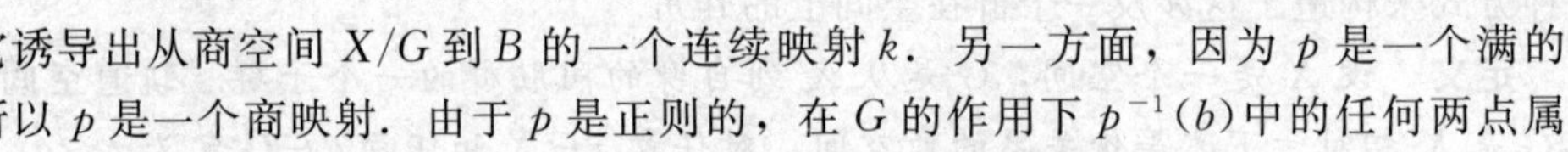

图　81.3　■

习题

1. (a)给出一个 2 阶的环面 T 的同胚群 G，使得 T/G 同胚于环面.

   (b)给出一个 2 阶的环面 T 的同胚群 G，使得 T/G 同胚于 Klein 瓶.

2. 设 $X=A\vee B$ 是两个圆周的束.

   (a)设 E 是画在图 81.4 中的空间，p：$E\to X$ 表示将弧 A_1 和弧 A_2 都缠绕 A 并且将 B_1 和 B_2 都同胚地映到 B 上的映射. 证明 p 是一个正则的覆叠映射.

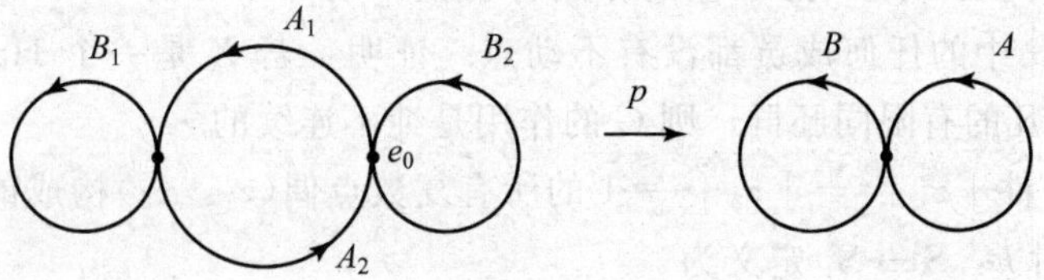

图 81.4

   (b)试确定如图 81.5 所示的 X 的覆叠空间的覆叠变换群. 这个覆叠映射是否是正则的?

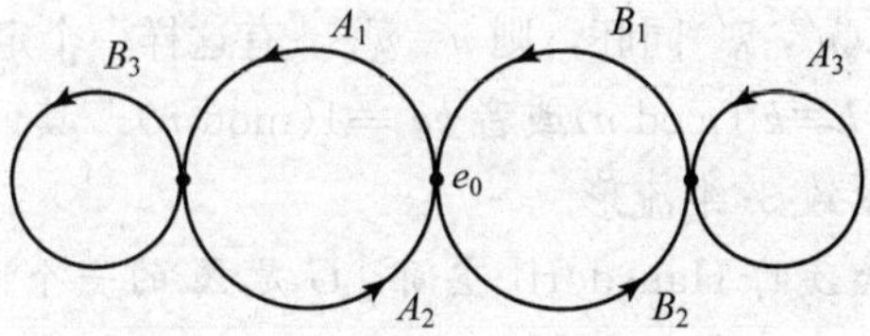

图 81.5

   (c)对于如图 81.6 所示的覆叠映射，考虑(b)中的相应问题.

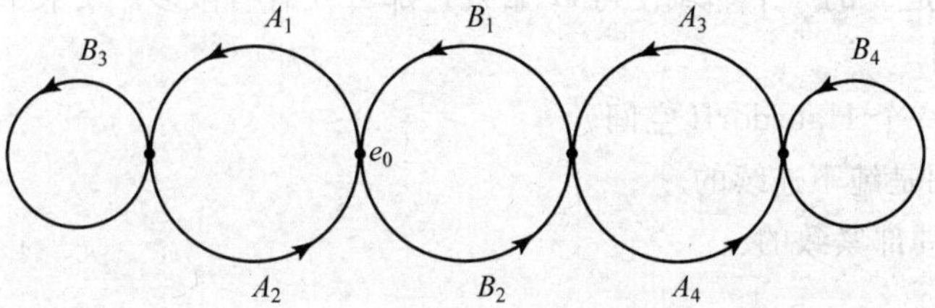

图 81.6

   (d)对于如图 81.7 所示的覆叠映射，考虑(b)中的相应问题.

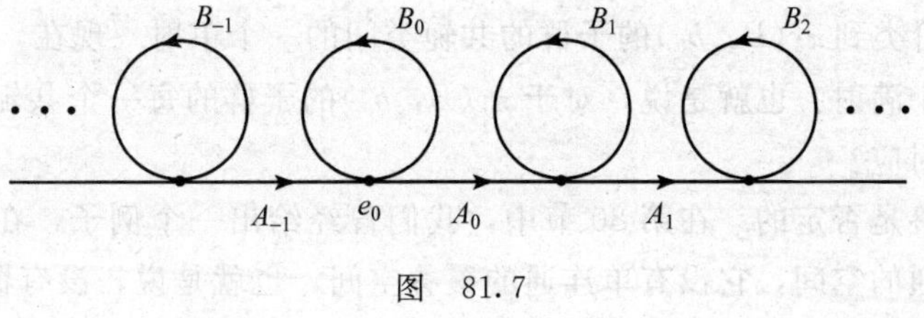

图 81.7

3. 设 p：$X\to B$ 是覆叠映射(不必是正则的)，G 为 p 的覆叠变换群.

(a)证明 G 在 X 上的作用是纯不连续的.

(b)设 π：$X\to X/G$ 是投射. 证明存在一个覆叠映射 k：$X/G\to B$ 使得 $k\circ\pi=p$.

$$\begin{array}{ccc} X & \xrightarrow{\pi} & X/G \\ {\scriptstyle p}\downarrow & \swarrow{\scriptstyle k} & \\ B & & \end{array}$$

4. 设 G 是 X 的一个同胚群. G 在 X 上的作用称为是**不动点平凡的**(fixed-point free)的，如果除恒等映射 e 外 G 中的任何成员都没有不动点. 证明：若 X 是一个 Hausdorff 空间，且 G 是 X 的不动点平凡的有限同胚群，则 G 的作用是纯不连续的.

5. 将 S^3 视为满足条件 $|z_1|^2+|z_2|^2=1$ 的所有复数点偶(z_1, z_2)构成的空间. 给定互素正整数 n 和 k，映射 h：$S^3\to S^3$ 定义为

$$h(z_1,z_2)=(z_1\mathrm{e}^{2\pi\mathrm{i}/n},z_2\mathrm{e}^{2\pi\mathrm{i}k/n}).$$

(a)证明 h 生成 S^3 的同胚群的一个 n 阶循环子群 G，并且除 G 的单位元以外其他元素没有不动点. 轨道空间 S^3/G 称为**透镜空间**(lens space)$L(n, k)$.

(b)证明：若 $L(n, k)$与 $L(n', k')$同胚，则 $n=n'$. [有这样一个定理：$L(n, k)$与 $L(n', k')$同胚当且仅当 $n=n'$并且 $k\equiv k'(\mathrm{mod}\ n)$或者 $kk'\equiv 1(\mathrm{mod}\ n)$. 其证明绝对不平凡.]

(c)证明 $L(n, k)$是一个紧致 3-维流形.

6. **定理**　*设 X 是一个局部紧致的 Hausdorff 空间，G 是 X 的一个同胚群，使得 G 的作用是不动点平凡的. 假设对于 X 的每一个紧致子空间 C，仅有有限多个 G 的元素 g 使得交 $C\cap g(C)$非空. 则 G 的作用是纯不连续的，并且 X/G 也是局部紧致的 Hausdorff 空间.*

(a)对于 X 的每一个紧致子空间 C，证明对于所有的 $g\in G$，集合 $g(C)$的并是 X 中的闭集. [提示：若 U 是 x 的一个邻域使得 $\bar{U}$ 紧致，那么仅有有限多个 g 使得 $\bar{U}\cup C$ 与 $g(\bar{U}\cup C)$ 有非空的交.]

(b)证明 X/G 是一个 Hausdorff 空间.

(c)证明 G 的作用是纯不连续的.

(d)证明 X/G 是局部紧致的.

82　覆叠空间的存在性

我们已经证明了每一个覆叠映射 p：$E\to B$ 对应着 $\pi_1(B, b_0)$的子群的一个共轭类，并且证明了两个覆叠映射等价的充分必要条件是它们对应着相同的这种类. 因此，我们已经得到了由 B 的覆叠映射的等价类到 $\pi_1(B, b_0)$的子群的共轭类间的一个单射. 现在，我们提出以下问题：上述对应是否是一个满射？也就是说，对于 $\pi_1(B, b_0)$的子群的每一个共轭类，是否存在 B 的一个覆叠映射与之对应？

一般来说，回答是否定的. 在第 80 节中，我们曾经给出一个例子，在那里 B 是一个道路连通且局部道路连通的空间，它没有单连通的覆叠空间，也就是说，没有覆叠空间对应着平凡子群的共轭类. 这个例子依赖于引理 80.4，这个引理给出了任何一个空间有单连通的覆叠空

间时所必须满足的条件．现在我们将这个条件陈述如下．

定义 称空间 B 为**半局部单连通的**(semilocally simply connected)，如果对于每一个 $b\in B$，存在 b 的一个邻域 U 使得由内射诱导的同胚

$$i_*:\pi_1(U,b)\longrightarrow\pi_1(B,b)$$

是平凡的．

注意当 U 满足上述条件时，b 的任意较小的邻域也满足上述条件，所以 b 有"任意小"的邻域满足这个条件．此外，上述条件要弱于真正的局部单连通性，因为局部单连通性意指 b 的每一邻域包含着 b 的某一个单连通的邻域 U．

B 是半局部单连通的当且仅当基本群 $\pi_1(B, b_0)$ 的子群的每一个共轭类存在一个 B 的覆叠空间与之对应．必要性已经在引理 80.4 中证明了，本节将给出充分性的证明．

定理 82.1 设 B 是道路连通、局部道路连通且半局部单连通的．令 $b_0\in B$．则对于 $\pi_1(B, b_0)$ 中任意给定的一个子群 H，存在一个覆叠映射 p：$E\to B$ 以及点 $e_0\in p^{-1}(b_0)$ 使得

$$p_*(\pi_1(E,e_0))=H.$$

证 第一步．E 的构造．E 的构造过程与复分析中构造 Riemann 曲面的过程完全相仿．设 $\mathcal{P}$ 表示 B 中所有以 b_0 为起点的道路的集合．在 $\mathcal{P}$ 上定义等价关系如下：若 α 和 β 在 B 中有相同的终点并且

$$[\alpha*\bar{\beta}]\in H,$$

则规定 $\alpha\sim\beta$．容易验证，这是一个等价关系．我们将用 $\alpha^{\#}$ 表示 α 的等价类．

设 E 为所有等价类的集合．通过关系式

$$p(\alpha^{\#})=\alpha(1)$$

定义映射 p：$E\to B$．由于 B 是道路连通的，所以 p 是满射．我们将赋予 E 一个拓扑使得 p 为覆叠映射．

首先注意以下两个事实：

(1)若$[\alpha]=[\beta]$，则 $\alpha^{\#}=\beta^{\#}$．

(2)若 $\alpha^{\#}=\beta^{\#}$，则$(\alpha*\delta)^{\#}=(\beta*\delta)^{\#}$，其中 δ 为 B 中任何一条以 $\alpha(1)$为起点的道路．

前者成立是由于若$[\alpha]=[\beta]$，则$[\alpha*\bar{\beta}]$为 H 中的单位元．后者成立是由于 $\alpha*\delta$ 和 $\beta*\delta$ 有相同的终点，并且根据假设有

$$[(\alpha*\delta)*\overline{(\beta*\delta)}]=[(\alpha*\delta)*(\bar{\delta}*\bar{\beta})]=[\alpha*\bar{\beta}]$$

属于 H．

第二步．E 的拓扑化．E 的拓扑化的方式之一是在 $\mathcal{P}$ 上赋予紧开拓扑(参见第 7 章)并且在 E 上取相应的商拓扑．然而，我们可以通过以下方法直接拓扑化 E：

设 α 是 $\mathcal{P}$ 中的任意一个元素，U 为 $\alpha(1)$的任何一个道路连通的邻域．定义

$$B(U,\alpha)=\{(\alpha*\delta)^{\#}\mid\delta\text{ 是 }U\text{ 中一条以 }\alpha(1)\text{ 为起点的道路}\}.$$

注意 $\alpha^{\#}$ 是 $B(U, \alpha)$中的一个元素．这是因为：若 $b=\alpha(1)$，则 $\alpha^{\#}=(\alpha*e_b)^{\#}$，并且根据定义这是 $B(U, \alpha)$中的一个元素．我们断言：所有集合 $B(U, \alpha)$构成 E 的某一个拓扑的基．

首先我们证明：若 $\beta^{\#}\in B(U, \alpha)$，则有 $\alpha^{\#}\in B(U, \beta)$和 $B(U, \alpha)=B(U, \beta)$．

如果 $\beta^{\#}\in B(U,\alpha)$，则对于 U 中的某条道路 δ 有 $\beta^{\#}=(\alpha*\delta)^{\#}$. 因此

$$(\beta*\bar{\delta})^{\#}=((\alpha*\delta)*\bar{\delta})^{\#} \qquad \text{根据(2)}$$
$$=\alpha^{\#}, \qquad \text{根据(1)}$$

从而根据定义有 $\alpha^{\#}\in B(U,\beta)$. 参见图 82.1. 我们先来证明 $B(U,\beta)\subset B(U,\alpha)$. 注意 $B(U,\beta)$ 的元素可表示为 $(\beta*\gamma)^{\#}$ 形式，其中 γ 是 U 中的一条道路. 于是

$$(\beta*\gamma)^{\#}=((\alpha*\delta)*\gamma)^{\#}$$
$$=(\alpha*(\delta*\gamma))^{\#},$$

根据定义这是 $B(U,\alpha)$ 中的一个元素. 完全对称的讨论可得包含关系 $B(U,\alpha)\subset B(U,\beta)$.

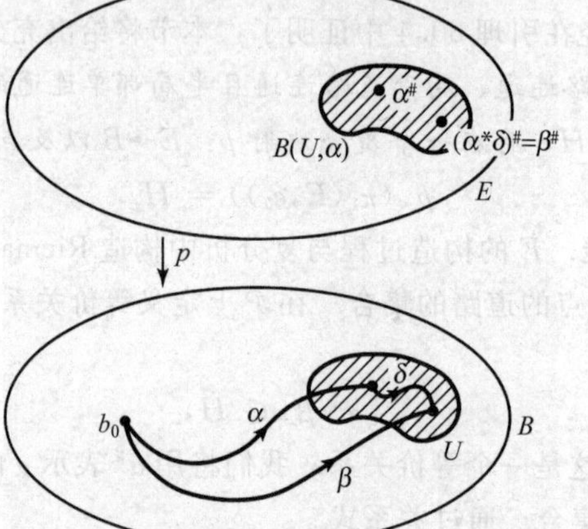

图　82.1

我们再来证明所有集合 $B(U,\alpha)$ 构成一个基. 若 $\beta^{\#}$ 属于交 $B(U_1,\alpha_1)\cap B(U_2,\alpha_2)$，我们只需选取包含在 $U_1\cap U_2$ 中的点 $\beta(1)$ 的一个道路连通邻域 V. 则按照各集合的定义可见包含关系

$$B(V,\beta)\subset B(U_1,\beta)\cap B(U_2,\beta)$$

成立，并且前面已经证明了上式右边的集合等于 $B(U_1,\alpha_1)\cap B(U_2,\alpha_2)$.

第三步. p 是一个连续开映射. 为了证明 p 是一个开映射，我们只要证明基中的元素 $B(U,\alpha)$ 的像是 B 中的开子集 U 即可：任意给定 $x\in U$，选取 U 中从 $\alpha(1)$ 到 x 的一条道路 δ，则 $(\alpha*\delta)^{\#}$ 在 $B(U,\alpha)$ 中并且 $p((\alpha*\delta)^{\#})=x$.

为了证明 p 的连续性，选取 E 中的一个元素 $\alpha^{\#}$ 以及 $p(\alpha^{\#})$ 的一个邻域 W. 选取集合 W 中的点 $p(\alpha^{\#})=\alpha(1)$ 的一个道路连通邻域 U. 这时 $B(U,\alpha)$ 是 $\alpha^{\#}$ 的一个邻域，并且 p 将其映入 W 中. 于是 p 在 $\alpha^{\#}$ 处连续.

第四步. B 的每一点有一个邻域被 p 均衡地覆盖着. 给定 $b_1\in B$，选取 b_1 的一个道路连通邻域 U 使得由内射所诱导的同态 $\pi_1(U,b_1)\to\pi_1(B,b_1)$ 是平凡的. 我们断言 U 被 p 均衡地覆盖着.

首先，我们证明 $p^{-1}(U)$ 等于所有集合 $B(U,\alpha)$ 的并，其中 α 取遍 B 中所有从 b_0 到 b_1 的

道路．由于 p 将每一个集合 $B(U, \alpha)$ 映到 U 上，显然 $p^{-1}(U)$ 包含这个并．另一方面，若 $\beta^{\#}$ 属于 $p^{-1}(U)$，则 $\beta(1) \in U$．在 U 中选取从 b_1 到 $\beta(1)$ 的一条道路 δ 并且设 α 是从 b_0 到 b_1 的道路 $\beta * \bar{\delta}$，则 $[\beta] = [\alpha * \delta]$，从而 $\beta^{\#} = (\alpha * \delta)^{\#}$，它是 $B(U, \alpha)$ 中的一个元素．于是 $p^{-1}(U)$ 包含于这些集合 $B(U, \alpha)$ 的并之中．

其次，注意两个不同的形如 $B(U, \alpha)$ 的集合是无交的．因为根据第二步可见，当 $\beta^{\#}$ 属于 $B(U, \alpha_1) \cap B(U, \alpha_2)$ 时，$B(U, \alpha_1) = B(U, \beta) = B(U, \alpha_2)$．

最后，我们证明 p 是从 $B(U, \alpha)$ 到 U 的一个一一映射．由此推出 $p \mid B(U, \alpha)$ 是一个同胚，即一一的连续开映射．我们已知道 p 将 $B(U, \alpha)$ 映满 U．为了证明 p 是一个单射，假设

$$p((\alpha * \delta_1)^{\#}) = p((\alpha * \delta_2)^{\#}),$$

其中 δ_1 与 δ_2 是 U 中的两条道路．这时有 $\delta_1(1) = \delta_2(1)$．由于由内射诱导的同态 $\pi_1(U, b_1) \to \pi_1(B, b_1)$ 是平凡的，$\delta_1 * \bar{\delta}_2$ 在 B 中道路同伦于一条常值回路．从而 $[\alpha * \delta_1] = [\alpha * \delta_2]$，于是 $(\alpha * \delta_1)^{\#} = (\alpha * \delta_2)^{\#}$．这便是我们要证明的．

由此可见 $p: E \to B$ 按照前几章中的说法是一个覆叠映射．为了证明 p 按照本章中的说法也是一个覆叠映射，我们还要证明 E 是道路连通的．简要证明如下．

第五步．在 B 中提升一条道路． 设 e_0 表示点 b_0 处的常值道路的等价类，则根据定义 $p(e_0) = b_0$．给定 B 中以 b_0 为起点的一条道路 α，我们来给出在 E 中以 e_0 为起点的一条道路作为它的提升，并且证明这个提升以 $\alpha^{\#}$ 为终点．

为此，给定 $c \in [0, 1]$，并且设 $\alpha_c: I \to B$ 表示由

$$\alpha_c(t) = \alpha(tc), \quad 其中 0 \leqslant t \leqslant 1$$

所定义的道路．则 α_c 是 α 中从 $\alpha(0)$ 到 $\alpha(c)$ 的那一"段"．特别地，α_0 便是 b_0 处的常值道路，而 α_1 便是 α 本身．我们用

$$\tilde{\alpha}(c) = (\alpha_c)^{\#}$$

定义 $\tilde{\alpha}: I \to E$，并且证明 $\tilde{\alpha}$ 的连续性．这时 $\tilde{\alpha}$ 便是 α 的一个提升，这是由于 $p(\tilde{\alpha}(c)) = \alpha_c(1) = \alpha(c)$，从而，$\tilde{\alpha}$ 以 $(\alpha_0)^{\#} = e_0$ 为起点、以 $(\alpha_1)^{\#} = \alpha^{\#}$ 为终点．

为了验证连续性，我们引入以下记号．给定 $0 \leqslant c < d \leqslant 1$，设 $\delta_{c,d}$ 表示由 I 到 $[c, d]$ 的正线性映射与 α 的复合所定义的道路．注意道路 α_d 和 $\alpha_c * \delta_{c,d}$ 是道路同伦的，因为其中之一是另一个的再次参数化．参见图 82.2.

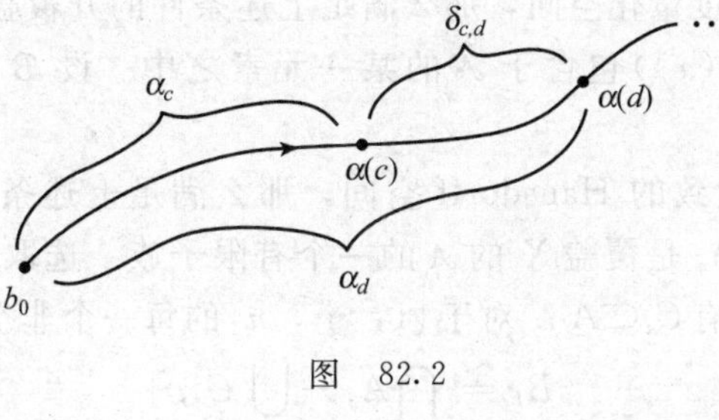

图 82.2

我们现在来验证 $\tilde{\alpha}$ 在 $[0, 1]$ 中点 c 处的连续性．设 W 是 E 的基中包含着点 $\tilde{\alpha}(c)$ 的一个成员，则对于 $\alpha(c)$ 的某一个道路连通邻域 U，W 等于 $B(U, \alpha_c)$．选取 $\varepsilon > 0$ 使得当 $|c - t| < \varepsilon$ 时，点 $\alpha(t)$ 在

U 中. 我们证明：若 d 是[0, 1]中满足条件 $|c-d|<\varepsilon$ 的一个点，则 $\tilde{\alpha}(d)\in W$. 这样我们就证明了 $\tilde{\alpha}$ 在 c 处的连续性.

假设 $|c-d|<\varepsilon$. 首先考虑 $d>c$ 的情形. 设 $\delta=\delta_{c,d}$，则由于 $[\alpha_d]=[\alpha_c*\delta]$，我们有

$$\tilde{\alpha}(d)=(\alpha_d)^{\#}=(\alpha_c*\delta)^{\#}.$$

由于 δ 是 U 中的道路，所以 $\tilde{\alpha}(d)\in B(U,\alpha_c)$，这便是我们所要证明的. 当 $d<c$ 时，设 $\delta=\delta_{d,c}$，论证过程是类似的.

第六步. p：$E\to B$ 是一个覆叠映射. 我们只需验证 E 是道路连通的，而这是容易的. 因为如果 $\alpha^{\#}$ 是 E 的一个点，则 α 的提升 $\tilde{\alpha}$ 便是 E 中由 e_0 到 $\alpha^{\#}$ 的一条道路.

第七步. 最后，我们有 $H=p_*(\pi_1(E,e_0))$. 设 α 是 B 中以 b_0 为基点的一条回路. 记 $\tilde{\alpha}$ 是它在 E 中以 e_0 为起点的一个提升. 根据定理 54.6，$[\alpha]\in p_*(\pi_1(E,e_0))$ 当且仅当 $\tilde{\alpha}$ 是 E 中的一条回路. 此时，道路 $\tilde{\alpha}$ 的终点是 $\alpha^{\#}$，并且 $\alpha^{\#}=e_0$ 当且仅当 α 等价于 b_0 处的常值道路，也就是说，当且仅当 $[\alpha*\tilde{e}_{b_0}]\in H$. 而当 $[\alpha]\in H$ 时这个属于关系正好成立. ■

推论 82.2　空间 B 有一个万有覆叠空间当且仅当 B 是道路连通、局部道路连通且半局部单连通的.

习题

1. 证明单连通空间是半局部单连通的.
2. 设 X 是 $\mathbb{R}^2$ 中的无限耳环. (参见第 80 节的习题 1.) 设 $C(X)$ 是 $\mathbb{R}^3$ 中由连接 $X\times 0$ 中的点与点 $p=(0,0,1)$ 的所有线段的并所组成的子空间. 空间 $C(X)$ 称为 X 上的**锥**(cone). 证明 $C(X)$ 是单连通的，但在原点处不是局部单连通的.

*附加习题：拓扑性质与 π_1

上一节的结论说明：对于 B 的覆叠空间的分类而言，空间 B 是道路连通、局部道路连通且半局部单连通的空间的假定是适当的. 此处我们将说明：对于 B 的各种拓扑性质与 B 的基本群之间的关系而言，对空间 B 的以上假定也是合适的.

1. 设 X 是一个空间，$\mathcal{A}$ 是 X 的一个开覆盖. 在何种条件下，存在 X 的一个开覆盖 $\mathcal{B}$ 加细 $\mathcal{A}$，并且满足条件：对于 $\mathcal{B}$ 中每一对相交非空的元素 B, B'，有 $B\cup B'$ 包含于 $\mathcal{A}$ 的某一元素之中?

   (a) 证明：若 X 是一个可度量化空间，那么满足上述条件的开覆盖 $\mathcal{B}$ 是存在的. [提示：选取 $\varepsilon(x)$ 使得 $B(x,3\varepsilon(x))$ 包含于 $\mathcal{A}$ 的某一元素之中. 设 $\mathcal{B}$ 由所有开集 $B(x,\varepsilon(x))$ 组成.]

   (b) 证明：若 X 是一个紧致的 Hausdorff 空间，那么满足上述条件的开覆盖 $\mathcal{B}$ 是存在的. [提示：设 $A_1,\cdots,A_n$ 是覆盖 X 的 $\mathcal{A}$ 的一个有限子族. 选取 X 的一个开覆盖 $C_1,\cdots,C_n$ 使得对于每一个 i 有 $\bar{C}_i\subset A_i$. 对于 $\{1,\cdots,n\}$ 的每一个非空子集 J，考虑集合

$$B_J=\bigcap_{j\in J}A_j-\bigcup_{j\notin J}\bar{C}_j.]$$

2. **定理**　设空间 X 是道路连通、局部道路连通且半局部单连通的. 如果 X 是具有可数基的正则空间，则 $\pi_1(X,x_0)$ 是可数的.

证明：设$\mathscr{A}$是X的由道路连通的开集A所构成的一个覆盖，使得对于每一个$A\in\mathscr{A}$及每一个$a\in A$，由内射所诱导的同态$\pi_1(A,a)\to\pi_1(X,a)$是平凡的. 设$\mathscr{B}$是满足习题1中所述条件的X的由非空道路连通集合所构成的一个可数开覆盖. 对于每一个$B\in\mathscr{B}$选取一点$p(B)\in B$. 对于$\mathscr{B}$中的每一对满足$B\cap B'\neq\varnothing$的元素B，B'，选取$B\cup B'$中从$p(B)$到$p(B')$的一条道路$g(B,B')$. 我们称$g(B,B')$为选择道路.

设B_0为$\mathscr{B}$中的一个固定元素，$x_0=p(B_0)$. 若f是X中的一条以x_0为基点的回路，那么依以下步骤证明f道路同伦于一些选择道路的乘积：

(a)证明存在$[0,1]$的一个分划

$$0=t_0<\cdots<t_n=1$$

使得f将$[t_{n-1},t_n]$映入B_0，并且对于每一个$i=1,\cdots,n-1$，f将$[t_{i-1},t_i]$映入$\mathscr{B}$的某一个元素B_i中. 设$B_n=B_0$.

(b)设f_i为从$[0,1]$到$[t_{i-1},t_i]$的正线性映射与f的复合，$g_i=g(B_{i-1},B_i)$. 选取B_i中从$f(t_i)$到$p(B_i)$的一条道路α_i，若$i=0$或$i=n$，设α_i为x_0处的常值道路. 证明

$$[f_i]*[\alpha_i]=[\alpha_{i-1}]*[g_i].$$

(c)证明$[f]=[g_1]*\cdots*[g_n]$.

3. 设p：$E\to X$是一个覆叠映射，使得$\pi_1(X,x_0)$是可数的. 证明：若X是具有可数基的正则空间，则E也是具有可数基的正则空间. [提示：设$\mathscr{B}$是由X的道路连通集所构成的一个可数基. 对于$B\in\mathscr{B}$，设$\mathscr{C}$是由$p^{-1}(B)$的所有道路连通分支组成的族. 参见第53节中的习题6.]

4. **定理**　*设空间X是道路连通、局部道路连通且半局部单连通的. 如果X是紧致的Hausdorff空间，则$\pi_1(X,x_0)$是有限生成的，从而也是可数的.*

证明：重复习题2中所述的证明. 选取$\mathscr{B}$是一个有限族. 与先前一样，我们有等式

$$[f]=[g_1]*\cdots*[g_n].$$

对于每一个$x\in X$，选取一条从x_0到x_1的道路β_x，设β_{x_0}为常值道路. 若$g=g(B,B')$，定义

$$L(g)=\beta_x*(g*\bar{\beta}_y),$$

其中$x=p(B)$并且$y=p(B')$. 证明：

$$[f]=[L(g_1)]*\cdots*[L(g_n)].$$

5. 设X是无限耳环(参见第80节中的例1). 证明X是具有可数基的紧致的Hausdorff空间，其基本群含有不可数多个元素. [提示：设r_n：$X\to C_n$是一个收缩. 给定0和1的一个序列$a_1,a_2,\cdots$，证明存在X中的一条回路f，使得对于每一个n，元素$(r_n)_*[f]$是平凡的当且仅当$a_n=0$.]

第 14 章　在群论中的应用

前一章中我们讨论了如何将拓扑问题(即空间 B 的所有覆叠空间的分类问题)化为代数问题(即空间 B 的基本群的所有子群的分类问题). 现在我们来考虑这个问题的反问题，即将代数问题化为拓扑问题. 这个代数问题是证明自由群的子群还是自由群. 这个结论好像没有什么问题，但是却没有什么人给出过简洁的证明. 我们将从应用覆叠空间理论于某些称为线性图的拓扑空间入手来处理它.

83　图的覆叠空间

我们现在来定义线性图(有限情形前面已介绍过)，并且证明下面的基本定理：线性图的覆叠空间也是线性图.

让我们来回顾一下：弧 A 是同胚于单位区间$[0, 1]$的空间，弧 A 的端点 p 和 q 是在同胚下对应着 0 和 1 的那两个点，只有这两个点能使 $A-p$ 和 $A-q$ 是连通的. 弧 A 的内部是从 A 中除掉了端点后的剩余部分.

定义　一个**线性图**(linear graph) X 是由一些弧 A_α 构成的一个族的并，要求满足条件：

1. 两条弧的交 $A_\alpha \cap A_\beta$ 或者是空的，或者是这两条弧的一个公共端点.
2. X 的拓扑与这些子空间 A_α 相通.

这些弧 A_α 叫做 X 的**边**(edge)，这些弧的内部则叫做 X 的**开边**(open edge). 这些弧的端点叫做 X 的**顶点**(vertex). 由 X 的顶点构成的集合记作 X^0.

设 X 是一个线性图. 如果子集 C 是 X 的某些边和某些顶点的并，则它是 X 的一个闭子集. 这是因为 C 与 A_α 的交要么是空集，要么等于 A_α，要么等于 A_α 的一个或两个顶点，无论何种情形 $C\cap A_\alpha$ 在 A_α 中都是闭的. 由此可见 X 的每一条边都是闭集，也可见 X^0 是 X 的一个闭的离散子空间，因为 X^0 的任何子集在 X 中都是闭的.

对于前面讨论的有限线性图的情形，我们当时在定义中用了一个 Hausdorff 条件替代条件(2). 那时，这个 Hausdorff 条件可以保证 X 的拓扑与诸子空间是相通的. 但对于无限图的情形不再成立，所以我们要把相通条件作为定义的一部分. 当然可以还加上 Hausdorff 条件，但是已经没有必要了，因为它被相通条件所蕴涵.

引理 83.1　每一个线性图都是正规空间，因此当然也是一个 Hausdorff 空间.

证　设 B 和 C 是 X 的两个无交闭子集. 不失一般性，假定 X 的每一个顶点要么属于 B，要么属于 C. 对于每一个 α，选取 A_α 的两个无交子集 U_α 和 V_α 分别包含着 $B\cap A_\alpha$ 和 $C\cap A_\alpha$，并且要求 U_α 和 V_α 在 A_α 中都是开的. 令 $U=\bigcup U_\alpha$ 和 $V=\bigcup V_\alpha$，此时 U 和 V 分别包含 B 和 C.

我们来证明 U 和 V 是无交的. 如果 $x\in U\cap V$，则 $x\in U_\alpha\cap V_\beta$ 对于 $\alpha\neq\beta$ 成立. 这表明 A_α 和 A_β 都要包含点 x，从而 x 是 X 的一个顶点. 但这是不可能的，因为如果 $x\in B$，则 x 便不会在任何一个集合 V_β 中. 如果 $x\in C$，那么 x 便不会在任何一个集合 U_α 中.

最后证明 U 和 V 都是 X 中的开集. 为了证明 U 是开的，只需证明对于每一个 α，

$U\cap A_\alpha=U_\alpha$. 根据定义，$U\cap A_\alpha$ 包含着 U_α. 如果 x 是 $U\cap A_\alpha$ 中的一个不在 U_α 中的点，则对于某一个 $\beta\neq\alpha$，x 属于 U_β. 于是 A_β 和 A_α 都包含 x，从而 x 是 X 的一个顶点. 然而这是不可能的，因为如果 $x\in B$，则根据 U_α 的定义，$x\in U_\alpha$. 如果 $x\in C$，则 x 不能属于 U. ■

例 1 如果 X 是某些圆周 S_α 的束，其公共点为 p，则 X 可以表示为线性图. 我们只要把每一个 S_α 表示成以 p 为一个顶点的具有三条边的一个图，这时 X 便是所有弧的并了. 为了证明束 X 的拓扑与这些弧的一个族是相通的，我们只要注意：如果对于每一段弧 A_α，$D\cap A_\alpha$ 是 A_α 中的闭集，则 $D\cap S_\beta$ 便是形如 $D\cap A_\alpha$ 的三个闭集之并，从而在 S_β 中是闭的. 因此根据定义，D 在 X 中是闭的. 参见图 83.1. ■

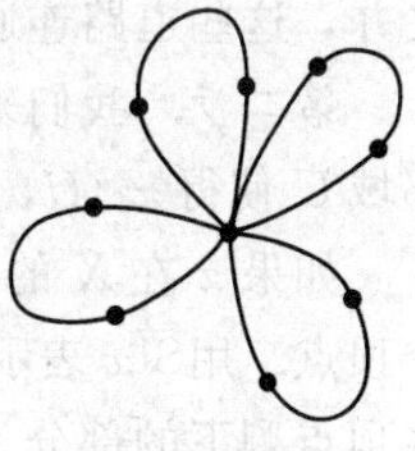

图 83.1

例 2 设 J 是一个离散空间，$E=[0,1]\times J$，则在 E 中将集合 $\{0\}\times J$ 缩成一点 p 所得到的商空间是一个线性图.

商映射 $\pi: E\to X$ 是一个闭映射. 因为如果 C 是 E 中的一个闭集，则当 C 包含着 $\{0\}\times J$ 的一个点时，$\pi^{-1}\pi(C)$ 等于 $C\cup(\{0\}\times J)$. 对于其他情形，$\pi^{-1}\pi(C)$ 等于 C. 在任何一种情形下，$\pi^{-1}\pi(C)$ 在 E 中都是闭的，因此 $\pi(C)$ 是 X 中的一个闭集. 这蕴涵着 π 将每一个空间 $[0,1]\times\alpha$ 同胚地映为它的像 A_α，所以 A_α 是一段弧. X 的拓扑与这些子空间 A_α 是相通的，因为 π 是一个商映射. 参见图 83.2. ■

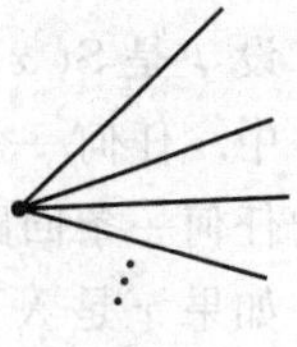

图 83.2

定义 设 X 是一个线性图，Y 为 X 中由 X 的一些边的并构成的子空间. 这时 Y 在 X 中是闭的，并且它自己也是一个线性图，我们将它称为 X 的一个**子图**(subgraph).

为了证明 Y 是一个线性图，我们要指出 Y 作为子空间的拓扑与 Y 中的边构成的族是相通的. 如果 Y 的子集 D 在子空间 Y 中是闭的，则 D 在 X 中也是闭的，所以对于 X 的每一条边，特别对于 Y 的每一条边，$D\cap A_\alpha$ 在 A_α 中是闭的. 反之，设对于 Y 的每一条边 A_β，$D\cap A_\beta$ 在 A_β 中是闭的. 我们还要指出的是对于 X 的每一条不在 Y 中的边 A_α，$D\cap A_\alpha$ 在 A_α 中是闭的. 然而此时，$D\cap A_\alpha$ 或者是空的，或者是一个单点集！这便证明了 Y 的拓扑与它的所有边相通.

引理 83.2 设 X 是一个线性图. 如果 C 是 X 的一个紧致子空间，则 X 中存在着一个有限子图 Y 包含着 C. 如果 C 是连通的，则 Y 也可以选成连通的.

证 首先，我们注意 C 仅包含着 X 中的有限个顶点. 因为 $C\cap X^0$ 是一个紧致空间 C 的闭离散子空间，且由于它没有极限点，所以这个子空间必是有限的. 类似地，只有有限多个 α 使得 C 包含边 A_α 的一个内点. 因为如果对于每一个 α，只要可能，选取 C 中的一个 A_α 的内点 x_α，那么我们便得到了一个集合 $B=\{x_\alpha\}$，它与每一条边 A_β 之交是单点集或空集. 由此可见，B 的每一个子集在 X 中都是闭的，所以 B 是 C 中的闭离散子空间，因此是有限的.

对于 X 中每一个属于 C 的顶点 x，选取以 x 为顶点的一条边，再选取那些内部包含着 C 中的点的边 A_α. 令 Y 为所有这些边的并，它便是包含着 C 的一个有限子图. 注意如果 C 是连通的，则 Y 便是与 C 有交的弧的一个族的并，因此 Y 是连通的. ■

引理 83.3 如果 X 是一个线性图，则 X 是局部道路连通的和半局部单连通的.

证 第一步. 我们证明 X 是局部道路连通的. 如果 $x\in X$ 并且 x 在 X 的某一条边的内部，

则 x 的每一个邻域中包含着 x 的一个邻域同胚于$\mathbb{R}$中的一个开区间，而开区间是道路连通的．另一方面，如果 x 是 X 的一个顶点，而 U 是 x 的一个邻域，则对于以 x 为端点的每一条边 A_α，我们可以选取 x 在 A_α 中的一个邻域 V_α 包含在 U 中，并且要求这个邻域同胚于半开区间 $[0, 1)$．于是$\bigcup V_\alpha$是 x 在 X 中的一个包含于 U 中的邻域，x 的这个邻域是一些道路连通空间之并，这些道路连通空间有一个公共点 x．

第二步．我们来证明 X 是半局部单连通的．事实上，要证明的是如果 $x\in X$，则 x 有一个邻域 U 使得 $\pi_1(U, x)$是平凡的．

如果 x 在 X 的某一条边的内部，那么这个内部便是这样一个邻域．现在假设 x 是 X 的一个顶点．用$\overline{\mathrm{St}}x$ 表示 X 中那些以 x 为端点的边的并，用 $\mathrm{St}\, x$ 表示从$\overline{\mathrm{St}}x$ 中除掉所有异于 x 的那些顶点剩下的部分．（$\mathrm{St}\, x$ 叫做 x 的星．）集合 $\mathrm{St}\, x$ 是 X 中的开集，因为它是一些弧和一些顶点的并的补．我们来证明 $\pi_1(\mathrm{St}x, x)$是平凡的．

设 f 是 $\mathrm{St}\, x$ 中以 x 为基点的一条回路，则像集 $f(I)$是紧致的，所以它在$\overline{\mathrm{St}}\, x$ 的有限条弧的并中．任何一个这样的并都同胚于平面上有限条具有一个公共端点的线段之并．在这种空间中的任何一条回路都可经由直线同伦收缩到 x 处的常值回路．■

如果 x 是 X 的一个顶点，这时单点空间$\{x\}$是$\overline{\mathrm{St}}\, x$ 的一个形变收缩核．然而，尽管所需要的形变收缩容易想得到，但证明这个映射的连续性却并不容易．我们需要以下事实：如果将映射

$$F:(\overline{\mathrm{St}}\, x)\times I\longrightarrow \overline{\mathrm{St}}\, x$$

限制在每一个子空间 $A_\alpha\times I$ 上是连续的，那么这个映射本身便是连续的．当$\overline{\mathrm{St}}\, x$ 是有限多条弧的并时，这个结论立刻便能从黏结引理推出，而一般性的结论要求我们证明$(\overline{\mathrm{St}}\, x)\times I$ 的拓扑与子空间 $A_\alpha\times I$ 是相通的．这可从关于商映射乘积的一个基本定理得到．（参见第 29 节中的习题 11.）如果我们只想将一条回路（而不是将整个空间$\overline{\mathrm{St}}\, x$）收缩为一点，则无需这些考虑，因为任何一条回路都包含在有限条边的并中，收缩成一点是不成问题的．

现在来考虑线性图的覆叠空间．在上一章中我们约定每一个覆叠空间都是道路连通和局部道路连通的，现在解除这个约定．

定理 83.4　*设 p：$E\to X$ 是一个覆叠映射，其中 X 是一个线性图．如果 A_α 是 X 的一条边，而 B 是 $p^{-1}(A_\alpha)$的一个道路分支，则 p 是从 B 到 A_α 上的一个同胚．从而空间 E 也是一个线性图，以所有空间 $p^{-1}(A_\alpha)$的所有道路分支为它的边．*

证　第一步．我们来证明 p 是从 B 到 A_α 上的一个同胚．由于弧 A_α 是道路连通和局部道路连通的，定理 53.2 和定理 80.1 告诉我们 p 的限制映射 p_0：$B\to A_\alpha$ 是一个覆叠映射．由于 B 是道路连通的，所以提升对应 ϕ：$\pi_1(A_\alpha, a)\to p_0^{-1}(a)$是满的．由于 A_α 是单连通的，所以 $p_0^{-1}(a)$由一个点构成．（参见定理 54.4.）因此 p_0 是一个同胚．

第二步．由于 X 是一些弧 A_α 的并，空间 E 便是作为空间 $p^{-1}(A_\alpha)$的道路分支的那些弧 B 的并．设 B 和 B'分别是 $p^{-1}(A_\alpha)$和 $p^{-1}(A_\beta)$的道路分支，$B\neq B'$．我们来证明 B 和 B'最多相交于一个公共端点．如果 A_α 和 A_β 是相等的，则 B 和 B'是无交的．如果 A_α 和 A_β 是无交的，则 B 和 B'也是无交的．从而，如果 B 和 B'相交，A_α 和 A_β 应当相交于二者的一个公共端点，

因此 $B\cap B'$ 中只有一个点，它应当既是 B 的端点也是 B' 的端点.

第三步. 我们证明 E 的拓扑与它的那些弧 B 相通. 这是这个定理证明中最难的部分. 设 W 是 E 的一个子集，使得对于 E 中的每一条弧 B，$W\cap B$ 在 B 中是开的. 我们来证明 W 是 E 中的一个开集.

首先，证明 $p(W)$ 在 X 中是开的. 如果 A_α 是 X 的一条边，则 $p(W)\cap A_\alpha$ 便是集合 $p(W\cap B)$ 的并，其中 B 取遍 $p^{-1}(A_\alpha)$ 的所有道路分支. 这些集合 $p(W\cap B)$ 中的每一个在 A_α 中是开的，这是因为 p 将 B 同胚地映射到 A_α 上. 因此这些集合的并 $p(W)\cap A_\alpha$ 也是 A_α 中的开集. 由于 X 的拓扑与子空间 A_α 相通，所以集合 $p(W)$ 是 X 中的开集.

其次，对于一个特殊情形来证明我们的结论. 这个特殊情形是：X 中有一个被 p 均衡地覆盖着的开集 U，使得 W 包含在 $p^{-1}(U)$ 的某一片 V 中. 这时，根据刚才证明的结论可见，集合 $p(W)$ 在 X 中是开的. 这蕴涵着 $p(W)$ 是 U 中的开集. 由于 p 的限制映射是从 V 到 U 上的同胚，所以 W 也是 V 中的开集，因此它在 E 中也是开的.

最后，我们证明一般结论. 选取 X 的一个覆盖 $\mathcal{A}$，它由被 p 均衡地覆盖着的开集 U 组成. 这时，取遍所有 $U\in\mathcal{A}$，集合 $p^{-1}(U)$ 中的所有片 V 覆盖着 E. 对于每一个这样的片 V，令 $W_V=W\cap V$. 集合 $W_V=W\cap V$ 满足条件：对于 E 中的每一条弧 B，集合 $W_V\cap B$ 在 B 中是开的，这是因为 $W_V\cap B=(W\cap B)\cap(V\cap B)$，而两个集合 $W\cap B$ 和 $V\cap B$ 在 B 中都是开的. 前一段中的结论蕴涵着 W_V 在 E 中是开的. 由于 W 是集合 W_V 的并，所以它在 E 中也是开的. ■

习题

1. 在证明线性图 X 的正规性的过程中，为什么要假设 X 的每一个顶点属于 B 和 C 之一?
2. 有限线性图 X 的 Euler 数等于 X 的顶点的个数减去边的个数. 我们将看到，它是一个拓扑不变量. 计算一段弧的 Euler 数、一个圆周的 Euler 数、n 个圆周束的 Euler 数以及 n 个顶点的完全图的 Euler 数. 如果 E 是 X 的一个 n-重覆叠空间，E 的 Euler 数和 X 的 Euler 数之间有什么关系?

84 图的基本群

现在我们来证明以下基本定理：任何一个线性图的基本群都是自由群. 此后，我们将简单地称线性图为图.

定义 图 X 的一条**有向边**(oriented edge) e 是 X 的一条边和这条边的两个顶点的一个定向两者的总称，顶点的定向中的第一个顶点叫做 e 的**起始顶点**(initial vertex)，而第二个顶点叫做 e 的**终结顶点**(final vertex). X 中的**边道路**(edge path)是 X 中的有向边的一个序列 e_1，…，e_n，使得对于 $i=1$，…，$n-1$，e_i 的终结顶点等于 e_{i+1} 的起始顶点. 这样一条边道路由顶点的序列 x_0，…，x_n 完全决定，其中 x_0 是 e_1 的起始顶点，x_i 是 e_i 的终结顶点，$i=1$，…，n. 它也被叫做**从 x_0 到 x_n**(from x_0 to x_n)的边道路. 当 $x_0=x_n$ 时，这条边道路叫做**闭的边道路**(closed edge path).

给定 X 中的一条有向边 e，令 f_e 为从[0, 1]到 e 上的正线性映射，这是从 e 的起始顶点到 e 的终结顶点的一条道路. 对应于从 x_0 到 x_n 的边道路 e_1，…，e_n，我们有一条通常意义下的

从 x_0 到 x_n 的道路

$$f = f_1 * (f_2 * (\cdots * f_n)),$$

其中 $f_i = f_{e_i}$. 这条道路是被边道路 e_1, …, e_n 唯一确定的，我们称之为**相应于边道路 e_1, …, e_n 的道路**(path corresponding to the edge path e_1, …, e_n). 如果边道路是闭的，则相应的道路 f 是一条回路.

引理 84.1 图 X 是连通的当且仅当 X 的每一对顶点能由 X 中的一条边道路连接.

证 设 X 是连通的. 如果 X 中存在一条从 x 到 y 的边道路，我们定义 $x \sim y$. X 中的任何一条边的两个端点都是等价的. 记 Y_x 为端点等价于 x 的所有各边之并. 这时，Y_x 是 X 的一个子图，从而在 X 中是闭的. 各子图 Y_x 将 X 分割成无交的闭子空间. 由于 X 是连通的，这样的闭子空间应该只有一个.

反之，设 X 的每一对顶点能被某一条边道路连接. 这时每一对顶点也就能被通常意义下的道路连接. 因此 X 的所有顶点属于 X 的同一个分支. 由于每一条边都是连通的，所以整条边也属于这个分支. 这证明 X 是连通的. ■

定义 设 e_1, …, e_n 是线性图 X 中的一条边道路. 有时候会发生这样的情况：对于某一个 i，e_i 和 e_{i+1} 是 X 中边相同但定向相反的两条有向边. 如果不发生这种情况，我们便称这条边道路为**约化边道路**(reduced edge path).

注意，如果上面所说的情况确实发生了，我们从这个有向边序列中删除 e_i 和 e_{i+1}，剩下来的还是一条边道路(要先假定原来的序列中最少有三条边)，这个删除的过程叫做约化边道路. 因此我们可以说：在任何连通图中，每一对不同的顶点可以用一条约化边道路来连接. 参见图 84.1.

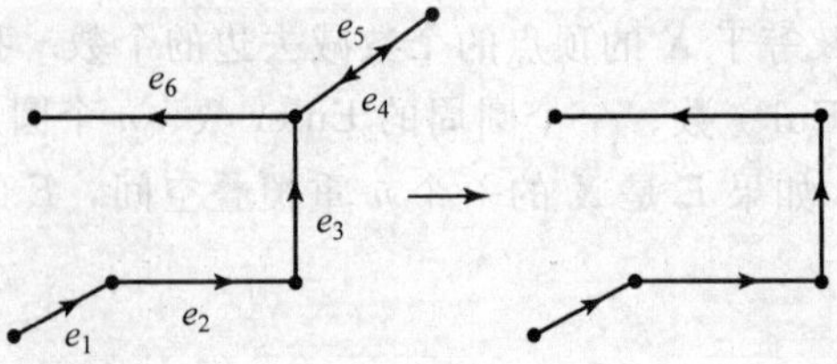

图　84.1

定义 图 X 的一个子图 T 称为一棵**树**(tree)，如果 T 是连通的并且没有闭的约化边道路.

由一条边组成的线性图是一棵树. 画在图 84.2 中的图不是一棵树，但删除了边 e 之后便变成了一棵树. 画在图 84.3 中的图是一棵树，删除了边 A 之后还是一棵树.

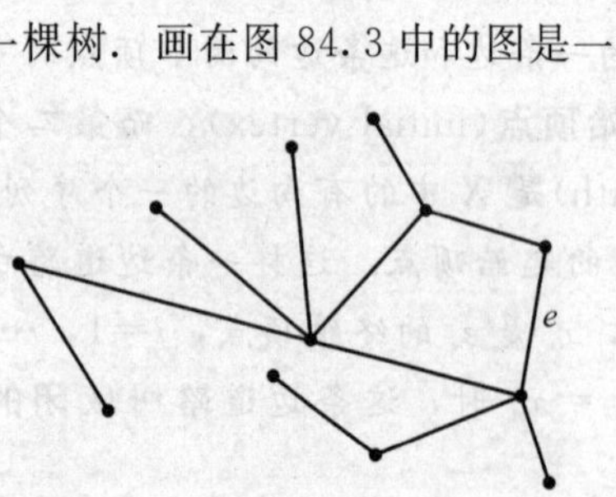

图　84.2

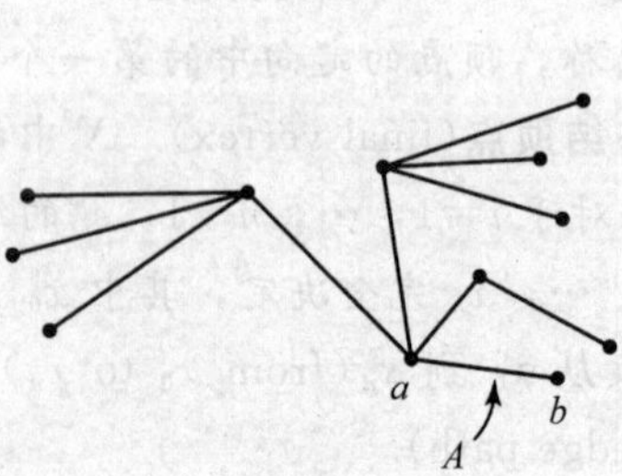

图　84.3

引理 84.2 如果 T 是图 X 中的一棵树，并且 A 是 X 中的一条边，它与 T 恰相交于一个顶点，则 $T\cup A$ 还是 X 中的一棵树. 反之，如果 T 是 X 中的一棵有限树，由多于一条边构成，则在 X 中有一棵树 T_0 和恰与 T_0 相交于一个顶点的一条边 A，使得 $T=T_0\cup A$.

证 设 T 是 X 中的一棵树，A 是与 T 仅相交于一个顶点的一条边. 显然，$T\cup A$ 是连通的. 下面证明 $T\cup A$ 不包含闭的约化边道路. 设 a 和 b 是 A 的两个端点，并且 $\{a\}=T\cap A$. 参见图 84.3. 设 x_0，…，$x_n=x_0$ 是 $T\cup A$ 中的一条闭的约化边道路的顶点序列. 如果没有一个顶点 x_i 等于 b，那么这条边道路便在 T 中，这与假设矛盾. 如果对于某一个 i，$0<i<n$，使得 $x_i=b$，则我们有 $x_{i-1}=a$ 和 $x_{i+1}=a$，因此这条边道路不是约化的，也与假设矛盾. 最后，如果 $x_0=b=x_n$ 并且对于 $i=1$，…，$n-1$，$x_i\neq b$，则有 $x_1=a$ 和 $x_{n-1}=a$，并且顶点序列 x_1，…，x_{n-1} 给出了 T 中的一条闭的约化边道路，还是与假设矛盾.

设 T 是 X 中多于一条边的一棵有限树. 首先我们证明 T 中有某一个顶点 b 只属于 T 中的一条边. 如果不是这样，我们在 T 中构造一条边道路如下：从 T 的某一个顶点 x_0 开始，然后在 T 中选取一条以 x_0 为顶点的一条边 e_1. 给 e_1 定向使得 x_0 为起始顶点. 设 x_1 为 e_1 的另一个顶点，e_2 是 T 中以 x_1 为顶点的不同于 e_1 的一条边. 给 e_2 定向使得 x_1 为其起始顶点. 按照类似的方式继续下去. 在序列 e_1，e_2，…中没有两个相邻的项是 T 中的同一条边取不同定向. 由于 T 是有限的，应当有一个指标 n 使得对于某一个 $i<n$ 有 $x_n=x_i$. 因此顶点序列 x_i，x_{i+1}，…，x_n 决定了 T 中的一条闭的约化边道路，这与假设矛盾. 参见图 84.4.

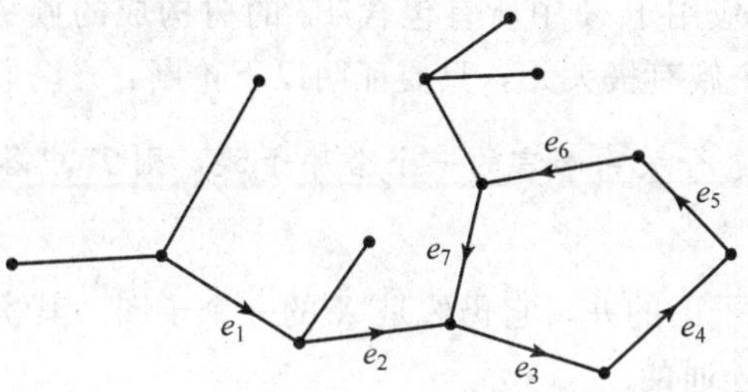

图 84.4

设 b 是 T 中的一个顶点，并且仅属于 T 中的一条边 A. T_0 由 T 中所有异于 A 的边构成，则 $T=T_0\cup A$. 因为 T 是连通的，T_0 与 A 仅相交于另一个顶点 a. 我们来证明 T_0 是一棵树. 由于 T 不包含闭的约化边道路，所以 T_0 也不包含闭的约化边道路. T_0 是连通的，这是因为如果 T_0 是两个无交的闭子集 C 和 D 的并，点 a 只能属于其中的一个，设为 C，于是 $C\cup A$ 和 D 将会是无交闭子集. 这两个闭子集的并便是 T，这与 T 的连通性矛盾. ■

定理 84.3 每一棵树都是单连通的.

证 我们首先考虑 T 是一棵有限树的情形. 如果 T 仅由一条边构成，则 T 是单连通的. 如果 T 有 n 条边，$n>1$，则 T 中存在一条边 A，使得 $T=T_0\cup A$，其中 T_0 是一棵有 $n-1$ 条边的树，并且 $T_0\cap A$ 是一个顶点. 这时 T_0 是 T 的一个形变收缩核. 根据归纳假设 T_0 是单连通的，所以 T 也是单连通的.

为了证明一般情形，设 f 是 T 中的一条回路. f 的像集是紧致的也是连通的，所以它包含

在 T 的一个有限连通子图 Y 中. 由于 T 不包含闭的约化边道路，所以 Y 也不包含闭的约化边道路. 因此 Y 是一棵树. 由于 Y 是有限的，所以它是单连通的. 因此 f 在 Y 中道路同伦于常值道路. ■

定义　图 X 中的一棵树 T 是**极大的**(maximal)，如果 X 中没有树以 T 为真子集.

定理 84.4　设 X 是一个连通图. X 中的一棵树 T 是极大的当且仅当它包含 X 的所有顶点.

证　设 T 是 X 中的一棵包含着 X 的所有顶点的树. 如果 Y 是 X 的一个子图，以 T 为真子集，我们来证明 Y 包含着一条闭的约化边道路，这样就证明了 T 是极大的. 设 A 是 Y 的一条不在 T 中的边，根据假设，A 的端点 a 和 b 都属于 T. 由于 T 是连通的，我们可以在 T 中选取从 a 到 b 的一条约化边道路 e_1，…，e_n. 如果在这个序列后面加上定向为从 b 到 a 的边 A，便得到了 Y 中的一条闭的约化边道路.

现在假设 T 是 X 中的一棵树，它没有包含 X 的所有顶点. 我们来证明 T 不是极大的. 设 x_0 是不在 T 中的 X 的一个顶点. 由于 X 是连通的，我们可以选取 X 中从 x_0 到 T 中的某一个顶点的一条边道路，把它写成顶点的序列 x_0，…，x_n. 设 i 是使得 $x_i \in T$ 的最小的指标. 令 A 为 X 中以 x_{i-1} 和 x_i 为顶点的边. 根据前一个引理，这时 $T \cup A$ 是 X 中的一棵树，并且 $T \cup A$ 以 T 为真子集. ■

定理 84.5　如果 X 是一个线性图，则 X 中的每一棵树 T_0 都包含在一棵极大的树中.

证　我们将 Zorn 引理应用于 X 中所有包含 T_0 的树构成的族 $\mathcal{T}$，用严格的包含关系定义其中的偏序. 为了证明这个族有极大元，只要证明以下论断：

> 如果 $\mathcal{T}'$ 是 $\mathcal{T}$ 中按严格包含关系而言的一个全序子族，则 $\mathcal{T}'$ 中各成员之并 Y 仍然是 X 中的一棵树.

首先，由于 Y 是 X 的某些子图的并，它仍然是 X 的一个子图. 其次，Y 是包含着连通空间 T_0 的一个族的并，所以 Y 是连通的.

最后，我们假设 e_1，…，e_n 是 Y 中的一条闭的约化边道路，并且由此引出矛盾. 对于每一个 i，选取 $\mathcal{T}'$ 中包含 e_i 的一个成员 T_i. 由于 $\mathcal{T}'$ 按严格包含关系而言是全序，所以树 T_1，…，T_n 中的某一个(设为 T_j)包含着其他的树. 于是 e_1，…，e_n 便是 T_j 中的一条闭的约化边道路，这与假设矛盾. ■

现在我们来计算图的基本群. 需要以下结论.

引理 84.6　设 $X=U\cup V$，其中 U 和 V 都是 X 中的开子集. 假设 $U\cap V$ 是道路连通的两个开子集 A 和 B 的无交并，α 是 U 中从 A 的点 a 到 B 的点 b 的一条道路，而 β 是 V 中从 b 到 a 的一条道路. 如果 U 和 V 都是单连通的，则类 $[\alpha * \beta]$ 生成 $\pi_1(X, a)$.

证　该情况类似于定理 59.1，只是那里要求 $U\cap V$ 是道路连通的，这里 $U\cap V$ 可以有两个道路连通分支. 证明也是类似的.

设 f 是 X 中以 a 为基点的一条回路. 选取 $[0, 1]$ 的一个分拆 $0=a_0<a_1<\cdots<a_n=1$ 使得对于每一个 i，$f(a_i)\in U\cap V$，并且 f 将 $[a_{i-1}, a_i]$ 映射到 U 或者 V 中. 设 f_i 是从 $[0, 1]$ 到 $[a_{i-1}, a_i]$ 上的正线性映射与 f 的复合. 于是 $[f]=[f_1]*\cdots*[f_n]$. 对于 $i=1$，…，$n-1$，

在 A 或者 B 中选取一条从 a 或 b 到 $f(a_i)$ 的道路 α_i，此外选取 α_0 和 α_n 为 a 点处的常值道路. 设

$$g_i = \alpha_{i-1} * (f_i * \bar{\alpha}_i).$$

经由直接计算可见，$[f]=[g_1]*\cdots*[g_n]$. 因为 g_i 是 U 或者 V 中以集合 $\{a, b\}$ 中的点为端点的道路，又因为 U 和 V 都是单连通的，所以 g_i 道路同伦于常值道路或者 α，β，$\bar{\alpha}$，$\bar{\beta}$ 之一. 由此推出，$[f]$ 或者是平凡的，或者等于 $[\alpha*\beta]$ 或者 $[\bar{\beta}*\bar{\alpha}]$ 的某正数次幂. 因此，$[\alpha*\beta]$ 生成群 $\pi_1(X, a)$. 参见图 84.5.

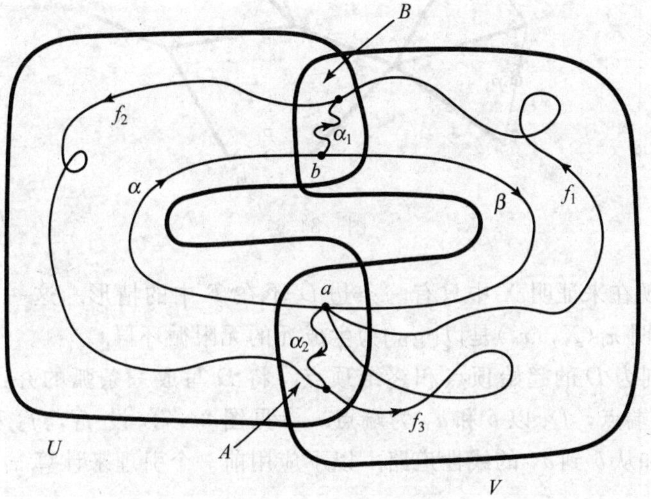

图 84.5 ■

定理 84.7 设 X 是一个连通图但不是一棵树，则 X 的基本群是一个非平凡的自由群. 事实上，如果 T 是 X 中的一棵极大树，则 X 的基本群有一个自由生成元组一一对应于 X 中那些不在 T 中的边构成的族.

证 设 T 是 X 中的一棵极大树，它包含着所有 X 的顶点. 令 x_0 为 T 的一个固定的顶点. 对于 X 的每一个顶点 x，在 T 中选取一条从 x_0 到 x 的道路 γ_x. 对于 X 的每一条不在 T 中的边 A，在 X 中定义一条回路 g_A 如下：首先，给 A 一个定向. 其次，设 f_A 为 A 中从它的起始点 x 到它的终结顶点 y 的一条线性道路. 然后，令

$$g_A = \gamma_x * (f_A * \bar{\gamma}_y).$$

我们来证明这些类 $[g_A]$ 形成 $\pi_1(X, x_0)$ 的一个自由生成元组.

第一步. 我们先证明 X 中的边只有有限条不在 T 中的情形. 用归纳法. 归纳步骤是容易的，所以把它放在前面.

设 $A_1, \cdots, A_n$ 为 X 中不在 T 中的那些边，其中 $n>1$. 给这些边定向，并且设 g_i 表示回路 g_{A_i}. 对于每一个 i，在 A_i 的内部选取一个点 p_i. 设

$$U = X - p_2 - \cdots - p_n \quad 和 \quad V = X - p_1.$$

这时，U 和 V 在 X 中都是开的，并且空间 $U \cap V = X - p_1 - \cdots - p_n$ 是单连通的，这是因为它以

T 为形变收缩核. 因此，根据推论 70.3，$\pi_1(X, x_0)$是群 $\pi_1(U, x_0)$和 $\pi_1(V, x_0)$的自由积.

空间 U 以 $T \cup A_1$ 为形变收缩核，所以$\pi_1(U, x_0)$是以$[g_1]$为生成元的自由群，这一点我们将在第二步中证明. 根据归纳假设，空间 V 以 $T \cup A_2 \cup \cdots \cup A_n$ 为形变收缩核，所以 $\pi_1(V, x_0)$是以$[g_2]$，…，$[g_n]$为生成元的自由群. 因此根据定理 69.2 可见，$\pi_1(X, x_0)$是以$[g_1]$，…，$[g_n]$为生成元的自由群. 参见图 84.6.

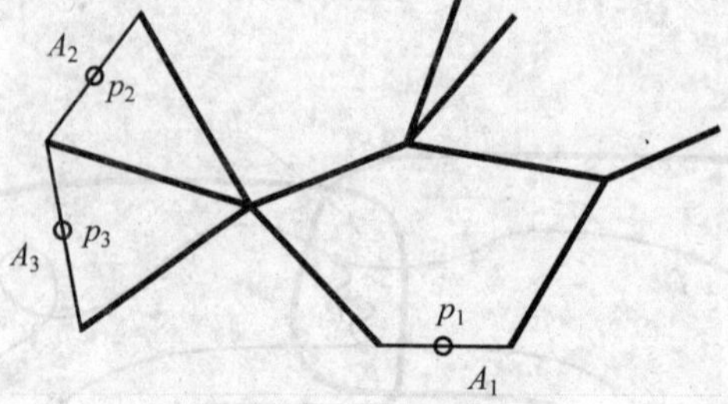

图　84.6

第二步. 我们现在来证明 X 中只有一条边 D 不在 T 中的情形. 这一步的证明要困难些. 给 D 定向. 我们证明 $\pi_1(X, x_0)$是以$[g_D]$为生成元的无限循环群.

设 a_0 和 a_1 分别为 D 的起始顶点和终结顶点. 将 D 写成三条弧的并：D_1 以 a_0 和 a 为端点，D_2 以 a 和 b 为端点，D_3 以 b 和 a_1 为端点. 参见图 84.7. 设 f_1，f_2 和 f_3 分别为 D 中从 a_0 到 a、从 a 到 b 和从 b 到 a_1 的线性道路. 以下应用前一个引理来计算 $\pi_1(X, a)$.

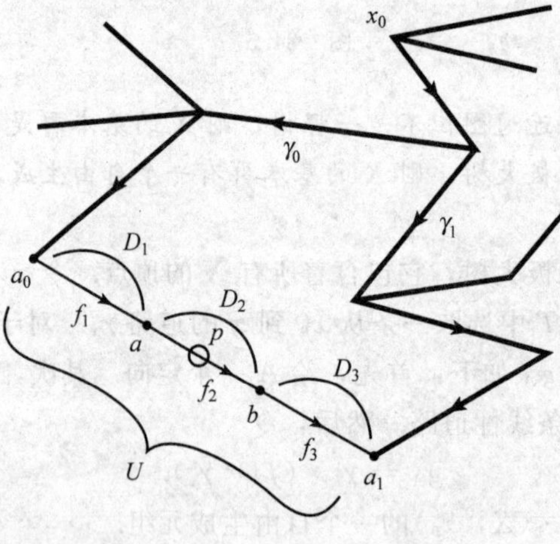

图　84.7

在弧 D_2 的内部选择一个点 p. 设 $U = D - a_0 - a_1$ 和 $V = X - p$. 这时，U 和 V 都是 X 中的开集，并且两者的并为 X. 空间 U 是单连通的，因为它是一条开弧. 空间 V 是单连通的，因为它以树 T 为形变收缩核. 空间 $U \cap V$ 等于 $U - p$，它有两个道路分支，设 A 为包含 a 的那个分支，B 为包含 b 的那个分支. 这时前面引理中的假设条件得到满足. 道路 $\alpha = f_2$ 是 U 中从 a

到 b 的一条道路．如果我们记 $\gamma_0=\gamma_{a_0}$ 和 $\gamma_1=\gamma_{a_1}$，则道路 $\beta=(f_3*(\bar{\gamma}_1*(\gamma_0*f_1)))$ 是 V 中从 b 到 a 的一条道路．因此，$\pi_1(X, a)$ 由类

$$[\alpha*\beta]=[f_2]*[f_3]*[\bar{\gamma}_1]*[\gamma_0]*[f_1]$$

生成．由此可见 $\pi_1(X, x_0)$ 由 $\hat{\delta}[\alpha*\beta]$ 生成，其中 δ 是从 a 到 x_0 的道路 $\bar{f}_1*\bar{\gamma}_0$．我们计算这个道路同伦类如下：

$$\begin{aligned}\hat{\delta}[\alpha*\beta] &= [\gamma_0*f_1]*[\alpha*\beta]*[\bar{f}_1*\bar{\gamma}_0]\\ &= [\gamma_0]*[f_1*(f_2*f_3)]*[\bar{\gamma}_1]\\ &= [\gamma_0]*[f_D]*[\bar{\gamma}_1]\\ &= [g_D].\end{aligned}$$

因此，$[g_D]$ 生成 $\pi_1(X, x_0)$.

接下来证明 $[g_D]$ 是无限阶的，由此得到 $\pi_1(X, x_0)$ 是一个无限循环群．可以应用定理 63.1(当时我们用它来证明 Jordan 曲线定理)，这个定理告诉我们 $[\alpha*\beta]$ 在 $\pi_1(X, a)$ 中是无限阶的．也可以(更简单些)考虑映射 $\pi: X\to S^1$，它将树 T 映为一个点 p，将开弧 Int D 同胚地映到 S^1-p 上．这时，$\pi\circ\gamma_0$ 和 $\pi\circ\bar{\gamma}_1$ 都是常值道路，所以

$$\pi_*([g_D])=[\pi\circ f_D].$$

这个类生成 $\pi_1(S^1, p)$．由此可见 $[g_D]$ 在 $\pi_1(X, x_0)$ 中的阶是无限的．

第三步．现在我们考虑 X 有无限多条边不在 T 中的情形．这种情形下的证明十分类似于讨论无限圆周束时的证明，所以我们略去细节．(参见定理 71.3.)关键之处在于：对于 X 中任何一条以 x_0 为基点的回路必有某一个有限指标 α_i 的集合，使得这条回路在空间

$$X(\alpha_1,\cdots,\alpha_n)=T\cup A_{\alpha_1}\cup\cdots\cup A_{\alpha_n}$$

中，并且任何这种回路之间的道路同伦也在这样的一个空间中．根据这一点，我们便能将一般情形化为有限情形． ■

习题

1. 举例说明引理 84.2 的第二部分当 T 无限时不必成立．
2. 计算 n 个顶点的完全图和气水电图的基本群的自由生成元组的基数．(参见第 64 节.)
3. 设 X 是两个圆周的束，$p: E\to X$ 是一个覆叠映射．p_* 将 E 的基本群同构地映到 X 的基本群的子群 H 上，其中 H 是两个生成元 α 和 β 生成的自由群．
   (a)对于第 81 节习题 2 中给出的四个覆叠空间 E，确定 E 的基本群的自由生成元组的基数．
   (b)对于这些覆叠空间中的每一个，通过 α 和 β 表达出 X 的基本群的子群 H 的一个自由生成元组．

85 自由群的子群

现在我们来证明主要定理，即关于自由群 F 的子群 H 还是自由群等相关结论．证明中用到的方法可圈可点，当 F 的自由生成元组的基数已知时，这个方法使我们对于 H 的自由生成元组的基数有所了解．

定理 85.1 如果 H 是自由群 F 的子群，则 H 是一个自由群．

证　设$\{\alpha \mid \alpha\in J\}$是$F$的一个自由生成元组．设$X$是一些圆周$S_\alpha(\alpha\in J)$的束，$x_0$是这些圆周的公共点．我们按以下方式将$X$构造成一个线性图：将每一个圆周$S_\alpha$分为三条弧，其中两条以$x_0$为端点．对于每一个$\alpha$指定一条生成$\pi_1(S_\alpha, x_0)$的回路，这诱导出$F$与$\pi_1(X, x_0)$之间的一个同构．因此，我们假设$F$等于群$\pi_1(X, x_0)$．

空间X是道路连通、局部道路连通且半局部单连通的．应用定理 82.1 可见，存在X的一个道路连通的覆叠空间$p: E\to X$，使得对于$p^{-1}(x_0)$中的某一个点e_0，

$$p_*(\pi_1(E,e_0)) = H.$$

由于p_*是一个单同态，所以$\pi_1(E, e_0)$同构于H．

根据定理 83.4，空间E是一个线性图．于是定理 84.7 蕴涵着其基本群是一个自由群．■

定义　如果X是一个有限线性图，定义X的**Euler 数**(Euler number)为X的顶点个数减去边的个数．用希腊字母χ来表示，如$\chi(X)$．

引理 85.2　如果X是有限的、连通的线性图，则X的基本群的自由生成元组的基数为$1-\chi(X)$．

证　第一步．我们先证明对于任何有限的树T有$\chi(T)=1$．对T中所含边的数目n施行归纳法．当$n=1$时，T有一条边和两个顶点，所以$\chi(T)=1$．如果$n>1$，则$T=T_0\cup A$，其中T_0是所含边的数目为$n-1$的一棵树，A是与T_0仅交于一个顶点的一条边．根据归纳假设，我们有$\chi(T_0)=1$．图T比T_0多一个顶点和一条边，所以$\chi(T)=1$．

第二步．现在来证明定理．给定X，设T为X中的一棵极大树．如果$X=T$，则已经完成了证明．如若不然，设$A_1, \cdots, A_n$是X的那些不在T中的边．这时X的基本群有一个n个元素的自由生成元组．另一方面，X与T有相同的顶点数，并且X比T多了n条边．因此

$$\chi(X) = \chi(T) - n = 1 - n,$$

所以$n=1-\chi(X)$．■

定义　设H是群G的一个子群．如果H在G中的右陪集族G/H是有限的，则其基数称为H在G中的**指数**(index)．(当然，H在G中的左陪集具有相同的基数．)

定理 85.3　设F是一个具有$n+1$个自由生成元的自由群，H是F的一个子群．如果H在F中的指数为k，则H有$kn+1$个自由生成元．

证　我们运用定理 85.1 中的做法．假设$F=\pi_1(X, x_0)$，其中X是一个线性图，其底空间是$n+1$个圆周的束．给定H，选取一个道路连通的覆叠空间$p: E\to X$，使得$p_*(\pi_1(E, e_0))=H$．此时提升对应

$$\Phi: \pi_1(X,x_0)/H \longrightarrow p^{-1}(x_0)$$

是一个一一映射．因此，E是X的一个k-重覆叠映射．

空间E也是一个线性图．给定X中的一条边A，$p^{-1}(A)$的道路分支都是E的边，并且这些边中的每一条都被p同胚地映到A上．于是E的边数是X的边数的k倍，顶点也是k倍．这蕴涵着$\chi(E)=k\chi(X)$．由于X的基本群有$n+1$个自由生成元，前面一个引理告诉我们$\chi(X)=-n$．于是E的基本群的自由生成元的个数是

$$1-\chi(E)=1-k\chi(X)=1+kn,$$

因为 E 的基本群同构于 H. ■

注意，如果 F 是一个具有有限自由生成元组的自由群，而 H 是 F 的一个子群，使得 F/H 是无限的，那么关于 H 的自由生成元组的基数我们得不到什么结论. 它可能是有限的(例如，当 H 是平凡子群时)，也可能是无限的(例如，当 H 是画在第 81 节例 2 中的那个覆叠空间的基本群时).

习题

1. 证明有限线性图 X 的 Euler 数是 X 的一个拓扑不变量. [提示：先考虑 X 连通的情形.]
2. 设 F 是由两个生自由成元 α 和 β 生成的自由群，并设 H 是由 α 生成的子群. 证明 H 在 F 中的指数是无限的.
3. 设 $p: \mathbb{R}\to S^1$ 是标准的覆叠映射，考虑覆叠映射 $p\times p: \mathbb{R}\times\mathbb{R}\to S^1\times S^1$. 令 $b_0=(1, 0)\in S^1$，设 $X=(b_0\times S^1)\cup(S^1\times b_0)$，$E=(p\times p)^{-1}(X)$. 令 $q: E\to X$ 是限制 $p\times p$ 得到的覆叠映射. X 的基本群有两个生成元 α 和 β，其中 α 由 $b_0\times S^1$ 中的一条回路代表，β 由 $S^1\times b_0$ 中的一条回路代表. 找出子群 $q_*(\pi_1(E, e_0))$ 的一个自由生成元组，其中 e_0 是 $\mathbb{R}^2$ 中的原点.

参考文献

[A] L. V. Ahlfors. *Complex Analysis, 3rd edition*. McGraw-Hill Book Company, New York, 1979.

[A-S] L. V. Ahlfors and L. Sario. *Riemann Surfaces*. Princeton University Press, Princeton, N.J., 1960.

[C] P. J. Campbell. The origin of "Zorn's lemma". *Historia Mathematica*, 5:77–89, 1978.

[D-M] P. H. Doyle and D.A. Moran. A short proof that compact 2-manifolds can be triangulated. *Inventiones Math.*, 5:160–162, 1968.

[D] J. Dugundji. *Topology*. Allyn and Bacon, Boston, 1966.

[F] M. Fuchs. A note on mapping cylinders. *Michigan Mathematical Journal*, 18:289–290, 1971.

[G-P] V. Guillemin and A. Pollack. *Differential Topology*. Prentice Hall, Inc., Englewood Cliffs, N.J., 1974.

[H] P. R. Halmos. *Naive Set Theory*. Van Nostrand Reinhold Co., New York, 1960.

[H-S] D. W. Hall and G. L. Spencer. *Elementary Topology*. John Wiley & Sons, Inc., New York, 1955.

[H-W] W. Hurewicz and H. Wallman. *Dimension Theory*. Princeton University Press, Princeton, New Jersey, 1974.

[H-Y] J. G. Hocking and G. S. Young. *Topology*. Addison-Wesley Publishing Company, Inc., Reading, Mass., 1961.

[K] J. L. Kelley. *General Topology*. Springer-Verlag, New York, 1991.

[K-F] A. N. Kolmogorov and S. V. Fomin. *Elements of the Theory of Functions and Functional Analysis, vol. 1*. Graylock Press, Rochester, New York, 1957.

[M] W. S. Massey. *Algebraic Topology: An Introduction*. Springer-Verlag, New York, 1990.

[Mo] G. H. Moore. *Zermelo's Axiom of Choice*. Springer-Verlag, New York, 1982.

[Mu] J. R. Munkres. *Elements of Algebraic Topology*. Perseus Books, Reading, Mass., 1993.

[M-Z] D. Montgomery and L. Zippin. *Topological Transformation Groups*. Interscience Publishers, Inc., New York, 1955.

[RM] M. E. Rudin. The box product of countably many compact metric spaces. *General Topology and Its Applications*, 2:293–298, 1972.

[RW] W. Rudin. *Real and Complex Analysis, 3rd edition*. McGraw-Hill Book Company, New York, 1987.

[S-S] L. A. Steen and J. A. Seebach Jr. *Counterexamples in Topology*. Holt, Rinehart & Winston, Inc., New York, 1970.

[Sm] R. M. Smullyan. The continuum hypothesis. In *The Mathematical Sciences, A Collection of Essays*. The M.I.T. Press, Cambridge, Mass., 1969.

[S] E. H. Spanier. *Algebraic Topology*. McGraw-Hill Book Company, New York, 1966.

[T] J. Thomas. A regular space, not completely regular. *American Mathematical Monthly*, 76:181–182, 1969.

[W] R. L. Wilder. *Introduction to the Foundations of Mathematics*. John Wiley and Sons, Inc., New York, 1965.

[Wd] S. Willard. *General Topology*. Addison-Wesley Publishing Company, Inc., Reading, Mass., 1970.

索 引

索引中的页码与本书页码一致.

推荐阅读

时间序列分析及应用：R语言（原书第2版）

作者：Jonathan D. Cryer,Kung-Sik Chan ISBN：978-7-111-32572-7 定价：48.00元

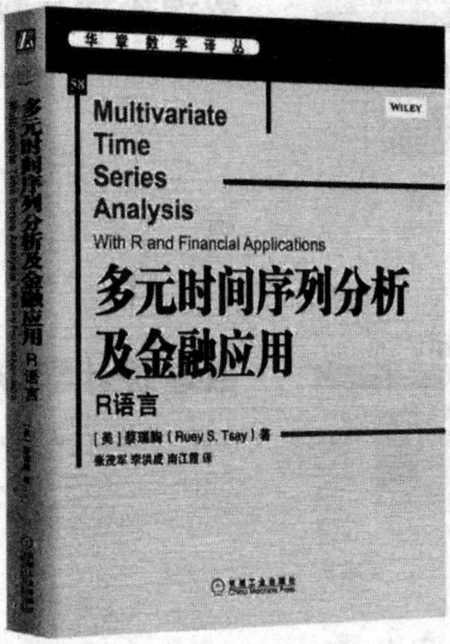

多元时间序列分析及金融应用：R语言

作者：Ruey S.Tsay ISBN：978-7-111-54260-5 定价：79.00元

随机过程导论（原书第2版）

作者：Gregory F. Lawler ISBN：978-7-111-31544-5 定价：36.00元

随机过程（原书第2版）

作者：Sheldon M. Ross ISBN：978-7-111-43029-2 定价：79.00元

推荐阅读

数理统计与数据分析（原书第3版）

作者：John A. Rice ISBN：978-7-111-33646-4 定价：85.00元

数理统计学导论（原书第7版）

作者：Robert V. Hogg，Joseph W. McKean，Allen Craig
ISBN：978-7-111-47951-2 定价：99.00元

统计模型：理论和实践（原书第2版）

作者： David A. Freedman ISBN：978-7-111-30989-5 定价：45.00元

例解回归分析（原书第5版）

作者：Samprit Chatterjee；Ali S.Hadi ISBN：978-7-111-43156-5 定价：69.00元

线性回归分析导论（原书第5版）

作者：Douglas C.Montgomery ISBN：978-7-111-53282-8 定价：99.00元